Verbreitungsatlas
der Tagfalter und Widderchen
Deutschlands

Rolf Reinhardt, Alexander Harpke, Steffen Caspari,
Matthias Dolek, Elisabeth Kühn, Martin Musche,
Robert Trusch, Martin Wiemers, Josef Settele

Verbreitungsatlas der Tagfalter und Widderchen Deutschlands

568 Fotos
218 Verbreitungskarten

Inhalt

Die Tagfalterarten Deutschlands

Die Widderchenarten Deutschlands

Vorwort

Tagfalter faszinieren nicht nur aufgrund ihrer Farben und der geheimnisvollen Verwandlung vom Ei über die Raupe bis hin zum Falter. Ihre vielfältigen Lebensweisen und Habitate sowie die Bestimmungsmerkmale werden bereits in verschiedenen, umfangreichen Standardwerken beschrieben und die Gefährdung der Arten in der Bundesrepublik Deutschland wird bereits seit 1977 in den Roten Listen dokumentiert. Dennoch wird erst mit diesem Buch der erste gesamtdeutsche Verbreitungsatlas der Tagfalter und Widderchen Deutschlands vorgelegt. Er wurde über 10 Jahre vorbereitet und ist Ergebnis einer intensiven Kartierung und der fruchtbaren Zusammenarbeit des Ehrenamts, der naturkundlichen Vereinigungen, der Naturschutzverbände und -behörden und der wissenschaftlichen Einrichtungen. Insbesondere den vielen beteiligten ehrenamtlichen Kartiererinnen und Kartierern möchte ich an dieser Stelle ausdrücklich für ihren unermüdlichen Einsatz danken!

Neben dem großen Datenschatz, der in aufwendiger Arbeit durch das bearbeitende Team und die Autorengemeinschaft eingesammelt, vereinheitlicht und für die bundesweite Kartendarstellung aufbereitet wurde, sind vor allem die kurzen, anschaulichen Steckbriefe sowie die beeindruckenden Fotos besonders herauszuheben.

Diese gebündelten Informationen über die Verbreitung der Tagfalter und Widderchen Deutschlands stellen eine zentrale Grundlage für den Erhalt der biologischen Vielfalt in Deutschland dar. Zugleich können sie auch einen wichtigen Beitrag für europaweite Analysen leisten und ich wünsche mir, dass mit diesem Atlas die Zusammenarbeit der verschiedenen Initiativen und Aktivitäten zur Erfassung und zum Schutz der Tagfalter weiter gestärkt wird.

Über 180 Tagfalterarten kommen in Deutschland vor und rund 40 % von ihnen sind bestandsgefährdet, ein Teil auch bereits ausgestorben. Neben der Darstellung der häufigeren Arten, zu deren bundesweiten Nachweisen das vom Helmholtz-Zentrum für Umweltforschung – UFZ, science4you und der Gesellschaft für Schmetterlingsschutz (GfS) getragene Tagfalter-Monitoring Deutschland (TMD) einen wesentlichen Beitrag leistet, veranschaulicht der Atlas auch den Rückgang von Vorkommen der seltenen Arten. Diese Verbreitungsdaten liefern zusammen eine wichtige Grundlage zur Beurteilung der Bestands- und Gefährdungssituation der Tagfalter und Widderchen Deutschlands und der Erstellung regionaler und bundesweiter Roter Listen.

Mit dem ersten bundesweiten Verbreitungsatlas der Tagfalter und Widderchen liegen ein beeindruckender Überblick und ein Referenzwerk vor. Er soll aber auch dazu anregen, am Schutz der Tagfalter aktiv mitzuwirken und sich im Rahmen von Kartierprojekten weiter zu engagieren. Denn die kontinuierliche Erfassung der Artenvielfalt und die Durchführung von gezielten Schutz- und Pflegemaßnahmen sind zum dauerhaften Erhalt der biologischen Vielfalt unbedingt notwendig.

Prof. Dr. Beate Jessel,
Präsidentin des Bundesamtes für Naturschutz (BfN)

Dank

Die Herausgeber danken in erster Linie den vielen Entomologinnen und Entomologen und anderen an Schmetterlingen und der Natur interessierten Menschen, ohne deren Arbeit dieses Buch nicht möglich gewesen wäre. Viele von ihnen haben in ihrer Freizeit oder beruflich faunistische Daten gesammelt, in Datenbanken verwaltet und Publikationen verfasst. Diese Arbeit hat einen unschätzbaren gesellschaftlichen Wert und kann nicht hoch genug gewürdigt werden.

Das vorliegende Buch greift vor allem auf größere Datenbestände zurück, die durch Vereine, öffentliche Einrichtungen, engagierte Einzelpersonen oder im Rahmen von Bürgerwissenschaftsprojekten gesammelt wurden. Viele dieser Daten sind bereits in Landes- oder Regionalfaunen publiziert worden oder auf Internetplattformen einsehbar. Jede Mitarbeiterin und jeden Mitarbeiter dieser Projekte einzeln zu nennen, übersteigt leider das Wissen der Herausgeber und die Möglichkeiten innerhalb dieses Buches. Daher soll insbesondere auf folgende Publikationen und die in den dortigen Danksagungen aufgelisteten Personen verwiesen werden: Altmüller et al. (1981), Bräu et al. (2013), Brockmann (1989), Ebert & Rennwald (1991a, 1991b), Gelbrecht et al. (2016), Glöckner & Fartmann (2003), Hanisch (2009), Hemmersbach et al. (1996), Hennicke & Schulz (2012), Jelinek (2006), Köhler & Müller-Köllges (1999), Kinkler (1996), Kolligs (2003), Lobenstein (2003), Pähler & Dudler (2010), Reinhardt et al. (2007), Richert (1999, 2014), Sbieschne et al. (2014), Schmidt (1989/90), Schmidt & Schönborn (2017), Schmidt-Koehl (1971), Schulte et al. (2007a, 2007b), Stübinger (1983), Thust et al. (2006), Tiedemann (1986), Wagener (2001), Wagener & Niemeyer (2003).

Ebenso soll allen Meldern gedankt werden, die ihre Beobachtungen z. B. im Rahmen von Bürgerwissenschaftsprojekten in folgenden Onlineplattformen hinterlegt haben: Artenfinder Rheinland-Pfalz (https://artenfinder.rlp.de/), www.falterfunde.de, Landesdatenbank Baden-Württemberg (www.schmetterlinge-bw.de), Landesdatenbank Nordrhein-Westfalen (www.schmetterlinge-nrw.de), Tagfalter-Monitoring Deutschland (www.tagfalter-monitoring.de), Insekten Sachsen (www.insekten-sachsen.de) sowie in der Tagfalter-Datenbank des Projektes ENTOMOFAUNA SAXONICA.

Die Erfassung der heimischen Fauna wird oftmals durch entomologische Vereine und Naturschutzverbände koordiniert. Für den vorliegenden Atlas wurden Daten durch folgende Organisationen bereitgestellt: Arbeitsgemeinschaft Bayerischer Entomologen e.V., Arbeitsgemeinschaft Biologischer Umweltschutz im Kreis Soest, Arbeitsgemeinschaft Hessischer Lepidopterologen, Arbeitsgemeinschaft Rheinisch-Westfälischer Lepidopterologen e.V., Arbeitsgemeinschaft westfälischer Entomologen e.V., Arbeitskreis Entomologie im NABU Landesverband Sachsen e.V., Arbeitskreis Lepidoptera im Landesfachausschuss Entomologie des Naturschutzbundes Brandenburg/Berlin, DELATTINIA e.V. – Naturforschende Gesellschaft des Saarlandes, Deutsche Forschungszentrale für Schmetterlingswanderungen e.V., Landesverband Sachsen der Entomofaunistischen Gesellschaft e.V., Entomologenvereinigung Sachsen-Anhalt e.V., Entomologische Arbeitsgemeinschaft im Naturwissenschaftlichen Verein Karlsruhe e.V., Gesellschaft für Naturschutz und Ornithologie Rheinland-Pfalz e.V., Gesellschaft für Schmetterlingsschutz e.V., KoNat UG Koordinierungsstelle der kooperierenden Naturschutzverbände – Naturschutzdaten, Pollichia Verein für Naturforschung und Landschaftspflege e.V.

Des Weiteren wurde dieser Atlas von öffentlichen Einrichtungen durch Bereitstellung von Daten unterstützt. Zu nennen wären folgende Institutionen: Bayerisches Landesamt für Umwelt, Behörde für Umwelt und Energie Hamburg, Helmholtz-Zentrum für Umweltforschung – UFZ, Hessisches Landesamt für Naturschutz, Umwelt und Geologie, Landesamt für Umwelt Rheinland-Pfalz, Landesamt für Umwelt, Naturschutz und Geologie Mecklenburg-Vorpommern, Ministerium für Umwelt, Energie, Ernährung und Forsten Rheinland-Pfalz, Ministerium für Umwelt und Verbraucherschutz Saarland, Museum für Naturkunde Chemnitz, Naturkundemuseum Leipzig, Niedersächsischer Landesbetrieb für Wasserwirtschaft, Küsten- und Naturschutz, Sächsisches Landesamt für Umwelt, Landwirtschaft und Geologie, Senckenberg Museum für Naturkunde Görlitz,

Senckenberg Naturhistorische Sammlungen Dresden, Staatliches Museum für Naturkunde Karlsruhe.

Dank gilt auch der Firma science4you für die Bereitstellung von Daten aus diversen von ihr verwalteten Onlineportalen.

Ein großer Teil der Daten wurde von Einzelpersonen an die Projektkoordination übermittelt. Andere haben Literaturdaten aufbereitet, an der Qualitätssicherung mitgewirkt, Fotos bereitgestellt, an der technischen Umsetzung gearbeitet, Artsteckbriefe verfasst oder standen als Kontaktpersonen zur Verfügung. In diesem Zusammenhang gilt der Dank insbesondere: Martin Albrecht, Renate Albrecht, Aldegund Arenz, Jürgen Becker, Marc Becker, Heinrich Biermann, Julian Bittermann, Ernst Blum, Britta Blumrich, Oliver Böck, Ralf Bolz, Markus Bräu, Ernst Brockmann, Stefan Brunzel, Rudolf Bryner, Hannelore Buchheit, Alexander Caspari, Frank Clemens, Armin Dahl, Erk Dallmeyer, Holger Disse, Klaus Dörbandt, Markus Dumke, Oliver Eller, Sven Erlacher, Hermann-Josef Falkenhahn, Reinart Feldmann, Rolf Franke, Alexander Franzen, Martin Gach, Jörg Gelbrecht, Dirk Gerber, Karl Göhl, Marcel Göpfert, Volker Grescho, Christine Grunewald, Erik Haase, Stefan Hafner, Anja Hager, Joachim Händel, Marx Harder, Alfred Haslberger, Jürgen Hensle, Gabriel Hermann, Norbert Hirneisen, Axel Hofmann, Margot Holz, Lars Huth, Kathrin Jäckel, Karl-Heinz Jelinek, Ralf Joest, Hans Günter Joger, Oliver Karbiener, Alfred Karle-Fendt, Toni Kasiske, Hans-Jürgen Kelm, Thomas Kissling, Nina Klar, Jochen Köhler, Detlef Kolligs, Andreas Kolossa, Ádám Kőrösi, Michael Krahl, Hartmut Kretschmer, Gerd Kuna, Melanie Kurtz, Andreas Lange, Gregor Markl, Leo Meier, Jörg-Uwe Meineke, Martin Miethke, Rolf Mörtter, Klaus Müller, Walter Müller, Joachim Müncheberg, Tobias Münchenberg, Wolfgang Nässig, Thomas Netter, Andreas Nunner, Matthias Nuss, Michael Ochse, Maximilian Olbrich, Bram Omon, Maik Palmer, Alexander Pelzer, Steffen Pollrich, Frank Rämisch, Thomas Reinelt, Carsten Renker, Erwin Rennwald, Arnold Richert, Elisabeth Rieger, Frank Röbbelen, Rainer Roth, Karl-Heinz Salpeter,

Abb. 1: Roter Scheckenfalter (*Melitaea didyma*). Foto: Andreas Kolossa

Eckhard Scheibe, Laura Schild, Ronald Schiller, Peter Schmidt, Julia Schmidtchen, Thomas Schmitt, Oliver Schmitz, Walter Schön, Christoph Schönborn, Annalena Schotthöfer, Dietmar Schulz, Bernd Schulze, Thomas Schütz, Klaus Schurian, Ingo Seidel, Arik Siegel, David Singer, Manfred Smolis, Thomas Sobczyk, Herbert Stadelmann, Axel Steiner, Ronny Strätling, Heinz Tabbert, Volker Thiele, Mario Trampenau, Rudolf Twelbeck, Rainer Ulrich, Harald Voigt, Johannes Voith, Benno von Blanckenhagen, Volker Wachlin, Dietrich Wagler, Michael Weidlich, Andreas Weidner, Andreas Werno, Ernst Zebe, Viktor Zebe, Michael Zepf, Friederike Zinner, Petra Zub.

Ein großer Dank gilt dem Helmholtz-Zentrum für Umweltforschung – UFZ für die Möglichkeit, Infrastrukturen zu nutzen, ohne die die technische Umsetzung nicht möglich gewesen wäre.

Bei einem Projekt dieser Größenordnung kann es leicht passieren, dass einzelne Personen oder Institutionen in der Danksagung übersehen werden. Die Herausgeber bitten in diesem Fall um Nachsicht.

Einleitung

Geschichte der Schmetterlingsfaunistik in Deutschland

Inventarisierungen von Tieren, Pflanzen und Pilzen haben in Deutschland und Mitteleuropa eine lange Tradition. Aber erst seit Einführung der binären Nomenklatur durch Carl von Linné (latinisiert: Carolus Linnaeus) im Jahr 1735 (1. Auflage seiner „Systema Naturae") und ihrer konsequenten Anwendung auf das Tierreich mit der 10. Auflage von 1758 bestand genügend Klarheit für die Verständigung, von welcher Art man spricht. Bis Mitte des 19. Jahrhunderts waren fast alle Tagfalter Deutschlands wissenschaftlich beschrieben, vielfach auch durch bekannte deutsche Entomologen wie Eugen Johann Christoph Esper, Jacob Hübner, Otto Staudinger, Johann Christian Fabricius, Christian Friedrich Freyer und Gottlieb August Wilhelm Herrich-Schäffer.

Das zweibändige Werk der Gebrüder Adolph und August Speyer (1858) war die erste große Zusammenfassung über das Vorkommen von Schmetterlingsarten im mitteleuropäischen Raum. In dieses Faunenwerk gingen Notizen, Artenlisten, Zusammenstellungen, Zeitschriftenbeiträge usw. aus fast allen heute zur Bundesrepublik Deutschland gehörenden Regionen ein, und zu den Gewährsleuten zählten auch international bekannte Namen wie Georg Adolf Keferstein (Erfurt), Ferdinand Ochsenheimer (Dresden), Johann Andreas Benignus Bergsträsser (Hanau), Gottlieb August Wilhelm Herrich-Schäffer (Regensburg), Jacob Hübner und Christian Friedrich Freyer (beide Augsburg). Darüber hinaus wurden auch Niederschriften aus angrenzenden Regionen mit einbezogen.

Diese Arbeit spornte an und in der Folgezeit entstanden weitere Faunenwerke, die von den fleißigen Aktivitäten der naturinteressierten Menschen zeugten, die sich allesamt in Vereinen zusammengeschlossen hatten, um ihrer Leidenschaft zu frönen. Die Zahl derer, die beruflich – also bezahlt – an diesen Aufgaben arbeiteten, war äußerst gering. Von den Ende des 19. Jahrhunderts veröffentlichten Werken ist insbesondere die von Jordan (1886) veröffentlichte Schmetterlingsfauna von Nordwest-Deutschland hervorzuheben. Anfang des 20. Jahrhunderts folgten weitere faunistische Bearbeitungen beispielsweise für Berlin (Bartel & Herz 1902; Closs & Hannemann 1917), Teile von Mecklenburg-Vorpommern (Busack 1903; Gillmer 1904; Manteuffel 1921–1925; Urbahn & Urbahn 1939), Niedersachsen (Hartwieg 1930), Nordrhein-Westfalen (Uffeln 1908; Püngeler 1937), Sachsen-Anhalt (Bornemann 1912), Thüringen (Völker 1927), Sachsen (Möbius 1905) und Bayern (Osthelder 1925).

In der Folge entstanden in der Nachkriegszeit weitere bedeutsame Faunenwerke oder Zusammenstellungen in den einzelnen deutschen Ländern und Gebieten. Besonders bedeutsam ist das fünfbändige Werk von Bergmann (1951–1956) über die Großschmetterlinge Mitteldeutschlands, das schwerpunktmäßig die Lebensräume beleuchtet. Weitere wichtige faunistische Abhandlungen erschienen für Schleswig-Holstein (Warnecke 1955/56), Mecklenburg-Vorpommern und Brandenburg (Gratz 1954; Friese 1956), Teile von Rheinland-Pfalz (De Lattin et al. 1957), Hessen (Steeg 1961) und Bayern (Rottländer 1957; Gotthardt 1958).

Die Aufzählung ließe sich beliebig fortsetzen, es folgten – teils mit zeitlichem Abstand – nun die größeren Ausarbeitungen mit konkreten Funddaten, umfangreichen Fundortlisten bis hin zu den neueren Landes- und Regionalfaunen. Zwischenzeitlich lassen sich einige Veränderungen in der Darstellungs- und Betrachtungsweise feststellen. Neben der reinen faunistischen Arbeit wurden auf regionaler Ebene Vergleiche mit früheren Faunen aufgestellt, denn Erkenntnisse über den Rückgang von Arten- und Individuenzahlen wurden gewonnen und in zunehmendem Maße Ursachenanalysen durchgeführt. Beispiele hierfür sind die Bearbeitungen für Brandenburg (von Chappuis 1942), Celle (Gleichauf 1985a, 1985b), Gießen (Brockmann 1991) und den Mainzer Sand (Rose 1988, 1991).

Es wurde bereits erwähnt, dass die faunistischen Untersuchungsergebnisse meist in Textform erfolgten. Die Darstellung des Vorkommens von Arten in Kartenform erfolgte wohl erstmals in großen Bestimmungswerken. Bei Tagfaltern war dies der englischsprachige Feldführer von Higgins & Riley (1970), der später auch ins Deutsche und in weitere Sprachen übersetzt wurde. Das Verbreitungsgebiet in Europa und Nordwestafrika wurde hier auf 23 × 36 mm großen Kärtchen flächenhaft dargestellt. Diese Darstellungsform ist auch heute noch gängige Praxis in europäischen Bestimmungsbüchern (Lafranchis 2004, Tolman & Lewington 2012, Leraut 2016). Etwa zur gleichen Zeit hielten in der deutschen regionalen entomofaunistischen Literatur Punkt- und Rasterkarten Einzug. Durch unterschiedliche Symbole konnten dabei verschiedene Zeiträume des Auftretens kenntlich gemacht werden. Anfangs wurden hierbei die Fundpunkte noch per Hand in die Karten mit UTM-Raster eingezeichnet wie z. B. beim ersten saarländischen Tagfalteratlas von Schmidt-Koehl (1971), der im Rahmen des von John Heath und Jean Leclercq initiierten Projektes „Erfassung der Europäischen Wirbellosen" entstand oder bei Harkort (1976) für Westfalen.

Unter der Leitung von Paul Müller stand an der Universität des Saarlandes die „Erfassung der westpaläarktischen Tiergruppen" und Schreiber (1976) brachte im Rahmen dieses Projektes die ersten computergestützten Karten im UTM-Raster für die Familien Papilionidae, Pieridae und Nymphalidae (ohne Satyrinae) der damaligen BRD (einschließlich West-Berlins) heraus. Dieses Projekt erfasste aber nur ein knappes Drittel der deutschen Tagfalterarten und wurde nicht fortgeführt. Kurze Zeit später entstanden computergestützte Kartenwerke auch für die Tagfalter Niedersachsens (Altmüller et al. 1981) und die Tagfalter und Widderchen in Hamburg (Stübinger 1983).

In den 1980er-Jahren erschien auch ein erster Tagfalteratlas für die DDR (Reinhardt & Kames 1982, Reinhardt 1983), der mehrfach ergänzt und aktualisiert wurde (Reinhardt 1985, 1989, Reinhardt & Thust 1993) und nach der deutschen Wiedervereinigung die Basis für die Bearbeitung der ostdeutschen Bundesländer bildete. Mangels öffentlich verfügbarer Rastersysteme wurden die Ergebnisse auf handgefertigten Punktkarten dargestellt.

Richtungsweisend war dann die direkt nach der Wende publizierte vorbildliche Bearbeitung der Tagfalter Baden-Württembergs (Ebert & Rennwald 1991a, 1991b), die zu einer Gesamtfauna der Großschmetterlinge dieses Landes führte (mit den Widderchen in Band 3: Ebert 1994) und den Anstoß für Tagfalterfaunen weiterer Länder und Regionen Deutschlands bildete: die Rhön (Kudrna 1993, 1998), Schleswig-Holstein (Kolligs 2003), Thüringen (Thust et al. 2006), Sachsen (Reinhardt et al. 2007), die Pfalz (Schulte et al. 2007a, 2007b), Ostwestfalen-Lippe (Pähler & Dudler 2010), Bayern (Bräu et al. 2013), Brandenburg (Gelbrecht et al. 2016) und Sachsen-Anhalt (Schmidt & Schönborn 2017). Alle diese Kartenwerke verwendeten anstelle des UTM-Rasters jenes der topografischen Karte im Maßstab 1:25.000 (TK25, früher Messtischblatt genannt), meist mit einer Genauigkeit bis zu Quadranten, was einer Auflösung von etwa 6 × 6 km entspricht.

Online-Verbreitungskarten existieren inzwischen zudem für die Bundesländer Baden-Württemberg (www.schmetterlinge-bw.de), Brandenburg und Berlin (www.schmetterlinge-bb.de), Nordrhein-Westfalen (http://nrw.schmetterlinge-bw.de), Rheinland-Pfalz (http://rlp.schmetterlinge-bw.de), Hessen (http://www.andreaslange.org/Arbeitsatlas_TuW_H_v1_2.pdf), das Saarland (http://www.delattinia.de/Verbreitungskarten/Schmetterlinge) und Sachsen (https://www.tagfalter-sachsen.de, https://www.insekten-sachsen.de), sodass inzwischen das gesamte Bundesgebiet kartografisch erfasst ist (Abb. 2), was eine wichtige Voraussetzung für die Datengrundlage des Deutschlandatlas darstellt (Reinhardt et al. 2017).

Im Rahmen des Projektes MEB (Mapping European Butterflies) erschien zudem 2002 ein erster Atlas der Tagfalter Europas (Kudrna 2002), der im Jahr 2011 in eine Neuauflage mündete (Kudrna et al. 2011) und derzeit als Online-Atlas im Rahmen des Projektes LepiDiv (http://www.ufz.de/lepidiv/) weitergeführt wird.

Ökologie, Gefährdung und Schutz von Tagfaltern und Widderchen

Beim Gedanken an Tagfalter steht meist das Falterstadium im Vordergrund, dieses ist auffällig, bunt und attraktiv. Aus ökologischer Sicht sind jedoch alle vier Stadien – Falter, Ei, Raupe, Puppe – von Bedeutung. Jedes Stadium benötigt bestimmte Lebensraumbedingungen und hat Beziehungen zu seiner Umwelt. Da Tagfalter und Widderchen zu den holometabolen Insekten zählen, sind das hauptsächlich fraßaktive Stadium, die Raupe, und das reproduktive Stadium, der Falter, deutlich in ihren Ansprüchen getrennt. Sie besiedeln mehr oder weniger unterschiedliche Lebensräume, sodass von Weidemann (1995) für beson-

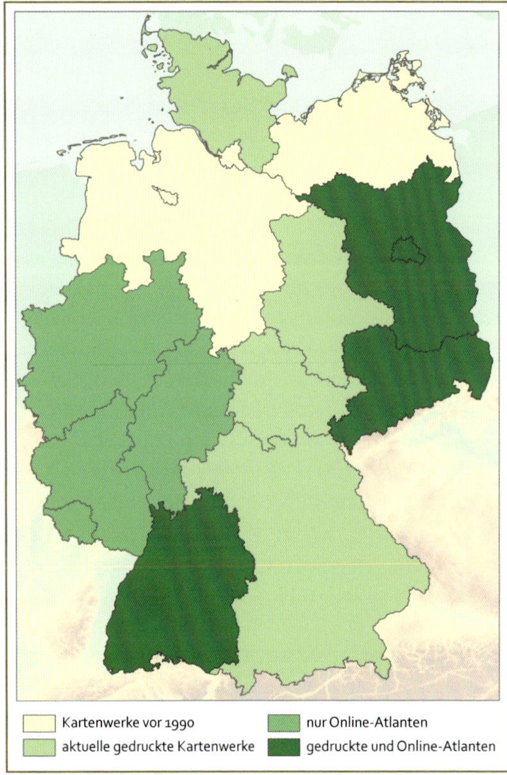

Abb. 2: Verfügbarkeit von Kartenwerken in den Bundesländern (Stand März 2019).

ders auffällige Trennungen der Begriff „Verschiedenbiotop-Bewohner“ geprägt wurde. Wenn man den Lebensraum und die Ökologie einer Art verstehen will, muss man immer diese verschiedenen Teilhabitate berücksichtigen.

Im Falterstadium ist der Blütenbesuch, neben der Eiablage, die auffälligste Ressourcennutzung. Die detaillierte Erfassung der Nektarquellen von Tagfaltern nach Pflanzenarten und Blütentypen (z. B. Blumentypen nach Kugler 1970) war vor allem in den 1990er-Jahren sehr verbreitet. Aus dieser Zeit liegen zahlreiche beschreibende Arbeiten vor (Lehmann 1992; Peuser 1988; Weber 1992; Steffny 1982; Dolek 1994). Es wurde jedoch schnell deutlich, dass es zwar bestimmte Vorlieben für Blumentypen und Blütenfarben gibt, viele Arten beim Blütenbesuch aber nur wenig spezialisiert sind. Die damals meist interessierenden Ursachen für die Veränderungen der Populationsgrößen bis hin zum Erlöschen von Vorkommen lagen in der Regel bei den Larvalhabitaten. Die intensive Beschäftigung mit den Wechselbeziehungen zu Nektarquellen ist gerade wieder aktuell geworden (Reinhardt & Wagler 2017, Richert & Brauner 2018). In den Atlaswerken werden meist artspezifisch besuchte Nektarquellen aufgezählt, einschließlich des Verweises auf andere Saugmedien wie Kot, Aas, Baumsäfte, Schweiß etc. insbesondere bei vielen Arten im Wald, und die verbreitete Mineralienaufnahme an feuchten Bodenstellen, z. B. bei vielen Bläulingen.

Neue Experimente zeigen jedoch die Bedeutung von Nahrungsquellen am Beispiel des Ochsenauges (*Maniola jurtina*) in Agrarlandschaften: Ein Mangel an Nektarquellen führte bei den Faltern beispielsweise zu einem reduzierten Körpergewicht, geringerem Fettanteil an der Körpermasse und kürzerer Lebensdauer (Lebeau et al. 2016). Ein Einfluss auf den Reproduktionserfolg ist somit zu erwarten, wenn die Landschaften extrem blütenarm werden.

Viele Arten sind im Larvallebensraum hoch spezialisiert und benötigen die genau richtigen Ausprägungen für eine erfolgreiche Entwicklung. Dies konnte in zahlreichen Studien von einzelnen Arten immer wieder gezeigt werden und führt weit über spezifische Raupennahrungspflanzen hinaus. Ein Beispiel dafür ist der Apollofalter (*Parnassius apollo*), eine Art, mit der sich schon unzählige Wissenschaftler und Sammler intensiv beschäftigt hatten. Eine vertiefte Analyse der benötigten Bedingungen im Larvalhabitat erfolgte jedoch erst, als das Erlöschen der Art in verschiedenen Bundesländern zu befürchten war. In Bayern konnte gezeigt werden, dass sogar zwischen jüngeren und älteren Larvenstadien unterschieden werden muss, da bis zum 3. Larvenstadium der Lebensraum- und Ressourcennutzung deutlich engere Grenzen gesetzt sind (Geyer & Dolek 1995, 1999, 2001). Die jungen Raupen fressen nur die kleinen, noch nicht voll entwickelten Blätter an den Triebspitzen des Weißen Mauerpfeffers (*Sedum album*), wenn dieser niedrigwüchsig, kriechend und rotblättrig ist. Auch das Auftreten von grasiger Vegetation und Moospolstern in der Umgebung ist nachteilig, da sie zu einem kühleren Mikroklima führen.

Derartige komplexe Zusammenhänge konnten für die Raupenstadien vieler Arten gezeigt werden, wiederkehrende Einflussfaktoren sind z. B. Mikroklima, Vegetationsstruktur, physiologischer Zustand der Nahrungspflanze. Unter manchen Bedingungen werden erst gar keine Eier abgelegt

(z. B. starke Beschattung der Raupennahrungspflanze), unter anderen Bedingungen kann die Mortalitätsrate so hoch sein, dass kein Überleben der Population möglich ist (z. B. Hochmoor-Gelbling *Colias palaeno*, Dolek et al. 2019).

Auch die beiden anderen Stadien, Ei und Puppe, benötigen ihre spezifischen Bedingungen. Nur weil für einzelne Arten der genaue Eiablageort bekannt ist, kann die Eisuche z. B. im Winter erfolgreich durchgeführt werden (Hermann 2007). Da Ei und Puppe jedoch weitgehend unbeweglich sind, ist für das Überleben dieser Stadien meist Tarnen oder Verstecken der wesentliche Faktor. Besonders auffällig abgelegte Eier, wie zum Beispiel die der Enzian-Ameisenbläulinge, benötigen andere Strategien. Hier ist es eine besonders dicke Eihülle, die sie vor Parasitierung schützt. Sie ist allerdings auch so dick, dass die Jungraupe nicht ausschlüpfen kann und immer an der Anheftungsstelle in das Eiablagemedium (Enzianblatt oder -blüte) schlüpft (Thomas et al. 2008). Die verwandten Ameisenbläulinge an Thymian bzw. Großem Wiesenknopf hingegen legen ihre Eier in die Blütenköpfe tief zwischen die Einzelblüten der Nahrungspflanze und können sich daher eine sehr dünne Eischale leisten.

Vor dem Hintergrund derartiger ökologischer Anpassungen und Spezialisierungen sind auch viele Gefährdungsfaktoren zu sehen. Sobald die eingespielten Wechselbeziehungen auch nur an einer kleinen Stelle verändert werden, können die Auswirkungen für eine einzelne Art immens sein und schnell zum lokalen Erlöschen führen. Bei den beiden Arten der Wiesenknopf-Ameisenbläulinge (*Phengaris nausithous* und *P. teleius*) ist der Mahdzeitpunkt der besiedelten Wiesen eine solche Stellschraube. Eine geringfügige Verschiebung kann dazu führen, dass alle Raupenstadien noch in den Blütenköpfen fressen und durch die Mahd entfernt werden, mit der Folge, dass auf der betreffenden Fläche keine erfolgreiche Reproduktion stattfindet.

Im Bereich der landwirtschaftlichen Nutzung haben sich zahlreiche Veränderungen ergeben, die wie vorgesehen zur Steigerung der landwirtschaftlichen Produktion geführt haben. Gleichzeitig haben diese als Intensivierung der Landwirtschaft zusammengefassten Veränderungen auch zu Gefährdungen von Tagfaltern und Widderchen geführt. Meist wird hier vor allem an das Grünland gedacht, aber auch in Ackerlandschaften gibt es einen Verlust an Lebensräumen. In einer wenig intensivierten Ackerlandschaft Siebenbürgens (Rumänien) haben Transsektzählungen von Tagfaltern eine artenreiche und interessante Tagfalterfauna nachgewiesen (Lang et al. 2019). Derartig reiche Tagfaltergemeinschaften sind in Deutschlands Ackerlandschaften nicht mehr vorstellbar, waren aber ebenfalls einmal vorhanden. So konnten zum Beispiel Vorkommen des Violetten Feuerfalters *Lycaena alciphron* an mageren Böschungen, Rainen und Restflächen in Ackerlandschaften der Oberpfalz festgestellt werden (Dolek & Geyer 2001). Diese Art würde ansonsten kaum als Art der Ackerlandschaften betrachtet werden. Die reichen Tagfaltergemeinschaften sind verschwunden, weil alle möglichen Kleinstrukturen (Böschungen, Wegraine, Säume, ungenutzte Restflächen, Hecken), die ursprünglich in Ackerlandschaften eingestreut waren, entweder in die Produktionsflächen einbezogen wurden oder ihre Funktion als (Larval-)Lebensraum nicht mehr erfüllen können. Die Problematik des Verlusts solcher Kleinflächen ist allgemein bekannt, sodass sie teilweise wieder angelegt werden. Leider ist auch hier die Funktionalität als vielfältiger Lebensraum oft eingeschränkt, da das Nährstoffniveau in Ackerlandschaften so hoch ist, dass sich die benötigte Vegetations- und Strukturvielfalt nicht entwickeln kann. Insbesondere Wegraine werden zudem im Sommer meist gemulcht und dadurch als Lebensraum zerstört. Auch die heute übliche Nutzung in den Ackerflächen mit regelmäßiger Düngung und Pestizidausbringung ist für die Tagfalter nachteilig und wirkt sich zusätzlich auf die Nachbarflächen aus.

Abb. 3: Puppe des Aurorafalters (*Anthocharis cardamines*). Foto: Arik Siegel

Viele heimische Tagfalter- und Widderchenarten besiedeln verschiedene Formen des Grünlands, von feucht bis trocken, von sehr nährstoffarm bis zu einem mittleren Nährstoffniveau. Grünländer mit dem heute üblichen hohen Nährstoffniveau stellen kaum noch Tagfalterlebensräume dar. Sobald mehr als zwei Schnitte möglich und notwendig werden, ist das Nährstoffniveau aus Tagfaltersicht bereits kritisch.

Neben der Landwirtschaft ist die Forstwirtschaft eine Nutzungsform, die für große Flächenanteile in Deutschland zuständig ist. Hier liegt die Hauptaufgabe in der Produktion von Holz für verschiedene Nutzungen, dazu sind in der Regel dichte Waldbestände vorteilhaft. Da Tagfalter auch im Wald lichtbedürftig sind, stehen ihre Ansprüche im Gegensatz zur vorrangigen Holzproduktion. Die Wälder in Deutschland sind aktuell besonders dicht und dunkel und beherbergen daher kaum noch Tagfalter, die besonders spezialisierten Arten sind großräumig erloschen oder gefährdet. Die Mittelwaldwirtschaft eines Waldgebietes in Franken zeigt, wie sogar hochgradig gefährdete Arten durch Licht im Wald erhalten und gefördert werden können (Dolek et al. 2018). Bereits ein Netzwerk von breiten Waldwegsäumen und anderen Kleinstrukturen im Wald könnte zu positiven Effekten führen. In vielen Wäldern kommen jedoch auch Nährstoffeinträge als Problematik hinzu. Sobald mehr Licht verfügbar ist, können sich nährstoffliebende Pflanzen etablieren und die magere waldtypische Saumvegetation verdrängen. Zudem ist auch in Wäldern das Mulchen von Wegrändern heute üblich. Sowohl innerhalb des Waldes als auch am Waldaußenrand sind Grenzflächen oft als abrupter Übergang von einer Nutzung zur nächsten ausgeprägt. Strukturreiche, offene oder geschlossene Waldränder mit breiten Übergängen und Strauch-Saum-Bereichen wären hingegen für viele Tagfalterarten wertvoller Lebensraum. Schließlich erfolgen auch in Wäldern immer wieder großflächige Bekämpfungen von Schädlingen, wenn eine Massenvermehrung befürchtet wird. Bekämpft wird z. B. mit Mitteln, die den Häutungsprozess stören, oder die spezifisch auf Schmetterlinge wirken, da die Zielarten ebenfalls Schmetterlinge sind. Schwammspinner und Eichenprozessionsspinner haben hier in den vergangenen Jahren eine gewisse Bekanntheit erlangt. Die Auswirkungen auf Tagfalter als Nicht-Zielorganismen können bisher nur vermutet werden.

In Siedlungsgebieten ist die Nutzung von Privatgärten, öffentlichen Grünflächen und Ruderalflächen häufig nicht schmetterlingsfreundlich, ohne dass dies notwendig wäre. Häufig speisen sich Maßnahmen aus einem Schönheits- und Ordnungsempfinden, das schmetterlingsfreundliche Bedingungen nicht in Betracht zieht. Maßnahmen wie Düngung, Spritzmitteleinsatz, Nutzung exotischer oder nicht schmetterlingsfreundlicher Pflanzen, häufige Mahd oder gar Mulchen, Versiegelung und Anlegen reiner Steinflächen oder das Nicht-Dulden von kleinen Brachflächen sind weit verbreitet und für Schmetterlinge schädlich. Das in der Öffentlichkeit bekannteste Beispiel zur Förderung einiger der bekanntesten Tagfalterarten in Gärten ist das Belassen von Brennnesselherden für die daran lebenden Raupen.

Auch auf Flächen, die überwiegend für Naturschutzzwecke gepflegt werden, treten verschiedene Gefährdungen auf, gegen die spezifische Maßnahmen durchgeführt werden müssen. Dies betrifft insbesondere die Offenhaltung von Grünlandflächen durch Entbuschung, die Förderung magerer Bedingungen durch Nährstoffaustrag, die Anpassung von Mahdterminen und Weidebedingungen an die Phänologie der Zielarten. Viele wertvolle Biotopflächen sind verändert und vernichtet worden, aber auch auf den verbliebenen Biotopflächen kann lokal ein hoher Nutzungs- und Intensivierungsdruck entstehen. Solche weiteren Veränderungen sollten trotz entgegenstehender wirtschaftlicher Interessen vermieden werden.

Neben den bereits mehrfach erwähnten Nährstoffeinträgen sind Klimaveränderungen wichtige großflächig wirkende Einflussfaktoren. Tagfalter als wechselwarme Organismen mit kurzen Generationszeiten reagieren sehr rasch. So wurden beispielsweise Veränderungen der Phänologie (Stefanescu et al. 2003), der Verbreitungsgebiete (Pöyry et al. 2009) und der Populationsdynamik (Oliver et al. 2012) beobachtet, die durch rezente klimatische Veränderungen erklärt werden können. Klimanischenmodelle, bei denen die momentane Verbreitung durch die derzeitigen Klimaverhältnisse erklärt wird, zeigen, dass in Abhängigkeit vom jeweils zugrunde gelegten Klimawandelszenario viele europäische Tagfalterarten große Teile ihres nutzbaren Klimaraumes verlieren könnten (Settele et al. 2008). Temperaturbedingte Veränderungen von Tagfaltergemeinschaften zeigt der „Community Temperature Index“

(DEVICTOR et al. 2012) an. Eine zunehmende Dominanz südlich verbreiteter Arten ist in Teilen Deutschlands (WIEMERS et al. 2013) und Europas (VAN SWAAY et al. (2010) zu verzeichnen. Allerdings gehen auch viele wärmeliebende Arten zurück, ein Grund könnte die mikroklimatische Abkühlung durch früheres und stärkeres Vegetationswachstum aufgrund von Nährstoffeinträgen und Klimaerwärmung sein (WALLIS DE VRIES & VAN SWAAY 2006). Besonders betroffen sind Arten, die als Ei oder Raupe überwintern.

Die Diskussion zum Klimawandel zeigt bereits, dass Tagfalter eine Reihe wichtiger Kriterien erfüllen, um als wirkungsvolle Indikatoren für Umweltveränderungen herangezogen werden zu können. Wie bereits dargestellt, üben durch Landnutzung verursachte Veränderungen von Landschaft und Habitaten, wie Fragmentierung oder Sukzession, einen sehr starken Einfluss auf Tagfalterpopulationen aus. Landnutzungseffekte spiegelt auch der „European Grassland Butterfly Indicator“ wider (VAN SWAAY et al. 2015), der einen starken europaweiten Rückgang der Tagfalterarten des Grünlandes seit 1990 zeigt. Die Entwicklung solcher Indikatoren kann sehr gut auf Basis von Daten des Tagfalter-Monitorings erfolgen.

Tagfalter-Monitoring Deutschland

Das standardisierte und regelmäßige Zählen von tagaktiven Schmetterlingen (Tagfalter-Monitoring) hat in Europa Tradition. Bereits seit 1976 wird in Großbritannien eine systematische Falterzählung durchgeführt. Seit 1990 zählen Falterfreunde in den Niederlanden und seit 2005 werden auch in Deutschland jedes Jahr in der Zeit von April bis September Tagfalter erfasst.

Das Besondere daran ist, dass die Zählungen von Interessierten in ihrer Freizeit durchgeführt und die Daten wissenschaftlichen Einrichtungen zur Verfügung gestellt werden. In Deutschland hat das Helmholtz-Zentrum für Umweltforschung – UFZ die Koordination des Tagfalter-Monitoring Deutschland (TMD) übernommen und hier werden die Daten auch ausgewertet.

Damit die Daten wissenschaftlich fundiert ausgewertet und europaweit verglichen werden können, werden die Zählungen nach einem definierten Standard entlang von festgelegten Zählstrecken (= Transekten) durchgeführt. Die Lage und auch die Länge der Zählstrecke werden vom Zähler selbst bestimmt. Eine Strecke wird in Abschnitte von jeweils 50 m unterteilt. Gezählt wird in einem 5 m breiten Korridor. In diesem Bereich werden alle Tagfalterarten erfasst sowie die Anzahl der Tiere pro Art. Ein Transekt kann aus einem bis zu maximal zehn Abschnitten (= 500 m) bestehen. Diese standardisierte Zählung wird optimalerweise in der Zeit von April bis September einmal pro Woche bei geeignetem Wetter (nicht zu kalt, nicht zu windig) durchgeführt. Einzelne Begehungen können ausfallen, aber als Minimum werden zehn Termine pro Saison angesehen. Die ausführliche Anleitung ist nachzulesen in KÜHN et al. (2014).

Abb. 4: Raupe des Karst-Weißlings (*Pieris mannii*) mit für Jungraupen typischer schwarzer Kopfkapsel. Diese mediterran verbreitete Art hat sich erst in den letzten Jahren in Deutschland ausgebreitet. Foto: Arik Siegel

Ziel des Tagfalter-Monitorings ist es, die großräumige Bestandsentwicklung der Tagfalterpopulationen in der „Normallandschaft“ zu erfassen. Die meisten Transekte liegen nicht in Schutzgebieten oder in besonders falterreichen Gebieten, sondern in Laufentfernung vom Wohnort. Entsprechend werden auch überwiegend häufige Falterarten dokumentiert. Von den knapp 150 in Deutschland vorkommenden (außeralpinen) Tagfalterarten werden im Rahmen des Tagfalter-Monitoring Deutschland circa 120 Arten erfasst. Einige sehr seltene Arten fehlen in der Erfassung und einige Arten werden aufgrund ihrer Lebensweise seltener gemeldet, als sie eigentlich vorkommen.

Die im Rahmen des Tagfalter-Monitorings erhobenen Daten stellen für die Wissenschaft einen einmaligen Datenschatz dar. Denn nur selten wer-

Abb. 5: Kaisermäntel (*Argynnis paphia*) über dem Moseltal, Foto: Aldegund Arenz.

den Daten zu einer Tiergruppe in einem solchen Umfang und über einen so langen Zeitraum hinweg erhoben. Dieser Arbeitsaufwand ist nur mit der Hilfe von ehrenamtlichen Mitarbeiterinnen und Mitarbeitern zu bewältigen. Die Daten bieten eine Vielzahl von Auswertungsmöglichkeiten. So lassen sich langfristige Bestandsentwicklungen analysieren, aus denen die aktuelle Gefährdungssituation der Arten abgeleitet werden kann. Da neben den Tagfaltern auch die Lebensräume (Habitate) in den einzelnen Transektstrecken erfasst werden, sind Habitatmodellierungen auf verschiedenen Skalen möglich. Langfristig können die Tagfalterdaten mit Klima- und Landnutzungsdaten verschnitten werden, um die Ursachen von Veränderungen der Phänologie – also dem Einfluss von Witterung und Klima auf die jahreszeitliche Entwicklung der Pflanzen und Tiere – sowie Verbreitung und Häufigkeit der Arten zu erklären. Solche Analysen bilden eine wichtige Grundlage für Entscheidungsträger in der Planung und Gesetzgebung sowie im Naturschutz und tragen zu einem effektiveren Schutz der Biodiversität bei.

Der größte Teil der im Rahmen des Tagfalter-Monitoring erfassten Daten ist auch in den Tagfalteratlas mit eingeflossen. Die Meldungen häufiger und einfach zu bestimmender Arten wurden generell übernommen und bilden eine wichtige Grundlage für die Verbreitungskarten dieser Arten. Bei seltenen und/oder schwer zu bestimmenden Arten wurden nur eindeutig verifizierte Angaben in den Tagfalteratlas übernommen.

Weitere Informationen: www.tagfalter-monitoring.de

Technische Umsetzung des Verbreitungsatlas

Eine der größten Herausforderungen eines solchen Atlasprojektes besteht im Allgemeinen neben der Konzeption und Implementierung eines Datenbank-Management-Systems, in dem inhaltlich und strukturell heterogene Datenquellen zusammengeführt und verwaltet werden können, vor allem in der Schaffung einer adäquaten Datenbasis. Ziel ist es, eine möglichst große Anzahl an Quellformaten über entsprechende Schnittstellen zu unterstützen, um der Vielzahl an potenziellen Datenquellen gerecht zu werden. Dabei reicht die Bandbreite von Landesfaunen, Datenbanken bei Landesämtern/Behörden, Daten

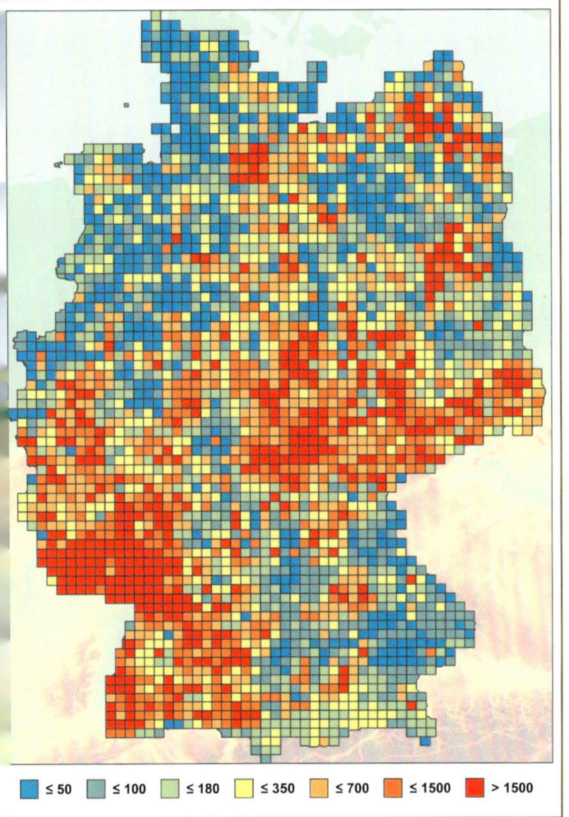

Abb. 6: Anzahl der Tagfalterdatensätze pro TK25-Rasterzelle. Die Widderchen wurden aufgrund der ungenügenden Datenlage nicht berücksichtigt.

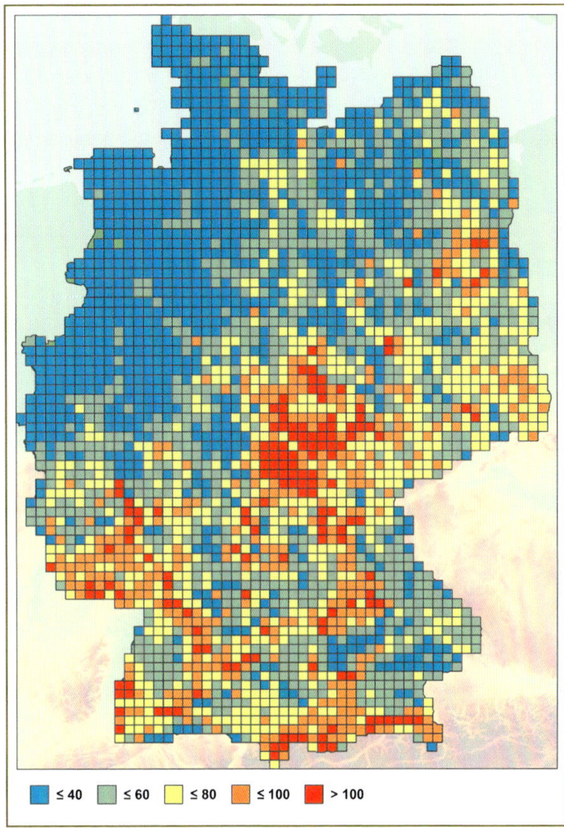

Abb. 7: Anzahl der Tagfalterarten pro TK25-Rasterzelle. Die Widderchen wurden aufgrund der ungenügenden Datenlage nicht berücksichtigt.

aus Sammlungen/Museen, Vereinsdatenbanken, Datenbanken von Arbeitsgemeinschaften, Projektdatenbanken, privaten Datensammlungen, Literaturangaben insbesondere bei historischen Daten bis hin zu Einzelfundmeldungen. Unterstützte Quellen und Formate sind im vorliegenden Fall unter anderem das in entomologischen Kreisen sehr populäre InsectIS, Natis, Multibase, WinArt aber auch einfache Excel-Tabellen oder separierte ASCII-Dateien. Das schließt sowohl Daten in Matrizenformat als auch, aus Datenbanksicht, normalisierte Listen ein. Für die gängigsten Formate wurde ein konfigurierbarer Parser (eine Art Übersetzungswerkzeug) als Importmodul in die auf ORACLE basierende Projektdatenbank implementiert und bereitgestellt. Dieser ist auch für das notwendige Mapping von den unterschiedlich genutzten Quelltaxonomien in die aktuell im Atlas genutzte Zieltaxonomie zuständig. Nach Einbindung bzw. Import der potenziellen Datenquellen in die Atlasdatenbank erfolgt eine zeitliche und räumliche Aggregation der Daten auf die genutzten Zeitabschnitte bzw. auf das TK25-Raster und die Vergabe eines speziellen Geoidentifiers zur Identifizierung von Datenkonflikten und Fehldaten auf dem Zielraster. Das ist vor allem durch die Heterogenität der in den Datenquellen genutzten Systeme zur Lokalisierung notwendig. In der Regel werden, je nach geografischer Unschärfe, verschiedene Koordinatenformate mit unterschiedlichen Bezugssystemen wie WGS84, Gauss-Krüger oder UTM genutzt. Dabei werden alle notwendigen Konvertierungsschritte detailliert protokolliert und über eine eindeutige Referenz-ID abgesichert, um jederzeit auf den Quelldatensatz verweisen zu können.

Im Laufe des Projektes wurden mehr als 6 Mio. Quelldatensätze integriert, was eine räumliche Abdeckung der Bundesrepublik Deutschland mit

Verbreitungsinformationen von mehr als 99 % ergab. Dabei ist die Verteilung der Datensatzdichte abhängig vom Typ der Datenquelle und dem bereitgestellten Aggregationslevel (Abb. 6). Hier ist zu beachten, dass integrierte, abgeschlossene Landesfaunen bzw. Datenbanken durch ihren aggregierten Austauschzustand eine niedrigere Datensatzdichte suggerieren als lokale oder regionale Kartierungsprojekte und Erfassungen. Die Datendichte ist eine wichtige Größe, um die räumliche Verteilung der Arten (Abb. 7) zu interpretieren. Obwohl diese Abbildung im Großen und Ganzen die tatsächliche Diversität der Tagfalter in Deutschland widerspiegelt, gibt es Regionen, die in der Vergangenheit nicht so intensiv bearbeitet wurden und die mit Sicherheit höhere Artenzahlen pro Messtischblatt aufweisen. Aufgrund der unzureichenden Datenlage konnten entsprechende Abbildungen für die Widderchen nicht erstellt werden.

Nach der anfänglichen Konzeptionsphase ging im April 2015 die Plattform des Projektes online, welche unter der URL www.tagfalter-atlas.de erreichbar ist. Neben der Bereitstellung von Hintergrundinformationen zum Projekt und von Kontaktdaten der verantwortlichen Bearbeiter verstand sich die Plattform in der Anfangszeit vorrangig als Medium zur Präsentation des Bearbeitungstandes der einzelnen Tagfalterarten. Die Plattform wurde und wird technisch und inhaltlich kontinuierlich weiterentwickelt und soll umfangreiche und komfortable Möglichkeiten bieten, sich über den aktuellen Stand der Verbreitung und die Bestandsentwicklung der Tagfalterarten zu informieren. Dabei liegt der Schwerpunkt neben informativen Artsteckbriefen vor allem in der Möglichkeit, Daten in die Projektdatenbank einzuspeisen und zu verwalten. Es gibt also auch weiterhin die Möglichkeit, eigene Datensammlungen bzw. auch Einzeldatensätze über die bereitgestellten Werkzeuge online in das Projekt einfließen zu lassen. Das schließt auch erweiterte Möglichkeiten zur Qualitätssicherung und Freigabe der Daten mit ein. Dies wird unter anderem mit einer individuell anpassbaren und komfortablen WebGIS-Anwendung realisiert, welche die interaktive Visualisierung der Verbreitungsdaten auch im zeitlichen Kontext oder unter bestimmten auswählbaren Fragestellungen wie z. B. der Darstellung der Artenanzahl je TK25-Rasterzelle (Abb. 7) ermöglicht.

Erläuterungen zur Benutzung des Buches

Allgemeine Festlegungen

In diesem Buch werden 184 Tagfalter- und 24 Widderchenarten detailliert behandelt, die als rezente oder historische Bestandteile der Fauna Deutschlands gelten. Die Reihenfolge und Nomenklatur der Tagfalter richtet sich nach der Checkliste der europäischen Tagfalter von Wiemers et al. (2018). Hauptsächlich aufgrund neuer Erkenntnisse zu phylogenetischen Beziehungen wurden für einige Arten die bislang gebräuchlichen Gattungszuordnungen geändert. Tab. 1 zeigt eine Übersicht der Arten, deren Name von der im Verzeichnis der Schmetterlinge Deutschlands (Gaedike et al. 2017) verwendeten Nomenklatur abweicht. Geringfügige Abweichungen, z. B. bei den Jahreszahlen der Erstbeschreibung, sind in der Tabelle nicht aufgelistet. Die deutschen Artnamen der Tagfalter wurden Settele et al. (2015) sowie Bräu et al. (2013) entnommen. Eine Zusammenstellung weiterer gebräuchlicher deutscher Namen findet sich bei Settele et al. (2000). Die Reihenfolge und Nomenklatur der Widderchen richtet sich nach Gaedike et al. (2017). Die entsprechenden deutschen Artnamen entstammen Rennwald et al. (2011). Für jede Art werden ein Artsteckbrief und eine Verbreitungskarte dargestellt. Die in den Artsteckbriefen verwendeten Abkürzungen sind in Tab. 2 dargestellt.

Arten mit diskussionswürdigem Status

Von mehreren, nicht zur Fauna der Bundesrepublik zählenden Tagfalterarten gibt es mehr oder weniger glaubhafte Nachweise aus Deutschland. Dazu kommen einige Taxa mit fragwürdigem Artstatus. Diese Arten werden nicht detailliert behandelt, sondern nur kurz dargestellt.

Colias chrysotheme (Esper, 1781)
Von dieser Art befinden sich drei Falter aus BY (Bayrischer Wald 1933, Regensburg 1922) im Staatlichen Museum für Naturkunde Stuttgart. Die Authentizität ist fraglich (Wolf & Bittermann 2013).

Gonepteryx cleopatra (Linnaeus, 1767)
Auf Verschleppung wird der Totfund (Flügel) eines Exemplars dieser im Mittelmeergebiet beheimateten Art an der B 252 bei Höxter am 31.07.1983 zurückzuführen sein (Nutt 1985).

Tab. 1: Übersicht der Namensänderungen

Artname laut Gaedike et al. (2017)	**Aktueller Artname laut Wiemers et al. (2018)**
Parnassius sacerdos	*Parnassius phoebus*
Colias croceus	*Colias crocea*
Maculinea arion	*Phengaris arion*
Maculinea teleius	*Phengaris teleius*
Maculinea nausithous	*Phengaris nausithous*
Maculinea alcon	*Phengaris alcon*
Aricia eumedon	*Eumedonia eumedon*
Plebejus glandon	*Agriades glandon*
Plebejus optilete	*Agriades optilete*
Plebejus orbitulus	*Agriades orbitulus*
Polyommatus bellargus	*Lysandra bellargus*
Polyommatus coridon	*Lysandra coridon*
Argynnis adippe	*Fabriciana adippe*
Argynnis aglaja	*Speyeria aglaja*
Argynnis niobe	*Fabriciana niobe*
Hipparchia alcyone	*Hipparchia hermione*

Tab. 2: In den Artsteckbriefen verwendete Abkürzungen

Deutsche Bundesländer	
BB	Brandenburg
BE	Berlin
BW	Baden-Württemberg
BY	Bayern
HB	Hansestadt Bremen
HE	Hessen
HH	Hansestadt Hamburg
MV	Mecklenburg-Vorpommern
NI	Niedersachsen
NW	Nordrhein-Westfalen
RP	Rheinland-Pfalz
SH	Schleswig-Holstein
SL	Saarland
SN	Sachsen
ST	Sachsen-Anhalt
TH	Thüringen

Fortsetzung Tab. 2:

Lebensräume	
A	Alpine Lebensräume
OH	Heiden
OT	Trockenrasen, Halbtrockenrasen, Borstgrasrasen, Sand-Magerrasen und Dünen
OF	Fels- und Gesteinsfluren, aufgelassene Steinbrüche, Trockenmauern, Steinrücken, unbefestigte vegetationsfreie/-arme Flächen sowie Rohböden
OU	Höhlen, Bergwerksstollen (für Tagfalter nur als Überwinterungshabitat)
OW	Wechselfeuchtwiesen, Nasswiesen, Feuchtgrünland, feuchte Magerrasen
OS	Staudenfluren (hygrophil)
OX	Staudenfluren (xerotherm)
OR	Ruderal- und Schlagfluren
OM	Frischwiesen und -weiden, Extensivgrünland (planar-submontan)
OG	Bergwiesen und -weiden
OO	Feldflur, artenarmes Intensivgrünland, Stoppelfelder usw.
MH	Moore (offen)
MN	Sümpfe, Röhrichte und Rieder
BF	Gebüsche, Hecken, Feldgehölze (feucht)
BM	Mesophile Gebüsche, Hecken
BT	Gebüsch, Hecken, Alleen, Feldgehölze (trocken)
BS	Streuobstwiesen
BY	Anthropogen beeinflusste Räume: Parks, Friedhöfe, Gärten, Vorstadtsiedlungen u. ä.
WL	Laub- und Mischwälder, einschließlich -forste
WS	Schluchtwälder
WM	Moorwälder
WA	Auwälder, Sumpf- und Bruchwälder
WF	Fichtenwälder und -forste
WK	Kiefernwälder und -forste
WY	WL besonderer Struktur („Lichtwälder")
Sonstige Abkürzungen	
evtl.	eventuell
Jhd.	Jahrhundert
BL	Bundesländer
s. o.	siehe oben
v. a.	vor allem
L1... L5	Larven- oder Raupenstadium 1 bis 5

Libythea celtis (Laicharting, 1782) – Zürgelbaum-Schnauzenfalter
Die Art ist im gesamten Mittelmeergebiet über Zentralasien bis Taiwan und Japan verbreitet. In den letzten Jahrzehnten hat sie sich aber über Ungarn und die Slowakei bis nach Österreich ausgebreitet und seit mehreren Jahren dauerhafte Populationen in Wien etabliert, wo sie Stadtparks mit angepflanzten Zürgelbäumen (*Celtis australis* sowie *C. occidentalis*) bewohnt, den Nahrungspflanzen der Raupen (Rabl & Rabl 2015). Auch in Deutschland kommen Zürgelbaum-Arten synanthrop vereinzelt vor, aber da von *L. celtis* nur einzelne alte Fundmeldungen aus BW fernab des bekannten Verbreitungsgebietes vorliegen, dürften die dort gefangenen Stücke verschleppt worden sein. Sie wurden am 14.07.1908 bei Baden-Bos sowie am 18.06.1921 bei Istein/Efringen gefangen. Darüber hinaus gibt es eine Angabe aus dem Steiger bei Erfurt/TH aus dem 19. Jahrhundert (Krause nach Bergmann 1951: 15).

Argynnis pandora ([Denis & Schiffermüller], 1775) – Kardinal
Das Areal dieser Art erstreckt sich von den Kanaren über Nordafrika, Südeuropa, die Türkei und den Mittleren Osten bis Nordindien, aber ganz vereinzelt wurden auch (eingewanderte oder eingeschleppte) Falter nördlich der Alpen beobachtet. Aus Deutschland existiert ein Beleg aus Müllheim in Baden, wo Standfuss am 10. und 11.08.1893 je 1 Weibchen fing (1 Beleg in den Landessammlungen für Naturkunde Karlsruhe vorhanden). Zudem gibt es eine Fundmeldung aus Todtnau-Schlechtnau, wo Asal am 2.8.2013 einen Falter an weißblühendem Sommerflieder beobachten konnte.

Nymphalis vaualbum ([Denis & Schiffermüller], 1775) – Weißes L
Das Verbreitungsgebiet der Art liegt in Osteuropa ostwärts bis China, Korea und Japan sowie in Nordamerika. Historische Angaben in den Lokalfaunen von SN, TH, BY und BW, meist Einzelfunde. Zuletzt 1924 bei Abensberg/BY und 1929 im direkt an der sächsisch-böhmischen Grenze liegenden Varnsdorf (= Warnsdorf).

Vanessa vulcania Godart, 1819 – Kanarischer Admiral
Das Areal der Art sind die Kanarischen Inseln und Madeira, einige Meldungen gibt es auch von den Kapverdischen Inseln und der Iberischen Halbinsel. Von dieser Art gibt es Meldungen und Belege aus ST und SN. Die Fundorte liegen zeitlich und räumlich weit auseinander und waren zum Zeitpunkt der Belege verkehrstechnisch kaum erschlossen, einzige Gemeinsamkeit: am Rande von Waldgebieten, sodass die Herkunft der gefundenen Falter ein Rätsel bleibt (s. a. Reinhardt et al. 2007). Im Jahr 1900 oder 1901 im sächsischen Elstertal bei Plauen 1 Weibchen und an gleicher Stelle 1951 1 Männchen, 1953 wurden an 2 Fundorten im Zellwald bei Nossen je 1 Exemplar gefangen. Die 5 in ST gefangenen Falter stammen aus der Zeit um 1930 aus dem Zielitzer Forst (Raum Magdeburg).

Vanessa virginiensis (Drury, 1773) – Amerikanischer Distelfalter
Das Verbreitungsgebiet liegt auf dem amerikanischen Kontinent und in Europa auf den Kanaren und in Portugal. Die Art gehört zu den Wanderfaltern. Es gibt aber bisher nur eine einzige Meldung aus Deutschland: 12.08.1974 ein Falter, Frankfurt/Main, Berger Hang in coll. Piatkowski (Schroth 1988, 1989).

Melitaea asteria Freyer, 1828 – Kleiner Scheckenfalter
Ein Pärchen (ohne Datum) mit Fundort „Rotwand" befindet sich in der Zoologischen Staatssammlung München. Die Art ist zentralalpin verbreitet, daher ist ein Vorkommen in Deutschland unwahrscheinlich. Zudem ist unklar, welche Rotwand gemeint ist (der Name ist mehrfach vergeben, z. B. in Südtirol, Tirol und Bayern) (Wolf & Bittermann 2013).

Melitaea neglecta Pfau, 1962 – Übersehener oder Torfwiesen-Scheckenfalter
Auch 55 Jahre nach der Beschreibung des Taxons ist die Diskussion um dessen Status und die Verfügbarkeit des Namens nicht abgeschlossen. Es kann auch hier keine abschließende Beurteilung erfolgen, sondern nur der pragmatischen Aussage von Nässig (1995) gefolgt werden: „... Unter faunistischen und naturschützerischen Gesichtspunkten sollte die getrennte Datenerfassung von *athalia* und „Feuchtwiesen-*athalia*" aber unbedingt und in jedem Fall bis zur Klärung der Sachlage weitergeführt werden." Es muss wahrscheinlich (leider) davon ausgegangen werden, dass viele der Flugplätze inzwischen vernichtet sind

und die bisher von verschiedenen Autoren durchgeführten Untersuchungen zwar mit Material von feuchten oder sogar torfigen Standorten vorgenommen wurden, aber die Populationen nicht dem Taxon *neglecta* PFAU zuzuordnen waren.

Die Feuchtwiesen-*athalia* sensu PFAU lebt in Stromtal-Niedermooren und ist zweibrütig. Die erste Generation fliegt ab Mitte Mai bis Mitte Juni, die zweite Generation ab August bis Mitte September.

Aktuelle, bestätigte Vorkommen dieses Taxons gibt es in der Altmark/ST (KÖHLER 2012), weitere Vorkommen gab/gibt es im Wendland/NI (KÖHLER & MÜLLER-KÖLLGES 1999); im Westerzgebirge/SN wurde der Fundort überbaut. Auch vom *locus typicus* und weiteren bei PFAU genannten Fundorten in MV gibt es keine Bestätigung. Weitere Details sind den Ausführungen von KÖHLER & WACHLIN (2007) zu entnehmen.

Euphydryas intermedia (MÉNÉTRIÈS, 1859) – Alpen-Maivogel
Zu dieser Art gibt es wegen der großen Ähnlichkeit zu *Euphydryas maturna* (LINNAEUS, 1758) nur spärliche Informationen. Das einzige sichere deutsche Exemplar wurde 1942 in der Umgebung des Königssees gefangen. In den Salzburger Kalkalpen sind weitere, auch neuere Nachweise bekannt, zum Teil nahe der Grenze. GROS (2013) hat hierzu die Informationen zusammengetragen.

Danaus plexippus (LINNAEUS, 1758) – Monarch
Dieser auf dem amerikanischen Kontinent große Wanderungen unternehmende Falter kommt auch in Australien, Neuseeland und vielen anderen Gebieten der Erde vor. In Europa lebt die Art auf den Kanaren, den Azoren, auf Madeira und im Süden der Iberischen Halbinsel. In Deutschland bisher Einzeltierfunde aus SH, NI, NW, ST, SL und BW. In zunehmendem Maße wird diskutiert, ob die Falter aus Schmetterlingshäusern entwichen sind oder freigelassen wurden. Da die Falter wandern, dürften auch größere Distanzen überwunden werden können. Dennoch sind unter den gemeldeten Tieren verdriftete Falter zu finden, so z. B. 31.08.1995 von der Insel Sylt, nachdem an Vortagen starke Westwinde herrschten (HENSLE 2002). Auch der Falter in coll. Meyer aus dem saarländischen Bubach (ULRICH 2001) dürfte, ebenso wie der am 05.10.1981 bei Bielefeld/NW beobachtete Monarch (RETZLAFF 1992), nicht auf Entweichen aus einem Schmetterlingshaus zurückzuführen sein. Bei den anderen, späteren Fundmeldungen ist jedoch diese Möglichkeit (und in Zukunft wohl noch mehr) ins Auge zu fassen: 13.10.2008 Quedlinburg/ST (SCHOLZE 2008), 28.09.2014 Delmenhorst/NI (HENSLE & SEIZMAIR 2015), 06.07.2014 Eppelborn/SL (HENSLE & SEIZMAIR 2015) und 28.06.2012 Breisach am Rhein/BW (HENSLE & SEIZMAIR 2013).

Abb. 8: Falter von *Dryas iulia* (FABRICIUS, 1775) auf der Terrasse eines Bungalows im Erdeborner Kuhloch zwischen Erdeborn und Holzzelle im Mansfelder Land, Sachsen-Anhalt am 8.7.2015. Foto: Christine Grunewald

Charaxas jasius (LINNAEUS, 1767) – Erdbeerbaumfalter
Ungeklärt bleibt die Herkunft des am 27.07.2010 in Bad Reichenhall/BY beobachteten frischen Falters dieser im Mittelmeergebiet beheimateten Art (WOLF & BITTERMANN 2013).

Kirinia roxelana (CRAMER, 1777)
Bei dem am 13.07.1992 in Bindlach gefundenen Exemplar wird aufgrund vorhandener Umstände auf eine Verschleppung aus dem südosteuropäischen/türkischen Raum geschlossen (WOLF & BITTERMANN 2013).

Hipparchia genava (FRUHSTORFER, 1907)
Dieses Taxon gehört in den engen Verwandtschaftskreis von *Hipparchia hermione* (LINNAEUS, 1764) (= *Hipparchia alcyone* [(DENIS & SCHIFFERMÜLLER), 1775]) und wird von einigen Autoren als selbstständige Art betrachtet (JUTZELER 2006). Bisher noch nicht in Deutschland nachgewiesen, Vorkommen in Frankreich, Schweiz und Italien. Die Vorkommen von *H. hermione* in Südwest-Deutschland könnten u. U. nahe verwandt sein.

Erebia albergana (PRUNNER, 1798)
Zwei Falter in der Zoologischen Staatssammlung München sind mit größter Wahrscheinlichkeit falsch bezettelt, wie bereits in der Literatur diskutiert wurde (WOLF & BITTERMANN 2013).

Erebia montana (PRUNNER, 1798) – Marmorierter Mohrenfalter
Von dieser Art gibt es bisher auch nur drei Nachweise (1855, 1916 und 2002), alle aus den Allgäuer Hochalpen; der neueste Nachweis stammt vom Schrofenpass, an der Grenze zu Österreich (NUNNER 2013). Eine detaillierte Aufnahme in den Atlas ist daher nicht erforderlich.

In der historischen Literatur von Sachsen sind drei weitere Arten genannt, die mit hoher Sicherheit Falschmeldungen darstellen und für die keine Belege existieren: die Hesperiiden *Gegenes nostrodamus* (FABRICIUS, 1793) und *Muschampia tessellum* (HÜBNER, 1803) sowie die Lycaenide *Lycaena thersamon* (ESPER, 1784).

Neuerdings werden vermehrt auch tropische Tagfalter in Deutschland beobachtet, die vermutlich aus Schmetterlingshäusern entwichen sind. Beispiele hierfür sind die Funde von *Dryas iulia* (FABRICIUS, 1775) in Sachsen-Anhalt (Abb. 8) und von *Morpho helenor peleides* KOLLAR, 1850 in Brandenburg (BUSSE & BUSSE 2018).

Aufbau des Artsteckbriefes

Die Artsteckbriefe sind nach einem einheitlichen Schema gegliedert. Im Abschnitt **Verbreitung & Vorkommen** ist der zoogeografische Status angegeben, der sich an KUDRNA et al. (2011) orientiert. Das Gesamtverbreitungsgebiet wird kurz umrissen. Es folgen Angaben zu Vorkommen in den Bundesländern, die sich auf die Landesfaunen sowie GAEDIKE et al. (2017) stützen. Informationen zur Verbreitung in den Nachbarstaaten Deutschlands sowie in anderen, nicht unmittelbar angrenzenden Regionen wurden KUDRNA et al. (2011) und folgenden Quellen entnommen: SCHWEIZERISCHER BUND FÜR NATURSCHUTZ (1987, 1997), BENEŠ et al. (2002), KUDRNA (2002), HUEMER (2004), BOS et al. (2006), BUSZKO & MASŁOWSKI (2008), TSHIKOLOVETS (2011), VEROVNIK et al. (2012), ESSAYAN et al. (2013), BALLETTO et al. (2014), DE PRINS (2016), LERAUT (2016), HOFMANN & TREMEWAN (2017), MAES et al. (2019).

Der **Lebensraum** wird beschrieben und durch Habitatpräferenzen grob skizziert (Tab. 2). Die Klassifizierung der Habitate richtet sich nach REINHARDT et al. (2007).

Im Abschnitt **Biologie & Ökologie** sind Angaben zu Generationenzahl, Flugzeit und Sesshaftigkeit sowie zum Eiablageort und den Raupennahrungspflanzen zu finden. Die Entwicklung der Raupe, die Verpuppungsart und der Verpuppungsort werden ebenso wie die überwinterungsfähigen Stadien beschrieben, weil hieraus Schlussfolgerungen zur Gefährdung und zum Schutz gezogen werden können. Viele Angaben zur Larvalentwicklung beruhen auf der Arbeit von FARTMANN & HERMANN (2006), die jedoch nicht wiederholt zitiert wird. Außerdem werden wichtige Nektarsaugpflanzen der Imagines genannt. Hinsichtlich der Nutzung von Raupennahrungspflanzen und Nektarsaugpflanzen gibt es zum Teil beträchtliche regionale Unterschiede, die im vorliegenden Buch nicht behandelt werden können. Weiterführende Angaben sind in der regionalen Tagfalterliteratur zu finden (z. B. REINHARDT & WAGLER 2017, RICHERT & BRAUNER 2018).

Im Abschnitt **Gefährdung** liegt der Schwerpunkt auf artspezifischen Gefährdungen. Allgemeine Gefährdungsfaktoren, die von Bedeutung für alle Arten sind, werden in Abschnitt „Ökologie, Gefährdung und Schutz" behandelt. In ähnlicher Weise wird im Abschnitt **Schutz** verfahren. Es werden lediglich artspezifische Maßnahmen aufgeführt, während allgemeine Empfehlungen ebenfalls im oben genannten Abschnitt zu finden sind.

Jeder Artsteckbrief enthält eine **Box**, in der Informationen zu Gefährdung, Häufigkeit, Bestandsentwicklung und gesetzlichem Schutz enthalten sind. Die Angaben stammen aus den aktuellen Roten Listen (REINHARDT & BOLZ 2011, RENNWALD et al. 2011) und der Bundesartenschutzverordnung von 2005. Einige Arten fallen auch unter die „Richtlinie 92/43/EWG des Rates zur Erhaltung der natürlichen Lebensräume sowie der wildlebenden Pflanzen und Tiere" (Flora-Fauna-Habitat-Richtlinie). Im Anhang II werden „Tier- und Pflanzenarten von gemeinschaftlichem Interesse, für deren Erhaltung besondere Schutzgebiete ausgewiesen werden müssen" aufgeführt. Anhang IV enthält „streng zu schützende Tier- und Pflanzenarten von gemeinschaftlichem Interesse".

Jeder Artsteckbrief zeigt zudem Fotos der Falter und ausgewählter Präimaginalstadien (Eier, Raupen, Puppen). Die Bildautoren sind in der Bildunterschrift aufgeführt.

Übersicht der in der Box verwendeten Kategorien zu Gefährdung, Bestandstrend und gesetzlichem Schutz (zur besseren Handhabung finden Sie die Angaben außerdem auf dem vorderen Vorsatzpapier):

RL-D (2011):
0 = Ausgestorben oder verschollen
1 = Vom Aussterben bedroht
2 = Stark gefährdet
3 = Gefährdet
V = Vorwarnliste
D = Daten unzureichend
◊ = Nicht bewertet
* = Ungefährdet
G = Gefährdung unbekannten Ausmaßes
R = Extrem selten

Aktueller Bestand nach RL-D (2011):
ex = 0 Vorkommen
es = 1–25 Vorkommen
ss = 26–100 Vorkommen
s = 101–250 Vorkommen
mh = 251–500 Vorkommen
h = geschätzt >500 Vorkommen
sh = geschätzt >>500 Vorkommen

ddfdfdfEntwicklungstrend kurzfristig nach RL-D (2011):
↓↓↓ sehr starke Abnahme (= Fundortverlust >50 %)
↓↓ starke Abnahme (= Fundortverlust 25–50 %)
(↓) Abnahme mäßig oder unbekannt (= Fundortverlust 5–24 % oder unbekannt)
= gleichbleibend (= gleichbleibend, Schwankungsbreite 5 %)
↑ deutliche Zunahme (= Zunahme der Fundorte um >5 %)
? Daten ungenügend

Bestandstrend langfristig nach RL-D (2011):
<<< sehr starker Rückgang
Art früher „verbreitet“ oder „häufig“, heute „zerstreut“; Fundortschwund >50 %

<< starker Rückgang
Art früher „häufig“, heute „selten“; Fundortschwund 25–50 %

< mäßiger Rückgang
Art früher „wenig verbreitet“ oder „selten“, heute in allen Teilen des Verbreitungsgebietes zwar vorkommend, aber Stetigkeit fehlt; Fundortschwund 5–24 %

(<) Rückgang, Ausmaß unbekannt
Ausmaß des Rückgangs kann nicht eingeschätzt werden (z. B. Arten mit langperiodischen Populationsschwankungen)

= gleichbleibend
Arten mit nur geringen Veränderungen in Verbreitung und Häufigkeit

> deutliche Zunahme
Art früher „selten“ oder „wenig verbreitet“, heute „häufig“, Zunahme der Fundorte >5 %

? Daten ungenügend

BArtSchV (2005):
Besonders geschützt
Streng geschützt

BNatSchG (2009):
Streng geschützt

FFH-Richtlinie:
Anhang II
Anhang IV

Erläuterungen zu den Verbreitungskarten

Die Verbreitungskarten zeigen die aktuelle und historische Verbreitung der einzelnen Arten. Dabei werden fünf Zeitabschnitte unterschieden. Für jedes TK25-Blatt ist der aktuellste Nachweis dargestellt. Künstliche Ansiedlungen von Arten durch Menschen sind mit einem gelben Stern als Sonderfall gekennzeichnet. Solche Ansiedlungen sind in den Karten jedoch nur berücksichtigt, wenn sich die entsprechenden Populationen über mindestens 10 Jahre etabliert haben.

Die Verbreitung der alpinen Arten wird nur im Kartenausschnitt des süddeutschen Raumes dargestellt. Detailliertere Ausführungen zu alpinen Arten sind bei Bräu et al. (2013) zu finden.

Aufgrund der unzureichenden und unvollständigen Datenlage konnten für die Widderchen keine Rasterkarten erstellt werden. Daher werden Verbreitung und Rote-Liste-Status vereinfacht und ohne Zeitabschnitte auf kleinmaßstäblichen Deutschlandkarten auf Ebene der Bundesländer durch unterschiedliche Farbtöne angezeigt.

Einige häufige Widderchenarten werden in den Roten Listen verschiedener Bundesländer nicht aufgeführt. Diese werden in den Karten als „häufig/ungefährdet" dargestellt.

Rechts: Der Kleine Fuchs (*Aglais urticae*) ist in ganz Deutschland anzutreffen, hat aber eine niedrigere Temperaturpräferenz als das nahe verwandte Tagpfauenauge. Als Falterüberwinterter gehört er zu den ersten Frühlingsboten. (Foto: Erk Dallmeyer)

Nachfolgende Doppelseite:
Großer Eisvogel (*Limenitis populi*), (Foto: Erk Dallmeyer)

Die Tagfalterarten Deutschlands

Iphiclides podalirius:
a Oberseite (Lars Huth)
b Unterseite (Andreas Kolossa)
c Raupe (Toni Kasiske)

Iphiclides podalirius (Linnaeus, 1758) – Segelfalter

Verbreitung & Vorkommen: Euro-sibirische Art. Von Nordwest-Afrika (*feisthamelii* (Duponchel, 1832) vertreten) durch Süd- und Mitteleuropa, über den Nahen und Mittleren Osten und das gemäßigte Asien bis China. Fehlend auf den Britischen Inseln und in Skandinavien; in Finnland und im Baltikum wenige Altnachweise. In Deutschland nördlich des 52. Breitengrades nur Einzelfunde von (meist migrierenden) Faltern. Aus allen deutschen BL nachgewiesen, aktuell verbreitet in BB, SN, TH, RP, BW, BY, lokal im Süden von ST, im Süden von NW und im SL. In allen Nachbarstaaten nachgewiesen, aber in Dänemark nur einzelne Wanderfalter.

Lebensraum: Heiße Felslandschaften, Blockschutthalden, stark besonnte, magere Heckenlandschaften mit südlicher Exposition, Weinberge. In Nordost-Deutschland (BB, SN) Bergbaufolgelandschaften, Hügel entlang Oder und Neiße, Ortschaften, offene Heidegebiete, Energietrassen. Habitatpräferenz: BT, OT.

Biologie & Ökologie: Falter fliegen in zwei Generationen und vorwiegend die Weibchen der zweiten Generation vagabundieren, sodass die Art manchmal weitab von den ursprünglichen Heimatgebieten zu beobachten ist. Erste Generation ab Mitte April bis Ende Juni, die zweite (regional unvollständig) von Juni bis Ende September. In manchen Jahren/Gebieten nur eine Generation von Mai bis Juli. Männchen mit Revierverhalten und Gipfelbalz (hilltopping). Raupennahrungspflanzen sind Rosaceae, z. B. Schlehe (*Prunus spinosa*), Felsen-Kirsche (*P. mahaleb*), Pflaume (*P. domestica*), Pfirsich (*P. persica*), in Nordost-Deutschland neuerdings auch Späte Trauben-Kirsche (*P. serotina*), gelegentlich auch an Eberesche (*Sorbus aucuparia*). Verpuppung als Gürtelpuppe, die überwintert.

Gefährdung: Verschlechterung der Larvalhabitate durch Sukzession, Aufforstung, Eutrophierung oder auch Entbuschung; Pestizideinsatz.

Schutz: Großflächige Erhaltung der Strukturen in den vorhandenen Fluggebieten und deren gezielte Entwicklung, extensive Beweidung.

Jörg Gelbrecht

RL-D (2011): 3
Aktueller Bestand: s
Entwicklungstrend kurzfristig: =
Bestandstrend langfristig: <<
BArtSchV (2005): besonders geschützt

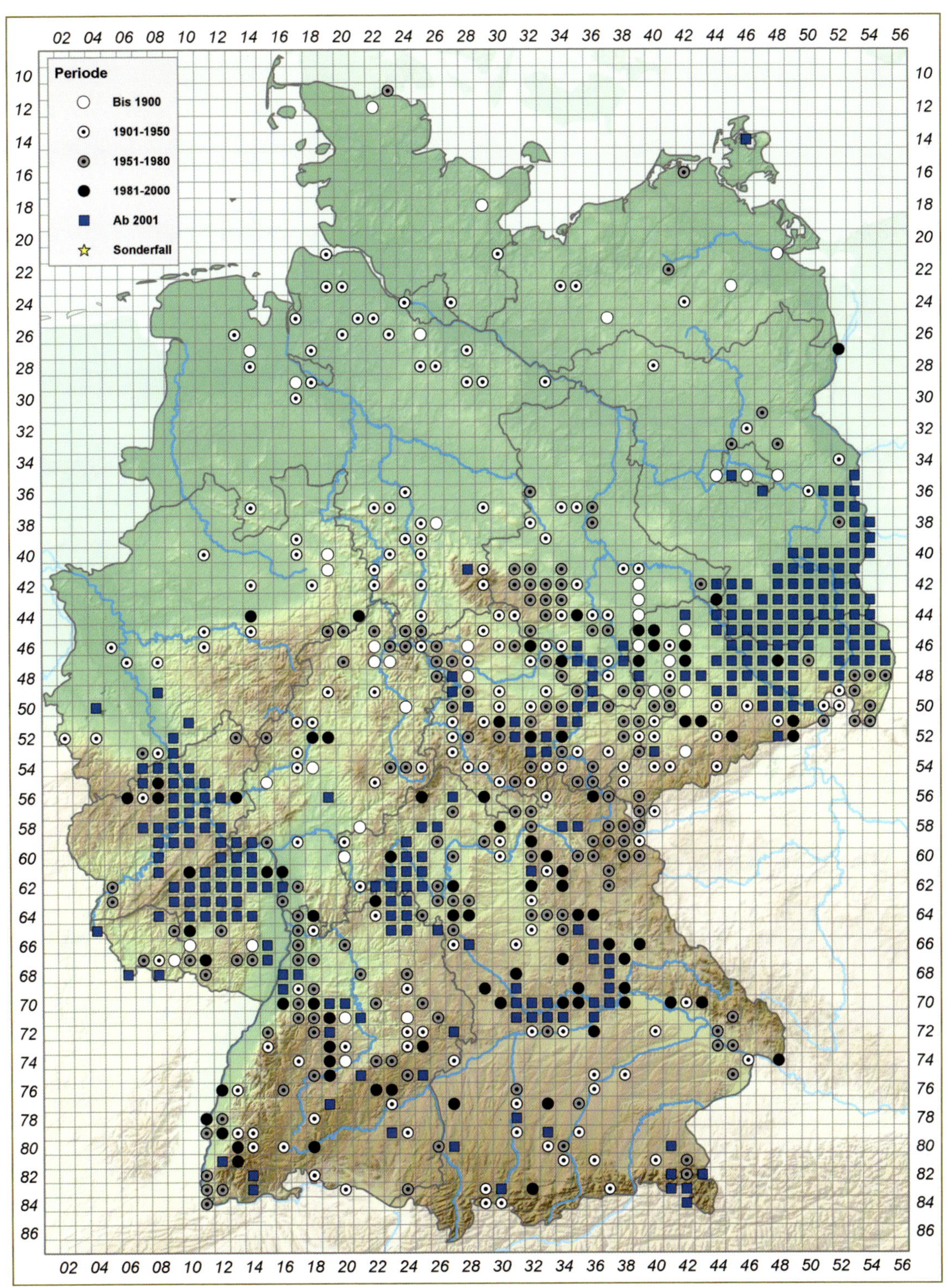
Periode
Bis 1900
1901-1950
1951-1980
1981-2000
Ab 2001
Sonderfall

Papilio machaon:
a Oberseite (Erk Dallmeyer)
b Raupe (Lars Huth)
c Unterseite (Rainer Ulrich)

Papilio machaon LINNAEUS, 1758 – Schwalbenschwanz

Verbreitung & Vorkommen: Holarktische Art. Kommt von Nordwest-Afrika über ganz Europa (Britische Inseln nur äußerster Südosten) und das gemäßigte Asien bis Japan vor, auch in Nordamerika. In Deutschland aus allen BL gemeldet und auch aus allen Nachbarstaaten. Im Gebirge kann die Art bis 3000 m über NN angetroffen werden.

Lebensraum: Offene Landschaften, Tal- und Waldlichtungen, Gärten, Mähwiesen, Abbaugebiete, Magerrasen, Ruderalflächen. Habitatpräferenz: OM, OT, OG, OR, OW, BY.

Biologie & Ökologie: Die Falter fliegen in zwei Generationen, die erste fliegt ab Mitte April bis Ende Juni, die zweite Generation von Juni bis Ende September. Eine partielle dritte Generation kann unter superoptimalen (Frühjahrs-)Bedingungen in Süddeutschland gebildet werden, wenn das mittlere Raupenstadium der dritten Generation vorher die kritische Tageslänge erreicht hatte (die Entwicklung wird fotoperiodisch gesteuert). Vagabundierende Art, Männchen mit Revierverhalten und Gipfelbalz (hilltopping). Eiablage einzeln an die Raupennahrungspflanzen. Diese sind eine Vielzahl von besonnt stehenden Doldengewächsen, z. B. Kleine Pimpinelle (*Pimpinella saxifraga*), Giersch (*Aegopodium podagraria*), Bärwurz (*Meum athamanticum*), Echte Engelwurz (*Angelica archangelica*), Echter Fenchel (*Foeniculum vulgare*), Wiesen-Kümmel (*Carum carvi*), Wilde und Garten-Möhre (*Daucus carota* inkl. Kulturformen). Verpuppung als Gürtelpuppe.

Gefährdung: Monokulturlandschaften ohne geeignete Raupennahrung und Nektarblütenangebot, Sukzession im mageren Offenland, Zerschneiden von Lebensräumen, zu häufige Mahd von Straßen- und Wegrändern oder Mahd zum falschen Zeitpunkt, großflächige Pestizidanwendung, Insektizidausbringung im Kleingarten.

Schutz: Erhaltung und Förderung von offenem und magerem Grünland. Verzicht auf Pestizidanwendung im Siedlungs- und Gartenbereich.

ROLF REINHARDT

RL-D (2011): *
Aktueller Bestand: sh
Entwicklungstrend kurzfristig: =
Bestandstrend langfristig: <<
BArtSchV (2005): besonders geschützt

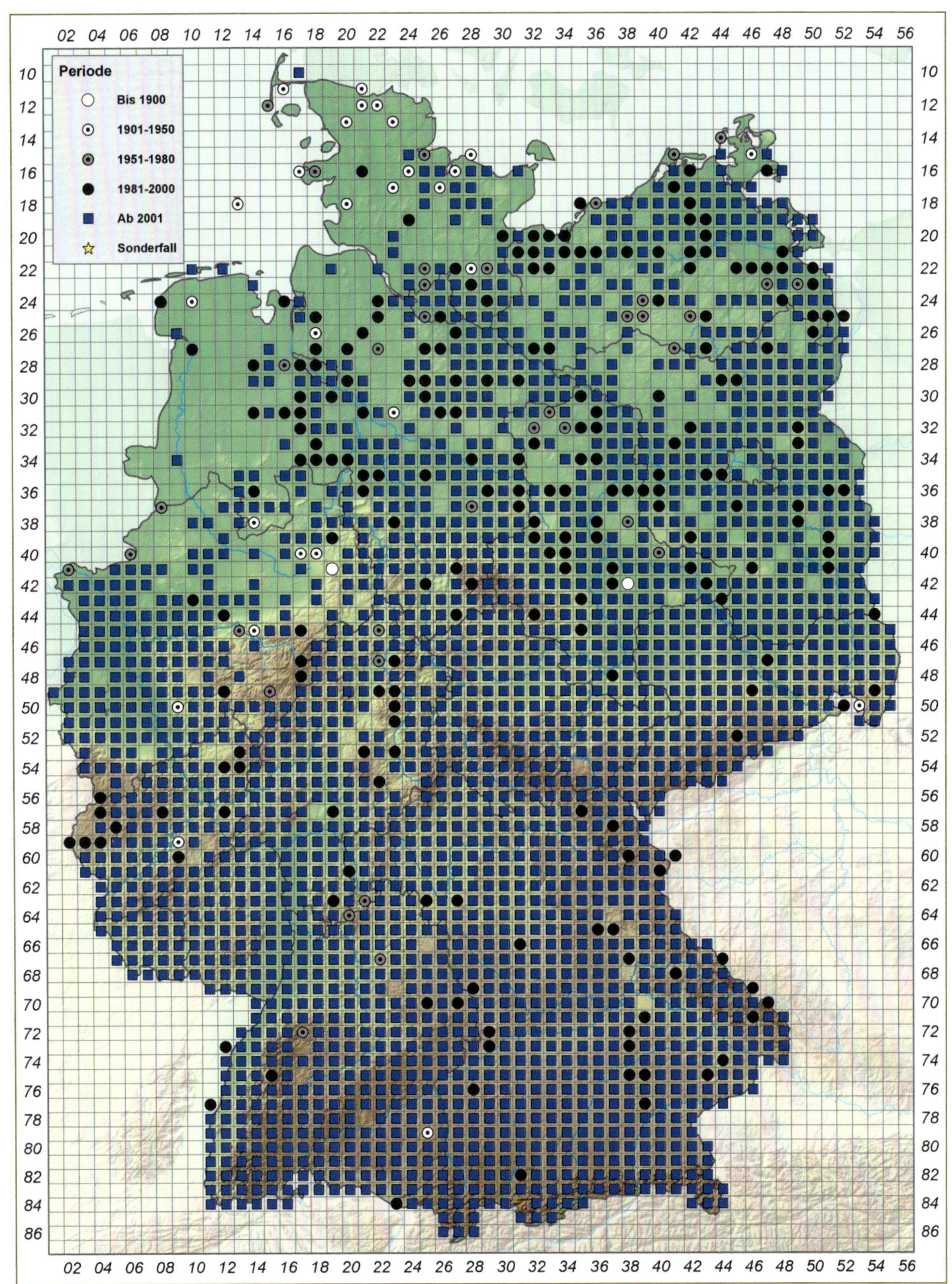
Periode
Bis 1900
1901-1950
1951-1980
1981-2000
Ab 2001
Sonderfall

Parnassius mnemosyne:
a Oberseite Männchen (Andreas Kolossa)
b Unterseite Männchen (Andreas Kolossa)
c Raupe (Michael Zepf)

Parnassius mnemosyne (LINNAEUS, 1758) – Schwarzer Apollo

Verbreitung & Vorkommen: Euro-orientalische Art, von Spanien (Pyrenäen) durch das gemäßigte Europa (ohne Nordwest-Europa) bis Zentralasien vorkommend; in Süd- und Mitteleuropa meist in den Mittel- und Hochgebirgen. In Deutschland sehr lokal in HE, TH, BW und BY. Im 20. Jhd. Verlust vieler Flugplätze, u. a. mit Erlöschen der Vorkommen am Vogelsberg und im Harz. Nachbarstaaten: in Frankreich, der Schweiz, Österreich, Tschechien, Polen; in Dänemark ausgestorben.

Lebensraum: In den Mittelgebirgen offene Wald- und Waldrandstrukturen mit Beständen von Lerchensporn-Arten (*Corydalis cava, C. solida, C. intermedia*), im Hochgebirge alpine Matten mit frischen Bereichen (z. B. „Schneetälchen"). Entscheidend ist ausreichende Verfügbarkeit von zur Flugzeit noch gut besonnten Beständen der Raupennahrungspflanzen. Durch Hochwald beschattete Lerchensporn-Massenbestände werden nicht genutzt. Habitatpräferenz: WY, OS, OG.

Biologie & Ökologie: Falter fliegen in einer Generation ab (Anfang) Mitte Mai bis Anfang (Mitte) Juli; in den Alpen höhenlagebedingt auch später. Die ziemlich ortstreuen, aber potenziell mobilen Falter können an Stellen mit optimalen Larvalhabitaten rasch hohe Populationsdichten aufbauen. Die Eiablage erfolgt an beliebigen Strukturen (Pflanzenstängel, Holzteile etc.) in der Nähe der Raupennahrungspflanzen, die als Frühlingsgeophyten zum Zeitpunkt der Eiablage ihre oberirdischen Teile meist schon abgebaut haben. Die Raupe überwintert in der Eihülle. Raupennahrungspflanze ist Lerchensporn (*Corydalis* spp.), vermutlich alle Arten der Gattung. Verpuppung in einem Gespinst in der Streu.

Gefährdung: Verlust der Larvalhabitate durch Ausbleiben von Waldnutzungsformen, die großflächige offene, gut besonnte Bereiche erzeugen.

Schutz: Schaffung besonnter Lerchensporn-Bestände durch niederwaldartige Nutzungsformen bzw. diese simulierende Pflegemaßnahmen. Flankierend (aber nicht ersetzend!) Erhaltung offener Wiesentäler mit extensiver Grünlandnutzung.

STEFAN HAFNER

RL-D (2011): 2
Aktueller Bestand: ss
Entwicklungstrend kurzfristig: (↓)
Bestandstrend langfristig: <<
BNatSchG (2009): Streng geschützt
FFH-Richtlinie: Anhang IV

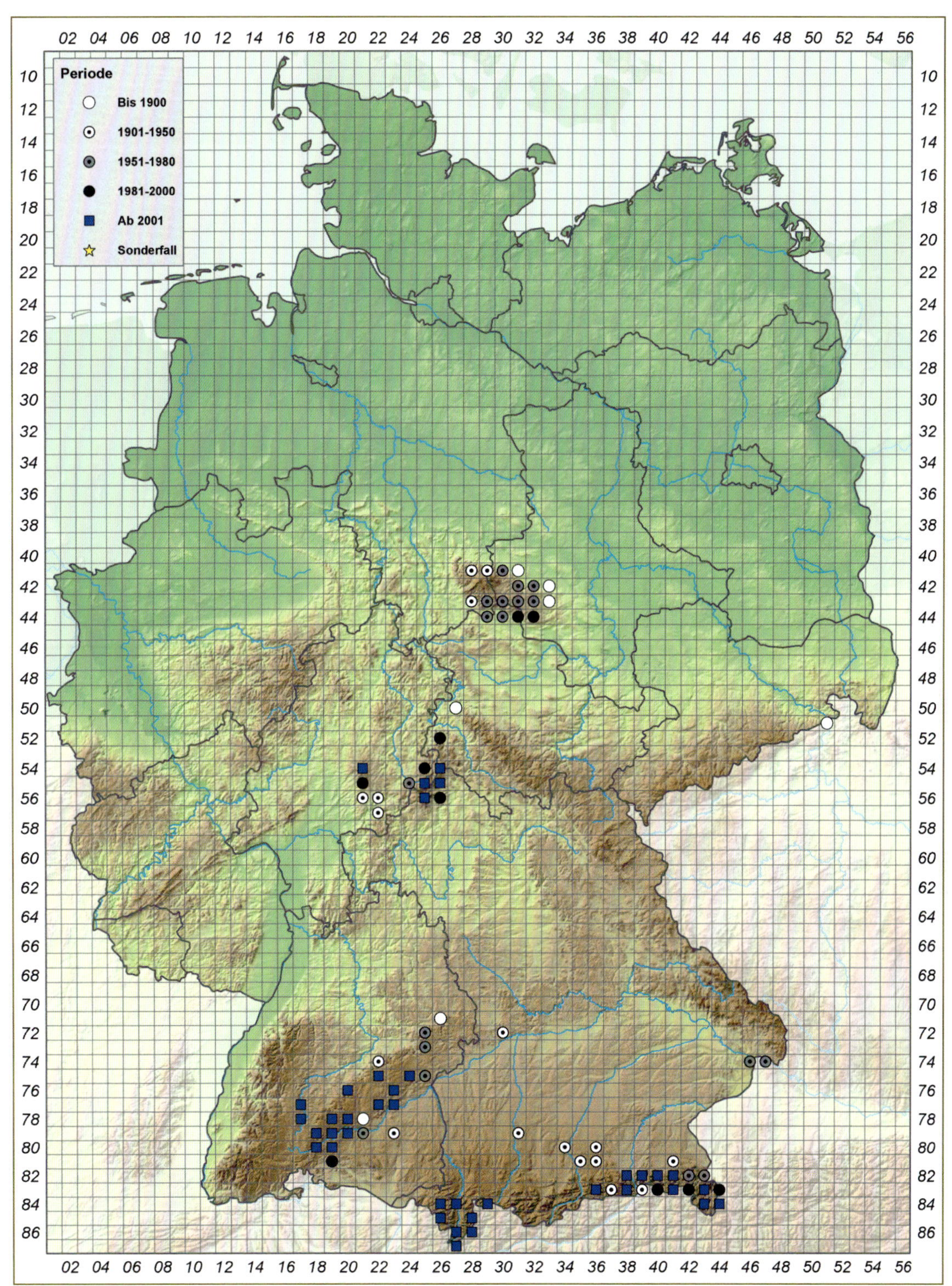
Periode
Bis 1900
1901-1950
1951-1980
1981-2000
Ab 2001
Sonderfall

Parnassius apollo:
a Unterseite (Lars Huth)
b Oberseite (Erk Dallmeyer)
c Raupe (Steffen Caspari)

Parnassius apollo (Linnaeus, 1758) – Apollofalter

Verbreitung & Vorkommen: Euro-sibirische Art, von Spanien durch das gemäßigte Europa bis Zentralasien und Sibirien; im südlichen Fennoskandien im Flachland, in Süd- und Mitteleuropa meist in den Gebirgen. In Deutschland sehr lokal in RP, BW und BY (in BW nur ein langfristiger Vorkommensbereich). Im 20. Jhd. Verlust vieler Flugplätze; in TH ausgestorben um 1910, fragliche Angabe aus Ost-SN um 1960. Nachbarstaaten: in Frankreich, der Schweiz, Österreich, Polen; in Tschechien ausgestorben und wieder angesiedelt.

Lebensraum: Felslandschaften mit blumenreichen, stark besonnten mageren Hangwiesen und Vorkommen der Raupennahrungspflanzen auf Felsen, Weinbergs- bzw. Stützmauern oder Steinbruch- und Gesteinshalden. Habitatpräferenz: OF, OT, A.

Biologie & Ökologie: Falter fliegen in einer Generation ab (Ende Mai) Mitte Juni bis Mitte August; in den Alpen höhenlagebedingt auch später. Die ziemlich ortstreuen, aber potenziell mobilen Falter können an einzelnen Flugplätzen (noch) zahlreich auftreten. Eiablage an die Nahrungspflanzen oder in deren Nähe. Die Raupen überwintern, meistens in der Eihülle. Raupennahrungspflanze ist Weiße Fetthenne (*Sedum album*), anfangs (bis L3) nur die kleinen Blättchen im Vegetationskegel; ältere Raupen auch an anderen *Sedum*-Arten. Verpuppung im Gespinst in der Streu.

Gefährdung: Verschlechterung der Larvalhabitate durch Sukzession und Eutrophierung oder lokal (an der Mosel) ehemals auch durch Pestizideinsatz. Kollisionen mit Bahn- und Straßenverkehr sowie Felssicherungsmaßnahmen (Mosel, BW).

Schutz: Erhaltung und Entwicklung großflächiger, vollsonniger Fels- und Gesteinshalden ohne ausgeprägte Gras- und Moosschicht. Beweidung mit Ziegen.

Matthias Dolek & Rolf Reinhardt

RL-D (2011): 2
Aktueller Bestand: ss
Entwicklungstrend kurzfristig: =
Bestandstrend langfristig: <<
BNatSchG (2009): Streng geschützt
FFH-Richtlinie: Anhang IV

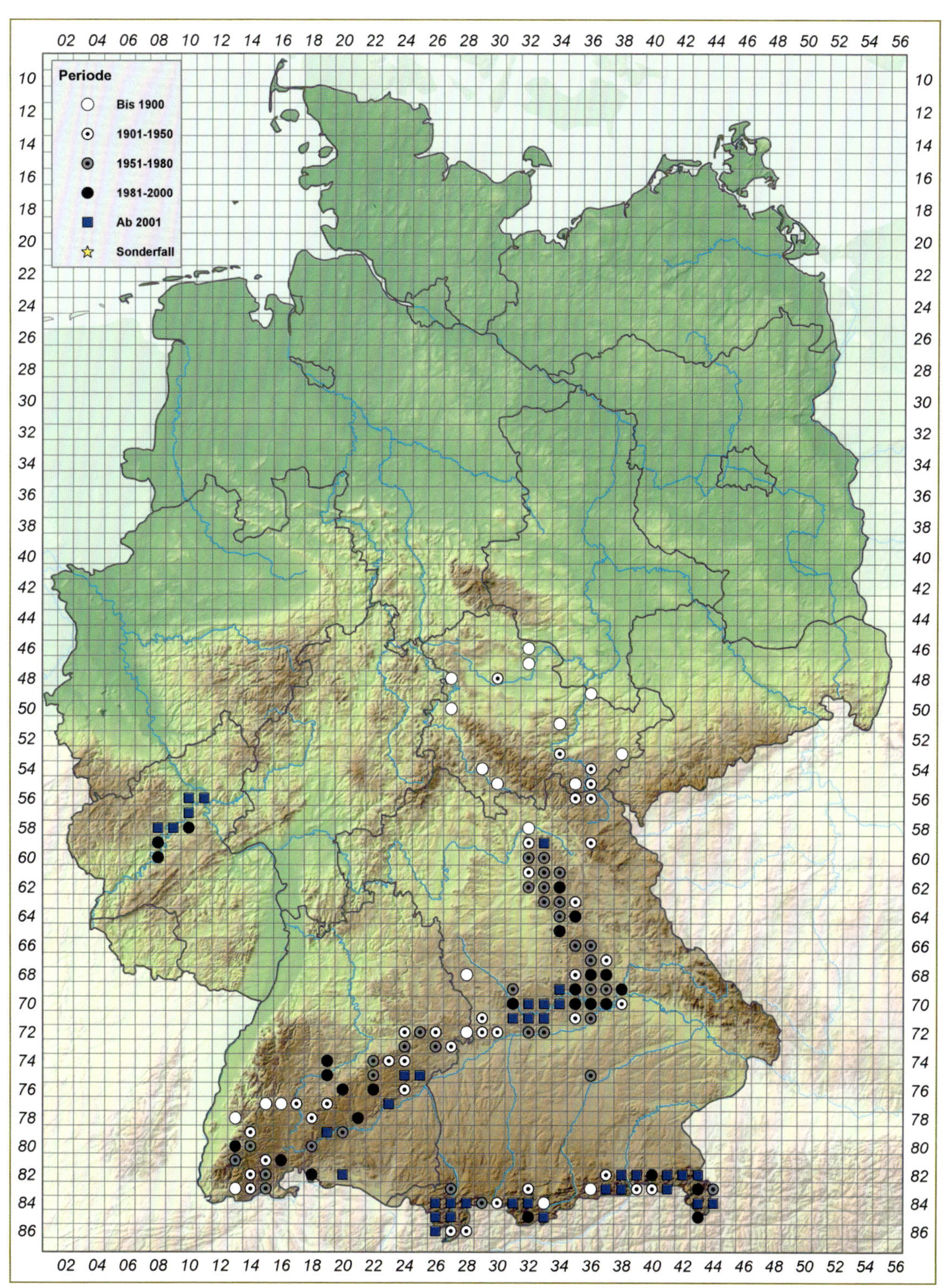
Periode
Bis 1900
1901-1950
1951-1980
1981-2000
Ab 2001
Sonderfall

Parnassius phoebus:
a Oberseite Weibchen (Toni Kasiske)
b Unterseite Weibchen (Toni Kasiske)

Parnassius phoebus (Fabricius, 1793) – Hochalpen-Apollo

Verbreitung & Vorkommen: Alpen, Ural und durch Sibirien bis Kamtschatka, Nordamerika. Die zwischenzeitlich propagierte Abspaltung der Vorkommen in den Alpen als eigene Art (als *P. sacerdos* Stichel, 1906) wird durch aktuelle Ergebnisse nicht unterstützt (Todisco et al. 2012). In Deutschland nur in BY, in den Allgäuer Hochalpen, letzter Nachweis 1993. Für einen Falter 2008 bei Oy-Mittelberg wird angenommen, dass das Tier verschleppt wurde oder aus einer Zucht stammt. Auch für den 2005er Nachweis eines einzelnen Männchens in den Ammergauer Alpen (Hochplatte) ist die Herkunft unklar (Zuflug aus Österreich?). Nachbarstaaten: in der Schweiz, Österreich, Frankreich.

Lebensraum: Vor allem an Ufern von sonnigen Quellbächen, Quellfluren und Schwemmböden mit der wichtigsten Raupennahrung, Fetthennen-Steinbrech (*Saxifraga aizoides*). Zur Nektaraufnahme auch abseits der Larvalhabitate. Zwischen 1100 und 2250 m über NN. Habitatpräferenz: A.

Biologie & Ökologie: Einbrütig, Flugzeit von Anfang Juli bis Mitte August. Es liegen überwiegend Einzelbeobachtungen vor, lediglich im Warmatsgundtal wiederholte Nachweise. Unklar, ob ein dauerhaft reproduzierendes Vorkommen existiert, oder ob die Falterbeobachtungen Zuflüge sind. Eiablage in der Schweiz und in Österreich einzeln an oder in der Nähe der Raupennahrung. Neben *S. aizoides* gelegentlich auch Raupen an Gewöhnlicher Rosenwurz (*Rhodiola rosea*). Die Raupen sind vor allem bei Sonnenschein aktiv und fressen bevorzugt die Blütenknospen. Überwinterung als Raupe in der Eihülle.

Gefährdung: Unbekannt, da Status unklar, keine aktuellen Vorkommen bekannt.

Schutz: Siehe Gefährdung.

Matthias Dolek

RL-D (2011): D
Aktueller Bestand: ?
Entwicklungstrend kurzfristig: ?
Bestandstrend langfristig: ?
BArtSchV (2005): streng geschützt

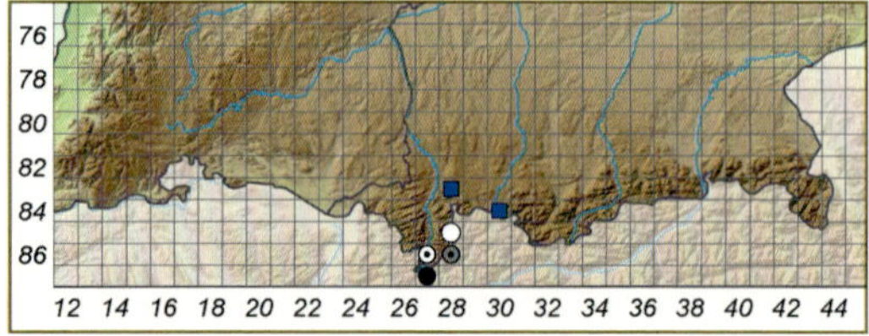

Der Apollofalter (*Parnassius apollo*) kommt in Felslandschaften vor, auf denen die Weiße Fetthenne (*Sedum album*) als wichtigste Nahrungspflanze der Raupen wächst; häufig verzahnt mit blumenreichen, stark besonnten mageren Hangwiesen. (Foto: Andreas Kolossa)

Zerynthia polyxena: **a** Oberseite (Martin Wiemers) **b** Unterseite (Martin Wiemers) **c** Raupe (Martin Wiemers)

Zerynthia polyxena ([Denis & Schiffermüller], 1775) – Osterluzeifalter

Verbreitung & Vorkommen: Euro-mediterrane Art. Von Südfrankreich und Norditalien bis Süd-ost-Europa und Kleinasien; fehlt auf der Iberischen Halbinsel, den Mittelmeerinseln sowie der Apennin-Halbinsel südlich der Po-Ebene, wo sie durch die Schwesterart *Z. cassandra* (Geyer, 1828) vertreten wird. Die Areal-Nordgrenze verläuft südlich des Alpenhauptkamms über Niederösterreich nach Südrussland. Die Art kommt hauptsächlich im Hügelland vor. In Deutschland ausgestorben, war nur von wenigen Orten, besonders an der Donau (Weltenburg, Regensburg), durch Einzelfunde bekannt, letzter Nachweis 1887 (Weltenburg). Wahrscheinlich schon früher an verschiedenen Orten in BW Ansiedlungsversuche. 1996 Einzelfund in SN, ab 2005 weitere Nachweise in BY (Mainfranken), die auf widerrechtliche Ansiedlungen zurückzuführen sind. Nachbarstaaten: in Frankreich, Österreich, Tschechien; in der Schweiz seit 1937 ausgestorben.

Lebensraum: Angesiedelte Populationen leben in Weinbergslagen und Streuobstwiesen. In den Südalpen fliegt die Art auch auf gut besonnten Magerwiesen und in der Po-Ebene in lichten Auwäldern. Habitatpräferenz: OT, BT, BS, WA.

Biologie & Ökologie: Falter fliegen in einer Generation ab Ende März bis Mitte Mai. Die Eier werden in Gruppen an die Blattunterseiten der Nahrungspflanzen gelegt. Als Raupennahrungspflanzen dienen die Osterluzei-Arten *Aristolochia clematitis* und *A. rotunda*; die zuerst gesellig lebenden Raupen fressen bevorzugt Blüten, nach der zweiten Häutung vereinzeln sie sich. Nach ca. 4 Wochen erfolgt die Verpuppung als modifizierte Gürtelpuppe; der „Gürtelfaden“ ist am Kopf angeheftet. Sie kann auch zweimal überwintern.

Gefährdung: Aus Deutschland keine Angaben. Falls sich stabile Populationen entwickeln, ist der Gesetzgeber gefragt, ob und auf welche Weise die Art zu schützen ist, um eine Gefährdung abzuwenden (FFH-Art Anhang IV).

Schutz: In Deutschland ausgestorben, daher keine artspezifischen Schutzmaßnahmen erforderlich. Ein Monitoring der widerrechtlich angesiedelten Populationen in Mainfranken ist zu empfehlen.

Rolf Reinhardt

RL-D (2011): 0
Aktueller Bestand: ex 1888 (lokal seit 2005 angesiedelt)
BNatSchG (2009): Streng geschützt
FFH-Art: Anhang IV

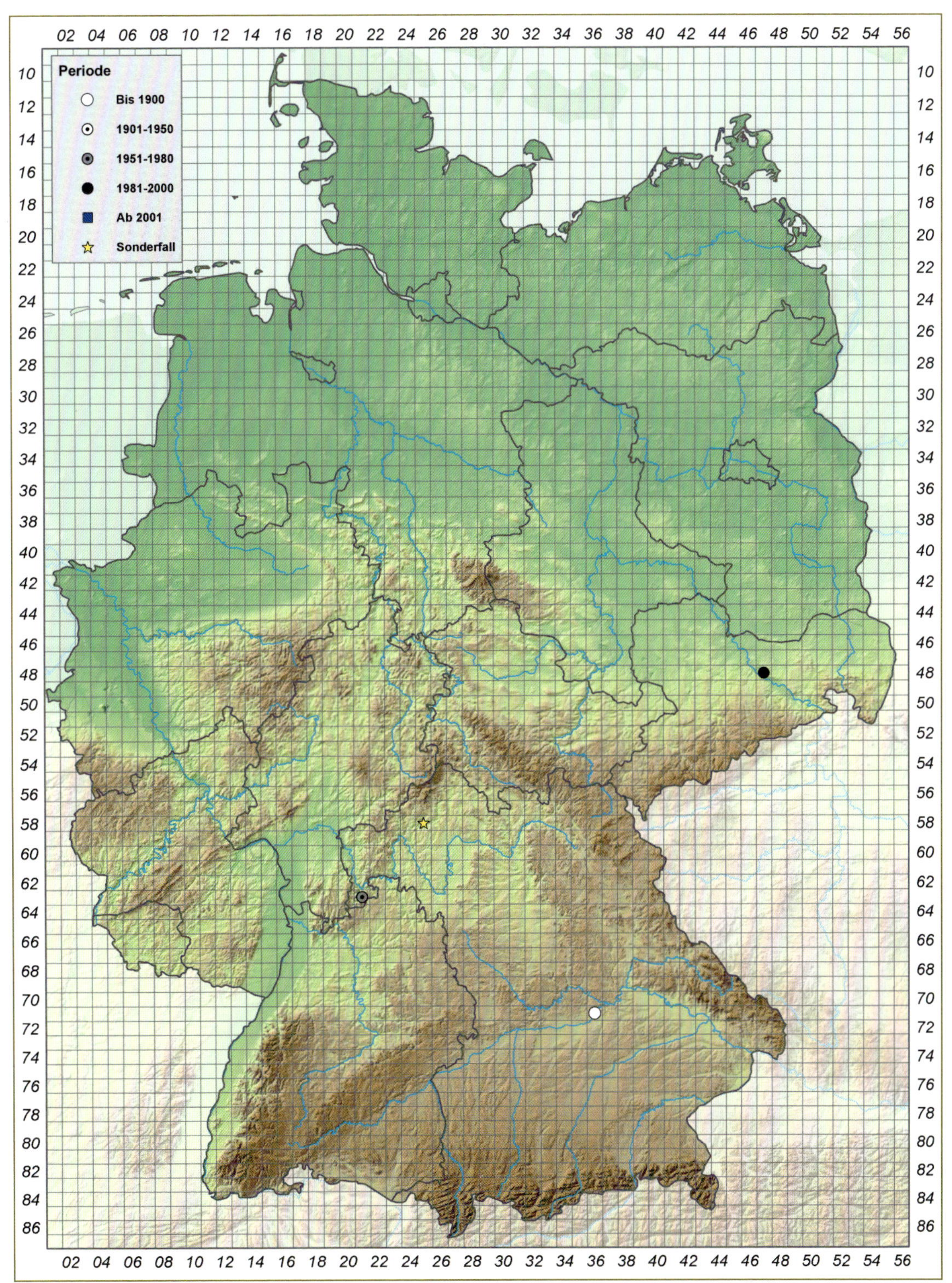
Periode
Bis 1900
1901-1950
1951-1980
1981-2000
Ab 2001
Sonderfall

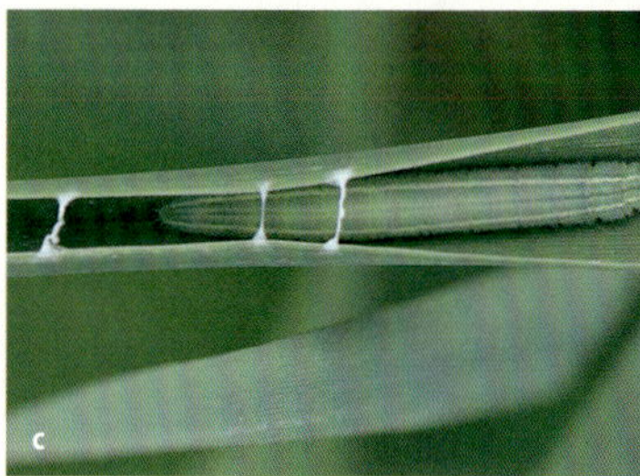

Heteropterus morpheus:
a Unterseite (Ingo Seidel)
b Oberseite (Erk Dallmeyer)
c Raupe (Markus Dumke)

Heteropterus morpheus (PALLAS, 1771) – Spiegelfleck, Hüpferling

Verbreitung & Vorkommen: Euro-sibirische Art, ostwärts bis Korea. In Europa von Nordspanien, Mittelitalien und dem Bosporus nordwärts bis Dänemark und Südfinnland, aber mit sehr großen Lücken. In Deutschland in der Südwest-Hälfte ganz fehlend, in Nordost-Deutschland weiter verbreitet, in Nordwest-Deutschland erst seit ca. 1930 eingewandert, dort aktuell in Ausbreitung; Vorstöße einzelner Falter nach Südwesten in ansonsten unbesiedeltes Gebiet. Nachbarstaaten: in Österreich, der Schweiz, Frankreich, Niederlande, Dänemark, Polen, Tschechien.

Lebensraum: Ränder und Auflichtungen von Erlenbruchwäldern und sonstigen feuchten Wäldern, selten genutzte degenerierte Hochmoore, auch gestörte Bereiche (frische und feuchte Wiesen- und Niedermoorbrachen). Habitatpräferenz: WA, WY, MN, (OW, OS, MH).

Biologie & Ökologie: Eine Generation Mitte Juni bis Mitte August. „Hüpfender“ Flug. Eiablage nahe Blattbasis auf die Oberseite produktiver Gräser luftfeuchter, halbschattiger bis vollsonniger Standorte im (Bruch-)Waldbereich, vor allem Sumpf-Reitgras (*Calamagrostis canescens*), Rohr-Glanzgras (*Phalaris arundinacea*) und Pfeifengras (*Molinia caerulea* agg). Diese Gräser bleiben lange grün, was Voraussetzung für ihre Eignung ist, da die Raupe von Juli bis in den Herbst nur langsam heranwächst; sie lebt leicht versteckt in einer mit wenigen Fäden gesponnenen Grasröhre, in der sie im vorletzten Stadium überwintert.

Gefährdung: Homogenisierung der Landschaft; Nichtzulassen von mehrjährig ungemähten Streifen an Wald-, Graben- und Wiesenrändern.

Schutz: Zulassen mehrjähriger grasreicher Brachestreifen an Waldwegen im Bereich der Bruchwälder. Kein herbstliches Mulchen oder Abräumen von Grabenrändern etc. (überwinternde Raupen!); Offenhalten ehemaliger Feuchtgrünland-/Moorbereiche durch schonende Herausnahme aufkommender stärkerer Verbuschung.

ERWIN RENNWALD & MARKUS DUMKE

RL-D (2011): *
Aktueller Bestand: mh
Entwicklungstrend kurzfristig: =
Bestandstrend langfristig: <

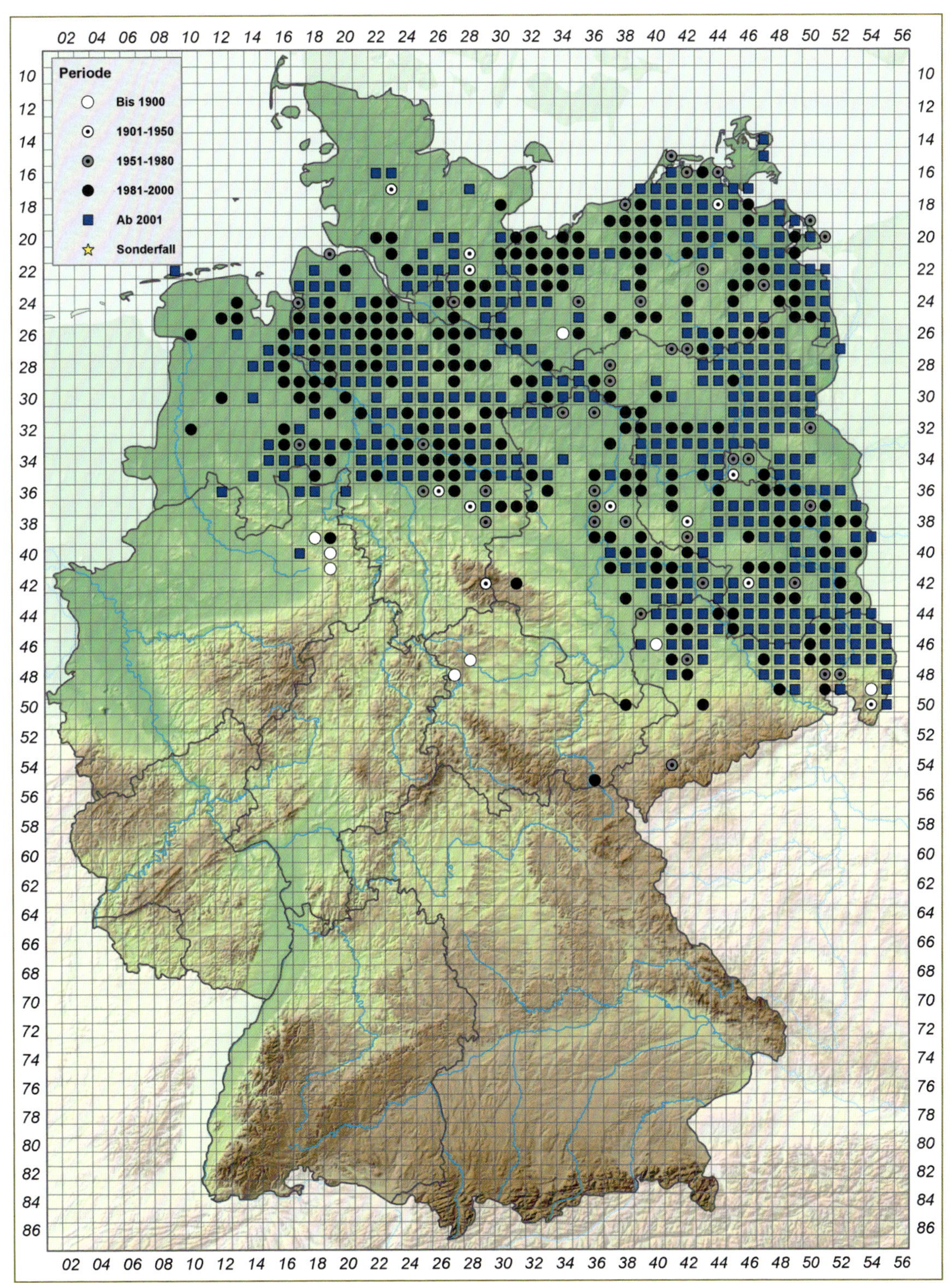
Periode
Bis 1900
1901-1950
1951-1980
1981-2000
Ab 2001
Sonderfall

Carterocephalus silvicola:
a Oberseite Männchen (Ingo Seidel)
b Kopula (Markus Dumke)
c Raupe (Markus Dumke)

Carterocephalus silvicola (Meigen, 1829) – Gold-Dickkopffalter

Verbreitung & Vorkommen: Euro-sibirische Art (Kamtschatka, Amur-Region, Westsibirien, Baltikum, Polen, Nord- und Nordost-Europa). In Deutschland nur im Norden und Nordosten: Norden von HH, Südosten von SH, Nordosten von NI, Nordhälfte von BB, Norden von ST, MV in zerstreuten, meist kleinen Populationen (Reinhardt et al. 2011). Nachbarstaaten: in Dänemark, Polen, ausgestorben in Tschechien.

Lebensraum: Luftfeuchte lichte Wälder (z. B. Birken-Erlen-Bruch- und Sumpfwälder) mit reichem Unterwuchs an Gräsern produktiver, feuchter Standorte. Oft mit wasserführenden Gräben (Luftfeuchte). Habitatpräferenz: WA.

Biologie & Ökologie: Falter in einer Generation zwischen Mitte Mai und Ende Juni. Halten sich im Wechselspiel von Licht und Schatten im Bereich der Waldwege auf. Wenig spezifisch bei Nektarpflanzenwahl, besonders häufig an Stinkendem Storchschnabel (*Geranium robertianum*) (blumenreiche Waldwege!). Eiablage auf Blattoberseiten von Süßgräsern. Nach eigenen Beobachtungen sind das in Deutschland verschiedene produktive Gräser luftfeuchter, halb- (oder fast voll-)schattiger bis sonniger Standorte im (Feucht-)Waldbereich, vor allem Rohr-Glanzgras (*Phalaris arundinacea*) und Sumpf-Reitgras (*Calamagrostis canescens*), auch Pfeifengras (*Molinia caerulea* agg.), Wald-Zwenke (*Brachypodium sylvaticum*) und Knaulgras (*Dactylis glomerata* agg.). Die Raupen entwickeln sich von Juni bis in den Herbst versteckt in Blattröhren.

Gefährdung: Früher Vernichtung der oben beschriebenen Feuchtwälder durch Entwässerung, Abholzung und auch Überbauung. Problem heute ist eher, dass sich die bisherigen Auflichtungen der Bestände schließen und dass an den Wegen durch die Gebiete entweder gar keine Pflege der Ränder mehr erfolgt oder eine zu intensive.

Schutz: Zulassen mehrjähriger grasreicher Brachestreifen an Waldwegen im Bereich der Feuchtwälder mit Vorkommen der Art. Zulassen von Lichtinseln in den Beständen.

Markus Dumke & Erwin Rennwald

RL-D (2011): 2
Aktueller Bestand: s
Entwicklungstrend kurzfristig: (↓)
Bestandstrend langfristig: <<

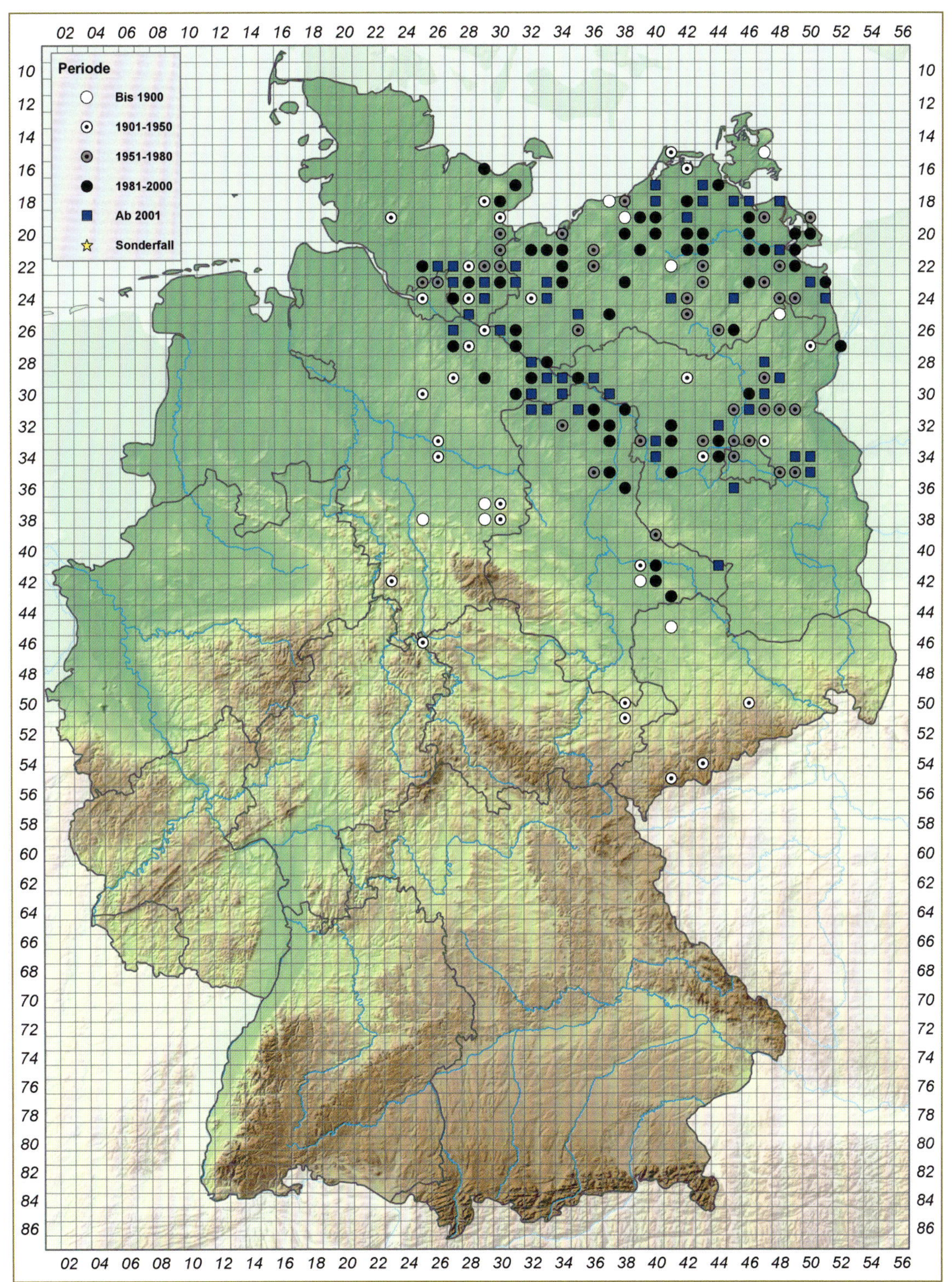
Periode
Bis 1900
1901-1950
1951-1980
1981-2000
Ab 2001
Sonderfall

Carterocephalus palaemon:
a Oberseite (Erk Dallmeyer)
b Unterseite (Erk Dallmeyer)
c Raupe (Michael Zepf)

Carterocephalus palaemon (Pallas, 1771) – Gelbwürfeliger Dickkopffalter

Verbreitung & Vorkommen: Holarktische Art. In ganz Europa mit Ausnahme des Mittelmeerraums und Irlands verbreitet, aber keineswegs „überall" zu finden. In Deutschland sind insbesondere das Alpenvorland und niedrigere Bereiche der Mittelgebirge gut besiedelt. In Nordwest- und Norddeutschland nur inselartig verbreitet. Oberhalb 500 m seltener, aber Höhengrenze aktuell ansteigend. In allen Nachbarstaaten außer Dänemark.

Lebensraum: Selten gemähte Gehölzränder, ungemähte Graswege im Wald, Lichtungen, trockene bis feuchte, oft in Gebüschsukzession befindliche Brachen, trockenwarme Säume, Halbtrockenrasen. Habitatpräferenz: WA, WY, MN, OR, OS, OX, (OW), OT.

Biologie & Ökologie: Eine Generation, am Oberrhein von Ende April bis Anfang Juni, sonst Anfang Mai bis Ende Juni, mit Nachzüglern bis Ende Juli. Die Falter sind eifrige Blütenbesucher mit Vorliebe für blau- bis rotviolette Blumen. Eiablage auf Blattoberseiten von Süßgräsern. Weil die Raupe von Juni bis in den Spätherbst kontinuierlich, aber sehr langsam heranwächst, muss es sich um lange grün bleibende Gräser an spät gemähten Stellen handeln – die wichtigsten sind Land-Reitgras (*Calamagrostis epigejos*), Pfeifengras (*Molinia arundinacea/M. caerulea*); Bedeutung haben auch Rohr-Glanzgras (*Phalaris arundinacea*), Schilf (*Phragmites australis*), Wald- und Fieder-Zwenke (*Brachypodium sylvaticum, B. pinnatum*). Die ausgewachsene Raupe überwintert in der letzten Blattröhre und verpuppt sich im April/Mai ohne erneute Nahrungsaufnahme.

Gefährdung: Monotonisierung der Landschaft.

Schutz: Zulassen mehrjähriger Brachestreifen an Waldwegen und Waldrändern, in Feuchtgebietskomplexen, aber auch in Löss-Hohlwegen und kalkreichen Trockenböschungen. Belassen von Altgrasbereichen bei der Pflege von Halbtrockenrasen.

Erwin Rennwald

RL-D (2011): *
Aktueller Bestand: h
Entwicklungstrend kurzfristig: (↓)
Bestandstrend langfristig: <

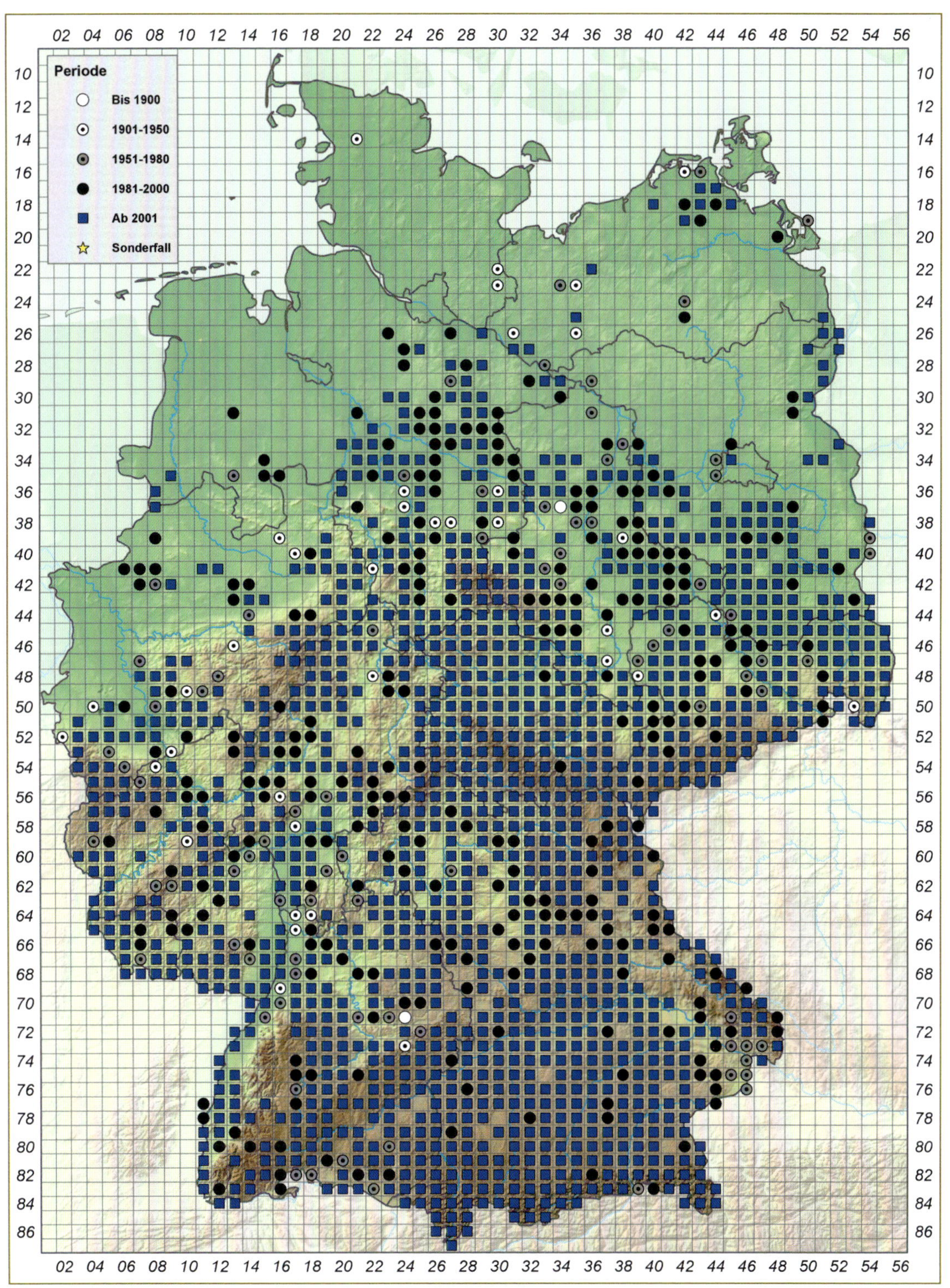
Periode
Bis 1900
1901-1950
1951-1980
1981-2000
Ab 2001
Sonderfall
02 04 06 08 10 12 14 16 18 20 22 24 26 28 30 32 34 36 38 40 42 44 46 48 50 52 54 56
10 12 14 16 18 20 22 24 26 28 30 32 34 36 38 40 42 44 46 48 50 52 54 56 58 60 62 64 66 68 70 72 74 76 78 80 82 84 86

Ochlodes sylvanus:
a Oberseite Weibchen (Detlef Kolligs)
b Unterseite (Erk Dallmeyer)
c Raupe (Michael Zepf)

Ochlodes sylvanus (Esper, 1777) – Rostfarbiger Dickkopffalter

Verbreitung & Vorkommen: Euro-sibirische Art. Von Portugal bis Korea. Fehlt in Europa nur im hohen Norden, auf kleineren Atlantik- und vielen Mittelmeerinseln. In Deutschland in allen BL weit verbreitet, in den Alpen bodenständig bis ca. 1600–1650 m über NN. In allen Nachbarstaaten.

Lebensraum: Die Art nutzt unterschiedliche Habitate vom lichten Wald bis zum gehölzfreien Offenland, von trocken bis sehr nass (gestörte Moore), von basenarm bis kalkreich. Säume und Versaumungsstadien spielen dabei die zentrale Rolle. Im Wiesenbereich nur dort, wo jahrweise nicht oder einschürig früh gemäht wird – oder eben an entsprechenden Rändern. Habitatpräferenz: WL, WY, WA, OR, OT, OF, MN.

Biologie & Ökologie: Falter in einer langgezogenen Generation von Juni bis Mitte August mit frühen Tieren ab Mitte Mai und späten bis Ende September. Intensiver Blütenbesucher (Disteln) an Wegrändern im Offenland und Wald, in Böschungen und Brachen. Eiablage auf Blattoberseiten breitblättriger Gräser, besonders Land-Reitgras (*Calamagrostis epigejos*), Pfeifengras (*Molinia caerulea* agg.), Fieder-Zwenke (*Brachypodium pinnatum*), Knaulgras (*Dactylis glomerata* agg.). Nur in Brachen, Brachestreifen, ungemähten Wegrändern oder Wiesen nach einmaliger früher Mahd. Raupe in wechselnden, mit wenigen Fäden gesponnenen Grasröhren, wächst nur sehr langsam heran, überwintert im vorletzten Stadium in dann fest zugesponnener Grasröhre.

Gefährdung: Die Art ist nicht gefährdet, zeigt aber regional deutliche Ausdünnungstendenzen als Folge der Monotonisierung der Landschaft. Sie verträgt maximal einschürige Frühmahd im Juni/Anfang Juli und kommt gut mit jüngeren Brachestadien zurecht.

Schutz: Für die Art sind aktuell keine speziellen Schutzmaßnahmen notwendig. Das Zulassen mehrjähriger grasreicher Brachestreifen an Waldwegen, Wegrändern oder Offenlandböschungen würde den Bestand der Art weiterhin sichern.

Erwin Rennwald

RL-D (2011): *
Aktueller Bestand: sh
Entwicklungstrend kurzfristig: =
Bestandstrend langfristig: =

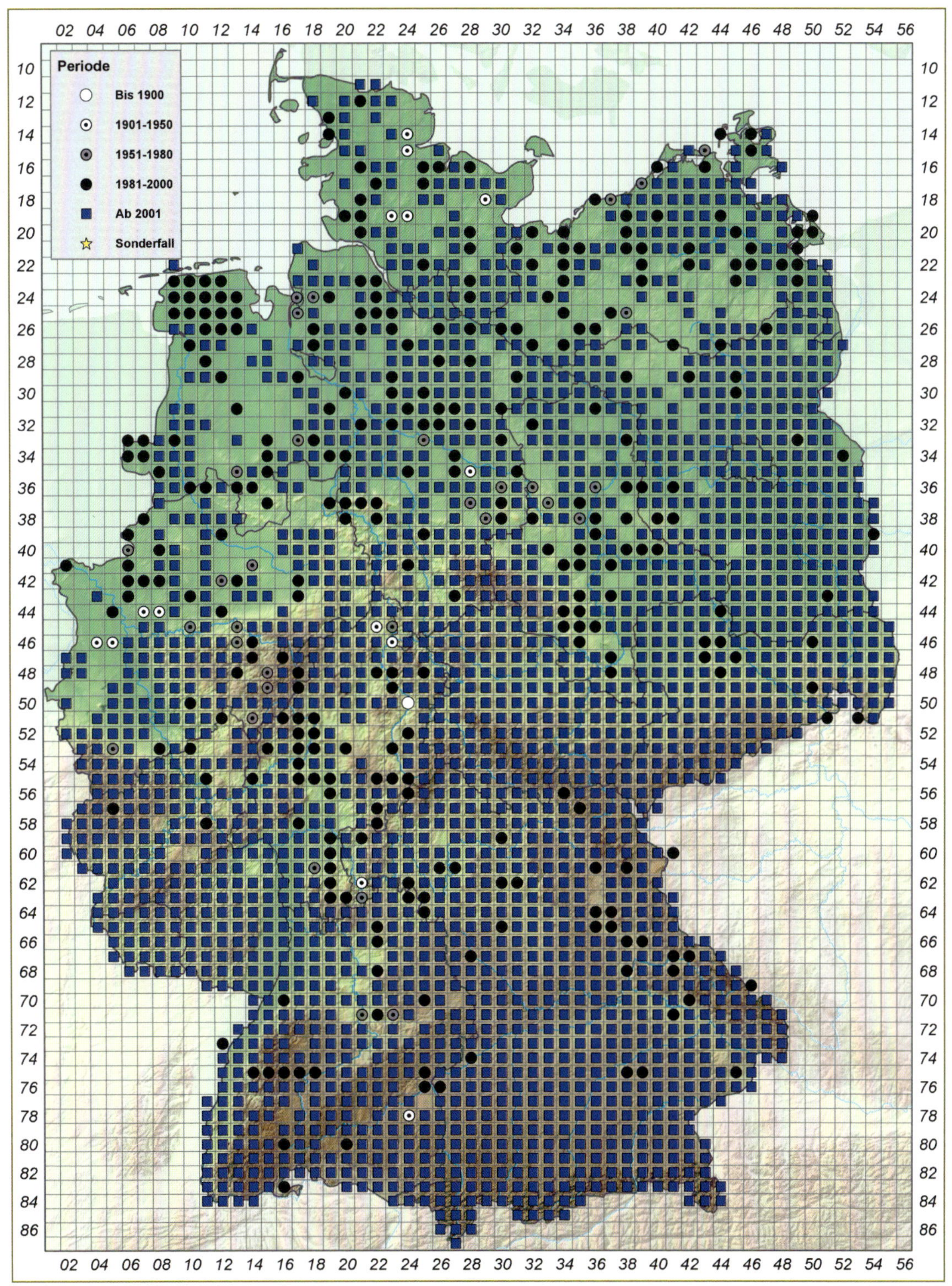
Periode
Bis 1900
1901-1950
1951-1980
1981-2000
Ab 2001
Sonderfall

Hesperia comma:
a Unterseite
(Benno von Blanckenhagen)
b Oberseite Weibchen
(Michael Zepf)

Hesperia comma (Linnaeus, 1758) – Komma-Dickkopffalter

Verbreitung & Vorkommen: Holarktische Art, die weit verbreitet ist; über die gemäßigte Zone von Nordwest-Afrika über West-, Mittel- und Osteuropa bis nach Ostasien und Nordamerika. Eine Ausnahme bildet die f. *catena*, welche in der Polarzone Skandinaviens und der subalpinen Stufe mehrerer Hochgebirge vorkommt. Aktuell in allen Flächenbundesländern in Deutschland vertreten, doch gibt es eine sehr starke Häufigkeits- und Fundortabnahme nach Norden und Westen hin. Aktuelle Vorkommen in allen Nachbarstaaten.

Lebensraum: Basische wie silikatische Magerrasen von den Dünen an der Küste bis zu alpinen Rasen bilden das weit gestreute Spektrum von 0 bis auf über 1800 m über NN in Deutschland. In der Ebene sind die wichtigsten Lebensräume Sandrasen, Silbergrasfluren, *Calluna*-Heiden in Schwemm- und Flugsandgebieten. Darüber hinaus werden Initialrasen der Bergbaufolgelandschaft genutzt. In Mittel- und Süddeutschland werden in der Mehrzahl beweidete basische Halbtrockenrasen besiedelt. Regional stellen auch Borstgrasrasen einen wichtigen Lebensraum dar; im Voralpengebiet sind es Pfeifengraswiesen und trockene Stellen in Flach-, Hoch- und Übergangsmooren. Das Habitat ist durch eine kurzrasige, teilweise lückige Vegetation mit Grashorsten gekennzeichnet. Habitatpräferenz: A, OH, OF, OT, OW, OG.

Biologie & Ökologie: Die sehr mobilen Falter fliegen in einer Generation ab der zweiten Julihälfte (im Alpen- und Voralpengebiet auch bereits ab Ende Juni) bis in den September. Die Falter können in manchen Jahren durchaus zahlreich auftreten. Die Eiablage erfolgt einzeln, direkt an die Halme von Gräsern. Das Ei überwintert. Die wichtigsten Raupennahrungspflanzen sind Kleinarten der Schaf-Schwingel-Gruppe (*Festuca ovina* agg.) sowie weitere Süßgräser an wenig produktiven Standorten.

Gefährdung: Eutrophierung, Sukzession und Aufforstung, Umwandlung in Äcker oder Intensivgrünland, Aufgabe von Extensivweiden, Verinselung auf zu kleine Lebensraumkomplexe.

Schutz: Extensivbeweidung mit Pferden, Eseln, Rindern, Ziegen oder Schafen. Offenhaltung der Lebensräume von Gehölzen.

Ralf Bolz

RL-D (2011): 3
Aktueller Bestand: h
Entwicklungstrend kurzfristig: ↓ ↓
Bestandstrend langfristig: <<<

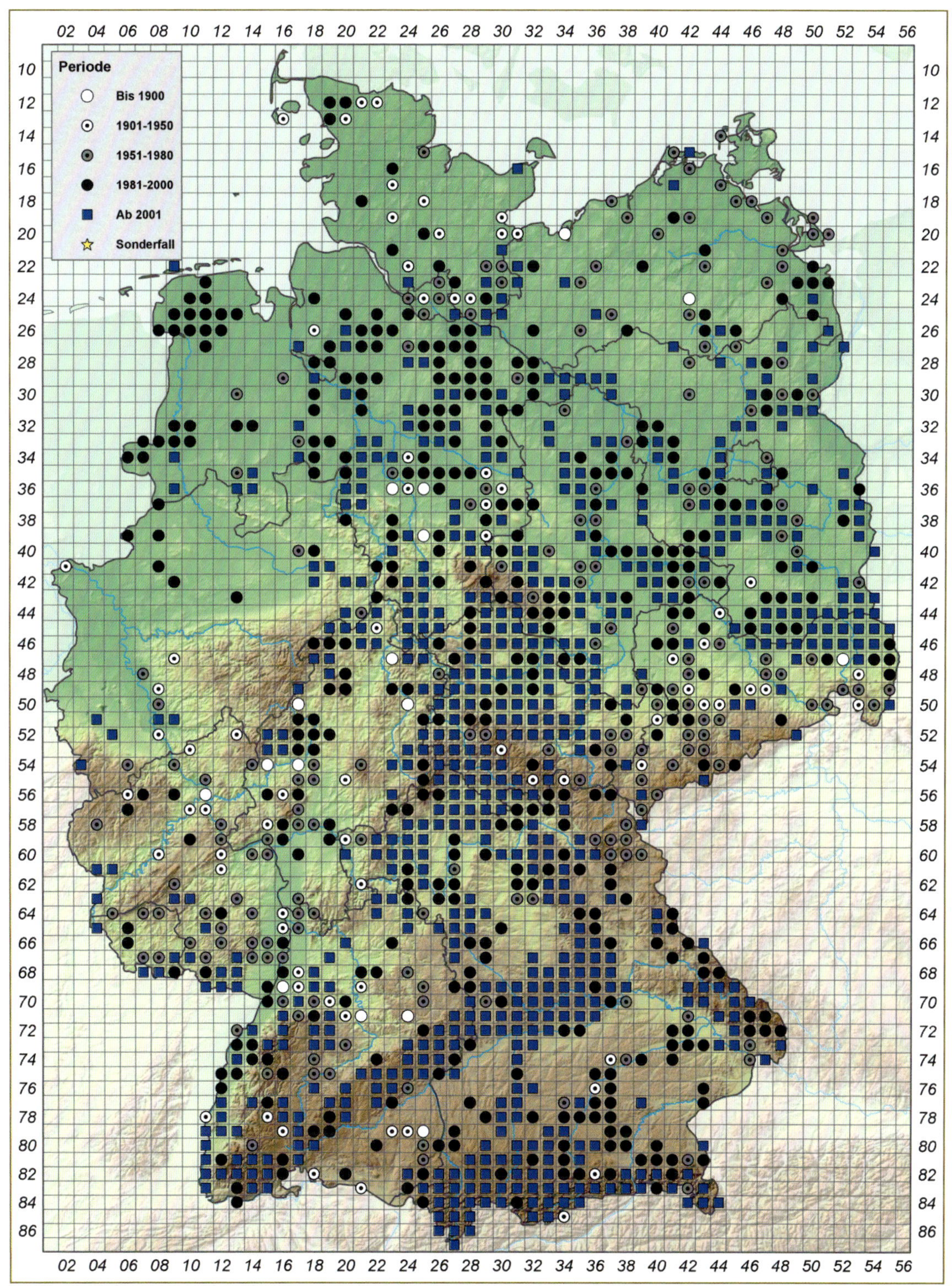
Periode
Bis 1900
1901-1950
1951-1980
1981-2000
Ab 2001
Sonderfall

Thymelicus acteon:
a Oberseite Weibchen (Erk Dallmeyer)
b Unterseite (Erk Dallmeyer)

Thymelicus acteon (Rottemburg, 1775) – Mattscheckiger Braun-Dickkopffalter

Verbreitung & Vorkommen: Euro-orientalische Art. Von Nordwest-Afrika durch das südliche Europa bis zum Nahen Osten weit verbreitet, aber im Norden fehlend. Die nördliche Arealgrenze verläuft durch Norddeutschland, daher in SH und HH fehlend. In Deutschland auf wärmere Regionen mit Kalk-/Lössböden beschränkt, selten oberhalb 600 m über NN. In allen Nachbarstaaten außer Dänemark, ausgestorben in den Niederlanden.

Lebensraum: Die Art siedelt im trockenen, mageren bis mäßig fetten, blumenreichen Offenland oder an sonnigen Wald- und Gebüschrändern mit entsprechender Vegetation. Im Bereich der Halbtrockenrasen werden nur Bestände besiedelt, die wenigstens in kleinen Teilen mehrjährig brach liegen. Habitatpräferenz: OT, OF, OH, BT, (OX).

Biologie & Ökologie: Die Art fliegt 2–3 Wochen später als andere *Thymelicus*-Arten, (Start Anfang Juli, selten schon Mitte Juni, Flugmaximum Ende Juli; Funde bis Ende August/Anfang September). Intensiver Blütenbesucher an Wegrändern und in Brachen. Larvalentwicklung fast ausschließlich in trockenen Brachestreifen, an selten gemähten Wegrändern, in Böschungen auf Löss oder Kalkgestein. Jungräupchen überwintern in dichten Gespinsten an trockenen Gräsern; weitere Larvalentwicklung im Mai/Juni. Wichtigste Nahrungspflanzen sind Fieder-Zwenke (*Brachypodium pinnatum*), Quecke (*Elymus repens*), Land-Reitgras (*Calamagrostis epigejos*).

Gefährdung: Homogenisierung der Landschaft, also Intensivierung großer Bereiche bei gleichzeitig vollständiger Verbrachung angrenzender Flächen. Auch Überbauung; Mulchen.

Schutz: Kolbeck (2013) bringt es auf den Punkt: „Obwohl *T. acteon* eine Bindung an ungenutzte Saumstrukturen zeigt, verlieren lange Zeit brachliegende Grasflächen aufgrund mikroklimatischer und struktureller Veränderungen zunehmend ihre Habitateignung“. Es muss also immer wieder eine Pflegemahd auf Teilflächen oder eine Extensivbeweidung unter Auszäunung von Bracheteilen stattfinden.

Erwin Rennwald

RL-D (2011): 3
Aktueller Bestand: mh
Entwicklungstrend kurzfristig: (↓)
Bestandstrend langfristig: <<

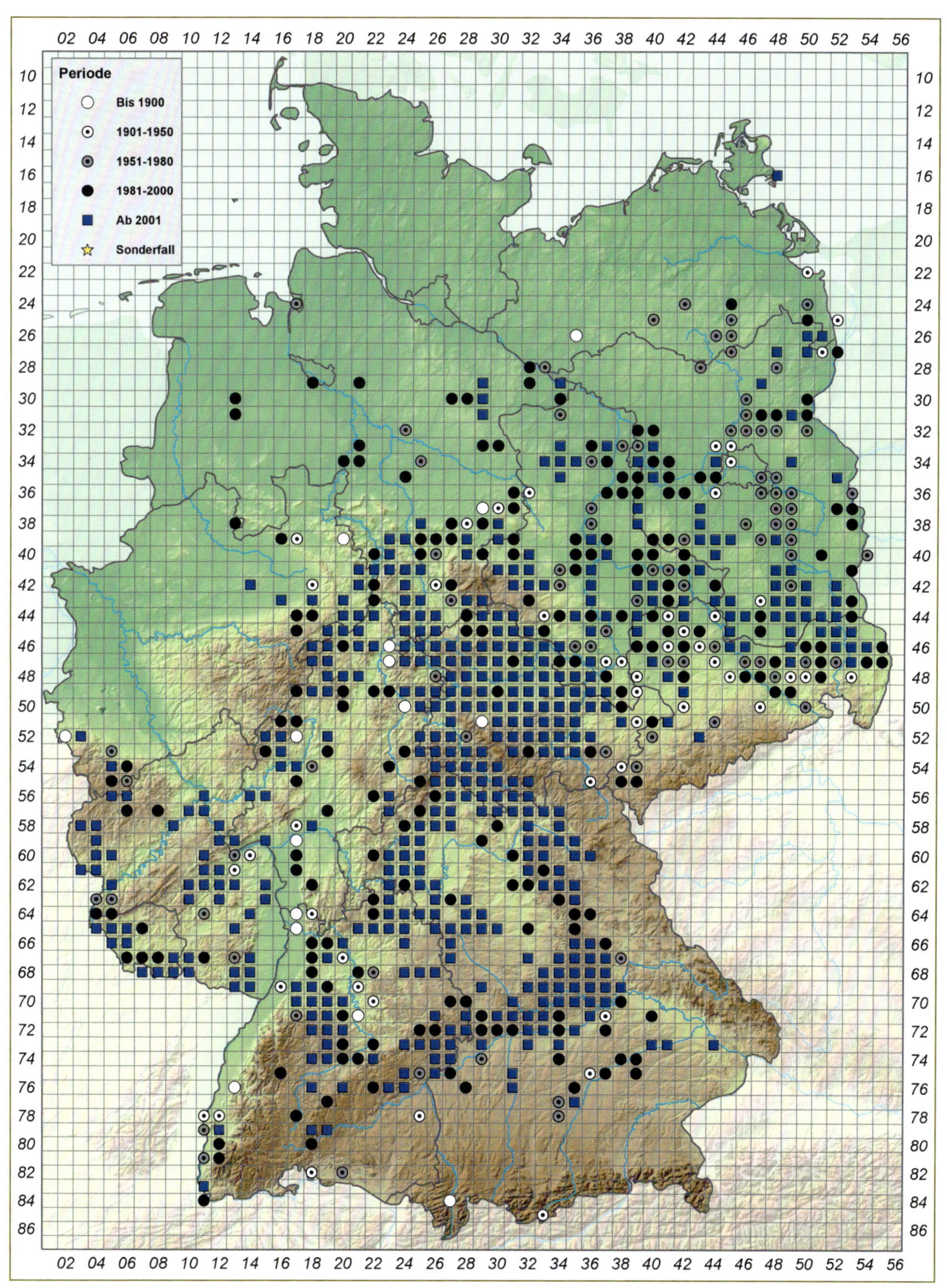
Periode
Bis 1900
1901-1950
1951-1980
1981-2000
Ab 2001
Sonderfall

Thymelicus sylvestris:
a Oberseite Männchen (Erk Dallmeyer)
b Unterseite (Erk Dallmeyer)
c Raupe (Erwin Rennwald)

Thymelicus sylvestris (Poda, 1761) – Braunkolbiger Braun-Dickkopffalter

Verbreitung & Vorkommen: Euro-orientalische Art, von Nordwest-Afrika über einen Großteil Europas und Kleinasien bis zum Iran; fehlt in Fennoskandien, Irland, auf kleineren Atlantik- und vielen Mittelmeerinseln; wenige Nachweise aus Schottland. In Deutschland in allen BL verbreitet und oft häufig; in den Alpen bodenständig vereinzelt bis ca. 1500 m, oberhalb ca. 1000 m über NN seltener. In allen Nachbarstaaten.
Lebensraum: *T. sylvestris* und *T. lineola* finden sich oft gemeinsam beim Blütenbesuch an blumenreichen Stellen an Wegrändern, auf Böschungen, Brachen, aber auch Klee- und Luzernefeldern; in höheren Lagen ist *T. sylvestris* die deutlich häufigere Art, ebenso im Feuchtgrünland oder in Mooren. An weniger nassen, breiten, voll besonnten Waldwegen und in Kahlschlägen sind beide Arten nebeneinander zu finden. In mesophilen bis eher trockenen, nicht mageren Bereichen ist *T. lineola* die häufigere oder gar einzige Art. Habitatpräferenz: OW, OS, OR, OM, OG, MH, MN, (BF, BT, OX, OF, OT, OH).
Biologie & Ökologie: Hauptflugzeit ist der Juli; Falter vor Mitte Juni und nach Mitte August sind selten, Falter Ende Mai oder Anfang September Ausnahmen. Intensiver Blütenbesucher. Larvalentwicklung fast ausschließlich in Brachen von Extensivwiesen, Weg- und Waldrändern, sowie in einschürig früh gemähten oder sehr schwach beweideten Bereichen. Die Eier werden in Blattscheiden von meist schon trockenen Gräsern gelegt, wobei das Wollige Honiggras (*Holcus lanatus*) im feuchten bis nassen Bereich und das Weiche Honiggras (*H. mollis*) im eher trockenen Bereich die zentrale Rolle spielen. Anders als bei *T. lineola* überwintert das Eiräupchen ohne Nahrungsaufnahme; das eigentliche Wachstum erfolgt dann von April bis Mitte Juni.
Gefährdung: Die Art ist aktuell nicht gefährdet. Dort, wo größere und kleinere Grünlandbrachen (z. B. an Gräben, Gehölzrändern, Wegrändern) fehlen, fällt sie aber vollständig aus.
Schutz: Für die Art sind aktuell keine speziellen Schutzmaßnahmen notwendig.

Erwin Rennwald

RL-D (2011): *
Aktueller Bestand: sh
Entwicklungstrend kurzfristig: =
Bestandstrend langfristig: =

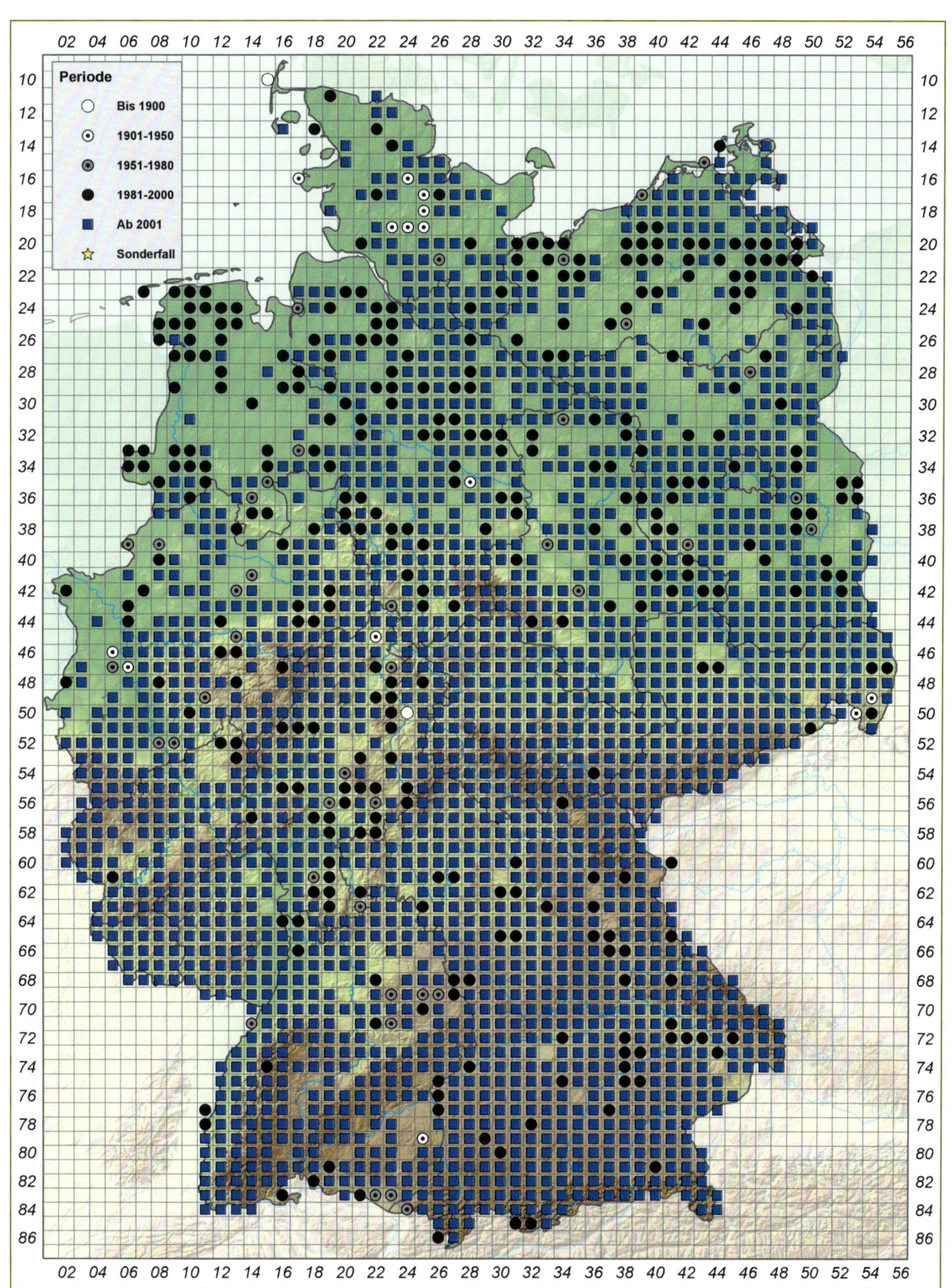
Periode
Bis 1900
1901-1950
1951-1980
1981-2000
Ab 2001
Sonderfall

Thymelicus lineola: **a** Oberseite Weibchen (Erk Dallmeyer) **b** Fühleransicht (Marx Harder) **c** Raupe (Martin Wiemers)

Thymelicus lineola (Ochsenheimer, 1808) – Schwarzkolbiger Braun-Dickkopffalter

Verbreitung & Vorkommen: Ursprünglich paläarktische Art, von Nordwest-Afrika durch fast ganz Europa (mit Ausnahme des hohen Nordens und der meisten Mittelmeerinseln) und Sibirien bis zum Amur, aber in Nordamerika seit 1910 eingeschleppt und in Ausbreitung. In Deutschland verbreitet und oft häufig; bodenständig bis ca. 1100 m; oberhalb ca. 800 m über NN seltener. In allen Nachbarstaaten verbreitet.

Lebensraum: Die Art lebt vor allem im mäßig frischen bis trockenen blumenreichen Offenland, aber nur dort, wo dieses (oft durch unterschiedliche Nutzung mit eingestreuten Brachebereichen) kleinräumig gegliedert ist. Anders als *T. sylvestris* ist sie in Feuchtwiesen selten. Habitatpräferenz: OR, OF, OX, OT, OM, BS, (BY, OG, OH, OW).

Biologie & Ökologie: Hauptflugzeit ist der Juli; Falter vor (Ende Mai) Mitte Juni und nach Mitte August (Anfang September) sind selten. Intensiver Blütenbesucher an Wegrändern im Offenland, im Grünland oder auch auf Klee- und Luzernefeldern. Larvalentwicklung fast ausschließlich in Brachen, Brachestreifen, an selten gemähten Wegrändern im Wiesen- und Ackergelände. Die Eier werden in eng anliegende Blattscheiden gepresst, wo sie überwintern; Larvalentwicklung Mitte April bis Mitte Juni. Wichtigste Raupennahrungspflanzen sind Land-Reitgras (*Calamagrostis epigejos*) und Quecke (*Elymus repens* agg.); dazu kommen andere produktive und breitblättrige Arten wie *Phleum pratense*, *Dactylis glomerata*, *Lolium perenne*, *Arrhenatherum elatius*, selten *Carex acutiformis* u. a.

Gefährdung: Die Art ist aktuell nicht gefährdet. In intensiv landwirtschaftlich genutzten Bereichen fällt sie aber fast aus, zum einen durch mehrschürige Mahd, zum anderen durch Mulchen.

Schutz: Für die Art sind aktuell keine speziellen Schutzmaßnahmen notwendig.

Erwin Rennwald

RL-D (2011): *
Aktueller Bestand: sh
Entwicklungstrend kurzfristig: =
Bestandstrend langfristig: =

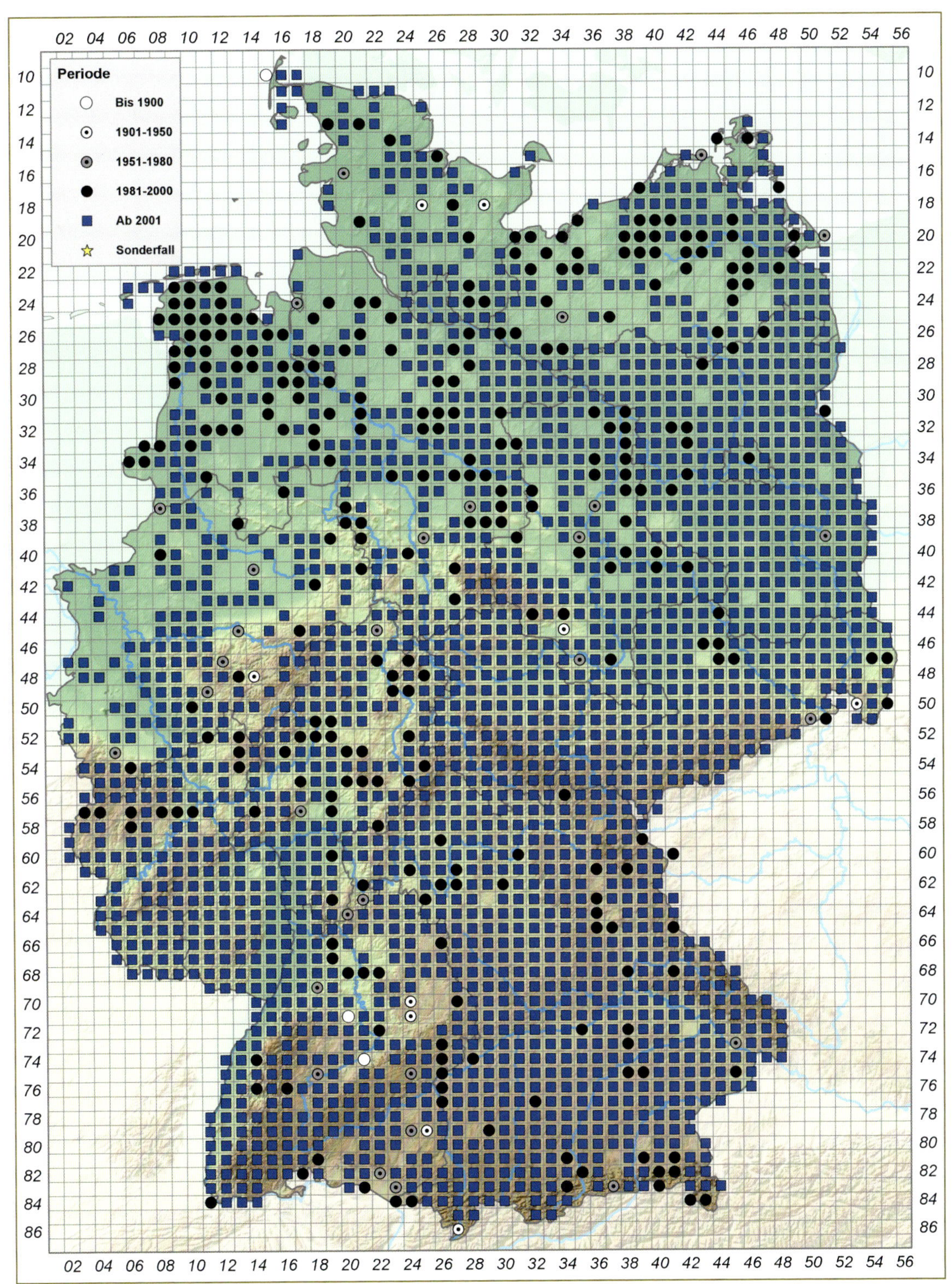
Periode
Bis 1900
1901-1950
1951-1980
1981-2000
Ab 2001
Sonderfall

Spialia sertorius: **a** Oberseite (Erk Dallmeyer) **b** Unterseite (Andreas Kolossa) **c** Raupe (Markus Dumke)

Spialia sertorius (HOFFMANSEGG*, 1804) – Roter Würfel-Dickkopffalter

Verbreitung & Vorkommen: Atlanto-mediterrane Art. Das Areal reicht von der Iberischen Halbinsel über Frankreich bis in die Slowakei, Kroatien und Süditalien. In Südost-Europa und Asien durch die Schwesterart *S. orbifer* (HÜBNER, 1823) vertreten. Nahe verwandte Arten auch im westlichen Mittelmeerraum, darunter die neu entdeckte *S. rosae* (HERNÁNDEZ-ROLDÁN et al. 2016). Die Arealgrenze verläuft durch Norddeutschland entlang der Mittelgebirgsschwelle. Dementsprechend liegen keine Meldungen aus SH, HH, MV, BE, BB vor. Regionale Verbreitungsschwerpunkte liegen in Löss- und Kalklandschaften von der Ebene bis in die montane Stufe. Fehlt in Dänemark, ausgestorben in den Niederlanden, sonst in allen Nachbarstaaten.

Lebensraum: *Spialia sertorius* ist stets an Vorkommen der Raupennahrungspflanze (s. u.) gebunden: Lückige steinige Kalkmagerrasen, Felsgrusfluren über Vulkanit und Schiefer, Weinberge mit Trockenmauern, Steinschutthalden, Felshänge. Die Art nutzt selten auch Naturgärten. Habitatpräferenz: OT, OF.

Biologie & Ökologie: Es besteht eine enge Bindung an die einzige Raupennahrungspflanze Kleiner Wiesenknopf (*Sanguisorba minor*). Eiablage und Entwicklung erfolgen bevorzugt an einzeln und vollsonnig stehenden Pflanzen. Der Rote Würfel-Dickkopffalter fliegt in zwei ineinander übergehenden Generationen von (April) Mai bis August. Die Überwinterung erfolgt als junge oder erwachsene Raupe.

Gefährdung: Verschlechterung der Habitatqualität infolge Sukzession, Ruderalisierung, Nutzungsaufgabe von Magerwiesen und -weiden bzw. Intensivierung. Vorkommen in der Nähe von Sonderkulturen (Weingärten) sind höchstwahrscheinlich auch durch Insektizideinsatz betroffen. Die Art wurde infolge mäßiger bis regional starker Rückgänge in die Roten Listen der betreffenden BL aufgenommen, wird jedoch bundesweit immer noch als „ungefährdet“ eingestuft.

Schutz: Beibehaltung extensiver Grünlandnutzung, Verzicht auf Nährstoffeinträge. Bei Anlage und Unterhaltung von Dämmen, Böschungen, Banketten und sonstigen Grünanlagen kein Bodenauftrag, aber Heublumen-Ansaat mit enthaltenen Samen des Kleinen Wiesenknopfs bei Duldung offener Bodenstellen.

JÖRG-UWE MEINEKE

RL-D (2011): *
Aktueller Bestand: mh
Entwicklungstrend kurzfristig: ↓ ↓
Bestandstrend langfristig: =

* In der Literatur findet sich auch die Schreibweise HOFFMANNSEGG

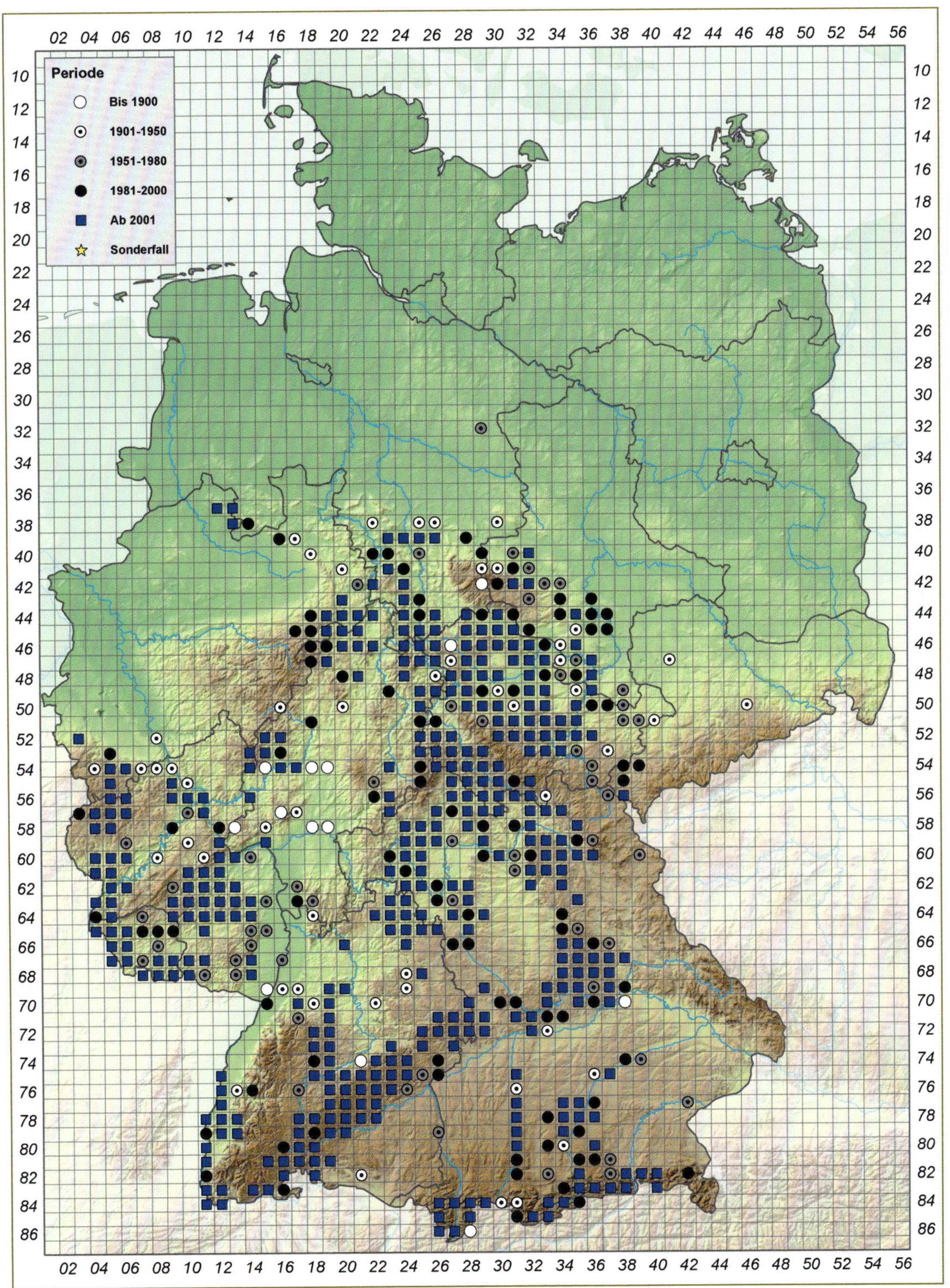
Periode
Bis 1900
1901-1950
1951-1980
1981-2000
Ab 2001
Sonderfall

Carcharodus alceae:
a Oberseite Männchen (Erk Dallmeyer)
b Raupe (Martin Wiemers)
c Eier (Michael Zepf)

Carcharodus alceae (Esper, 1780) – Malven-Dickkopffalter

Verbreitung & Vorkommen: Euro-mediterrane Art, verbreitet in Europa südlich des 55. Breitengrades (ohne Britische Inseln), Südwest- bis Zentralasien. In Deutschland im Hügelland weit verbreitet; meidet die Hochlagen der Mittelgebirge, das Alpenvorland mit Ausnahme der großen Täler und die Alpen. Im Tiefland nur im Nordosten, fehlt in SH, HB und HH. Die Art befindet sich in Ausbreitung nach Norden. In allen Nachbarstaaten außer Dänemark.

Lebensraum: Opportunist, in Wiesen, Brachen, Ruderalfluren, an Straßen-, Weinbergs- und Ackerrändern sowie in Siedlungen. Es ist lediglich das Vorkommen geeigneter Raupennahrungspflanzen notwendig. Habitatpräferenz: OR, OM, BY.

Biologie & Ökologie: Meist zweibrütig von Mitte April bis Mitte August, selten eine dritte Generation im September. Eiablage erfolgt auf Blattoberseiten und Blütenkelche verschiedener Malvengewächse, z. B. Stockrose (*Alcea rosea*), Moschus-Malve (*Malva moschata*), Wilde Malve (*M. sylvestris*), Rosen-Malve (*M. alcea*) und Thüringer Strauchpappel (*M. thuringiaca*). Viele Raupen sind parasitiert. Je nach Witterungsverlauf kommt es zu starken Bestandsschwankungen. Die Raupen nagen und spinnen sich sofort nach dem Schlupf eine Blatttasche, die sie bis zur Verpuppung oder Überwinterung nur zum Blatt- und Pflanzenwechsel verlassen. Die Raupe überwintert erwachsen; die Verpuppung erfolgt in der Blatttasche der Raupe oder in einem Gespinst in Bodennähe. Die Falter besuchen meist violett oder rosa blühende Nektarpflanzen, z. B. Wiesen-Flockenblume (*Centaurea jacea* agg.) und Moschus-Malve.

Gefährdung: Aktuell kaum gefährdet, nur in Gebieten mit intensiver Landwirtschaft rückläufig.

Schutz: Belassen von Altgrasstreifen und Spontanvegetation, Zurückhaltung bei der Mahd von Wegbanketten, keine Rekultivierung von Abgrabungen, Förderung von Stockrosen in Gärten.

Steffen Caspari & Martin Albrecht

RL-D (2011): *
Aktueller Bestand: mh
Entwicklungstrend kurzfristig: ↑
Bestandstrend langfristig: <<
BArtSchV (2005): besonders geschützt

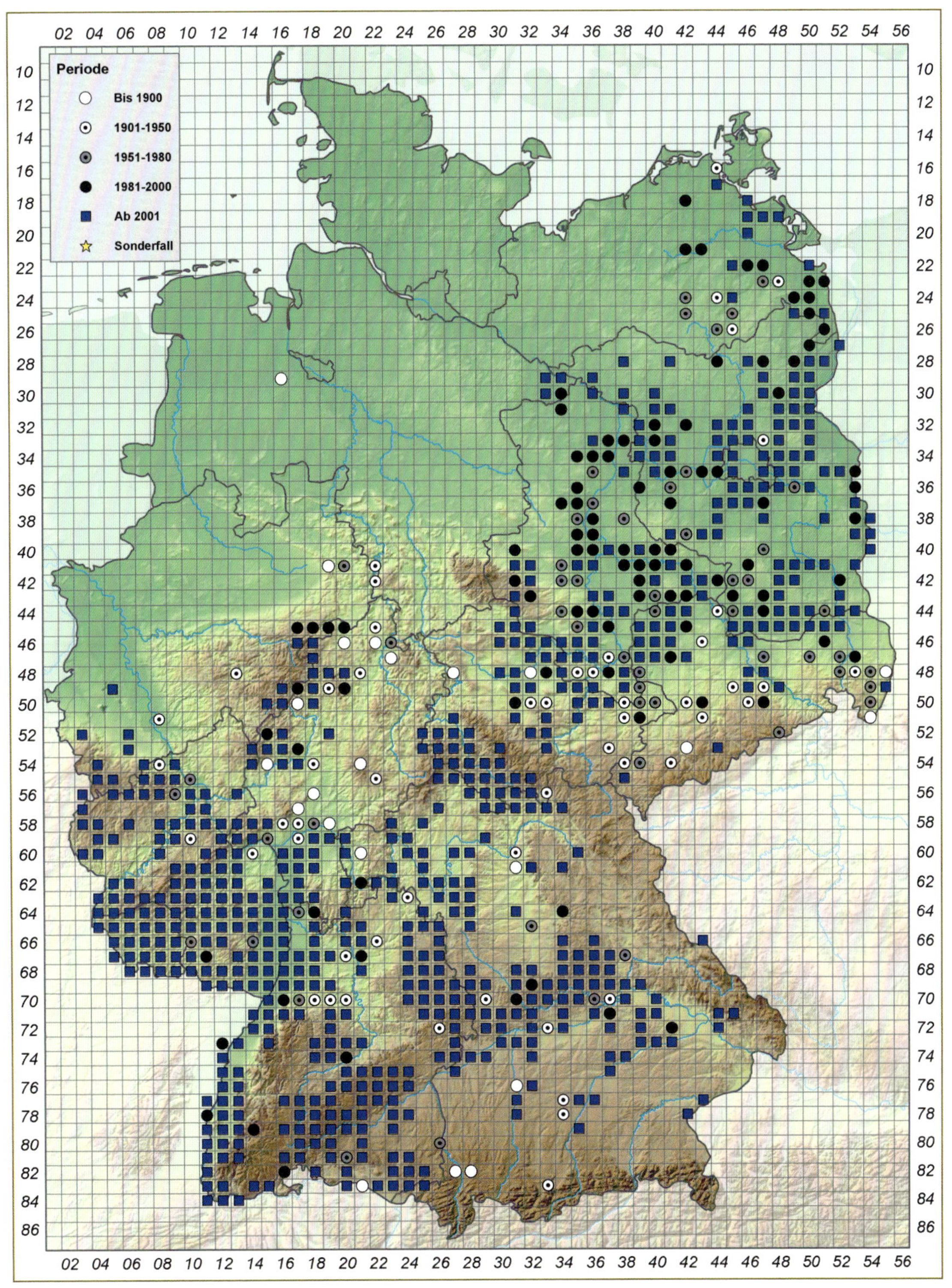
Periode
Bis 1900
1901-1950
1951-1980
1981-2000
Ab 2001
Sonderfall

Carcharodus lavatherae:
a Oberseite Männchen (Martin Albrecht)
b Raupe (Martin Albrecht)
c Ei (Markus Dumke)

Carcharodus lavatherae (Esper, 1783) – Ziest-Dickkopffalter

Verbreitung & Vorkommen: Holomediterrane Art, von Marokko über Spanien durch das südliche Europa und die Türkei bis in den Iran. Isoliertes postglaziales Reliktvorkommen im Mittelrheintal (RP und HE). Es wurden Vorkommen vom Mainzer Sand bis Braubach nachgewiesen. Im 20. Jhd. starker Rückgang, in HE wohl spätestens um 1970 verschwunden, in RP letzte sichere Nachweise um 1985. Ein angeblicher Fund noch 2004 an der Loreley (Beleg fehlt). Nachbarstaaten: in Frankreich, der Schweiz, Österreich. Tschechien nur unsichere alte Einzelfunde.

Lebensraum: Xerotherme, steile Hänge (Felsensteppen) mit spärlichem Bewuchs. Habitatpräferenz: OF, OT.

Biologie & Ökologie: Falter fliegen in einer Generation im Juni und Juli. Raupennahrungspflanze: Aufrechter Ziest (*Stachys recta*), Eiablage an die Blütenkelche, Raupen bis zur Überwinterung vor allem an jungen Samen und Blütenkelchen. Überwinterung als Jungraupe, anschließend bodennah in Blattgespinsten lebend. Verpuppung in Gespinst an der Raupennahrungspflanze.

Gefährdung: Wohl in erster Linie Verschlechterung der Habitatqualität durch Sukzession infolge Nutzungsaufgabe, evtl. auch Intensivierung im Weinbau. Die starke Gefährdung der Art wurde übersehen, auch ihre Ökologie wurde in Deutschland nie systematisch studiert.

Schutz: Die Art ist in Deutschland höchstwahrscheinlich ausgestorben. Trotzdem sollte in den nächsten Jahren noch gezielt nach ihr gesucht werden. Eine sinnvolle Maßnahme wäre die Wiederherstellung großflächig offener, vollsonniger Felsensteppen, wovon auch andere Arten profitieren würden.

Martin Albrecht

RL-D (2011): 1
Aktueller Bestand: es oder ausgestorben
Entwicklungstrend kurzfristig: (↓)
Bestandstrend langfristig: <<
BArtSchV (2005): streng geschützt und besonders geschützt

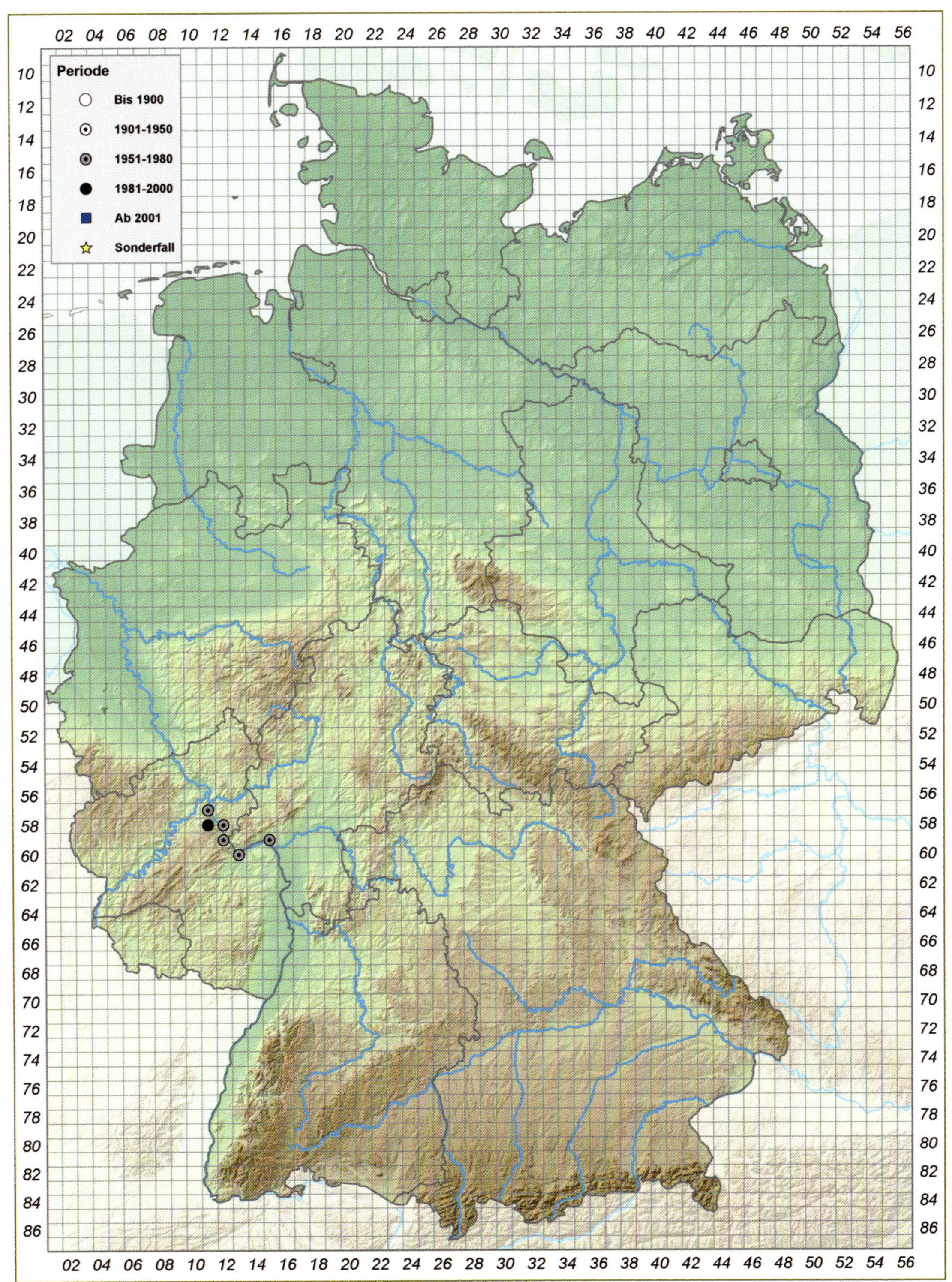
Periode
Bis 1900
1901-1950
1951-1980
1981-2000
Ab 2001
Sonderfall

Carcharodus floccifera:
a Oberseite Weibchen (Erk Dallmeyer)
b Raupe (Martin Albrecht)
c Eier (Michael Zepf)

Carcharodus floccifera (Zeller, 1847) – Heilziest-Dickkopffalter

Verbreitung & Vorkommen: Euro-orientalische Art, verbreitet von Marokko über Spanien durch den südlichen und zentralen Teil des europäischen Kontinents und Südsibirien bis in die Mongolei. Höhenverbreitung in Deutschland bis 1200 m über NN. Nur noch sehr lokal im Alpenvorland. Angebliche alte Funde in BW nördlich der Donau sind wohl Fehlbestimmungen. Die Art fehlt in Ostdeutschland. Frühere Verbreitung wahrscheinlich sehr unzureichend bekannt. In HE ausgestorben um 1930, in RP um 1945 (Albrecht 2003). Nachbarstaaten: in Frankreich, der Schweiz, Österreich, Tschechien (?), Polen.

Lebensraum: Magere, meist wechselfeuchte, extensiv genutzte Wiesen mit zahlreichem Vorkommen der Raupennahrungspflanze. Habitatpräferenz: OW, MN.

Biologie & Ökologie: Falter fliegen in einer Generation Ende Mai bis Mitte Juli, partielle zweite Generation Ende August/Anfang September. Eiablage vorwiegend auf die Blattoberseite, aber auch in den Blütenstand. Raupennahrungspflanzen: In Deutschland ausschließlich Gewöhnliche Betonie (= Heilziest) (*Betonica officinalis*). Die Raupe lebt in zusammengesponnenen Blättern. Überwinterung im dritten Larvalstadium, Verpuppung in Gespinst an der Raupennahrungspflanze (Albrecht et al. 1999).

Gefährdung: Verschlechterung der Larvalhabitate durch Eutrophierung oder Sukzession und Auflösung von Metapopulationsstrukturen.

Schutz: Erhaltung und Entwicklung der bestehenden Lebensräume: Sicherstellung eines lückigen, niedrigen Bewuchses mit guten Beständen der Raupennahrungspflanze. Wiederherstellung ehemaliger Habitate. Angepasstes Mahdregime ist wichtig, Frühmahd von Teilflächen könnte dieser Art nützen (Kissling & Rey 2017).

Martin Albrecht

RL-D (2011): 2
Aktueller Bestand: ss
Entwicklungstrend kurzfristig: (↓)
Bestandstrend langfristig: <<
BArtSchV (2005): streng geschützt und besonders geschützt

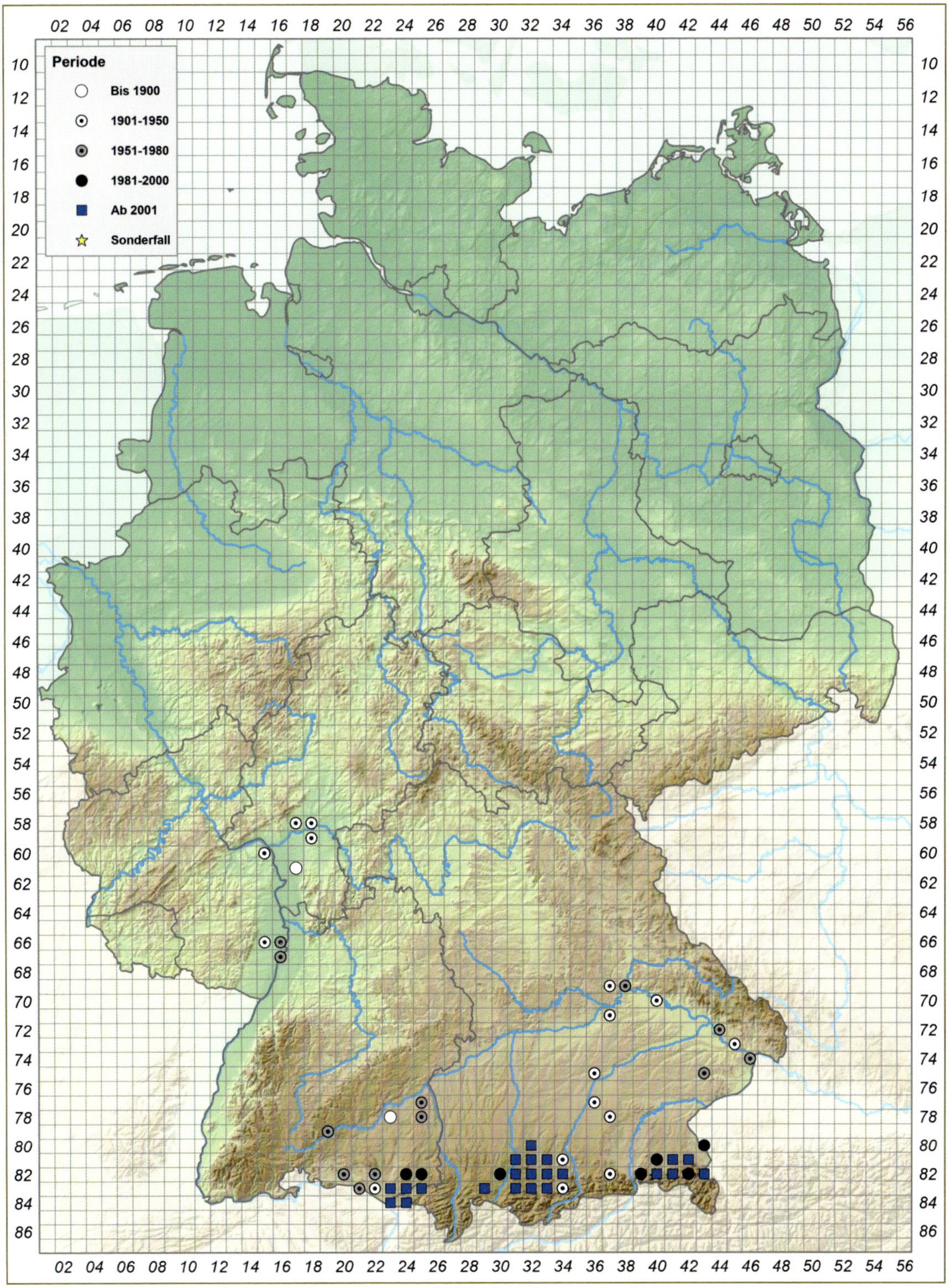
Periode
Bis 1900
1901-1950
1951-1980
1981-2000
Ab 2001
Sonderfall
02 04 06 08 10 12 14 16 18 20 22 24 26 28 30 32 34 36 38 40 42 44 46 48 50 52 54 56
10 12 14 16 18 20 22 24 26 28 30 32 34 36 38 40 42 44 46 48 50 52 54 56 58 60 62 64 66 68 70 72 74 76 78 80 82 84 86

Erynnis tages:
a Oberseite (Detlef Kolligs)
b Unterseite (Detlef Kolligs)
c Raupe (Markus Dumke)

Erynnis tages (Linnaeus, 1758) – Dunkler Dickkopffalter

Verbreitung & Vorkommen: Paläarktische Art, von Spanien durch Eurasien bis zum Amur. Sie kommt in allen Nachbarstaaten und allen BL vor, aber mit auffällig verringerter Fundortdichte in Nordwest-Deutschland. Höhenverbreitung vom Flachland bis in subalpine Lagen.

Lebensraum: Besiedelt werden wärmegetönte Offenlandbereiche wie lückige (Kalk-)Magerrasen und Glatthaferwiesen, magere Nasswiesen. Besonders dichte Vorkommen finden sich in Kalk- und Lösslandschaften. Habitatpräferenz: OF, OT, OM, OG.

Biologie & Ökologie: Die Falter treten in Deutschland bisher in einer Generation von Mai bis Juni auf, in warmen Weinbergslandschaften Südwestdeutschlands schon früher regelmäßig in zwei Generationen von April bis Juni und Juli bis August, was in den letzten Jahren auch tendenziell in weiteren deutschen Regionen auftritt. Sie sind relativ standorttreu und sitzen regelmäßig auf freien Bodenstellen, gerne an Wegrändern und lückig bewachsenen Dämmen und Böschungen. Die Raupen leben immer an Schmetterlingsblütengewächsen: Hornklee-Arten (*Lotus* spp.), Bunte Beilwicke (*Securigera varia*), Gewöhnlicher Hufeisenklee (*Hippocrepis comosa*). Die Überwinterung erfolgt im letzten Raupenstadium zwischen zusammengesponnenen Blättern.

Gefährdung: In Agrarlandschaften erfolgten bereits erhebliche Rückgänge infolge von Nutzungsintensivierung wie Grünlandumbruch, Überführung in Mehrschnittgrünland, Ausbau von Maschinenwegen, Schädlingsbekämpfung (Weinberge).

Schutz: Weiterführung und Wiederaufnahme extensiver Grünlandnutzung, Erhaltung oder Einrichtung breiter, unbefestigter Wege in der Feldflur, sektorale Mahd öffentlicher Anlagen wie Hochwasserdämme, Weinbergsböschungen, Straßenränder etc.

Jörg-Uwe Meineke

RL-D (2011): *
Aktueller Bestand: h
Entwicklungstrend kurzfristig: =
Bestandstrend langfristig: <<

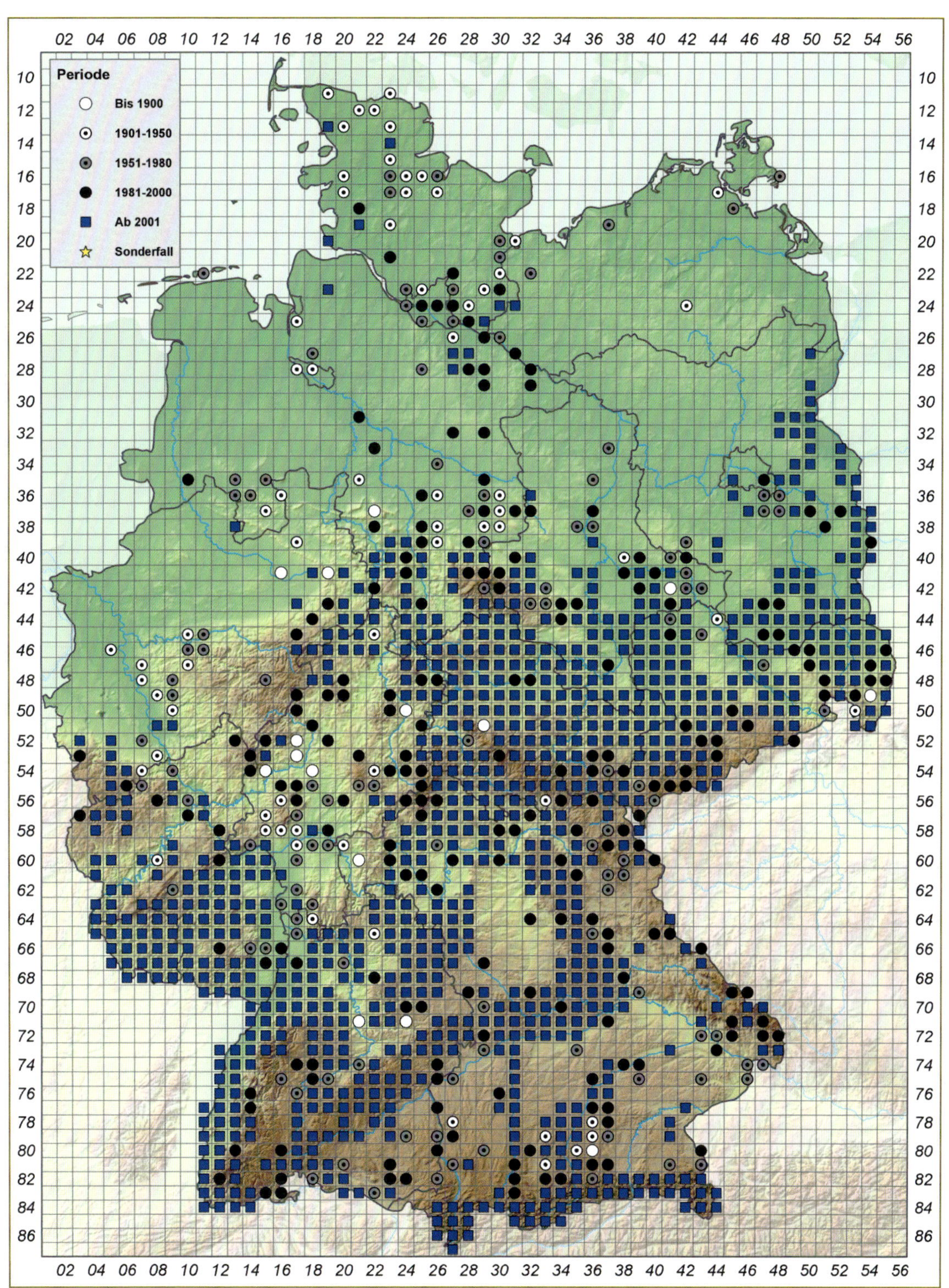
Periode
Bis 1900
1901-1950
1951-1980
1981-2000
Ab 2001
Sonderfall

Pyrgus malvae:
a Oberseite Weibchen (Erk Dallmeyer)
b Unterseite Weibchen (Erk Dallmeyer)
c Raupe (Michael Zepf)

Pyrgus malvae (Linnaeus, 1758) – Kleiner Würfel-Dickkopffalter

Verbreitung & Vorkommen: Euro-sibirische Art. In Europa von Westfrankreich bis fast zum Polarkreis, von den Britischen Inseln bis zum Ural und in die Türkei. In Sibirien mit Lücken im Westen bis zum Pazifik; Japan. Von Südwest-Europa bis zu den Alpen durch die Vikariante *P. malvoides* (siehe nächste Art) ersetzt. In Deutschland ziemlich gleichmäßig verbreitet, in den Ackerbauregionen spärlicher. Aus allen BL (allerdings im Nordwesten seltener) und Nachbarstaaten gemeldet.
Lebensraum: Extensiv genutztes und brach liegendes, frisches bis feuchtes Grünland, Halbtrocken- und Borstgrasrasen, (Fels-)Heiden, Pfeifengraswiesen, Nieder- und Übergangsmoore, lichte Waldstellen: Kahlschläge, Windwurfflächen, Waldwegränder. Fehlt in der intensiv genutzten Agrarlandschaft. Habitatpräferenz: OH, OT, OW, OR, OM, OG, MH, WM, WY.
Biologie & Ökologie: In einer Generation von Ende März bis Juni, manchmal eine zweite Generation im Sommer. Die Falter saugen oft an Kriechendem Günsel (*Ajuga reptans*) und Wald-Erdbeere (*Fragaria vesca*); sie sonnen sich sehr gerne. Raupennahrungspflanzen sind Rosengewächse, vor allem Fingerkraut (*Potentilla*), Odermennig (*Agrimonia*), Erdbeere (*Fragaria*), Mädesüß (*Filipendula*) und Himbeere (*Rubus idaeus*). Zur Eiablage werden inhomogene, lückige und bultige Strukturen bevorzugt. Die Raupen bauen sich eine Blatttasche, die sie nur zum Blatt- und Pflanzenwechsel sowie zur Verpuppung verlassen. Die Verpuppung erfolgt in der Streu; die Puppe überwintert.
Gefährdung: *P. malvae* ist deutlich im Rückgang, aber als Besiedler sehr unterschiedlicher Habitate kaum ernsthaft gefährdet. Ursachen sind Dunkelwaldwirtschaft, intensive Landwirtschaft und Fragmentierung der Metapopulationen.
Schutz: Belassen von Ökotonen, Anlegen von Altgrasstreifen, Verzicht auf Abschleppen der Wiesen; Förderung der Lichtwaldarten.

Steffen Caspari

RL-D (2011): V
Aktueller Bestand: h
Entwicklungstrend kurzfristig: ↓↓
Bestandstrend langfristig: <<
BArtSchV (2005): besonders geschützt

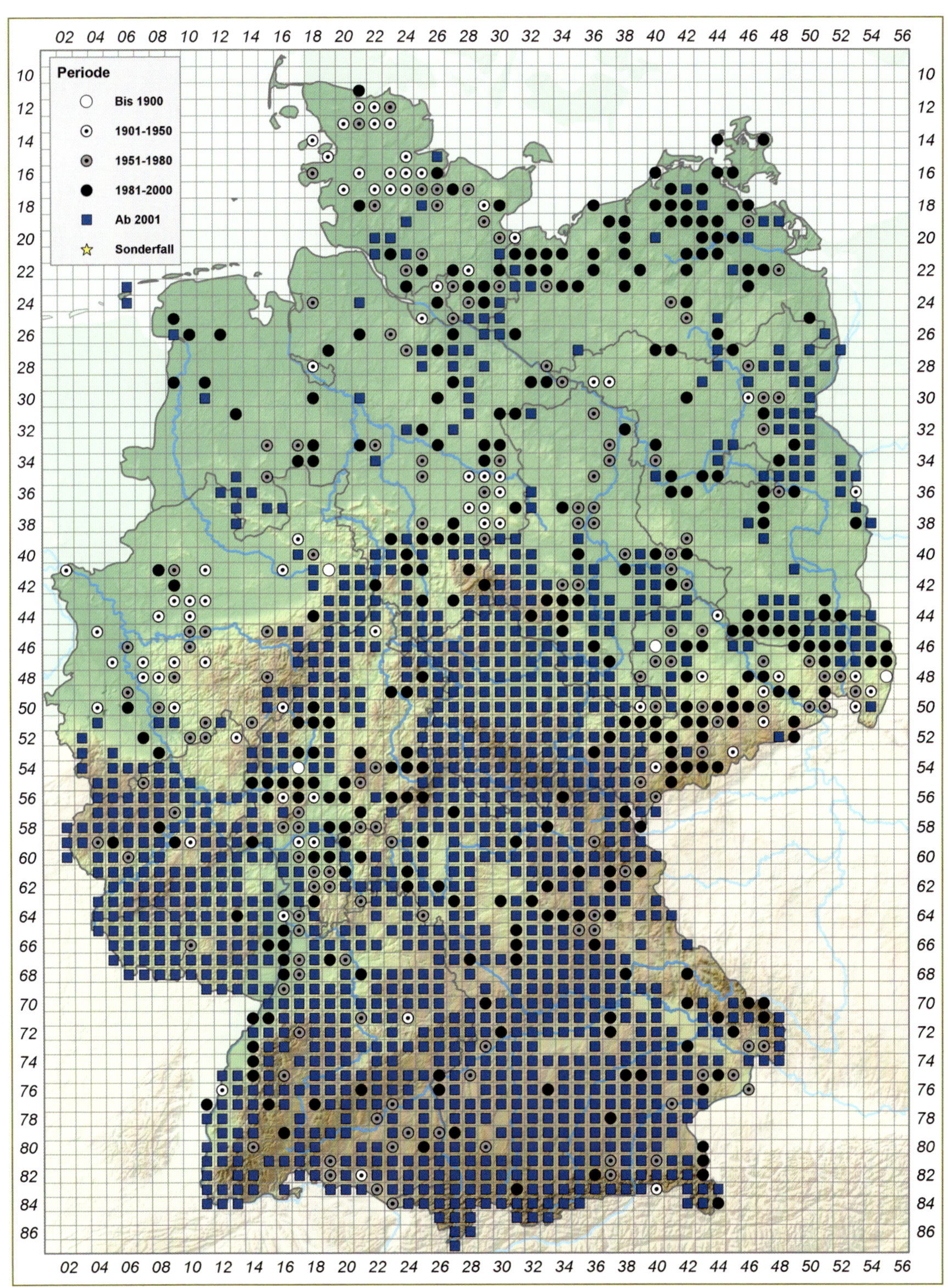
Periode
Bis 1900
1901-1950
1951-1980
1981-2000
Ab 2001
Sonderfall

Pyrgus malvoides:
a Oberseite (Michael Zepf)
b Unterseite Männchen (Martin Albrecht)
c Raupe (Martin Albrecht)

Pyrgus malvoides (Elwes & Edwards, 1897) – Westlicher Würfel-Dickkopffalter

Verbreitung & Vorkommen: Atlanto-mediterrane Schwesterart zu *P. malvae* (siehe vorherige Art). Verbreitet von Portugal und Spanien über Südfrankreich, die Schweiz und Österreich bis nach Italien und Istrien. In Deutschland kommt die Art nur in BY vor, wo sie ihre nordöstliche Verbreitungsgrenze erreicht. Nachweise vor allem aus dem Ammergebirge und den Kocheler Bergen, außerdem aus dem Karwendel und dem Niederwerdenfelser Land. Nachbarstaaten: in der Schweiz, Österreich, Frankreich.

Lebensraum: Frische und vor allem feuchte Lebensräume mit kleinklimatisch begünstigten Strukturen, wie offenen Bodenstellen auf Kies, Felsen, Störstellen durch Viehtritt oder Erosion. Die wenigen abgesicherten Nachweise decken eine Höhenverbreitung von 800–2000 m über NN ab. Habitatpräferenz: A.

Biologie & Ökologie: Nur genitalmorphologisch von *Pyrgus malvae* zu unterscheiden, daher nur wenige abgesicherte Nachweise. Die Vorkommen in Deutschland wurden erst 2005 erkannt, die genitalmorphologisch untersuchten Tiere deuten auf eine Flugzeit von Mitte Mai bis Mitte Juli in einer Generation hin. Aufgrund der Bestimmungsschwierigkeiten im Gelände gibt es keine eindeutig zuzuordnenden Beobachtungen zur Nektaraufnahme. Für die Raupen wird aus der Schweiz berichtet, dass sie an verschiedenen Fingerkraut-Arten (*Potentilla* spp.) gefunden wurden.

Gefährdung: Nur geringe Kenntnisse, es wird jedoch angenommen, dass trotz begrenzter Verbreitung keine größere Gefährdung vorliegt. Sowohl Intensivierung als auch Nutzungsaufgabe sollten vermieden werden.

Schutz: Erhaltung und Förderung der extensiven Bewirtschaftung.

Matthias Dolek

RL-D (2011): R
Aktueller Bestand: es
Entwicklungstrend kurzfristig: ?
Bestandstrend langfristig: ?
BArtSchV (2005): besonders geschützt

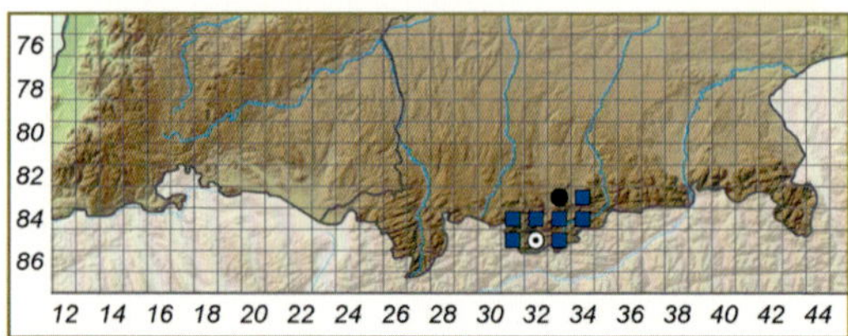

Der Mehrbrütige Würfel-Dickkopffalter (*Pyrgus armoricanus*) besiedelt nur sehr sommerwarme und sonnenreiche Lebensräume und fliegt von Mai bis Oktober in zwei bis drei (sehr selten vier) Generationen (Foto: Andreas Kolossa).

Pyrgus carthami:
a Oberseite Weibchen (Erk Dallmeyer)
b Unterseite Weibchen (Erk Dallmeyer)

Pyrgus carthami (Hübner, 1813) – Steppenheiden-Würfel-Dickkopffalter

Verbreitung & Vorkommen: Euro-orientalische Art. Von der Iberischen Halbinsel über Mittel- und Südeuropa bis in den Südural und den Nordwest-Kaukasus verbreitet. Die norddeutschen Vorkommen bildeten die Nordgrenze des Gesamtareals. Aktuell in Deutschland nur lokal in RP (Saar-Nahe-Bergland), TH (Kyffhäuser, Grabfeld) und BY (Mainfränkische Platten, Grabfeld, Östliche Frankenalb). Fehlt in SH, NI, MV; in BB, ST, SN, NW, HE, SL und BW ausgestorben. Nachbarstaaten: in Frankreich, der Schweiz, Österreich, Tschechien, Polen. In Belgien ausgestorben.

Lebensraum: Trocken-, Halbtrocken- und Sandrasen (Steppenrasen) wie auch fels- und gesteinsdurchsetzte Hänge. Der Lebensraum ist durch eine äußerst lückige Vegetation mit vielen offenen Bodenstellen gekennzeichnet, wo die Raupennahrungspflanzen direkt über den nackten Boden (auch Felsen oder Steinscherben) wachsen. Mit wenigen Ausnahmen werden nur die sommerwärmsten und niederschlagärmsten Naturräume in Deutschland besiedelt. Habitatpräferenz: OF, OT.

Biologie & Ökologie: Die Falter fliegen in einer Generation ab Ende Mai bis Anfang Juli und treten in der Regel nicht häufig auf. Die Eiablage erfolgt einzeln direkt an Blättern (meist auf der Unterseite) der Raupennahrungspflanzen. Die Wichtigste ist das Sand-Fingerkraut (*Potentilla incana*), aber es werden auch Frühlings-Fingerkraut (*P. verna*) und Rötliches Fingerkraut (*P. heptaphylla*) genutzt. Die Raupen leben in der charakteristischen, gattungsspezifischen Blatttüte. Die Überwinterung erfolgt als Raupe.

Gefährdung: Eutrophierung, Brachfallen wie auch Verbuschung und somit Beschattung der Larvallebensräume; Aufgabe oder Umstellung der Hütehaltung auf Portionsweide und Koppelweide. Verinselung von Trockenrasenkomplexen.

Schutz: Sicherung einer extensiven Beweidung auf den wenigen Steppenrasen mit aktuellen Vorkommen. Besonders wichtig sind das Freihalten der Lebensräume von Gehölzen, auch an Steilhängen mit Felsbändern sowie der Erhalt von Steinfluren und Magertriften.

Ralf Bolz

RL-D (2011): 2
Aktueller Bestand: ss
Entwicklungstrend kurzfristig: (↓)
Bestandstrend langfristig: <
BArtSchV (2005): besonders geschützt

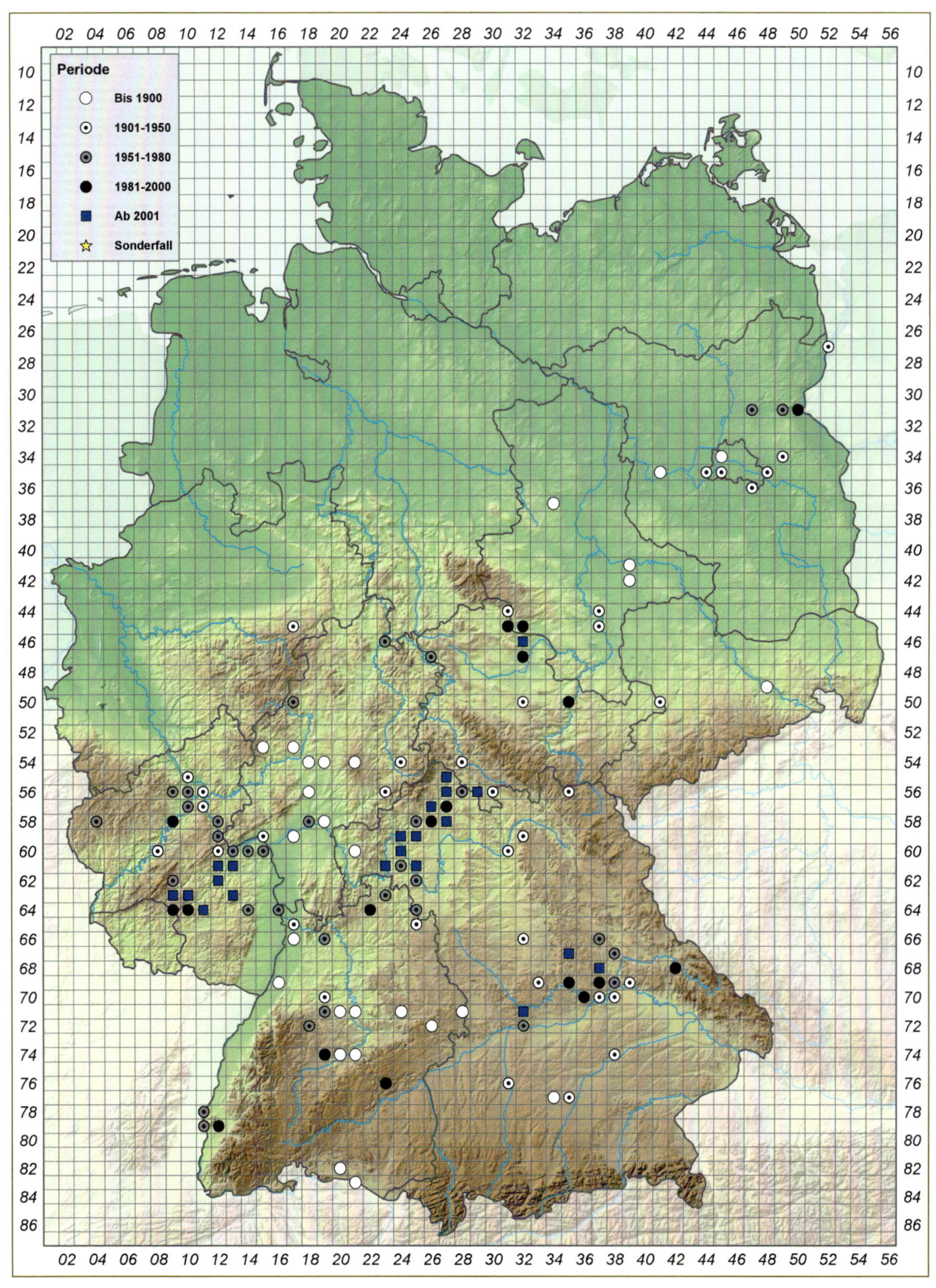
Periode
Bis 1900
1901-1950
1951-1980
1981-2000
Ab 2001
Sonderfall

Pyrgus cacaliae:
a Oberseite Männchen (Mario Trampenau)
b Unterseite (Martin Wiemers)

Pyrgus cacaliae (Rambur, 1839) – Alpen-Würfel-Dickkopffalter

Verbreitung & Vorkommen: Die Art ist in ihrer Verbreitung auf die Alpen und einige Hochgebirge Südeuropas (Pyrenäen, Süd-Karpaten, Rila, Nord-Pirin) beschränkt. In Deutschland kommt sie nur in BY vor. Dort ist sie in den Allgäuer Hochalpen weit verbreitet. Im restlichen Bayerischen Alpenraum gibt es sehr lokale aktuelle Vorkommen in den Berchtesgadener Alpen, die Nachweise aus dem Ammergebirge und dem Mangfallgebirge liegen schon längere Zeit zurück. Nachbarstaaten: in der Schweiz, Österreich, Frankreich.

Lebensraum: Feuchte Lebensräume wie Hochstaudenfluren entlang von Quellbächen, aber auch trockene, mit Steinschuttgesellschaften verzahnte alpine Rasen. Die Bayerischen Nachweise liegen in Höhenlagen von 1500–2300 m über NN. Habitatpräferenz: A.

Biologie & Ökologie: Die Falter fliegen in BY in einer Generation von Ende Juni bis Anfang August. Der genaue Entwicklungszyklus der Art ist nicht geklärt, weder ob ein einjähriger oder zweijähriger Zyklus vorliegt noch in welchem Stadium die Art überwintert. Beim Blütenbesuch werden höherwüchsige Arten bevorzugt (Wagner 2003). In der Schweiz und in Österreich erfolgt die Eiablage einzeln an die Blattunterseite der Raupennahrungspflanzen: Blutwurz (*Potentilla erecta*), Zottiges Fingerkraut (*P. crantzii*) und Gold-Fingerkraut (*P. aurea*) (Gros 1998, Wagner 2003).

Gefährdung: Einzelne Biotope (z. B. das Hundstodgebiet im Nationalpark Berchtesgaden) sind durch die Intensivierung der Schafbeweidung gefährdet.

Schutz: Besondere Schutzmaßnahmen sind derzeit nicht erforderlich.

Alfred Haslberger

RL-D (2011): R
Aktueller Bestand: es
Entwicklungstrend kurzfristig: =
Bestandstrend langfristig: =
BArtSchV (2005): besonders geschützt

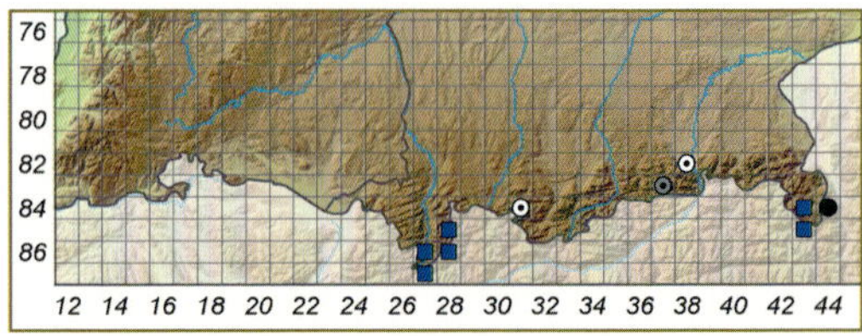

Pyrgus andromedae: Oberseite Männchen (Martin Albrecht)

Pyrgus andromedae (Wallengren, 1853) – Silberwurz-Würfel-Dickkopffalter

Verbreitung & Vorkommen: Dieser Endemit Europas ist in den Hochlagen der Alpen weit verbreitet und kommt zudem in den Gebirgen Südeuropas (Pyrenäen, Karpaten, Balkan), in Nordskandinavien und im Ural vor. In Deutschland ist die Art im gesamten Alpenraum Bayerns zu finden. Nachbarstaaten: in der Schweiz, Österreich, Frankreich.
Lebensraum: Kalkreiche Standorte der alpinen Höhenstufe, insbesondere Blaugras- und Polsterseggenrasen, aber auch felsdurchsetzte Almweiden, Schutthalden, lichte Bergwälder und Kiesbänke von Gebirgsflüssen. Die Art kommt in Höhen von 900–2300 m über NN vor, Einzelnachweise aber bereits ab 600 m über NN. Habitatpräferenz: A.
Biologie & Ökologie: Die Falter fliegen in einer Generation von Mitte Mai bis Anfang August je nach Höhenlage und Frühjahrswitterung im Gebirge. Die Falter nutzen verschiedene Pflanzen als Nektarquellen, z. B. auch in subalpinen Hochstaudenfluren, Fettweiden oder Quellsümpfen. In ungeraden Jahren können deutlich mehr Falter beobachtet werden als in geraden Jahren, der genaue Entwicklungszyklus ist aber nicht bekannt. Es gibt sowohl Hinweise auf eine einjährige als auch auf verschiedene Formen einer zweijährigen Entwicklung. Die Eiablage erfolgt direkt an der vermutlich alleinigen Raupennahrungspflanze, der Weißen Silberwurz (*Dryas octopetala*), und konnte um die Mittagszeit bis zum frühen Nachmittag an stark besonnten oder windgeschützten Stellen beobachtet werden.
Gefährdung: Die Art ist derzeit nicht gefährdet.
Schutz: Der Erhalt und die Förderung einer extensiven Almwirtschaft sollten die Bestände sichern.

Alfred Haslberger

RL-D (2011): R
Aktueller Bestand: es
Entwicklungstrend kurzfristig: =
Bestandstrend langfristig: =
BArtSchV (2005): besonders geschützt

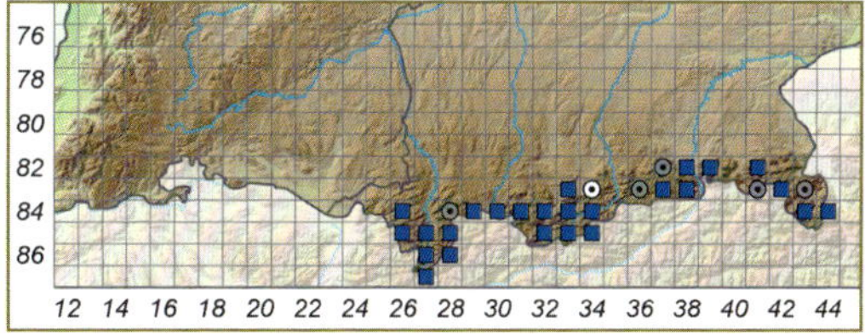

Pyrgus serratulae:
a Oberseite (Markus Bräu)
b Unterseite Weibchen (Erk Dallmeyer)
c Ei (Erk Dallmeyer)

Pyrgus serratulae (Rambur, 1839) – Schwarzbrauner Würfel-Dickkopffalter

Verbreitung & Vorkommen: Euro-sibirische Art. Von den südeuropäischen Gebirgen über West-, Mittel- und Osteuropa und Südsibirien bis in die Mongolei und Nordwest-China vorkommend. Nordgrenze in Deutschland nördlich des Harzes, lediglich in Polen und im Baltikum liegen weitere disjunkte, nördlichere Vorkommen. Aktuell in Deutschland nur lokal in ST, TH (nördliches Harzvorland, Kyffhäuser, Ränder des Thüringer Beckens, Rhön, Süd-TH), HE, NW, RP, SL (Grenzgebiet zu Frankreich), BW (Schwäbische Alb, Baar-Alb) und BY (Mainfränkische Platten, Grabfeld, Frankenalb, Alpen). In SN sehr fraglich. In allen Nachbarstaaten außer den Niederlanden. In Dänemark ausgestorben.

Lebensraum: Sonnenexponierte alpine Rasen und Felsfluren. In den Mittelgebirgen werden südexponierte, mit Fels und Gesteinen durchsetzte Halb- und Trockenrasen besiedelt, wo die Raupennahrungspflanzen direkt auf dem Felsen oder über dem Boden wachsen. Habitatpräferenz: A, OF, OT.

Biologie & Ökologie: Die Falter fliegen in einer Generation ab Mitte Mai bis Juni, in den Alpen etwas später ab Juni bis August. Die Falter treten in manchen Jahren häufiger auf, meist aber vereinzelt. Die Eiablage erfolgt einzeln an Blätter der Raupennahrungspflanzen. Dazu gehören Frühlings-Fingerkraut (*Potentilla verna*), Rötliches Fingerkraut (*P. heptaphylla*) und Blutwurz (*P. erecta*). Außerhalb von Deutschland ist die Nutzung weiterer Rosaceae bekannt. Die Raupen leben in der charakteristischen Blatttüte. Die Überwinterung erfolgt als Raupe im vorletzten Larvalstadium.

Gefährdung: Aufgabe traditioneller Almbewirtschaftung; Eutrophierung, Verbrachung und Verbuschung von Felsstandorten. Aufgabe extensiver Rinderbeweidung auf Trockenstandorten im Jura.

Schutz: Extensive Beweidung, idealerweise mit Rindern. Offenhaltung und Beweidung von Magerrasen mit Felsbändern und Felsstandorten.

Ralf Bolz

RL-D (2011): 2
Aktueller Bestand: s
Entwicklungstrend kurzfristig: (↓)
Bestandstrend langfristig: <<
BArtSchV (2005): besonders geschützt

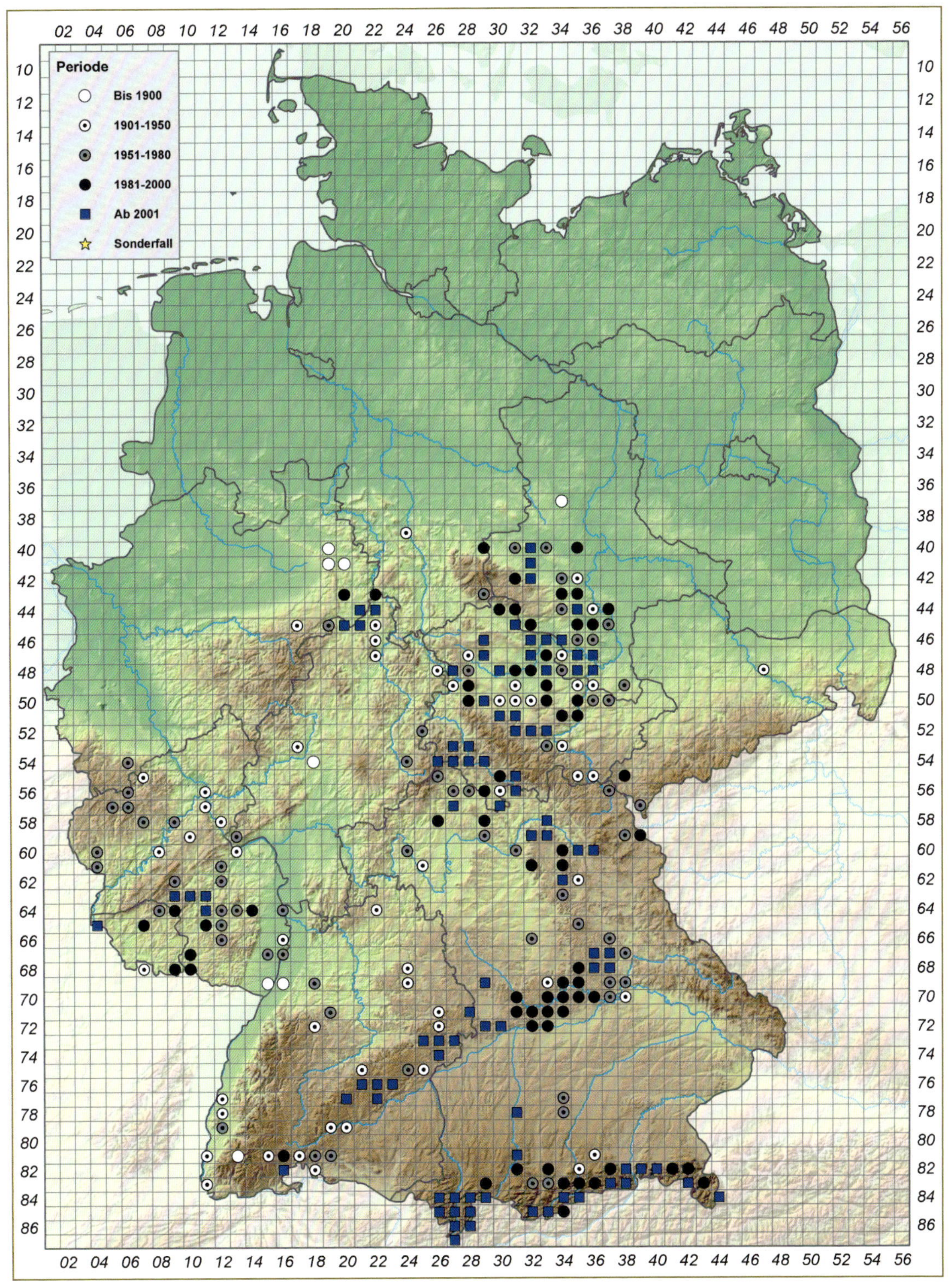
Periode
Bis 1900
1901-1950
1951-1980
1981-2000
Ab 2001
Sonderfall

Pyrgus armoricanus: **a** Oberseite (Arik Siegel) **b** Unterseite (Arik Siegel)

Pyrgus armoricanus (Oberthür, 1910) – Mehrbrütiger Würfel-Dickkopffalter

Verbreitung & Vorkommen: Europäisch-orientalische Art, von Nordwest-Afrika über die Iberische Halbinsel bis nach Südskandinavien sowie durch den Balkan, Kleinasien und Südrussland über Transkaukasien bis in den Iran. In Deutschland regional in SL, RP, HE, TH, BW und BY. Im 20. Jhd. Verlust der nördlichen Vorposten in ST; Wieder- und Neufunde seit Beginn des 21. Jhd. in SL, RP, HE, TH. In allen Nachbarstaaten nachgewiesen.

Lebensraum: Magerrasen, vor allem Halbtrockenrasen, aber auch mesophiles Grünland, Raine und magere Brachen. Es werden nur sehr sommerwarme und sonnenreiche Lebensräume besiedelt. Habitatpräferenz: OF, OT, OM.

Biologie & Ökologie: Die Falter fliegen in zwei bis drei (in extremen Hitzejahren wahrscheinlich sogar vier) Generationen ab Mitte Mai bis Ende Oktober; die genaue Flugzeit der einzelnen Generationen hängt stark von der jährlichen Witterung ab. Die Falter können vor allem in der dann exponentiell ansteigenden zweiten und dritten Generation zahlreicher auftreten. Wie die jährliche Populationsentwicklung verläuft, ist stark von der Jahreswitterung abhängig. Die Eiablage erfolgt direkt an Blättern (meist auf der Unterseite) der Nahrungspflanzen. Raupennahrungspflanzen sind überwiegend Frühlings-Fingerkraut (*Potentilla verna)* und Kriechendes Fingerkraut (*P. reptans*), aber auch weitere *Potentilla*-Arten. Die Raupen leben in einer eingesponnenen Blatttüte. Die Überwinterung erfolgt als Raupe.

Gefährdung: Bebauung, Versiegelung und Intensivierung von Grün- und Ödland, insbesondere Weideland. Aufgabe und Konversion von militärischen Übungsplätzen, Verbuschungen, Umstellung von Hütehaltung auf Portionsweide und Koppelweide.

Schutz: Erhaltung von Extensivgrünland, vor allem Extensivweiden ohne Koppelhaltung. Erhalt von Ödland und offenen Böschungen.

Ralf Bolz

RL-D (2011): 3
Aktueller Bestand: ss
Entwicklungstrend kurzfristig: ↑
Bestandstrend langfristig: <<
BArtSchV (2005): streng geschützt

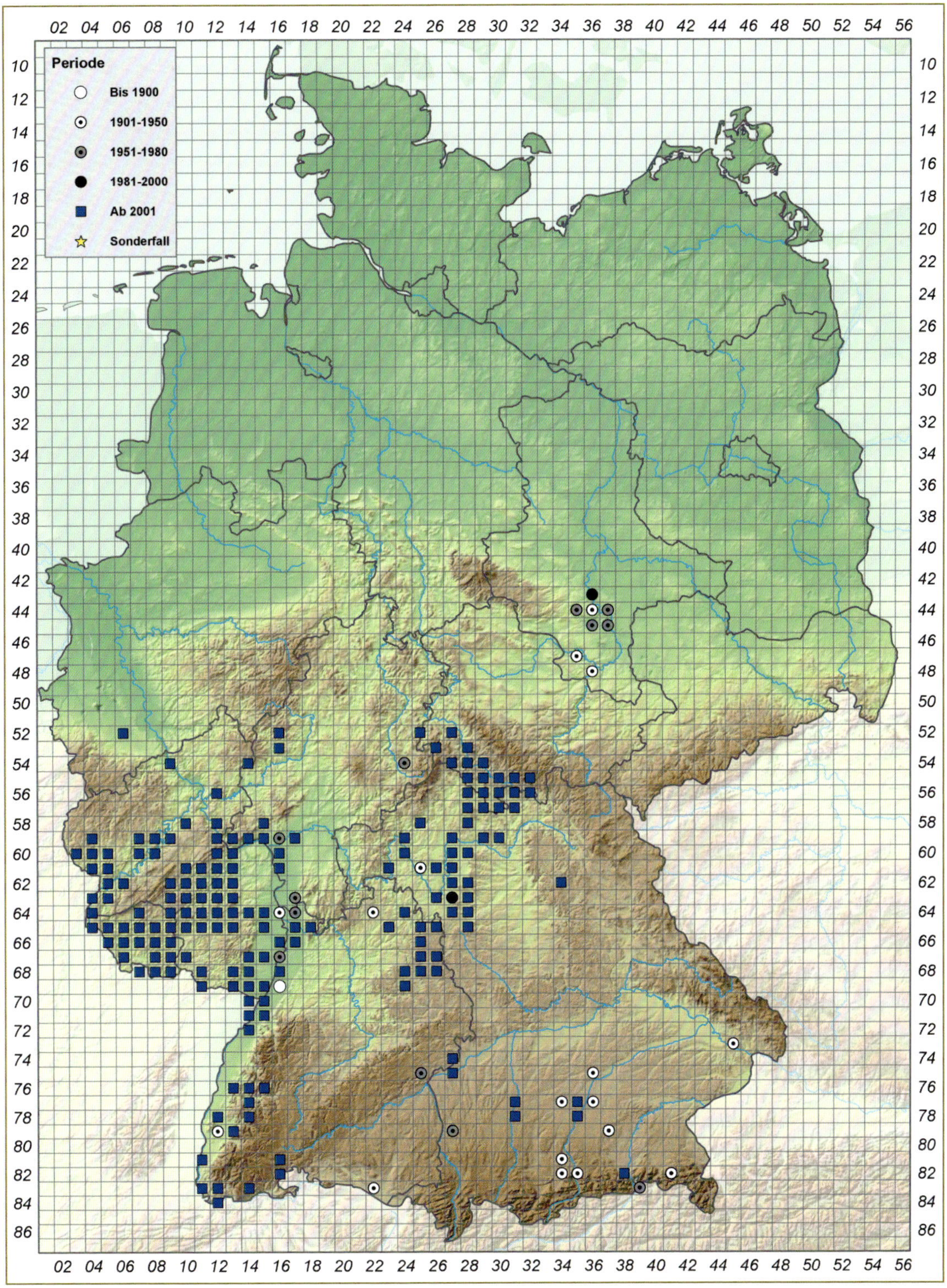

Periode

- Bis 1900
- 1901-1950
- 1951-1980
- 1981-2000
- Ab 2001
- Sonderfall

Pyrgus alveus (HÜBNER, 1803) – Sonnenröschen-Würfel-Dickkopffalter

Pyrgus alveus (HÜBNER, 1803), *Pyrgus accretus* (VERITY, 1925) und *Pyrgus trebevicensis* (WARREN, 1926) werden je nach Autor als *Pyrgus-alveus*-Komplex zusammengefasst oder als drei eigenständige Arten behandelt. Ob sich diese Taxa morphologisch oder genetisch trennen lassen, ist fraglich (s. a. WAGNER 2006). Viele publizierte Nachweise können daher nicht eindeutig zugeordnet werden, sodass auch die Verbreitung nicht immer exakt abgrenzbar ist. Die bisher vorliegenden molekulargenetischen Daten weisen aber daraufhin, dass es sich bei diesen Taxa vermutlich um drei Linien aus unterschiedlichen Refugialräumen handelt, die sich nacheiszeitlich in Deutschland getroffen haben. Hierbei hatte *P. alveus* ihr Refugialgebiet auf der Italienischen, *P. accretus* auf der Iberischen und *P. trebevicensis* auf der Balkanhalbinsel.

Verbreitung & Vorkommen: Paläarktische Art. Das bisher bekannte Gesamtverbreitungsareal von *P. alveus* erstreckt sich von Nordwest-Afrika über die südeuropäischen Gebirge sowie West-, Mittel- und Osteuropa bis nach Transbaikalien. Die Schwerpunkte der Vorkommen in Deutschland liegen auf der Schwäbischen und Fränkischen Alb sowie in den Bayerischen Alpen. Vereinzelte aktuelle Vorkommen sind aus der Südeifel (RP, NW), Alb-Wutach-Gebirge (BW), Donau-Isar-Hügelland (BY), Thüringer Becken (TH), Dübener Heide (ST), Oberlausitz (SN) und Lüneburger Heide (NI) bekannt. Darüber hinaus gab es ältere Vorkommen in weiteren Regionen. In SH, BB (wahrscheinlich) und HE ausgestorben. Nachbarstaaten: in Polen, Tschechien, Frankreich, der Schweiz, Österreich.

P. accretus ist westeuropäisch verbreitet, von der Iberischen Halbinsel über Frankreich bis nach Südwest-Deutschland. Das Vorkommen am Kaiserstuhl bildet die östliche Verbreitungsgrenze des Areals dieses Taxons. Aktuell in Deutschland nur lokal in BW (Kaiserstuhl) und im Saarland (Lothringisch-Saarländisches Muschelkalkgebiet). Früher auch vereinzelte Nachweise aus der Markgräfler und Offenburger Rheinebene sowie dem Kraichgau. Nachbarstaaten: in Frankreich, der Schweiz.

Das bisher bekannte Verbreitungsareal von *P. trebevicensis* erstreckt sich von Mittel- und Osteuropa bis zum Balkan. Die Schwerpunkte der Vorkommen in Deutschland liegen auf der Schwäbischen und Fränkischen Alb. Weitere Vorkommen sind aus Rhön (TH), Alb-Wutach-Gebiet und Hochschwarzwald (BW), Lech- und Isar-Inn-Schotterplatten, Berchtesgadener Alpen (beides BY) und Ostharz (ST) bekannt. Frühere Nachweise auch aus weiteren Regionen Deutschlands. In SL und RP ausgestorben. Nachbarstaaten: in Tschechien, Österreich.

Lebensraum: Alle drei Unterarten besiedeln Sandrasen, Silikat- und Kalkmagerrasen sowie alpine Rasen. Die Lebensräume können felsdurchsetzt sein. Die besiedelten Halbtrockenrasen werden in der Regel beweidet, sind sehr sonnig und weisen eine kurzrasige Vegetation auf.

P. accretus hält sich im Kaiserstuhl vor allem an Wegrändern und Graten mit Offenboden oder anstehendem Fels auf. Die von *P. trebevicensis* besiedelten Halbtrockenrasen liegen mitunter auch brach und weisen eine deutlich höhere Vegetationsstruktur auf als die Habitate von *P. alveus*, offene Felsen sind nicht notwendig. Die Vorkommen von *P. trebevicensis* liegen oft eben. Habitatpräferenz: A, OH, OF, OT.

Biologie & Ökologie: *P. alveus* fliegt im Tiefland und in den Mittelgebirgen in einer Generation meist ab Juli bis Ende August, in den Alpen Einzeltiere bis Anfang September. Die Falter treten in manchen Jahren häufiger auf, meist aber vereinzelt. Die Eiablage erfolgt einzeln an Blättern der Raupennahrungspflanzen. Diese sind das Gewöhnliche Sonnenröschen (*Helianthemum nummularium*), Frühlings-Fingerkraut (*Potentilla verna* agg.), wahrscheinlich auch Blutwurz (*P. erecta*). Die Raupen leben in der charakteristischen gattungsspezifischen Blatttüte. Die Überwinterung erfolgt als Raupe.

Von *P. accretus* gibt es wenige eindeutige Falterbeobachtungen in einer Generation von hauptsächlich Mitte Juni bis Ende Juli, selten ab Ende Mai/Anfang Juni. Karbiener beobachtete die Eiablage im Kaiserstuhl an Gewöhnlichem Sonnenröschen. WAGNER (2018) berichtet von Zuchten mit problemloser Futterumstellung von *Potentilla* auf *Helianthemum* und umgekehrt.

P. trebevicensis zeigt eine Generation, teilweise bereits ab Mai, meist ab Juni bis Juli, in manchen

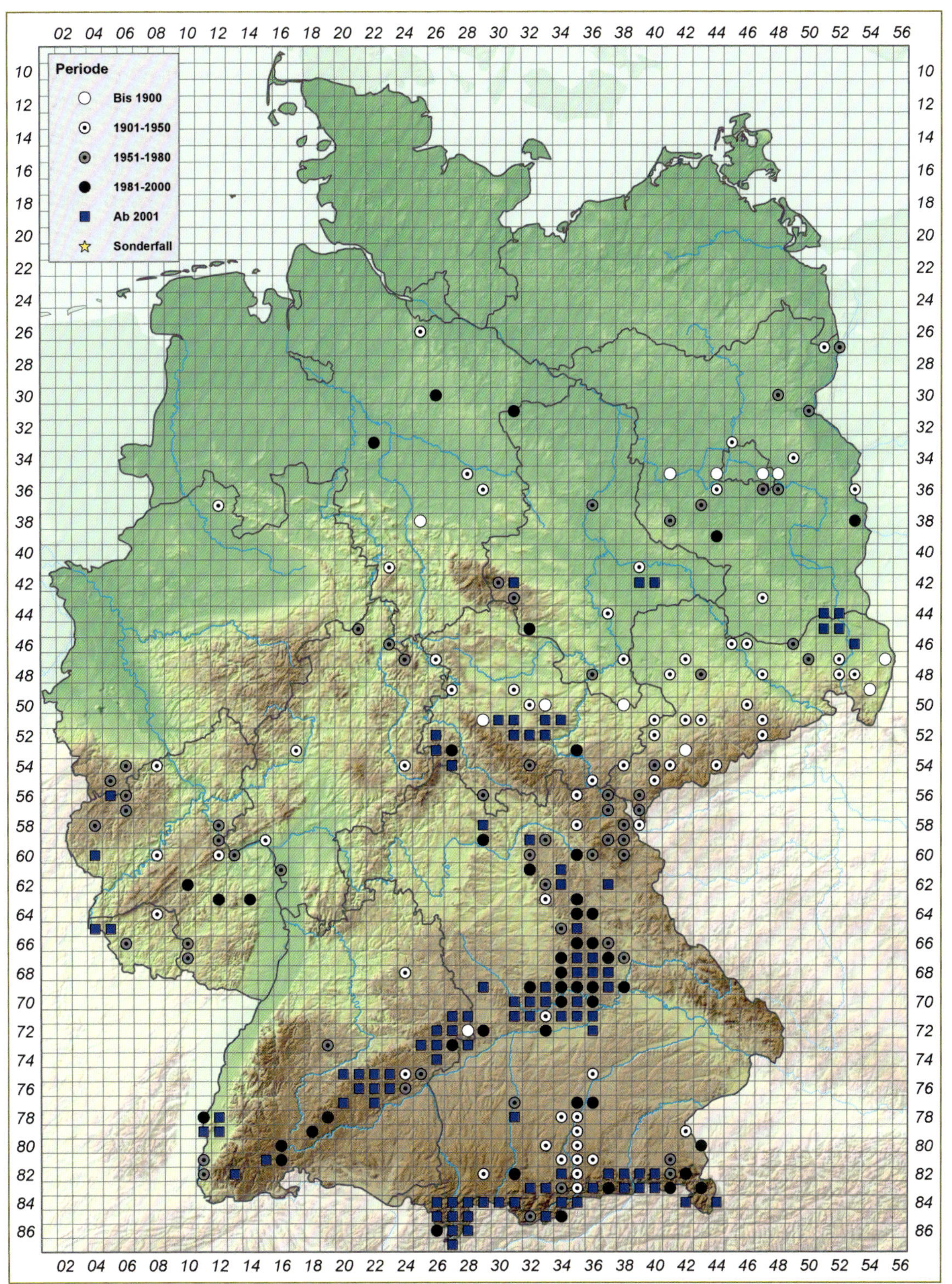
Periode
Bis 1900
1901-1950
1951-1980
1981-2000
Ab 2001
Sonderfall

Jahren bis August. Als Raupennahrungspflanze ist das Gewöhnliche Sonnenröschen bekannt.

Gefährdung: Aufgabe der Beweidung, zu geringe oder zu späte Beweidung der Lebensräume, Intensivierung durch Koppelhaltung. Eutrophierung, Verbrachung, Aufforstung und Verbuschung sowie Isolation von Lebensräumen. Generell dürfte die Erhaltung von offenem Boden und von Störstellen eine Rolle im Larvalhabitat spielen.

Schutz: Sicherung oder Wiedereinführung einer extensiven Beweidung mit Wanderschäfern. Offenhaltung und Beweidung insbesondere von Sand- und Halbtrockenrasen. Regelmäßige und frühzeitige Beweidung der Lebensräume.

Ralf Bolz & Oliver Karbiener

RL-D (2011)*: 2/1/D
Aktueller Bestand*: s/es/ss
Entwicklungstrend kurzfristig*: (↓)/(↓)/?
Bestandstrend langfristig*: <</<</?
BArtSchV (2005): besonders geschützt
*** Angaben für *P. alveus/P. accretus/P. trebevicensis***

Pyrgus alveus:
a Oberseite (Mario Trampenau)
b Unterseite (Mario Trampenau)

Pyrgus accretus:
c Oberseite (Martin Albrecht)
d Unterseite (Oliver Karbiener)

Pyrgus trebevicensis:
e Oberseite (Ingo Seidel),
f Unterseite (Ingo Seidel)

a

b

c

d

e

f

Pyrgus warrenensis:
a Oberseite (Markus Bräu)
b Unterseite (Alfred Haslberger)

Pyrgus warrenensis (Verity, 1928) – Warrens Würfel-Dickkopffalter

Verbreitung & Vorkommen: Die Art kommt ausschließlich in den Hochlagen der Alpen vor, in Deutschland im gesamten Bayerischen Alpenraum. Lange Zeit galt die Art als verschollen, bis sie 2003 im Nationalpark Berchtesgaden wiederentdeckt wurde (Haslberger 2005). Nachbarstaaten: in der Schweiz, Österreich, Frankreich.

Lebensraum: Mit Fels- und Schotterflächen durchsetzte alpine Rasen, oft in Kontakt mit Latschen. Alle Nachweise liegen in Höhenlagen von 1700–2250 m über NN. Habitatpräferenz: A.

Biologie & Ökologie: Die Flugzeit der Art erstreckt sich von Anfang Juli bis Ende August. In der Schweiz besuchen beide Geschlechter häufig Nektarblüten. Nachweise und Zahl der Individuen in ungeraden Jahren überwiegen deutlich, was auf einen zweijährigen Entwicklungszyklus schließen lässt. Für Österreich und die Schweiz werden als Raupennahrungspflanzen das Großblütige Gewöhnliche Sonnenröschen (*Helianthemum nummularium* subsp. *grandiflorum*) und das Alpen-Sonnenröschen (*H. alpestre*) angegeben (Gros 1998, Wagner 2006), in Deutschland liegen keine Beobachtungen vor. Die Raupe überwintert, wobei über das Stadium unterschiedliche Angaben vorliegen.

Gefährdung: Da die Art extrem selten ist, könnten sich Beeinträchtigungen z. B. durch den weiteren Ausbau von Skipisten (Jenner-Gebiet/Berchtesgadener Alpen) oder eine Intensivierung der Beweidung ergeben.

Schutz: Besondere Schutzmaßnahmen sind derzeit nicht erforderlich.

Alfred Haslberger

RL-D (2011): R
Aktueller Bestand: es
Entwicklungstrend kurzfristig: ?
Bestandstrend langfristig: ?
BArtSchV (2005): besonders geschützt

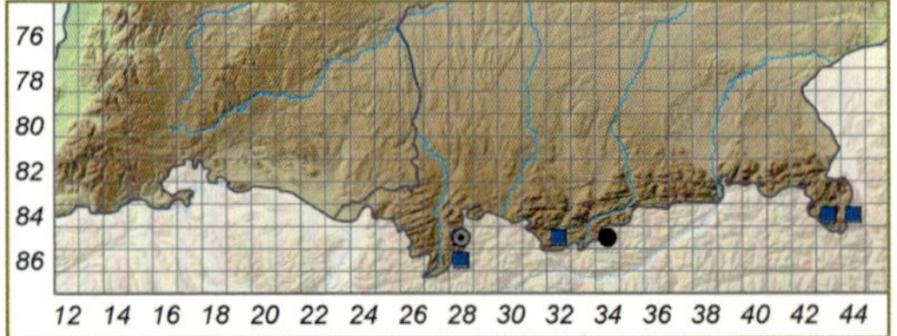

Der Kurzschwänzige Bläuling (*Cupido argiades*) kam bis vor einiger Zeit vor allem in den klimatisch begünstigten Räumen des Rheintales vor. In den letzten Jahren hat sich die Art stark ausgebreitet und ihr Areal nach Norden erweitert. (Foto: Andreas Kolossa)

Pyrgus onopordi:
a Oberseite (Markus Dumke)
b Unterseite Männchen (Martin Albrecht)

Pyrgus onopordi (RAMBUR, 1839) – Südwestlicher Würfel-Dickkopffalter

Verbreitung & Vorkommen: Atlanto-mediterrane Art. Von der Iberischen Halbinsel über Südfrankreich bis Süditalien. Die Nordgrenze verläuft durch die Schweiz. In Deutschland ausgestorben, war nur von einem Fundort auf der Schwäbischen Alb in BW durch Einzelfunde aus dem Jahr 1928 bekannt (EBERT & RENNWALD 1991). Nachbarstaaten: in Frankreich, der Schweiz. Aus Österreich nur fragliche Meldungen ohne Belege.

Lebensraum: Aus Deutschland ungenügend bekannt. In der Schweiz besiedelt die Art heiße Felshänge, Magerrasen und trockenes Ruderalgelände. Habitatpräferenz: OF, OT.

Biologie & Ökologie: Die wenigen in Deutschland gefundenen Falter wurden alle Ende Juli gefunden. Andernorts in Mitteleuropa fliegen die Falter in ein bis drei Generationen von April bis Oktober. Als Raupennahrungspflanzen dienen Fingerkraut-Arten wie *Potentilla hirta, P. pusilla* und *P. reptans* sowie Sonnenröschen-Arten wie *Helianthemum nummularium,* stellenweise auch Malven wie *Malva neglecta.* Die Raupen der letzten Generation überwintern.

Gefährdung: Aus Deutschland keine Angaben; in der Schweiz, wo die Art rezent nur noch im Wallis vorkommt, ist sie u. a. durch Verbuschung der Flugplätze vom Aussterben bedroht.

Schutz: In Deutschland ausgestorben, daher keine artspezifischen Schutzmaßnahmen erforderlich.

MARTIN WIEMERS

RL-D (2011): 0
Aktueller Bestand: ex 1928
BArtSchV (2005): besonders geschützt

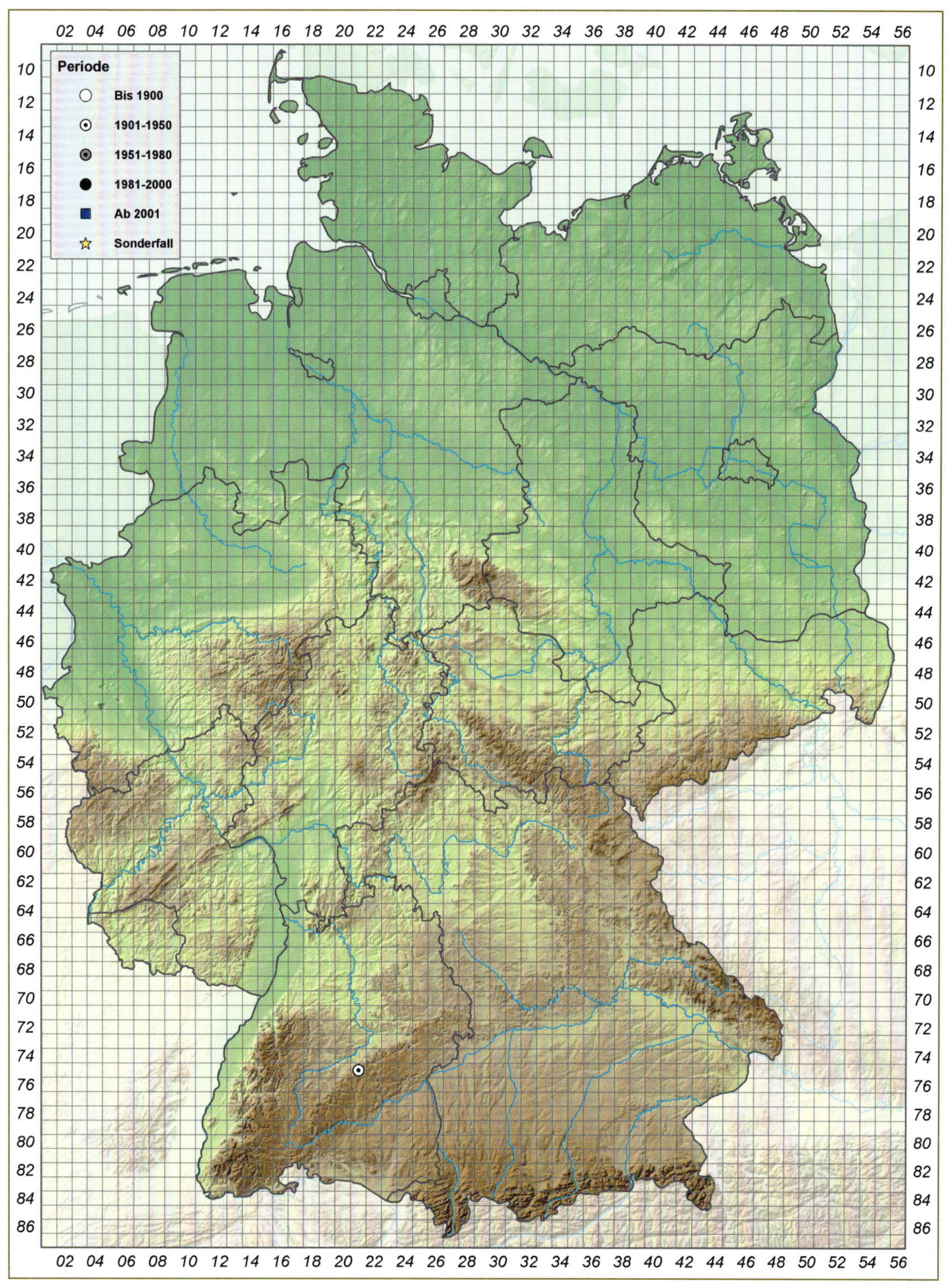
Periode
Bis 1900
1901-1950
1951-1980
1981-2000
Ab 2001
Sonderfall

Pyrgus cirsii:
a Oberseite (Michael Zepf)
b Ei (Michael Zepf)

Pyrgus cirsii (Rambur, 1839) – Spätsommer-Würfel-Dickkopffalter

Verbreitung & Vorkommen: Euro-orientalische Art mit disjunktem Verbreitungsareal: Südwest-Europa von Spanien über Frankreich bis nach Süddeutschland, sowie in Ostanatolien und Armenien. Die bayerischen Vorkommen bilden die Nordost-Grenze des westlichen Teilareals. Aktuell in Deutschland nur lokal in RP (Saar-Nahe-Bergland), BW (Schwäbische Alb) und BY (Mainfränkische Platten, Fränkisches Keuper-Lias-Land). In HE ausgestorben. Nachbarstaaten: in Frankreich und der Schweiz. Ausgestorben in Österreich.

Lebensraum: Südexponierte (Voll-)Trockenrasen wie auch fels- und gesteinsdurchsetzte Hänge. Der Lebensraum ist durch eine sehr lückige Vegetation mit offenen Bodenstellen gekennzeichnet, wo die Nahrungspflanzen direkt über dem nackten Boden wachsen. Es werden nur sehr sommerwarme und sonnenreiche Naturräume besiedelt. Habitatpräferenz: OF, OT.

Biologie & Ökologie: Die Falter fliegen in einer Generation ab der zweiten Julihälfte bis Mitte September. Die ortstreuen Falter können in manchen Jahren durchaus zahlreich auftreten. Die Eiablage erfolgt direkt an Blättern (meist auf der Unterseite) der Raupennahrungspflanzen. Raupennahrung sind das Frühlings-Fingerkraut (*Potentilla verna*) und das Rötliche Fingerkraut (*P. heptaphylla*), wahrscheinlich auch noch weitere *Potentilla*-Arten. Die Raupen leben in einer eingesponnenen Blatttüte. Die Überwinterung erfolgt als Ei.

Gefährdung: Eutrophierung, Brachfallen wie auch Verbuschung und somit Verschattung der Larvallebensräume; Aufgabe oder Umstellung der Hütehaltung auf Portionsweide und Koppelweide. Verinselung von Trockenrasenkomplexen.

Schutz: Frühjahrsbeweidung und Sicherung der extensiven Beweidung der Trockenrasen. Offenhaltung der Lebensräume von Gehölzen auch an Steilhängen. Erhalt von Steinfluren und Magertriften.

Ralf Bolz

RL-D (2011): 1
Aktueller Bestand: es
Entwicklungstrend kurzfristig: ↓ ↓
Bestandstrend langfristig: <<
BArtSchV (2005): streng geschützt

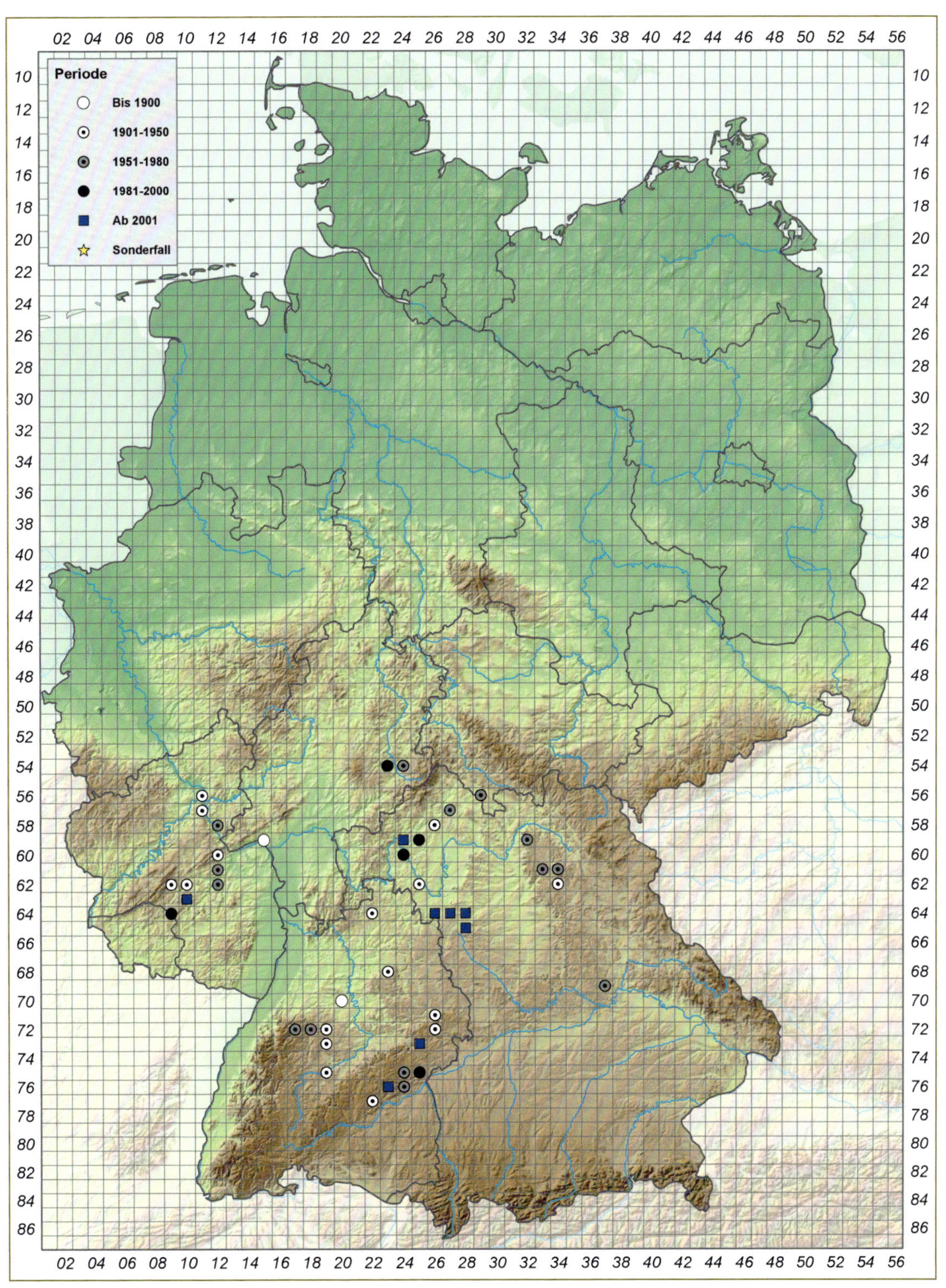
Periode
Bis 1900
1901-1950
1951-1980
1981-2000
Ab 2001
Sonderfall

Leptidea-sinapis/juvernica-Komplex: **a** Kopula (Arik Siegel) **b** Raupe (Klaus Schurian) **c** Ei (Klaus Schurian) **d** Puppe (Klaus Schurian)

Leptidea-sinapis/reali/juvernica-Komplex – Leguminosen-Weißlinge

Verbreitung & Vorkommen: Lange Zeit galt *Leptidea sinapis* (Linnaeus, 1758) als einzige in Deutschland vorkommende *Leptidea*-Art. Als dann 1988 eine weitere Art, *L. reali* Reissinger, 1990 (syn.: *lorkovicii* Réal, 1988) beschrieben wurde, deren Falter sich genitalmorphologisch gut von der Stammart abgrenzen ließen, wurde diese alsbald auch in Deutschland nachgewiesen. Im Jahr 2011 wurde ein weiteres Taxon von *Leptidea* bekannt, welches sich von *L. reali* nur durch Chromosomenzahl und in den DNA-Sequenzen unterscheidet: *Leptidea juvernica* Williams 1946.

Auf Basis der genetischen Merkmale wurde deutlich, dass die Art *L. reali* auf das südwestliche Europa (Spanien, Frankreich, Italien) beschränkt ist. Die zuvor in Mitteleuropa genitalmorphologisch als „*L. reali*" bestimmten Falter und die unter diesem Namen publizierten Nachweise müssen hingegen zu *L. juvernica* gestellt werden. Der Artenkomplex ist in Deutschland daher durch *L. sinapis* und *L. juvernica* vertreten.

Da nicht alle Meldungen, besonders aus der älteren Literatur, nachprüfbar sind und es offenbar auch im Zeithorizont zu territorialen Verschiebungen der beiden Arten gekommen ist (*L. juvernica* ist die expansivere Art; Schmitz 2007), kann das genitalmorphologisch nicht untersuchte Material lediglich dem Artenkomplex zugeordnet werden.

Lebensraum: Gebüsch- und Saumgesellschaften, Lichtungen, Waldwege, Bahndämme und Straßenböschungen mit Gebüschen, Magerrasen, Wiesen. Habitatpräferenz: OT, OF, OM, OX, OG, BM, BS, WL, WK, WY.

Biologie & Ökologie: s. Artkapitel.

Gefährdung: s. Artkapitel.

Schutz: s. Artkapitel.

Oliver Schmitz

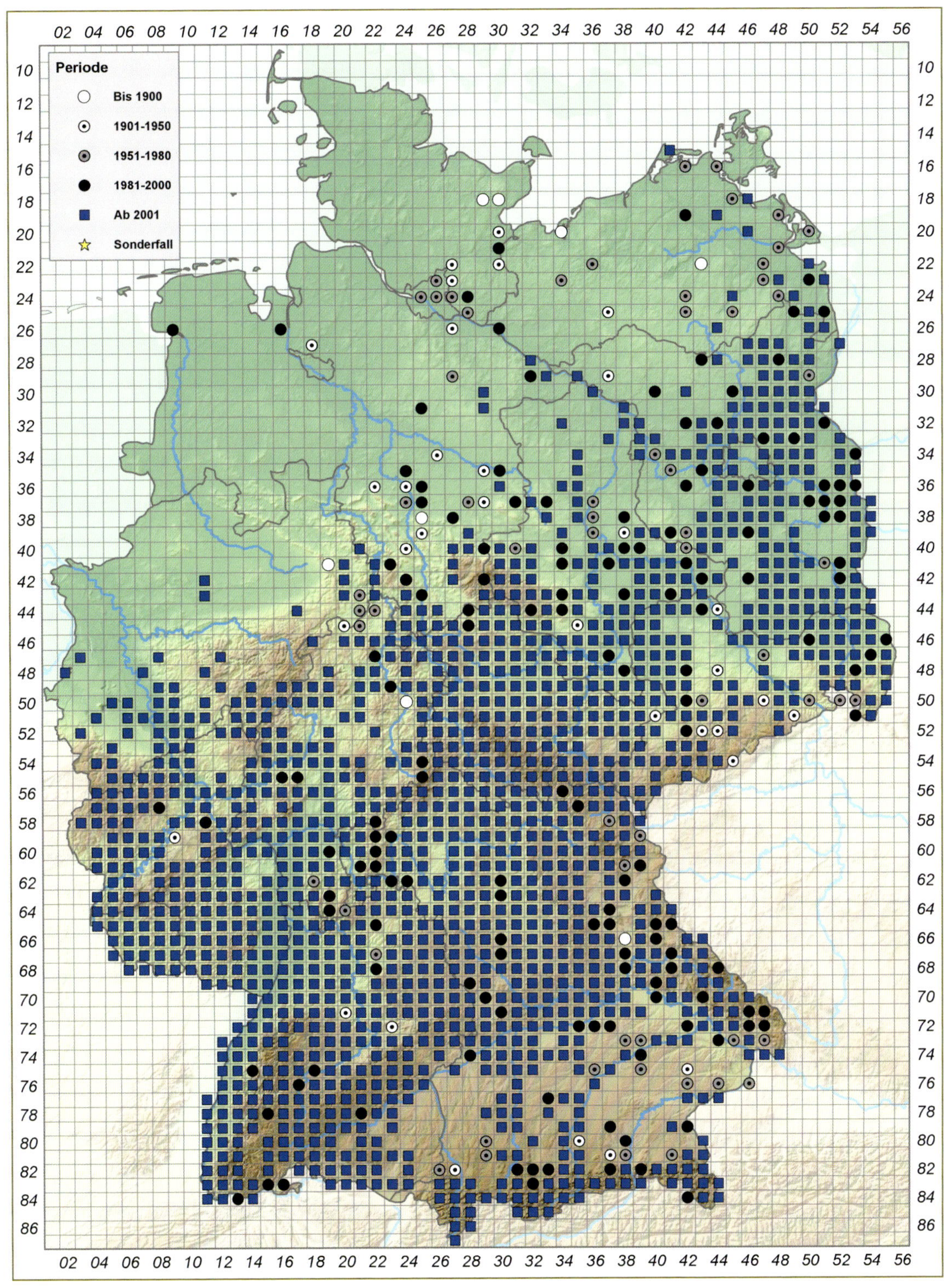
Periode
Bis 1900
1901-1950
1951-1980
1981-2000
Ab 2001
Sonderfall

Leptidea sinapis:
Unterseite Weibchen (Oliver Schmitz)

Leptidea sinapis (Linnaeus, 1758) – Leguminosen-Weißling

Verbreitung & Vorkommen: Euro-sibirisch verbreitete Art, die von Portugal und Irland durch ganz Europa ostwärts bis nach Kasachstan, Westsibirien und China vorkommt. Keine Nachweise aus den Bundesländern HH, SH und MV. In NW und dem nördlichen RP weitestgehend verschwunden. Kommt bis in die alpinen Stufen vor. Aus allen Nachbarstaaten gemeldet, teilweise jedoch (stark) rückläufig (Tschechien, Polen); in Dänemark ausgestorben; in den Niederlanden nur im Süden.

Lebensraum: Gebüsch- und Saumgesellschaften, Lichtungen, Waldwege, Bahndämme und Straßenböschungen mit Gebüschen, aufgelassene Steinbrüche, Kiefernwälder, Halbtrocken- und Magerrasen. Habitatpräferenz: OT, OF, OX, OG, WL, WK, WY, A.

Biologie & Ökologie: Die Falter fliegen in zwei (bis drei) Generationen von April bis September. Überwinterung als Puppe. Die Eiablage erfolgt einzeln an die Blätter der Wirtspflanzen. Raupennahrung: Wiesen-Platterbse (*Lathyrus pratensis*), Gewöhnlicher Hornklee (*Lotus corniculatus*), Beilwicke (*Securigera varia*), Schmalblättrige Futter-Wicke (*Vicia angustifolia*), Vogel-Wicke (*V. cracca*), Hasen-Klee (*Trifolium arvense*). Verpuppung als Gürtelpuppe.

Gefährdung: Sukzession von Mager- und Halbtrockenrasen und Eutrophierung.

Schutz: Vermeiden von übermäßigem Nährstoffeintrag; Erhalt von Offenlandflächen.

Oliver Schmitz

RL-D (2011): D
Aktueller Bestand: ?
Entwicklungstrend kurzfristig: ?
Bestandstrend langfristig: ?

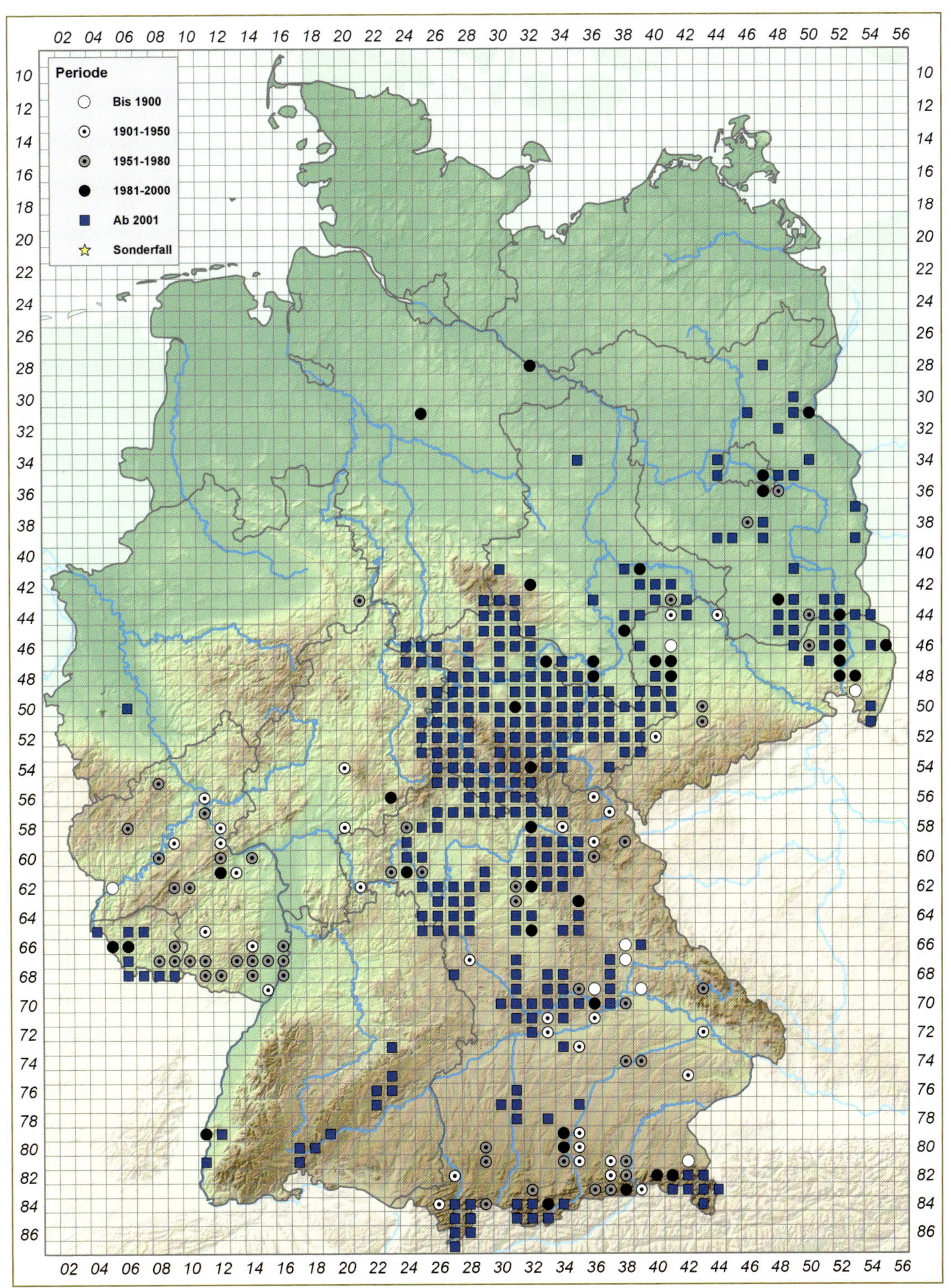
Periode
Bis 1900
1901-1950
1951-1980
1981-2000
Ab 2001
Sonderfall

Leptidea juvernica: **a** Kopula (Oliver Schmitz) **b** Unterseite Weibchen (Michael Zepf)

Leptidea juvernica Williams, 1946 – Verkannter Leguminosen-Weißling

Verbreitung & Vorkommen: Eurasische, von Irland bis Kasachstan verbreitete Art. Sie fehlt in Großbritannien und im westmediterranen Raum, wo sie durch *L. reali* vertreten wird. Nachweise aus den Bundesländern HH und SH fehlen; insbesondere in NW expansiv; in BE und BB (hier inzwischen weit verbreitet) seit den 1970er-Jahren nachgewiesen; in MV sehr lokal und erst in den letzten Jahrzehnten beobachtet. Die Art fehlt in den alpinen Lagen; wenige Funde existieren aus dem Alpenvorland. Aus allen Nachbarstaaten gemeldet; in den Niederlanden und Dänemark ausgestorben.

Lebensraum: Extensiv genutztes und ungedüngtes Grünland, Gebüsch- und Saumgesellschaften, Magerrasen, Streuobstwiesen, Bahndämme und Straßenböschungen mit Gebüschen, Waldwege, Lichtungen. Habitatpräferenz: OT, OF, OM, OG, BM, BS, WL.

Biologie & Ökologie: Die Falter fliegen in zwei (bis drei) Generationen von April bis August (September). Als Nektarquelle wurden der gewöhnliche Hornklee (*Lotus comiculatus*) und die Vogelwicke (*Vicia cracca*) festgestellt. Das Spektrum an Nektarsaugpflanzen dürfte jedoch größer sein. Da *L. juvernica* im Gelände nicht von der Schwesterart *L. sinapsis* unterschieden werden kann, sind entsprechende Daten zur Ökologie jedoch kaum verfügbar. Die Eiablage erfolgt einzeln an die Blätter der Wirtspflanzen. Bevorzugt werden die Blattunterseiten großer Pflanzen. Als Raupennahrung dienen Wiesen-Platterbse (*Lathyrus pratensis*), Gewöhnlicher Hornklee (*Lotus corniculatus*), Vogel-Wicke (*Vicia cracca*). Verpuppung als Gürtelpuppe.

Gefährdung: Eutrophierung des Grünlandes.

Schutz: Unterlassen von übermäßiger Wiesendüngung. Erhalt und Förderung blütenreicher Säume in den oben genannten Lebensräumen.

Oliver Schmitz

RL-D (2011): D
Aktueller Bestand: ?
Entwicklungstrend kurzfristig: ?
Bestandstrend langfristig: ?

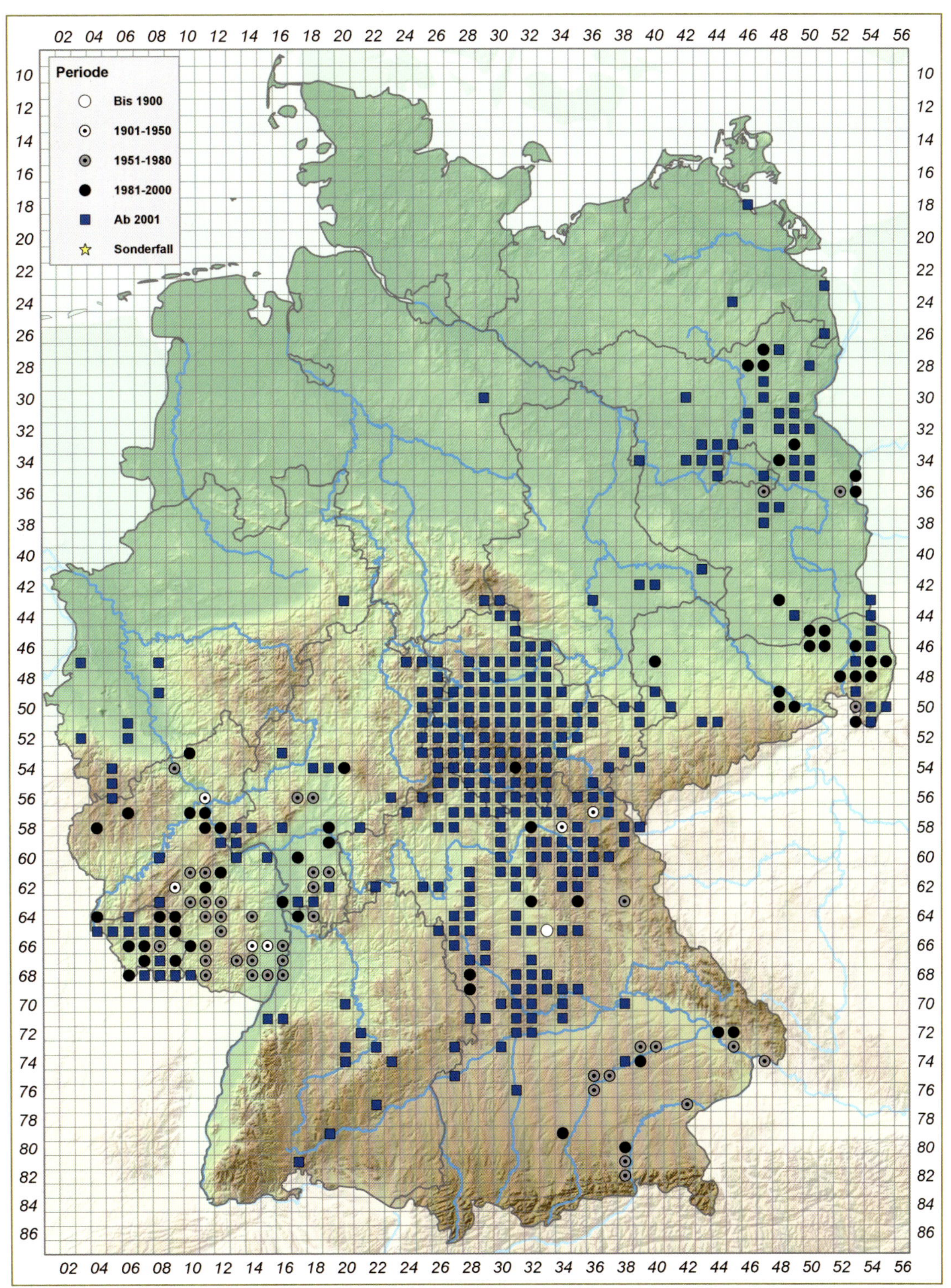
Periode
Bis 1900
1901-1950
1951-1980
1981-2000
Ab 2001
Sonderfall

Gonepteryx rhamni:
a Unterseite Weibchen (Detlef Kolligs)
b Unterseite Männchen (Markus Dumke)
c Raupe (Erk Dallmeyer)

Gonepteryx rhamni (Linnaeus, 1758) – Zitronenfalter

Verbreitung & Vorkommen: Euro-sibirische Art. Sie kommt von Nordwest-Afrika und Europa durch das gemäßigte Asien bis Japan vor. Der Zitronenfalter gehört zu den ganz wenigen Schmetterlingsarten, von denen ein noch fast flächendeckendes Vorkommen in Deutschland angenommen werden kann. Im Atlas aufgezeigte Verbreitungslücken dürften mehrheitlich auf Kartierungsdefizite zurückzuführen sein. Vorkommen in allen Nachbarstaaten und BL.

Lebensraum: Besiedelt wird ein großes Spektrum feuchter bis trockener, aber lichter Wälder sowie Parks und Gärten. Im verbuschenden Offenland oder im Moorrandbereich ist *G. rhamni* ebenfalls präsent. Die Falter finden sich im Sommer zur Nektarsuche überall ein, während die Männchen im Frühjahr zumeist entlang von Saumstrukturen patrouillieren. Habitatpräferenz: A, OF, BF, BM, BT, BY, WL, WS, WM, WA, WK, WY.

Biologie & Ökologie: Der Zitronenfalter ist die im Imaginalstadium langlebigste heimische Tagfalterart und fliegt in einer Generation von Juli bis in den Juni des folgenden Jahres. Nach kurzer Aktivitätsphase gehen die Falter in eine Sommerdiapause und können an warmen Herbsttagen nochmals aktiv werden. Der Falter überwintert in der Bodenvegetation oder in Gebüschen und an efeubewachsenen Mauerwerken. Er kann je nach Witterungsverlauf bereits Ende Februar wieder aktiv werden. Selten tritt eine zweite Generation auf, wie Ei- und Jungraupenfunde im August belegen (Lepiforum 2019). Die Raupen leben an halbschattig stehenden oder in Säumen wachsenden Kreuzdorn-Arten, insbesondere dem Purgier-Kreuzdorn (*Rhamnus cathartica*) sowie an Faulbaum (*Frangula alnus* syn. *Rhamnus frangula*).

Gefährdung: Die Art ist aktuell nicht gefährdet.

Schutz: Für die Art sind aktuell keine speziellen Schutzmaßnahmen notwendig.

Detlef Kolligs

RL-D (2011): *
Aktueller Bestand: sh
Entwicklungstrend kurzfristig: =
Bestandstrend langfristig: =

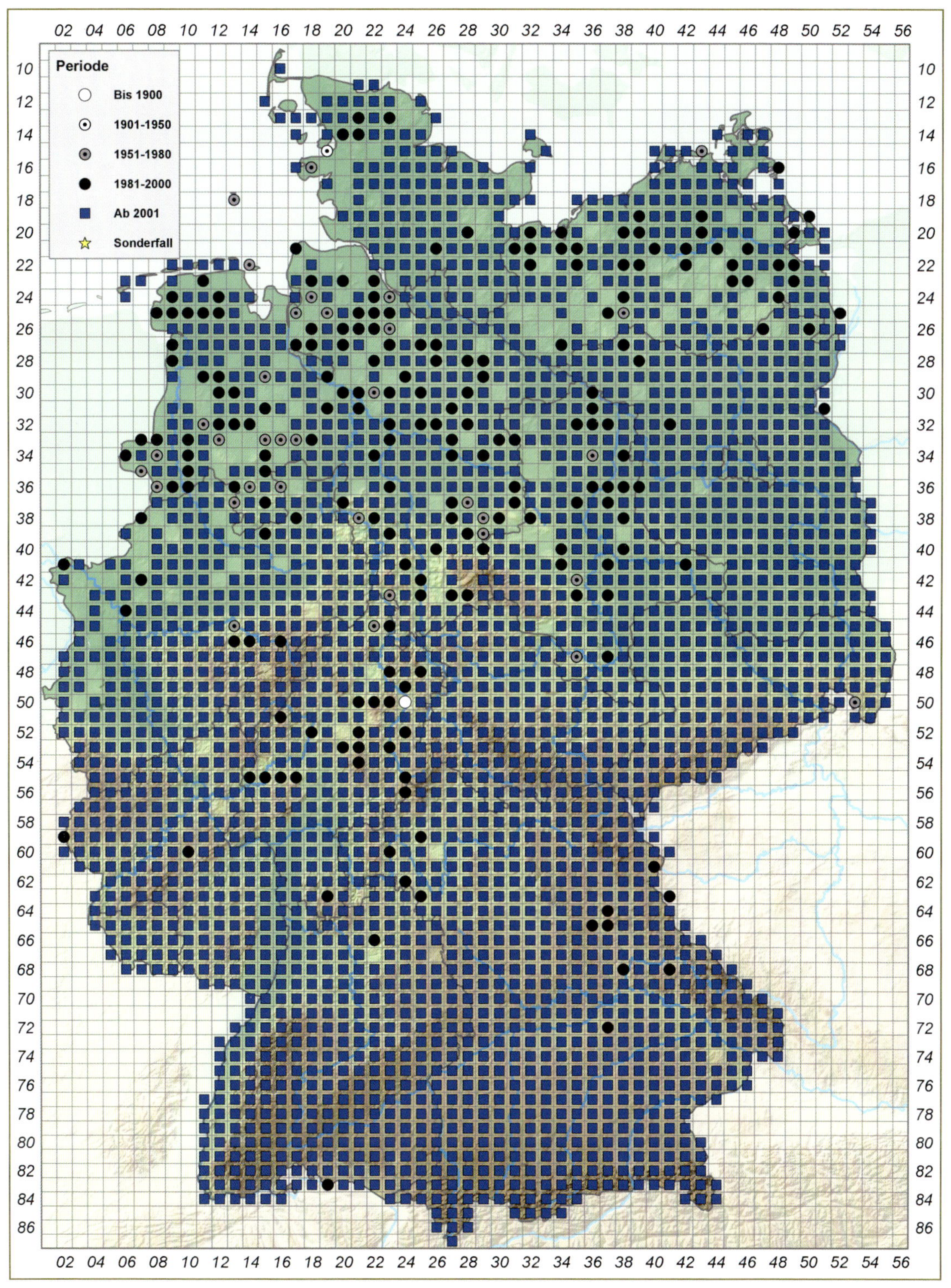
Periode
Bis 1900
1901-1950
1951-1980
1981-2000
Ab 2001
Sonderfall

Colias hyale:
a Oberseite Weibchen (Mario Trampenau)
b Unterseite Männchen (Markus Bräu)
c Raupe (Michael Zepf)

Colias hyale (Linnaeus, 1758) – Weißklee-Gelbling

Verbreitung & Vorkommen: Euro-sibirische Art. Sie kommt im klimatisch gemäßigten Europa von Südwest-Frankreich ostwärts bis Mittelasien und auch auf dem Balkan vor. Fehlt auf der Iberischen Halbinsel, in Süditalien und weitestgehend in Nordeuropa. Im Mittelmeerraum meist nur als Wanderfalter anzutreffen. Vorkommen in allen BL und Nachbarstaaten. In Nordwest-Deutschland lückiger verbreitet.

Lebensraum: Breites Spektrum von Offenlandbiotopen mit Vorkommen von Hülsenfrüchtlern. Besiedelt trockenes bis frisches Offenland, Böschungen, Mähwiesen, Viehweiden und Brachen. Wichtige, jedoch seltener gewordene Habitate der Agrarlandschaft sind Klee- und Luzerneäcker. Habitatpräferenz: OM, OG, OO, OX, OR, OT.

Biologie & Ökologie: Fliegt in zwei bis drei Generationen ab April/Mai bis Oktober (selten bis November). Erste Generation deutlich individuenschwächer. Als Binnenwanderer kann die Art innerhalb ihres Verbreitungsgebietes größere Strecken zurücklegen. Die Falter sind eifrige und stete Blütenbesucher. Eiablage erfolgt an die Blattoberseiten verschiedener Leguminosen. Wichtigste Raupennahrungspflanzen: Bastard-Luzerne (*Medicago × varia*), Weiß-Klee (*Trifolium repens*), Rot-Klee (*Trifolium pratense*). Überwinterung als Jungraupe am Fuß der Futterpflanze.

Gefährdung: Eutrophierung, intensive Grünlandnutzung, Sukzession und Umbruch von Grünland in Äcker. Verschwinden bzw. Reduzierung von Rotkleefeldern. Sekundärhabitate (z. B. Siedlungsbereiche) werden jedoch immer wieder neu besiedelt.

Schutz: Die Erhaltung geeigneter Larvalhabitate, wie extensiv genutzte Weiden und Wiesen, ungedüngte magere Böschungen, Raine und Säume sowie Ruderalflächen, ist unbedingt notwendig.

Maximilian Olbrich & Gerd Kuna

RL-D (2011): *
Aktueller Bestand: sh
Entwicklungstrend kurzfristig: ↓↓
Bestandstrend langfristig: <<
BArtSchV (2005): besonders geschützt

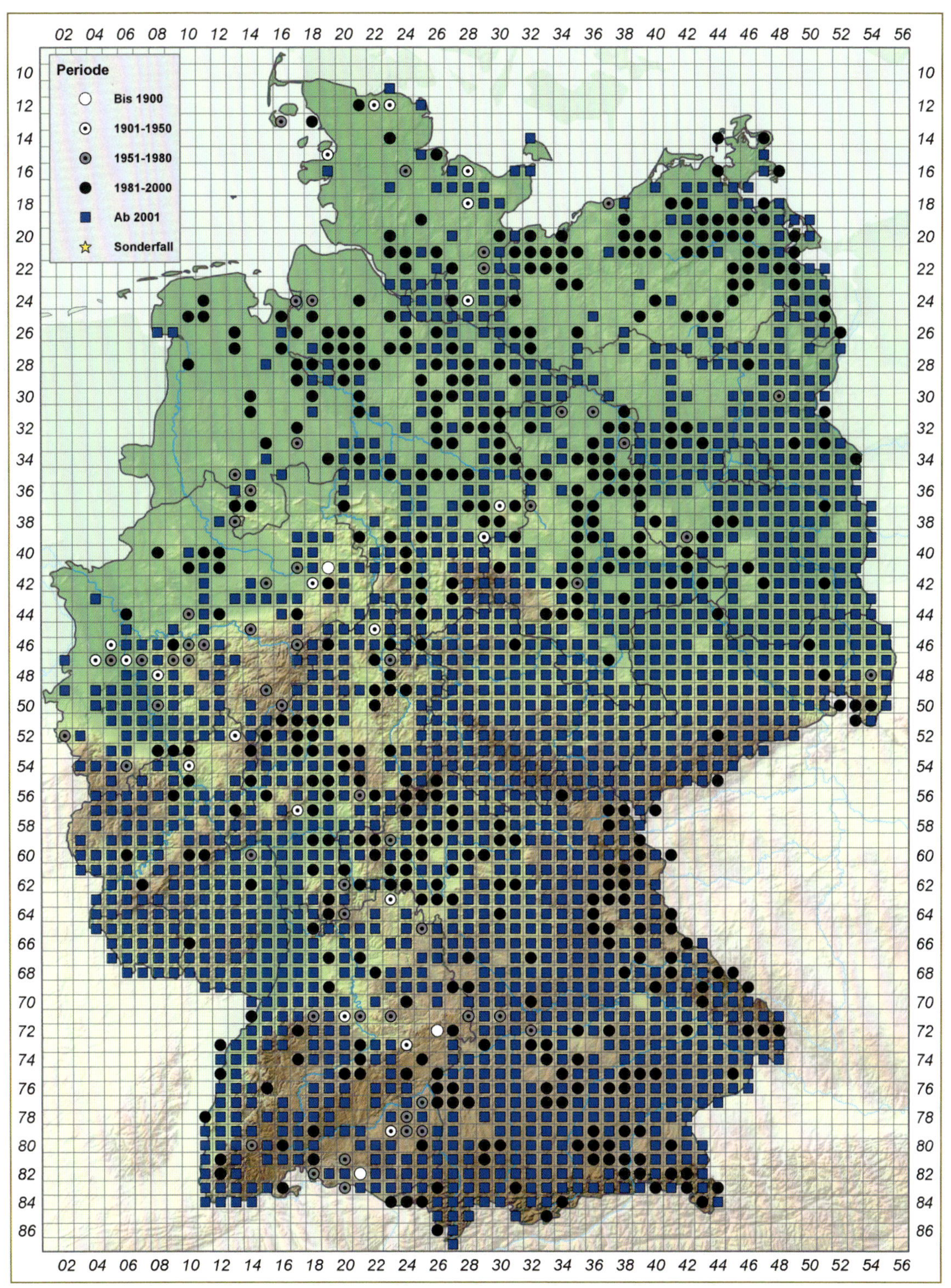
Periode
Bis 1900
1901-1950
1951-1980
1981-2000
Ab 2001
Sonderfall

Colias alfacariensis:
a Unterseite (Erk Dallmeyer)
b Raupe (Oliver Böck)
c Ei (Michael Zepf)

Colias alfacariensis Ribbe, 1905 – Hufeisenklee-Gelbling

Verbreitung & Vorkommen: Euro-orientalische Art. Von der Iberischen Halbinsel durch Süd- und Mitteleuropa bis Afghanistan. Die Verbreitungsnordgrenze zieht sich von der Eifel über das Weserbergland bis zum Sächsischen Elbtal. Fehlt in SH, HH, HB, MV, BB und BE. In den letzten Jahren an der Verbreitungsnordgrenze stark rückläufig. Die Art ist ein Binnenwanderer mit schwacher Ausbreitungstendenz. Nachbarstaaten: fehlt in Dänemark und den Niederlanden.

Lebensraum: Halbtrockenrasen und innere Waldsäume trockener Wälder mit Vorkommen von Hufeisenklee (*Hippocrepis comosa*) und/oder Beilwicke (*Securigera varia*). Gebietsweise sehr häufig auf trockenen Straßenböschungen. Habitatpräferenz: OT.

Biologie & Ökologie: Falter fliegen je nach Lokalklima in zwei bis vier Generationen ab April oder Mai bis Oktober/November. Die Weibchen finden innerhalb des Verbreitungsgebiets neu angelegte Straßenböschungen mit Einzelpflanzen von *H. comosa* oder *S. varia* mit erstaunlicher Zielsicherheit. Eiablage erfolgt einzeln an die Blattoberseite. Überwinterung als Raupe, die an milden Wintertagen zuweilen Nahrung aufnimmt. Raupennahrungspflanzen sind Hufeisenklee und Beilwicke, sehr selten auch Strauchwicke (*Hippocrepis emerus*). Verpuppung als Gürtelpuppe an Pflanzenstängeln im Magerrasen.

Gefährdung: Umwandlung von Magerrasen in Wirtschaftsgrünland. Die Gründe für den starken Rückgang an der Verbreitungsnordgrenze sind noch nicht im Detail bekannt.

Schutz: Bei Neuanlage von Straßenböschungen im Vorkommensgebiet der Art Raupennahrungspflanzen einsäen.

Jürgen Hensle

RL-D (2011): *
Aktueller Bestand: mh
Entwicklungstrend kurzfristig: <
Bestandstrend langfristig: =
BArtSchV (2005): besonders geschützt

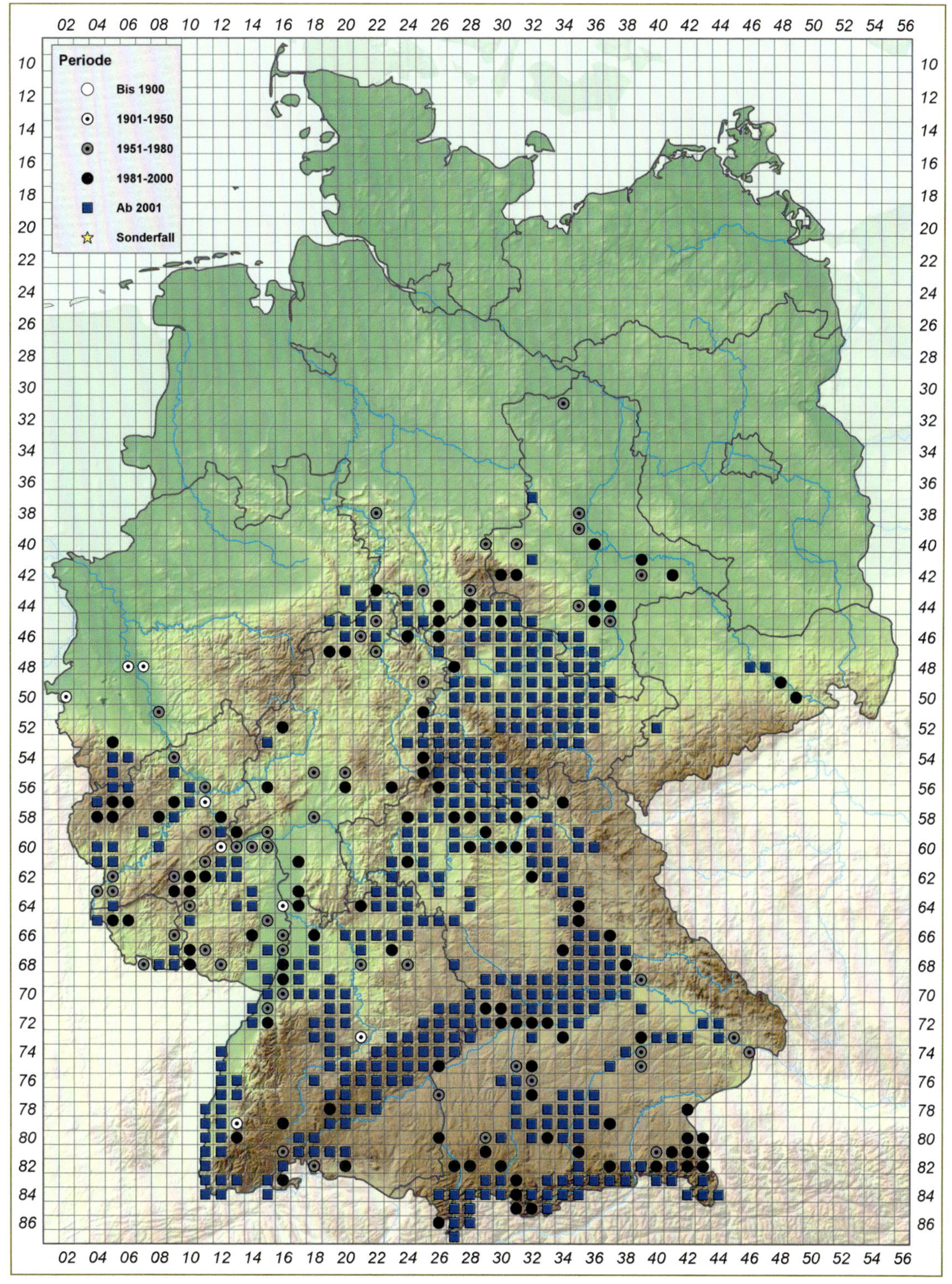
Periode
Bis 1900
1901-1950
1951-1980
1981-2000
Ab 2001
Sonderfall

Colias phicomone:
a Unterseite Männchen (Michael Zepf)
b Unterseite Weibchen (Oliver Böck)

Colias phicomone (Esper, 1780) – Alpen-Gelbling

Verbreitung & Vorkommen: Ausschließlich in Gebirgsregionen Europas: Kantabrischer Gebirgszug, Pyrenäen und Alpen; unbestätigte Meldungen aus den Karpaten. In Deutschland nur in BY in den Schwäbisch-Oberbayerischen Voralpen und den Nördlichen Kalkhochalpen. Hinweise auf Funde in BW wurden bisher als unrichtig eingestuft. Nachbarstaaten: in der Schweiz, Österreich, Frankreich.
Lebensraum: Alpine Rasen verschiedener Ausprägung, magere Weiden der Almflächen, auch Magerrasen und extensive Heuwiesen der Alpentäler. In Höhen von 750 bis max. 2300 m, Schwerpunkt 1400–1800 m über NN, am häufigsten im Bereich der Waldgrenze anzutreffen. Habitatpräferenz: A.
Biologie & Ökologie: Flugzeit der relativ standorttreuen Falter von Ende Mai bis September, partielle zweite Generation bis in den Oktober. Keine Blütenpräferenz erkennbar. Eiablage an Schmetterlingsblütler: bevorzugt Hufeisenklee (*Hippocrepis comosa*), aber auch Gewöhnlicher Hornklee (*Lotus corniculatus*) und in tieferen Lagen Bunte Beilwicke (*Securigera varia*). Überwinterung als halb erwachsene Raupe; Verpuppung im Frühjahr an Pflanzenstängeln oder unter Steinen.
Gefährdung: Habitatverluste aufgrund von Intensivierung der Landwirtschaft, Aufforstung, Intensivierung der Beweidung und Düngung von Almflächen. Dennoch tritt die Art zum Teil in hoher Individuenzahl auf und gilt aktuell trotz ihrer geografischen Restriktion nicht als gefährdet.
Schutz: Erhaltung und Förderung einer extensiven Mahd bzw. Weidenutzung auch im Bereich der Almen.

Anja Hager

RL-D (2011): *
Aktueller Bestand: ss
Entwicklungstrend kurzfristig: =
Bestandstrend langfristig: =
BArtSchV (2005): besonders geschützt

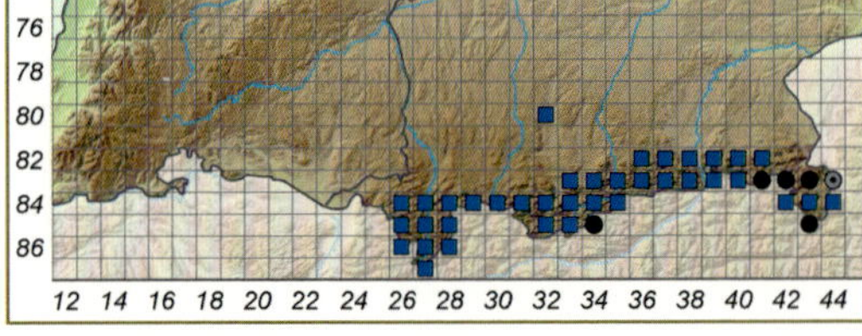

Der Grünader-Weißling (*Pieris napi*) ist in Deutschland fast überall anzutreffen, besonders häufig an lichten Stellen in Wäldern. Je nach Lokalklima fliegt die Art in drei bis vier Generationen von März bis Oktober. (Foto: Arik Siegel)

Colias erate:
a Unterseite Männchen (Martin Wiemers)
b Raupe (Martin Wiemers)

Colias erate (Esper, 1805) – Östlicher Gelbling

Verbreitung & Vorkommen: Südosteuropäisch-sibirische Art, die sich als Arealerweiterer erst in den 1980er-Jahren von Südost-Europa nach Mitteleuropa ausgebreitet hat (Kudrna 2001); von Südost-Polen und dem Balkan sowie der Türkei nach Osten durch Russland, bis Afghanistan, China, der Mongolei, Korea und Japan; auch in Somalia und Äthiopien. In Deutschland bisher nur in SN und BB sowie Einzelfund in BY und TH. Nachbarstaaten: nur Polen, Tschechien und Österreich.
Lebensraum: In Deutschland bisher nur aus der offenen Kulturlandschaft mit Klee- und Luzernefeldern sowie der xerothermen Bergbaufolgelandschaft bekannt. Habitatpräferenz: OO, OT.
Biologie & Ökologie: Bisher sind in Deutschland keine bodenständigen Populationen über längere Zeit nachgewiesen, möglicherweise gehen alle Funde sogar auf Einwanderer zurück. Es besteht (bestand?) eine temporäre Arealerweiterung nach Nordwesten, in deren Verlauf der Erstfund für Deutschland am 19.08.1995 nahe der polnischen Grenze in der sächsischen Oberlausitz durch Krahl erfolgte (Eitschberger & Krahl 2000; Reinhardt et al. 2003). Der vorerst wahrscheinlich letzte Nachweis erfolgte 2012 in der Oberlausitz durch Koop. Da alle bekannten Funddaten von Anfang August bis Anfang Oktober liegen, ist davon auszugehen, dass die Art mehrere Generationen pro Jahr bildet. Hauptsächliche Raupennahrungspflanze ist die Bastard-Luzerne (*Medicago × varia*). Es überwintert die Raupe, die auch Nahrung aufnimmt. Verpuppung als Gürtelpuppe im Frühjahr. Die Art ist sehr variabel in der Gelbfärbung, Männchen in der Regel zitronengelb.
Gefährdung: Verringerung der Anbaufläche von Klee und Luzerne.
Schutz: Erhaltung bzw. Vergrößerung der Klee- und Luzerne-Anbauflächen

Rolf Reinhardt

RL-D (2011): ◊
Aktueller Bestand: nb
Entwicklungstrend kurzfristig: keine Angabe
Bestandstrend langfristig: keine Angabe
BArtSchV (2005): besonders geschützt

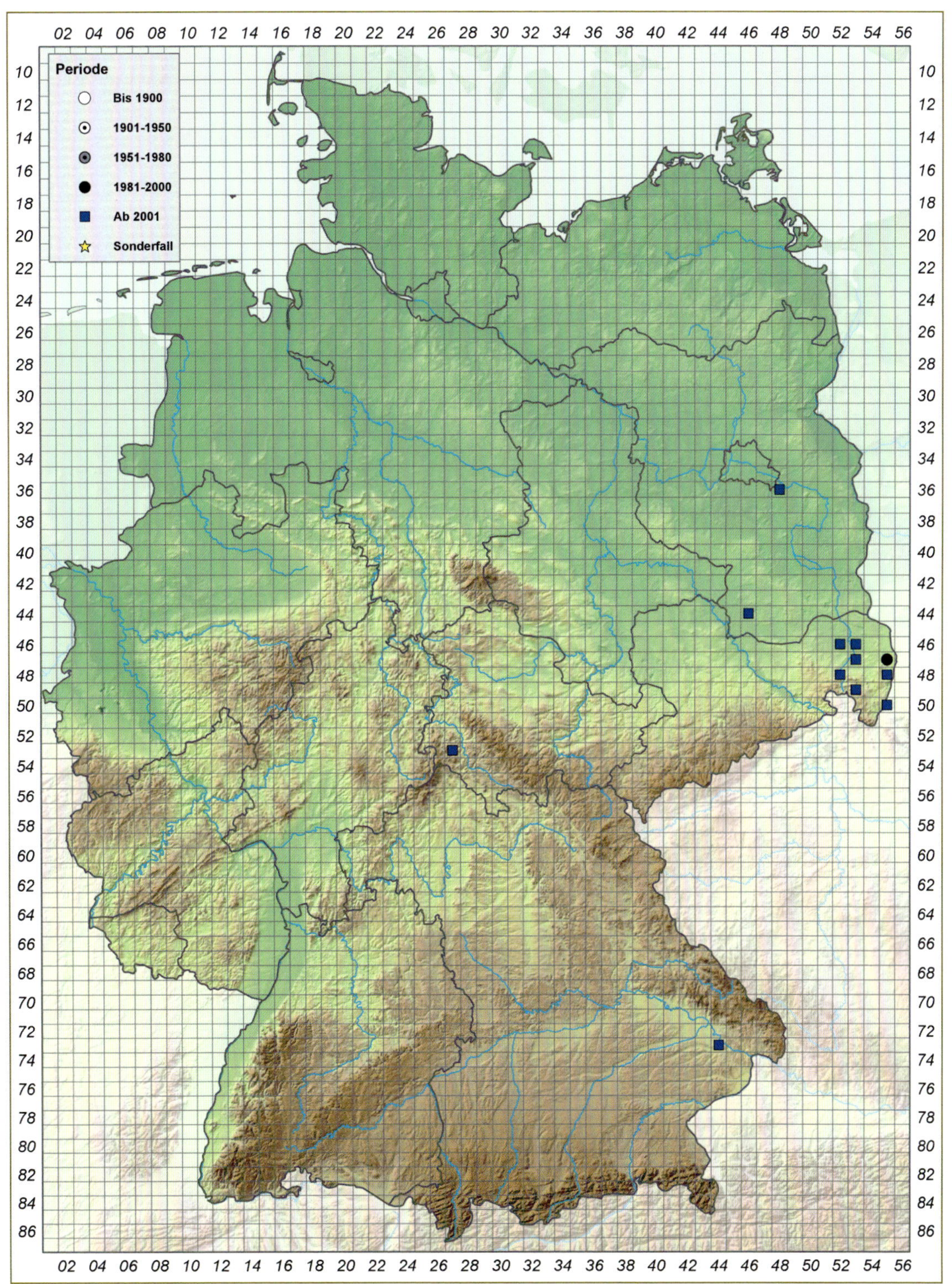
Periode
Bis 1900
1901-1950
1951-1980
1981-2000
Ab 2001
Sonderfall

Colias crocea:
a Unterseite (Erk Dallmeyer)
b Raupe (Martin Albrecht)

Colias crocea (Geoffroy, 1785) – Postillon

Verbreitung & Vorkommen: Paläarktische Art. Von den Makaronesischen Inseln durch Nordafrika und Europa bis Afghanistan und Südwest-Sibirien. In Europa als Wanderfalter nördlich bis zu den Orkney-Inseln, Südskandinavien und Südfinnland. Vorkommen in allen BL und Nachbarstaaten.

Lebensraum: Überall im Offenland und in lichten Wäldern. Habitatpräferenz: OT, OH, OW, OS, OX, OR, OM, BS, BY, WY.

Biologie & Ökologie: Ei und Raupe überwintern sehr lokal am Kaiserstuhl (Hensle & Hensle 2002) und am Schwarzwaldrand, in sehr milden Wintern verbreitet in tieferen Lagen Süd- und Westdeutschlands. Ansonsten wandert der Falter von April bis Juli aus Südeuropa ein und bildet ein bis drei Nachfolgegenerationen aus. Ab August wandern die Falter teilweise wieder nach Süden zurück. Ein Teil bleibt bis zum Wintereinbruch in Mitteleuropa, wobei die Weibchen bis in den Dezember hinein Eier legen. Die Eiablage erfolgt einzeln auf die Blattoberseite. Die Raupe frisst in der Regel den Winter über durch. Raupennahrungspflanzen: Allerlei Hülsenfrüchtler (Fabaceae), vorzugsweise Bastard-Luzerne (*Medicago* × *varia*), Sichel-Luzerne (*M. falcata*), Hopfenklee (*M. lupulina*) und Bunte Beilwicke (*Securigera varia*). Verpuppung als Gürtelpuppe an Pflanzenstängeln.

Gefährdung: Nicht gefährdet.

Schutz: Keine Schutzmaßnahmen erforderlich.

Jürgen Hensle

RL-D (2011): *
Aktueller Bestand: sh
Entwicklungstrend kurzfristig: =
Bestandstrend langfristig: =
BArtSchV (2005): besonders geschützt

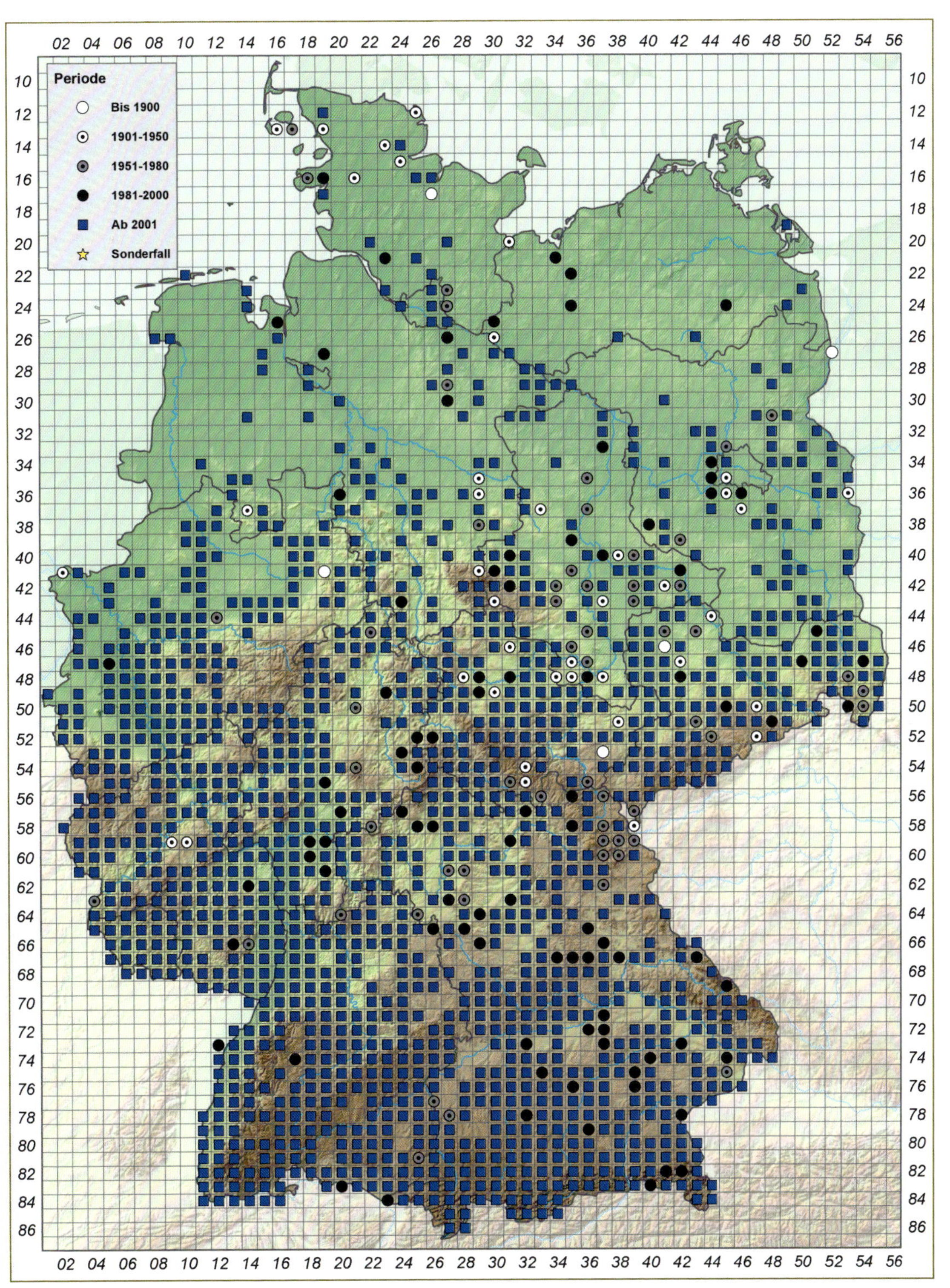
Periode
Bis 1900
1901-1950
1951-1980
1981-2000
Ab 2001
Sonderfall
02 04 06 08 10 12 14 16 18 20 22 24 26 28 30 32 34 36 38 40 42 44 46 48 50 52 54 56
10 12 14 16 18 20 22 24 26 28 30 32 34 36 38 40 42 44 46 48 50 52 54 56 58 60 62 64 66 68 70 72 74 76 78 80 82 84 86

Colias myrmidone:
a Unterseite (Hans-Josef Weidemann)
b Raupe (Hans-Josef Weidemann)

Colias myrmidone (Esper, 1781) – Regensburger Gelbling

Verbreitung & Vorkommen: Euro-orientalische Art. Von Deutschland über Osteuropa durch Südrussland bis Nordwest-Kasachstan. In Deutschland war die Art nur in BY sicher bodenständig, Nachweise von vermutlich wandernden Einzeltieren bzw. Irrgästen sind aus SN und ST bekannt. Letzte Vorkommen lagen in der Frankenalb, zuletzt 2000 bei Kallmünz (Freese et al. 2005). Aktuell in Deutschland und weiteren Ländern (Österreich, Ungarn, Tschechien, Slowenien, Lettland, Litauen, Bulgarien, Kroatien und Serbien) erloschen. In der EU nur noch im Osten Polens, im Westen der Slowakei und in Rumänien (Siebenbürgen). Nachbarstaaten: in Polen (nur noch im Nordosten); erloschen in Tschechien und Österreich.

Lebensraum: In der Frankenalb waren vor allem Trespen-Trockenrasen besiedelt (Weidemann 1989). Ältere Angaben erwähnen auch lichte Waldtypen; auch in Siebenbürgen werden Eier und Raupen regelmäßig in breiten Wald-Offenland-Übergängen bzw. unregelmäßig genutzten Offenlandbereichen gefunden. Die ehemaligen Fundorte in BY liegen überwiegend zwischen 300 und 500 m über NN, einzelne bis 700 m über NN. Habitatpräferenz: OT, WY.

Biologie & Ökologie: Zweibrütig, in günstigen Jahren eine partielle dritte Generation. Die erste Generation flog in BY etwa Mitte Mai bis Mitte Juni, die zweite Generation ab Ende Juli bis Anfang September. Die Falter besuchen zahlreiche Blütenpflanzen ohne spezielle Präferenz. Eiablage einzeln auf die Blattoberseite exponierter Triebe der Fraßpflanzen, meist nahe der Triebspitze. Raupennahrung sind verschiedene Geißklee-Arten (*Chamaecytisus* spp.), in BY vor allem der Regensburger Geißklee (*C. ratisbonensis*). Überwinterung als Jungraupe.

Gefährdung: Ergebnisse aus Siebenbürgen deuten darauf hin, dass sowohl eine regelmäßige Nutzung des Grünlandes als auch eine Aufgabe der Nutzung nicht geeignet sind, die Art zu erhalten. Vielmehr scheint ein Nutzungsmosaik auf großer Fläche notwendig zu sein, insbesondere mit „Restflächen" ohne klare Nutzungszuordnung.

Schutz: Die Art ist in Deutschland erloschen. Die Schutzbemühungen richten sich auf die verbliebenen Vorkommen, z. B. in Siebenbürgen.

Matthias Dolek

RL-D (2011): 0
Aktueller Bestand: ex 2000
BNatSchG (2009): Streng geschützt
FFH-Richtlinie: Anhang IV

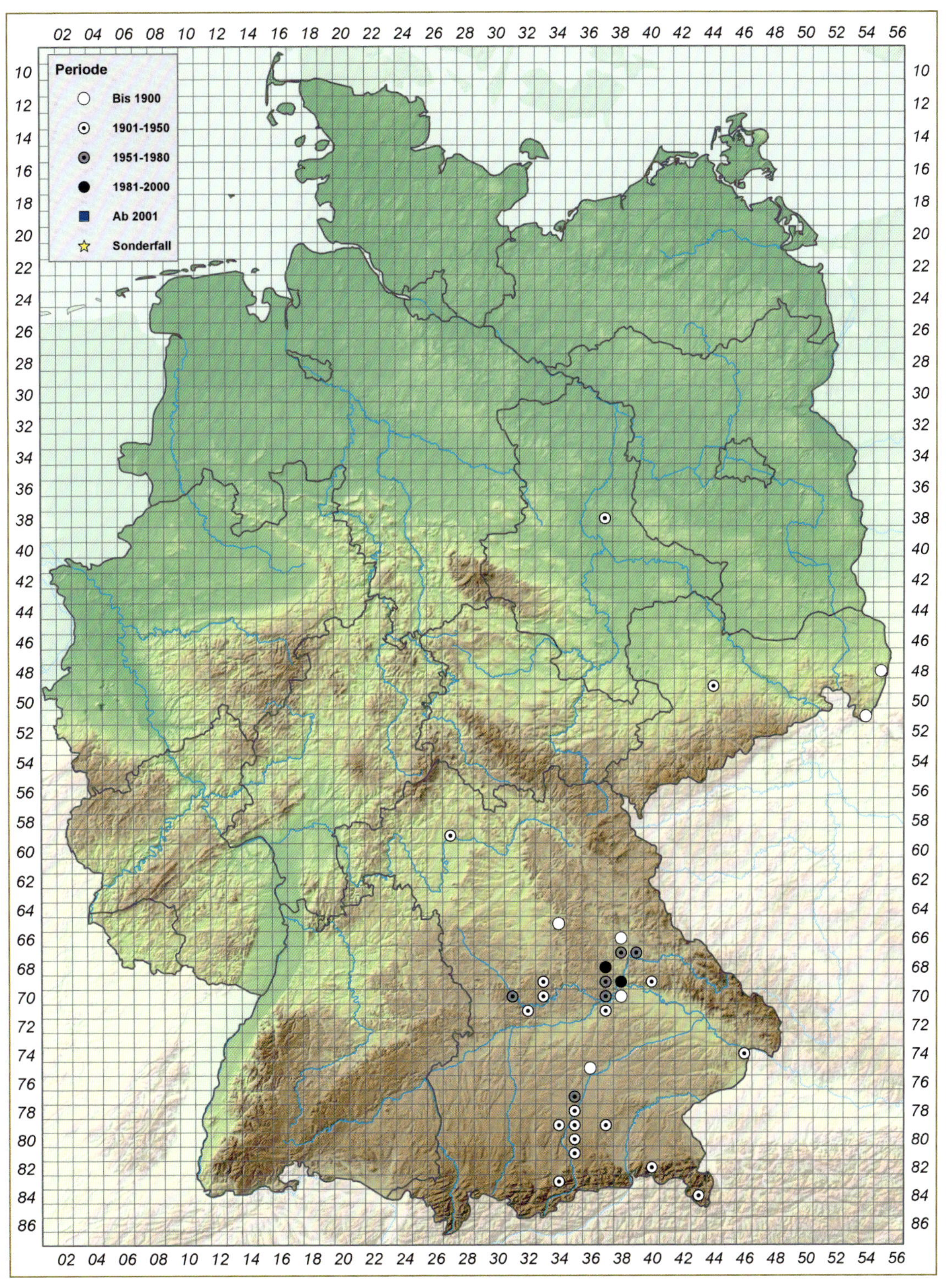
Periode
Bis 1900
1901-1950
1951-1980
1981-2000
Ab 2001
Sonderfall

Colias palaeno: **a** Unterseite (Michael Zepf) **b** Raupe (Michael Zepf)

Colias palaeno (Linnaeus, 1760) – Hochmoor-Gelbling

Verbreitung & Vorkommen: Boreo-montane Art. Besiedelt die nördliche Holarktis von Fennoskandien und den Alpen über Zentralasien, Sibirien, das nordöstliche China, Japan und Nordamerika. In Deutschland nur noch in SN, BW und BY, ehemalige Vorkommen in MV, BB, TH, HE, NI, SL meist im frühen 20. Jhd. erloschen. Wiederangesiedelt 1988 in der hessischen Rhön (Kudrna 1992). Nachbarstaaten: in der Schweiz, Österreich, Frankreich, Polen, Tschechien. Ausgestorben in Belgien.

Lebensraum: Hochmoor-Niedermoor-Komplexe und feuchte Zwergstrauchheiden mit Vorkommen der Raupennahrungspflanze Rauschbeere (*Vaccinium uliginosum*). Für eine erfolgreiche Larvalentwicklung müssen die Rauschbeeren besonnt sein. Eine wasserspeichernde Torfmoosschicht wirkt sich positiv auf die Überlebensrate der Raupen aus. Initialstadien der Raupennahrungspflanze an den Rändern frischer Torfstiche weisen eine hohe Attraktivität für die Art auf. Die Falter benötigen geeignete Blühbestände in unmittelbarer Nähe der Larvalhabitate. Habitatpräferenz: MH.

Biologie & Ökologie: Einbrütige Art; Flugzeit Juni bis Juli. Eier werden einzeln auf der Blattoberseite der Raupennahrungspflanze abgelegt. Die Raupen fertigen nach dem Schlupf ein Gespinstpolster auf der Blattoberseite an und verursachen einen charakteristischen Schabefraß. Im dritten Stadium spinnen sie sich an einem Blatt fest, mit dem sie zu Boden fallen und in der Streu überwintern. Danach ernährt sich die Raupe zunächst von Knospen, später von jungem Laub. Die Verpuppung erfolgt im Mai als Gürtelpuppe. Die Falter besuchen mit Vorliebe blau-violette und gelbe Blütenstände, z. B. Wiesen-Witwenblume (*Knautia arvensis*) und Sumpf-Kratzdistel (*Cirsium palustre*) bzw. Sumpf-Pippau (*Crepis paludosa*) und Arnika (*Arnica montana*).

Gefährdung: Massive Rückgänge in allen noch besiedelten deutschen Mittelgebirgen. Da Rauschbeeren-Standorte fast immer potenzielle Waldstandorte sind, stellt die Gehölzsukzession ein zentrales Problem dar. Auch das Fehlen blumenreicher Imaginalhabitate im Verbund mit Larvalhabitaten wirkt sich negativ aus.

Schutz: Offenhalten von Rauschbeerengebüschen durch Gehölzentnahme, dabei auch Schaffung von Offenlandkorridoren zu den Nektarressourcen in Niedermooren, auf Schlagfluren und Magerwiesen.

Stefan Hafner

RL-D (2011): 2
Aktueller Bestand: s
Entwicklungstrend kurzfristig: ↓↓
Bestandstrend langfristig: <<
BArtSchV (2005): besonders geschützt

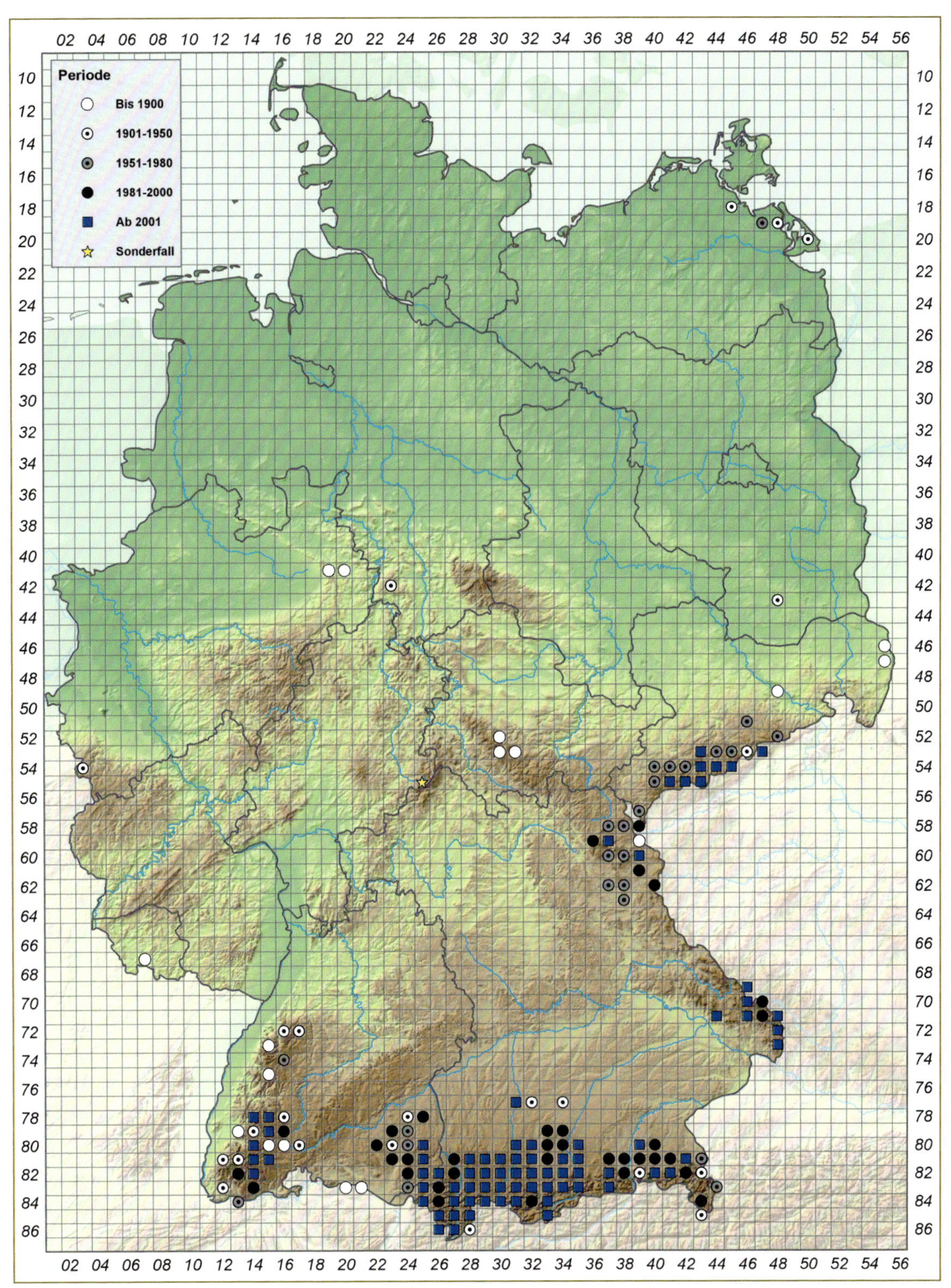
Periode
Bis 1900
1901-1950
1951-1980
1981-2000
Ab 2001
Sonderfall

Aporia crataegi: **a** Unterseite (Mario Trampenau) **b** Raupe (Erk Dallmeyer)

Aporia crataegi (Linnaeus, 1758) – Baum-Weißling

Verbreitung & Vorkommen: Euro-sibirische Art. Besiedelt Europa, das nordwestliche Afrika sowie die gemäßigte Klimazone Asiens bis Japan. In Skandinavien erfolgt aktuell eine Ausbreitung nach Norden. In allen Nachbarländern und BL nachgewiesen, aber in den Niederlanden ausgestorben, nach West und Nord zunehmend seltener.

Lebensraum: Lichte Wälder und gebüschreiches Offenland sind bevorzugte Lebensräume. Die Raupen finden sich entlang von Waldsäumen und -wegen oder im lichten Unterwuchs von Wäldern. Es werden zudem Hecken, Alleen, alte Obstbaumplantagen oder angepflanzte Gebüsche entlang von Straßen besiedelt. Habitatpräferenz: BF, BM, BT, BS, BY, WL, WK, WY.

Biologie & Ökologie: Der Baum-Weißling tritt in einer Generation von Mai bis Anfang Juli auf. Die Raupe lebt zunächst gesellig in Gespinsten, in denen auch die Überwinterung erfolgt. Im Frühjahr vereinzeln sich die Raupen. Die Art ist für gelegentliche Massenvermehrungen bekannt. Heutzutage wird dies nur noch äußerst selten beobachtet, zuletzt in den 1980er-Jahren am Autobahnkreuz Mannheim (Treffinger & Treffinger 1981 & 1983). Es wird eine Vielzahl holziger Rosengewächse genutzt, z. B. Weißdorn (*Crataegus* spp.), Schlehe (*Prunus spinosa*) oder Eberesche (*Sorbus aucuparia*).

Gefährdung: Lichte Wälder sowie Übergangsstadien zwischen Wald und Offenland verschwinden zunehmend. In vielen Gebieten Deutschlands ist die Art rückläufig. Hauptgründe sind sowohl die ertragsgeprägte Waldbewirtschaftung als auch die Nutzungsaufgabe extensiv bewirtschafteter Offenländer sowie die meist strikte Trennung zwischen Wald und Offenland.

Schutz: Der Baum-Weißling profitiert von breiten Übergangszonen zwischen Wald und Offenland. Förderlich ist eine extensive Bewirtschaftung geeigneter Lebensraumkomplexe, bei der in regelmäßigen Abständen für eine Auflichtung und Neuschaffung solcher Strukturen gesorgt wird.

Detlef Kolligs

RL-D (2011): *
Aktueller Bestand: sh
Entwicklungstrend kurzfristig: ↑
Bestandstrend langfristig: <<

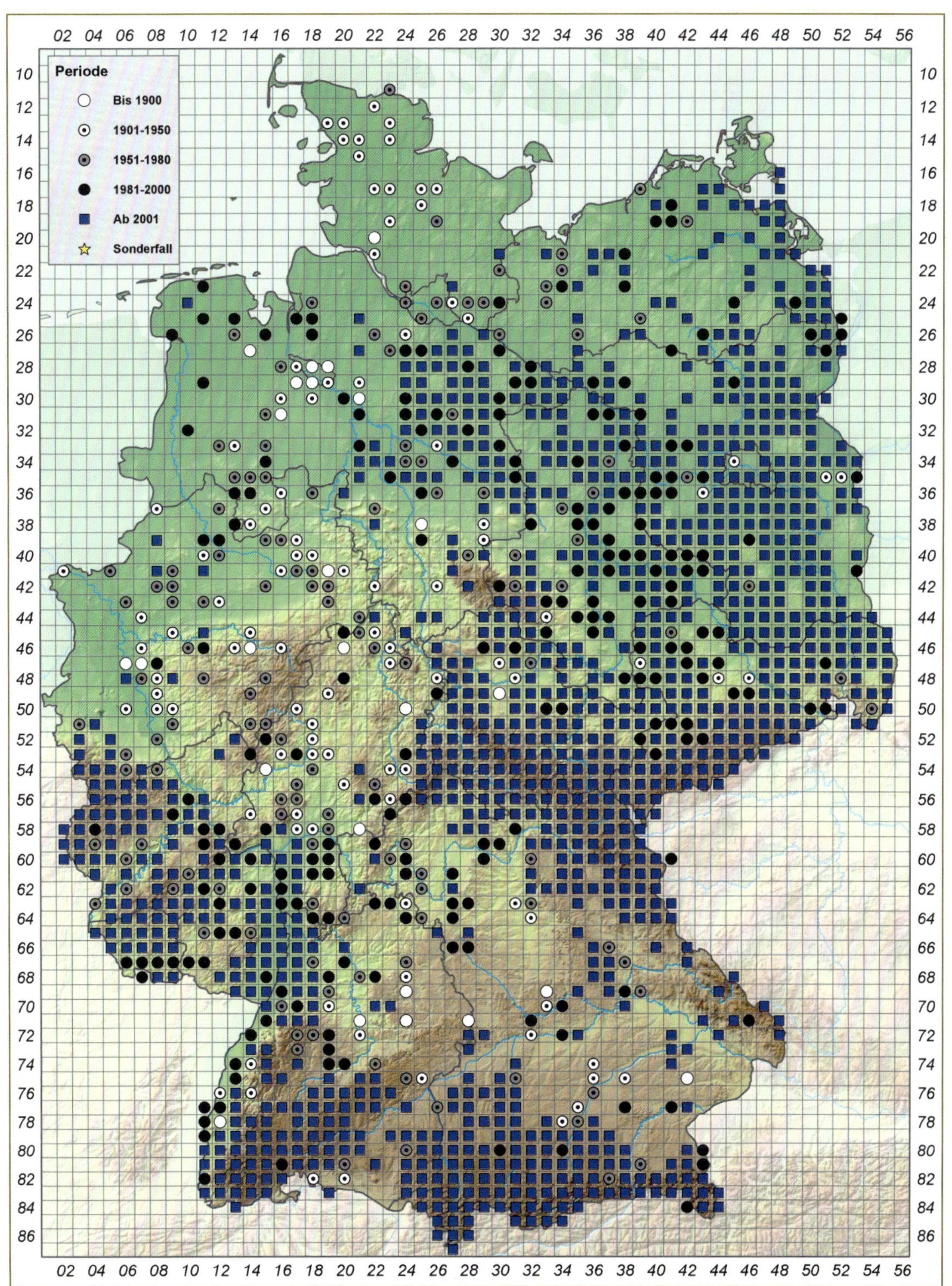
Periode
Bis 1900
1901-1950
1951-1980
1981-2000
Ab 2001
Sonderfall

Pontia callidice:
a Unterseite (Toni Kasiske)
b Oberseite (Markus Dumke)
c Raupe (Martin Wiemers)

Pontia callidice (Hübner, 1800) – Alpen-Weißling

Verbreitung & Vorkommen: Euro-sibirische Art; als eiszeitliches Relikt in der Tundra Nordsibiriens und in einigen Gebirgen Eurasiens präsent. In verschiedenen Unterarten von den Pyrenäen über die Alpen, Kleinasien und den Kaukasus bis zum Uralgebirge und den Himalaya zu finden. Fliegt in Nordsibirien auch im Flachland. In Deutschland nur in BY vor allem in den Hochgebirgsregionen von Allgäuer Hochalpen, Wetterstein- und Karwendelgebirge. In Nordamerika durch die nahe verwandte Art *P. occidentalis* (Reakirt, 1866) vertreten. Nachbarstaaten: in der Schweiz, Österreich, Frankreich.

Lebensraum: Alpine Grasheiden, Geröllhalden und Schuttfluren in Höhen von 2000–2300, vereinzelt bis 2400 m über NN. Entlang der Flüsse, insbesondere der Isar (Seizmair & Fischer 2012), auch submontane Nachweise ab 630 m. Habitatpräferenz: A.

Biologie & Ökologie: Eine Generation von Ende Juni bis Mitte August. Für Deutschland gibt es im Gegensatz zur Schweiz und zu Südtirol keine Hinweise auf eine partielle zweite Generation. Fliegt nur in geringen Individuendichten. Die Raupen fressen an Kreuzblütlern, von der Isar ist Alpen-Gämskresse (*Hornungia alpina*) belegt (Seizmair & Fischer 2012), weitere Arten werden für die Schweiz genannt und sind auch in Deutschland zu erwarten. Eiablage über schottrigen oder grasfreien Stellen an Stängel, Blätter oder Blütenknospen. Verpuppung zumeist unter Steinen; Überwinterung als Puppe.

Gefährdung: Aufgrund der sehr begrenzten Verbreitung ist ein gewisses Gefährdungspotenzial gegeben.

Schutz: Zur Beurteilung des Schutzbedarfs wären eine bessere Kenntnis der Reproduktionshabitate und Larvalbiologie vonnöten.

Anja Hager

RL-D (2011): R
Aktueller Bestand: es
Entwicklungstrend kurzfristig: ?
Bestandstrend langfristig: ?

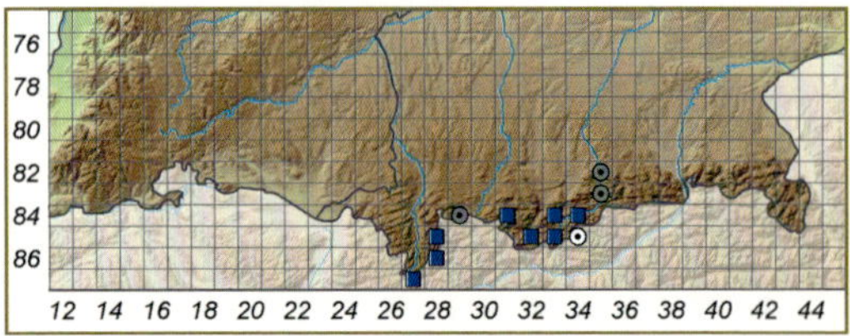

Lichte Wälder und gebüschreiches Offenland sind bevorzugte Lebensräume des meist seltenen Baumweißlings (*Aporia crataegi*). Vereinzelt kann es bei dieser Art zu einer Massenvermehrung kommen. (Foto: Andreas Kolossa)

Pontia edusa: **a** Oberseite (Ingo Seidel) **b** Unterseite (Erk Dallmeyer) **c** Raupe (Martin Wiemers) **d** Ei (Michael Zepf)

Pontia edusa (Fabricius, 1777) – Östlicher Reseda-Weißling

Verbreitung & Vorkommen: Euro-sibirische Art. Mittel- und Osteuropa, Westasien, gemäßigtes Sibirien bis zum Fernen Osten. Molekulargenetische Analysen haben gezeigt, dass die früher als *Pontia daplidice* (Linnaeus, 1758) bezeichnete Art nicht in unserem Gebiet fliegt, sondern auf Süd-west-Europa, Nordafrika und Vorderasien beschränkt ist. In Deutschland vor allem im Osten, hier ist die Populationsdichte höher, aber jahrweise mit starken Abundanzschwankungen. In Häufigkeitsjahren hier nahezu überall, dann wieder nur lokal und einzeln, aber bodenständig. Fehlt in den südwestlichen und westlichen BL manchmal über mehrere Jahre, die Art ist hier als Wanderfalter zu sehen. Kann schnell neu entstandene Habitate besiedeln (Reinhardt 1992). Nachbarstaaten: aus allen Staaten außer Frankreich gemeldet.

Lebensraum: Ruderalflächen, Sand-Trockenrasen, trockene und warme Brachen, Dämme, trockene und nektarpflanzenreiche Wegränder; Rekultivierungsflächen nach Tagebaubetrieb (Kies, Sand, Lehm, Braunkohle). Habitatpräferenz: OR.

Biologie & Ökologie: Die Falter fliegen meist in drei Generationen von Ende März/Mitte April bis Anfang Oktober. Die Puppe überwintert. Die Eiablage erfolgt einzeln an die Blätter der Raupennahrungspflanzen: Kreuzblütler z. B. Graukresse (*Berteroa incana*), Knoblauchsrauke (*Alliaria petiolata*), Schaumkraut-Arten (*Cardamine* spp.), Acker-Senf (*Sinapis arvensis*), Acker-Rettich (*Raphanus raphanistrum*), Wilde Sumpfkresse (*Rorippa sylvestris*).

Gefährdung: Keine spezifischen Gefährdungen erkennbar.

Schutz: Für diese Wanderart sind keine spezifischen Schutzmaßnahmen notwendig.

Jörg Gelbrecht

RL-D (2011): *
Aktueller Bestand: mh
Entwicklungstrend kurzfristig: =
Bestandstrend langfristig: =

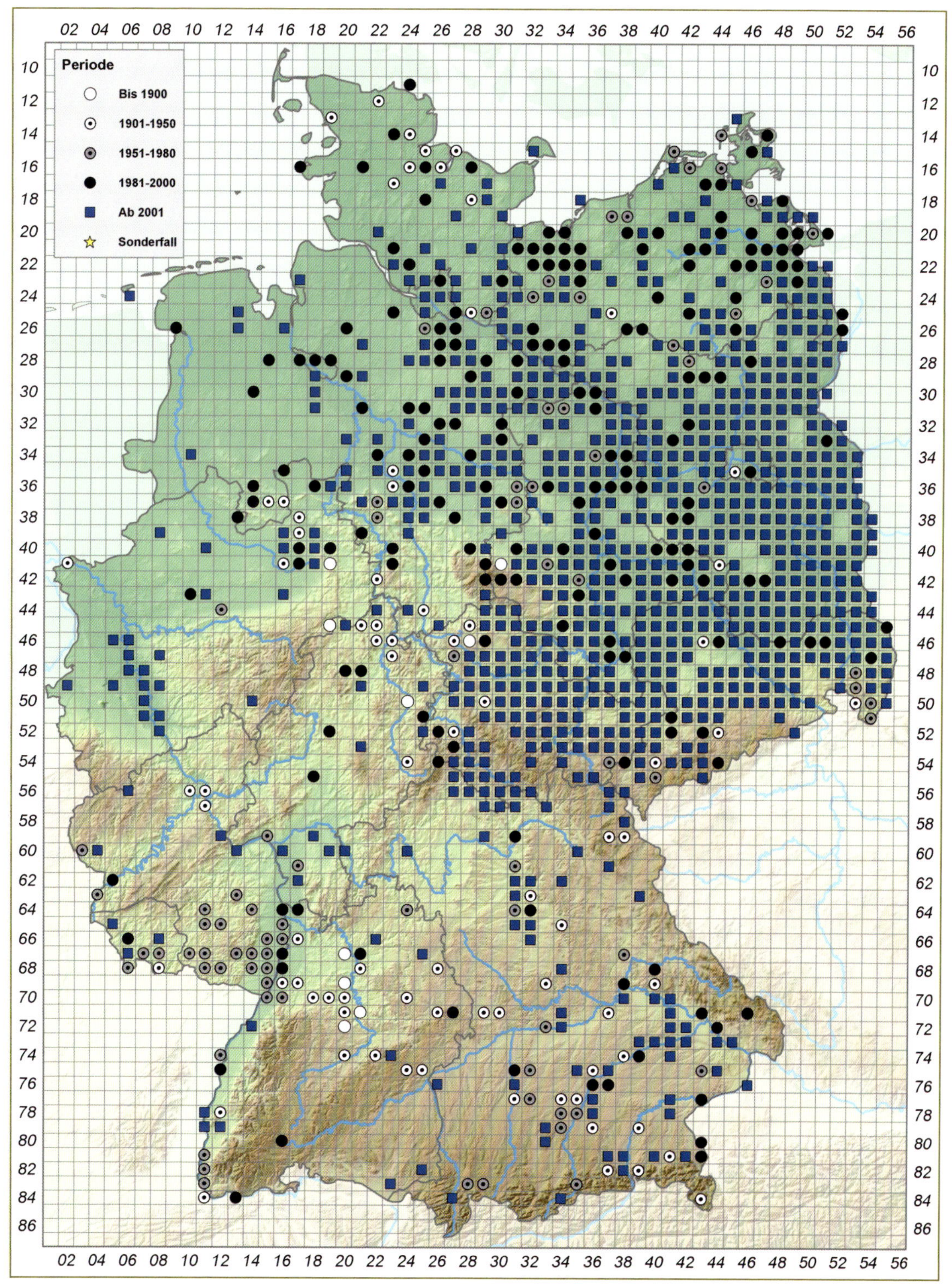
Periode
Bis 1900
1901-1950
1951-1980
1981-2000
Ab 2001
Sonderfall

Pieris brassicae:
a Oberseite Weibchen (Erk Dallmeyer)
b Unterseite (Walter Müller)
c Raupe (Martin Wiemers)

Pieris brassicae (LINNAEUS, 1758) – Großer Kohl-Weißling

Verbreitung & Vorkommen: Paläarktische Art. Von den Azoren und Nordwestafrika durch Eurasien bis Japan. Eingeschleppt in Chile, Südafrika, Australien und Neuseeland. Fehlt in Europa auf Island, den Färöern und im Norden von Skandinavien. In allen BL und Nachbarstaaten nachgewiesen.

Lebensraum: Ursprünglich vermutlich eine Art des unmittelbaren Küstenbereichs, lebt *P. brassicae* heute in jedem offenen Gelände und an inneren Waldsäumen. Vorzugsweise auf Kohl-, Raps- und Ölrettichfeldern vorkommend, ist *P. brassicae* in stärkerem Maße von landwirtschaftlichen Pflanzungen abhängig als *P. rapae*. Daher ist die Art gebietsweise stark rückläufig. Habitatpräferenz: OT, OW, OR, OM, OG, OO, BS, BY, WL.

Biologie & Ökologie: Falter fliegen je nach Lokalklima in zwei bis vier Generationen ab April/Mai bis September/Oktober. Die Art ist ein Binnenwanderer mit relativ starkem Wandertrieb. Die Eiablage erfolgt in Gelegen an die Blattunterseiten. Überwinterung als Puppe. Raupennahrung: Kohl (*Brassica oleracea*), Raps (*B. napus*), Ölrettich (*Raphanus sativus*) und viele andere angepflanzte und wildwachsende Kreuzblütler (Brassicaceae) mit ausreichender Blattmasse, wie z. B. Knoblauchsrauke (*Alliaria petiolata*) und Meersenf (*Cakile maritima*). Häufig auch Kapuzinerkressen-Gewächse (Tropaeolaceae), wie Große Kapuzinerkresse (*Tropaeolum majus*) und gelegentlich Lauchgewächse (Alliaceae), wie Gemüse-Lauch (*Allium oleraceum*), und Kaperngewächse (Capparaceae), wie die Spinnenpflanze (*Cleome spinosa*).

Gefährdung: Die Art ist aktuell nicht gefährdet.

Schutz: Für die Art sind aktuell keine speziellen Schutzmaßnahmen notwendig.

JÜRGEN HENSLE

RL-D (2011): *
Aktueller Bestand: sh
Entwicklungstrend kurzfristig: =
Bestandstrend langfristig: (↓)

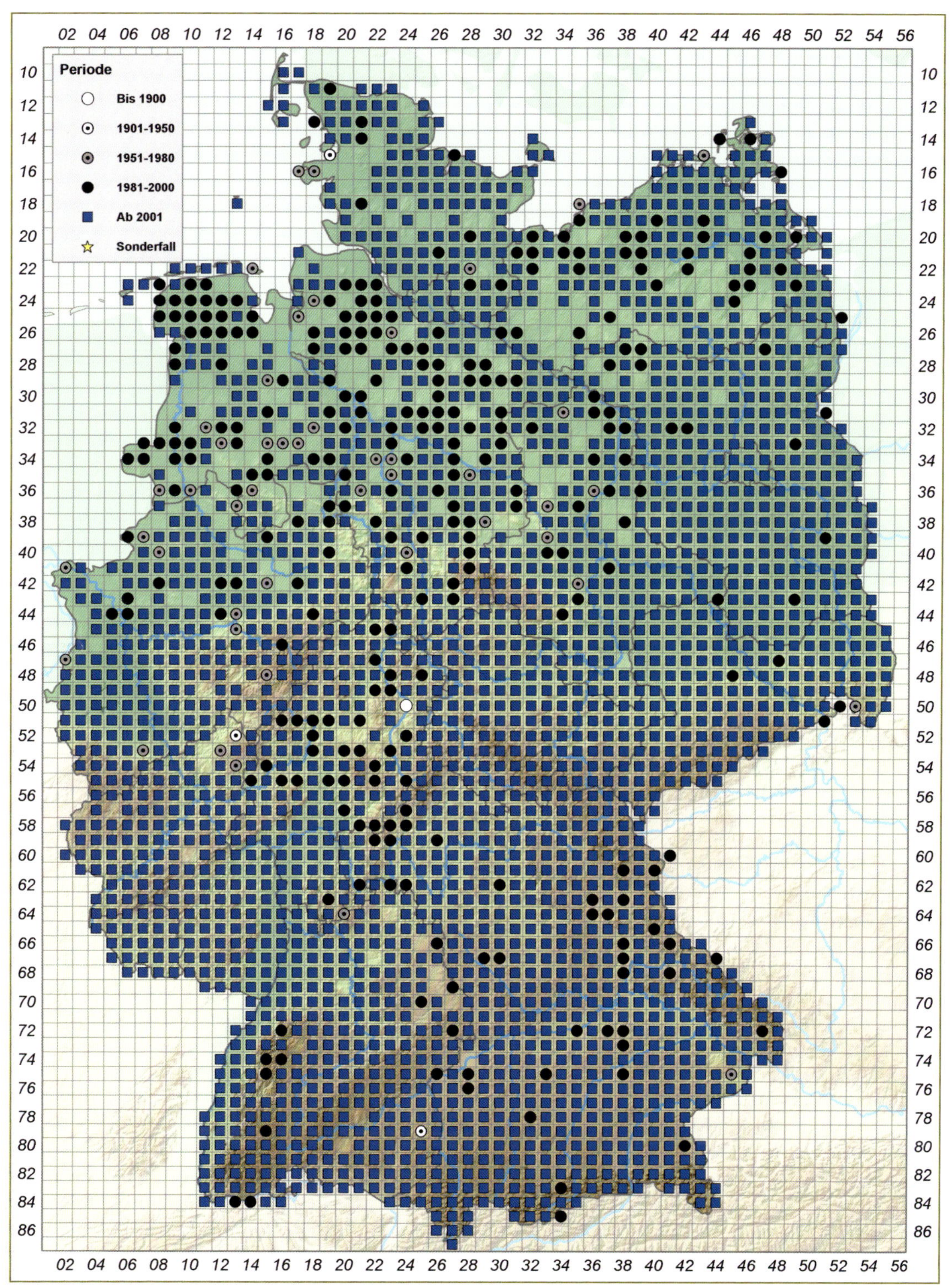
Periode
Bis 1900
1901-1950
1951-1980
1981-2000
Ab 2001
Sonderfall

Pieris rapae: **a** Oberseite Weibchen (Erk Dallmeyer) **b** Unterseite (Erk Dallmeyer) **c** Raupe (Michael Zepf)

Pieris rapae (LINNAEUS, 1758) – Kleiner Kohl-Weißling

Verbreitung & Vorkommen: Holarktische Art. Von den Kanarischen Inseln über Nordwest-Afrika durch Europa und Asien bis Japan. Eingeschleppt in Madeira, Nordamerika, Australien, Neuseeland und Hawaii. Fehlt in Europa auf den Azoren, Island, den Färöern, im Norden von Skandinavien und Nordrussland. In allen BL und Nachbarstaaten nachgewiesen.

Lebensraum: *P. rapae* lebt heute in jedem offenen Gelände und an inneren Waldsäumen. In den Alpen zugewandert auch oberhalb der Waldgrenze. Vorzugsweise auf Kohl-, Raps- und Senffeldern und auf Ruderalstandorten mit starkem Vorkommen von Kreuzblütlern. Habitatpräferenz: OT, OW, OR, OM, OG, OO, BS, BY, WL.

Biologie & Ökologie: Falter fliegen je nach Lokalklima in drei bis fünf Generationen ab März/April bis Oktober/November. Die Art ist ein Binnenwanderer mit relativ starkem Wandertrieb. Eiablage erfolgt einzeln, meist an die Blattunterseite. Überwinterung als Puppe. In Jahren mit sehr mildem Winter kann die Raupe den Winter über durchfressen. Raupennahrungspflanzen sind Kohl (*Brassica oleracea*), Raps (*B. napus*), Rübsen (*B. rapa*), Acker-Senf (*Sinapis arvensis*) und allerlei andere angepflanzte und wildwachsende Kreuzblütler (Brassicaceae) wie z. B. Schmalblättriger Doppelsame (*Diplotaxis tenuifolia*) und Färber-Waid (*Isatis tinctoria*). Aber auch Resedengewächse (Resedaceae) wie Gelbe Resede (*Reseda lutea*), Kapuzinerkressengewächse (Tropaeolaceae) wie Große Kapuzinerkresse (*Tropaeolum majus*) und Kaperngewächse (Capparaceae) wie die Spinnenpflanze (*Cleome spinosa*).

Gefährdung: Die Art ist aktuell nicht gefährdet.

Schutz: Für die Art sind aktuell keine speziellen Schutzmaßnahmen notwendig.

JÜRGEN HENSLE

RL-D (2011): *
Aktueller Bestand: sh
Entwicklungstrend kurzfristig: =
Bestandstrend langfristig: =

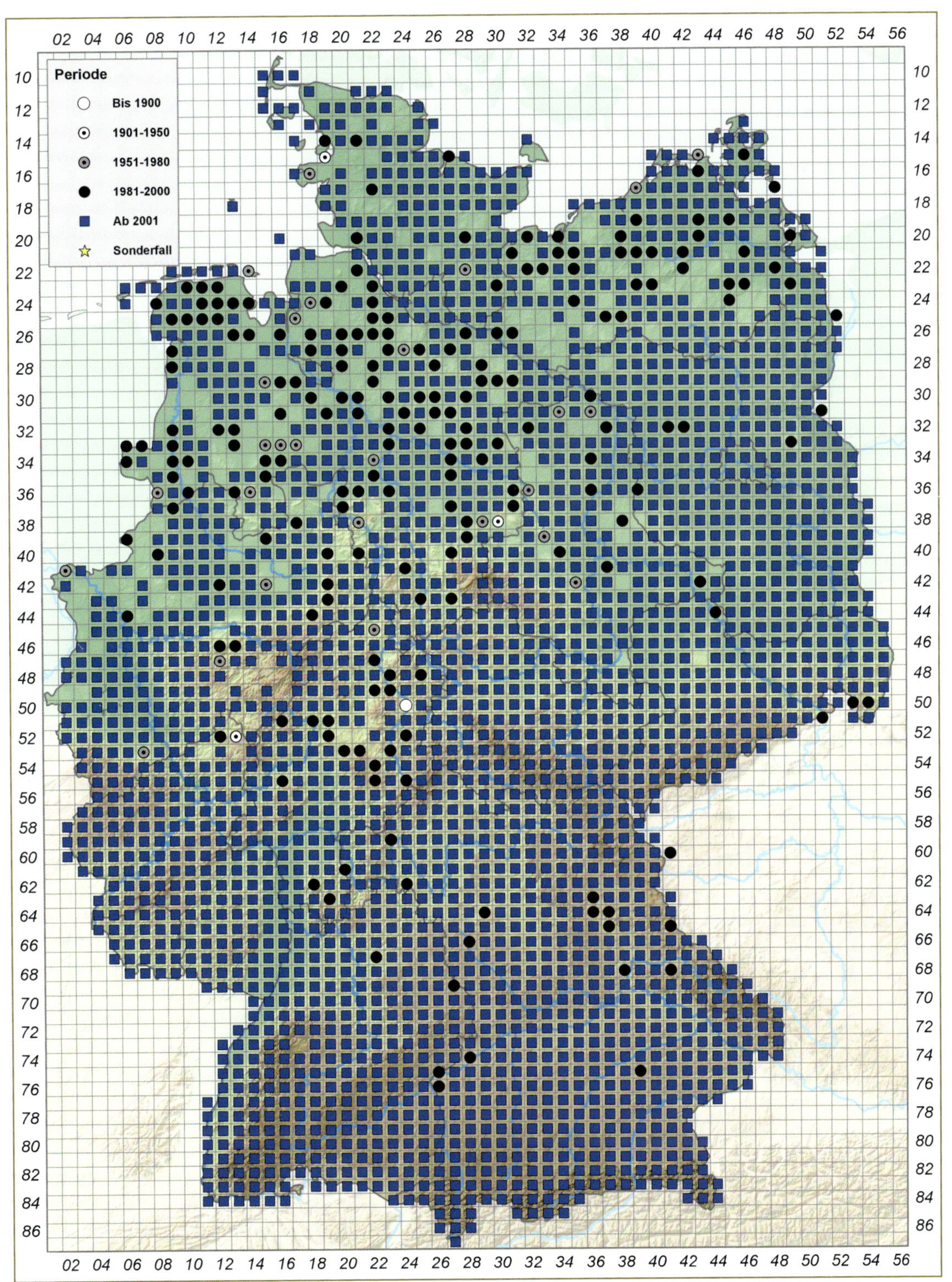
Periode
Bis 1900
1901-1950
1951-1980
1981-2000
Ab 2001
Sonderfall

Pieris mannii:
a Unterseite (Michael Zepf)
b Raupe (Martin Wiemers)
c Raupe (Arik Siegel)

Pieris mannii (MAYER, 1851) – Karst-Weißling

Verbreitung & Vorkommen: Euro-orientalische Art. Von Südspanien und Westfrankreich durch Südeuropa bis Ostanatolien. Fehlt auf den Makaronesischen Inseln, den Balearen, Korsika, Sardinien und Kreta. Die Art trat 2008 erstmals in Deutschland auf (Lörrach BW; HERMANN 2008) und ist seither in starker Ausbreitung begriffen. Erstfunde in BY 2010, RP und HE 2011, SL 2013, NI 2014, NW 2015, TH und ST 2016, SN 2017 und BB 2018. Fehlt aktuell noch in SH, HH, HB, MV und BE. In allen Nachbarstaaten außer in Dänemark und Polen, aber in den Niederlanden und Belgien erst seit 2015 bzw. 2016 im Zuge der rezenten Arealerweiterung erstmals gefunden. Abweichend von der üblichen Darstellung zeigt die Karte den Erstnachweis im Messtischblatt.

Lebensraum: Hauptsächlich innerorts in Wohngebieten mit angepflanzten Schleifenblumen (*Iberis* spp.). Zudem auf Ruderalflächen, auch halbruderalen Halbtrockenrasen und auf Felsfluren mit Vorkommen des Schmalblättrigen Doppelsamens (*Diplotaxis tenuifolia*). Habitatpräferenz: BY, OR, OF.

Biologie & Ökologie: Falter fliegen je nach Lokalklima in drei bis fünf Generationen ab März/April bis Oktober/November. Die Art ist ein Binnenwanderer mit starkem Drang zur Arealerweiterung, die sich aktuell stets weiter nach Norden und Osten ausbreitet.

Eiablage erfolgt einzeln, meist an die Blattunterseite. Überwinterung als Puppe. Die Jungraupe bietet mit ihrer schwarzen Kopfkapsel das beste Unterscheidungsmerkmal gegenüber den übrigen *Pieris*-Arten.

Raupennahrung: Verschiedene Kreuzblütler (Brassicaceae), hauptsächlich Schleifenblumen (*Iberis sempervirens, I. umbellata*) und Schmalblättriger Doppelsame (*Diplotaxis tenuifolia*).

Gefährdung: Die Art ist aktuell nicht gefährdet.

Schutz: Für die Art sind aktuell keine speziellen Schutzmaßnahmen notwendig.

JÜRGEN HENSLE

RL-D (2011): ◊
Aktueller Bestand: in Ausbreitung
Entwicklungstrend kurzfristig: ↑
Bestandstrend langfristig: ?

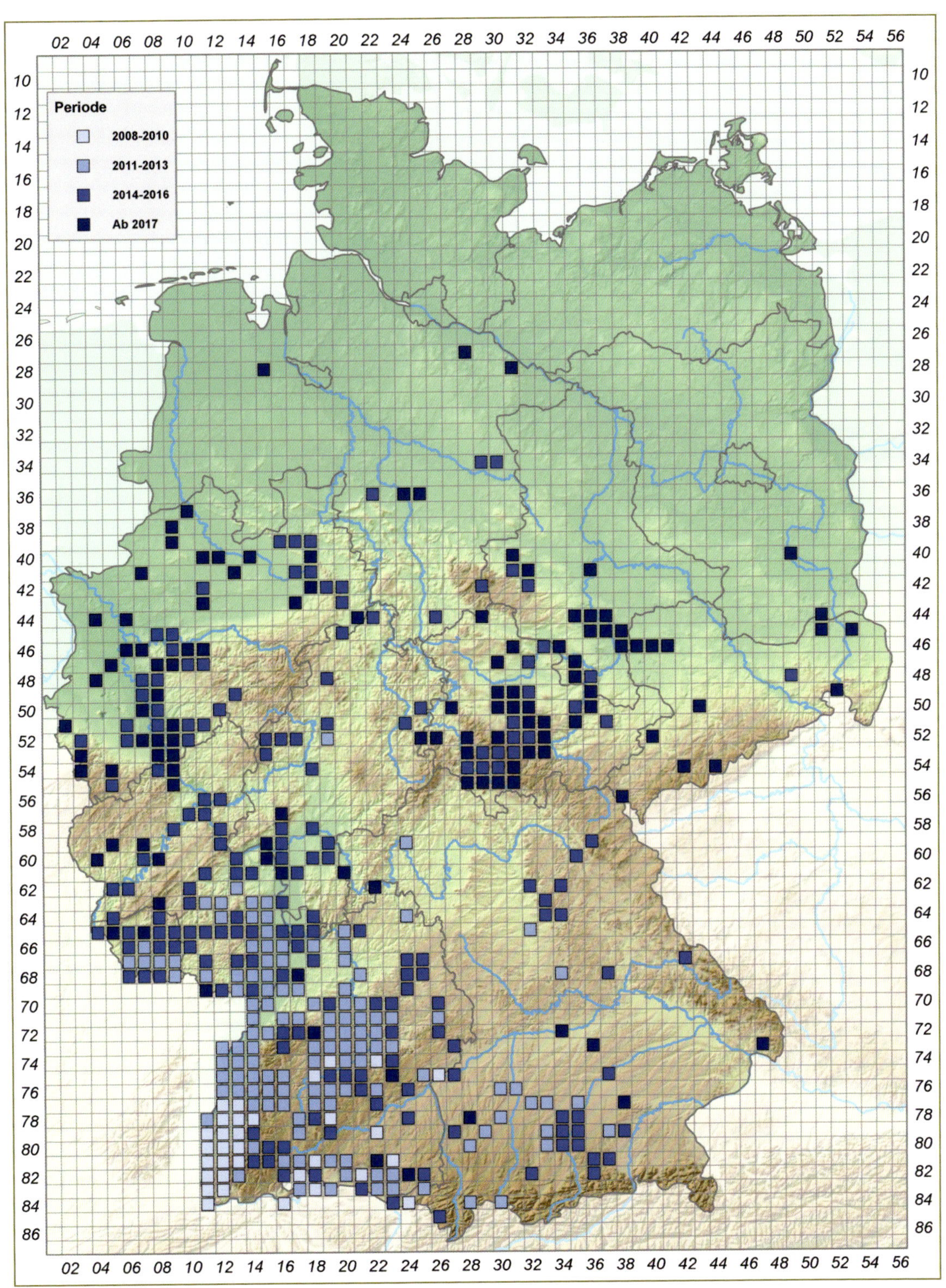
Periode
2008-2010
2011-2013
2014-2016
Ab 2017

Pieris napi:
a Unterseite (Erk Dallmeyer)
b Oberseite Weibchen (Michael Zepf)
c Raupe (Michael Zepf)

Pieris napi (LINNAEUS, 1758) – Grünader-Weißling

Verbreitung & Vorkommen: Paläarktische Art, die von Portugal und Irland durch Europa bis Sibirien zu finden ist. Zudem lokal in verbreitet in Marokko und Algerien. Fehlt auf Island, den Färöern, Sardinien und Kreta. Die Verbreitung in Ostasien ist nicht genau bekannt. In Europa bis in polare Regionen Norwegens und Russlands verbreitet. In allen BL und Nachbarstaaten nachgewiesen.

Lebensraum: Die Art kommt in Wäldern und gebüschbestandenem Gelände sowie auf Wiesen in Wald- und Gebüschnähe vor. In den Alpen fliegt sie auch oberhalb der Waldgrenze. Habitatpräferenz: BF, BM, BT, BS, BY, WL, WS, WM, WA, WF, WK, WY, OG, OW, OM, A.

Biologie & Ökologie: Die Falter fliegen je nach Lokalklima in drei bis vier sich überlappenden Generationen ab März/April bis in den Oktober. Die erste Generation ist meist schwächer ausgeprägt. Oberhalb ca. 1000 m über NN werden nur zwei Generationen zwischen Mai und August ausgebildet. Die Art ist ein Binnenwanderer mit schwachem Wandertrieb. Die Falter können oft bei der Nahrungsaufnahme an Blüten beobachtet werden. Genutzt wird ein breites Spektrum an Blütenpflanzen aus verschiedenen Pflanzenfamilien, z. B. Kreuzblütler, Korbblütler und Lippenblütler. Die Eiablage erfolgt einzeln, meist an die Blattunterseite. Es überwintert die Puppe. Raupennahrungspflanzen sind verschiedene wildwachsende Kreuzblütler (Brassicaceae) wie z. B. Knoblauchsrauke (*Alliaria petiolata*), Wildes Silberblatt (*Lunaria rediviva*), Wasserkresse (*Rorippa amphibia*) und Wiesen-Schaumkraut (*Cardamine pratensis*).

Gefährdung: Die Art ist aktuell nicht gefährdet.

Schutz: Für die Art sind aktuell keine speziellen Schutzmaßnahmen notwendig.

JÜRGEN HENSLE

RL-D (2011): *
Aktueller Bestand: sh
Entwicklungstrend kurzfristig: =
Bestandstrend langfristig: =

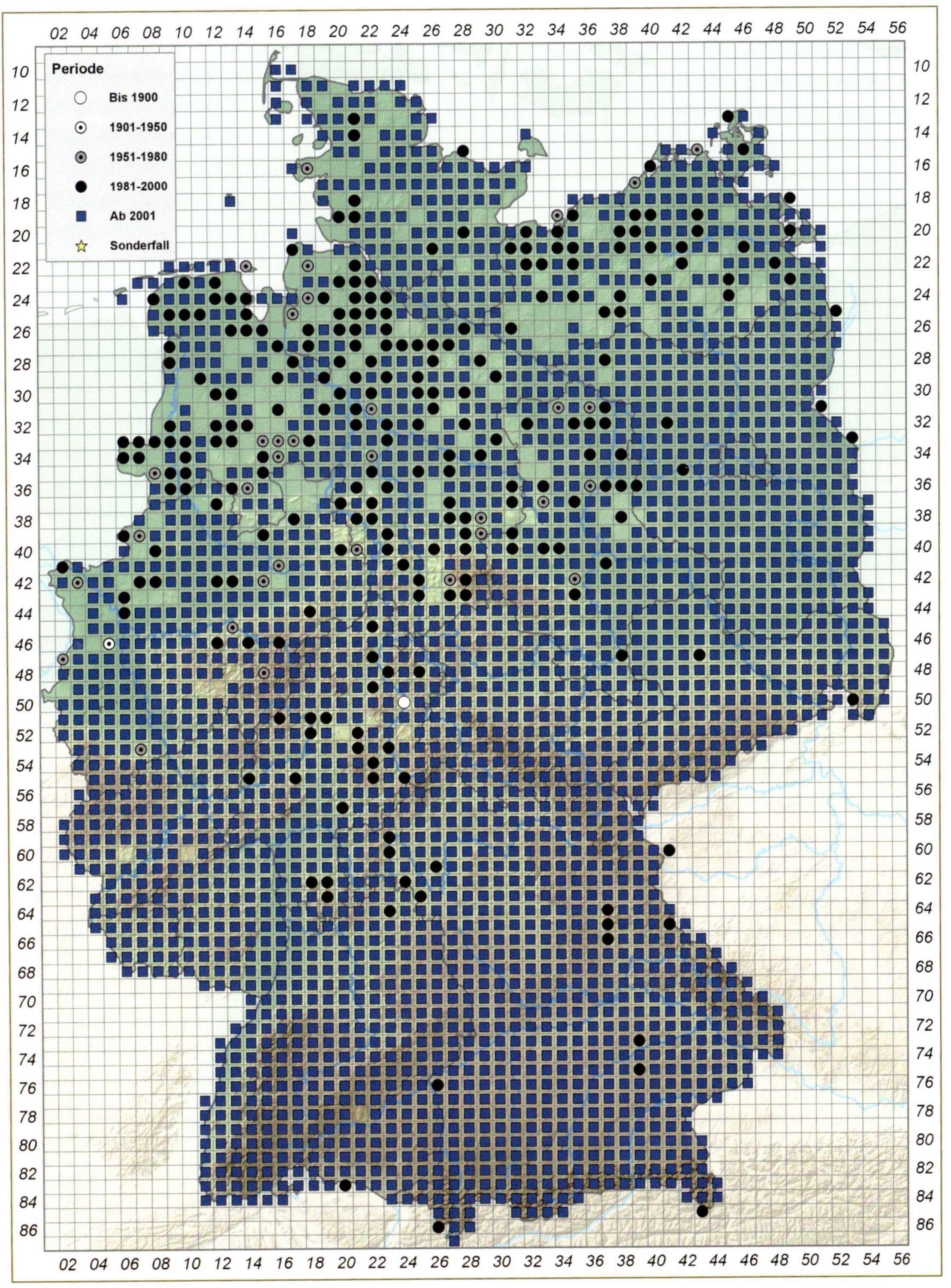
Periode
Bis 1900
1901-1950
1951-1980
1981-2000
Ab 2001
Sonderfall

Pieris bryoniae:
a Oberseite Weibchen (Michael Zepf)
b Unterseite (Erk Dallmeyer)
c Oberseite Männchen (Michael Zepf)

Pieris bryoniae (Hübner, 1806) – Berg-Weißling

Verbreitung & Vorkommen: Montane Art. Verbreitet in den Gebirgsregionen Europas (Alpen, Karpaten, Schweizer und Französischer Jura, Pyrenäen zweifelhaft) und Asiens. In Deutschland nur in BY in den Schwäbisch-Oberbayerischen Voralpen und den Nördlichen Kalkhochalpen, sehr vereinzelt bis ins Alpenvorland. Nachbarstaaten: in der Schweiz, Österreich, Frankreich, Tschechien, Polen.

Lebensraum: Verschiedenartige Biotope, insbesondere Offenlandbiotope wie alpine Rasen, Magerrasen, Extensivgrünland, Weideflächen und vegetationsarme Schutt- und Felsfluren. Einige Nachweise auch in lichten Waldbereichen. In Höhen von ca. 550–2300 m anzutreffen, Schwerpunkt 700–1900 m über NN. Habitatpräferenz: A.

Biologie & Ökologie: Eine Generation von Mai bis Anfang September, je nach Höhenlage. Keine Blütenpräferenz erkennbar. Hybridisiert vor allem in der montanen Stufe gelegentlich mit *P. napi*, wo beide Arten syntop vorkommen. Eiablage einzeln und zumeist an die Grundblätter von Kreuzblütlern, bevorzugt an junge Pflanzen im Bereich magerer bzw. offener Bodenstellen. Je nach Biotop verschiedene Raupennahrungspflanzen, unter anderem das Glatte Brillenschötchen (*Biscutella laevigata*) und die Alpen-Gänsekresse (*Arabis alpina*). Überwinterung als Puppe.

Gefährdung: Tiefer gelegene Populationen durch Aufgabe bzw. Intensivierung der Bewirtschaftung und ggf. durch Hybridisierungen gefährdet. In Hochlagen ungefährdet, häufig und weit verbreitet.

Schutz: In niederen Lagen kann durch Offenhaltung und Förderung der extensiven Bewirtschaftung der Almgebiete zum Schutz der Art beigetragen werden.

Anja Hager

RL-D (2011): *
Aktueller Bestand: ss
Entwicklungstrend kurzfristig: =
Bestandstrend langfristig: =

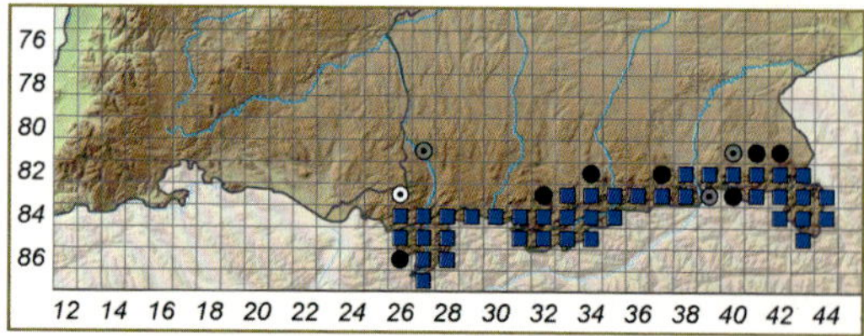

Der Kleine Kohl-Weißling (*Pieris rapae*) ist im Offenland einer der häufigsten Falter in Deutschland. Je nach Region kann er drei bis fünf Generationen pro Jahr durchlaufen. (Foto: Erk Dallmeyer)

Anthocharis cardamines: **a** Oberseite Männchen (Arik Siegel) **b** Unterseite (Erk Dallmeyer) **c** Raupe (Erk Dallmeyer) **d** Ei (Erk Dallmeyer)

Anthocharis cardamines (Linnaeus, 1758) – Aurorafalter

Verbreitung & Vorkommen: Europäisch-sibirische Art. Besiedelt wird ganz Europa ohne die mediterranen Zonen sowie die gemäßigte Klimazone Asiens bis Japan. Der Aurorafalter gehört zu den wenigen Schmetterlingsarten, von denen noch ein fast flächendeckendes Vorkommen in Deutschland angenommen werden kann. Im Atlas aufgezeigte Verbreitungslücken dürften auf Kartierungsdefizite zurückzuführen sein. Vorkommen in allen Nachbarstaaten und BL.

Lebensraum: Es wird eine Vielzahl von Lebensräumen genutzt. Die Raupen finden sich entlang von Säumen, an Waldrändern und Waldwegen oder Hecken. Habitatpräferenz: WL, WA, WS, WM, WY, OS, OW, OM, OR, BF, BY, A.

Biologie & Ökologie: Der Aurorafalter gehört zu den ersten Tagfaltern des Frühlings. Er fliegt in einer Generation von Ende März bis in den Juni, in den Hochlagen der Alpen bis in den Juli. Die Hauptflugzeit liegt im Mai. Die Eier werden einzeln in den Blütenständen der Raupennahrungspflanzen abgelegt. Die Raupe entwickelt sich an verschiedenen Kreuzblütler-Arten. Dazu zählen Wiesen-Schaumkraut (*Cardamine pratensis*) und Knoblauchsrauke (*Alliaria petiolata*) oder an trockenwarmen Standorten Turmkraut (*Turritis glabra*). In Gärten gerne an Silberblatt (*Lunaria annua*). Die Raupe lebt einzeln und frisst ausschließlich an den Blüten und Früchten, bevorzugt an halbschattig stehenden oder in Säumen wachsenden Pflanzen, die Puppe überwintert.

Gefährdung: Mit der Nutzung zahlreicher Nahrungspflanzen ist die Art aktuell nicht gefährdet.

Schutz: Für die Art sind aktuell keine speziellen Schutzmaßnahmen notwendig.

Detlef Kolligs

RL-D (2011): *
Aktueller Bestand: sh
Entwicklungstrend kurzfristig: =
Bestandstrend langfristig: =

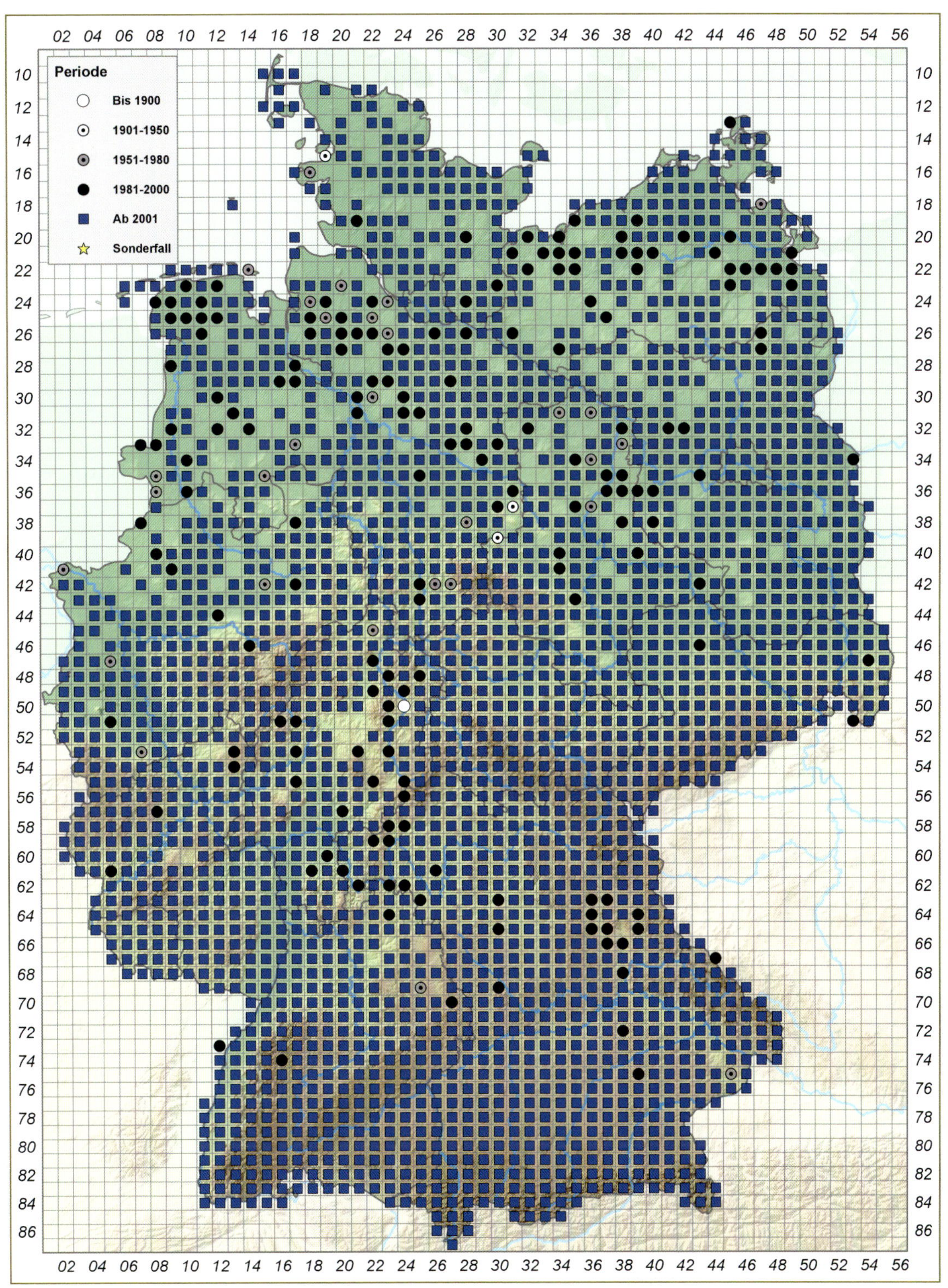
Periode
Bis 1900
1901-1950
1951-1980
1981-2000
Ab 2001
Sonderfall

Hamearis lucina:
a Oberseite (Erk Dallmeyer)
b Unterseite (Andreas Kolossa)
c Eier (Erk Dallmeyer)

Hamearis lucina (Linnaeus, 1758) – Schlüsselblumen-Würfelfalter, Perlbinde

Verbreitung & Vorkommen: Diese euro-mediterrane Art ist der einzige europäische Vertreter der vornehmlich südamerikanischen Familie Riodinidae. Von Südengland und Südost-Schweden über Frankreich bis Süditalien, im Westen bis Nordwest-Spanien, nach Osten bis zum Kaukasus. In Deutschland Schwerpunkt der Verbreitung in BL mit Mittelgebirgsanteil: TH, HE, RP, SL, BW, BY. Vorkommen in allen Nachbarstaaten außer den Niederlanden, aber verschollen in Dänemark und Luxemburg.

Lebensraum: Nicht oder nur sehr extensiv genutzte, allenfalls sporadisch beweidete Grünlandbereiche mit Vorkommen von Primeln (*Primula* spp.) als Raupennahrung, in geschützten Bereichen an Waldinnen- und -außenrändern, auf Waldlichtungen; im Offenland mit abnehmender Tendenz junge, meist waldnahe Brachen mit geringem bis mäßigem Gehölzanteil. Regelmäßig gemähte Magerwiesen werden nicht besiedelt, auch wenn sie oft sehr große Primelbestände aufweisen. Habitatpräferenz: WY, OT.

Biologie & Ökologie: Falter fliegen in einer Generation ab Ende April bis Anfang Juni. Sie besuchen selten Blumen; meist sind sie auf Ansitzwarten anzutreffen. Von diesen Sitzwarten fliegen sie immer wieder auf und kontrollieren vorbeifliegende Insekten. Die Eiablage erfolgt einzeln, in kleinen Gruppen oder Spiegeln auf der Blattunterseite der Raupennahrungspflanzen (Primel-Arten wie *Primula veris*, *P. elatior*). Die Verpuppung erfolgt in der Streu, Überwinterungsstadium ist die Puppe.

Gefährdung: Verlust der als Larvalhabitate essenziellen kraut- und grasreichen frühen Sukzessionsstadien durch geänderte Waldnutzung (Kahlhiebverzicht, Dunkelwaldwirtschaft), Verbuschung, Verfilzung, Gehölzsukzession sind als Hauptgefährdungsfaktoren zu nennen.

Schutz: Schaffung von Saumgesellschaften durch Holzschläge, Entbuschungsmaßnahmen etc. an geeigneten Stellen, das heißt mäßig trockenen bis frischen Standorten mit Vorkommen der Raupennahrungspflanzen.

Stefan Hafner

RL-D (2011): 3
Aktueller Bestand: mh
Entwicklungstrend kurzfristig: ↓↓
Bestandstrend langfristig: <<

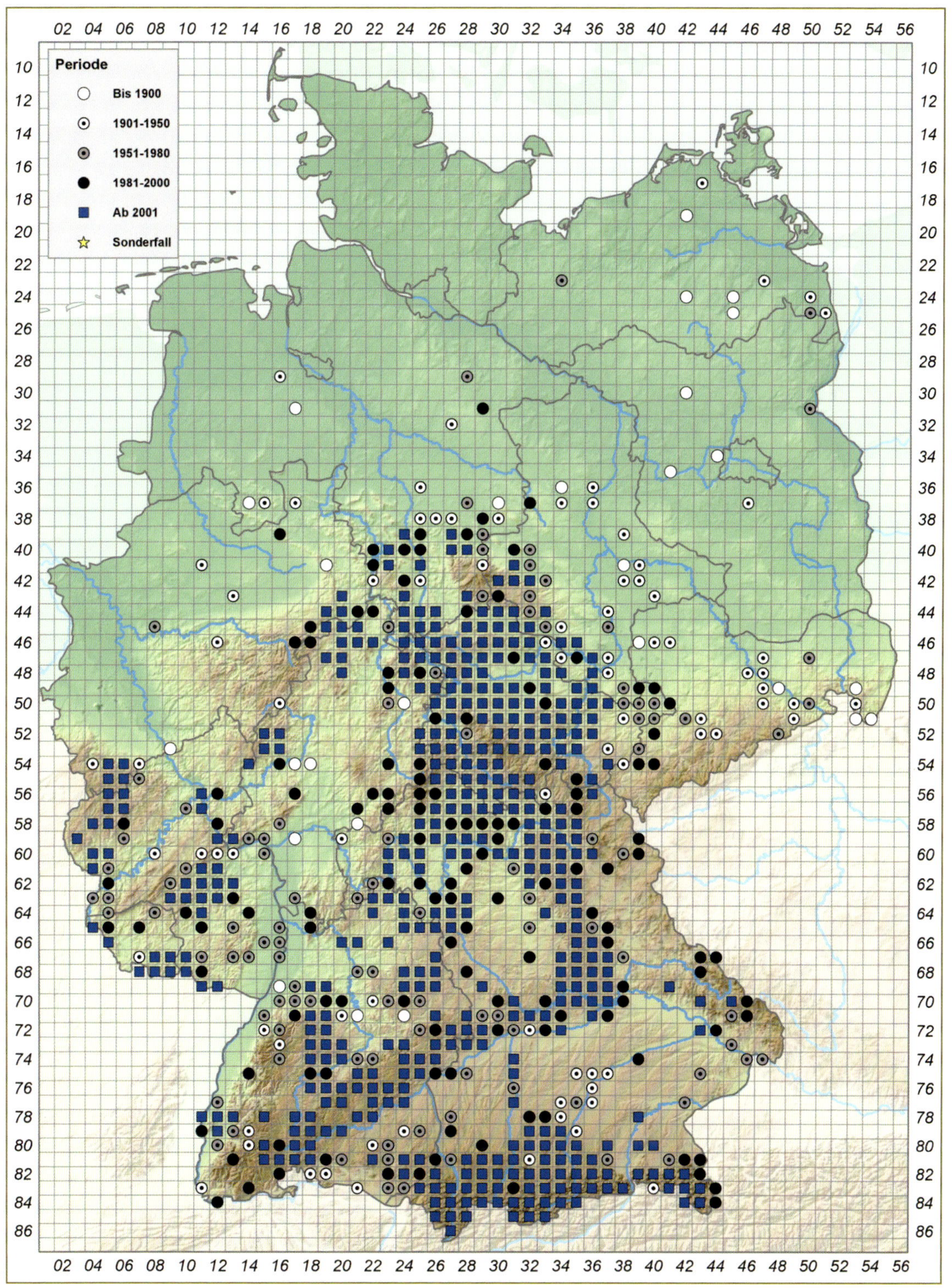
Periode
Bis 1900
1901-1950
1951-1980
1981-2000
Ab 2001
Sonderfall

Lycaena helle:
a Oberseite Männchen (Erk Dallmeyer)
b Unterseite (Erk Dallmeyer)
c Raupe (Steffen Caspari)

Lycaena helle ([Denis & Schiffermüller], 1775) – Blauschillernder Feuerfalter

Verbreitung & Vorkommen: Euro-sibirische Art, in Europa südlich der Pyrenäen, der Alpen und des Karpatenbogens (mit Ausnahme eines isolierten Vorkommens an der bulgarisch-serbischen Grenze) fehlend, ebenso auf den Britischen Inseln. Postglazialrelikt. In Deutschland aus MV (Einzelvorkommen), NW, RP, HE, BW (Einzelvorkommen) und BY gemeldet. Nachbarstaaten: fehlend in den Niederlanden, Dänemark; in Tschechien verschollen.
Lebensraum: Lichte Feuchtwälder, Feucht- und Pfeifengraswiesen, deren Brachestadien sowie feuchte Hochstaudenfluren mit reichem Wiesenknöterich-Bestand. Ursprüngliche Habitate wie Quellsümpfe und -moore, Randlaggs von Hochmooren sowie Zwischenmoorstadien (mit Wiesen-Knöterich-Bestand) werden nur noch vereinzelt im bayerischen Alpenvorland besiedelt (Nunner 2006). Wesentliches Habitatmerkmal sind randliche Gehölzstrukturen. Habitatpräferenz: OW, OS, OM, OG, (MH, MN).
Biologie & Ökologie: Die Imagines fliegen in einer lang gestreckten Generation von Mai bis Anfang Juli, nur im Nordosten werden zwei Generationen ausgebildet (I: Ende April bis Anfang Juni, II: Mitte Juli bis Mitte August) (Wachlin 2009). Die Art ist sehr standorttreu. Die Weibchen legen die Eier an den Blattunterseiten der einzigen Raupennahrungspflanze Wiesen-Knöterich (*Bistorta officinalis*) ab, meist nur vereinzelt. Große, besonnte und frei anfliegbare Blätter werden bevorzugt. Die Larven legen durch Schabefraß auf der Blattunterseite charakteristische Fraßbilder (Fenster) an. Die Verpuppung erfolgt in der Bodenstreu, wo auch die Überwinterung erfolgt.
Gefährdung: Habitatverlust durch Entwässerung, Aufforstung und Sukzession. Die Art ist ein Klimawandelverlierer.
Schutz: Lebensraumschutz unter Beachtung der notwendigen Habitatrequisiten (randliche Gehölzstrukturen), angepasstes Pflegeregime (wo notwendig), begleitendes fachgerechtes Monitoring. Auf kräftigwüchsigen Standorten ist das notwendige Pflegeregime dem Entwicklungszyklus anzupassen (keine Mahd zur Eiablage- und Larvenzeit).

Volker Wachlin

RL-D (2011): 2
Aktueller Bestand: ss
Entwicklungstrend kurzfristig: (↓)
Bestandstrend langfristig: <<
BNatSchG (2009): Streng geschützt
FFH-Richtlinie: Anhang II + IV

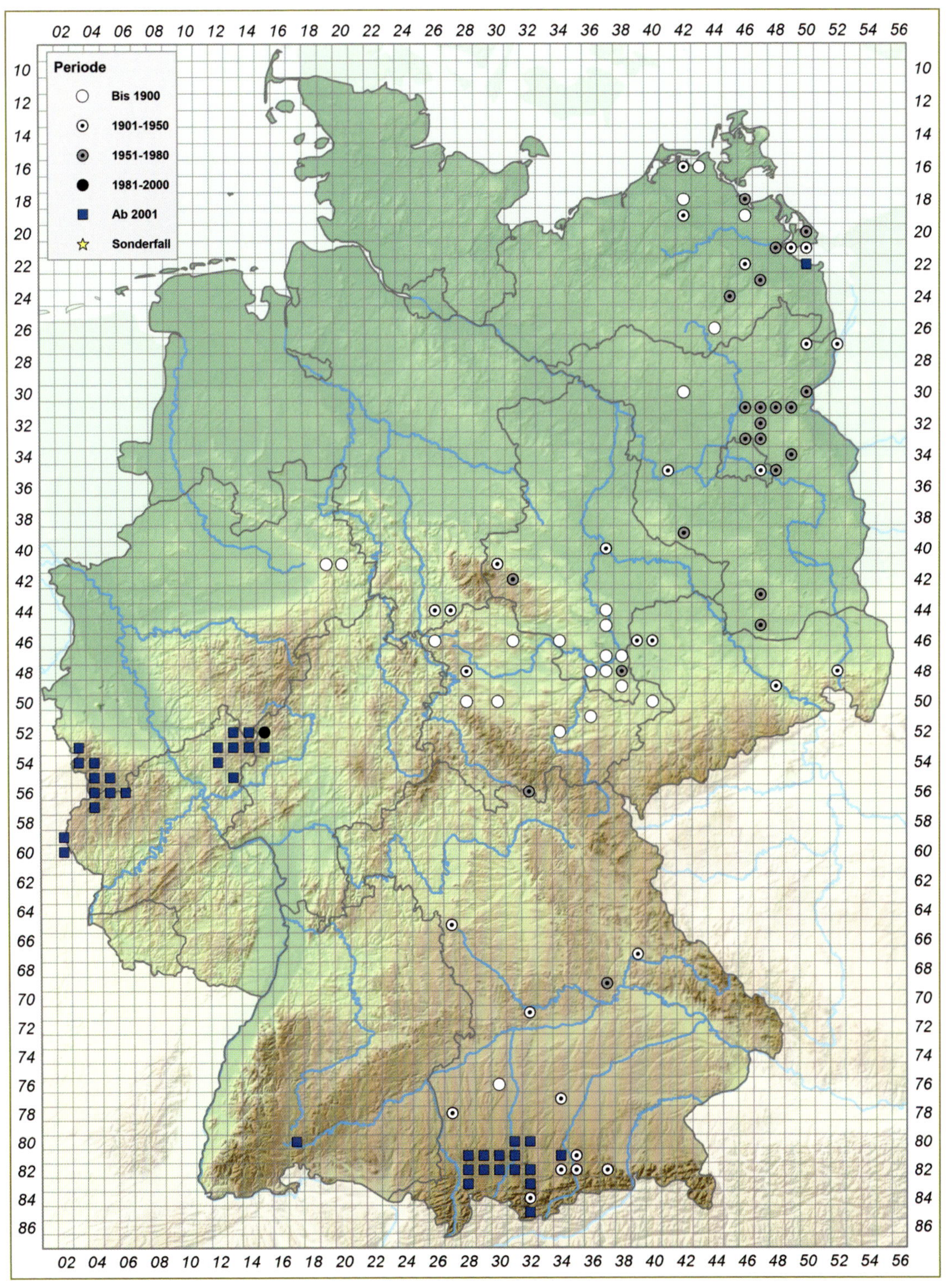
Periode
Bis 1900
1901-1950
1951-1980
1981-2000
Ab 2001
Sonderfall

Lycaena alciphron:
a Oberseite Männchen (Erk Dallmeyer)
b Unterseite (Klaus Schurian)
c Eier (Klaus Schurian)

Lycaena alciphron (Rottemburg, 1775) – Violetter Feuerfalter

Verbreitung & Vorkommen: Euro-orientalische Art. Europa ohne Britische Inseln, Benelux, Fennoskandien, Nordrussland; Marokko; Asien von der Türkei bis Transbaikalien. In Deutschland in der Nominatunterart, planare bis montane Höhenstufe; in fast allen BL. Arealverluste an den Rändern der Hauptverbreitungsgebiete. In BE und BB mit Ausbreitungstendenz; ausgestorben im SL. In allen Nachbarstaaten außer Benelux. In Deutschland Vorkommen in Kontakt mit denen in Frankreich, Tschechien und Polen.

Lebensraum: Offenes, heideartiges Gelände auf sauren Böden. Thymian-Magerrasen und deren Übergänge zu Zwergstrauchheiden mit Heidekraut (*Calluna vulgaris*) und Besenginster (*Cytisus scoparius*). In gut besiedelten Naturräumen besonders stetig an kleinräumigen Stellen mit vergleichbaren Biotopverhältnissen. In BB auch z. B. in ehemaligen Kiesgruben, stillgelegten Flughäfen, Energietrassen. Abweichend dazu (Erzgebirge, Harz) auch auf feuchten Bergwiesen. Habitatpräferenz: OT, OH, OW, OS, OR, OF, OG, WY.

Biologie & Ökologie: Univoltin ab (Ende Mai) zweites Juni- bis letztes Julidrittel (Mitte August). Geringe Individuendichte. Eiablage an offensonnigen, schütter bewachsenen Stellen mit Kleinem Sauerampfer (*Rumex acetosella*) – daneben (trockenwarme Jahre) an Großem Sauerampfer (*R. acetosa*) –, in der Regel einzeln, zumeist auf die Blattoberseiten. Im Nahetal in Felsbiotopen an Schild-Ampfer (*R. scutatus*). Raupen schlüpfen nach 1–2 Wochen; Fensterfraß an den *Rumex*-Blättern; Überwinterung (L3); Verpuppung im darauffolgenden Frühling in der Bodenstreu.

Gefährdung: Abnahme extensiver Bewirtschaftung/Pflege der Lebensräume. Anhaltende Überbauung von „Ödland“. Dürreperioden im Frühling. Eine Ausdünnung des Netzes verschiedenartiger kleiner und großer potenzieller Habitate im modernen Waldbau kann zu Bestandseinbrüchen führen.

Schutz: Erhaltung auch kleinflächiger Magerrasen durch langfristige Förderung extensiver Beweidungsprojekte; Monitoring der Kleinstlebensräume und Konzepte zu deren verbindlichem Schutz.

Oliver Eller & Ingo Seidel

RL-D (2011): 2
Aktueller Bestand: s
Entwicklungstrend kurzfristig: ↓↓
Bestandstrend langfristig: <<
BArtSchV (2005): besonders geschützt

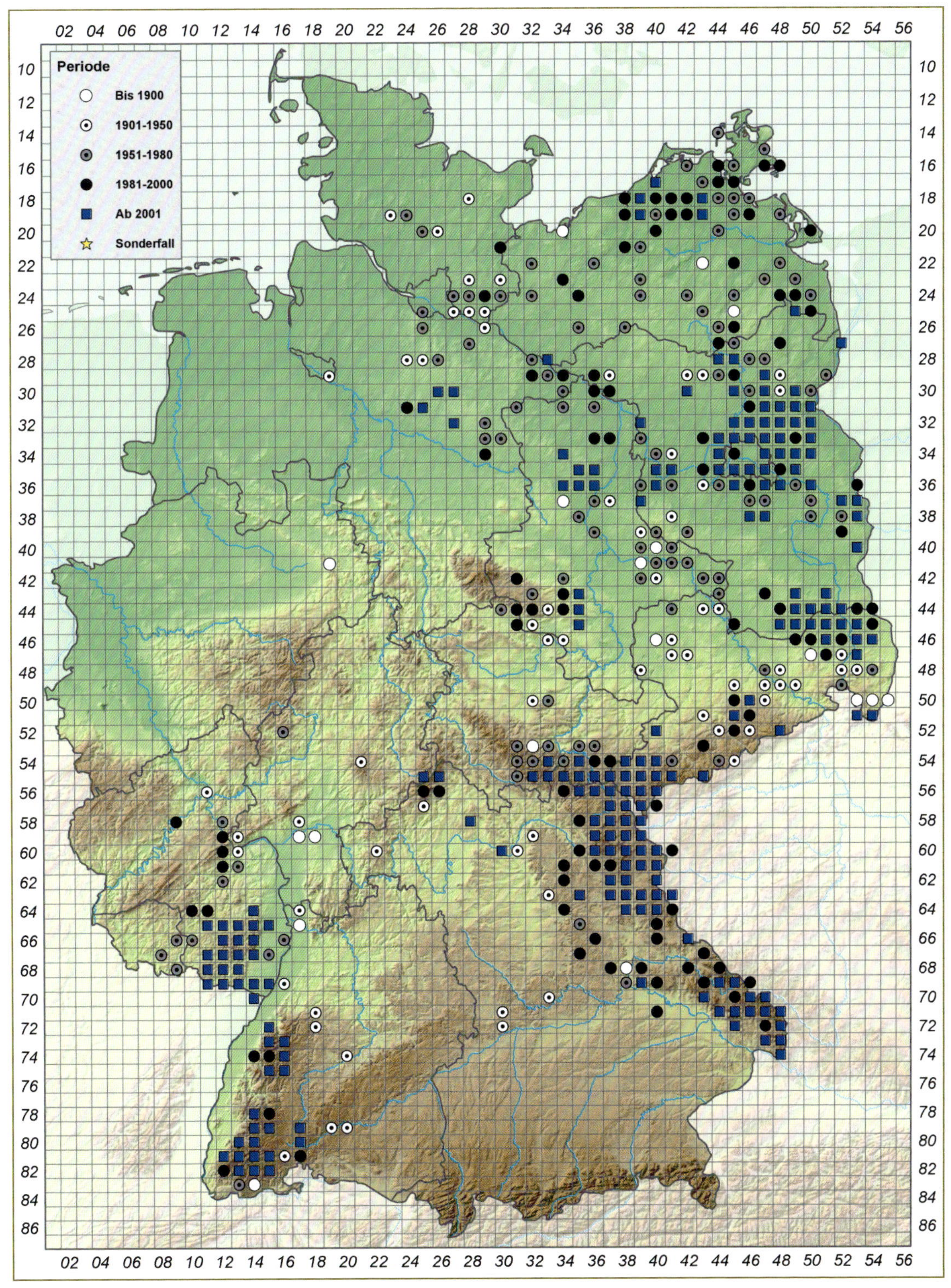
Periode
Bis 1900
1901-1950
1951-1980
1981-2000
Ab 2001
Sonderfall

Lycaena dispar:
a Unterseite Weibchen (Erk Dallmeyer)
b Raupe (Mario Trampenau)
c Eier (Michael Zepf)

Lycaena dispar ([Haworth], 1802) – Großer Feuerfalter

Verbreitung & Vorkommen: Euro-sibirische Art. Von Frankreich über Mittel- und Osteuropa bis nach Korea. In England ist die Nominatunterart *dispar* ausgestorben. Die Unterart *batava* Oberthür (1920) kommt nur in den Niederlanden und die ssp. *rutilus* Werneburg (1864) in Deutschland, Belgien, Frankreich, der Schweiz, Österreich, Tschechien, Polen vor. In Dänemark ausgestorben. In Deutschland keine Nachweise in SH, HH, TH, NW.

Lebensraum: Der Große Feuerfalter tritt seit einigen Jahren wieder vermehrt auf. Seine Lebensräume sind Wegränder und Böschungen, warme Brachen im Grenzgebiet zu Feuchtwiesen und vor allem entlang von Gräben, Frischwiesen. Habitatpräferenz: OT, OW, OS, OM, MN.

Biologie & Ökologie: Der Große Feuerfalter lebt vornehmlich in der Ebene und in Tallagen, in der Nähe von Bächen, Gräben, Waldlichtungen und Riedwiesen. Die Männchen zeigen Territorialverhalten. Als Nektarquelle dienen Blut-Weiderich (*Lythrum salicaria*), Minze-Arten (*Mentha* spp.) und viele weitere Pflanzen. Der Bläuling hat in Deutschland zwei Generationen: die erste im Mai bis Juni, die zweite im August bis September. In Einzelfällen können Falter weitab von bekannten Fundorten gefunden werden. Die Weibchen legen ihre Eier meist auf die Blattoberseiten der Nahrungspflanze. Als Raupennahrung dienen viele nicht saure Ampfer-Arten, am häufigsten Teich-Ampfer (*Rumex hydrolapathum*), Krauser Ampfer (*R. crispus*) und Stumpfblättriger Ampfer (*R. obtusifolius*). Die Raupen der zweiten Generation überwintern. Die Verpuppung erfolgt zumeist an der Futterpflanze oder an benachbarten Pflanzen.

Gefährdung: Umwandlung oder Zerstörung des Lebensraumes, falsches Mahdregime.

Schutz: Erhalt von Feuchtwiesen, Ufersäumen und feuchten Kleinlebensräumen. An die Entwicklung der Art angepasstes Mahdregime. Bestehende Vorkommen dieser streng geschützten Art sollten unbedingt durch ein fachgerechtes Monitoring beobachtet werden.

Klaus Schurian

RL-D (2011): 3
Aktueller Bestand: s
Entwicklungstrend kurzfristig: =
Bestandstrend langfristig: <<
BNatSchG (2009): Streng geschützt
FFH-Richtlinie: Anhang II + IV

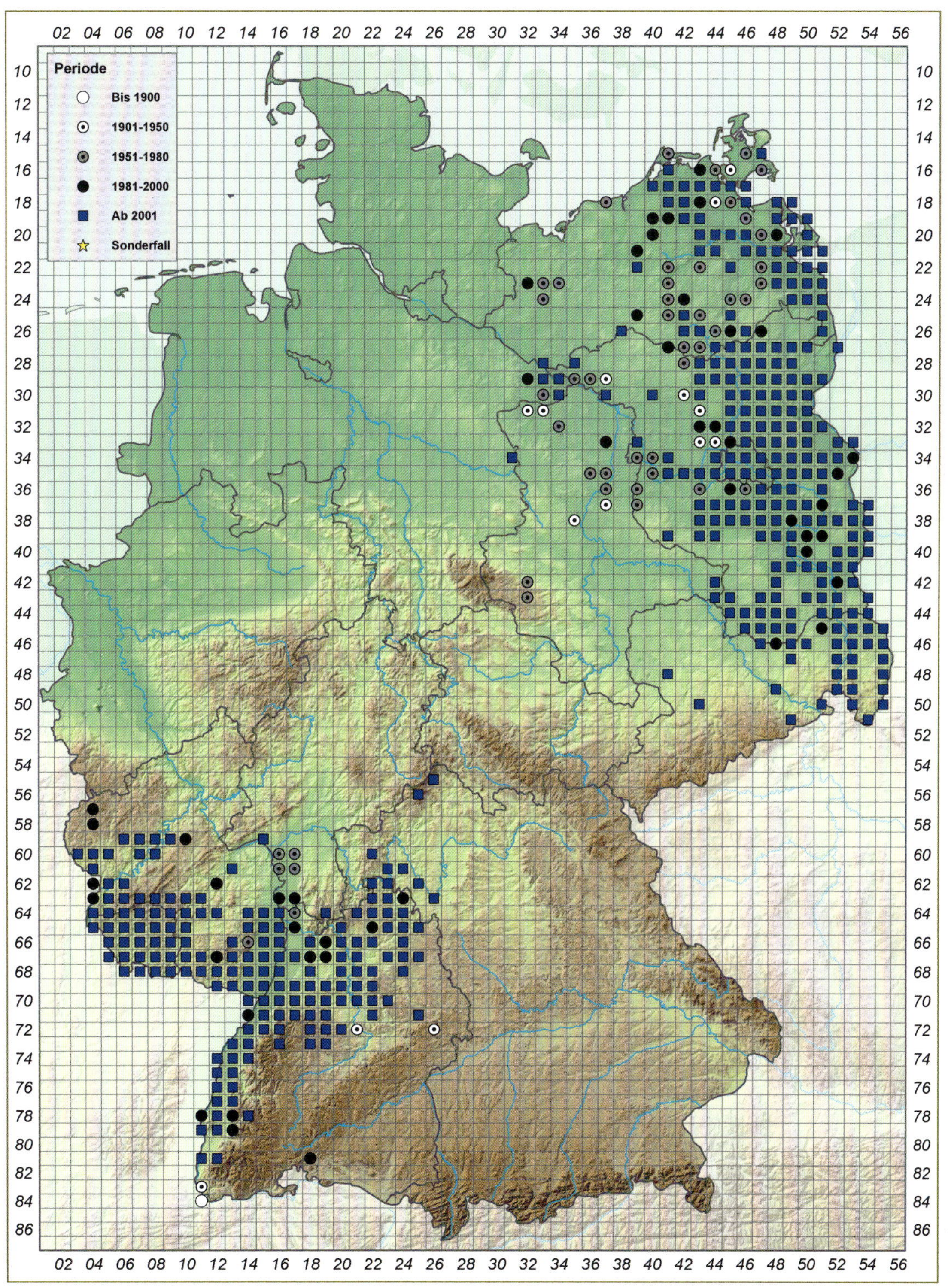
Periode
Bis 1900
1901-1950
1951-1980
1981-2000
Ab 2001
Sonderfall

Lycaena hippothoe:
a Oberseite Männchen (Steffen Caspari)
b Unterseite (Steffen Caspari)
c Ei (Steffen Caspari)

Lycaena hippothoe (Linnaeus, 1760) – Lilagold-Feuerfalter

Verbreitung & Vorkommen: Euro-sibirische Art. Von Nordspanien durch fast ganz Europa und Sibirien bis zum Amur; in Südeuropa nur lückenhafte Vorkommen, vor allem in montanen Bereichen; fehlt auf den Britischen und Mittelmeerinseln. Die Art ist aus allen BL nachgewiesen, in vielen Naturräumen nur noch Einzelfunde oder frühere, nicht mehr bestätigte Funde, z. B. HH, NI. In allen Nachbarstaaten nachgewiesen, aber in den Niederlanden ausgestorben.

Lebensraum: Feucht- und Nasswiesen, Borstgrasrasen und sumpfige Stellen mit Arnikabeständen, Waldränder und Uferbereiche aufgelassener Kiesgruben mit reichlich Sauerampfer (*Rumex* spp.). Habitatpräferenz: A, OH, OW, OM, OG.

Biologie & Ökologie: Die Weibchen halten sich meist in der Nähe der Raupennahrungspflanze auf. Blütenbesuch an Schwarzer Flockenblume (*Centaurea nigra*), Gewöhnlicher Schafgarbe (*Achillea millefolium*), Arznei-Thymian (*Thymus pulegioides*) und anderen. Die Art ist einbrütig und fliegt im Juni und Juli. Nur selten wird eine partielle zweite Generation beobachtet. Die Weibchen legen ihre Eier ab etwa 20 cm Höhe an unterschiedliche Teile der Nahrungspflanze. Die Raupe überwintert meist halberwachsen. Als Raupennahrung werden Großer Sauerampfer (*Rumex acetosa*) und Kleiner Sauerampfer (*R. acetosella*) genutzt. Die Verpuppung findet unter Blättern der Futterpflanze und in der Laubstreu statt.

Gefährdung: Trockenlegung feuchter, mit Sauerampfer bestandener Wiesen, häufige bzw. zu frühe Mahd, Nutzungsintensivierung, starke Beweidung, Biotopumwandlung.

Schutz: Keine Aufforstung oder Trockenlegung von Feuchtwiesen. Die bestehenden Vorkommen der besonders geschützten Art müssen unbedingt erhalten werden, da der Falter regional als stark gefährdet einzustufen ist.

Klaus Schurian

RL-D (2011): 3
Aktueller Bestand: mh
Entwicklungstrend kurzfristig: ↓ ↓
Bestandstrend langfristig: <<
BArtSchV (2005): besonders geschützt

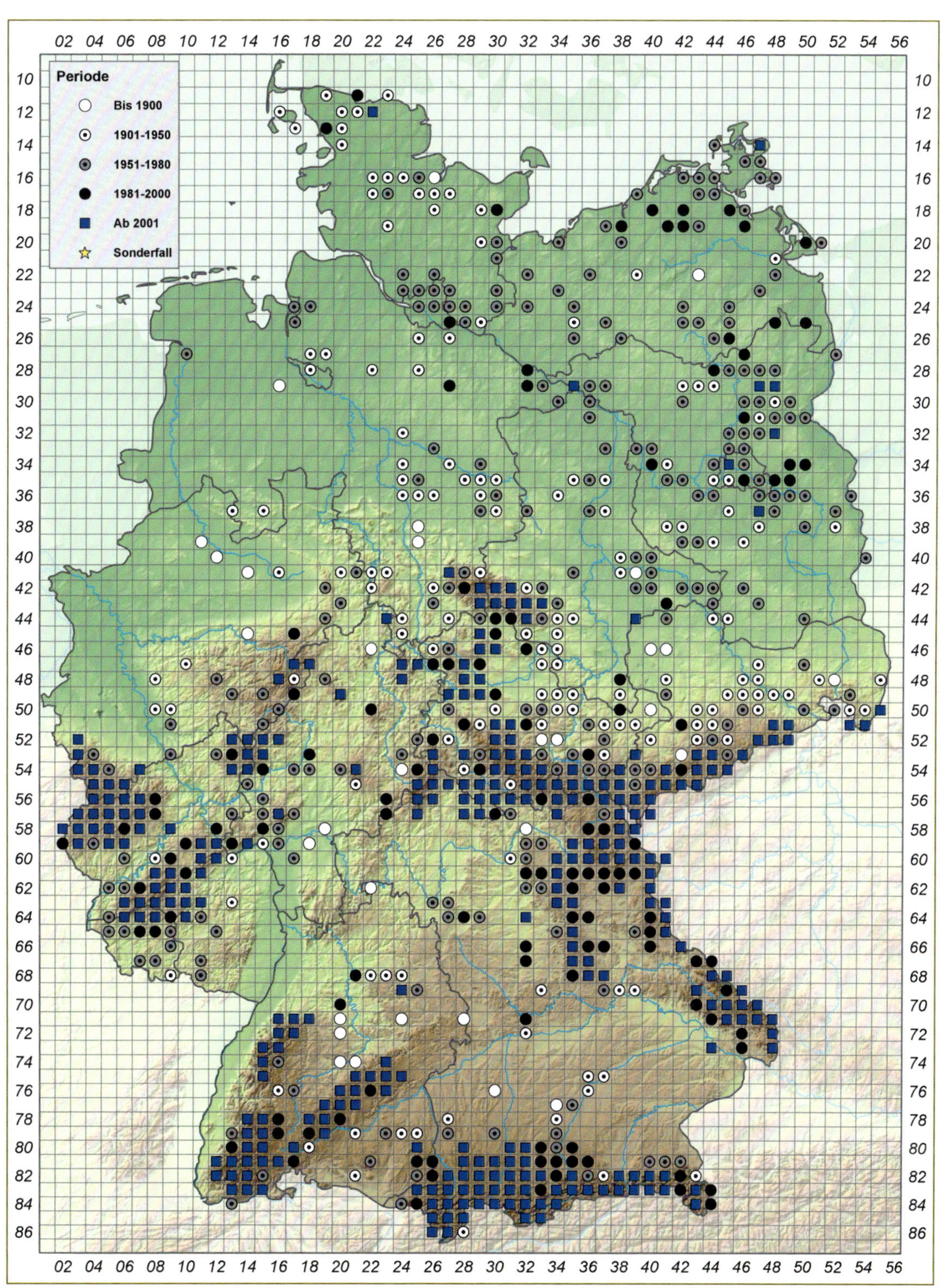
Periode
Bis 1900
1901-1950
1951-1980
1981-2000
Ab 2001
Sonderfall

Lycaena phlaeas:
a Oberseite (Joachim Müncheberg)
b Raupe (Michael Zepf)
c Ei (Arik Siegel)

Lycaena phlaeas (Linnaeus, 1760) – Kleiner Feuerfalter

Verbreitung & Vorkommen: Holarktische Art. Sie ist von den Kanaren, Madeira und Nordafrika durch ganz Europa, das gemäßigte Asien bis Japan im Osten, sowie im nördlichen und östlichen Nordamerika verbreitet, einschließlich der polaren und subpolaren Zonen. Der Kleine Feuerfalter kommt in sämtlichen BL und Nachbarstaaten vor.
Lebensraum: Die Art findet sich in einer großen Vielzahl von ganz unterschiedlichen Biotopen und kann daher auch in stark anthropogen überformten Lebensräumen angetroffen werden. Habitatpräferenz: OH, OT, OF, OO, BT.
Biologie & Ökologie: Der Kleine Feuerfalter findet sich überall dort, wo vegetationsarme und sandige Stellen mit seinen Hauptnahrungspflanzen vorhanden sind. Als Nektarpflanzen werden vor allem Thymian (*Thymus* spp.) sowie Wiesen-Witwenblume (*Knautia arvensis*), Löwenzahn (*Taraxacum* spp.), Dost (*Origanum vulgare*), Herbstaster (*Symphyotrichum* spp.) und andere genutzt. Die Generationenzahl schwankt je nach Höhenlage zwischen einer (Gebirgshochlagen) und vier (Oberrheingraben). Die Eiablage findet hier ab März bis Anfang November statt, meistens auf den Blattoberseiten der Futterpflanzen. Die Männchen besetzen regelmäßig Sitzwarten, zu denen sie immer wieder zurückkehren. Die Weibchen fliegen auf der Suche nach Männchen in das Revier, wo die Paarung stattfindet. Die Überwinterung kann in allen Larvalstadien erfolgen. Raupennahrungspflanzen sind Großer Sauerampfer (*Rumex acetosa*), Kleiner Sauerampfer (*R. acetosella*) und weitere Ampfer-Arten (auch nicht saure, wie in den Stromtalwiesen der Oberrheinebene). Die Verpuppung erfolgt unter der Nahrungspflanze in Bodennähe.
Gefährdung: Die Art ist aktuell nicht gefährdet. Es ist eine wanderfreudige Art.
Schutz: Für die Art sind aktuell keine speziellen Schutzmaßnahmen notwendig.

Klaus Schurian

RL-D (2011): *
Aktueller Bestand: sh
Entwicklungstrend kurzfristig: =
Bestandstrend langfristig: =
BArtSchV (2005): besonders geschützt

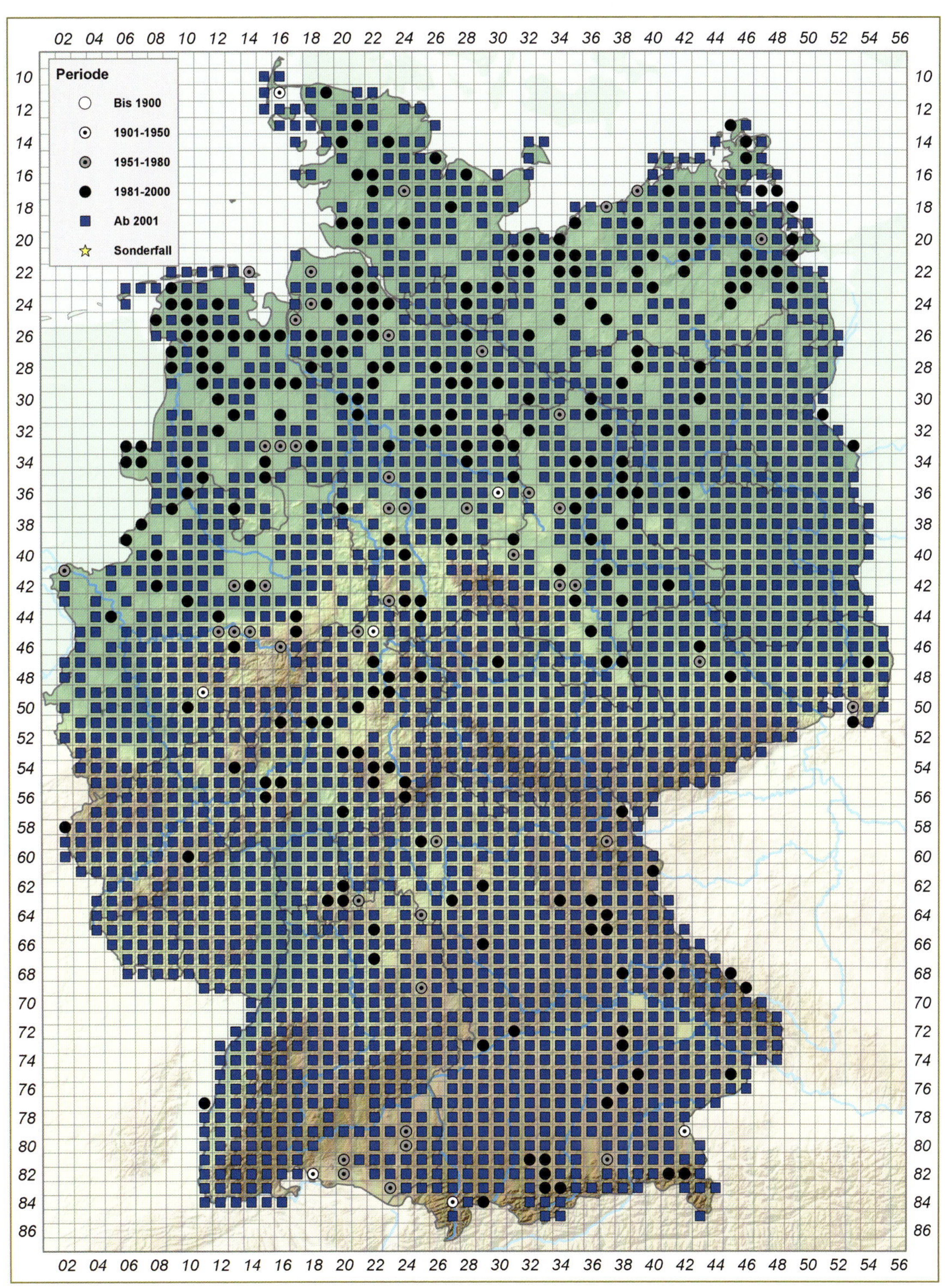
Periode
Bis 1900
1901-1950
1951-1980
1981-2000
Ab 2001
Sonderfall

Lycaena virgaureae: **a** Oberseite Männchen (Ingo Seidel) **b** Oberseite Weibchen (Erk Dallmeyer) **c** Raupe (Klaus Schurian) **d** Ei (Klaus Schurian)

Lycaena virgaureae (Linnaeus, 1758) – Dukaten-Feuerfalter

Verbreitung & Vorkommen: Euro-sibirische Art. In Europa weit verbreitet (fehlt jedoch in Teilen Nordwest-Europas und südlicheren Teilen des Mittelmeerraumes), wenige Vorkommen in Nordspanien. Die Art hat ihren Verbreitungsschwerpunkt in Kontinentaleuropa. In Deutschland ist der Falter aus allen BL gemeldet, keine aktuellen Vorkommen mehr oder nur Einzelmeldungen aus HH und SL. Aus allen Nachbarstaaten gemeldet.

Lebensraum: Borstgrasrasen, Waldwiesen, Wegränder mit anschließenden lichten Kiefern- und Mischwäldern, Böschungen, Schlagfluren sowohl trockener als auch feuchter Standorte. Habitatpräferenz: OW, OM, OG, WK/WL.

Biologie & Ökologie: Der Dukaten-Feuerfalter bevorzugt feuchtkühle Lagen, die aber trotzdem sonnig sein müssen, da die Larven ein spezielles Mikroklima benötigen. Die Imagines nutzen ein breites Spektrum an Nektarpflanzen: Acker-Kratzdistel (*Cirsium arvense*), Schafgarbe (*Achillea millefolium*) und andere. Die Männchen zeigen Territorialverhalten. Die Eiablage erfolgt an Blattstielen, Blättern oder Stängeln der Raupennahrungspflanze. Das Überwinterungsstadium ist das Ei. Als Raupennahrung dienen Kleiner und Großer Sauerampfer (*Rumex acetosella* bzw. *R. acetosa*). Die Verpuppung erfolgt in der Laubstreu unter der Nahrungspflanze.

Gefährdung: Beim Dukaten-Feuerfalter ist in den letzten Jahrzehnten ein dramatischer Rückgang zu verzeichnen (Zapp 2010). Mögliche Ursachen dafür sind der Verlust an Nektarhabitaten entlang von Forstwegen.

Schutz: Der Bestand der Art muss vor allem durch Mosaikmahd, Verzicht auf Düngung und gezieltes Biotopmanagement an Standorten mit individuenreichen Populationen gesichert werden.

Klaus Schurian

RL-D (2011): V
Aktueller Bestand: h
Entwicklungstrend kurzfristig: ↓↓
Bestandstrend langfristig: <<
BArtSchV (2005): besonders geschützt

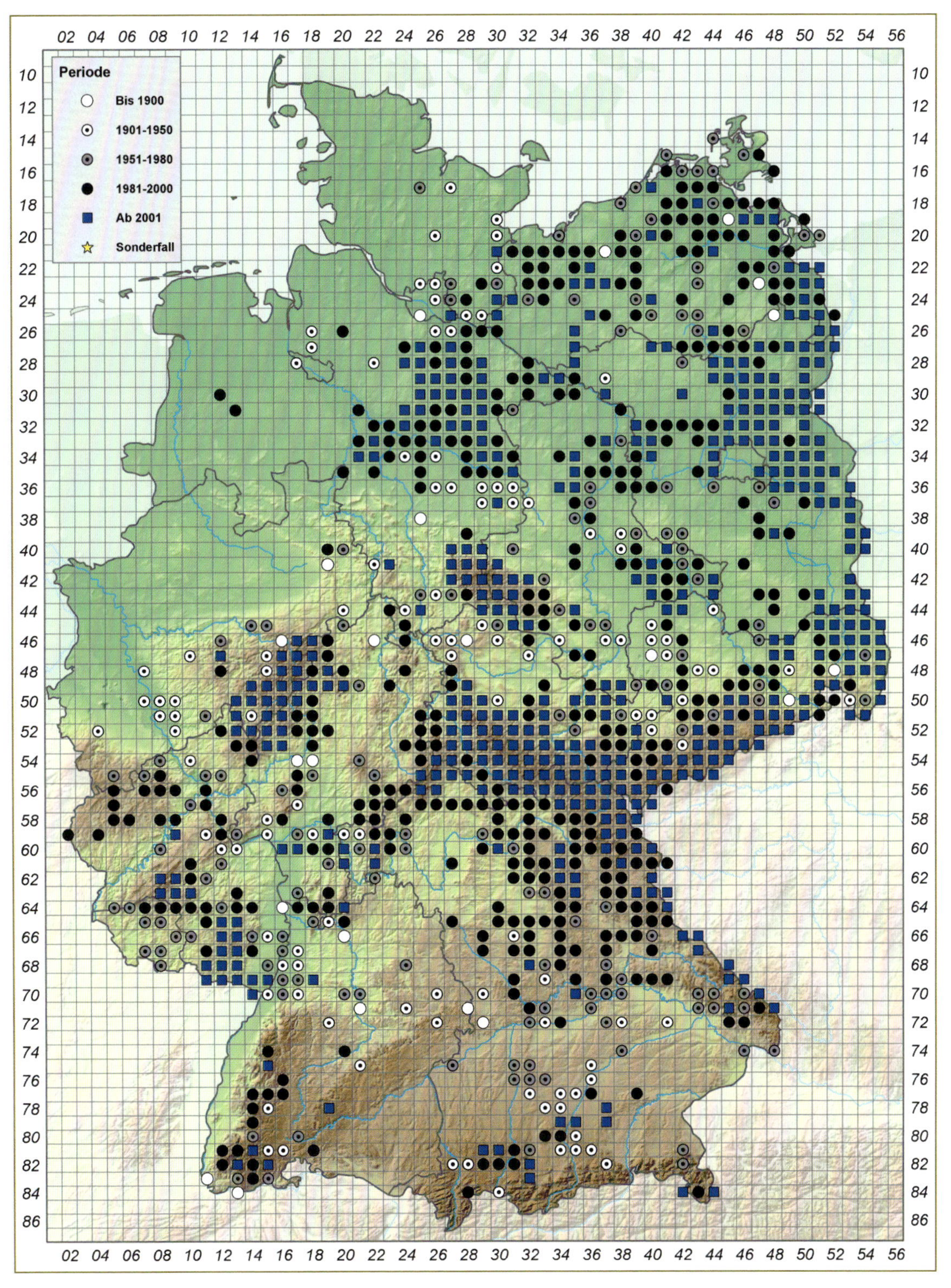
Periode
Bis 1900
1901-1950
1951-1980
1981-2000
Ab 2001
Sonderfall

Lycaena tityrus:
a Unterseite (Andreas Kolossa)
b Oberseite Männchen (Erk Dallmeyer)
c Oberseite Weibchen (Erk Dallmeyer)

Lycaena tityrus (Poda, 1761) – Brauner Feuerfalter

Verbreitung & Vorkommen: Euro-sibirische Art. Die Gesamtverbreitung reicht von Portugal über Mittel- und Osteuropa bis zum Altai. In Deutschland kommt die Art in allen BL vor und ist in allen Nachbarstaaten vertreten.

Lebensraum: Sowohl auf trockenen als auch feuchten Wiesen, sofern dort die Nahrungspflanzen reichlich wachsen. Habitatpräferenz: A, OH, OT, OW, OM, OG.

Biologie & Ökologie: Die Art erscheint in zwei Generationen: Mai bis Juni und wieder Juli bis August. In besonders klimatisch begünstigten Räumen (Oberrheinebene) gelegentlich eine partielle dritte Generation. In den Alpen meistens nur eine Generation. Nektarpflanzen sind Arznei-Thymian (*Thymus pulegioides*), Einjähriges Berufkraut (*Erigeron annuus*) und Dost (*Origanum vulgare*) und andere. Die Weibchen legen ihre Eier an Blattstiele, die Ober- oder Unterseiten der Nahrungspflanze, gelegentlich aber auch an benachbarte Pflanzen. Die Überwinterung erfolgt im zweiten oder dritten Larvalstadium. Hauptnahrungspflanzen der Raupen sind der Kleine und Große Sauerampfer (*Rumex acetosella* bzw. *R. acetosa*). Die Raupen verkriechen sich zur Verpuppung in der Laubstreu und diejenigen der letzten Generation überwintern.

Gefährdung: Die Art ist an vielen Stellen ihrer Verbreitung rückläufig. Dies ist vor allem auf zu reichliche Düngung der Wiesen und auf eine intensive Nutzung von Weideland zurückzuführen.

Schutz: Dieser kleine Falter braucht blumenreiche Wiesen, zumindest aber Feldraine mit einem großen Nektarangebot.

Klaus Schurian

RL-D (2011): *
Aktueller Bestand: h
Entwicklungstrend kurzfristig: =
Bestandstrend langfristig: <
BArtSchV (2005): besonders geschützt

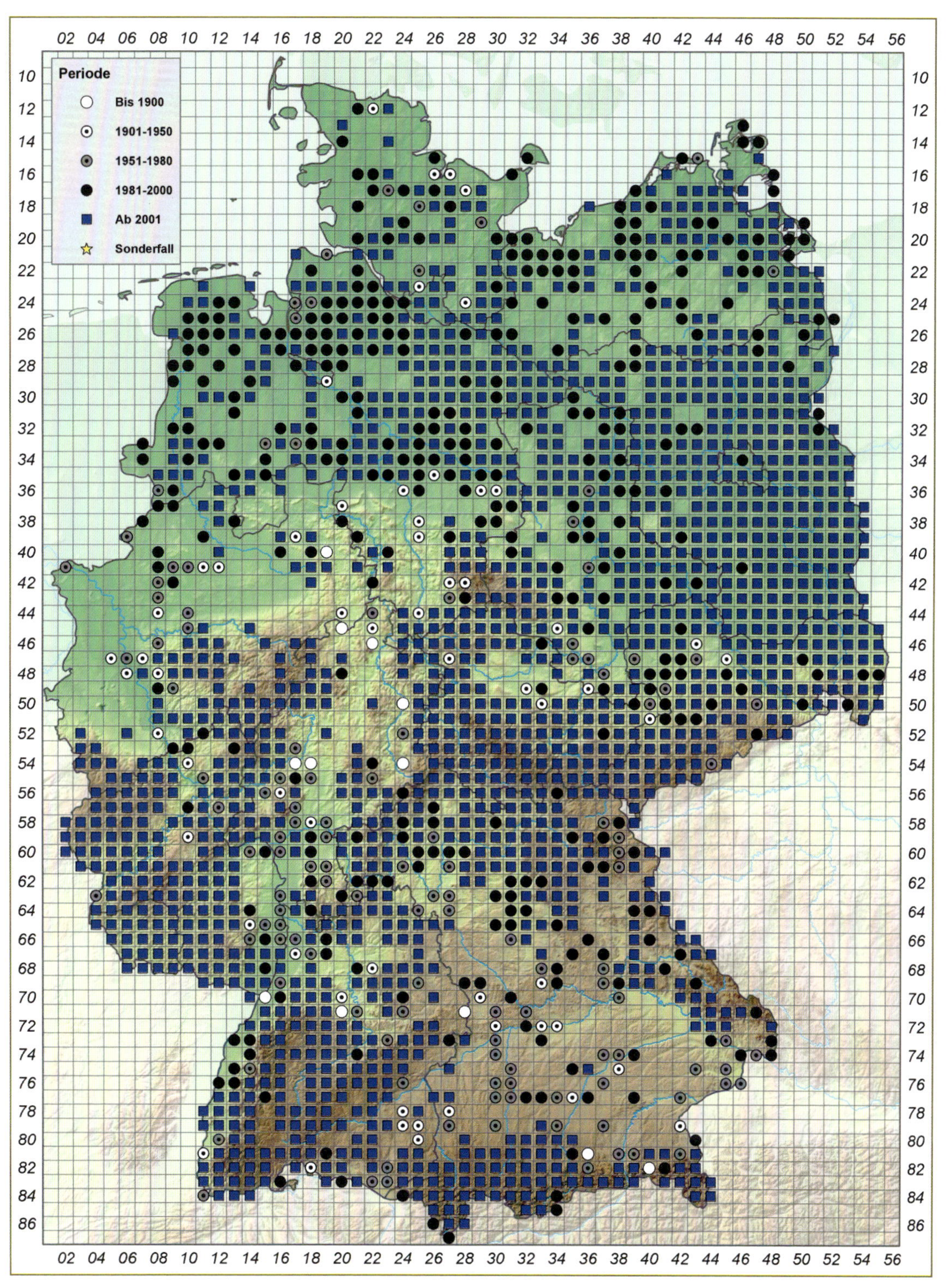
Periode
Bis 1900
1901-1950
1951-1980
1981-2000
Ab 2001
Sonderfall

Thecla betulae:
a Oberseite Weibchen (Erk Dallmeyer)
b Unterseite (Markus Bräu)
c Ei (Andreas Kolossa)

Thecla betulae (Linnaeus, 1758) – Nierenfleck-Zipfelfalter

Verbreitung & Vorkommen: Paläarktische Art, von Portugal und Irland durch das gemäßigte Europa bis zur südlichen Schwarzmeerküste und die Laub- und südliche Nadelwaldzone Sibiriens bis zum Pazifik. Nicht auf der Krim und auf den Mittelmeerinseln. In Deutschland fast überall häufig, im Nordwestdeutschen Tiefland spärlicher, in den Hochlagen mit dem Ausbleiben der Nahrungspflanzen die Höhengrenze erreichend. Inzwischen kaum noch Nachweislücken; in allen BL und allen Nachbarstaaten.

Lebensraum: Vorwälder, Gebüsche, Hecken, Streuobstwiesen, Siedlungen, Laubholzpflanzungen, in Verbuschung befindliche Brachen, Auenwälder und Auflichtungsstadien von Wäldern. Habitatpräferenz: OT, BF, BM, BT, BS, BY, WA, WY.

Biologie & Ökologie: In einer Generation von Ende Juni bis Mitte September. Die Eiablage erfolgt in Zweig- und Dorngabeln von *Prunus*-Arten: Schlehe (*P. spinosa*), Zwetschge, Pflaume und Mirabelle (*P. domestica* div. subsp.), Haferpflaume (*P. cerasifera*), Trauben-Kirsche (*P. padus*), Vogel-Kirsche (*P. avium*) und Sauer-Kirsche (*P. cerasus*). Wichtigste Wirtspflanzen sind Schlehe und Zwetschge. Schösslinge und niedrige Ablagehöhen in 0,5–2 m Höhe werden bevorzugt belegt. Im Gegensatz zu *Satyrium pruni* werden eher die Süd- und die Außenseiten der Gebüsche besiedelt. Das Ei überwintert. Die Verpuppung erfolgt auf der Wirtspflanze. Blütenbesuch wird selten beobachtet, z. B. an Acker-Kratzdistel (*Cirsium arvense*), Brombeeren (*Rubus* spp.), Wasserdost (*Eupatorium cannabinum*), Dost (*Origanum vulgare*), Wiesen-Bärenklau (*Heracleum sphondylium*) oder Wald-Engelwurz (*Angelica sylvestris*). Gelegentlich saugen die Falter an feuchtem Boden.

Gefährdung: Die Art ist aktuell nicht gefährdet. Lokale Rückgänge durch intensive Landwirtschaft und Gülleausbringung bis in die Wiesen- und Feldbegrenzungshecken hinein sowie durch Pestizideinsatz im Obstbau.

Schutz: Für die Art sind aktuell keine speziellen Schutzmaßnahmen notwendig.

Steffen Caspari

RL-D (2011): *
Aktueller Bestand: h
Entwicklungstrend kurzfristig: =
Bestandstrend langfristig: =

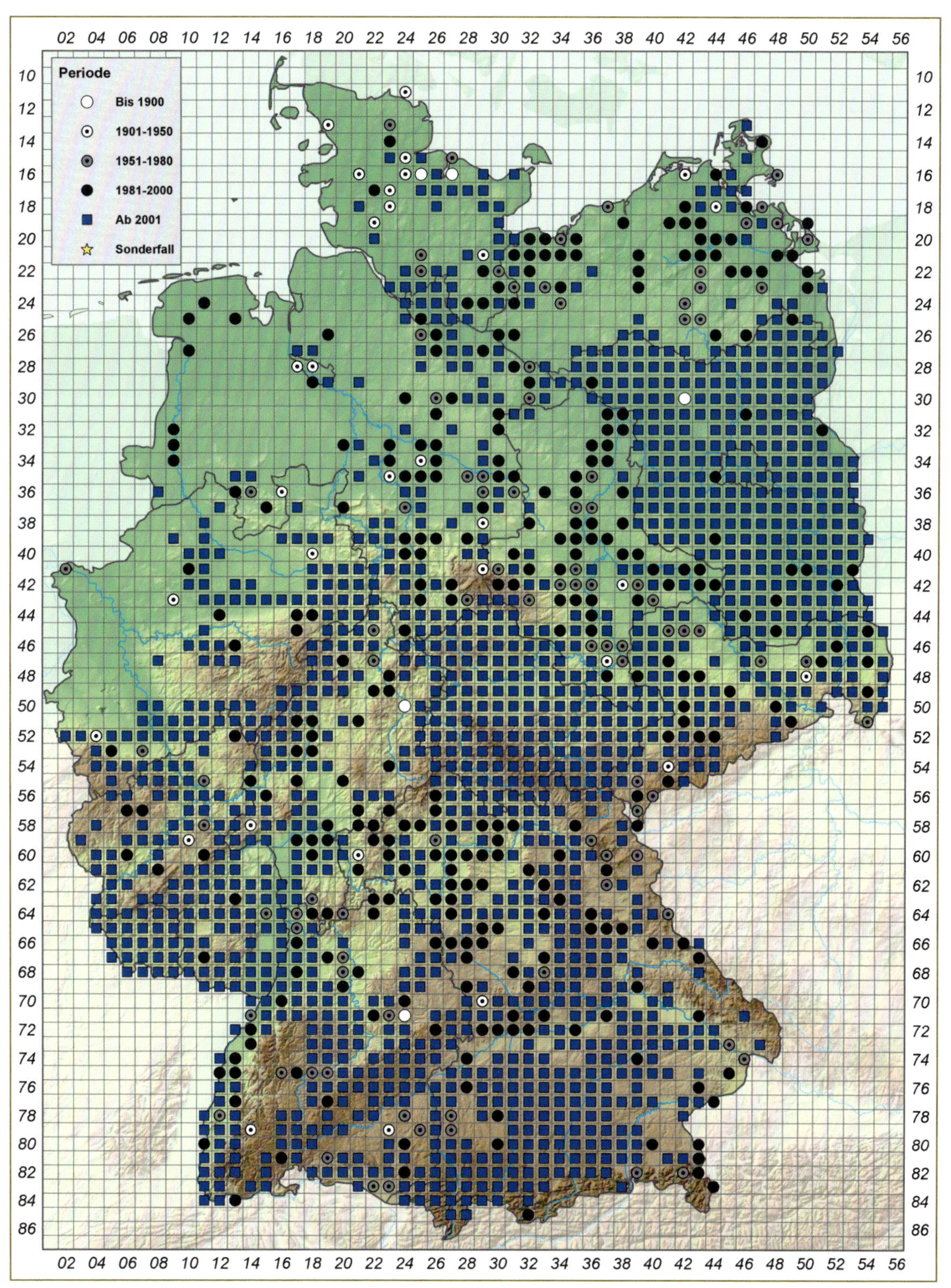
Periode
Bis 1900
1901-1950
1951-1980
1981-2000
Ab 2001
Sonderfall

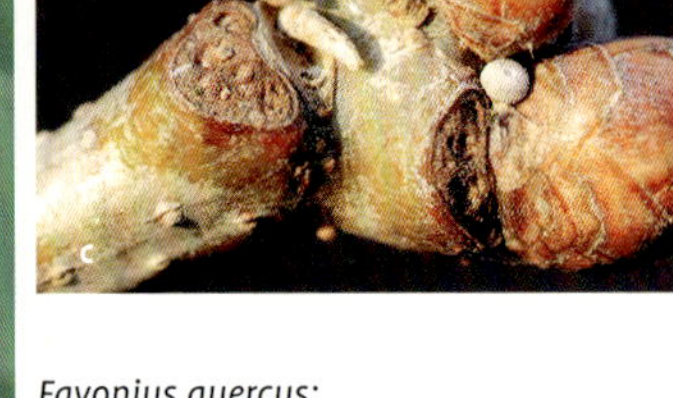

Favonius quercus:
a Oberseite Weibchen (Erk Dallmeyer)
b Unterseite (Erk Dallmeyer)
c Ei (Erk Dallmeyer)

Favonius quercus (Linnaeus, 1758) – Blauer Eichen-Zipfelfalter

Verbreitung & Vorkommen: Westpaläarktische Art; Europa im Norden bis Südfennoskandien, im Osten bis zum Südural, größere Mittelmeerinseln mit Ausnahme der Balearen, Nordafrika, Südwest-Asien. In allen BL; in Hochlagen oberhalb von 900 m über NN meist fehlend. In allen Nachbarstaaten.

Lebensraum: Wälder, Vorwälder, Alleen, Siedlungen, einzeln stehende Eichen im Offenland. Der Falter folgt den Wirtspflanzen bis zu ihrer Höhengrenze. Habitatpräferenz: BM, BT, BY, WL, WS, WA.

Biologie & Ökologie: In einer Generation von Mitte Juni bis Ende August. Die überwinternden Eier werden an die Basis von Blütenknospen der Eichen-Arten (Stiel-Eiche [*Quercus robur*], Trauben-Eiche [*Q. petraea*], Flaum-Eiche [*Q. pubescens*]) gelegt. Zwischen den einheimischen Eichen-Arten konnten keine Präferenzen festgestellt werden. Auch nicht einheimische Eichen-Arten werden ausnahmsweise belegt. Die Ablage erfolgt in besonnten Bereichen der Eichenkronen, auch an tief hängenden Seitenästen. Zunächst fressen die Raupen in der aufbrechenden Knospe und am Blütenstand, später auch an Blättern. Die Verpuppung erfolgt an der Wirtspflanze oder am Boden. Die Falter saugen an Blattlaus- und Baumsekreten und verlassen meist den Kronenbereich nicht. Bei trockener Witterung auch Wasseraufnahme am Boden. Blütenbesuch ist sehr selten. Die effektivste Nachweismethode ist die Suche nach Eiern (Hermann 2007). Inzwischen ist die Art ausreichend erfasst; größere Nachweislücken gibt es kaum noch. *F. quercus* neigt zu starken Bestandsschwankungen. In Optimalphasen mit offener Population, fast alle potenziell geeigneten Wirtsbäume werden dann besiedelt (Caspari 2006).

Gefährdung: Die Art ist aktuell nicht gefährdet.

Schutz: Für die Art sind aktuell keine speziellen Schutzmaßnahmen notwendig.

Steffen Caspari

RL-D (2011): *
Aktueller Bestand: h
Entwicklungstrend kurzfristig: =
Bestandstrend langfristig: =

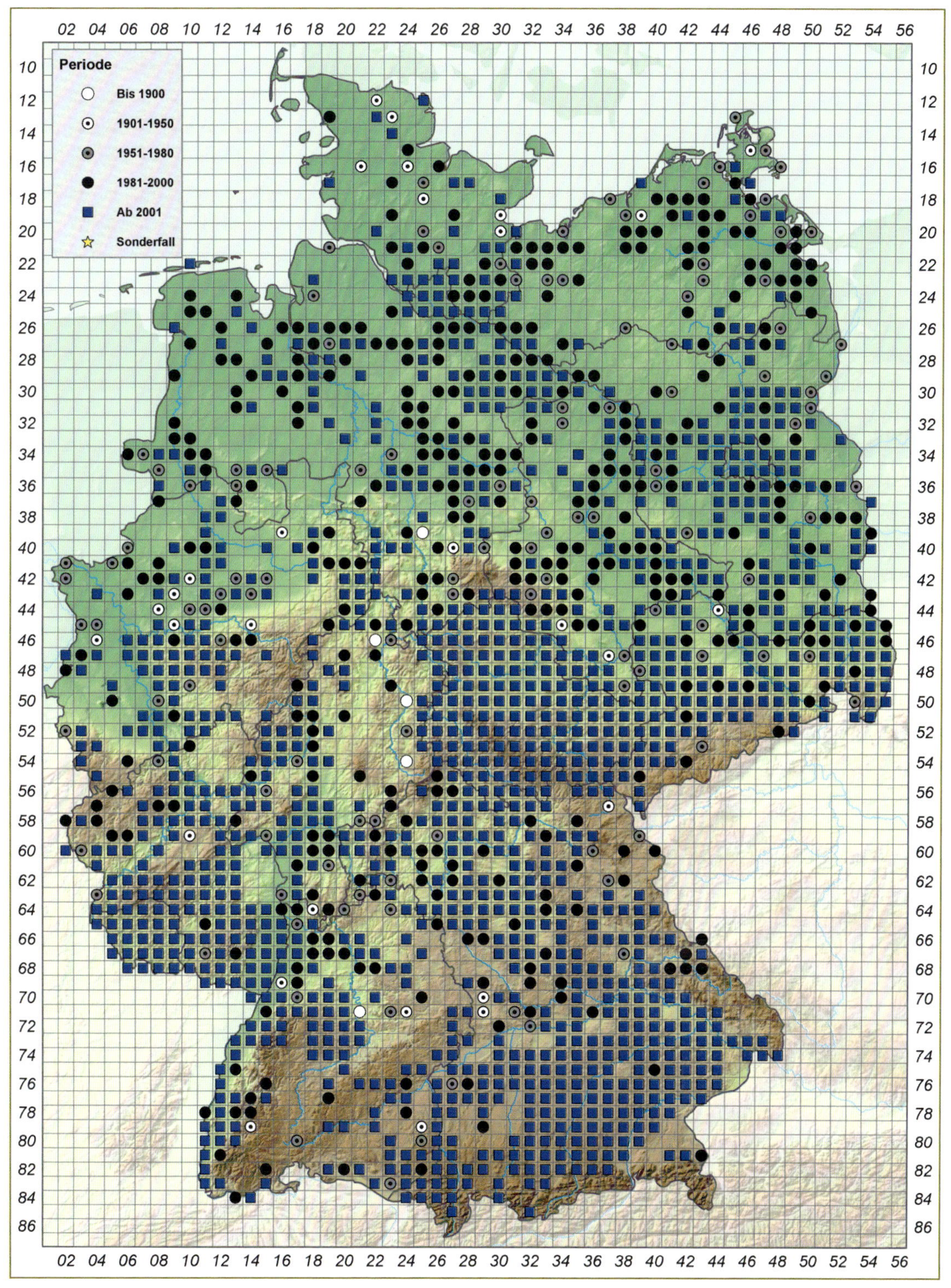
Periode
Bis 1900
1901-1950
1951-1980
1981-2000
Ab 2001
Sonderfall

Callophrys rubi:
a Unterseite (Andreas Kolossa)
b Raupe (Mario Trampenau)
c Eier (Michael Zepf)

Callophrys rubi (Linnaeus, 1758) – Grüner Zipfelfalter

Verbreitung & Vorkommen: Paläarktische Art, vom Mittelmeer bis zur Arktis durch ganz Europa inklusive der Britischen und der meisten Mittelmeerinseln, Nordafrika, gemäßigte Bereiche in Südwest-, Zentral- und Ostasien bis zum Pazifik. In Deutschland verbreitet, spärlichere Vorkommen in den Ackerbauregionen, auf den Nordseeinseln selten. In allen Nachbarstaaten.

Lebensraum: Lichte Wälder, Schlagfluren, Stromtrassen, Windwurfflächen, Heiden, Moore, Felsfluren, Abgrabungen, Halbtrocken-, Sand- und Borstgrasrasen, Pfeifengraswiesen, Brachen, Böschungen und Dämme; Ginstergebüsche. Meidet mehrschürig gemähte Wiesen und intensiv genutzte Weiden. In den Alpen bis ca. 2000 m über NN. Habitatpräferenz: OF, OH, OR, OT, OW, MH, BM, BT, BY, WL, WM, WY.

Biologie & Ökologie: Meist einbrütig von Ende März bis Anfang Juli. Die Eiablage erfolgt bevorzugt an Hülsenfrüchtlern, aber auch an Vertretern anderer Pflanzenfamilien. Wichtig sind Besenginster (*Cytisus scoparius*), Färber-Ginster (*Genista tinctoria*), Flügel-Ginster (*G. sagittalis*), Gewöhnlicher Hornklee (*Lotus corniculatus*) und Bastard-Luzerne (*Medicago* × *varia*). Die Eier werden in den Blütenstand gelegt. Die Verpuppung erfolgt in der Streu, die Puppe überwintert. Wichtige Nektarpflanzen sind z. B. Zypressen-Wolfsmilch (*Euphorbia cyparissias*), Brombeeren (*Rubus* spp.), Beerensträucher (*Vaccinium* spp.). Häufiger als beim Blütenbesuch sieht man die Falter im Revieransitz auf erhöhten Sitzwarten in der Strauchschicht.

Gefährdung: Fast überall in leichtem bis mäßigem Rückgang durch Intensivierung der Landwirtschaft, Verlust von Ökotonen, Sukzession von Brachen hin zu flächigen Gebüschen und Vorwäldern sowie Dunkelwaldwirtschaft.

Schutz: Belassen von Altgrasstreifen bei der Magerrasenpflege, Erhalt reich strukturierter Waldsäume, Förderung von Lichtwaldarten, kein bzw. abschnittsweises Mulchen von Waldwegrändern, Erhalt von mageren Säumen.

Steffen Caspari

RL-D (2011): V
Aktueller Bestand: h
Entwicklungstrend kurzfristig: (↓)
Bestandstrend langfristig: (<)

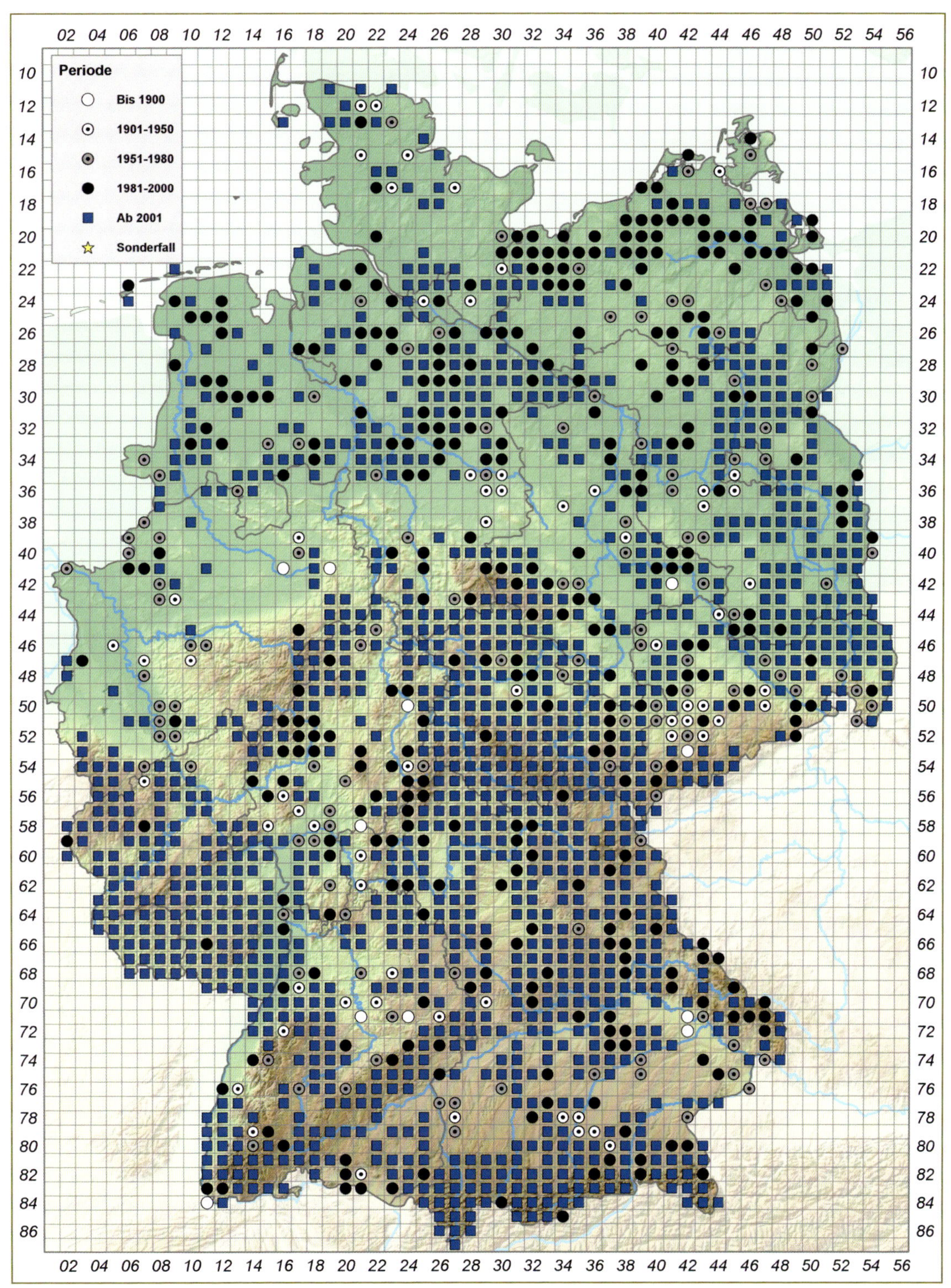
Periode
Bis 1900
1901-1950
1951-1980
1981-2000
Ab 2001
Sonderfall

Satyrium pruni:
a Unterseite (Erk Dallmeyer)
b Raupe (Klaus Schurian)
c Eier (Arik Siegel)

Satyrium pruni (Linnaeus, 1758) – Pflaumen-Zipfelfalter

Verbreitung & Vorkommen: Euro-sibirische Art. Submediterranes, temperates und subboreales Europa, gemäßigte Bereiche Sibiriens und Ostasiens, von Nordspanien bis Korea. Im Mittelmeergebiet und in Südwest-Asien fehlend. In Deutschland besonders im Hügelland verbreitet, in den Hochlagen selten bis fehlend, ebenso im atlantischen Nordwesten. Aus allen Nachbarstaaten und BL gemeldet, aber in den Niederlanden nur Einzelfunde und in Dänemark ausgestorben. In HB nur alte Nachweise.

Lebensraum: Vorwälder, Gebüsche, Hecken, lichte Wälder, Streuobstwiesen, Siedlungen, auf feuchten bis mäßig trockenen Standorten. Als Nektarhabitate meist Wiesen, Halbtrockenrasen, Säume und Brachen. Habitatpräferenz: (OT), BF, BM, BT, BY, WY.

Biologie & Ökologie: In einer Generation von Mitte Mai bis Anfang August. Die Eiablage erfolgt an Zweigen von Schlehe (*Prunus spinosa*), Zwetschge, Pflaume und Mirabelle (*P. domestica* div. subsp.) sowie seltener Trauben-Kirsche (*P. padus*). Die Ablageorte sind oft luftfeucht und selten direkt besonnt, häufig im Inneren oder auf der Nordseite von Hecken. Die Verpuppung erfolgt an Zweigen der Wirtspflanze; die Puppen sehen Vogelkot ähnlich. Das Ei überwintert. Die Falter einer Population schlüpfen in einem engen Zeitfenster und können dann beim Schwärmen an und über den Wirtspflanzen beobachtet werden. In den Folgetagen sieht man in den Entwicklungshabitaten nur noch vereinzelt Falter. Gelegentliches Nektarsaugen, meist an weißen Blüten, z. B. an Himbeere (*Rubus idaeus*), Brombeeren (*Rubus* spp.) sowie Liguster (*Ligustrum vulgare*), Rotem Hartriegel (*Cornus sanguinea*), Zwerg-Holunder (*Sambucus ebulus*) und Jakobs-Greiskraut (*Senecio jacobaea*).

Gefährdung: Allenfalls in Regionen mit defizitärer Ausstattung an Hecken und Feldgehölzen rückläufig.

Schutz: Anlage von Feldgehölzen in ausgeräumten Gebieten, Verzicht auf Pestizide, insbesondere in Streuobstwiesen und Gärten.

Steffen Caspari

RL-D (2011): *
Aktueller Bestand: mh
Entwicklungstrend kurzfristig: =
Bestandstrend langfristig: <

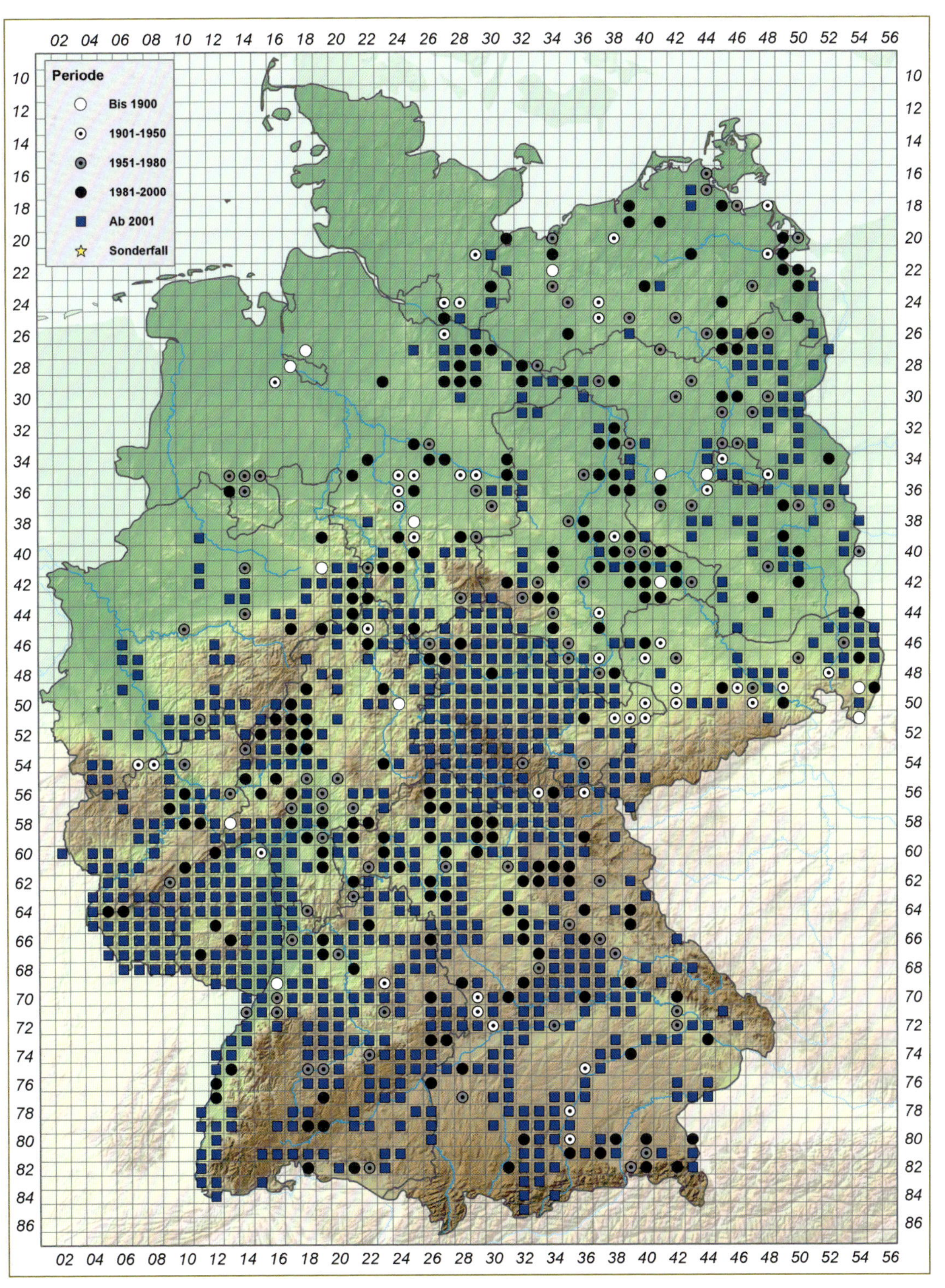
Periode
Bis 1900
1901-1950
1951-1980
1981-2000
Ab 2001
Sonderfall

Satyrium ilicis:
a Unterseite Weibchen (Erk Dallmeyer)
b Raupe (Erk Dallmeyer)
c Eier (Michael Zepf)

Satyrium ilicis (Esper, 1779) – Brauner Eichen-Zipfelfalter

Verbreitung & Vorkommen: Euro-orientalische Art. Von der Iberischen Halbinsel über Süd-, Mittel- und Osteuropa bis zum Südural und Nahen Osten. In Deutschland historisch aus allen Ländern gemeldet. Im gesamten Gebiet stark rückläufig, Bestände vielerorts erloschen oder hochgradig bedroht. Gesicherte Vorkommen nur in wenigen Naturräumen mit aktiver Nieder- oder Mittelwaldnutzung („Hauberge" im Rheinischen Schiefergebirge, Ausschlagswälder im südlichen Steigerwald). Aus allen Nachbarstaaten gemeldet, aber in Dänemark ausgestorben.

Lebensraum: Waldlichtungen, seltener Sukzessionsflächen im Offenland mit Naturverjüngung heimischer Eichen oder Eichenkulturen. Entscheidend sind kontinuierlich wiederkehrende Störungen, die eine Verjüngung der heimischen Eichen-Arten ermöglichen (Niederwald, Kahlschlag, Sturmwurf, Leitungsschneisen, Sukzessionsstadien von Abbauflächen etc.). Habitatpräferenz: WY, OR, OH, BT.

Biologie & Ökologie: Einbrütig, Hauptflugzeit Mitte Juni bis Mitte Juli. Regelmäßiger Blütenbesuch, z. B. an Brombeere. Raupen in Deutschland an Trauben- und Stiel-Eiche (*Quercus petraea, Q. robur*). Larvalentwicklung an Eichenzweigen im warmen, bodennahen Mikroklima. Eiablage meist am Stamm von Eichenbüschen, seltener in Zweiggabeln. Überwinterung als Ei. Die Jungraupe schlüpft ab April und erzeugt ein typisches Fraßbild durch Annagen der Blattmittelrippe mit Welken des vorderen Blattteils.

Gefährdung: Waldbewirtschaftung ohne größere Kahlschläge („naturnaher Waldbau"). Eichenpflanzungen mit Verbissschutz durch Wuchshüllen in der Regel nicht nutzbar. Gefährdung auch durch Sukzession auf Offenlandstandorten, wie ehemaligen Braunkohletagebauen.

Schutz: Natürliche Ereignisse, wie Windbruch oder Borkenkäferlöcher, reichen für längerfristigen Bestandserhalt nicht aus. Förderung von Niederwaldnutzung sowie kontinuierliche Eichenverjüngung auf flächigen Kahlhieben (bis 1 ha genehmigungsfrei).

Gabriel Hermann

RL-D (2011): 2
Aktueller Bestand: ss
Entwicklungstrend kurzfristig: (↓)
Bestandstrend langfristig: <

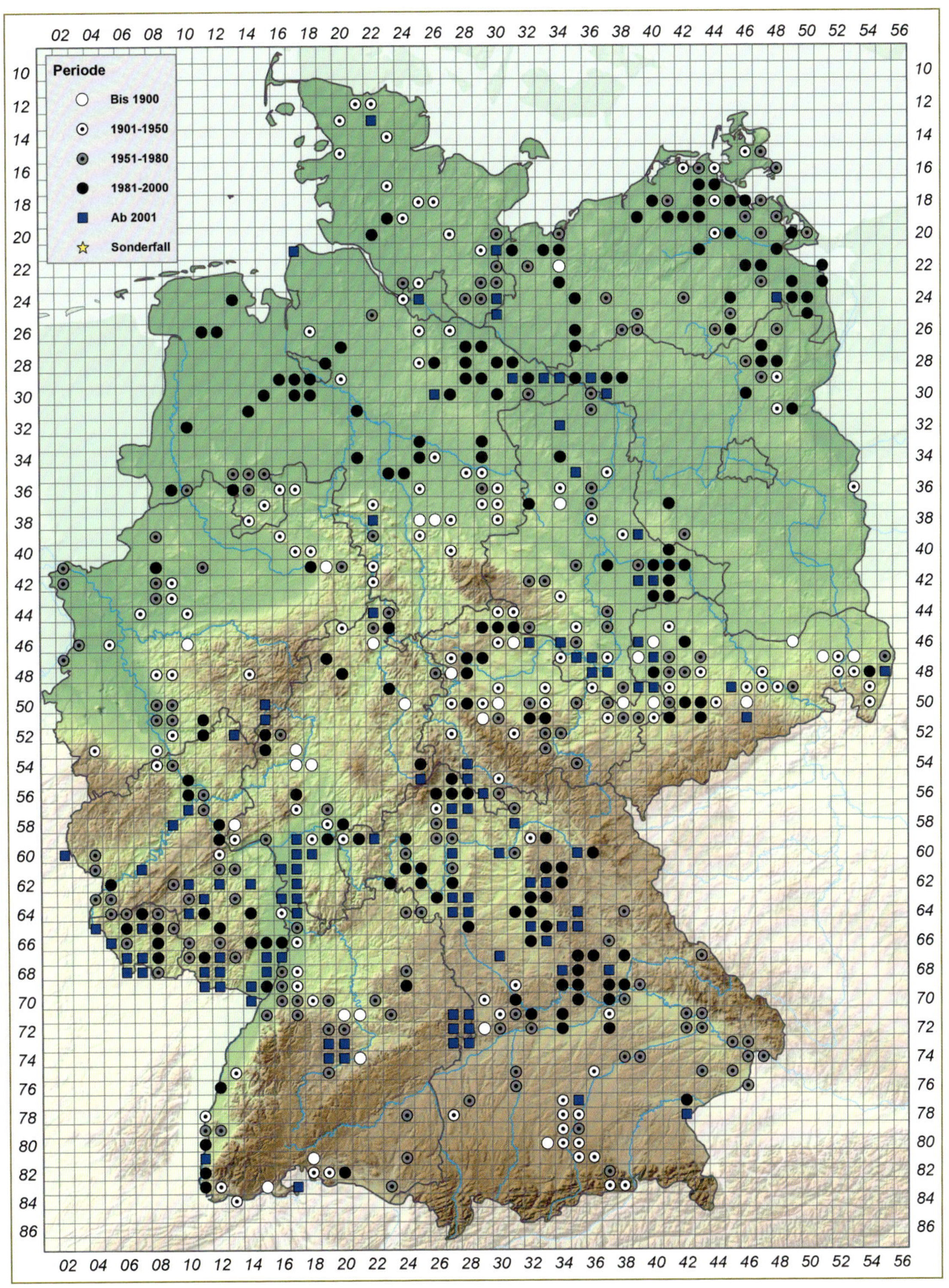
Periode
Bis 1900
1901-1950
1951-1980
1981-2000
Ab 2001
Sonderfall

Satyrium w-album:
a Unterseite Weibchen (Erk Dallmeyer)
b Raupe (Michael Zepf)
c Ei (Michael Zepf)

Satyrium w-album (Knoch, 1782) – Ulmen-Zipfelfalter

Verbreitung & Vorkommen: Euro-sibirische Art, von Zentralspanien und England durch das mediterrane und gemäßigte Europa, die Laubwaldzone Südwest-Asiens und Sibiriens bis Japan; auf den Mittelmeerinseln fehlend, mit Ausnahme von Sizilien und Korsika. In Deutschland in allen BL verbreitet und gebietsweise häufig, im Atlantischen Nordwesten und in den Kammlagen der Silikat-Mittelgebirge mit Verbreitungs- und Nachweislücken, in den Alpen bis in die Bergwaldstufe. In allen Nachbarstaaten.

Lebensraum: Gehölzbestände mit Ulmen: Schlucht- und Blockschuttwälder, Hartholz-Auenwälder, Trockenwälder, Laubholzpflanzungen, Feldgehölze, Bahnanlagen, Siedlungen, auch Solitärbäume. Steigt bis ca. 1200 m über NN in den Alpen. Habitatpräferenz: BT, BY, WS, WA.

Biologie & Ökologie: Einbrütig von Mitte Juni bis Mitte August. Die Eiablage erfolgt meist an die Basis von Blüten- und Blattknospen von Berg-Ulme (*Ulmus glabra*), Flatter-Ulme (*U. laevis*) und Feld-Ulme (*U. minor*); eine Bevorzugung einer Art ist nicht zu erkennen. Blühfähige Bäume werden klar bevorzugt, sind aber keine Bedingung. Die Raupen fressen zunächst in den Knospen, dann an Blüten und jungen Früchten, zuletzt an Blättern. Die Verpuppung erfolgt auf dem Fraßbaum oder am Boden. Die Falter saugen am ehesten an Liguster (*Ligustrum vulgare*) und Zwerg-Holunder (*Sambucus ebulus*). Sie nehmen auch Blattlausausscheidungen und Pflanzensekrete zu sich und kommen bei ausreichender Verfügbarkeit in den Baumkronen nicht in Bodennähe.

Gefährdung: Nicht gefährdet, leichte Rückgänge als Folge des Ulmensterbens (verursacht durch Schlauchpilze der Gattung *Ophiostoma*), was zur Folge hat, dass Ulmen von selbst absterben, eher gefällt und seltener gepflanzt werden. Dies führt zu einer Verringerung des Lebensalters der Ulmen, keineswegs aber zu deren großflächigem Verschwinden.

Schutz: Erhalt bestehender Ulmenvorkommen, keine Mahd von Waldwegsäumen im Hochsommer.

Steffen Caspari

RL-D (2011): *
Aktueller Bestand: mh
Entwicklungstrend kurzfristig: =
Bestandstrend langfristig: <

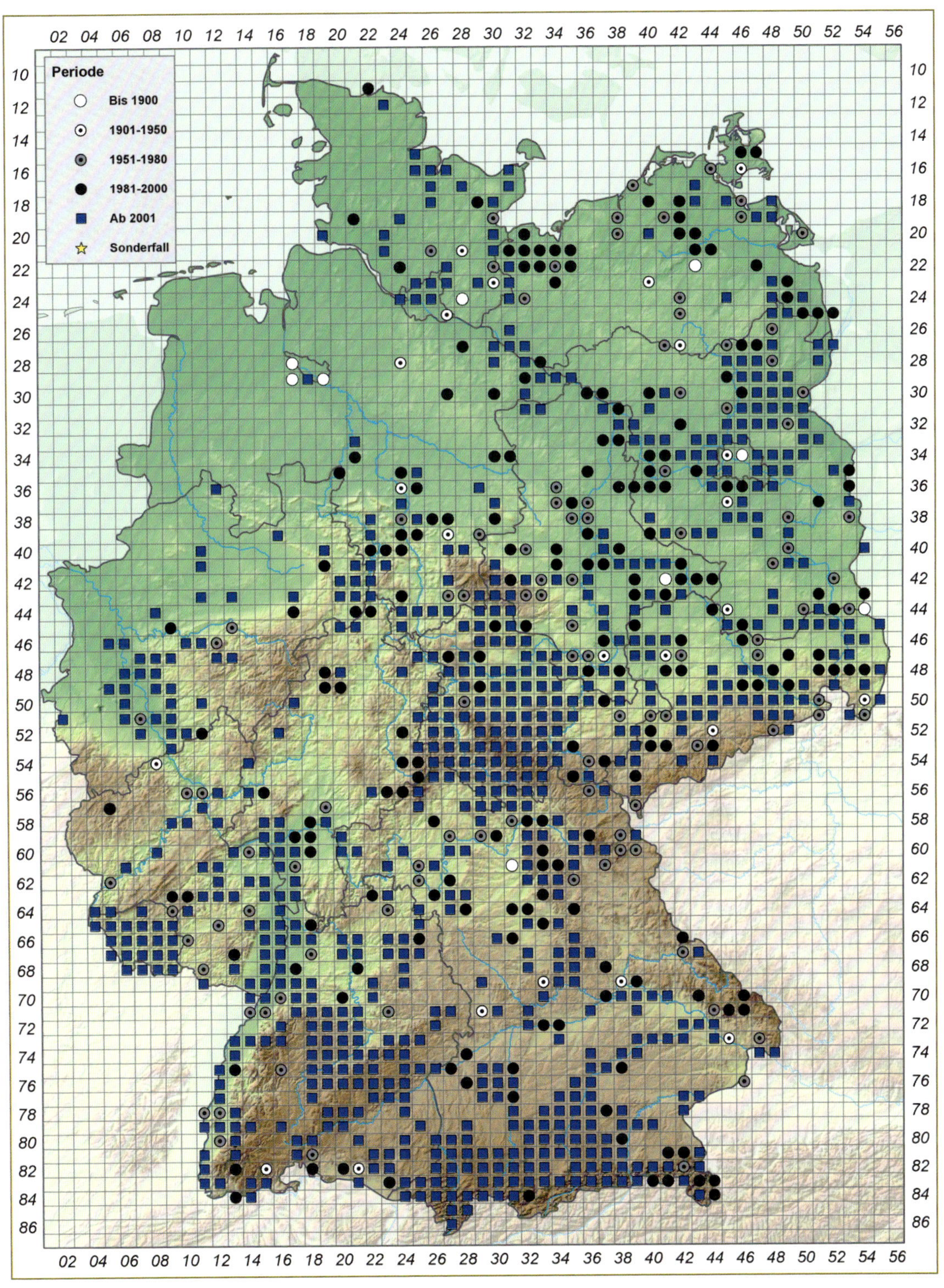
Periode
Bis 1900
1901-1950
1951-1980
1981-2000
Ab 2001
Sonderfall

Satyrium spini: **a** Unterseite (Erk Dallmeyer) **b** Raupe (Oliver Böck) **c** Eier (Arik Siegel)

Satyrium spini ([Denis & Schiffermüller], 1775) – Kreuzdorn-Zipfelfalter

Verbreitung & Vorkommen: Euro-orientalische Art. Südliches und warmgemäßigtes Europa von Spanien bis Südrussland, fehlt aber auf den großen Inseln mit Ausnahme Siziliens; Südwest-Asien. In Deutschland meist in trockenwarmen Gebieten mit kontinentaler Klimatönung. Westlich des Rheins nur in den felsreichen Flusstälern von RP. Schwerpunkt auf Schwäbischer Alb und Frankenalb, in Mainfranken und TH; meist unterhalb von 700 m über NN. In Süd-BY und in der Norddeutschen Tiefebene sehr selten und oft verschollen. In allen Nachbarstaaten außer den Niederlanden und Dänemark; in Luxemburg verschollen.

Lebensraum: Trocken- und Halbtrockenrasen mit Gebüschsukzession, Wacholderheiden, Felsfluren, Abgrabungen, Weinbergsbrachen, Böschungen und lichte Trockenwälder. Das Larvalhabitat befindet sich meist an trocken-warmen und vollsonnigen Stellen. Habitatpräferenz: OT, OF, WY.

Biologie & Ökologie: In einer Generation von Juni bis August. Die Eier werden einzeln oder in kleinen Gruppen in Zweiggabeln des Purgier-Kreuzdorns (*Rhamnus cathartica*), seltener auch des Felsen-Kreuzdorns (*R. saxatilis*) gelegt. Je nach Mesoklima werden kleinwüchsige Exemplare in Bodennähe oder höherwüchsige Sträucher in bis zu 2 m Höhe belegt. Die Verpuppung erfolgt an der Wirtspflanze, das Ei überwintert. Blütenbesuch ist nicht häufig; öfter genannte Nektarpflanzen sind Brombeeren (*Rubus* spp.), Weißer Mauerpfeffer (*Sedum album*), Thymian (*Thymus* spp.), Dost (*Origanum vulgare*), Jakobs-Greiskraut (*Senecio jacobaea*), Weiden-Rindsauge (*Buphthalmum salicifolium*) und Zwerg-Holunder (*Sambucus ebulus*).

Gefährdung: In mehreren BL erloschen, in NW, NI und BB vom Aussterben bedroht. Gefährdet in erster Linie durch Sukzession und unsachgemäße Pflege von Magerrasen (Entfernen sämtlicher Ablagepflanzen).

Schutz: Das Pflegeregime muss die Ansprüche der Art berücksichtigen; zur Flugzeit muss ein ausreichendes Nektarpflanzenangebot vorhanden sein.

Steffen Caspari

RL-D (2011): 3
Aktueller Bestand: s
Entwicklungstrend kurzfristig: (↓)
Bestandstrend langfristig: <

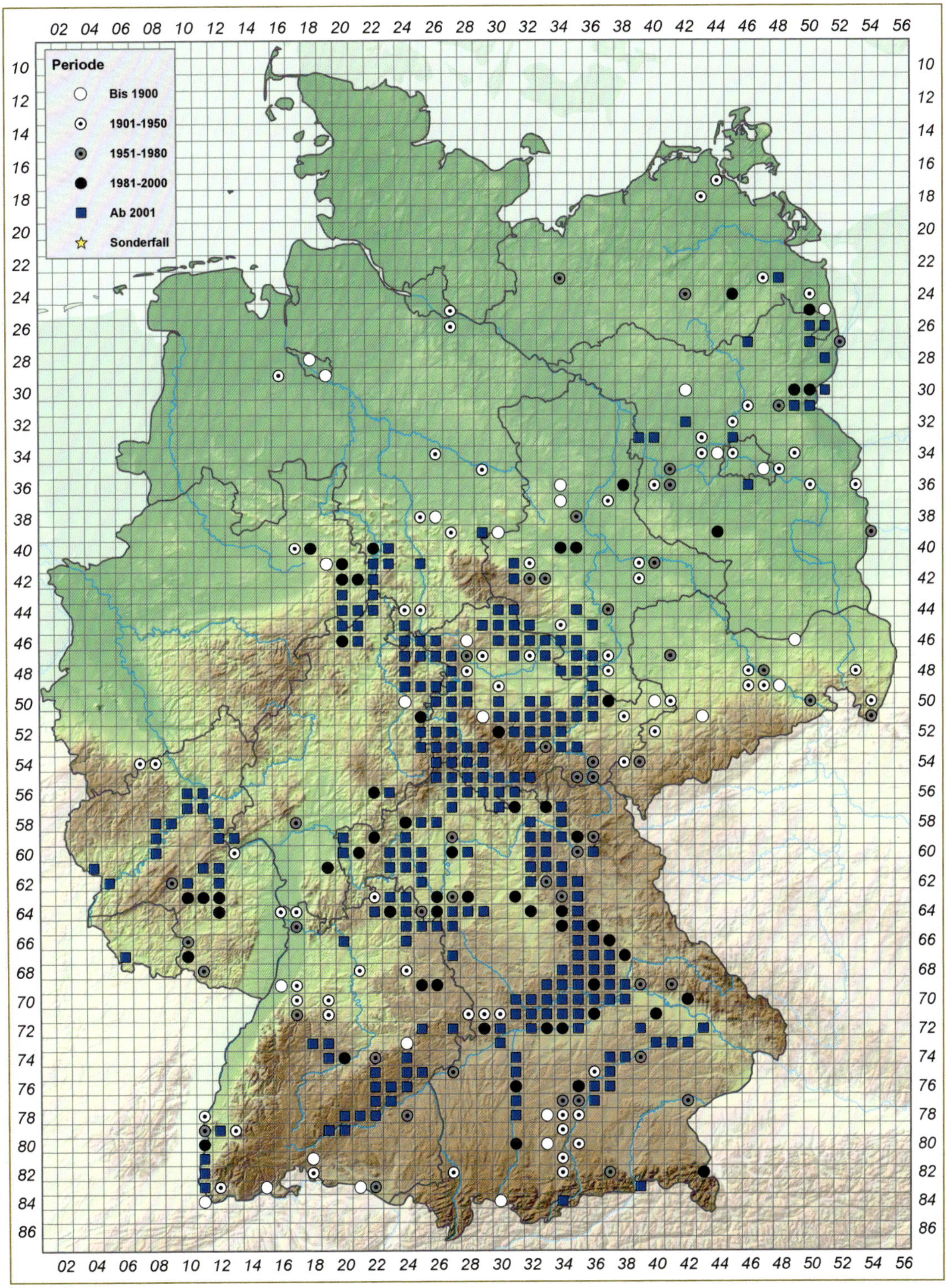

Periode
Bis 1900
1901-1950
1951-1980
1981-2000
Ab 2001
Sonderfall

Satyrium acaciae:
a Unterseite (Erk Dallmeyer)
b Raupe (Klaus Schurian)

Satyrium acaciae (Fabricius, 1787) – Kleiner Schlehen-Zipfelfalter

Verbreitung & Vorkommen: Euro-orientalische Art; verbreitet in warmgemäßigten Bereichen Europas und Südwest-Asiens. Auf den Britischen Inseln und den großen Mittelmeerinseln fehlend. In Deutschland in sommerwarmen und wintermilden Regionen, nicht in der Tiefebene; Schwerpunkt in RP, BW, Nordwest-BY und Südwest-TH. In Dänemark und den Niederlanden fehlend, in Belgien verschollen, in Luxemburg nicht etabliert, sonst in allen Nachbarstaaten.

Lebensraum: In Sukzession befindliche oder beweidete Trocken- und Halbtrockenrasen, Felsfluren, Wacholderheiden, aufgelassene Weinberge sowie Steinbrüche und Lesesteinwälle über Kalk, Schiefer und Vulkanit, sehr lichte Trockenwälder. Das Mesoklima ist immer trocken und warm; die Habitate befinden sich häufig an Steilhängen. Habitatpräferenz: OT, OF.

Biologie & Ökologie: Einbrütig von Juni bis Anfang August. Die Eiablage erfolgt in Zweiggabeln und an Dornenbasen der Schlehe (*Prunus spinosa*). Die überwinternden Eier werden oft bodennah in Bereichen mit heißem Mikroklima platziert. Die Verpuppung erfolgt an Zweigen der Wirtspflanze. Die Falter saugen an gelb und weiß blühenden Pflanzen, besonders an Jakobs-Greiskraut (*Senecio jacobaea*) und Liguster (*Ligustrum vulgare*), auch an Margerite (*Leucanthemum vulgare* agg.), Gewöhnlicher Straußmargerite (*Tanacetum corymbosum*), Färber-Hundskamille (*Anthemis tinctoria*), Schafgarbe (*Achillea millefolium* agg.) und Weidenblatt-Rindsauge (*Buphthalmum salicifolium*).

Gefährdung: Die Felsvorkommen sind kaum gefährdet. In Trockenrasen durch Sukzession und unsachgemäße Pflege gefährdet (z. B. das Entfernen sämtlicher Ablagepflanzen).

Schutz: In instabilen Sukzessionsstadien muss ein ausreichendes Angebot an Eiablagepflanzen vorhanden sein. Die Sukzession darf nicht zu weit fortschreiten. Belassen oder Fördern von Flächen mit geeigneten Nektarpflanzen.

Steffen Caspari

RL-D (2011): V
Aktueller Bestand: s
Entwicklungstrend kurzfristig: ↑
Bestandstrend langfristig: <

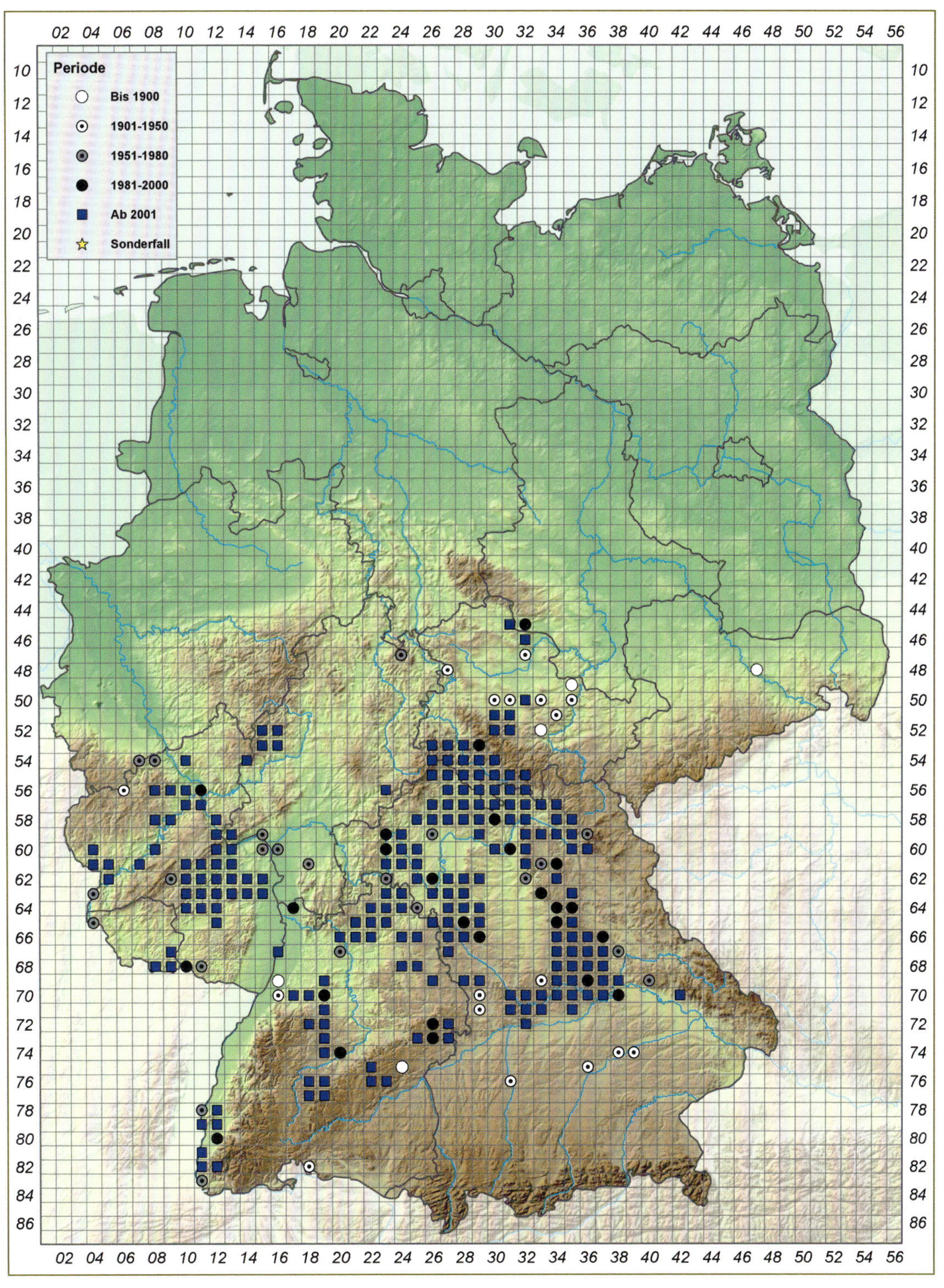
Periode
Bis 1900
1901-1950
1951-1980
1981-2000
Ab 2001
Sonderfall

Leptotes pirithous:
a Unterseite (Martin Albrecht)
b Oberseite Männchen (Michael Zepf)
c Raupe (Michael Zepf)

Leptotes pirithous (Linnaeus, 1767) – Kleiner Wanderbläuling

Verbreitung & Vorkommen: Tropische Art. Diese vornehmlich in Afrika weit verbreitete Art kommt von den Kapverdischen Inseln bis zum Himalaya vor. Auf den Kanaren und Madeira in den letzten 20 Jahren eingebürgert. In Europa nur im Mittelmeerraum als regelmäßiger Wanderfalter und nördlich der Alpen nur als sehr seltener Einwanderer. Aus Deutschland sind nur Einzelfunde bekannt, insbesondere im Süden. Bisher (z. T. auch nur historische) Funde aus BY, BW, SL, HE, NW. Nachbarstaaten: als Wanderfalter in Frankreich, der Schweiz, Österreich, Tschechien, Polen.

Lebensraum: Kein Lebensraum in Deutschland. Im übrigen Verbreitungsgebiet als Wanderfalter im Offenland, in Gebüschen sowie häufig im Kulturland.

Biologie & Ökologie: Die Falter wandern in günstigen Jahren vereinzelt nach Deutschland ein, aber über eine erfolgreiche Vermehrung bei uns ist nichts bekannt und eine Überwinterung ist nördlich der Alpen nicht möglich. In frostfreien Gebieten treten die Falter in einer ununterbrochenen Generationenfolge auf. Die Art ist polyphag. Neben vielen verschiedenen Schmetterlingsblütlern (Fabaceae) werden auch Pflanzen aus zahlreichen weiteren Familien genutzt, z. B. den Plumbaginaceae, Lythraceae, Rosaceae, Adoxaceae und Ericaceae.

Gefährdung: Keine Bewertung, da die Art in Deutschland nur als sehr seltener Einwanderer beobachtet wird.

Schutz: Keine Maßnahmen erforderlich.

Martin Wiemers & Norbert Hirneisen

RL-D (2011): ◊
Aktueller Bestand: nb

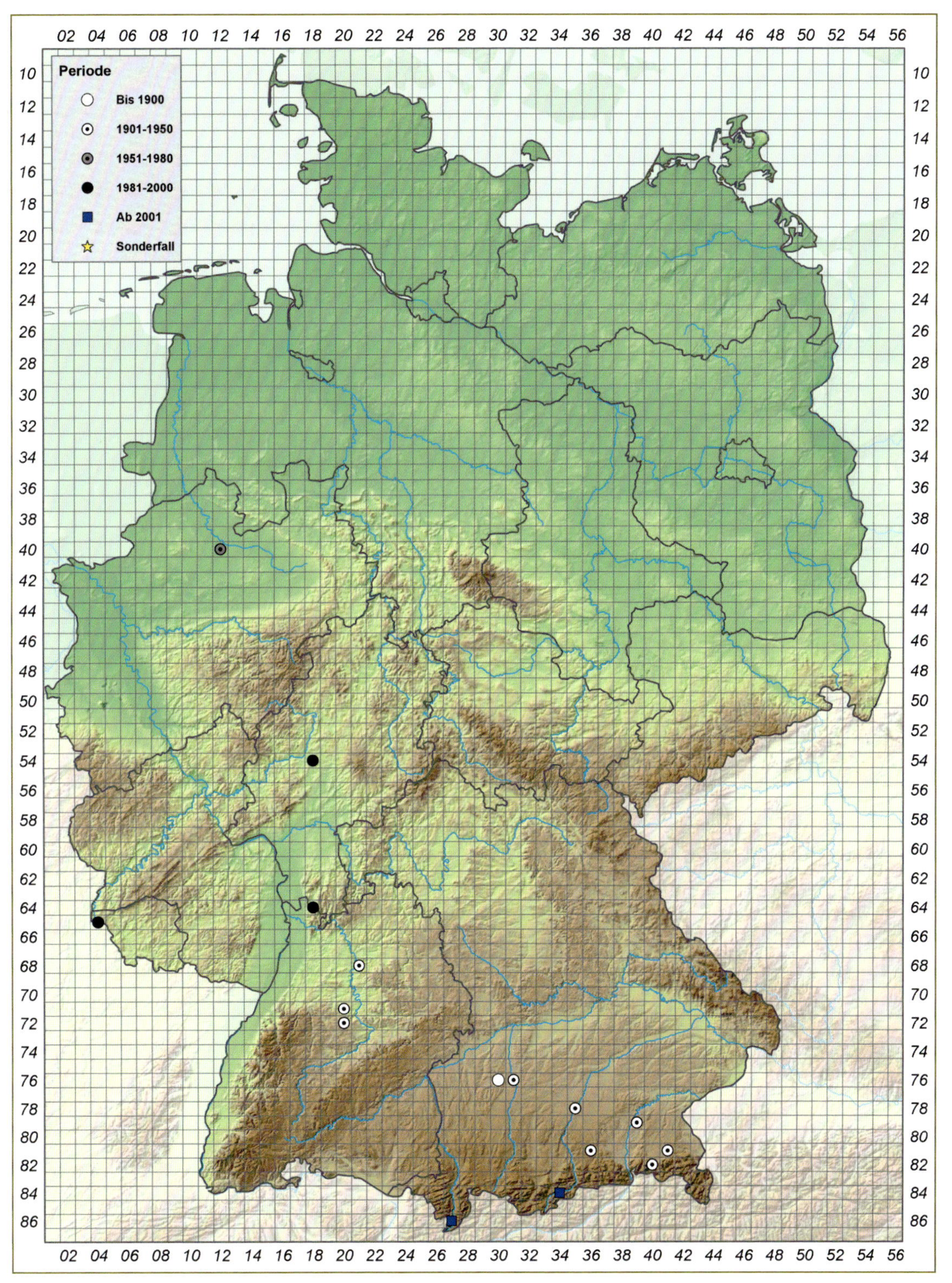
Periode
Bis 1900
1901-1950
1951-1980
1981-2000
Ab 2001
Sonderfall

Lampides boeticus:
a Oberseite Weibchen (Ingo Seidel)
b Unterseite (Arik Siegel)

Lampides boeticus (Linnaeus, 1767) – Großer Wanderbläuling

Verbreitung & Vorkommen: Tropische Art. In den Tropen und Subtropen der Alten Welt weit verbreitet, von den Azoren über den Mittelmeerraum, ganz Afrika und das südliche Asien bis Australien. Eingebürgert auf Neuseeland sowie vielen weiteren Pazifikinseln bis Hawaii. In Europa nördlich der Alpen nur als gelegentlicher Wanderfalter. In Deutschland insbesondere im Süden, wie am Kaiserstuhl, wo in günstigen Jahren während des Sommers gelegentlich temporäre Populationen entstehen können. Die Einzelfunde in den nördlichen und östlichen BL sind vermutlich auf Verschleppung zurückzuführen, z. B. über importiertes Gemüse wie Erbsen oder Bohnen. Keine Funde bisher in BB, SN. Als Wanderfalter auch in allen Nachbarstaaten.

Lebensraum: Wärmebegünstigte Gebüsche. Habitatpräferenz: OF, OX. In den Tropen und Subtropen auch im Kulturland und in Gärten häufig, z. B. auf Bohnen- und Erbsenfeldern.

Biologie & Ökologie: Die Falter wandern meist im Frühsommer aus Südwest-Europa nach Deutschland ein und können dann in günstigen Jahren ein bis zwei Nachfolgegenerationen bis in den Oktober hinein ausbilden. Eine erfolgreiche Überwinterung gelingt nördlich der Alpen jedoch nicht. Die Eiablage erfolgt einzeln an Blüten verschiedener Schmetterlingsblütler (Fabaceae), in Deutschland meist am Blasenstrauch (*Colutea arborescens*); die Raupen entwickeln sich in den Blüten und später endophag in den Früchten.

Gefährdung: Keine Bewertung, da die Art in Deutschland nicht bodenständig ist und die temporären Vorkommen durch die Stärke der Einwanderung bestimmt werden.

Schutz: Für die Art sind aktuell keine speziellen Schutzmaßnahmen notwendig.

Martin Wiemers & Norbert Hirneisen

RL-D (2011): ◊
Aktueller Bestand: nb

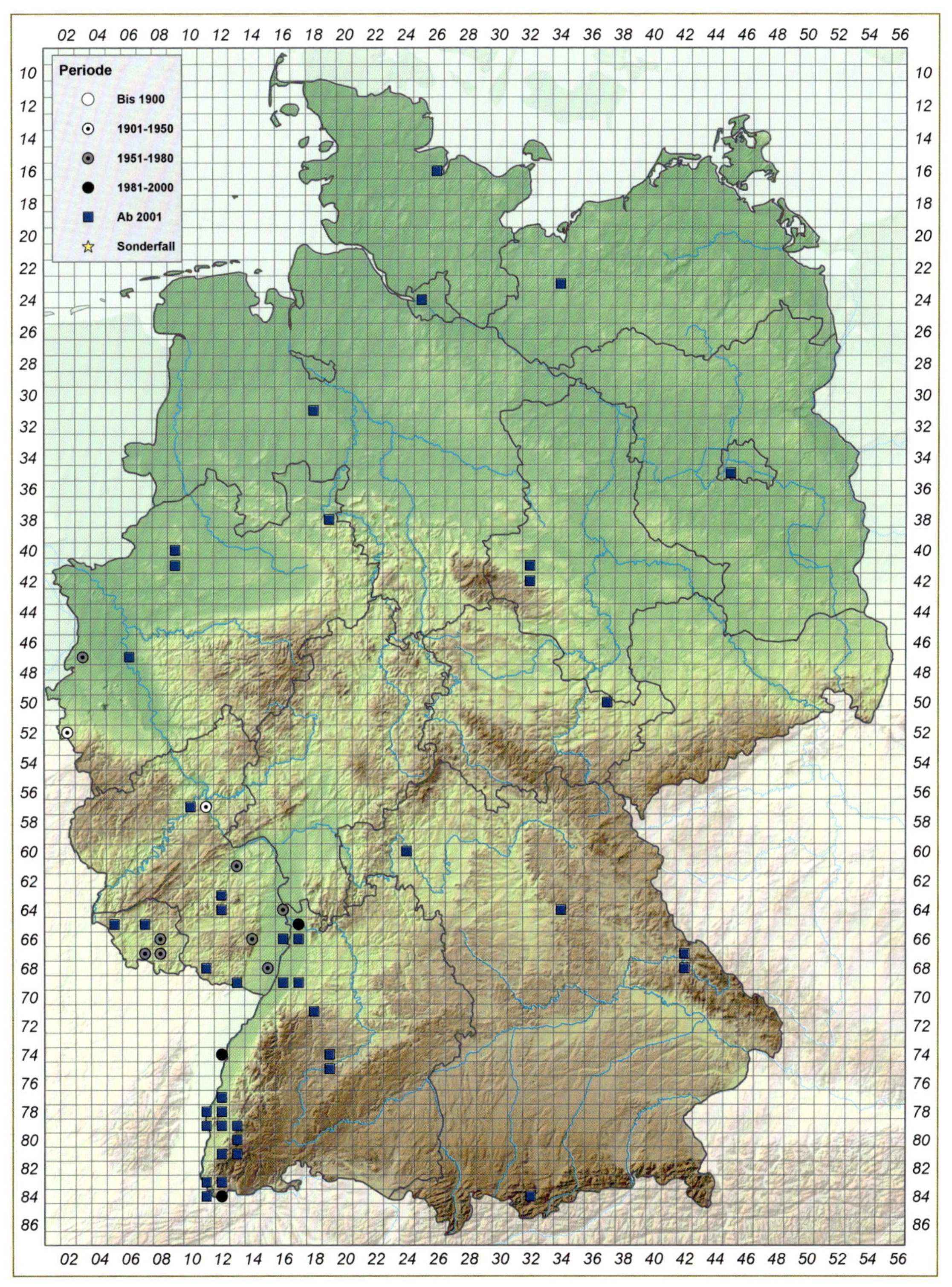
Periode
Bis 1900
1901-1950
1951-1980
1981-2000
Ab 2001
Sonderfall

Cacyreus marshalli:
a Unterseite (Thomas Schmitt)
b Oberseite (Klaus Schurian)
c Raupe (Michael Zepf)

Cacyreus marshalli Butler, 1898 – Pelargonien-Bläuling

Verbreitung & Vorkommen: Aus Südafrika nach Mallorca eingeschleppte Art, die sich im Mittelmeerraum systematisch ausbreitet (Reinhardt 2012) und in Deutschland seit 1999 nur an wenigen Orten (NW, HE, RP, SL, BW, HB) kurzfristig auftrat, wo sie dann wieder verschwand. Nachbarstaaten: in Frankreich, der südlichen Schweiz, sowie Einzelfunde bzw. temporäre Vorkommen in Belgien, den Niederlanden, Österreich.

Lebensraum: Die Falter werden nur dort gefunden, wo *Pelargonium*-Pflanzen wachsen. In der Regel sind dies Gärten, Terrassen, warme Innenhöfe und städtische Siedlungen mit geschützten Wärmeinseln. Der Bläuling kann die Winter Mitteleuropas im Freiland nicht überstehen. Habitatpräferenz: BY.

Biologie & Ökologie: Die Falter findet man nur in unmittelbarer Nähe, meist jedoch ausschließlich auf der Nahrungspflanze der Raupen. Die Falter deponieren ihre weißlichen Eier vornehmlich an die Blüten bzw. Blattunterseiten von *Pelargonium*-Arten (Geraniaceae). Raupennahrungspflanzen sind verschiedene *Pelargonium*-Arten. Die Raupen minieren in den Stängeln der Futterpflanze, kleine Exemplare fressen jedoch auch Blüten und Knospen. Ihre Färbung variiert von grün bis gelblich mit dorsal vorhandener rosafarbener Ornamentik. Auffallend ist die dichte hellgelbe Behaarung. In warmen Klimaten Südeuropas fliegt der Pelargonien-Bläuling ganzjährig. Verpuppung erfolgt an der Pflanze oder am Boden. Die Puppe ist grünlich oder bräunlich gefärbt und hat dorsal ein weinrotes Band. Auch die Puppe besitzt, im Gegensatz zu vielen anderen europäischen Lycaenidae, eine lange Behaarung, die sich dorsal vom Kopf bis zum Abdomen erstreckt.

Gefährdung: Aktuell keine Gefährdung gegeben, da nicht bodenständig.

Schutz: Aktuell nicht erforderlich.

Klaus Schurian

RL-D (2011): ◊
Aktueller Bestand: nb

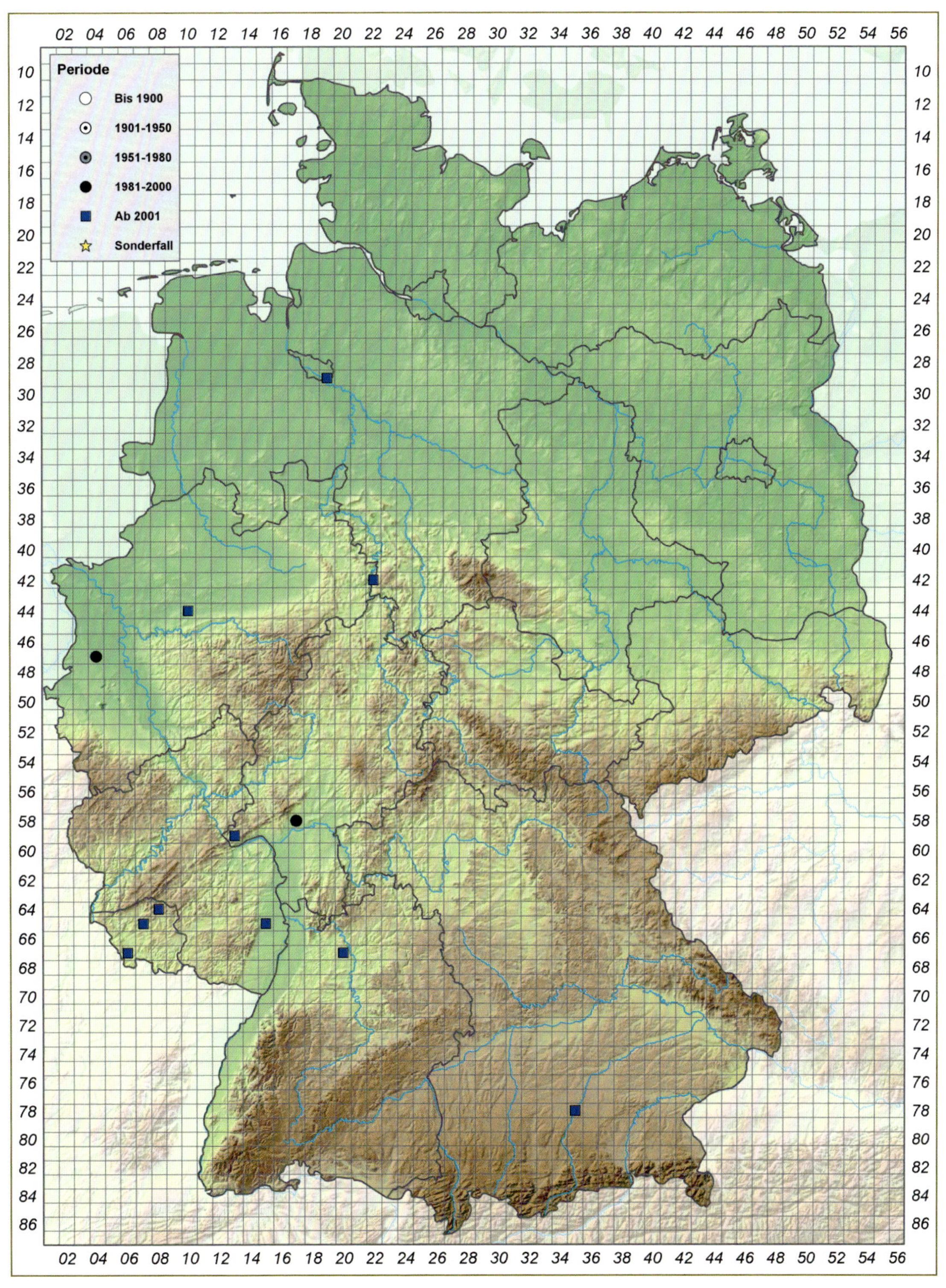
Periode
Bis 1900
1901-1950
1951-1980
1981-2000
Ab 2001
Sonderfall

Celastrina argiolus:
a Unterseite Weibchen (Detlef Kolligs)
b Raupe (Michael Zepf)
c Ei (Erk Dallmeyer)

Celastrina argiolus (Linnaeus, 1758) – Faulbaum-Bläuling

Verbreitung & Vorkommen: Paläarktische Art. Das ausgedehnte Areal umfasst Nordafrika, Europa und das gemäßigte Asien. In Nordamerika kommt sie entgegen anderslautenden Literaturangaben nicht vor und wird dort durch die Schwesterart *C. ladon* (Cramer, 1780) vertreten. Der Faulbaum-Bläuling tritt in ganz Europa und auch allen deutschen BL flächendeckend von der Ebene bis in montane Lagen um 1000 m über NN auf. Vorkommen in allen Nachbarstaaten.

Lebensraum: Die Art hat eine extrem breite ökologische Valenz, lediglich völlig offene sowie extrem trockene Bereiche können nicht besiedelt werden. Habitate sind innere und äußere Waldmäntel, lichte Wälder, Feldhecken, Parkanlagen, Ziergärten, begrünte Fassaden, Nasswiesen und -brachen, Hochstaudenfluren und andere. Habitatpräferenz: OH, BF, OS, OR, BM, BY, WL, WA.

Biologie & Ökologie: Der „Faulbaum"-Bläuling dürfte zumindest in Europa die Tagfalterart mit dem breitesten Wirtspflanzenspektrum aus den verschiedensten (mindestens 20) Pflanzenfamilien sein. Da nicht nur Gehölze wie Faulbaum (*Frangula alnus*), Kreuzdorn (*Rhamnus cathartica*), Sommerflieder (*Buddleja davidii*), Falscher Jasmin (*Philadelphus coronarius*), sondern auch Lianen wie Gewöhnliche Waldrebe (*Clematis vitalba*), Efeu (*Hedera helix*), Gewöhnlicher Hopfen (*Humulus lupulus*) und andere, sowie Hochstauden und Zwergsträucher genutzt werden, ist die Art kaum über potenzielle Nahrung limitiert. Falter treten allerdings nie gleichzeitig in großer Dichte auf. Sie besuchen neben verschiedenen Nektarblüten häufig feuchte Bodenstellen und frischen Tierkot. Die Eiablage erfolgt durchweg an Blüten bzw. Knospen. Die Raupen haben häufig Gesellschaft von Ameisen. Überwinterung als Puppe. Unter wärmebegünstigten Umständen berühren sich die Flugzeiten beider Generationen im Juni, die zweite fliegt bis August.

Gefährdung: Die Art ist aktuell nicht gefährdet.

Schutz: Für die Art sind aktuell keine speziellen Schutzmaßnahmen notwendig.

Jörg-Uwe Meineke

RL-D (2011): *
Aktueller Bestand: sh
Entwicklungstrend kurzfristig: =
Bestandstrend langfristig: =

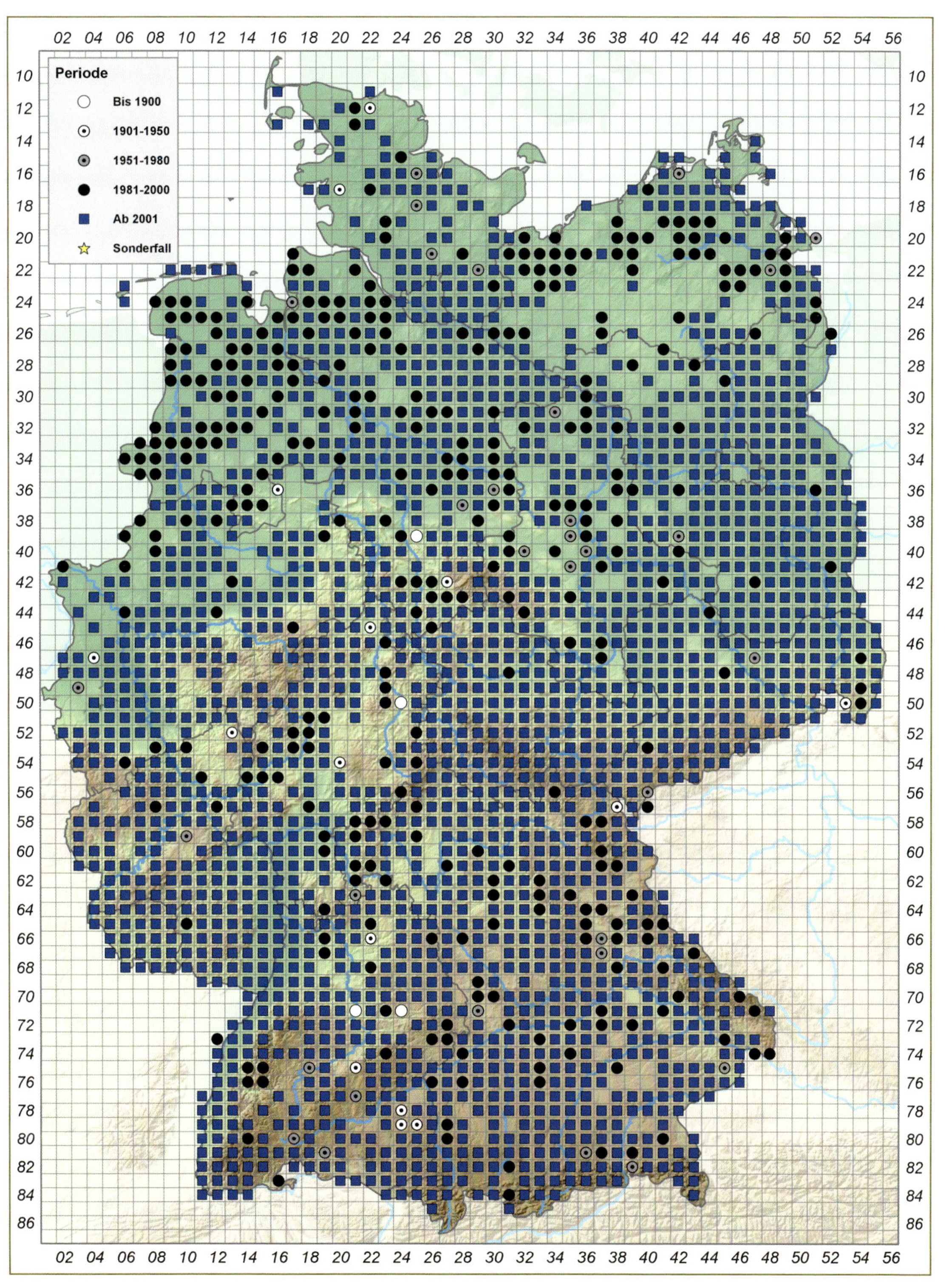
Periode
Bis 1900
1901-1950
1951-1980
1981-2000
Ab 2001
Sonderfall
02 04 06 08 10 12 14 16 18 20 22 24 26 28 30 32 34 36 38 40 42 44 46 48 50 52 54 56
10 12 14 16 18 20 22 24 26 28 30 32 34 36 38 40 42 44 46 48 50 52 54 56 58 60 62 64 66 68 70 72 74 76 78 80 82 84 86

Phengaris alcon:
a Unterseite (Erk Dallmeyer)
b Oberseite Männchen (Detlef Kolligs)
c Eier (Lars Huth)

Phengaris alcon ([Denis & Schiffermüller], 1775) – Enzian-Ameisenbläuling

Verbreitung & Vorkommen: Euro-sibirische Art. Sie kommt von Nordspanien über Mitteleuropa, das südliche Nordeuropa, Osteuropa, den Kaukasus und den Ural bis nach Kasachstan und in die Mongolei vor. Die Art ist in allen BL mit Ausnahme von SL verbreitet, aber in manchen BL (MV, BB, BE, ST, SN, RP) verschollen. In MV, SH und SN kommt/kam die Art nur auf feuchten, in HE und TH nur auf trockenen Standorten vor.

Lebensraum: Diese Art besiedelt zwei unterschiedliche Lebensräume, deren Populationen deshalb zwischenzeitlich als verschiedene Arten betrachtet wurden, den Lungenenzian-Ameisenbläuling (*P. alcon*) und den Kreuzenzian-Ameisenbläuling (*P. rebeli*). Dies sind zum einen Kalkquellmoore, Pfeifengraswiesen und Feuchtheiden mit Vorkommen von Lungen-Enzian (*Gentiana pneumonanthe*) (seltener Schwalbenwurz-Enzian [*G. asclepiadea*]) und zum anderen Magerrasen, Wacholderheiden und trockenwarme Hänge mit Vorkommen von Kreuz-Enzian (*Gentiana cruciata*). Habitatpräferenz: *P. alcon*: OW, OM, MN; *P. rebeli*: OH, OT, BT.

Biologie & Ökologie: Die Falter legen Eier an den Blütenständen der Enzianarten ab. Die Raupen ernähren sich dann von den Fruchtanlagen der Pflanzen und werden im vierten Larvalstadium von Knotenameisen adoptiert und in ihre Nester eingetragen. Dort werden die Raupen von den Ameisen gefüttert, leben aber nicht räuberisch von der Ameisenbrut.

Gefährdung: Intensivbeweidung (Standweide) und Mahd in der Phase der Falterflugzeit und Raupenentwicklung in den Blütenköpfen. Verbuschung infolge Nutzungsaufgabe. Abtorfung von Mooren. Eutrophierung.

Schutz: Schutzmaßnahmen müssen aufgrund der speziellen Lebensweise dieser Art stets die Habitatansprüche der Wirtsameisen mit einbeziehen. Geeignete Mahd- und Beweidungstermine sowie Düngungsbeschränkungen. Partielle Mahd zur Förderung der Heterogenität der Flächen ist zu empfehlen.

Elisabeth Kühn & Josef Settele

RL-D (2011): 2(3)*
Aktueller Bestand: s
Entwicklungstrend kurzfristig: (↓)
Bestandstrend langfristig: <<(<)*
BArtSchV (2005): besonders geschützt
*** in Klammern Angaben für *P. rebeli***

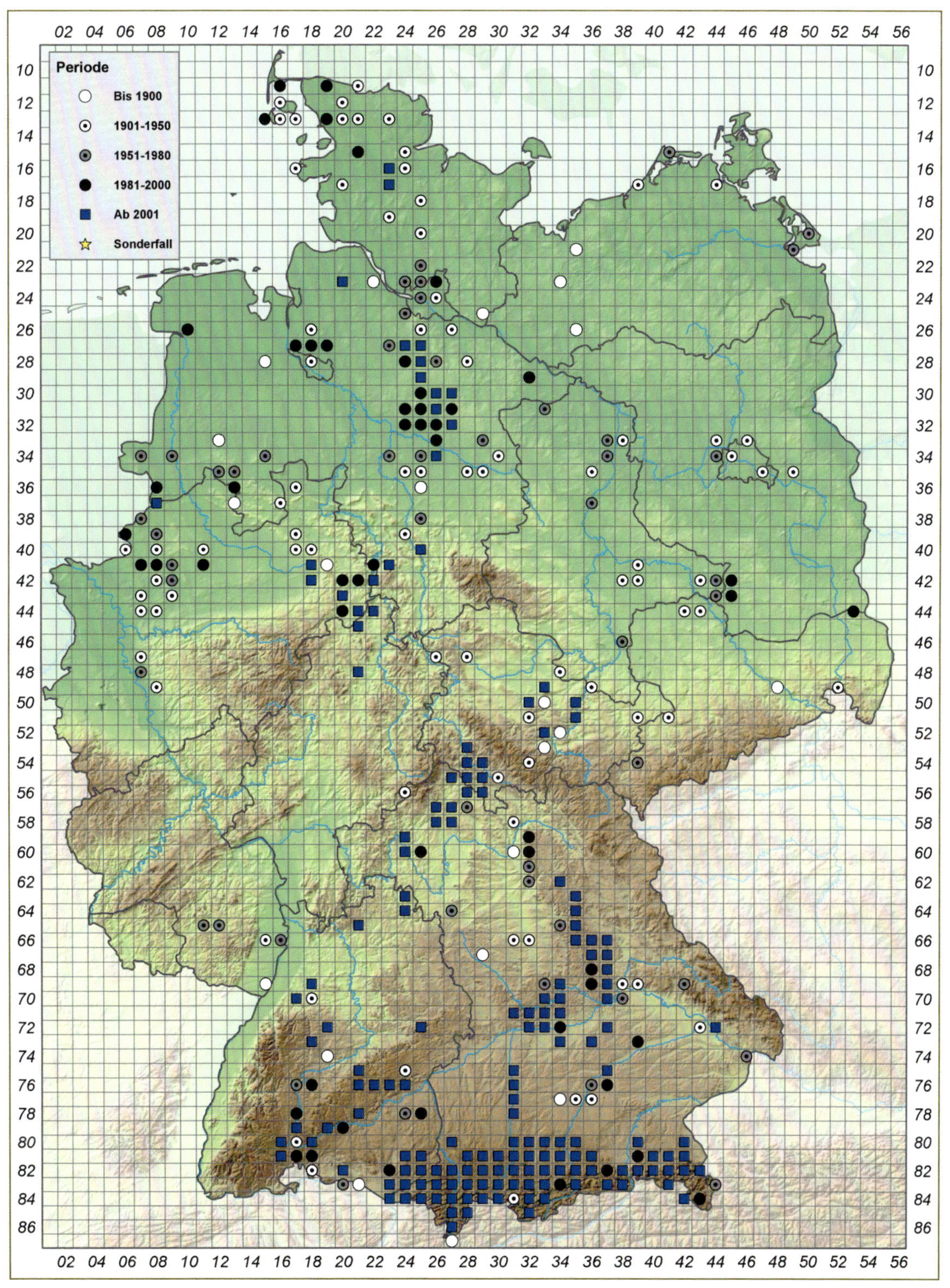
Periode
Bis 1900
1901-1950
1951-1980
1981-2000
Ab 2001
Sonderfall

Phengaris arion:
a Unterseite (Erk Dallmeyer)
b Oberseite Weibchen (Markus Bräu)
c Ei (Benno v. Blanckenhagen)

Phengaris arion (Linnaeus, 1758) – Thymian-Ameisenbläuling

Verbreitung & Vorkommen: Euro-sibirische Art. Sie kommt von Nordspanien und England (wieder eingebürgert) durch das gemäßigte Eurasien bis in die Mongolei, China und den Fernen Osten vor. In Deutschland aus allen BL gemeldet; ausgestorben oder verschollen in MV, BE, SN, SH und HH. Aus allen Nachbarstaaten gemeldet.
Lebensraum: Ausgehend vom Vorkommen der Raupennahrungspflanzen (Thymian-Arten, Gemeiner Dost) sind die wichtigsten Eiablage- und Entwicklungshabitate Borstgrasrasen sowie Trocken- und Halbtrockenrasen und deren Brachestadien. In kühleren Regionen Bindung an kurzrasige, meist beweidete Magerrasen mit Thymian (*Thymus* spp.) In wärmeren Regionen auch höherwüchsige, wärmeliebende Saum- und Magerrasengesellschaften, in denen hauptsächlich Gemeiner Dost (*Origanum vulgare*) als Eiablagepflanze genutzt wird. Essenziell für eine erfolgreiche Reproduktion ist zudem das Vorkommen größerer Kolonien der Knotenameise *Myrmica sabuleti*. Habitatpräferenz: OT.
Biologie & Ökologie: Im Sommer verlässt die Raupe die Wirtspflanze und wird von den Wirtsameisen der Art *Myrmica sabuleti* in deren Nester eingetragen. Die Raupen leben im Ameisennest räuberisch von der Ameisenbrut und überwintern dort. Verpuppung und Schlupf finden innerhalb des Ameisennestes statt.
Gefährdung: Mahd in der Phase der Falterflugzeit und Raupenentwicklung in den Blüten bzw. Samen. Verbuschung infolge Nutzungsaufgabe. Eutrophierung.
Schutz: Schutzmaßnahmen müssen aufgrund der speziellen Lebensweise dieser Art stets die Habitatansprüche der Wirtsameisen mit einbeziehen. Viele Habitate dieser Art bedürfen einer jährlich mehrmaligen, aber dennoch extensiven Beweidung, um ihre Eignung für die Raupennahrungspflanzen und die Wirtsameisen zu sichern. Belassen von Altgrasstreifen bzw. Bracheanteilen.

Elisabeth Kühn & Josef Settele

RL-D (2011): 3
Aktueller Bestand: mh
Entwicklungstrend kurzfristig: (↓)
Bestandstrend langfristig: <<
BNatSchG (2009): Streng geschützt
FFH-Richtlinie: Anhang IV

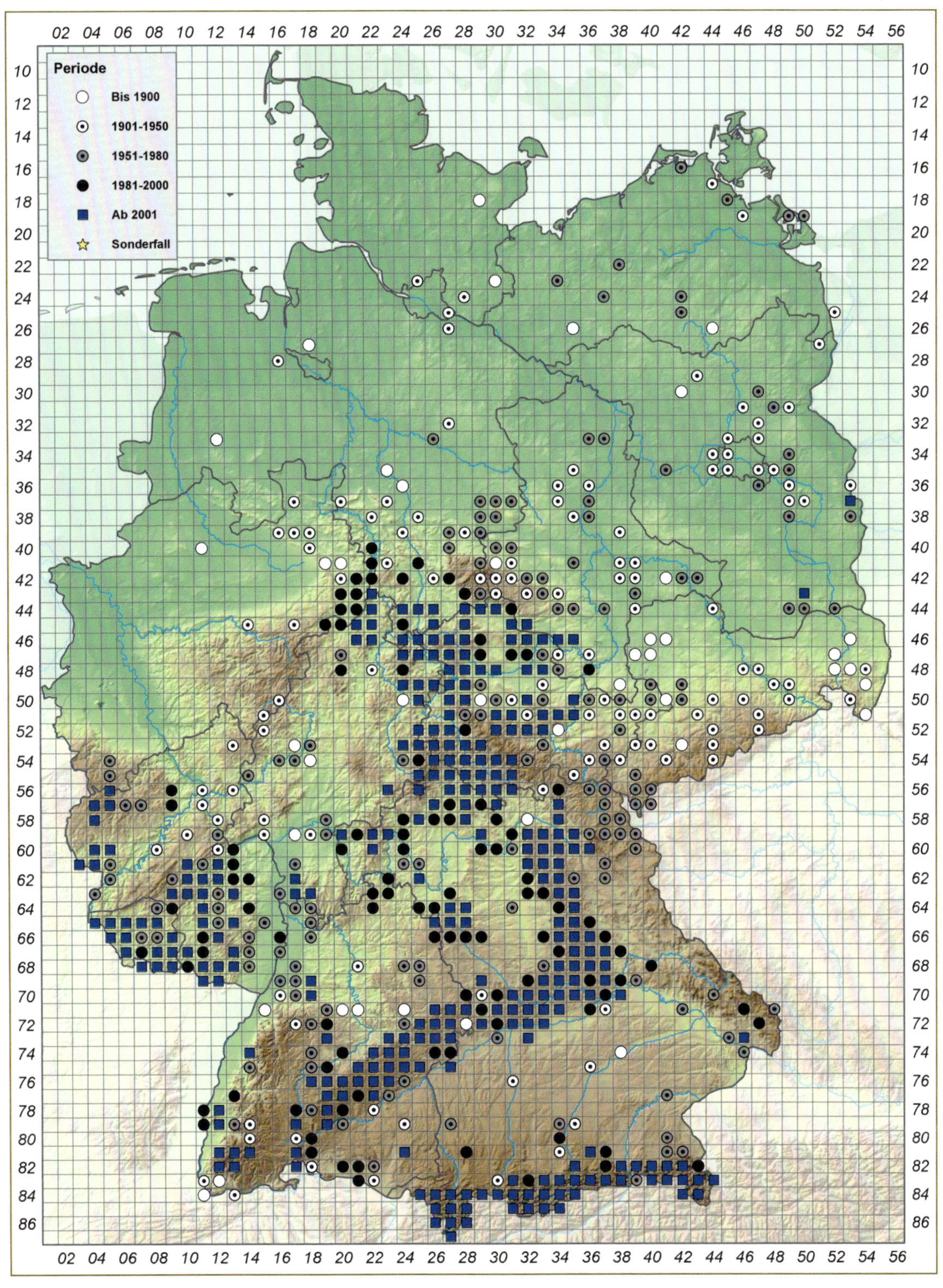
Periode
Bis 1900
1901-1950
1951-1980
1981-2000
Ab 2001
Sonderfall

Phengaris teleius:
a Oberseite Weibchen (Erk Dallmeyer)
b Unterseite (Andreas Kolossa)

Phengaris teleius (Bergsträsser, 1779) – Heller Wiesenknopf-Ameisenbläuling

Verbreitung & Vorkommen: Euro-sibirische Art. Sie kommt von Westfrankreich über Mitteleuropa, den Kaukasus, den mittleren und südlichen Ural, Sibirien und Kasachstan, die Mongolei bis in Teile von China sowie in Japan und Korea vor. In Deutschland kommt die Art in SL, SH, HB, HH, BE, MV und ST nicht (mehr) vor und ist in fast allen anderen Regionen sehr selten. Nachbarstaaten: in allen Ländern außer Dänemark und Luxemburg; in Belgien verschollen.

Lebensraum: Streuwiesen, magere Feucht- und Wirtschaftswiesen, auch extensiv gemähte Ränder von Gräben. Habitatpräferenz: OW, OS, OM.

Biologie & Ökologie: Der Falter legt seine Eier in das Innere der Blütenköpfe des Großen Wiesenknopfes (*Sanguisorba officinalis*). Die Raupe verlässt im vierten Larvalstadium (L4) die Wirtspflanze und wird von Ameisen (vor allem *Myrmica scabrinodis*, aber auch *M. rubra*) adoptiert. Der Rest der Entwicklung findet im Ameisennest statt, wo die Raupe räuberisch von der Ameisenbrut lebt.

Gefährdung: Intensivbeweidung (Standweide) und Mahd in der Phase der Falterflugzeit und Raupenentwicklung in den Blütenköpfen. Verbuschung infolge Nutzungsaufgabe.

Schutz: Schutzmaßnahmen müssen aufgrund der speziellen Lebensweise dieser Art stets die Habitatansprüche der Wirtsameisen mit einbeziehen. Geeignete Mahd- und Beweidungstermine sowie Düngungsbeschränkungen; in Brachen auch Wiederaufnahme der Mahd. Die Haupt-Wirtsameise *M. scabrinodis* scheint empfindlich auf Düngung und Vegetationsverdichtung zu reagieren. Partielle Mahd zur Förderung der Heterogenität der Flächen ist zu empfehlen. Belassen von Altgrasstreifen, insbesondere an Grabenrändern.

Elisabeth Kühn & Josef Settele

RL-D (2011): 2
Aktueller Bestand: s
Entwicklungstrend kurzfristig: ↓ ↓
Bestandstrend langfristig: <<
BNatSchG (2009): Streng geschützt
FFH-Richtlinie: Anhang II + IV

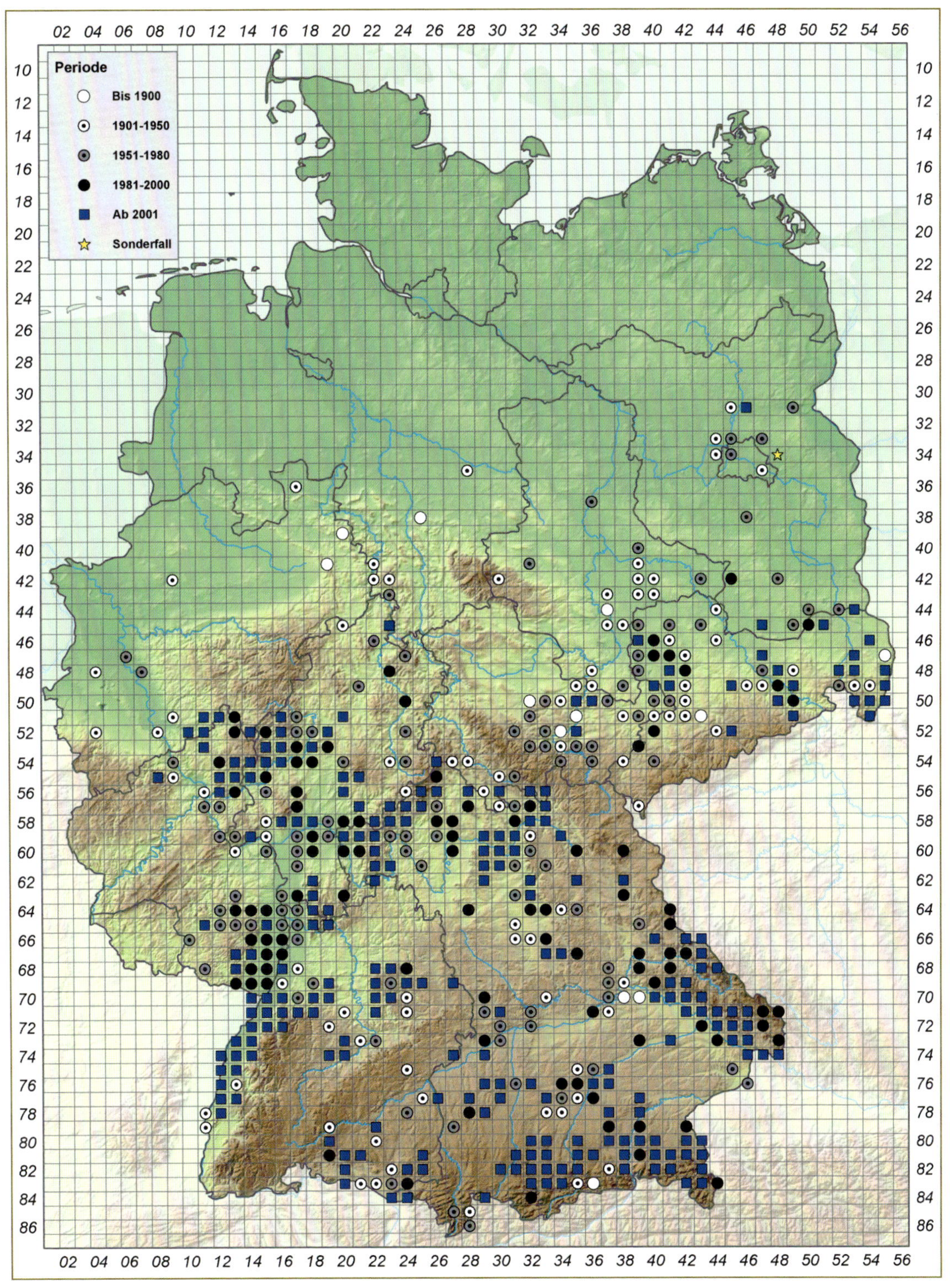
Periode
Bis 1900
1901-1950
1951-1980
1981-2000
Ab 2001
Sonderfall

Phengaris nausithous:
a Unterseite (Andreas Kolossa)
b Puppe (Klaus Schurian)

Phengaris nausithous (Bergsträsser, 1779) – Dunkler Wiesenknopf-Ameisenbläuling

Verbreitung & Vorkommen: Euro-sibirische Art. Sie kommt von Nordspanien und Ostfrankreich über Mitteleuropa bis in die Türkei vor sowie im mittleren und südlichen Ural und dann weiter östlich bis Zentralsibirien. In Deutschland kommt die Art in SH, HH, HB, BE und MV nicht (mehr) vor, ist in NW, NI, ST, SL und BB sehr selten. Nachbarstaaten: in allen Ländern außer Dänemark, Belgien und Luxemburg.
Lebensraum: Frisch- und Feuchtgrünlandbereiche, häufig in Bach- und Flussauen mit im Sommer blühenden Wiesenknopf-Beständen (Brachen, Säume, Wiesen). Habitatpräferenz: OW, OS, OM.
Biologie & Ökologie: Der Falter saugt hauptsächlich an Blüten des Großen Wiesenknopfes (*Sanguisorba officinalis*), aber auch an anderen Blüten. Er legt seine Eier in das Innere der Blütenköpfe des Großen Wiesenknopfes. Die Raupe verlässt im vierten Larvalstadium (L4) die Wirtspflanze und wird von Ameisen (ausschließlich *Myrmica rubra*) adoptiert. Der Rest der Entwicklung findet im Ameisennest statt, wo die Raupe räuberisch von der Ameisenbrut lebt oder auch von diesen gefüttert wird.
Gefährdung: Intensivbeweidung (Standweide) und Mahd in der Phase der Falterflugzeit und Raupenentwicklung in den Blütenköpfen. Verbuschung infolge Nutzungsaufgabe.
Schutz: Schutzmaßnahmen müssen aufgrund der speziellen Lebensweise dieser Art stets die Habitatansprüche der Wirtsameisen mit einbeziehen. Geeignete Mahd- und Beweidungstermine sowie Düngungsbeschränkungen; in Brachen auch Wiederaufnahme der Mahd. Partielle Mahd zur Förderung der Heterogenität der Flächen ist zu empfehlen. Belassen von Altgrasstreifen, insbesondere an Grabenrändern.

Elisabeth Kühn & Josef Settele

RL-D (2011): V
Aktueller Bestand: mh
Entwicklungstrend kurzfristig: (↓)
Bestandstrend langfristig: <
BNatSchG (2009): Streng geschützt
FFH-Richtlinie: Anhang II + IV

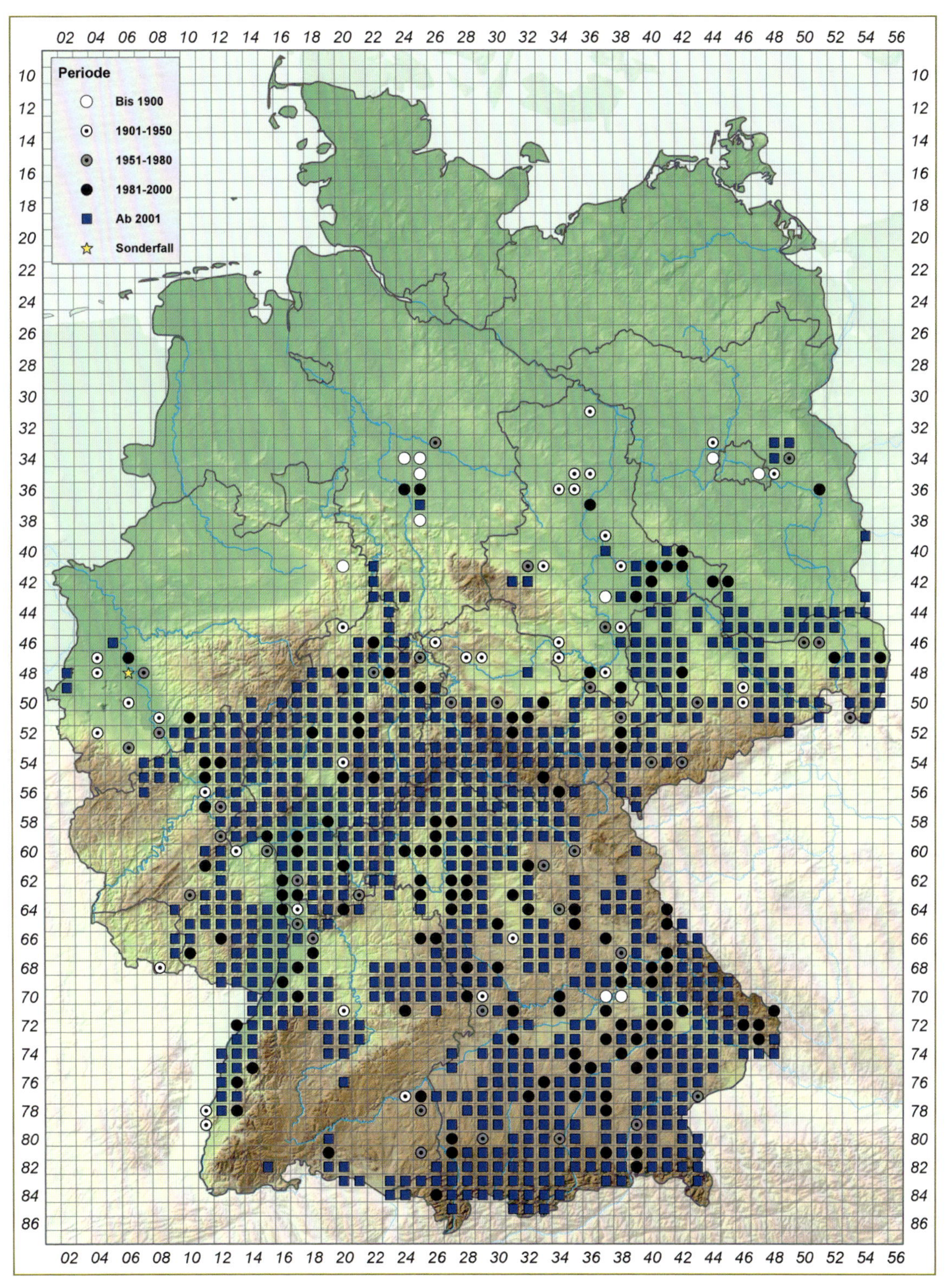
Periode
Bis 1900
1901-1950
1951-1980
1981-2000
Ab 2001
Sonderfall

Pseudophilotes vicrama:
a Unterseite Männchen (Martin Wiemers)
b Oberseite Weibchen (Martin Wiemers)
c Oberseite Männchen (Ingo Seidel)

Pseudophilotes vicrama (Moore, 1865) – Östlicher Quendel-Bläuling

Verbreitung & Vorkommen: Euro-orientalische Art. In mehreren Unterarten von Südsibirien über die südliche Mongolei, Zentralasien, Nordindien, Pakistan und Kleinasien bis nach Südost-Europa verbreitet, im Norden Vorkommen bis Südfinnland. In Deutschland nur äußert lokal in BB und SN nachgewiesen, seit den 1980er-Jahren ausschließlich aus Südbrandenburg und der nördlichen Oberlausitz bekannt. Weiter westlich durch *P. baton* (Bergsträsser, 1779) vertreten. Nachbarstaaten: nur aus Österreich, Tschechien und Polen gemeldet.

Lebensraum: Xerothermophile Art, in Deutschland ausschließlich auf Sandboden und extrem nährstoffarmen Sand-Thymian-Flächen innerhalb der Sandmagerrasen. Besiedelt werden neben Dünen auch sandige Trassen und Schneisen mit offenen Sandstellen.

Biologie & Ökologie: Die Eiablage erfolgt an Thymian. Die Raupen leben an Sand-Thymian (*Thymus serpyllum*). Es werden zwei Generationen gebildet und Falter von Mitte Mai bis Anfang Juli und wieder von Mitte Juli bis Anfang August beobachtet. Die Falter fliegen in geringer Höhe über die Thymian-Flächen und entziehen sich leicht der Beobachtung. Sie saugen gern an blauen und violetten Blüten (z. B. Berg-Jasione [*Jasione montana*]).

Gefährdung: Die Art ist durch Eutrophierung der Lebensräume vermutlich inzwischen ausgestorben. Der letzte Nachweis für Deutschland erfolgte im Jahr 2002. Da die westliche Arealgrenze durch unser Gebiet verläuft, ist gegenwärtig auch eine Arealregression nicht auszuschließen (Sobczyk & Gelbrecht 2004).

Schutz: Besondere Schutzmaßnahmen sind derzeit nicht möglich.

Thomas Sobczyk

RL-D (2011): 1
Aktueller Bestand: es
Entwicklungstrend kurzfristig: ↓↓↓
Bestandstrend langfristig: <<
BArtSchV (2005): streng geschützt

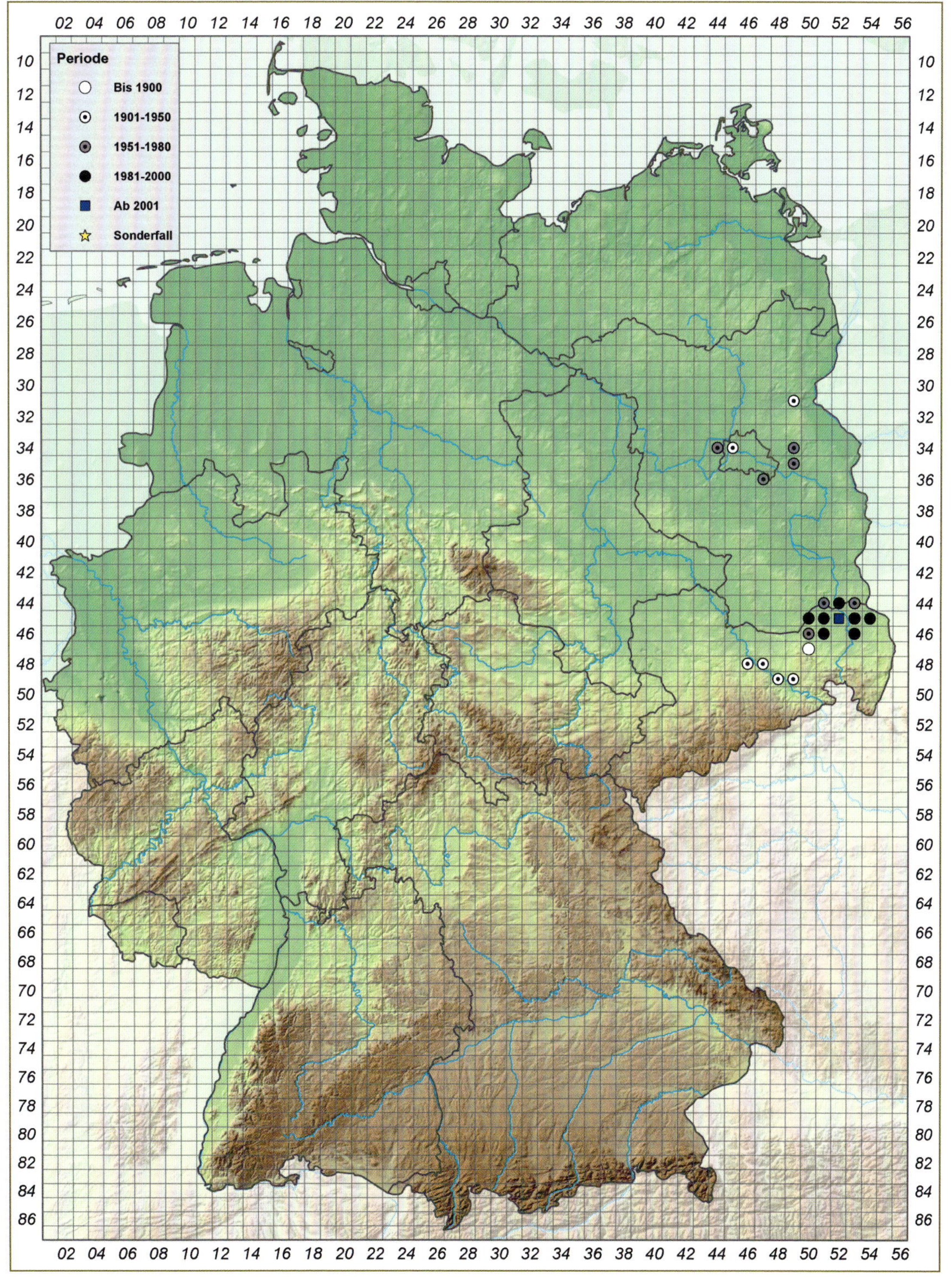
Periode
Bis 1900
1901-1950
1951-1980
1981-2000
Ab 2001
Sonderfall
02 04 06 08 10 12 14 16 18 20 22 24 26 28 30 32 34 36 38 40 42 44 46 48 50 52 54 56
10 12 14 16 18 20 22 24 26 28 30 32 34 36 38 40 42 44 46 48 50 52 54 56 58 60 62 64 66 68 70 72 74 76 78 80 82 84 86

Pseudophilotes baton: **a** Unterseite Männchen (Erk Dallmeyer) **b** Oberseite Weibchen (Oliver Böck) **c** Oberseite Männchen (Erk Dallmeyer) **d** Raupe (Bram Omon)

Pseudophilotes baton (Bergsträsser, 1779) – Westlicher Quendel-Bläuling

Verbreitung & Vorkommen: Euro-mediterrane Art, die von Portugal bis nach Südtschechien und im Süden bis Sizilien verbreitet ist. Im östlichen Europa wird sie durch die Schwesterart *P. vicrama* (siehe vorherige Art) ersetzt. In Deutschland hat sie ihre nördliche Verbreitungsgrenze in ST und fliegt sehr lokal zudem in RP, SL, BW, TH, HE und BY. Nach 2000 Verlust vieler Vorkommen. Nachbarstaaten: in Frankreich, der Schweiz, Österreich, Tschechien, ausgestorben in Belgien.

Lebensraum: Felsige, lückig-niedrigwüchsige und rohbodenreiche Magerrasen, Felsgrusgesellschaften (RP), Weidfelder (BW), Quellkalkhügel und Torfschwingelrasen in Niedermooren (BY und BW). Flussschotterheiden im Alpenvorland und Schuttreißen in den Alpen. Habitatpräferenz: OF, OT, (A).

Biologie & Ökologie: Falter fliegen in ein bis zwei Generationen ab Ende April bis Mitte August. Saugbeobachtungen in BY zumeist an Arznei-Thymian (*Thymus pulegioides*), aber auch an gelb- und weißblühenden Pflanzen wie Weidenblättrigem Alant (*Inula salicina*), Quendel-Seide (*Cuscuta epithymum*), an Mineralien und Exkrementen. Die ortstreuen Falter legen die Eier an die geschlossenen Blütenknospen der Raupennahrungspflanze. Die Raupe frisst an den Blütenköpfen von Arznei-Thymian und des Frühblühenden Thymian (*Thymus praecox*). Ameisenhügel mit *Thymus*-Bewuchs in BY und BW als Eiablagesubstrat belegt. Im submontanen Bereich (BY, BW) Eiablage auch an die Blüten von Quendel-Seide.

Gefährdung: Sukzession und Eutrophierung, Wiedervernässung der Niedermoore. Überschattung durch Gehölze.

Schutz: Erhaltung und Entwicklung von felsigen Magerrasen durch zeitweise scharfe Beweidung im engen Gehüt oder Oberbodenabtrag. Sukzessionsbekämpfung und Zurückdrängung von Gehölzen. Biotopverbünde schaffen und Monitoring der Populationen.

Oliver Böck & Stefan Hafner

RL-D (2011): 2
Aktueller Bestand: s
Entwicklungstrend kurzfristig: (↓)
Bestandstrend langfristig: <<
BArtSchV (2005): besonders geschützt

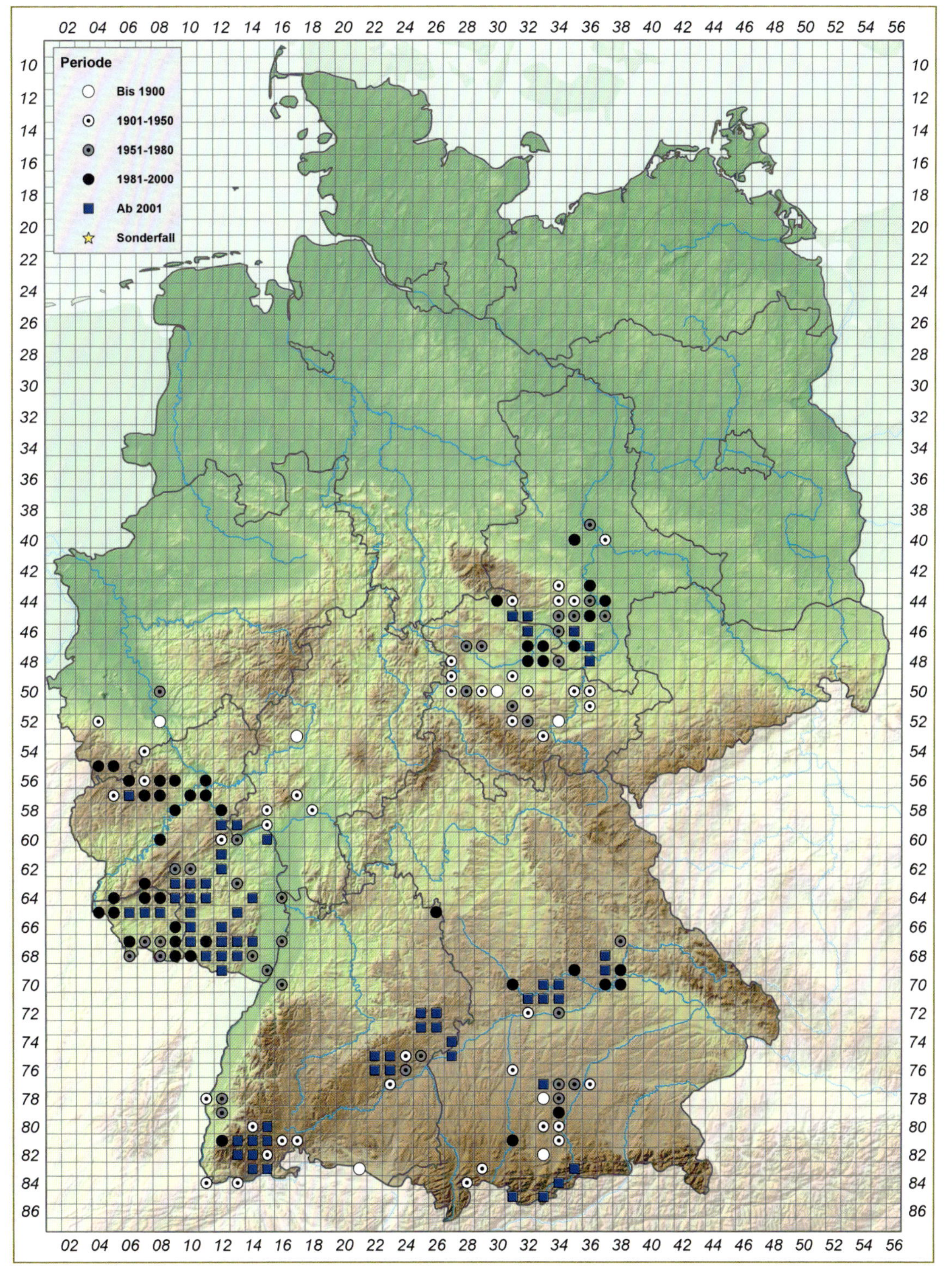
Periode
Bis 1900
1901-1950
1951-1980
1981-2000
Ab 2001
Sonderfall

Scolitantides orion:
a Unterseite (Andreas Kolossa)
b Oberseite Männchen (Erk Dallmeyer)
c Raupe mit Ameisenbegleitung (Rolf Reinhardt)

Scolitantides orion (Pallas, 1771) – Fetthennen-Bläuling

Verbreitung & Vorkommen: Euro-sibirische Art; von Ostspanien über Südfrankreich, die Südalpen, Ost- und Südost-Europa, Türkei und Mittelasien bis Japan; in Europa nördlich bis Mitteldeutschland und getrennte Populationen in Südfennoskandien. In Deutschland sehr regional mit stabilen Teilpopulationen; keine Nachweise in SH, HH, MV, BB, BE, SL und fragliche Angaben aus (Süd-)NI. Wiederfund von Präimaginalstadien 2016 an historischer Fundstelle in ST. Letzte Nachweise: NW vor 1900, HE 2012. Angaben aus BW sind alle historisch und nicht belegt. Nachbarstaaten: in Frankreich, der Schweiz, Österreich, Tschechien, Polen.

Lebensraum: Felslandschaften (in BY Mainfranken, Altmühltal auf Kalk) in Fließgewässernähe mit Vorkommen der Raupennahrungspflanzen auf Felsen. Auch Stützmauern in Trockenbauweise, Bahndämme oder Gesteinshalden. Habitatpräferenz: OF.

Biologie & Ökologie: Falter fliegen in RP, HE und BY in einer, selten in zwei Generation(en) ab (Anfang April) Mai bis Ende Juni. Eine zweite (und partielle dritte) Generation kommt hauptsächlich in SN vor (Reinhardt 2003, Reinhardt & Kinkler 2004). Die ziemlich ortstreuen, aber potenziell mobilen Falter können an einzelnen Flugplätzen (noch) zahlreich auftreten. Die Ablage der weißen (gut sichtbaren) Eier erfolgt meist einzeln an die Blätter, manchmal an die Hauptstängel der Nahrungspflanzen. Hauptsächliche Raupennahrungspflanzen sind Große und Purpur-Fetthenne (*Hylotelephium maximum* bzw. *H. telephium*), Weißer Mauerpfeffer (*Sedum album*). Die (myrmekophile) Raupe ist gut getarnt, aber durch die Ameisengarde leicht auffindbar. Verpuppung in Felsspalten oder am Boden. Die Raupe wird von Ameisen (mehrere Arten) dorthin eskortiert.

Gefährdung: Verschlechterung der Larvalhabitate durch Sukzession und Beschattung; Biozideinsatz.

Schutz: Erhaltung und Entwicklung großflächiger, vollsonniger, blütenreicher Fels- und Gesteinshalden ohne ausgeprägte Gras- und Moosschicht.

Rolf Reinhardt & Klaus Schurian

RL-D (2011): 2
Aktueller Bestand: ss
Entwicklungstrend kurzfristig: =
Bestandstrend langfristig: <<
BArtSchV (2005): streng geschützt

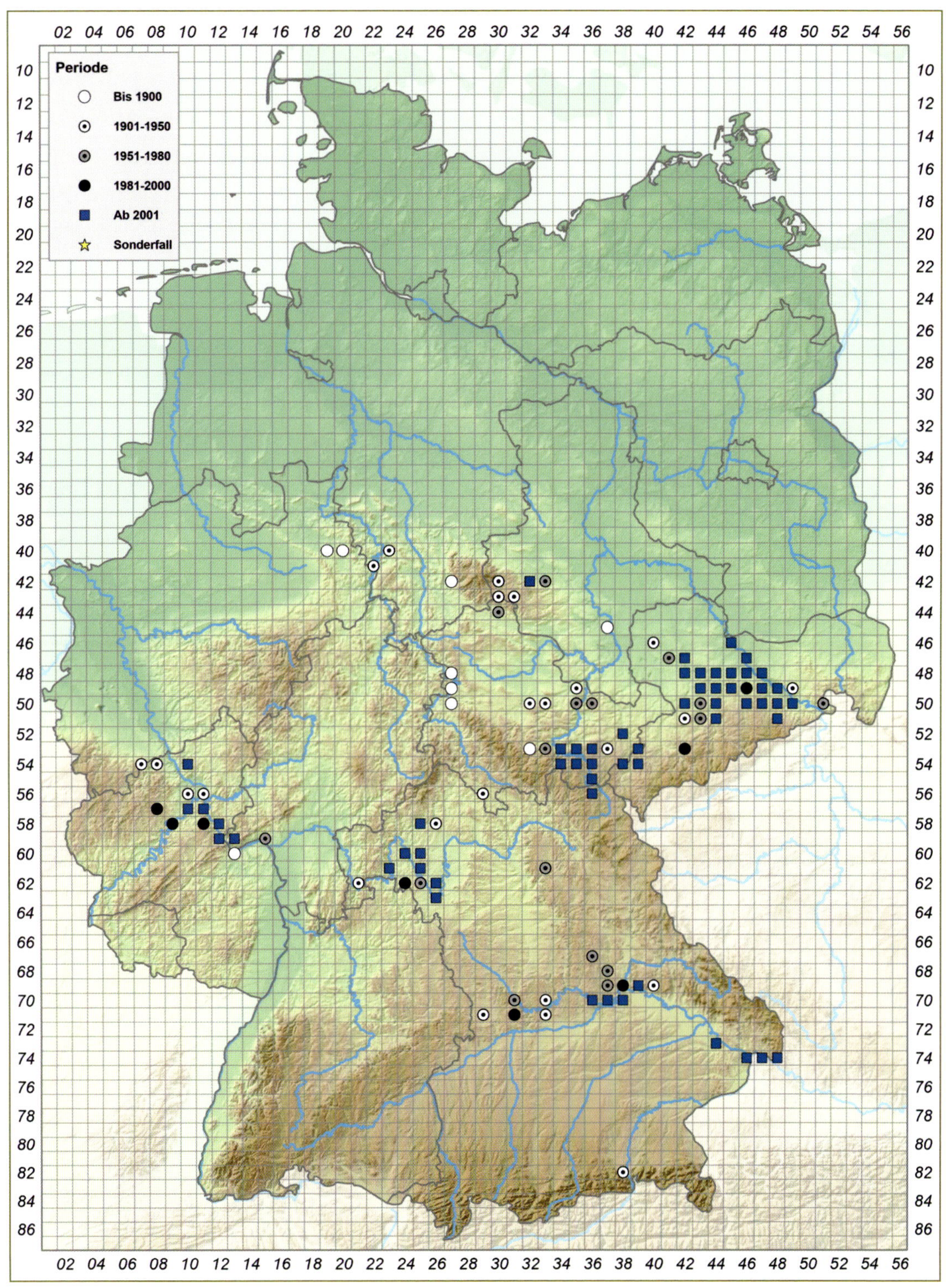
Periode
Bis 1900
1901-1950
1951-1980
1981-2000
Ab 2001
Sonderfall

Glaucopsyche alexis:
a Unterseite Männchen (Thomas Netter)
b Oberseite Weibchen (Thomas Netter)
c Raupe (Thomas Netter)

Glaucopsyche alexis (PODA, 1761) – Alexis-Bläuling

Verbreitung & Vorkommen: Paläarktische Art, die Verbreitung reicht von Nordafrika über Europa und Asien bis zum Amur. In Europa nördlich bis Südskandinavien mit einer breiten Areallücke von Großbritannien über Benelux, die nördlichen deutschen Bundesländer (nur wenige Meldungen) und Nord- und Mittelpolen. Die Vorkommen in Deutschland konzentrieren sich in wärmebegünstigten Landschaften. Nachbarstaaten: fehlt in den Niederlanden, Dänemark.

Lebensraum: Die Art ist sehr wärmebedürftig. Besiedelt werden hochwüchsige bzw. unregelmäßig genutzte basenreiche Magerrasen und -wiesen (auch auf Dämmen und Böschungen), lichte Trockenwälder, felsige Steilhänge. In Südwest-Deutschland öfter auch in trockenen Ruderalfluren. Habitatpräferenz: OT, OF, WY.

Biologie & Ökologie: Der Alexis-Bläuling gehört als Puppen-Überwinterer zu den ersten Bläulingen im Jahr. Er fliegt in einer Generation von April bis Juli. Die Larven sind stets mit Ameisen vergesellschaftet und leben an Blüten von diversen Schmetterlingsblütlern (Fabaceae) wie Saat-Esparsette (*Onobrychis viciifolia*), Färber-Ginster (*Genista tinctoria*), Echter Steinklee (*Melilotus officinalis*), Bunte Beilwicke (*Securigera varia*), Vogel-Wicke (*Vicia cracca*), Bärenschote (*Astragalus glycyphyllos*), woran bereits die Eier abgelegt werden.

Gefährdung: Bei kleinen Vorkommen wirken negative Änderungen der Habitate besonders stark. Hierzu gehören neben anhaltender Sukzession sowie Umwandlung in andere Nutzungen auch zu rigide Pflegemaßnahmen, wie intensive Beweidung und Mahd. In Weinbaugebieten dürfte auch Biozideinsatz Auswirkung haben.

Schutz: Demgemäß ist eine angepasste Pflege bzw. Nutzung erforderlich. Es müssen stets nicht beweidete bzw. ungemähte Strukturen erhalten bleiben, damit die Art ihren kompletten Zyklus durchlaufen kann.

JÖRG-UWE MEINEKE

RL-D (2011): 3
Aktueller Bestand: mh
Entwicklungstrend kurzfristig: ↓↓
Bestandstrend langfristig: <<
BArtSchV (2005): besonders geschützt

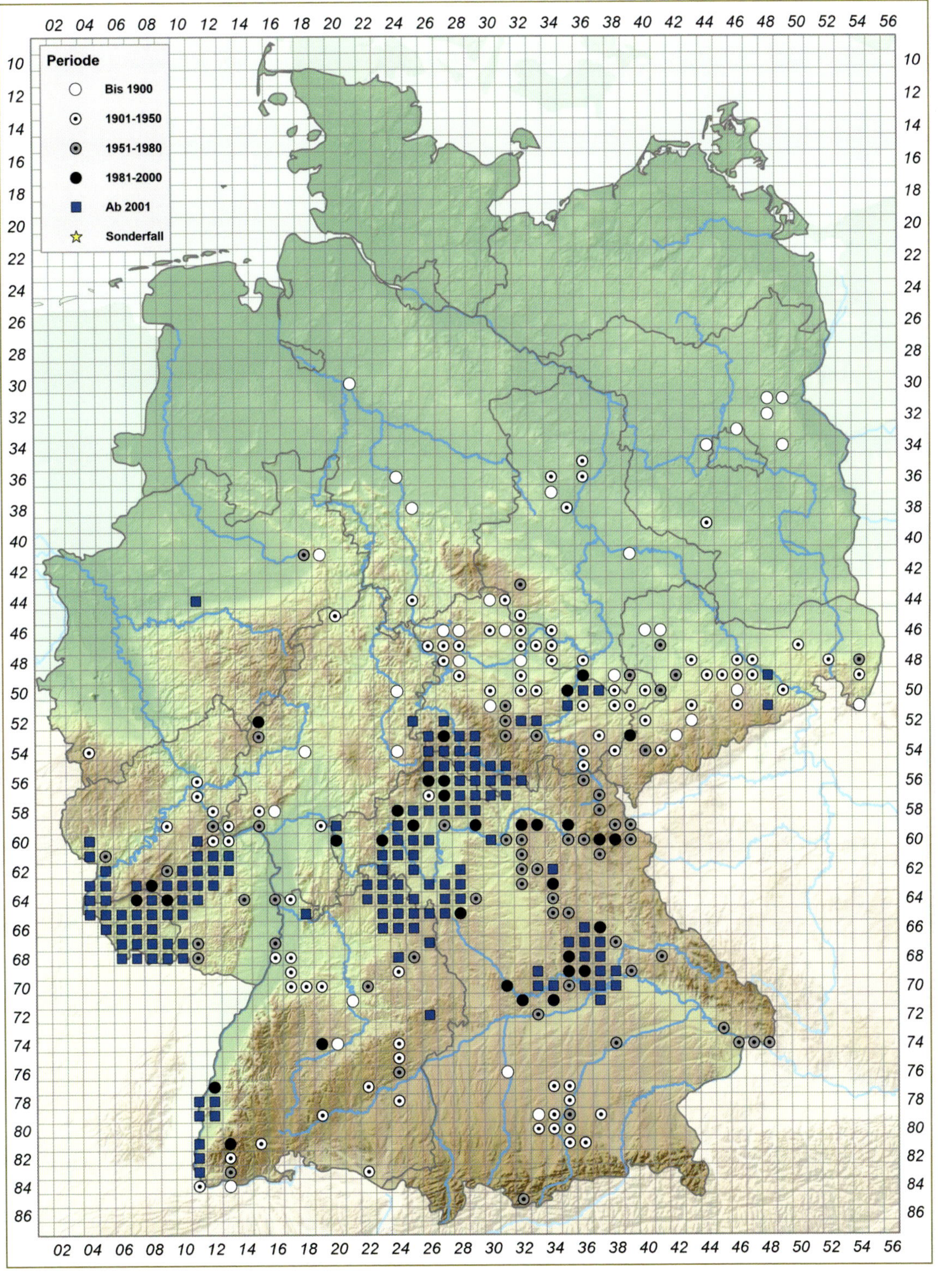
Periode
Bis 1900
1901-1950
1951-1980
1981-2000
Ab 2001
Sonderfall

Cupido argiades:
a Unterseite (Erk Dallmeyer)
b Oberseite Männchen (Michael Zepf)
c Raupe (Klaus Schurian)

Cupido argiades (Pallas, 1771) – Kurzschwänziger Bläuling

Verbreitung & Vorkommen: Paläarktische Art. Von Nordspanien über Mitteleuropa, dem Balkanraum, Italien, Osttürkei bis Japan im Osten. In Deutschland bis vor einiger Zeit vor allem in den klimatisch begünstigten Räumen des Rheintales und niedrig liegenden großen und kleinen Seitentälern. Seit einigen Jahren erhebliche Erweiterung des Areals nach Norden (Landeck et al. 2012; Reinhardt et al. 2012). Eine Art mit sehr starken jährlichen Schwankungen in den Individuenzahlen. Aktuell keine Nachweise in MV, SH und HH. Nachbarstaaten: in Frankreich, den Niederlanden, Luxemburg, Belgien, der Schweiz, Österreich, Tschechien, Polen.

Lebensraum: Die Art liebt es warm und feucht (Rennwald 1985). Die Falter nutzen einerseits trockenwarme, andererseits aber auch Standorte in der Nähe von Gewässern, Gräben, xerotherme Hanglagen und wechselfeuchte Ruderalflächen. Habitatpräferenz: OF, OT, OW, OM, OS, (BS, BY).

Biologie & Ökologie: Die erste Generation beginnt in warmen Jahren bereits im April. Es folgen zwei weitere und gelegentlich eine vierte Generation (Schurian 2011). Die Sommergeneration ist die bei weitem häufigste. Die Bläulinge nutzen als Saugpflanzen vor allem Schmetterlingsblütler. Die Eier werden einzeln an bzw. in die sich entwickelnden Blütenstände verschiedener Fabaceae – vor allem Rot-Klee – gelegt. Raupennahrungspflanze ist vor allem Rot-Klee (*Trifolium pratense*), auch Gewöhnlicher Hornklee (*Lotus corniculatus*) und Sumpf-Hornklee (*L. pedunculatus*). Die erwachsene Raupe überwintert. Sie nimmt im Frühjahr nur noch Wasser auf, bevor sie sich in einem leichten Gespinst am Boden verpuppt.

Gefährdung: Die Art ist aktuell nicht gefährdet.

Schutz: Für die Art sind aktuell keine speziellen Schutzmaßnahmen notwendig.

Klaus Schurian & Erwin Rennwald

RL-D (2011): V
Aktueller Bestand: s
Entwicklungstrend kurzfristig: ↑
Bestandstrend langfristig: <<

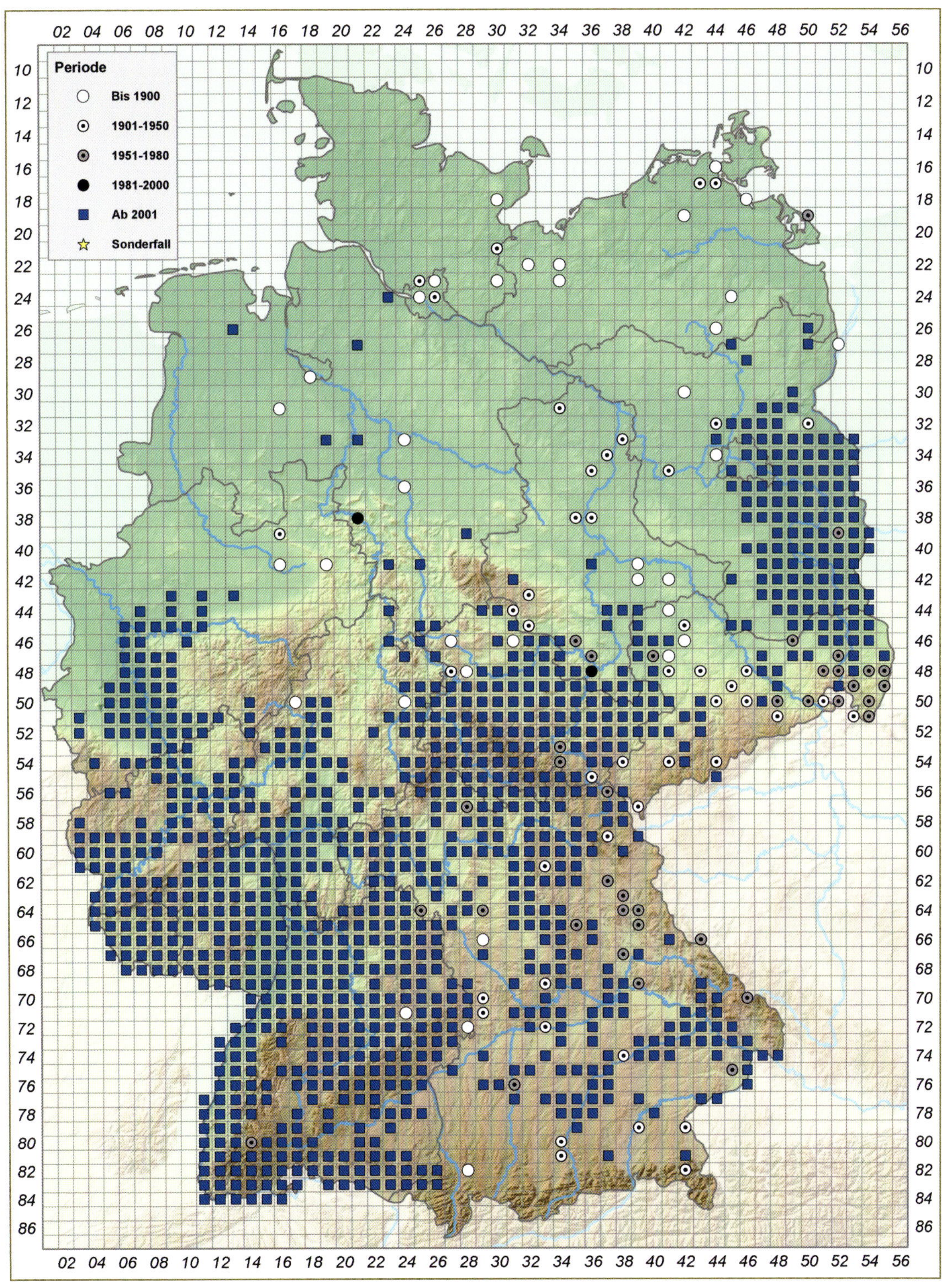
Periode
Bis 1900
1901-1950
1951-1980
1981-2000
Ab 2001
Sonderfall

Cupido osiris:
a Oberseite Männchen (Markus Dumke)
b Unterseite Männchen (Martin Albrecht)

Cupido osiris (MEIGEN, 1829) – Kleiner Alpenbläuling

Verbreitung & Vorkommen: Europäisch-orientalische Art. Von der Iberischen Halbinsel durch Süd- und Südosteuropa über Vorderasien bis in den Iran und nach Westsibirien im Bereich von ca. 400–1800 m über NN vorkommend. Die Nordgrenze verläuft durch die Schweiz. In Deutschland ausgestorben, war nur von wenigen Orten aus BW durch Einzelfunde bekannt, letzter Nachweis 1929. Nachbarstaaten: in Frankreich, der Schweiz, Österreich.

Lebensraum: Aus Deutschland ungenügend bekannt. In der Schweiz fliegt die Art auf gut besonnten Magerwiesen mit Esparsette-Beständen. Habitatpräferenz: OG, OT.

Biologie & Ökologie: Falter fliegen in einer Generation im Mai/Juni; höhenlagebedingt z. B. in der Schweiz auch später bis Mitte Juli. Die ziemlich ortstreuen Falter können an einzelnen Flugplätzen, z. B. im Wallis, (noch) zahlreich auftreten. Nach Angaben aus der Schweiz werden die Eier an die Blüten der Nahrungspflanzen gelegt. Als Raupennahrungspflanzen dienen die Esparsette-Arten *Onobrychis viciifolia* und *montana,* die Raupen leben dort in den Blüten und Früchten. Die Raupe entwickelt sich nach dem Schlüpfen bis zum Erwachsensein, stellt dann das Fressen ein und verpuppt sich erst im nächsten Frühjahr. Bei der Zucht wurde die Verpuppung zwischen zwei Blättern vollzogen.

Gefährdung: Aus Deutschland keine Angaben; im schweizerischen Wallis in den unteren Lagen durch Intensivierung der Landwirtschaft und des Weinbaus gefährdet. Im westlichen Schweizer Jura durch Isolation der letzten Flugplätze wohl verschollen.

Schutz: In Deutschland ausgestorben, daher keine artspezifischen Schutzmaßnahmen erforderlich.

ROLF REINHARDT

RL-D (2011): 0
Aktueller Bestand: ex 1929
BArtSchV (2005): besonders geschützt und streng geschützt

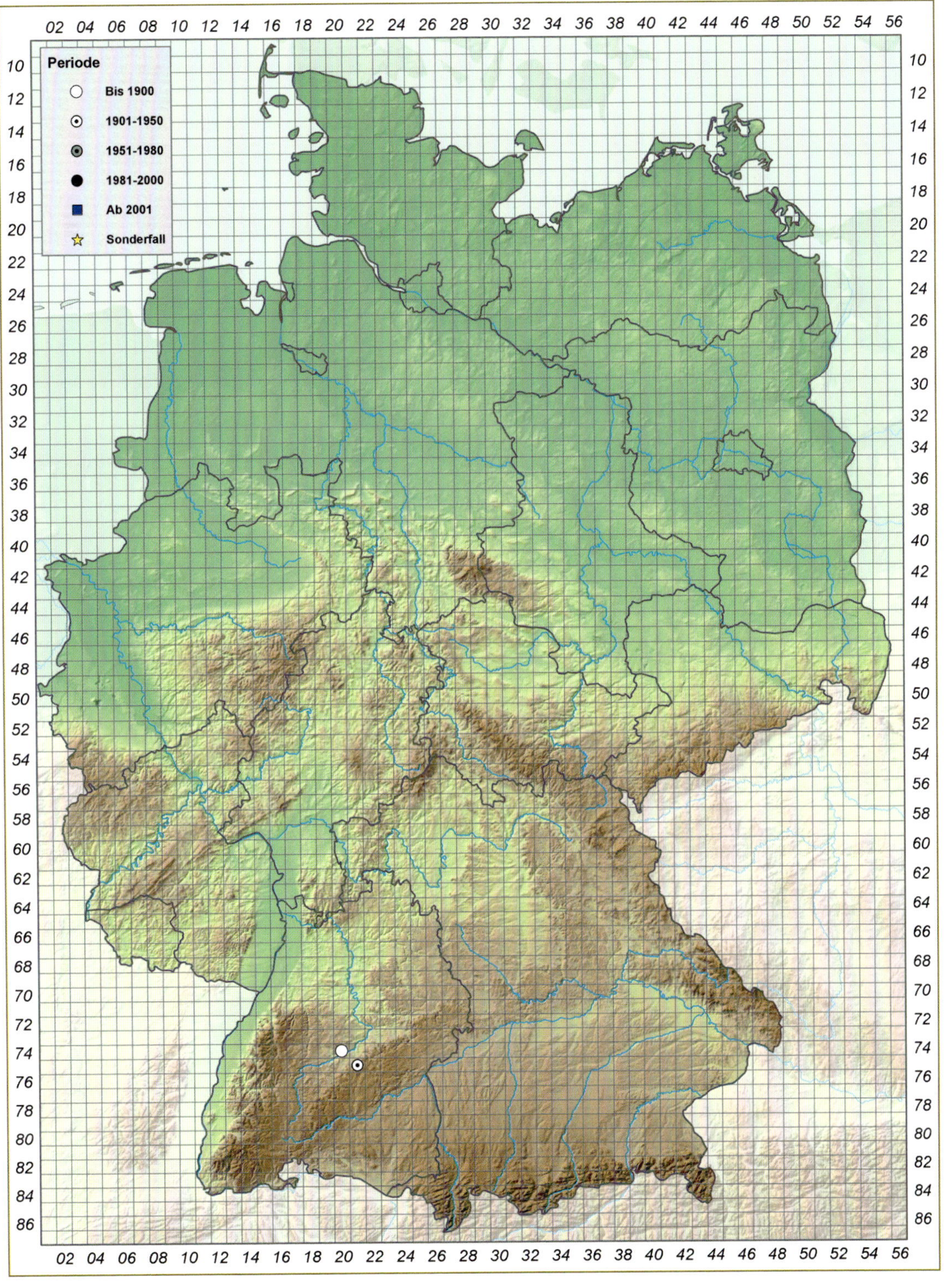
Periode
Bis 1900
1901-1950
1951-1980
1981-2000
Ab 2001
Sonderfall

Cupido minimus:
a Unterseite (Erk Dallmeyer)
b Oberseite (Detlef Kolligs)
c Raupe (Steffen Caspari)

Cupido minimus (Fuessly, 1775) – Zwerg-Bläuling

Verbreitung & Vorkommen: Euro-sibirische Art. Von Nordspanien über Europa bis nach Ostasien verbreitet. In Deutschland vorwiegend auf basischen, kalkhaltigen Böden anzutreffen, wo die Art der Verbreitung ihrer Raupennahrungspflanze folgt. Aus allen BL außer HH gemeldet, schwerpunktmäßig finden sich die Vorkommen in den Kalkgebieten von TH, BY, BW und RP. Nachbarstaaten: in allen Ländern, aber in den Niederlanden ausgestorben.

Lebensraum: Trocken- und Halbtrockenrasen mit Beständen des Gewöhnlichen Wundklees (*Anthyllis vulneraria*), magere Wald- und Wegränder sowie an Böschungen. Als Ersatzlebensräume werden auch Tagebaufolgelandschaften und Schotterflächen besiedelt. Habitatpräferenz: OF, OT.

Biologie & Ökologie: Die Art bildet zwei Generationen (Anfang Mai bis Mitte Juni und Anfang Juli bis Ende August), wobei die zweite nicht jedes Jahr beobachtet wird. In höheren Lagen nur eine Generation. Eiablage an Wundklee, der Hauptnahrungspflanze der Raupe. Daneben werden noch Blasenstrauch (*Colutea arborescens*) und Kichererbsen-Tragant (*Astragalus cicer*) belegt. Die Eiablage erfolgt in die Blütenköpfe des Wundklees. Eier gut sichtbar. Die Raupen leben im Inneren der Blütenkelche und fressen an den heranreifenden Samen. Anfangs sind die Raupen im Inneren der Blütenkelche verborgen, werden mit zunehmender Größe im Blütenstand sichtbar.

Gefährdung: Nutzungsaufgabe und damit eintretende Verbuschung der Lebensräume. Durch Beweidung oder Mahd zur Hauptflugzeit gehen die für die Entwicklung notwendigen Blütenstände verloren.

Schutz: Offenhaltung der Lebensräume durch extensive Beweidung und angepasste Mahd. Durch Beweidung werden gleichzeitig die für die Keimung des Wundklees notwendigen offenen Bodenstellen geschaffen. Bei Neuanlage von Magerrasen oder in den Tagebaufolgelandschaften kann die Art durch Wundkleeansaaten gefördert werden.

Steffen Pollrich

RL-D (2011): *
Aktueller Bestand: h
Entwicklungstrend kurzfristig: (↓)
Bestandstrend langfristig: <

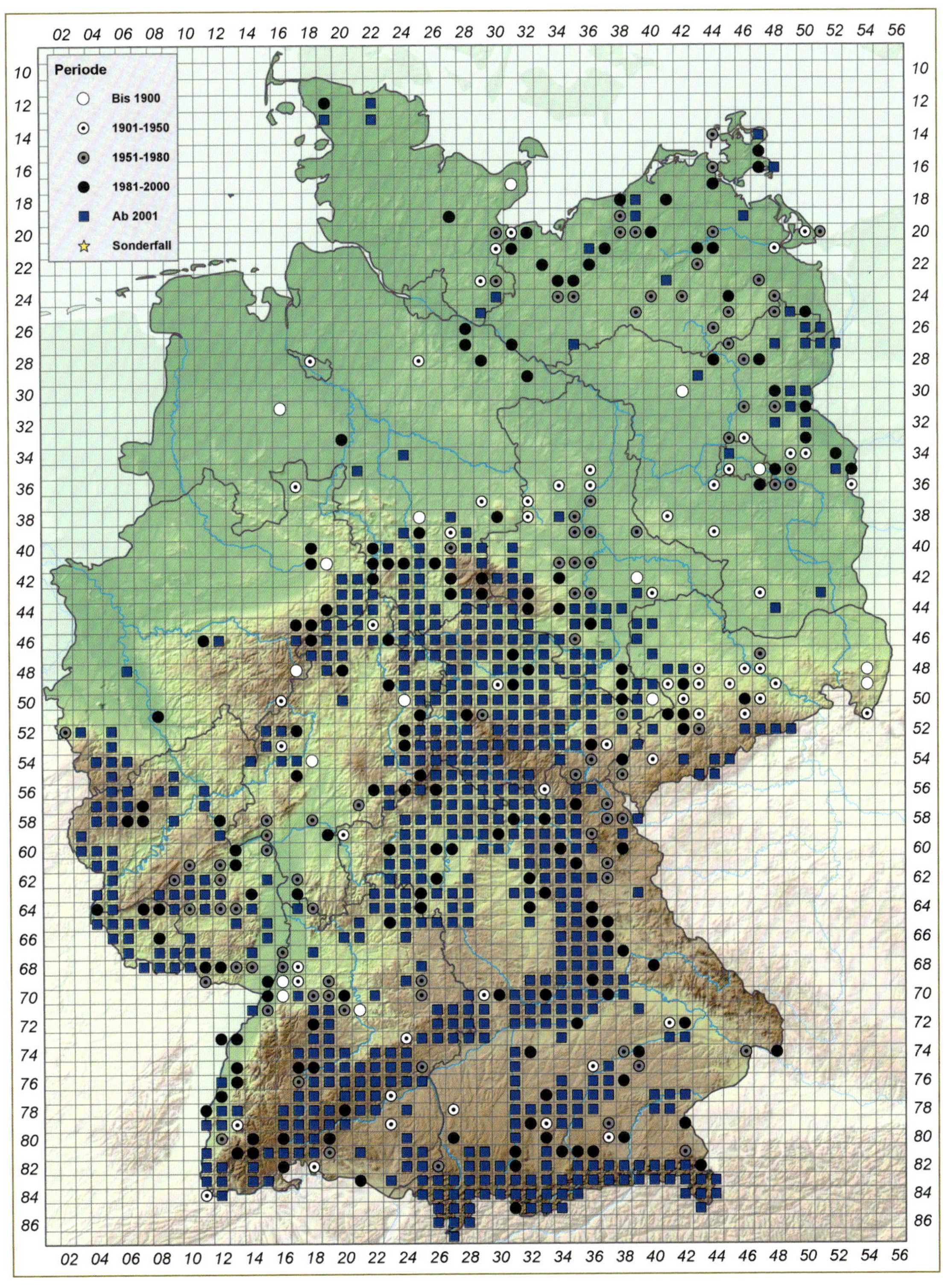
Periode
Bis 1900
1901-1950
1951-1980
1981-2000
Ab 2001
Sonderfall
02 04 06 08 10 12 14 16 18 20 22 24 26 28 30 32 34 36 38 40 42 44 46 48 50 52 54 56
10 12 14 16 18 20 22 24 26 28 30 32 34 36 38 40 42 44 46 48 50 52 54 56 58 60 62 64 66 68 70 72 74 76 78 80 82 84 86

Plebejus argus:
a Oberseite Männchen (Erk Dallmeyer)
b Unterseite Weibchen (Erk Dallmeyer)
c Raupe (Mario Trampenau)

Plebejus argus (LINNAEUS, 1758) – Geißklee-Bläuling

Verbreitung & Vorkommen: Paläarktische Art mit Verbreitung von der Iberischen Halbinsel durch Europa und das gemäßigte Asien bis Japan. Fehlt in Europa nur in Irland, Nordskandinavien und auf vielen Inseln. Die Art kommt in allen deutschen BL vor, allerdings mit einigen nicht ohne weiteres erklärlichen regionalen Lücken (z. B. Schwarzwald, Rheinisches Schiefergebirge). Vorkommen in allen Nachbarstaaten.

Lebensraum: Besiedelt werden sowohl trockene als auch (wechsel-)feuchte bzw. moorige sowie sowohl silikatische als auch basenreiche Biotope: *Calluna*-Heiden, lichte Sand-Kiefernwälder, Kalk-Halbtrockenrasen, Dämme und Böschungen mit angesäten Nahrungspflanzen, Flussschotterheiden, aber auch verheidete Hochmoore sowie Flachmoorwiesen. Daneben Ruderalfluren, Bergbaufolgelandschaften und Industriebrachen. Habitatpräferenz: MH, OH, OG, OT.

Biologie & Ökologie: Der Geißklee-Bläuling fliegt in Deutschland überwiegend in einer Generation von Juni bis August. In Südwest-Deutschland überschneiden sich regelmäßig zwei Generationen von Mai bis September. Die Raupen fressen an Besen-Heide (*Calluna vulgaris*) und verschiedenen Schmetterlingsblütlern (Fabaceae). Die Art ist obligatorisch myrmekophil mit *Lasius* spp. Raupen wurden sogar in Ameisennestern gefunden. Überwinterungsstadium ist das Ei.

Gefährdung: Habitatverluste infolge Eutrophierung, Entwässerung, Verbuschung, Aufforstung oder Kultivierung führen insbesondere dort, wo der an sich ansiedlungsfreudigen Art keine Ersatzhabitate zur Verfügung stehen, zu lokalem Erlöschen.

Schutz: Förderung durch Heide- und Moorpflege, sowie Einsaaten mit Schmetterlingsblütlern auf öffentlichen Anlagen wie Dämmen, Banketten, Leitungsstrassen. Hierbei ist Durchgängigkeit wichtig, da die Art sich gut entlang linearer Strukturen ausbreitet.

JÖRG-UWE MEINEKE

RL-D (2011): *
Aktueller Bestand: h
Entwicklungstrend kurzfristig: =
Bestandstrend langfristig: <
BArtSchV (2005): besonders geschützt

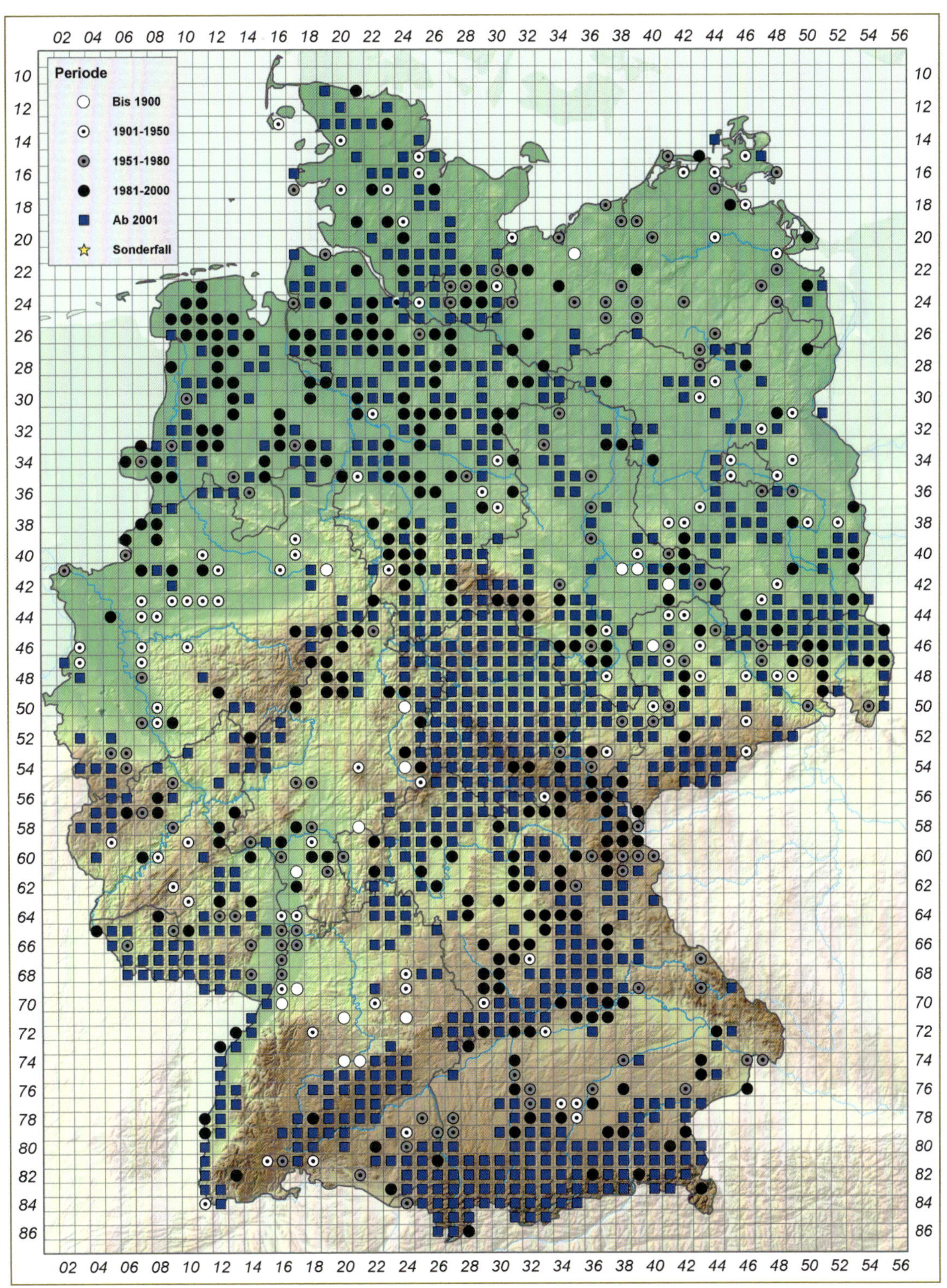
Periode
Bis 1900
1901-1950
1951-1980
1981-2000
Ab 2001
Sonderfall

Plebejus idas:
a Oberseite Männchen (Detlef Kolligs)
b Unterseite (Erk Dallmeyer)
c Ei (Michael Zepf)

Plebejus idas (Linnaeus, 1760) – Idas-Bläuling

Verbreitung & Vorkommen: Holarktische Art; mit weiter Verbreitung in Europa mit Ausnahme der meisten Inseln über das gemäßigte Asien bis Nordamerika. Isolierte Vorkommen in Spanien und Italien. Aus allen BL gemeldet, aktuell aber nicht aus HH, HE, NW. Aus allen Nachbarstaaten (außer Luxemburg) gemeldet, aber verschollen in Belgien und den Niederlanden.

Lebensraum: Xerotherme Sandgebiete mit reichlichem Vorkommen von Besenginster, aber auch anderen Schmetterlingsblütlern, sowie Sand- und Küstenheiden, Wegränder, Böschungen, brachliegende Kalk-Halbtrockenrasen (SL: Ulrich 2004) Schuttflächen und Flussterrassen im Alpenvorland (Jutzeler 1989). Habitatpräferenz: A, OH, OT.

Biologie & Ökologie: Die Art bringt im Süden Deutschlands zwei (manchmal eine partielle dritte), im Norden nur eine Generation hervor. Die Flugzeit der ersten Generation beginnt Anfang Juni bis Mitte Juli, die der zweiten von Anfang August bis September. Die Eiablage erfolgt an Blätter, Blüten, Stängel und Triebspitzen. Eier und Raupen finden sich nur dort, wo sie von vielen Ameisen umgeben sind. Das Ei überwintert. Raupennahrungspflanzen sind unter anderem Besenginster (*Cytisus scoparius*), Färber-Ginster (*Genista tinctoria*), Sanddorn (*Hippophae rhamnoides*), Besenheide (*Calluna vulgaris*). Die Verpuppung erfolgt am Boden in der Laubstreu, unter Steinen sowie in Ameisennestern.

Gefährdung: Die Art ist an vielen Stellen bereits ausgestorben. Insbesondere führt eine zu geringe Nutzung der Lebensräume zu einer geschlossenen Vegetation und damit zu einer kleinklimatischen Abkühlung.

Schutz: Die Art ist auf eine kontinuierliche Schaffung geeigneter Pionierstandorte mit hohen Anteilen von Offenbodenstellen angewiesen. Sie kann nur dort erhalten werden, wo ihre Biotope durch geeignete Pflegemaßnahmen erhalten oder neu geschaffen werden.

Klaus Schurian & Detlef Kolligs

RL-D (2011): 3
Aktueller Bestand: mh
Entwicklungstrend kurzfristig: ↓↓
Bestandstrend langfristig: <<
BArtSchV (2005): besonders geschützt

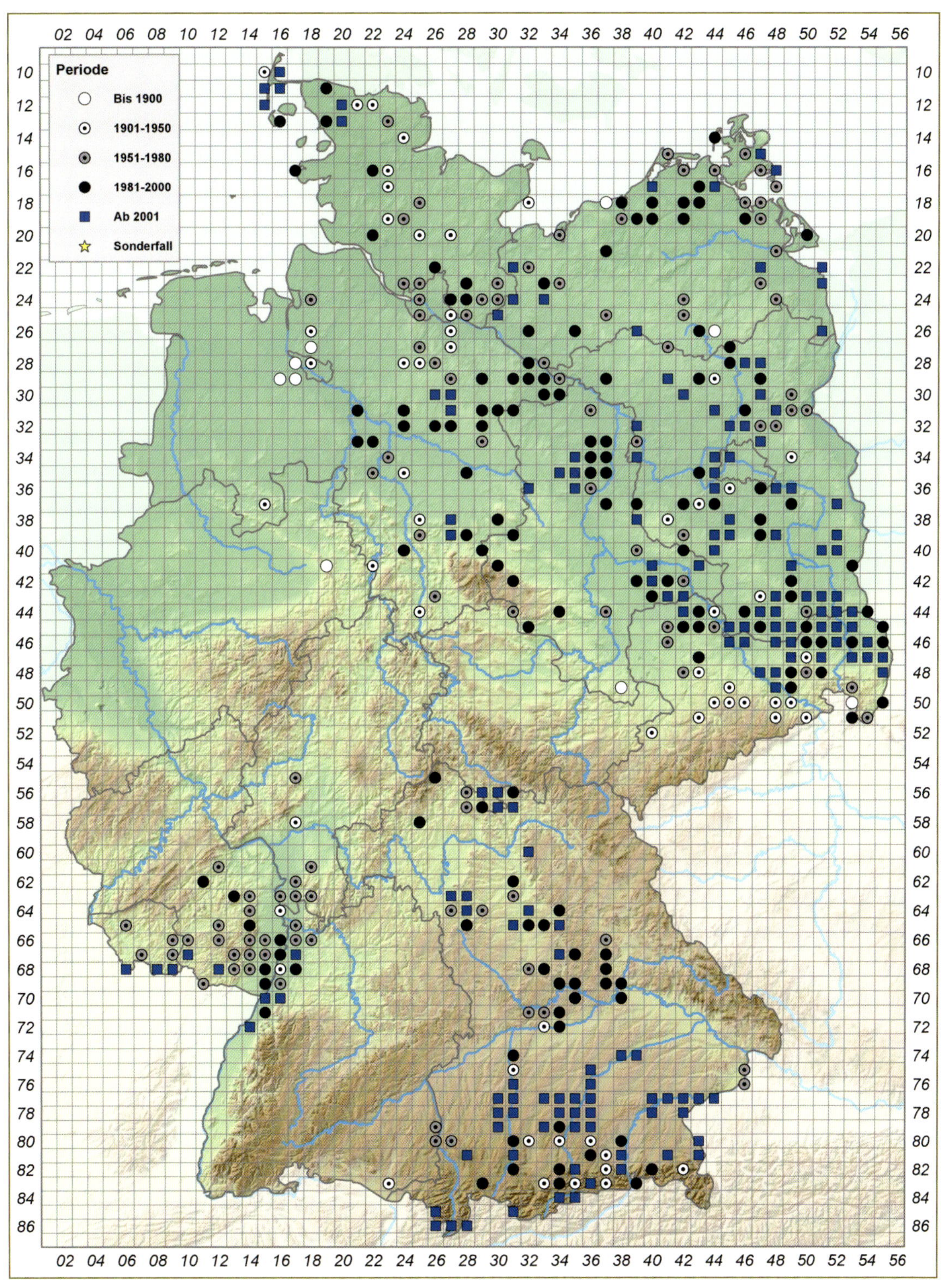
Periode
Bis 1900
1901-1950
1951-1980
1981-2000
Ab 2001
Sonderfall

Plebejus argyrognomon:
a Unterseite Weibchen (Erk Dallmeyer)
b Oberseite Weibchen (Erk Dallmeyer)

Plebejus argyrognomon (Bergsträsser, 1779) – Kronwicken-Bläuling

Verbreitung & Vorkommen: Euro-sibirische Art, von Westfrankreich durch Mitteleuropa, Italien und den Balkan über das gemäßigte Asien bis Japan. Die mitteleuropäische Areal-Nordgrenze verläuft von Luxemburg nach Nordosten über Mitteldeutschland ins Baltikum mit wenigen isolierten Vorkommen in Südnorwegen und Südschweden. In Deutschland konzentriert sich der Kronwicken-Bläuling auf wärmegetönte Landschaften südlich der Mittelgebirgsschwelle (z. T. jedoch nicht ohne weiteres erklärliche regionale Areallücken). Nachbarstaaten: fehlt in Belgien, den Niederlanden, Dänemark.

Lebensraum: Saumstrukturen mit Bunter Beilwicke (*Securigera varia*) und Bärenschote (*Astragalus glycyphyllos*). Brach gefallene bzw. unregelmäßig genutzte Kalkmagerrasen, Weinberge und Kalkäcker, sporadisch gemähte Böschungen, Dämme und Straßenränder besonders in Landschaften mit Weinbauklima. Habitatpräferenz: OT, OF, OX.

Biologie & Ökologie: Die Falter fliegen in zwei (bis drei) Generationen von Mai bis Anfang Juli sowie Ende Juli bis August/September. Die Erscheinungszeiten können innerhalb eines Naturraums erheblich variieren. Ganz überwiegend wird in Mitteleuropa die Bunte Beilwicke als Raupennahrung genutzt, daneben auch die Bärenschote. Die Raupen sind nicht streng myrmekophil.

Gefährdung: Die Beschränktheit auf Landschaften mit warmem Klima bedingt grundsätzlich eine potenzielle Empfindlichkeit, allerdings konnte die Art in der momentanen warmen Klimaphase ihre Bestände verstärken und sich randlich ausbreiten, da auch neue Beilwicken-Säume schnell besiedelt werden können. Nutzungsintensivierung, (dauerhaftes) Brachliegen.

Schutz: Bei Pflegemaßnahmen sollten Bunte Beilwicke und Bärenschote verschont und lediglich alternierend jahrweise gemäht werden. Hiervon würden auch die anderen zahlreichen Beilwicken-Bewohner profitieren.

Jörg-Uwe Meineke

RL-D (2011): *
Aktueller Bestand: mh
Entwicklungstrend kurzfristig: ↑
Bestandstrend langfristig: <
BArtSchV (2005): besonders geschützt

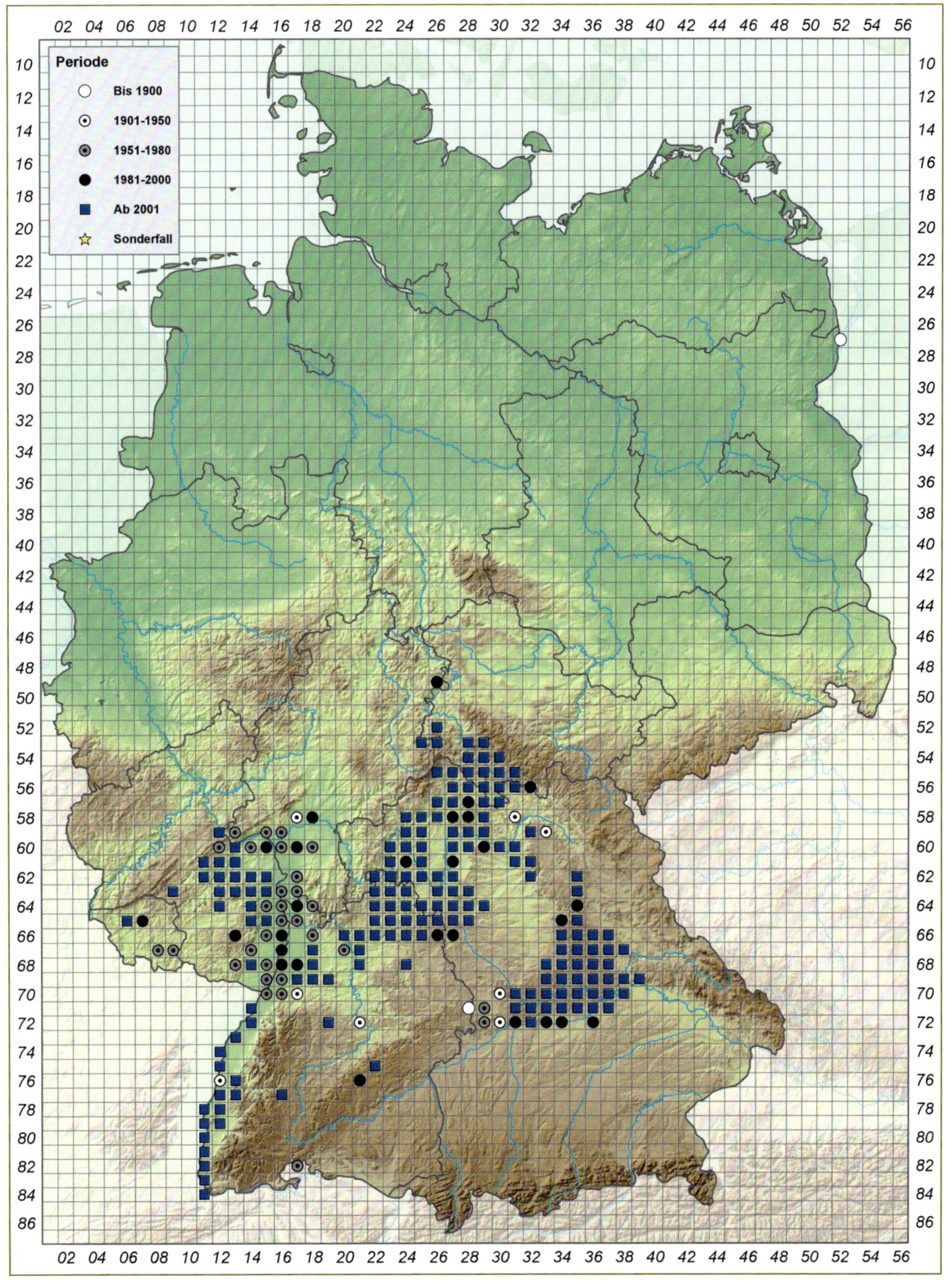
Periode
Bis 1900
1901-1950
1951-1980
1981-2000
Ab 2001
Sonderfall

Agriades orbitulus:
a Oberseite Männchen (links) und Weibchen (rechts) (Martin Wiemers)
b Unterseite (Markus Bräu)

Agriades orbitulus (PRUNNER, 1798) – Heller Alpenbläuling

Verbreitung & Vorkommen: Boreo-alpine, in den Alpen, den Hochgebirgen Skandinaviens und im Südural vertretene Art, östlich über Sibirien und die Mongolei bis Nordwest-China. In Deutschland nur in BY in den Nördlichen Kalkhochalpen und den Schwäbisch-Oberbayerischen Alpen. Nachbarstaaten: in der Schweiz, Österreich, Frankreich.
Lebensraum: Besiedelt vor allem subalpine und alpine Rasen (insbesondere Blaugras- und Rostseggenrasen). Besonnte flachgründige Standorte mit niedrigwüchsig-lückiger Pflanzendecke werden bevorzugt. Die deutschen Vorkommen liegen überwiegend in 1600–2400 m über NN. Habitatpräferenz: A.
Biologie & Ökologie: Die Art fliegt meist von Anfang Juli bis Mitte August (Maximum Mitte Juli bis Anfang August). Blütenbesuche sind eher selten. Häufiger sind Falter an bodenfeuchten Stellen oder an Exkrementen saugend anzutreffen. In Deutschland wurden Eiablagen an Alpen-Süßklee (*Hedysarum hedysaroides*), Berg-Spitzkiel (*Oxytropis montana*) und Alpen-Tragant (*Astragalus alpinus*) beobachtet. Zusätzlich kommt der Gletscher-Tragant (*A. frigidus*) in Betracht. Die Eier werden meist auf der Blattoberseite abgelegt. Es überwintert die Jungraupe.
Gefährdung: Insgesamt ungefährdet, da die Habitate mehrheitlich vom Menschen kaum beeinflusst sind. Historische Fundorte wurden in jüngerer Zeit überwiegend bestätigt, im Mangfallgebirge ist die Art jedoch verschollen.
Schutz: Da vereinzelt eine starke Degradierung der als Habitat wichtigen natürlichen alpinen Rasengesellschaften durch Hochlagenbeweidung mit Schafen dokumentiert ist (z. B. Rotwandgebiet im Mangfallgebirge), sollte diese vermieden werden.

MARKUS BRÄU

RL-D (2011): R
Aktueller Bestand: es
Entwicklungstrend kurzfristig: ?
Bestandstrend langfristig: ?
BArtSchV (2005): besonders geschützt

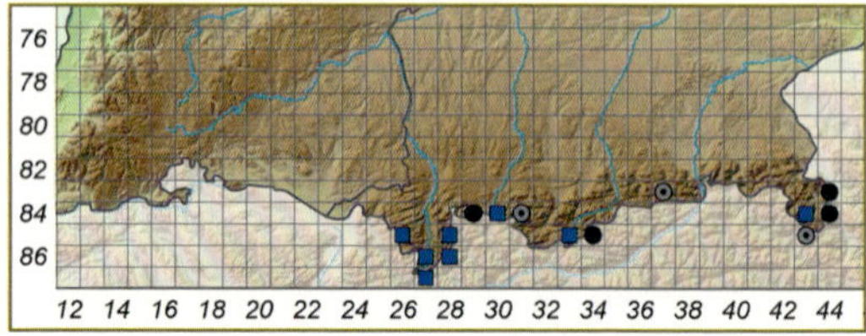

Agriades glandon:
a Oberseite Männchen (Markus Bräu)
b Unterseite (Markus Dumke)

Agriades glandon (Prunner, 1798) – Dunkler Alpenbläuling

Verbreitung & Vorkommen: Holarktische Art mit arkto-alpiner Verbreitung, die von den Pyrenäen und den Alpen bis Nordamerika verbreitet ist. Nahe verwandte Arten, die von manchen Autoren als Unterarten von *A. glandon* betrachtet werden, kommen in der europäischen Arktis (*A. aquilo* (Boisduval, 1832)), der Sierra Nevada (*A. zullichi* Hemming, 1933) und in asiatischen Hochgebirgen vor. In Deutschland nur in BY, von den Allgäuer Hochalpen über das Ammer- bis ins Wettersteingebirge. Nachbarstaaten: in der Schweiz, Österreich, Frankreich.
Lebensraum: Der Dunkle Alpenbläuling ist eng auf die waldfreie Zone begrenzt. Larvalhabitate sind vor allem flachgründige Standorte mit spärlicher und niedrigwüchsiger Vegetationsdecke im Bereich alpiner Rasen, Lawinenbahnen und Rändern von Schutthalden. In Deutschland vor allem von 1900–2100 m über NN. Habitatpräferenz: A.
Biologie & Ökologie: Die Flugzeit reicht meist von Ende Juni bis Ende August. Blütenbesuche scheinen wenig spezifisch zu sein. An feuchten Bodenstellen kann man Ansammlungen von Faltern antreffen. Aus BY sind Bewimperter Mannsschild (*Androsace chamaejasme*) und Milchweißer Mannsschild (*A. lactea*) als Eiablagepflanzen dokumentiert. Aus anderen Alpenregionen werden weitere Primelgewächse genannt. Die Eier werden an den Nahrungspflanzen oder in deren Nähe abgelegt. Die Jungraupen minieren zuerst in den fleischigen Blättern, fressen nach der Überwinterung aber frei an den Blättern (z. T. auch an Blüten). Die Jungraupe überwintert.
Gefährdung: Der Dunkle Alpenbläuling ist eine in Deutschland eng verbreitete, derzeit aber zumindest in den Verbreitungszentren nicht bedrohte Hochlagenart. Kleine und disjunkte Randvorkommen sind dagegen potenziell gefährdet. Risikofaktoren ergeben sich wegen der engen Höhenspanne durch die globale Erwärmung.
Schutz: Für die Art sind aktuell keine speziellen Schutzmaßnahmen notwendig. Randpopulationen sollten beobachtet werden.

Markus Bräu

RL-D (2011): R
Aktueller Bestand: es
Entwicklungstrend kurzfristig: ?
Bestandstrend langfristig: ?
BArtSchV (2005): besonders geschützt

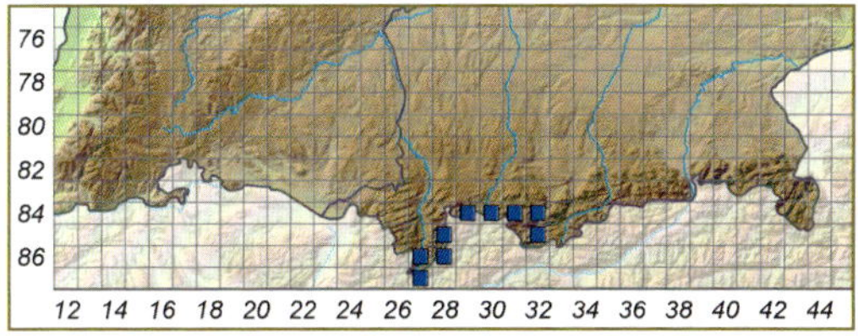

Agriades optilete:
a Oberseite Weibchen (Erk Dallmeyer)
b Unterseite (Erk Dallmeyer)

Agriades optilete (Knoch, 1781) – Hochmoor-Bläuling

Verbreitung & Vorkommen: Holarktische Verbreitung. Von den Westalpen, Mittel- und Nordeuropa über Japan und Alaska bis ins kanadische Manitoba. In hochmontanen und nordischen Beerstrauch-Nadelwäldern weiter verbreitet, in tieferen Lagen Mitteleuropas auf Moore beschränkt. Fehlt vermutlich aus faunenhistorischen Gründen auf den Britischen Inseln und in den ostfranzösischen Mittelgebirgen. Isolierte Vorkommen auf dem Balkan. In Deutschland (ursprünglich) sowohl auf Mooren der Mittelgebirge und des Alpenvorlandes als auch in der Tiefebene. Nachbarstaaten: fehlt in Belgien, Luxemburg.

Lebensraum: In Deutschland werden überwiegend saure Hang- und Hochmoore besiedelt, windgeschützte lichte Übergangszonen zum offenen Moor sowie lichte Moorwälder, z. B. im Alpenvorland und Schwarzwald lichte Spirkenmoore. In höheren Lagen kann der Hochmoor-Bläuling auch in trockeneren Nadelwäldern vorkommen. Habitatpräferenz: MH, WM.

Biologie & Ökologie: Die Flugzeit beginnt im Juni, letzte Falter können bis Anfang August fliegen. Raupenentwicklung an Rauschbeere (*Vaccinium uliginosum*) und Moosbeere (*V. oxycoccos*), seltener an Preiselbeere (*V. vitis-idaea*). Die Raupe überwintert. Die Falter bleiben im Habitat, Nahrungsaufnahme an Kot und den wenigen Nektarblüten im Hochmoor.

Gefährdung: Massive Bestandseinbrüche gab es insbesondere dort, wo Moore großflächig entwässert und zerstört oder eutrophiert wurden (Reinhardt et al. 2014). Obwohl die Moorzerstörung heute gebremst ist, wirken sich die Veränderungen weiter negativ aus.

Schutz: Der rechtliche Schutz der Moore ist inzwischen vorhanden. Fast alle Lebensräume des Hochmoor-Bläulings in Deutschland unterliegen aber spontaner Gehölzsukzession infolge von Entwässerungen. Regelmäßige Auflichtungen sind erforderlich. Bei Renaturierungen muss unbedingt vermieden werden, dass der Wasserstand zu hoch eingestellt wird.

Jörg-Uwe Meineke

RL-D (2011): 2
Aktueller Bestand: s
Entwicklungstrend kurzfristig: (↓)
Bestandstrend langfristig: <<
BArtSchV (2005): besonders geschützt

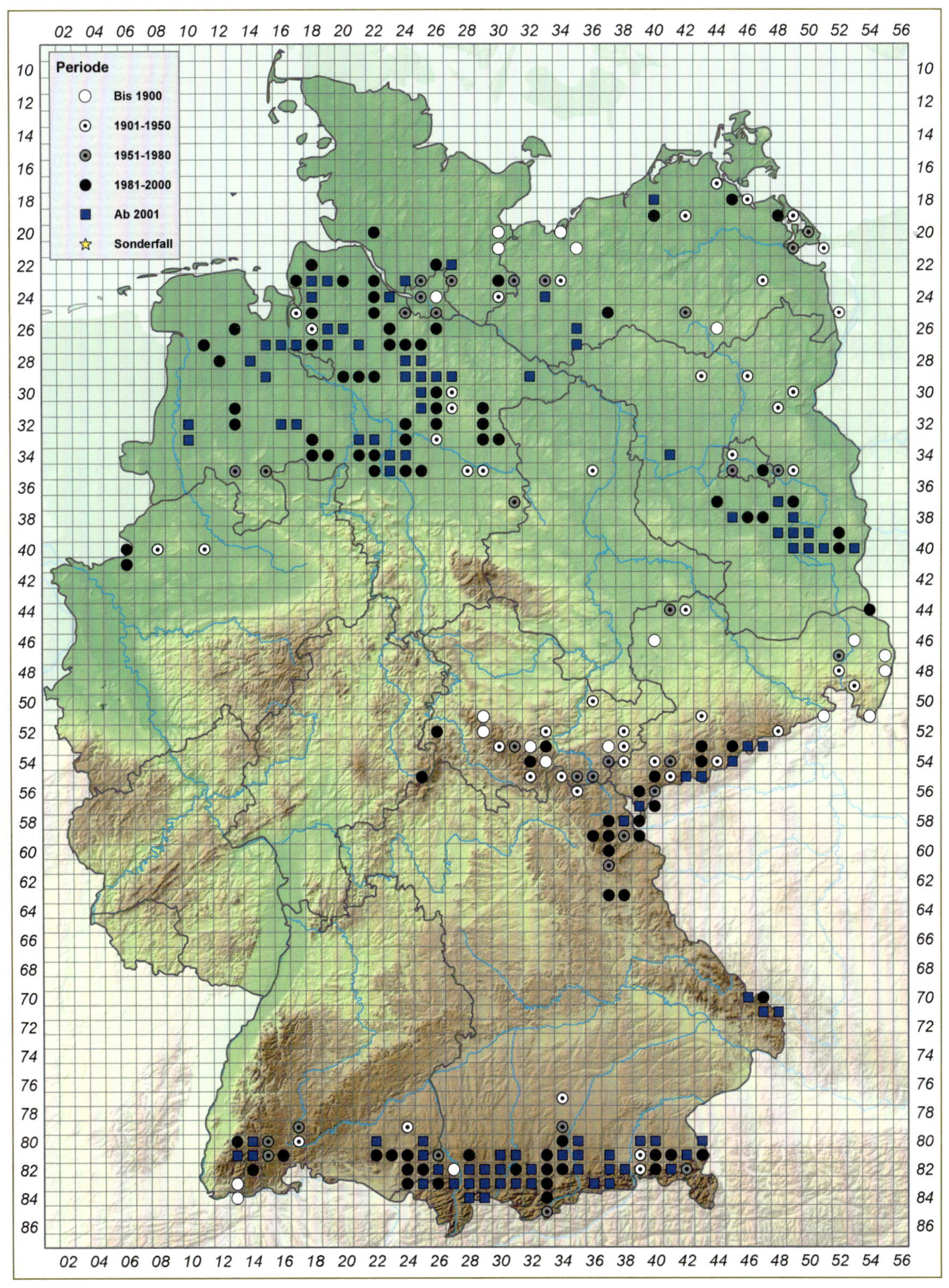
Periode
Bis 1900
1901-1950
1951-1980
1981-2000
Ab 2001
Sonderfall

Eumedonia eumedon:
a Oberseite Männchen (Markus Dumke)
b Unterseite (Erk Dallmeyer)
c Ei (Michael Zepf)

Eumedonia eumedon (Esper, 1780) – Storchschnabel-Bläuling

Verbreitung & Vorkommen: Euro-sibirische Art. Von Skandinavien, Mitteleuropa, Südeuropa, Türkei, bis Ostasien in mehreren Unterarten (Eitschberger & Steiniger 1975; Munguira et al. 1988) auftretend. In Deutschland hauptsächlich in BY und BW vorkommend, lokales Auftreten oder Einzelfunde (meist historisch) in RP, BB, BE, SN. Nachbarstaaten: in Frankreich, Österreich, der Schweiz, Tschechien, Polen.

Lebensraum: Warme Sandgebiete („Mainzer Sand"), Bahndämme, südexponierte Magerrasen, die durch Gebüsch windgeschützt sind, Waldränder, Wacholderheiden, Feuchtwiesen mit Sumpf-Storchschnabel. Habitatpräferenz: OT, OH, OW.

Biologie & Ökologie: Die Falter erscheinen Ende Mai in einer Generation und sind sehr standorttreu. Die Flugstellen sind manchmal kleinräumig. Blütenbesuch regelmäßig an der Nahrungspflanze der Raupe, seltener an Blut-Weiderich (*Lythrum salicaria*) oder Wiesen-Platterbse (*Lathyrus pratensis*). Die Eiablage erfolgt immer an die verdickte Basis des Blütengriffels oder an Staubfilamente der Blüte. Raupennahrung: Wiesen-Storchschnabel (*Geranium pratense*), Blut-Storchschnabel (*G. sanguineum*), Wald-Storchschnabel (*G. sylvaticum*), Sumpf-Storchschnabel (*G. palustre*). Die Eiräupchen bohren sich in den Fruchtknoten, später fressen sie auch Blätter und nagen regelmäßig deren Stängel an, sodass diese welken. Die Überwinterung erfolgt als L2-Larve. Im Frühjahr werden die frisch ausgetriebenen Blätter gefressen. Die Verpuppung erfolgt in der Streuschicht am Boden.

Gefährdung: Da die Art oft auf kleinräumige Habitate beschränkt ist, darf keine Biotopumwandlung oder ein Verlust von Flächen erfolgen. Eine Verinselung der Vorkommen führt zu genetischer Verarmung.

Schutz: Keine Beweidung, schonende Pflegemaßnahmen und Schutz vor zu starker Verbuschung.

Klaus Schurian

RL-D (2011): 3
Aktueller Bestand: s
Entwicklungstrend kurzfristig: (↓)
Bestandstrend langfristig: <

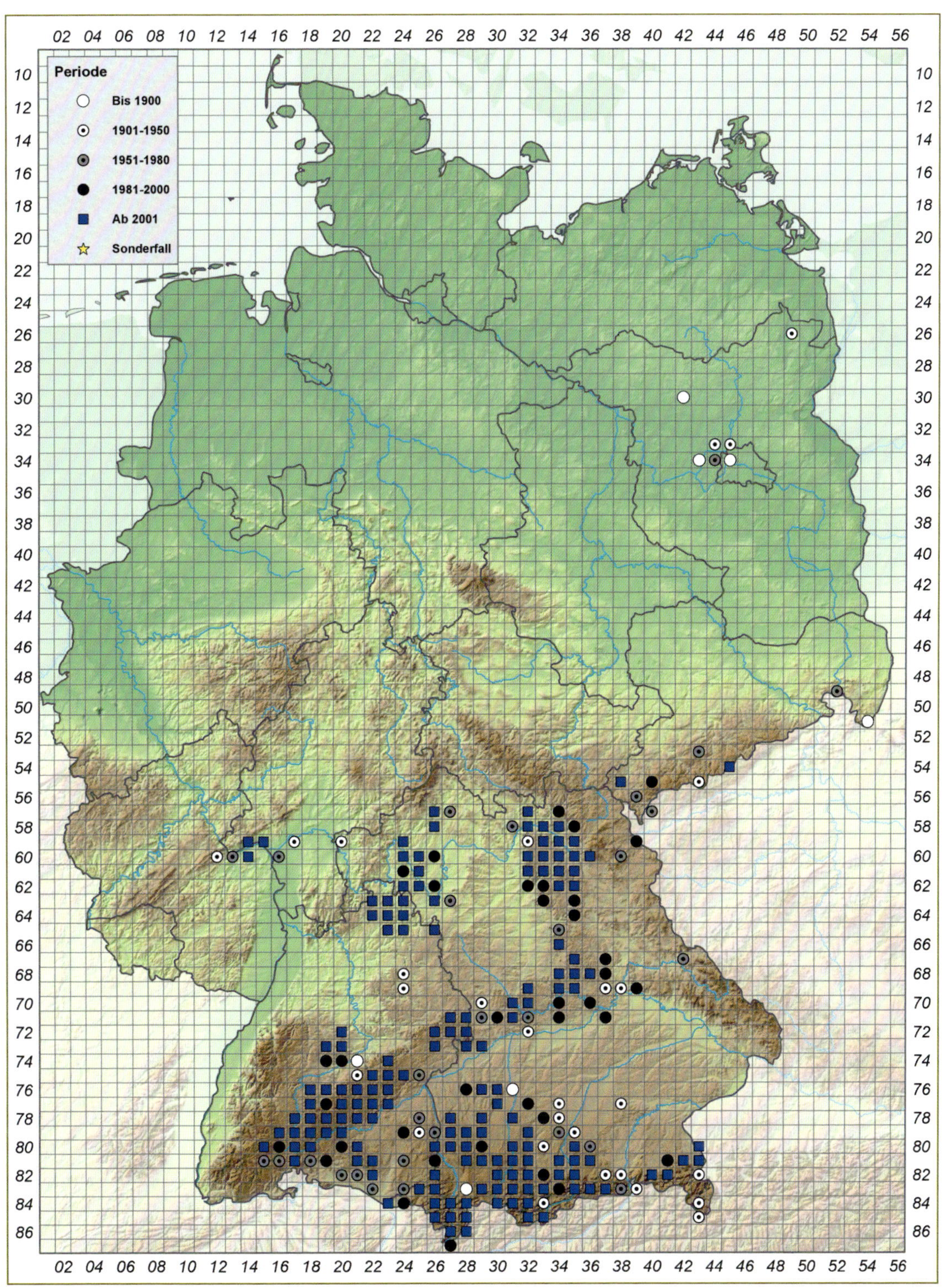
Periode
Bis 1900
1901-1950
1951-1980
1981-2000
Ab 2001
Sonderfall

Cyaniris semiargus:
a Unterseite Männchen (Marx Harder)
b Oberseite Männchen (Erk Dallmeyer
c Oberseite Weibchen (Erk Dallmeyer)

Cyaniris semiargus (Rottemburg, 1775) – Rotklee-Bläuling

Verbreitung & Vorkommen: Paläarktische Art; von Nordwest-Afrika durch Europa und das gemäßigte Asien bis zum Pazifik; auf den Britischen Inseln ausgestorben. Fehlt auf den Mittelmeerinseln mit Ausnahme von Sizilien. In Deutschland weit verbreitet, in den Alpen bis 2000 m über NN, größere Lücken im nördlichen Alpenvorland und im nordwestdeutschen Tiefland. In allen BL, in HB ausgestorben. In allen Nachbarstaaten.

Lebensraum: Frisches bis feuchtes Grünland, Halbtrockenrasen, Sandrasen, Brachen und Säume, über Kalk und Silikat. Habitatpräferenz: OT, OW, OM, OG, BS, (BY).

Biologie & Ökologie: In zwei bis drei Generationen von Ende April bis Oktober; in den Alpen nur einbrütig. Die Eiablage erfolgt in Blütenköpfchen verschiedener Klee-Arten, selten weiterer Hülsenfrüchtler sowie der Sand-Grasnelke (*Armeria maritima* subsp. *elongata*) (SL, SH). Die wichtigste Ablagepflanze ist der Rot-Klee (*Trifolium pratense*), weitere sind Hasen-Klee (*T. arvense*), Mittlerer Klee (*T. medium*) und Hügel-Klee (*T. alpestre*). Die Raupe verlässt den Blütenstand nur zum Wirtspflanzenwechsel. Solange verfügbar, werden nur Knospen, Blüten und junge Früchte gefressen. Die halb erwachsene Raupe überwintert. Die Falter besuchen violette und gelbe Blüten, z. B. Rot-Klee, Mittleren Klee, Sand-Grasnelke, Vogel-Wicke (*Vicia cracca*), Arznei-Thymian (*Thymus pulegioides*) und Gewöhnlichen Hornklee (*Lotus corniculatus*).

Gefährdung: An die Wiesenmahd mit zweimaligem Heuschnitt angepasst. Empfindlich gegen frühen Silageschnitt. Dadurch in Gebieten mit intensiver Grünlandwirtschaft sowie mit Ackerbaudominanz rückläufig und durch Verinselung gefährdet.

Schutz: Belassen von Altgrasstreifen, Säumen und Rainen, Mahd nicht vor Ende Mai, maximal drei Grünlandschnitte, moderater Düngereinsatz.

Steffen Caspari

RL-D (2011): *
Aktueller Bestand: h
Entwicklungstrend kurzfristig: =
Bestandstrend langfristig: <
BArtSchV 2005: besonders geschützt

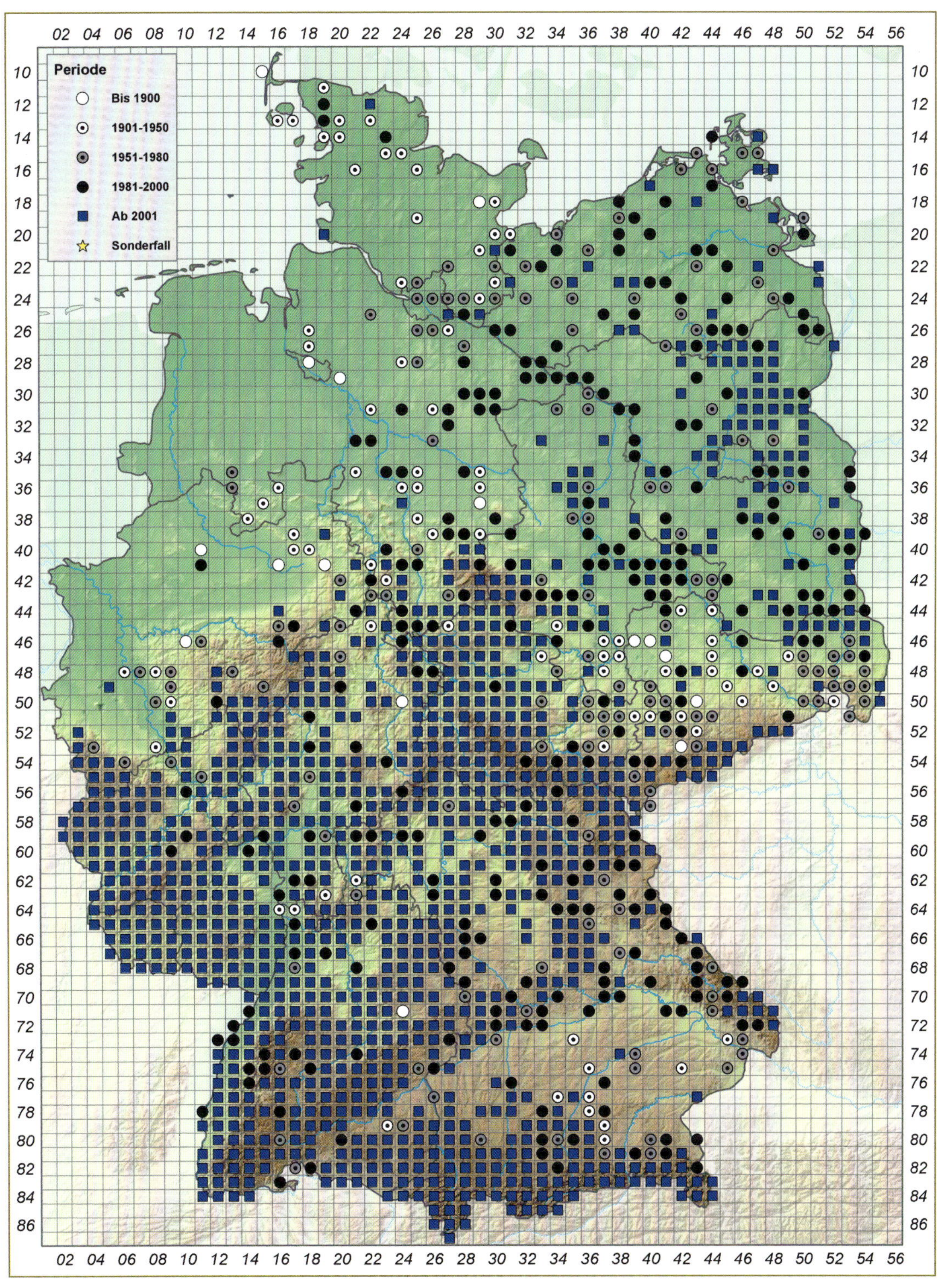
Periode
Bis 1900
1901-1950
1951-1980
1981-2000
Ab 2001
Sonderfall

Aricia agestis:
a Oberseite (Martin Wiemers)
b Unterseite (Erk Dallmeyer)
c Raupe (Martin Wiemers)

Aricia agestis ([Denis & Schiffermüller], 1775) – Kleiner Sonnenröschen-Bläuling

Verbreitung & Vorkommen: Euro-sibirische Art. Von England über Mittel- und Osteuropa bis zu den Pyrenäen. Im Osten bis Zentralasien. In Deutschland in allen BL. Kommt in allen Nachbarstaaten vor.

Lebensraum: Sandfluren (z. B. auf Rügen, Mainzer Sand), Wegränder und thermisch begünstigte Hänge und Böschungen sowie trockenwarme Standorte auf Kalk- und Silikatmagerrasen, Waldlichtungen und gelegentlich Ackerbrachen. Habitatpräferenz: OT, OF, OR, OG.

Biologie & Ökologie: In den Alpen nur eine Generation, im Flachland zwei und gelegentlich sogar eine partielle dritte Generation in klimatisch besonders begünstigten Habitaten. Die erste Generation ab April bis Juni, die zweite von Juli bis August, eine dritte (partielle) im September bis Oktober. Die kleinen Falter sind stete Blütenbesucher von Dost (*Origanum vulgare*), Storchschnabel-Arten (Geraniaceae), Kanadischer Goldrute (*Solidago canadensis*), Einjährigem Berufkraut (*Erigeron annuus*), Thymian (*Thymus pulegioides*). Die Eiablage erfolgt an der Raupennahrungspflanze, vor allem an die Triebspitzen aber auch die Ober- und Unterseiten der Blätter. Die Raupe lebt an Sonnenröschen (*Helianthemum* ssp.), Blutrotem Storchschnabel (*Geranium sanguineum*), Wiesen-Storchschnabel (*G. pratense*), Schlitzblättrigem Storchschnabel (*G. dissectum*), Pyrenäen-Storchschnabel (*G. pyrenaicum*), Weichem Storchschnabel (*G. molle*), Kleinem Storchschnabel (*G. pusillum*), Wald-Storchschnabel (*G. sylvaticum*) und Gewöhnlichem Reiherschnabel (*Erodium cicutarium*) (Richert & Brauner 2018). Verpuppung am Boden in der Laubstreu.

Gefährdung: Die Art ist aktuell nicht gefährdet.

Schutz: Für die Art sind aktuell keine speziellen Schutzmaßnahmen notwendig.

Klaus Schurian

RL-D (2011): *
Aktueller Bestand: h
Entwicklungstrend kurzfristig: ↑
Bestandstrend langfristig: <

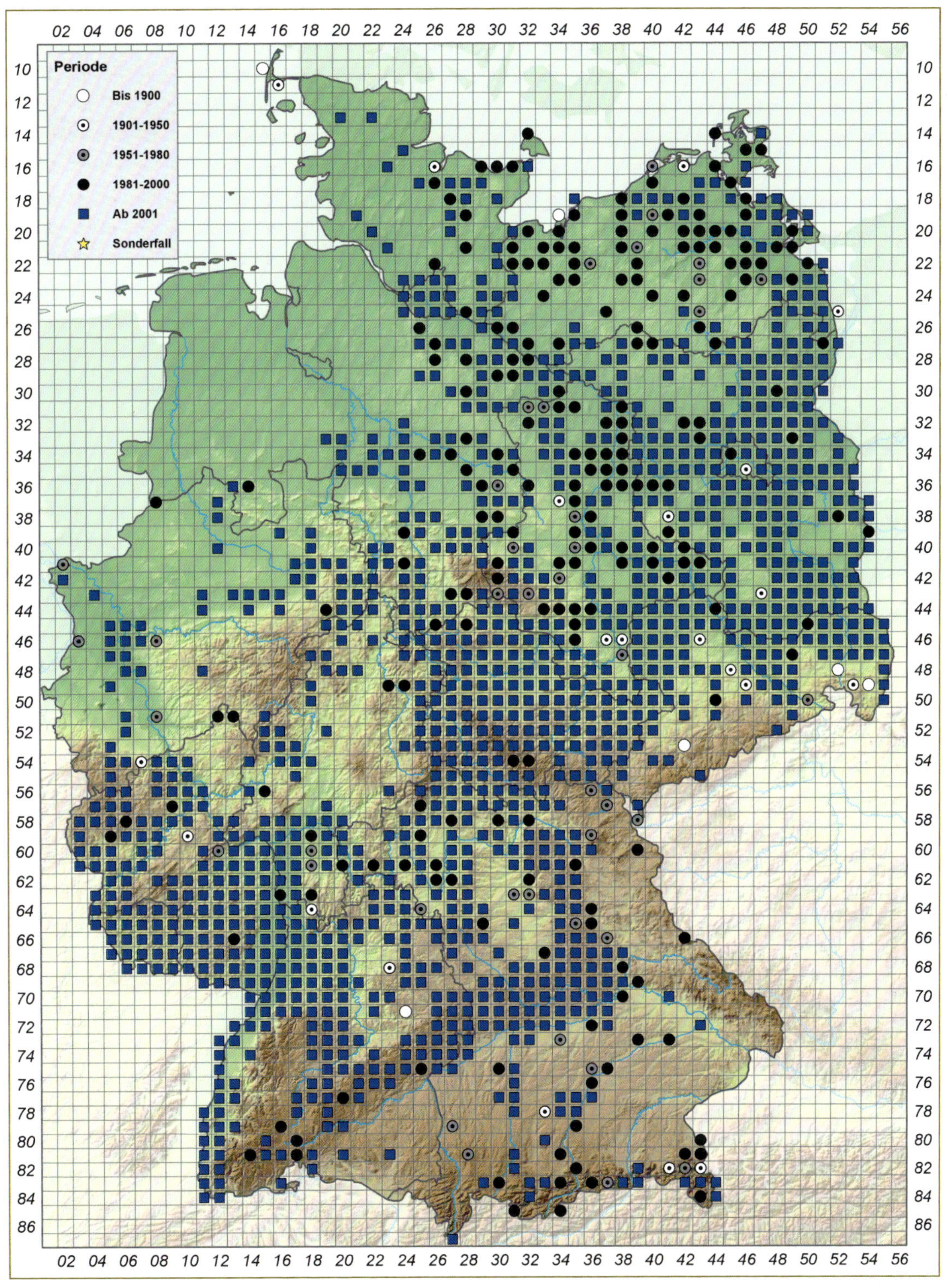
Periode
Bis 1900
1901-1950
1951-1980
1981-2000
Ab 2001
Sonderfall

Aricia artaxerxes:
a Unterseite (Erk Dallmeyer)
b Oberseite (Martin Wiemers)

Aricia artaxerxes (Fabricius, 1793) – Großer Sonnenröschen-Bläuling

Verbreitung & Vorkommen: Euro-sibirische Art. Von Schottland und Nordeuropa sowie den Alpen und Teilen Mittel- und Osteuropas über Zentralasien bis Ostsibirien (Sañudo-Restrepo et al. 2013). Auf der Iberischen Halbinsel und in Nordwest-Afrika durch die Schwesterart *A. montensis* (Verity, 1928) vertreten. In Deutschland nur ganz lokal im Harz (ST, NI) sowie in TH (ssp. *hercynica* Kames, 1969), BW und BY. Nachbarstaaten: in Frankreich, der Schweiz, Österreich, Tschechien, Dänemark, Polen.

Lebensraum: Magerrasen auf kalkigem Grund, südexponierte, warm-trockene Säume und Wacholderheiden des Mittelgebirgsraumes und der Alpen. Habitatpräferenz: A, OT, OF, OG.

Biologie & Ökologie: Das Artrecht von *A. artaxerxes* wird von vielen Entomologen angezweifelt, doch die umfangreichen Kreuzungsexperimente von Kames (1976) ergaben eine sexuelle Reproduktionsbarriere zwischen *A. agestis* und *A. artaxerxes*. Generationen: In der Regel univoltin von Juni bis August, gelegentlich jedoch eine partielle zweite Generation. Blütenbesuch an Sonnenröschen (*Helianthemum*), Dost (*Origanum*) und Thymian (*Thymus*). Raupennahrungspflanze ist Sonnenröschen. Ob auch *Geranium*-Arten als Wirtspflanze infrage kommen, ist noch zu klären. Die Eiablage erfolgt an die Nahrungspflanze. Verpuppung in der Bodenstreu.

Gefährdung: Aktuell vor allem dort, wo eine Umwandlung der Biotope stattfindet.

Schutz: Einer Verbuschung muss durch geeignete Pflegemaßnahmen entgegengewirkt werden, z. B. durch extensive Beweidung.

Klaus Schurian

RL-D (2011): G
Aktueller Bestand: s
Entwicklungstrend kurzfristig: (↓)
Bestandstrend langfristig: ?

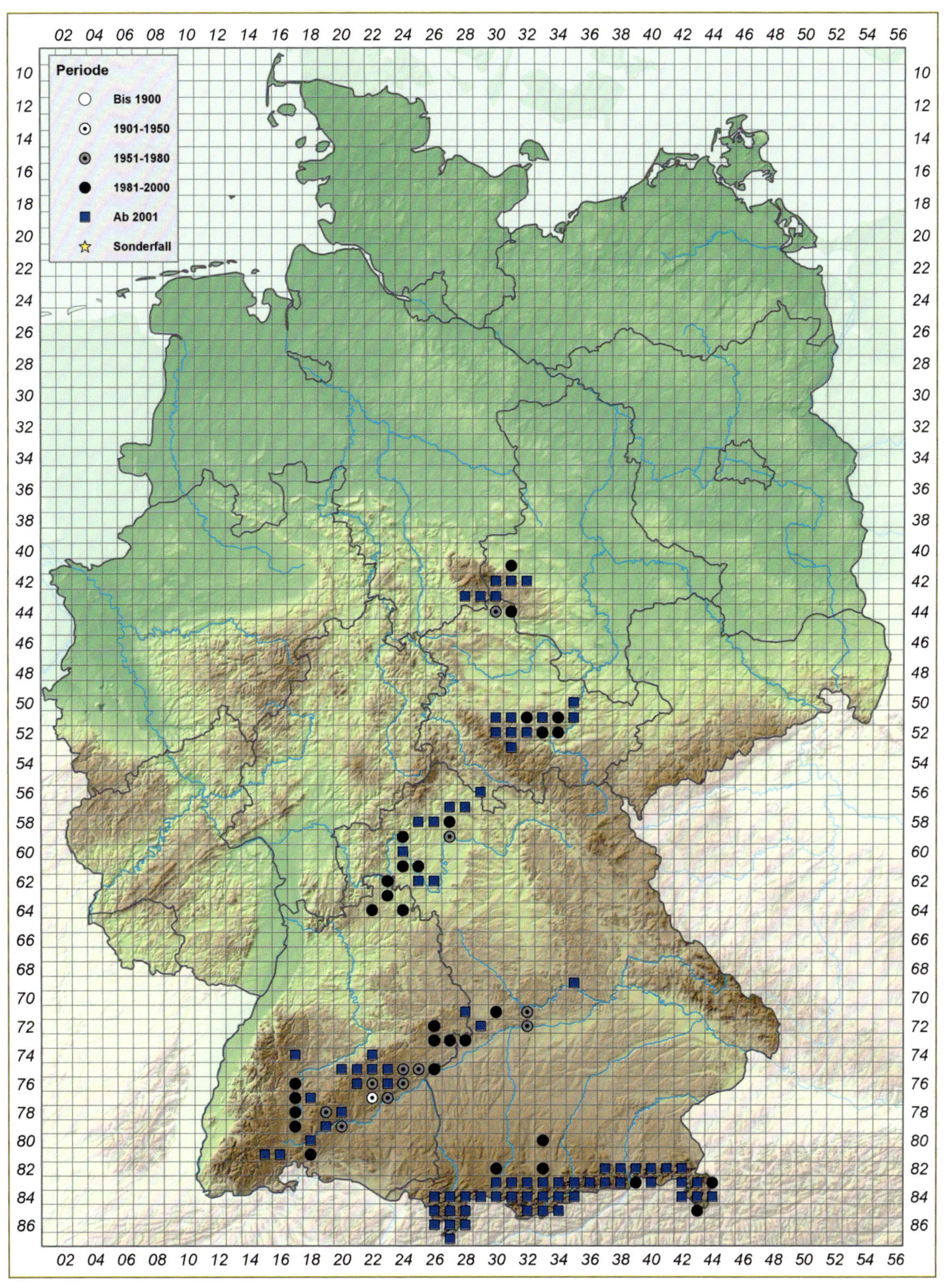
Periode
Bis 1900
1901-1950
1951-1980
1981-2000
Ab 2001
Sonderfall

Lysandra bellargus:
a Oberseite Männchen (Steffen Caspari)
b Unterseite Männchen (Klaus Schurian)
c Raupe (Klaus Schurian)

Lysandra bellargus (Rottemburg, 1775) – Himmelblauer Bläuling

Verbreitung & Vorkommen: Euro-orientalische Art mit nördlichsten Vorkommen im Süden Englands und im Baltikum. Von Portugal durch das warmgemäßigte Europa und die Türkei bis zum Iran. In Deutschland schwerpunktmäßig in den südlichen BL. Keine Nachweise in SH, HH, HB, BE, aktuell auch in MV, NW, BB keine Nachweise. Nachbarstaaten: fehlend in Dänemark und aktuell auch den Niederlanden.

Lebensraum: Kalktrocken-Magerrasen, stark besonnte Hänge, Muschelkalkgebiete mit xerophytischer Vegetation, Steinbrüche und aufgelassene Weinberge. Habitatpräferenz: A, OT, OF.

Biologie & Ökologie: Der Himmelblaue Bläuling findet sich vor allem in Habitaten mit großen Vorkommen des Hufeisenklees (*Hippocrepis comosa*) oder Bunter Beilwicke (*Securigera varia*). Die Art ist stärker an ein warm-trockenes Mikroklima angepasst als *Lysandra coridon* (siehe nächste Art) (Pfeuffer 2000). Der Bläuling ist zwei-, in günstigen Lagen partiell dreibrütig. Die erste Generation Mai bis Juni, die zweite Ende Juli bis in den September. Die Weibchen legen die Eier an die Raupennahrungspflanze, aber auch an trockenes Substrat. Das Überwinterungsstadium ist die Raupe. Raupennahrungspflanzen sind Hufeisenklee und im Norden und Osten ausschließlich die Beilwicke. Die Raupen sind regelmäßig mit Ameisen aus verschiedenen Gattungen assoziiert (Symbiose). Die Raupen kriechen zur Verpuppung an die Wurzeln der Nahrungspflanze, gelegentlich auch in Ameisennester.

Gefährdung: Der Verlust xerothermer Kalkmagerrasen hat an vielen Orten zu einem starken Rückgang der Art geführt. Die Umwandlung dieser mit einem speziellen Mikroklima ausgestatteten Biotope ist eine der größten Gefährdungen für den Himmelblauen Bläuling.

Schutz: Vordringlich sollten Standorte mit Hufeisenklee geschützt werden. Das Mahdregime darf nicht vor September erfolgen und eine Schaf- oder Rinderbeweidung sollte keinesfalls zu intensiv durchgeführt werden oder zu einer Eutrophierung des Biotops führen.

Klaus Schurian

RL-D (2011): 3
Aktueller Bestand: mh
Entwicklungstrend kurzfristig: (↓)
Bestandstrend langfristig: <<
BArtSchV (2005): besonders geschützt

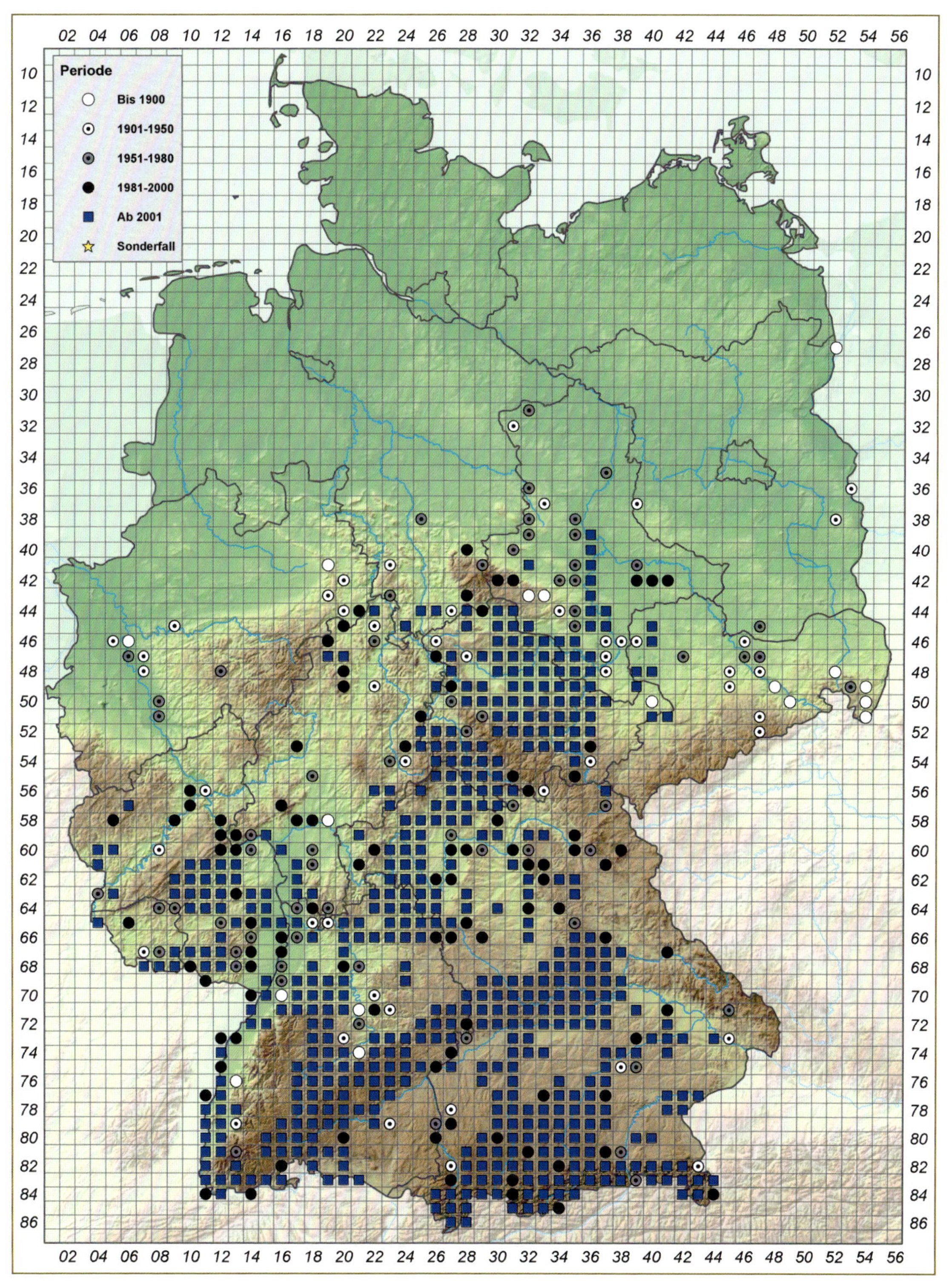
Periode
Bis 1900
1901-1950
1951-1980
1981-2000
Ab 2001
Sonderfall

Lysandra coridon: **a** Oberseite Männchen (Erk Dallmeyer) **b** Unterseite Männchen (links) und Weibchen (rechts) (Andreas Kolossa) **c** Raupe (Mario Trampenau) **d** Eier (Klaus Schurian)

Lysandra coridon (Poda, 1761) – Silbergrüner Bläuling

Verbreitung & Vorkommen: Euro-orientalische Art, in Europa mit Vorkommen von Südengland bis in den Norden der Iberischen Halbinsel, durch das warm-gemäßigte Europa ostwärts bis Südrussland und Westkasachstan. In Deutschland vor allem im Süden und der Mitte in den Kalkgebieten. Keine aktuellen Nachweise in SH, HH, HB, MV, BE. In allen Nachbarstaaten außer Dänemark.

Lebensraum: Ähnlich dem von *Lysandra bellargus*, das heißt lückige Magerrasen in Kalkgebieten, auf Keuperflächen und basischen Sanden. *L. coridon* verträgt ein etwas kühleres Mikroklima als die Schwesterart. Habitatpräferenz: A, OT, OF.

Biologie & Ökologie: Im Gegensatz zu *Lysandra bellargus* ist *L. coridon* in Deutschland überall univoltin. Erste Falter erscheinen in warmen Jahren bereits Ende Juni und die Flugzeit dauert bis September. Die Falter besuchen verschiedene Blütenpflanzen zur Nektaraufnahme (Schmitt 2015). Zur Eiablage kriechen die Weibchen an den Stängeln der Futterpflanze zum Boden und deponieren die Eier an die Blättchen, Stängel etc. Es kommt sowohl die Überwinterung im Ei als auch als kleine Raupe in Betracht. Die Raupen sind myrmekophil und mit verschiedenen Ameisenarten vergesellschaftet. Raupennahrungspflanzen sind Gewöhnlicher Hufeisenklee (*Hippocrepis comosa*), in Brandenburg und Sachsen nur Bunte Beilwicke (*Securigera varia*). Zur Verpuppung wandern die Raupen zu den Wurzeln der Futterpflanze oder unter Steine, gelegentlich aber auch in die Gänge von Ameisennestern.

Gefährdung: Der Silbergrüne Bläuling ist aktuell nicht gefährdet.

Schutz: Der Erhalt von Magerrasen auf basischem Substrat durch regelmäßige Beweidung oder Mahd ist für den Fortbestand des Falters erforderlich.

Klaus Schurian & Thomas Schmitt

RL-D (2011): *
Aktueller Bestand: h
Entwicklungstrend kurzfristig: (↓)
Bestandstrend langfristig: <
BArtSchV (2005): besonders geschützt

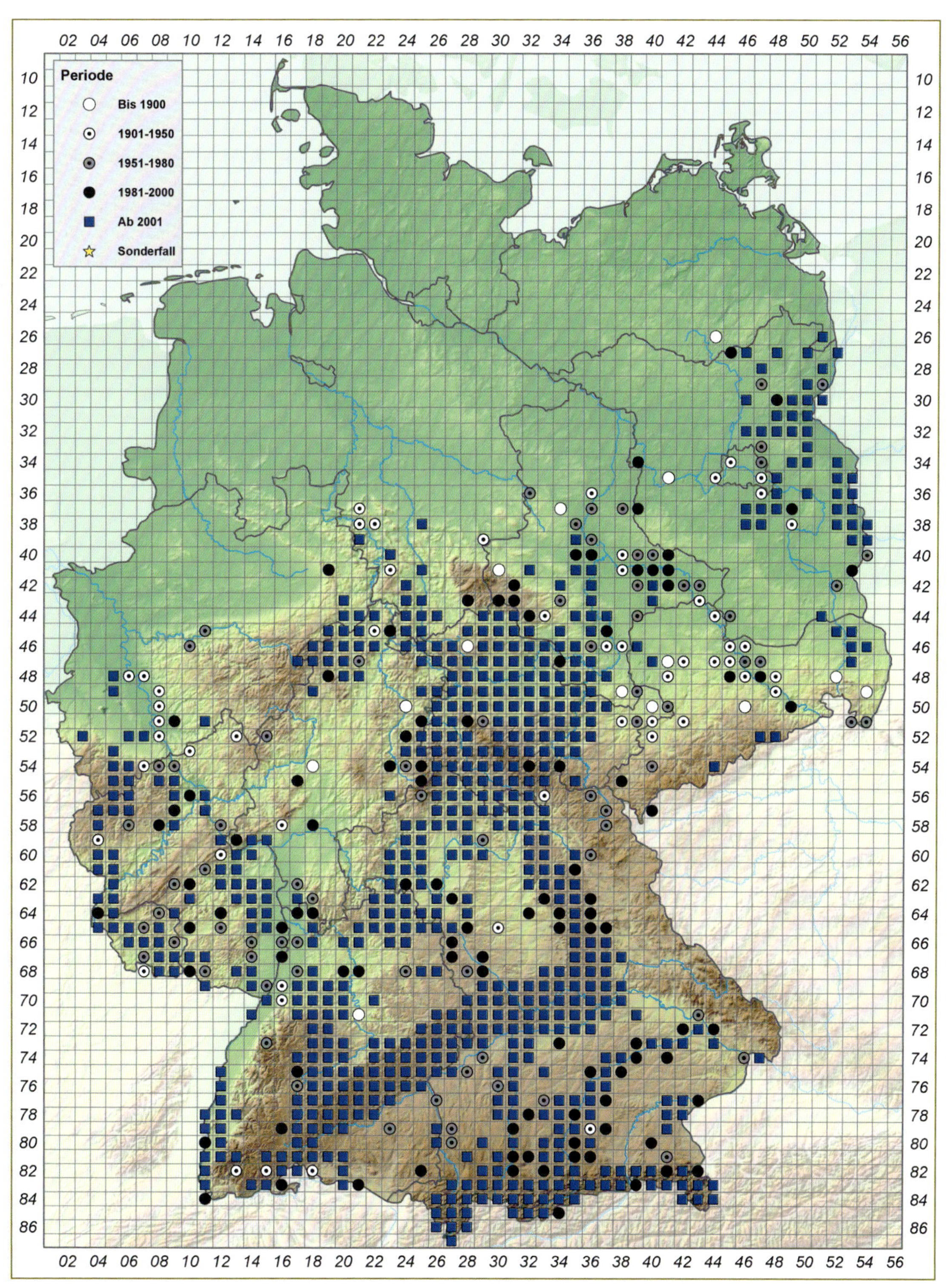
Periode
Bis 1900
1901-1950
1951-1980
1981-2000
Ab 2001
Sonderfall

Polyommatus thersites:
a Unterseite (Erk Dallmeyer)
b Oberseite Männchen (Benno v. Blanckenhagen)
c Eier (Michael Zepf)

Polyommatus thersites (Cantener, 1835) – Esparsetten-Bläuling

Verbreitung & Vorkommen: Euro-sibirische Art; Südliches und warm-gemäßigtes Europa, Südwest-, West- und Zentralasien. Auf den Britischen Inseln und den Mittelmeerinseln fehlend; Marokko. In Deutschland erreicht die Art ihre nördliche Arealgrenze und ist auf das Hügelland und die Kalk-Mittelgebirge (bis ca. 900 m über NN) beschränkt. In NI und HE ausgestorben, alte Einzelfunde in SN, in ST und RP sehr selten, reichere Bestände noch in BY, BW, TH und SL, sonst fehlend. Nicht in Luxemburg, den Niederlanden und Dänemark, in Belgien verschollen, sonst in allen Nachbarstaaten.

Lebensraum: Halbtrocken- und Steppenrasen, Wacholderheiden, trockene Glatthaferwiesen, Weinbergsbrachen, Böschungen, magere Säume und Ackerbrachen. An Vorkommen der Esparsette (*Onobrychis* spp.) gebunden. In Teilen des Areals erst mit der Etablierung der Saat-Esparsette (*O. viciifolia*) ab dem 16. Jhd. eingewandert. Das ursprüngliche Areal wird durch die Verbreitungsgebiete von Sand-Esparsette (*O. arenaria*) und wahrscheinlich auch Berg-Esparsette (*O. montana*) (BW: Schwäbische Alb, Obere Donau) umrissen. Habitatpräferenz: OT, (OM, BS).

Biologie & Ökologie: Zwei Generationen von Ende April bis Anfang September. Die Eiablage erfolgt an grüne Pflanzenteile der Esparsetten-Arten. Die häufig von Ameisen begleiteten Raupen überwintern halb erwachsen; sie verpuppen sich am Boden. Die Falter saugen meist an Blüten der Raupennahrungspflanzen. Die Saugpflanzen sind aufgrund der Verwechslungsgefahr der Falter mit *Polyommatus icarus* (Rottemburg, 1775) wenig dokumentiert.

Gefährdung: Rückgang durch Aufgabe oder Intensivierung der Nutzung. Anhaltende Verluste vor allem gegen die nördliche Arealgrenze. Noch günstige Situation an der oberen Donau, im Jura, in NW-Bayern, in Teilen Thüringens und im Bliesgau (SL).

Schutz: Düngerfreie Bewirtschaftung und einschürige Mahd bzw. extensive Beweidung; Belassen von Altgrasstreifen.

Steffen Caspari

RL-D (2011): 3
Aktueller Bestand: s
Entwicklungstrend kurzfristig: (↓)
Bestandstrend langfristig: <
BArtSchV (2005): besonders geschützt

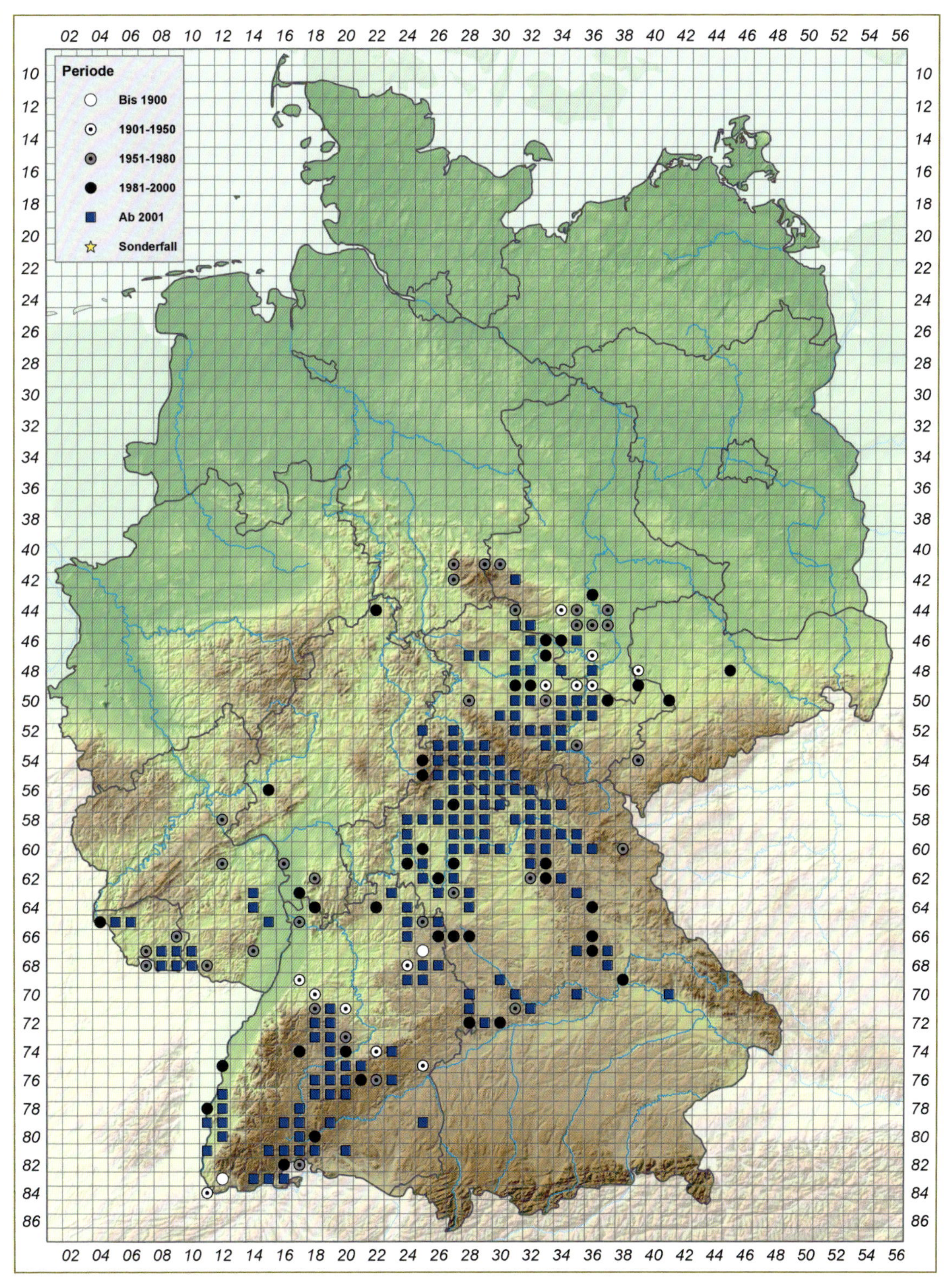
Periode
Bis 1900
1901-1950
1951-1980
1981-2000
Ab 2001
Sonderfall

Polyommatus daphnis: **a** Oberseite Weibchen (Thomas Netter) **b** Ei (Arik Siegel) **c** Unterseite (Erk Dallmeyer) **d** Raupen (Klaus Schurian

Polyommatus daphnis ([Denis & Schiffermüller], 1775) – Zahnflügel-Bläuling

Verbreitung & Vorkommen: Euro-orientalische Art. Vorkommen in Mitteleuropa, Südeuropa (in Spanien nur lokal), auf dem Balkan bis Vorderasien, Türkei und Iran. Fehlt auf den Mittelmeerinseln mit Ausnahme von Sizilien. In Deutschland nur im mittleren und südlichen Teil, schwerpunktmäßig in Bayern und grenznahen Gebieten von BW, HE und TH; Einzelfunde in SN, ST. Keine Nachweise aus den übrigen BL. Nachbarstaaten: in Frankreich, der Schweiz, Österreich, Tschechien, Polen.

Lebensraum: Thermophytisch geprägte Magerrasen auf kalkigem Substrat, außerdem Steinbrüche, Wegränder und südexponierte Böschungen. Habitatpräferenz: OG, OT, OF.

Biologie & Ökologie: Der Bläuling ist einbrütig, die Hauptflugzeit ist Juli bis August. Die Falter saugen gern an Dost (*Origanum vulgare*), Skabiosen-Flockenblume (*Centaurea scabiosa*), Bastard-Luzerne (*Medicago × varia*), Tragant (*Astragalus* spp.) und weiteren Pflanzen. Die Eier werden in der Nähe der Nahrungspflanze an trockenem Substrat abgelegt. Das Überwinterungsstadium ist das Ei. Raupennahrungspflanze ist Bunte Beilwicke (*Securigera varia*), seltener auch Gewöhnlicher Hufeisenklee (*Hippocrepis comosa*). Die Raupen sind mit verschiedenen Ameisenarten vergesellschaftet und fakultativ myrmekophil. Die Verpuppung erfolgt in der Bodenstreu.

Gefährdung: Werden Magerrasenflächen nicht beweidet oder gemäht, verbuschen sie innerhalb weniger Jahre und sind dann für den Falter ungeeignet (falsches Mikroklima).

Schutz: Erhalt, Pflege- und Entbuschungsmaßnahmen von kalkigen Magerrasenflächen und eine regelmäßige Beweidung sind für diesen Bläuling überlebenswichtig.

Klaus Schurian

RL-D (2011): 3
Aktueller Bestand: s
Entwicklungstrend kurzfristig: (↓)
Bestandstrend langfristig: <
BArtSchV (2005): besonders geschützt

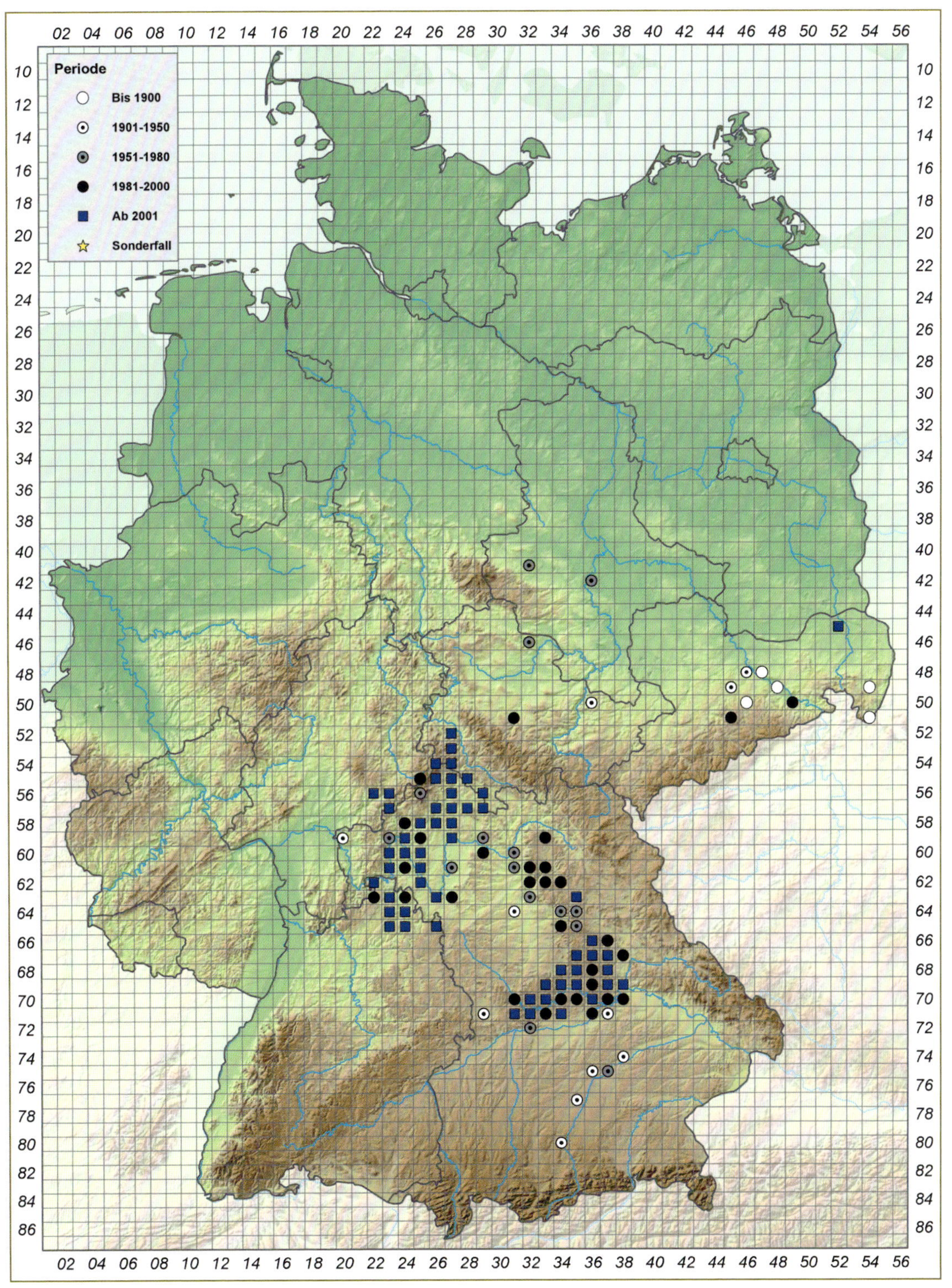
Periode
Bis 1900
1901-1950
1951-1980
1981-2000
Ab 2001
Sonderfall

Polyommatus amandus:
a Oberseite Männchen (Oliver Böck)
b Unterseite (Erk Dallmeyer)
c Ei (Thomas Netter)

Polyommatus amandus (Schneider, 1792) – Vogelwicken-Bläuling

Verbreitung & Vorkommen: Paläarktische Art. Vorkommen von Nordwest-Afrika und der Iberischen Halbinsel (vornehmlich in den Sierras) über Süd- und Mitteleuropa bis Fennoskandien, nach Osten über Kleinasien bis in den Iran und Korea. Fehlt in Nordwest-Europa und auf den Mittelmeerinseln. In Deutschland vornehmlich im östlichen Teil. Keine Nachweise in HB, NW, RP, SL. In allen Nachbarstaaten außer Belgien, Luxemburg, den Niederlanden.

Lebensraum: Halbtrockenrasen, Wiesen, Brachen, Säume, Hecken- und Wegränder, Grünlandflächen und Waldlichtungen mit jeweils reichlichen Beständen von Vogel-Wicke (*Vicia cracca*) und Wiesen-Platterbse (*Lathyrus pratensis*). Habitatpräferenz: OW, OM, OG, BF(?), OO.

Biologie & Ökologie: Der Falter findet sich in Waldlichtungen, feuchtem Grünland, vornehmlich aber an Trockenstandorten mit großen Vorkommen an Vogel-Wicke (*Vicia cracca*) und Wiesen-Platterbse (*Lathyrus pratensis*). Diese beiden Pflanzenarten werden auch als Nektarquellen genutzt. Der Falter ist einbrütig und fliegt von Ende Mai bis Ende August je nach Höhenlage. Die Eiablage erfolgt an die Ober- und Unterseite der Raupennahrungspflanze. Die Überwinterung erfolgt im Larvalstadium (L2–L3). Raupennahrungspflanzen sind Vogel-Wicke und Wiesen-Platterbse. Die Raupen sind mit Ameisen aus den Gattungen *Tapinoma*, *Formica*, *Myrmica* und *Lasius* vergesellschaftet/assoziiert.

Gefährdung: Zerstörung von Biotopen mit großen Vogelwickenbeständen, Mulchen von Böschungen, zu häufige Mahd und Überdüngung.

Schutz: Die vorhandenen Vogelwickenbestände sollten nur alle zwei bis drei Jahre mosaikartig gemäht werden. Bei Neuanlage von Böschungen und Straßenrändern sollte die Vogel-Wicke mit eingesät werden.

Klaus Schurian

RL-D (2011): *
Aktueller Bestand: h
Entwicklungstrend kurzfristig: =
Bestandstrend langfristig: >
BArtSchV (2005): besonders geschützt

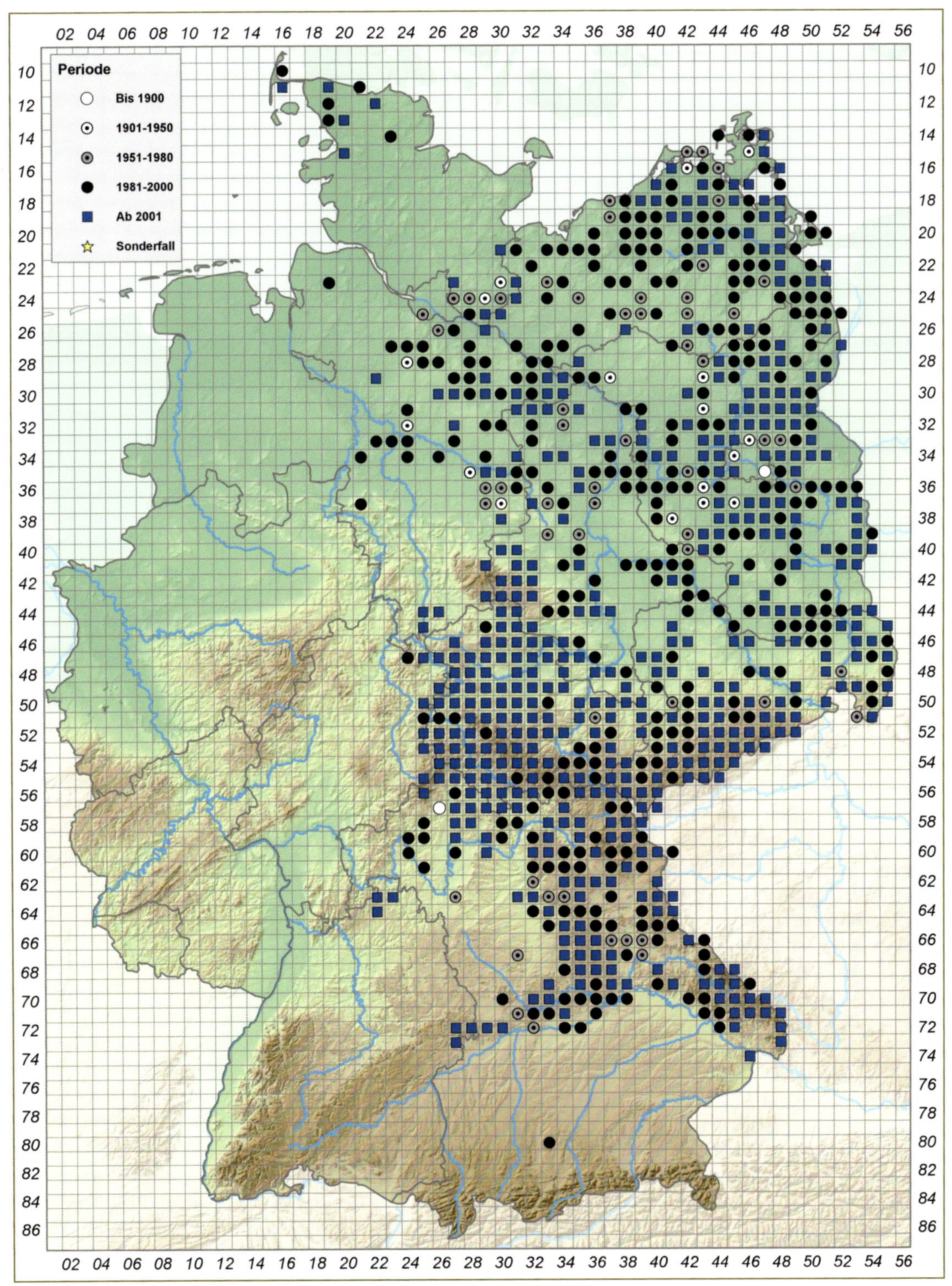
Periode
Bis 1900
1901-1950
1951-1980
1981-2000
Ab 2001
Sonderfall
02 04 06 08 10 12 14 16 18 20 22 24 26 28 30 32 34 36 38 40 42 44 46 48 50 52 54 56
10 12 14 16 18 20 22 24 26 28 30 32 34 36 38 40 42 44 46 48 50 52 54 56 58 60 62 64 66 68 70 72 74 76 78 80 82 84 86

Polyommatus dorylas:
a Oberseite Weibchen (Oliver Böck)
b Oberseite Männchen (Oliver Böck)
c Unterseite Männchen (Erk Dallmeyer)

Polyommatus dorylas ([Denis & Schiffermüller], 1775) – Wundklee-Bläuling

Verbreitung & Vorkommen: Euro-orientalische Art. Regional begrenzte Vorkommen im Südbaltikum und in Südost-Schweden, in Mittelgebirgen Mitteleuropas, Gebirgen Italiens, Frankreichs und Spaniens wie auch den Gebirgen der Balkanländer, Ukraine. Darüber hinaus in Kleinasien, Transkaukasien bis nach Vorderasien und Südrussland. In Deutschland keine Nachweise in SH, HH, HB, MV, BE, BB, SL. Aus NW und SN nur alte Meldungen. Sichere aktuelle Vorkommen in ST, TH, BW und BY. Nachbarstaaten: in der Schweiz, Frankreich, Österreich, Tschechien, Polen; in Belgien ausgestorben.
Lebensraum: Lückige Magerrasen auf Kalk, basische Sandrasen, alpine Rasen, Kalksteinbrüche, südexponierte, xerotherme Böschungen und Wegränder. Habitatpräferenz: A, OT, OF, OG.
Biologie & Ökologie: Der Wundklee-Bläuling ist ein- und zweibrütig. Zweibrütige Populationen sind bisher nur aus tieferen Lagen in BW bekannt und aktuell nahezu ausgestorben. Flugzeit war hier von Mitte Mai bis Ende Juni und wieder im August. Blütenbesuch vor allem an Dost (*Origanum vulgare*), Gewöhnlichem Wundklee (*Anthyllis vulneraria*), Gewöhnlichem Hornklee (*Lotus corniculatus*) und weiteren Fabaceae. Die Eier werden an die Blattober- oder -unterseiten von Wundklee, aber auch an dessen Blüten geheftet. Überwinterungsstadium ist die junge Raupe.
Als Raupennahrungspflanze nachgewiesen nur Wundklee (Eiablage an bzw. in den Blättern). Die Raupen verkriechen sich zur Verpuppung in der Laubstreu.
Gefährdung: Der Wundklee-Bläuling gehört zu den stark gefährdeten Bläulingen. Düngung von Weiden und Wiesen, übermäßige oder völlig fehlende Beweidung und Verbuschung verursachen Habitatverluste und können zum Aussterben des Falters führen.
Schutz: Förderung der Raupennahrungspflanze Wundklee. Die Nahrungspflanze gedeiht dort, wo der Konkurrenzdruck durch andere Pflanzen gering bleibt, vor allem auf flachgründigen und lückigen Kalkmagerrasen.

Ralf Bolz & Klaus Schurian

RL-D (2011): 2
Aktueller Bestand: ss
Entwicklungstrend kurzfristig: ↓↓
Bestandstrend langfristig: <<
BArtSchV (2005): besonders geschützt

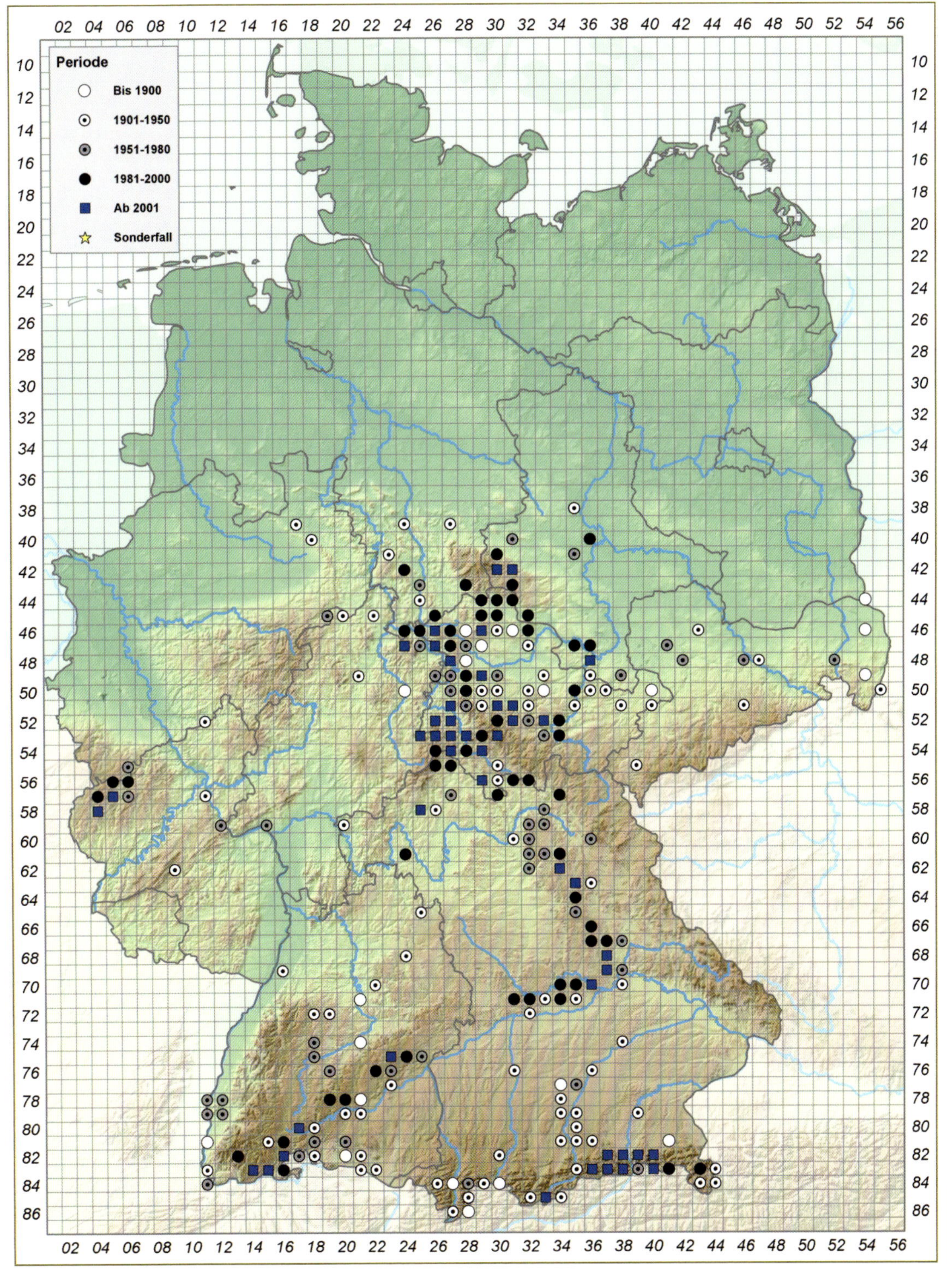
Periode
Bis 1900
1901-1950
1951-1980
1981-2000
Ab 2001
Sonderfall

Polyommatus icarus:
a Oberseite Männchen (Erk Dallmeyer)
b Oberseite Weibchen (Erk Dallmeyer)
c Unterseite Weibchen (Martin Albrecht)

Polyommatus icarus (Rottemburg, 1775) – Hauhechel-Bläuling, Gewöhnlicher Bläuling

Verbreitung & Vorkommen: Euro-sibirische Art. Der Hauhechel-Bläuling kommt in fast ganz Europa, Kleinasien, dem Mittleren Osten und durch die klimatisch gemäßigten Bereiche Asiens bis Kamtschatka vor und fehlt nur im Süden der Iberischen Halbinsel, auf den Balearen, Sardinien und Sizilien, wo er (wie in Nordafrika und auf den Kanaren) von der ähnlichen *P. celina* (Austaut, 1879) ersetzt wird (Dincă et al. 2011). Eingeschleppt auch in Kanada. In Deutschland in allen BL nachgewiesen, ebenso in sämtlichen Nachbarstaaten. Gemessen an der Rasterfrequenz ist er der häufigste Tagfalter Europas.

Lebensraum: Die Art kommt in (fast) allen Lebensräumen wie Trocken- und Halbtrockenrasen, Wiesen, Brachflächen, Dämmen, Gräben, Waldrändern, Gärten usw. vor. Habitatpräferenz: A, OH, OT, OF, OW, OR, OM, OG, OO, BS.

Biologie & Ökologie: Der Bläuling kommt sowohl in trockenen, als auch in feuchten Habitaten vor, sofern genügend Nektar- wie auch Raupennahrungspflanzen vorhanden sind. Die Falter fliegen in zwei bis drei Generationen von Mai bis in den September. Die Weibchen legen die Eier vor allem an Blüten und Blätter von Schmetterlingsblütlern (s. u.). Die Raupen überwintern in unterschiedlichen Larvalstadien und sind gelegentlich mit Ameisen aus verschiedenen Gattungen vergesellschaftet. Raupennahrungspflanzen sind Gewöhnlicher Hornklee (*Lotus corniculatus*), Weiß-Klee (*Trifolium repens*), Hopfen-Luzerne (*Medicago lupulina*), Bastard-Luzerne (*M.* × *varia*), aber auch zahlreiche andere Fabaceae wie Gewöhnlicher Hufeisenklee (*Hippocrepis comosa*), Bunte Beilwicke (*Securigera varia*), Rot-Klee (*Trifolium pratense*). Die Verpuppung erfolgt bodennah in der Streuschicht, seltener an den Blättern der Raupennahrungspflanze.

Gefährdung: Die Art ist aktuell nicht gefährdet.

Schutz: Für die Art sind aktuell keine speziellen Schutzmaßnahmen notwendig.

Klaus Schurian & Thomas Schmitt

RL-D (2011): *
Aktueller Bestand: sh
Entwicklungstrend kurzfristig: =
Bestandstrend langfristig: =
BArtSchV (2005): besonders geschützt

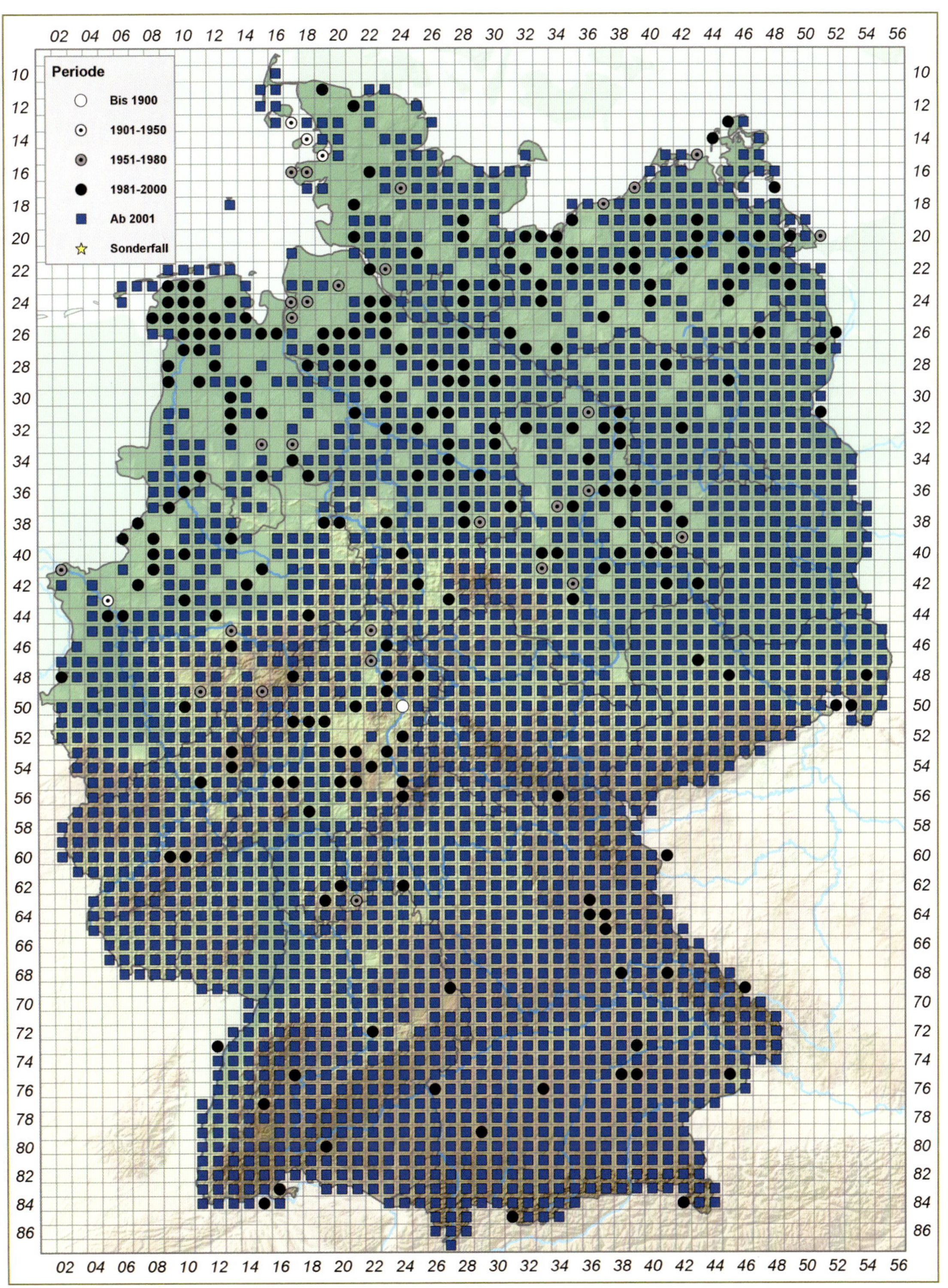
Periode
Bis 1900
1901-1950
1951-1980
1981-2000
Ab 2001
Sonderfall

Polyommatus eros:
a Oberseite Weibchen (Martin Albrecht)
b Unterseite Weibchen (Martin Albrecht)

Polyommatus eros (Ochsenheimer, 1808) – Eros-Bläuling

Verbreitung & Vorkommen: Euro-sibirische Art. Verbreitet in Gebirgsregionen Europas (Pyrenäen bis zu den Gebirgen des Balkans) sowie West- und Zentralasiens. In Deutschland kommt die Art nur in BY vor, ausschließlich in den Allgäuer Hochalpen, dort aktuell lediglich 10–15 Fundorte. Nachbarstaaten: in der Schweiz, Österreich, Frankreich, Polen.

Lebensraum: Typische Art der subalpinen Bergwaldstufe, welche dort Urwiesen und das Nebeneinander an gehölzfreien Sonderstrukturen (alpine Rasen, Schuttfluren, Hochstaudenfluren und Felskopfgesellschaften) in Südexposition besiedelt. Die aktuellen Nachweise befinden sich in Höhenlagen zwischen 1400 und 2100 m über NN. Habitatpräferenz: A.

Biologie & Ökologie: Die Flugzeit dauert von Juli bis Ende August. Die Art fliegt überwiegend außerhalb beweideter Bereiche in niedrigen Populationsdichten. In Bayern gibt es Saugnachweise an Thymian (*Thymus pulegioides* s. L.), daneben auch an feuchter Erde, Schweiß und Rinderkot. Raupen- bzw. Eifunde in der Schweiz an Berg-Spitzkiel (*Oxytropis montana*) und Gewöhnlichem Hornklee (*Lotus corniculatus*). Raupen in Symbiose mit Ameisen, z. B. *Myrmica gallienii* oder *Formica lemani*. Die Entwicklung ist einjährig.

Gefährdung: Es besteht aufgrund der wenigen Vorkommen eine Gefährdungslage durch Rinderbeweidung.

Schutz: Aufgrund der geringen Datenlage sollte die Art genauer untersucht werden. Vermutet wird, dass eine intensive Beweidung durch Rinder schadet. Erhaltung von Urwiesen.

Oliver Böck

RL-D (2011): R
Aktueller Bestand: es
Entwicklungstrend kurzfristig: ?
Bestandstrend langfristig: ?
BArtSchV (2005): besonders geschützt

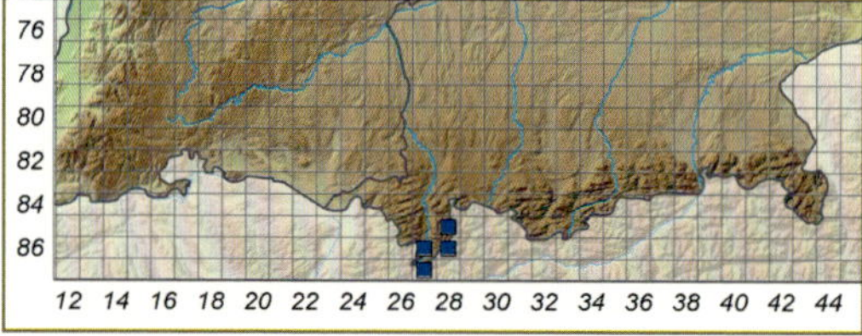

Der Streifenbläuling (*Polyommatus damon*) gehört zu den am stärksten gefährdeten Bläulingsarten in Deutschland. Er ist auf trockenen Kalkmagerrasen anzutreffen. (Foto: Andreas Kolossa)

Polyommatus damon:
a Unterseite (Andreas Kolossa)
b Oberseite Männchen (Oliver Böck)
c Raupe (Oliver Böck)

Polyommatus damon ([Denis & Schiffermüller], 1775) – Streifen-Bläuling

Verbreitung & Vorkommen: Euro-sibirische Art, deren Gesamtverbreitung sich von Südeuropa über den Balkanraum, Griechenland und die Türkei bis in die Mongolei erstreckt. Fehlt im Westen und Norden Europas sowie auf allen Inseln. In Deutschland nur lokal in TH, BW und BY. Von ST, RP, NW, HE und SN liegen nur historische oder Einzelfundmeldungen vor. Nachbarstaaten: in Frankreich, der Schweiz, Österreich, Tschechien; früher Niederlande, Polen.

Lebensraum: Trockene Kalkmagerrasen mit größeren Beständen von Esparsette. Besiedelt werden außerdem Böschungen und breite Wegränder an klimatisch begünstigten Standorten, wie Steinbrüche, Felshänge und Wacholderheiden. Habitatpräferenz: OT, OF.

Biologie & Ökologie: Die Art ist einbrütig und fliegt von Juli bis August. In manchen Jahren kann die Flugzeit bereits im Juni beginnen oder auch bis in den September dauern. Die Eiablage erfolgt in den meisten Fällen in die Tragblattachseln der Raupennahrungspflanze, aber auch in den Kelchboden und die Samenkapseln. Überwinterung sowohl als Ei als auch als Raupe (L1–L2). Raupennahrungspflanzen sind Sand-Esparsette (*Onobrychis arenaria*) und Futter-Esparsette (*O. viciifolia*). Kleinere Raupen verursachen Fensterfraß, größere Raupen fressen dann die Blüten der Futterpflanzen. Die Verpuppung erfolgt in der Bodenstreu.

Gefährdung: Der Streifen-Bläuling gehört zu den am stärksten gefährdeten Bläulingsarten in Deutschland. Sowohl ein falsches Biotopmanagement durch zu starke Überweidung als auch ein Unterlassen von Hilfsmaßnahmen führt dazu, dass dieser Falter immer mehr verschwindet.

Schutz: Nur ein auf das (jährlich unterschiedliche) Erscheinen des Bläulings optimal eingestelltes Biotopmanagement kann diesen Falter langfristig in Deutschland erhalten (Geyer 2013).

Klaus Schurian

RL-D (2011): 1
Aktueller Bestand: ss
Entwicklungstrend kurzfristig: ↓↓↓
Bestandstrend langfristig: <<
BArtSchV (2005): streng geschützt

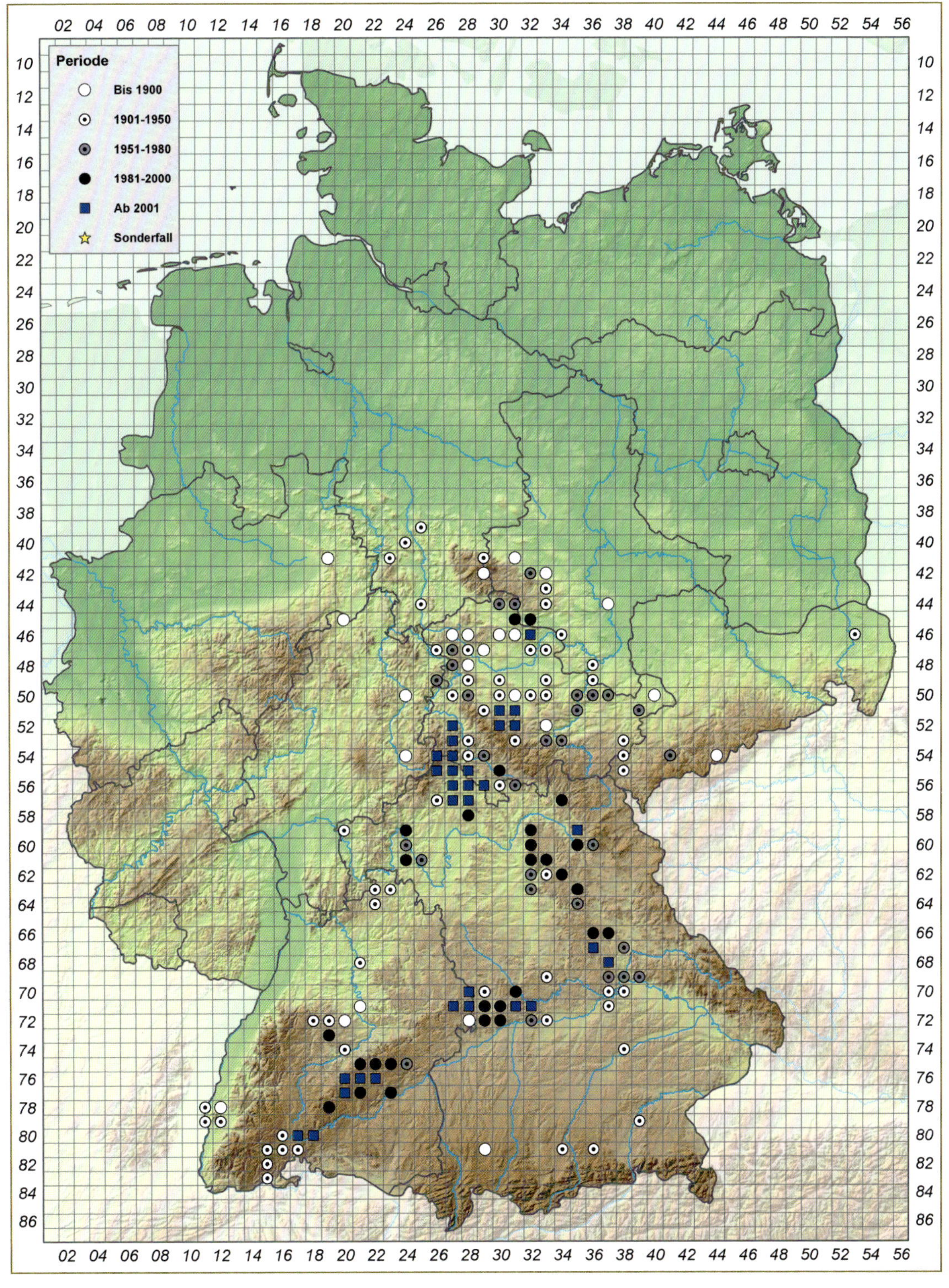
Periode
Bis 1900
1901-1950
1951-1980
1981-2000
Ab 2001
Sonderfall

Limenitis reducta:
a Unterseite (Michael Zepf)
b Oberseite (Michael Zepf
c Raupe (Gabriel Hermann)

Limenitis reducta Staudinger, 1901 – Blauschwarzer Eisvogel

Verbreitung & Vorkommen: Euro-orientalische Art. Von Nordspanien durch das südliche Europa ostwärts bis zum Kaukasus und Iran. In Deutschland historisch nur zerstreut verbreitet (BW, BY, RP, HE, NW). Letzte Vorkommen bei weiter abnehmender Tendenz auf Täler und Hochflächen der Schwäbischen Alb (BW) beschränkt (Hermann 2007). Nachbarstaaten: Frankreich, Schweiz, Österreich; in Tschechien ausgestorben.

Lebensraum: Siedlungsschwerpunkt auf Kahlschlägen, in Sturmwurfflächen und Leitungsschneisen. Seltener auf Kalkmagerrasen, in denen durch Baumausstockungen Heckenkirsche gefördert wurde. Habitatpräferenz: WY, OT, OF, BF.

Biologie & Ökologie: In Deutschland geringe Siedlungsdichten, lokale Beobachtungszahlen von mehr als zehn Faltern selten. Imagines mobil, neue Habitate werden im Radius von 1–2 km rasch besiedelt. Auf Schwäbischer Alb eine Jahresgeneration mit Hauptflug zwischen zweiter Juni- und erster Julidekade. Regelmäßiger Blütenbesuch mit Bevorzugung weißer Dolden. Wasser- und Mineralienaufnahme an feuchten Erdstellen. In Deutschland Rote Heckenkirsche (*Lonicera xylosteum*) fast einzige Raupennahrungspflanze, dabei Präferenz für besonnte, mittelgroße bis große Sträucher. Überwinterung in Blattgehäuse, das ab Mitte/Ende April verlassen wird.

Gefährdung: Abschaffung von Kahlhieben („naturnaher Waldbau"). Dadurch Mangel an Lichtungen, der durch seltene Ereignisse wie Sturmwurf, Borkenkäferkalamität oder Bergrutsch nicht kompensiert wird. Restvorkommen verinseln. Habitateignung der Kalkmagerrasen von regelmäßiger Gehölzentnahme abhängig (siehe unten), diese rückläufig.

Schutz: Gezieltes Kahlschlagmanagement in verbliebenen Verbreitungsräumen. Ausstocken von Baumbeständen und anderen Sukzessionsgehölzen im Rahmen der Magerrasenpflege. Gehölzentnahme fördert Rote Heckenkirsche und trägt direkt zur Stützung lokaler Vorkommen bei.

Gabriel Hermann

RL-D (2011): 1
Aktueller Bestand: ss
Entwicklungstrend kurzfristig: ↓↓
Bestandstrend langfristig: <<
BArtSchV (2005): besonders geschützt

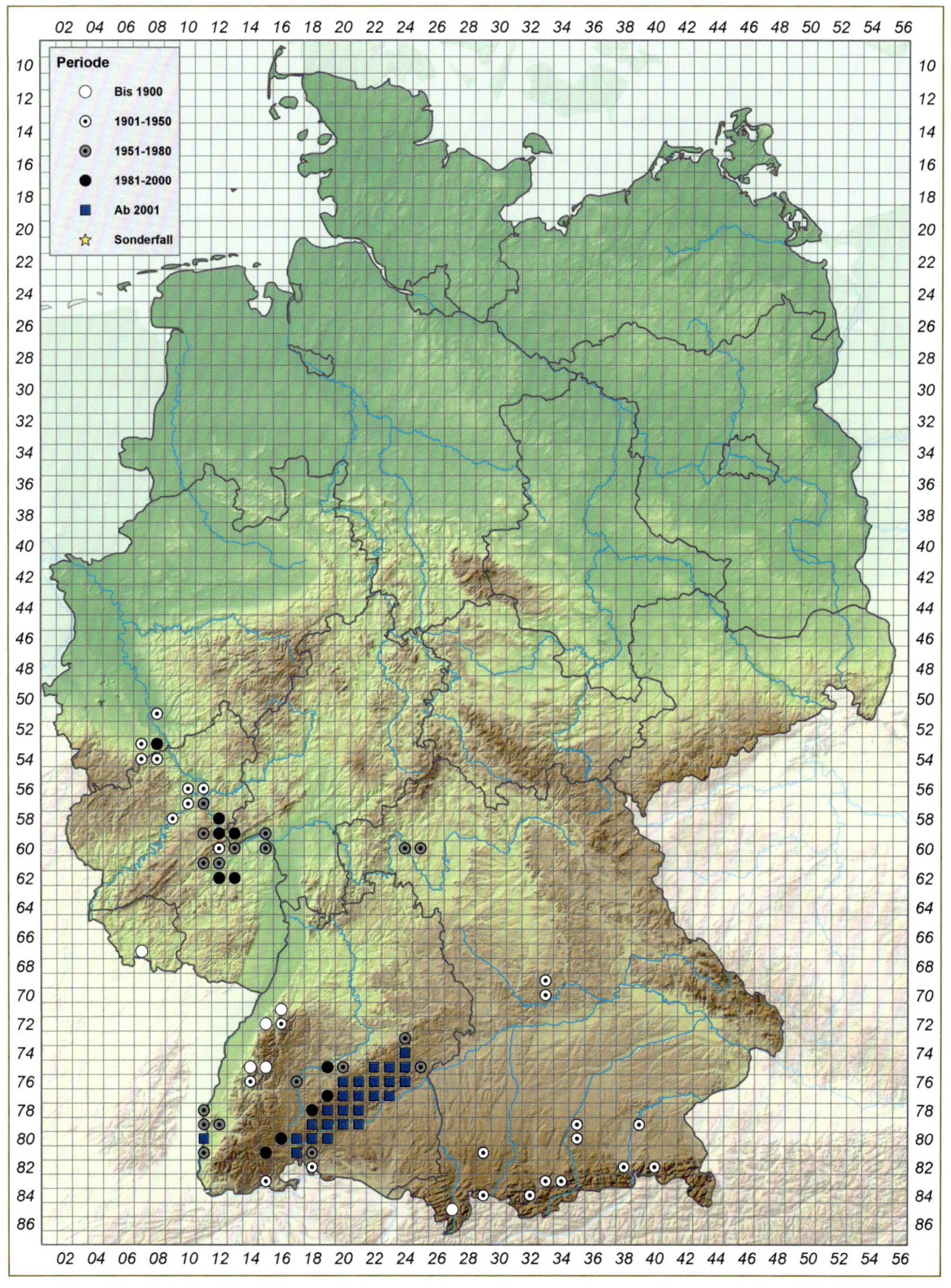
Periode
Bis 1900
1901-1950
1951-1980
1981-2000
Ab 2001
Sonderfall

Limenitis populi: **a** Oberseite (Oliver Schmitz) **b** Unterseite (Erk Dallmeyer) **c** Raupe (Klaus Schurian) **d** Raupe im Hibernarium (Arik Siegel)

Limenitis populi (Linnaeus, 1758) – Großer Eisvogel

Verbreitung & Vorkommen: Euro-sibirische Art. Von Westfrankreich durch das gemäßigte Eurasien bis Japan. In Deutschland aus allen BL belegt. In neuerer Zeit Räumung der Tiefebenen im Nordwesten. Verbreitungsschwerpunkte in Erzgebirge, Harz, Rhön, Fichtelgebirge, Bayerischem Wald, Schwarzwald, Hunsrück. Aus allen Nachbarstaaten gemeldet, aber verschollen in den Niederlanden und Dänemark.
Lebensraum: Die Art ist auf subkontinentales Klima angewiesen. Waldreiche Landschaften mit Vorwaldstadien. Larvalhabitat in Freileitungs- und Forstwegschneisen, Mittelwäldern, auf Kahlschlägen, militärischen Übungsplätzen und waldnahen Sukzessionsflächen. Eiablage in allen Schichten der Wirtsgehölze (untere Zweige bis Baumwipfel). Habitatpräferenz: WL, WS, WY, BT.
Biologie & Ökologie: Falter einbrütig, Siedlungsdichte meist gering. Beide Geschlechter nehmen an feuchten Bodenstellen Mineralien auf, Männchen saugen an Aas und Exkrementen. Zitter-Pappel (*Populus tremula*) wichtigstes Wirtsgehölz in Deutschland, aber auch Nutzung von Hybrid- und Balsam-Pappeln (*P.* × *canadensis* bzw. *P. trichocarpa*). Eiablage einzeln auf Pappelblattspitzen. Überwinterung als Jungraupe in Blattgehäuse.
Gefährdung: Hauptgefährdung durch milder werdende Winter, regional durch „naturnahen Waldbau" gefährdet (Mangel an Pioniergehölzen). Abholzen von Weichlaubhölzern kann kurzfristig zum Rückgang oder Erlöschen lokaler Bestände führen. Gleichzeitig schaffen niederwaldartige Pflegehiebe neue Initialstandorte für die Zitter-Pappel.
Schutz: Förderung von Zitter-Pappeln aller Altersklassen in Freileitungs- und Forstwegschneisen, auf Kahlschlägen, in Nieder- und Mittelwaldschlägen, an vor Wintersonne abgeschirmten Waldrändern.

Gabriel Hermann

RL-D (2011): 2
Aktueller Bestand: s
Entwicklungstrend kurzfristig: ↓ ↓
Bestandstrend langfristig: <<
BArtSchV (2005): besonders geschützt

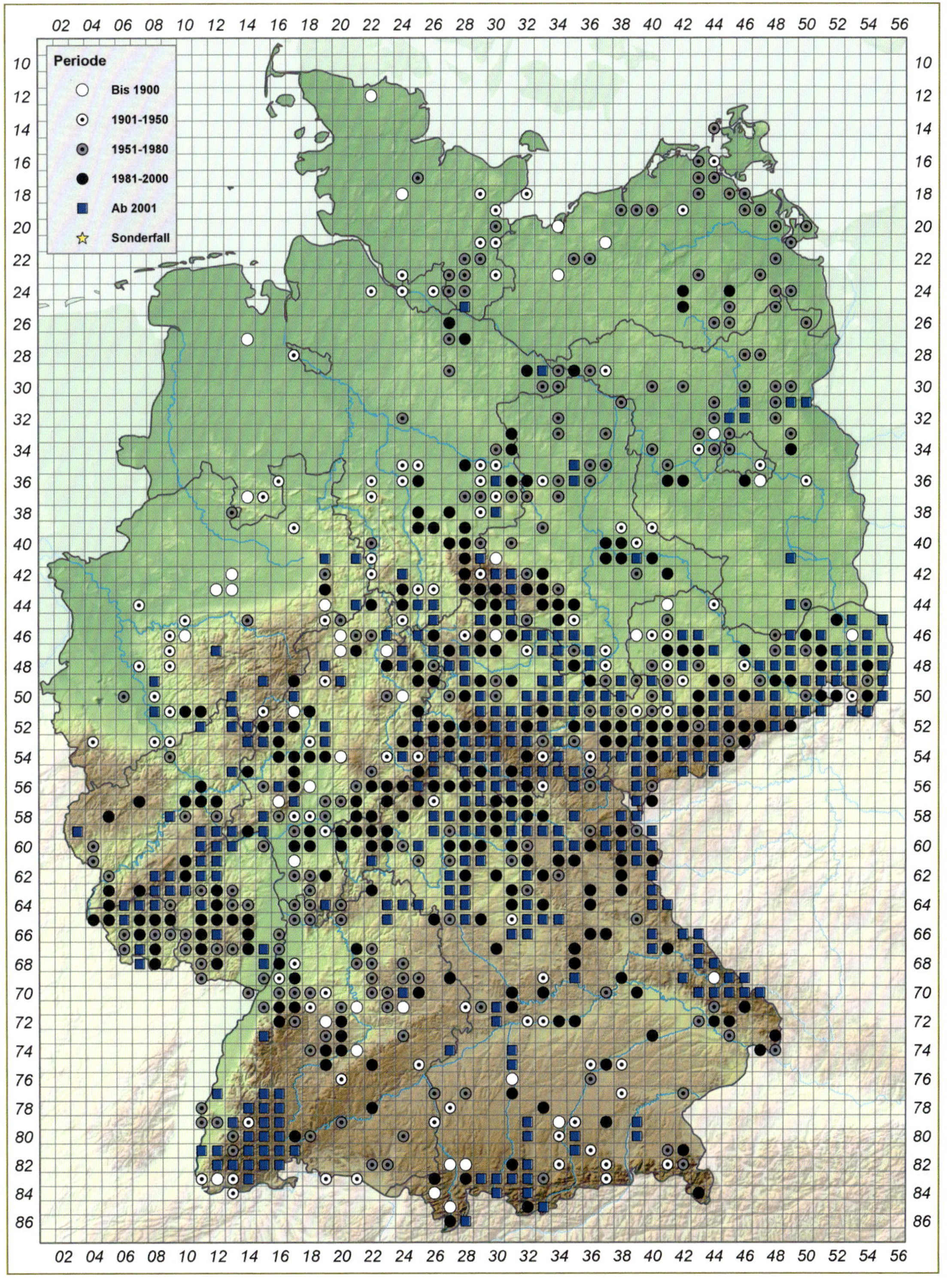
Periode
Bis 1900
1901-1950
1951-1980
1981-2000
Ab 2001
Sonderfall

Limenitis camilla:
a Oberseite Männchen (Ronny Strätling)
b Unterseite (Klaus Schurian)
c Raupe (Ronny Strätling)

Limenitis camilla (Linnaeus, 1764) – Kleiner Eisvogel

Verbreitung & Vorkommen: Euro-sibirische Art. In der gemäßigten Klimazone Europas und Asiens östlich bis Japan. In Europa weit verbreitet, nördliche Arealgrenze in Südschweden und südlich bis zum 40. Breitengrad, in Norditalien und zentralem Apennin, isoliert im Kaukasus und in der Türkei. Aus allen BL (im NW seltener) und Nachbarstaaten gemeldet.

Lebensraum: Wälder, sofern die Wirtspflanzen ausreichend vorkommen, vorwiegend in Bereichen mit Jungaufwuchs; besonders in Auenwäldern. An den südlichsten Fundstellen bis 1700 m. Das Larvalhabitat befindet sich vorwiegend an schattigen, luftfeuchten Stellen. Habitatpräferenz: WL, WS, WM, WA, (WF, WK), WY, BY.

Biologie & Ökologie: Einbrütig (gelegentlich zweibrütig) von Ende Mai bis Mitte August (zweite Generation bis Oktober). Die Eiablage erfolgt an Wald-Geißblatt (*Lonicera periclymenum*) und Roter Heckenkirsche (*L. xylosteum*), weiteren *Lonicera*-Arten und Schneebeere (*Symphoricarpos albus*) an die Blattoberseiten (je nach Luftfeuchte bodennah bis in mehrere Meter Höhe). Die Raupe beginnt sofort mit Fahnenfraß und stellt eine Kotrippe her. Zur Überwinterung baut die Raupe (L3) ein Hibernakulum (gesponnene Röhre an der Blattbasis eines festgesponnenen Blattes). Die Verpuppung erfolgt an Ästchen der Wirtspflanze. Die Falter ernähren sich von Baumsäften, Mineralien auf feuchten Böden, Aas, Exkrementen und Nektar sowie Honigtau; in heißen Jahren werden sie häufiger auch bodennah beobachtet, während sie sich sonst gerne in bis zu 5 m Höhe zur Partner- und Nahrungssuche aufhalten.

Gefährdung: Aktuell nicht ernsthaft gefährdet, obschon die veränderte Waldnutzung zu einem erheblichen Rückgang der Individuenzahlen geführt hat und die Art aus kleineren Wäldern verschwindet.

Schutz: Die Vorkommen der Wirtspflanzen sollten forstlich nicht bekämpft werden.

Ronny Strätling

RL-D (2011): V
Aktueller Bestand: h
Entwicklungstrend kurzfristig: ↓ ↓
Bestandstrend langfristig: <<
BArtSchV (2005): besonders geschützt

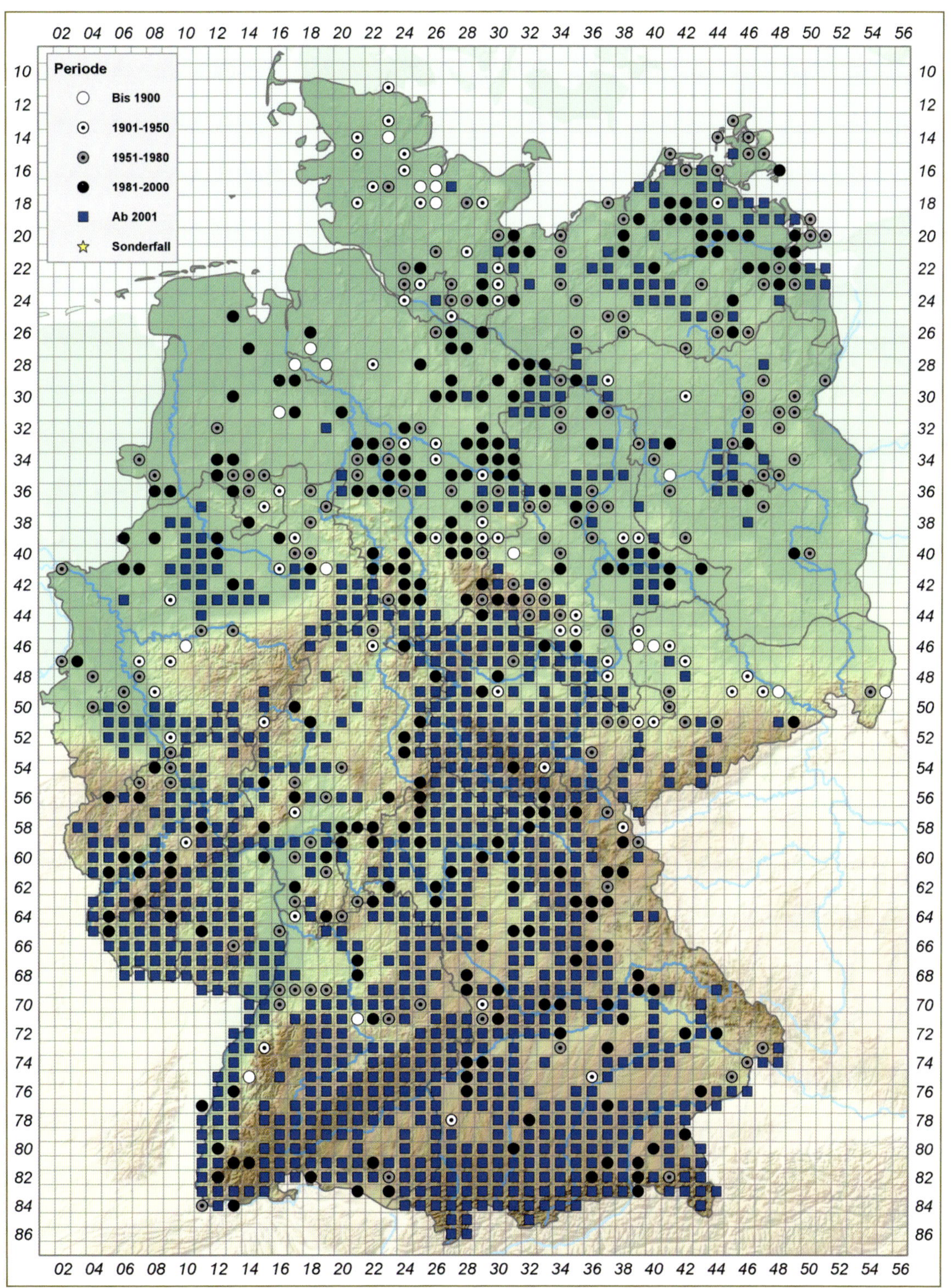
Periode
Bis 1900
1901-1950
1951-1980
1981-2000
Ab 2001
Sonderfall

Issoria lathonia: **a** Oberseite (Marx Harder) **b** Unterseite (Erk Dallmeyer) **c** Raupe (Erk Dallmeyer)

Issoria lathonia (Linnaeus, 1758) – Kleiner Perlmutterfalter

Verbreitung & Vorkommen: Euro-sibirische Art. Von den Kanarischen Inseln und Nordafrika durch fast ganz Europa (in Fennoskandien nur im Süden), das gemäßigte Asien bis China. Fehlt auf den Britischen Inseln. Aus allen Nachbarstaaten und BL gemeldet, in Nordwest-Deutschland seltener.
Lebensraum: Die Art besiedelt ein breites Spektrum an Offenlandlebensräumen, hat aber eine Präferenz für Stoppelfelder, Feld- und Wegraine, Magerrasen, Weideland, offene Heide- und Ruderalflächen. Habitatpräferenz: OO, OT, OR, OG.
Biologie & Ökologie: Die Falter fliegen in mehreren Generationen von April bis November, mit einem Schwerpunkt im Spätsommer und Herbst. Sie können oft weitab vom Reproduktionshabitat erscheinen. Die Art gehört zu den Binnenwanderern. Männliche Tiere zeigen Revierverhalten. Die Eiablage erfolgt einzeln an die Raupennahrungspflanze oder auch am Boden (Stoppeln) in der Nähe der im Frühjahr keimenden Nahrungspflanzen. Zumindest in milden Wintern können alle Entwicklungsstadien überwintern. Raupennahrungspflanzen sind Acker-Stiefmütterchen (*Viola arvensis*), Horn-Veilchen (*V. cornuta*), Garten-Stiefmütterchen (*V. wittrockiana*), Wildes Stiefmütterchen (*V. tricolor*). Verpuppung als Stürzpuppe. Die Falter sind rege Nektarsauger, zahlreiche Nektarpflanzen werden zur Nahrungsaufnahme genutzt.
Gefährdung: Die Art ist aktuell nicht gefährdet. Herbizidanwendung im Herbst auf den abgeernteten Feldern und Feldrainen sowie herbstliches Umpflügen schaden der Art.
Schutz: Flächen als Stoppelbrache belassen, Ackerrandstreifenprogramm.

Rolf Reinhardt

RL-D (2011): *
Aktueller Bestand: sh
Entwicklungstrend kurzfristig: =
Bestandstrend langfristig: =

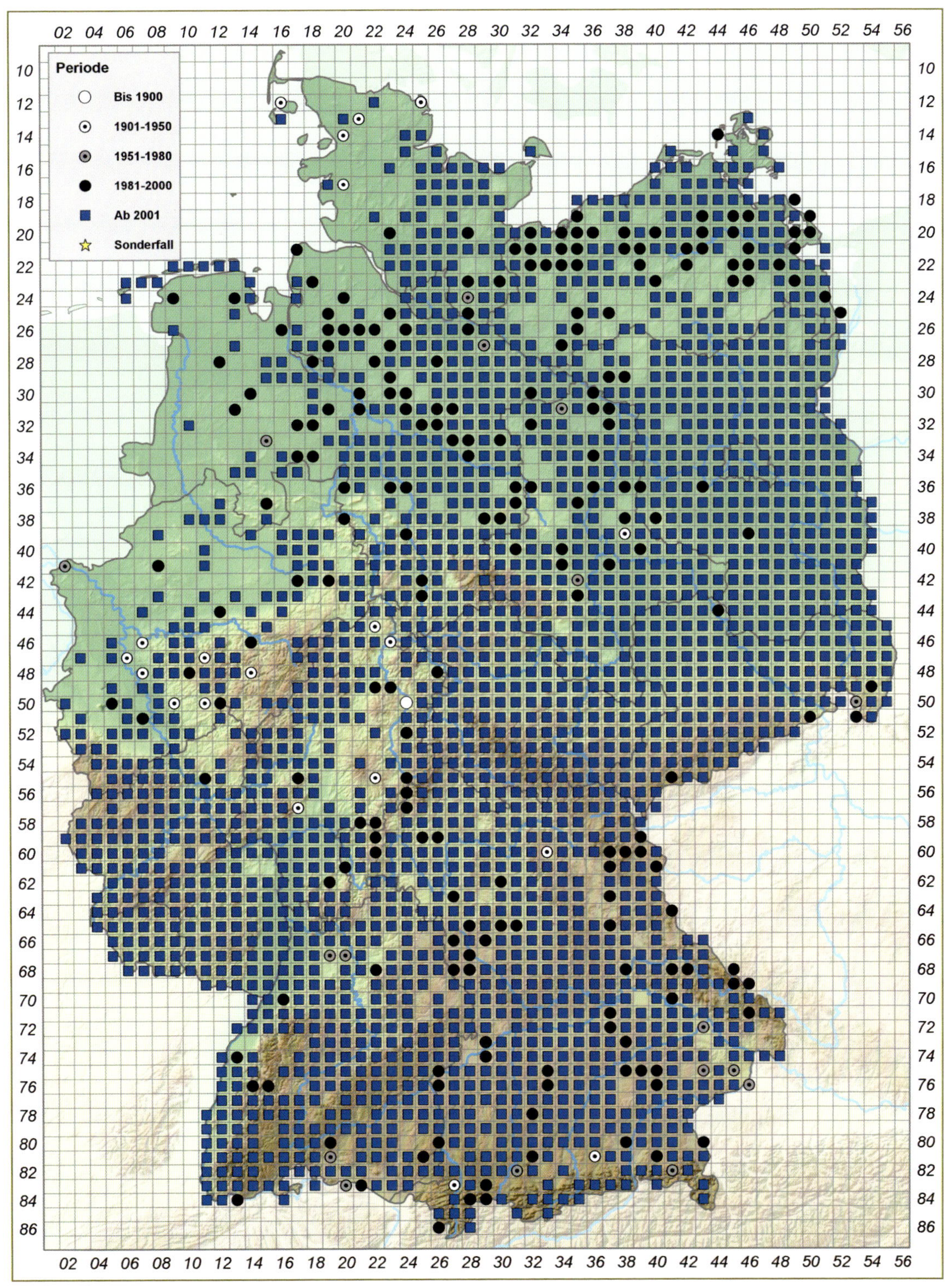
Periode
Bis 1900
1901-1950
1951-1980
1981-2000
Ab 2001
Sonderfall

Brenthis ino:
a Unterseite (Andreas Kolossa)
b Oberseite (Maximilian Olbrich)
c Raupe (Erk Dallmeyer)

Brenthis ino (Rottemburg, 1775) – Mädesüß-Perlmutterfalter

Verbreitung und Vorkommen: Paläarktische Art. Von Nordspanien durch Mitteleuropa und das südliche Nordeuropa bis in das temperate Asien mit Korea und Japan. In Deutschland ist die Art in allen BL verbreitet, fehlt aber in der Nordwestdeutschen Tiefebene. Ebenfalls in allen Nachbarstaaten nachgewiesen, in den Niederlanden jedoch ausgestorben.

Lebensraum: Die höchsten Populationsdichten der Art werden in Nasswiesenbrachen mit einem hohen Deckungsgrad von Echtem Mädesüß (*Filipendula ulmaria*), aber auch einem guten Angebot von Nektarquellen angetroffen. Auch feuchte, nicht zu nährstoffreiche Wiesen und Weiden stellen Lebensräume dar. Zur Nektaraufnahme werden auch angrenzende trockene Wiesen und Weiden besucht. Habitatpräferenz: OW, OS.

Biologie & Ökologie: Der Schlupfbeginn der Art schwankt jahrweise stark. Meist erfolgt er im Juni, in warmen Jahren und Regionen bereits ab Mitte Mai. Der Höhepunkt der Flugzeit liegt meist in der zweiten Juni- und ersten Julihälfte. In der ersten Augusthälfte findet man nur noch wenige abgeflogene Falter. Die Falter sind häufig beim Blütenbesuch anzutreffen, vor allem an violetten Blüten von Korbblütlern (z. B. *Cirsium palustre*, *Centaurea*) und Kardengewächsen (z. B. *Knautia*). Die Eiablage erfolgt in der Nähe oder an der Raupennahrung. Die Raupe überwintert im Ei und frisst bevorzugt nachts, tagaktive Raupen wurden mehrfach gefunden. Raupennahrung ist hauptsächlich Echtes Mädesüß, seltener andere Rosengewächse (z. B. *Sanguisorba*, *Rubus*). Verpuppung als Stürzpuppe an Stängeln der Wirtspflanze.

Gefährdung: Nutzungsintensivierung von Feuchtgrünland, Eutrophierung von feuchten Brachen durch Nutzungsaufgabe, Neophyten. Die Art hatte durch das Brachfallen von Nasswiesen in der Nachkriegszeit zunächst stark zugenommen.

Schutz: Erhalt von nährstoffarmen und blütenreichen Feuchtwiesen und jungen Feuchtbrachen durch angemessene Pflegemaßnahmen.

Thomas Schmitt

RL-D (2011):*
Aktueller Bestand: h
Entwicklungstrend kurzfristig: =
Bestandstrend langfristig: >

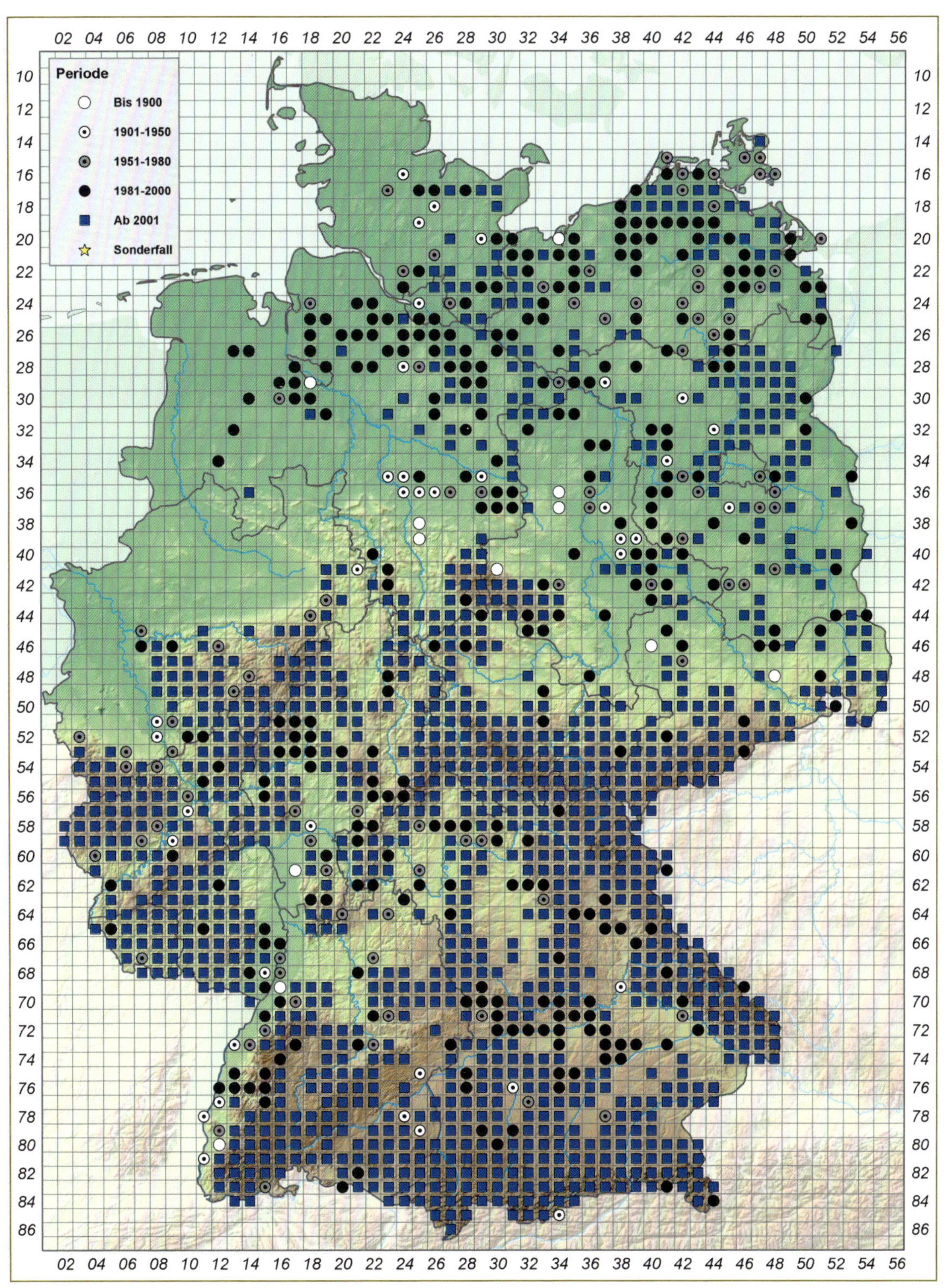
Periode
Bis 1900
1901-1950
1951-1980
1981-2000
Ab 2001
Sonderfall

Brenthis daphne: **a** Oberseite (Erk Dallmeyer) **b** Unterseite (Steffen Caspari) **c** Raupe (Martin Wiemers)

Brenthis daphne ([Denis & Schiffermüller], 1775) – Brombeer-Perlmutterfalter

Verbreitung & Vorkommen: Euro-sibirische Art. In Südeuropa von Spanien bis zum Bosporus verbreitet, weiter ostwärts bis Korea und Japan. In Frankreich seit Jahrzehnten mit starker Ausbreitung Richtung Norden und Nordosten. In Deutschland ist das über viele Jahrzehnte dokumentierte Vorkommen im Norden von BE und BB (und Polen) kurz nach 1990 erloschen. Historische Literaturangaben aus SN. Losgelöst davon gibt es belegte Meldungen zu fünf Faltern in BY (1917 und 1983, kurzzeitige Arealvorstöße von Südosten her?); in BW 1978 Einzelfund am südlichen Oberrhein (Zusammenhang mit Vorkommen im Elsass); seit ca. 2000 am Oberrhein und später Schwarzwald-Rand regelmäßig vorhanden. Seit 2003 von Frankreich her in RP, seit 2004 im SL, dort jetzt flächig verbreitet. Hornemann & Geier (2013) melden die Art für 2012 von der unteren Nahe erstmals auch vom hessischen Mittelrhein, seither weitere Ausbreitung bis NW. Nachbarstaaten: in Österreich, der Schweiz, Frankreich, Luxemburg (2000), Belgien (2006), den Niederlanden (2011), Polen (in Ausbreitung), Tschechien.

Lebensraum: Warmtrockene bis warmfeuchte, besonnte Waldrandinnen- und -außensäume mit dichten Brombeerfluren. Auch von sonstigen Gehölzen losgelöste Brombeerfluren warmer Standorte. Habitatpräferenz: OF, OR, BT, WL, WA, WY.

Biologie & Ökologie: Die warmen Brombeerfluren, in die im Juni und Juli die Eier abgelegt werden, werden von den Faltern auch zur Nektaraufnahme genutzt. In Deutschland Eiüberwinterer an dürren Stängeln von *Rubus fruticosus* agg. Raupe im Frühjahr an Knospen und Blättern der Brombeeren fressend.

Gefährdung: Entfernen von warmen Brombeerfluren an breiten Waldwegen/Holzlagerplätzen, Waldrändern; Vernichten weiterer blumenreicher Staudenfluren im Umfeld. In Deutschland aktuell nicht mehr als gefährdet einzustufen.

Schutz: Zulassen langjährig stabiler, warmer und besonnter Brombeerfluren an warmen Waldinnen- und -außenrändern.

Erwin Rennwald

RL-D (2011): D
Aktueller Bestand: ?
Entwicklungstrend kurzfristig: ?
Bestandstrend langfristig: ?
BArtSchV (2005): streng geschützt

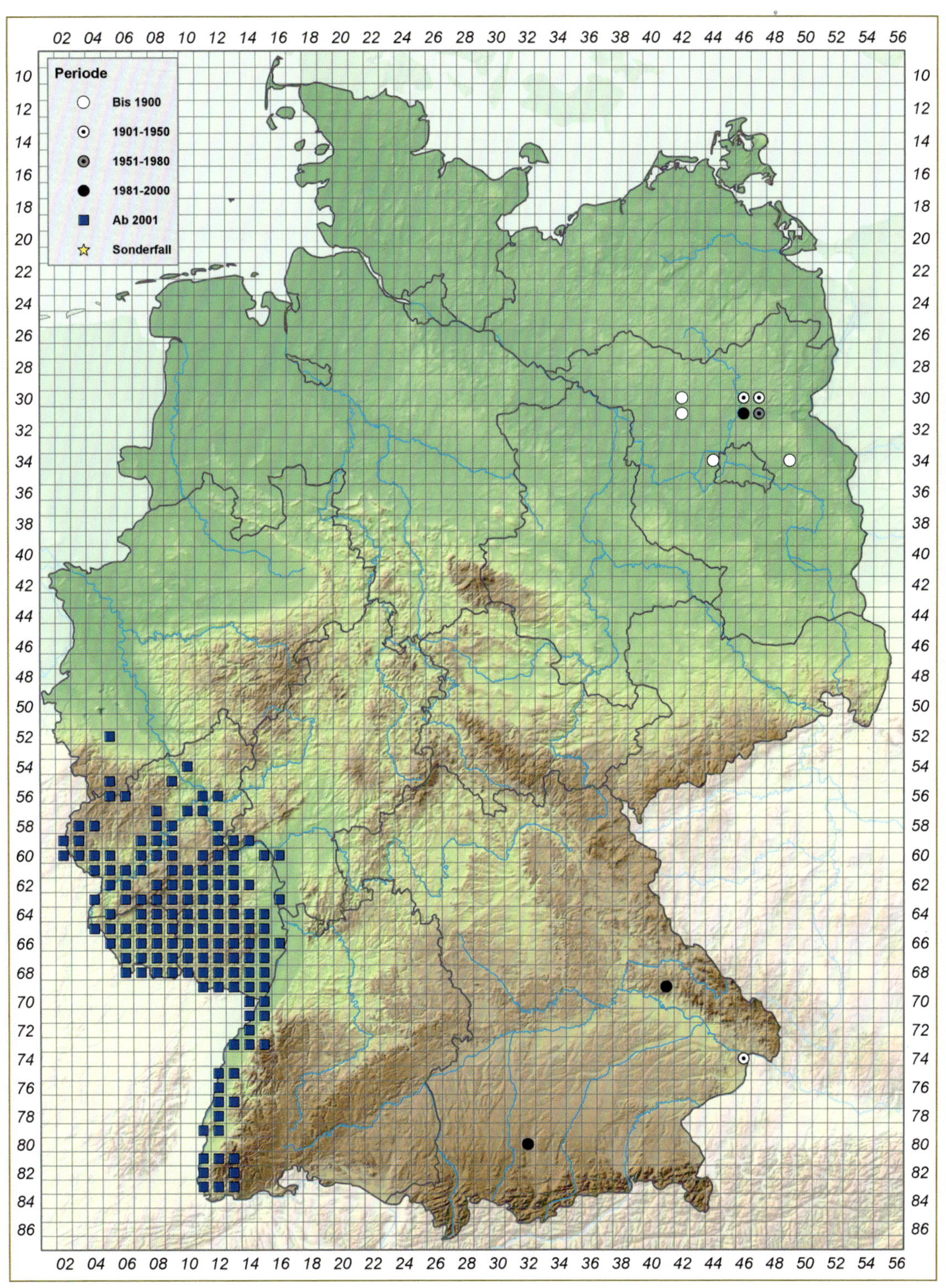
Periode
Bis 1900
1901-1950
1951-1980
1981-2000
Ab 2001
Sonderfall

Argynnis paphia: **a** Oberseite Männchen (Erk Dallmeyer) **b** Oberseite Weibchen f. *valesina* (Erk Dallmeyer) **c** Unterseite (Erk Dallmeyer) **d** Raupe (Klaus Schurian)

Argynnis paphia (Linnaeus, 1758) – Kaisermantel

Verbreitung & Vorkommen: Euro-sibirische Art. Das Verbreitungsgebiet reicht von Europa über die gemäßigten Klimagebiete Asiens bis nach Japan. In Deutschland ist die Art in allen BL anzutreffen und kommt in allen Nachbarstaaten vor.

Lebensraum: Typischer Waldbewohner, der in lichten Wäldern, entlang der inneren und äußeren Waldränder sowie auf Waldlichtungen vorkommt und an blühenden Hochstauden beim Nektarsaugen beobachtet werden kann. Daneben dringt er bis in die Siedlungsgebiete vor, wo er an den Nektarsaugpflanzen der Gärten, z. B. an Sommerflieder (*Buddleja davidii*) saugt. Habitatpräferenz: WL, WA, WK, BY.

Biologie & Ökologie: Die Art ist ein eifriger Blütenbesucher und wird oft an den blauvioletten Blüten des Wasserdostes (*Eupatorium cannabinum*) oder an verschiedenen Distel- und Kratzdistel-Arten (*Carduus* spp. bzw. *Cirsium* spp.) angetroffen. Die Falter fliegen in einer Generation von Juni bis September. Die Eiablage erfolgt nicht an der Raupennahrungspflanze, sondern an der Rinde von Bäumen. Die Raupen schlüpfen im Herbst und beginnen erst nach der Überwinterung mit der Nahrungsaufnahme, wobei verschiedene Veilchen-Arten (*Viola* spp.) bevorzugt werden.

Gefährdung: Die Art ist aktuell nicht gefährdet.

Schutz: Für die Art sind aktuell keine speziellen Schutzmaßnahmen notwendig.

Steffen Pollrich

RL-D (2011): *
Aktueller Bestand: h
Entwicklungstrend kurzfristig: ↑
Bestandstrend langfristig: <
BArtSchV (2005): besonders geschützt

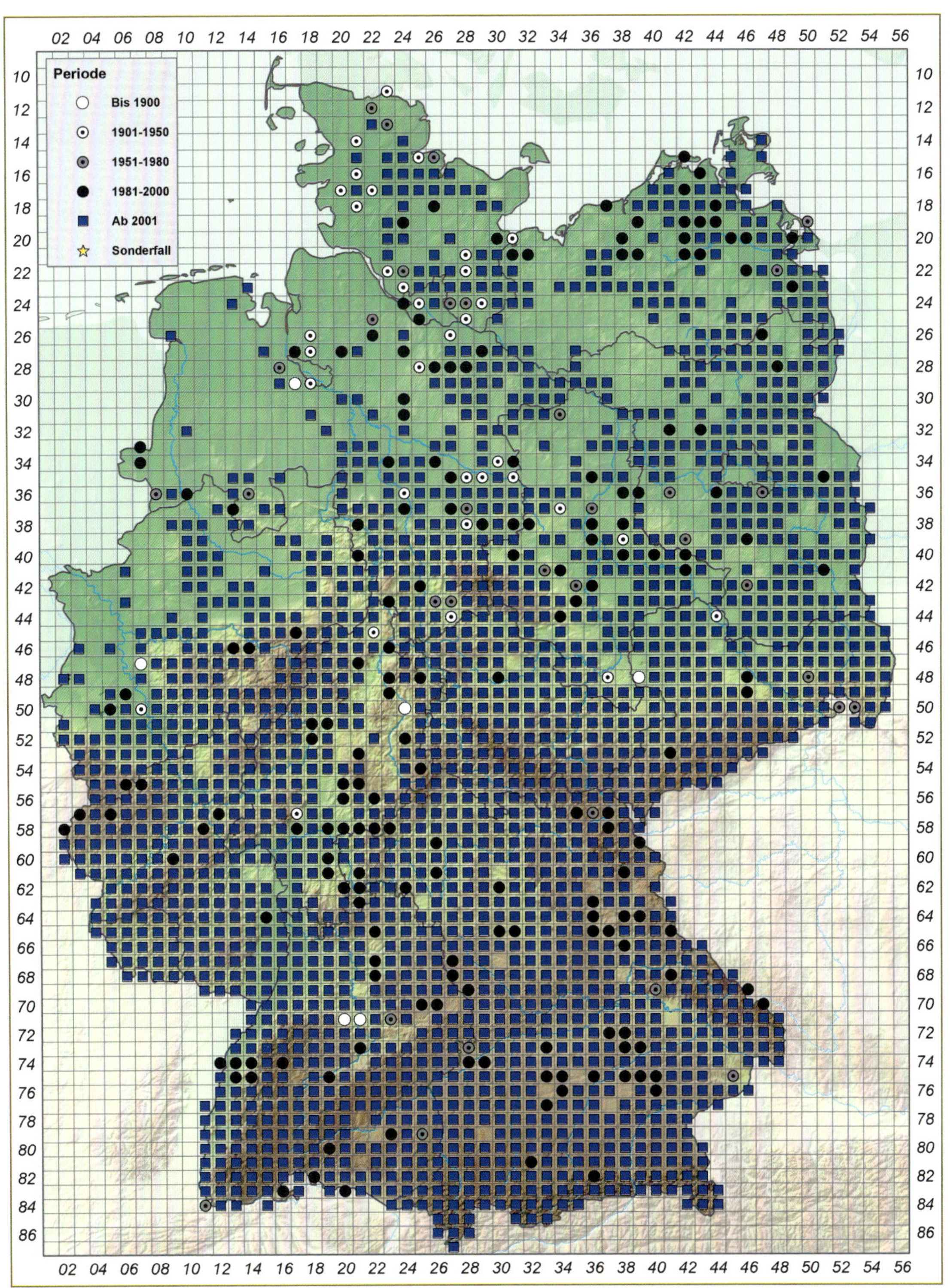
Periode
Bis 1900
1901-1950
1951-1980
1981-2000
Ab 2001
Sonderfall

Argynnis laodice:
a Oberseite (Marx Harder)
b Unterseite (Friederike Zinner)

Argynnis laodice (Pallas, 1771) – Grünlicher Perlmutterfalter

Verbreitung & Vorkommen: Euro-sibirische Art; sie kommt in Südschweden, dem Baltikum und von Osteuropa (Hauptvorkommen in Ostpolen) sowie Teilen Südost-Europas über Asien bis zum Amur und Japan vor. Deutschland liegt an der westlichen Arealgrenze. In Polen zeichnet sich seit 2000 eine Expansion Richtung Westen und Süden ab (Buszko & Masłowski 2008). Auch im Osten Deutschlands werden gegenwärtig mehr Fundorte bekannt (Zinner & Böckelmann 2016). Bisher ist die Art jedoch nur in Einzeltieren oder meist unbeständigen Populationen aus MV, BB und SN nachgewiesen. Nachbarstaaten: in Polen.

Lebensraum: Feuchte bis vernässte Hochstaudengesellschaften, Flachmoore und Nasswiesenbrachen, die im engen Kontext zu feuchten Mischwäldern oder Hecken stehen. Habitatpräferenz: OS, OW, BF, WY.

Biologie & Ökologie: Falter fliegen in einer Generation von Mitte Juli bis Mitte August (selten bis September). Steter Besuch von hochwüchsigen Nektarpflanzen, insbesondere Sumpf-Kratzdistel (*Cirsium palustre*). Zur Präimaginal-Ökologie liegen nur Angaben aus Osteuropa vor: Die Eier werden auf Blätter und Grashalme in der Nähe der Raupennahrungspflanze abgelegt (Senn 2015). Überwinterung als L1-Raupe, teils in der Eischale. Die Raupen fressen nachts an Veilchen, vorzugsweise an Sumpf-Veilchen (*Viola palustris*) (Anikin et al. 1993; Winiarska 2001; Moise 2011). Verpuppung an trockenen Stielen nahe am Boden als Stürzpuppe.

Gefährdung: Melioration, Grundwasserabsenkung, Verlust breiter, funktionsfähiger Wald-Offenland-Ökotone in feuchten Lagen.

Schutz: Erhalt oder Wiederherstellung des natürlichen Wasserregimes. Bewahrung halboffener Biotope der feuchten Standorte mit einem verzahnten Wechsel unterschiedlicher Sukzessionsphasen.

Rolf Reinhardt & Friederike Zinner

RL-D (2011): 1
Aktueller Bestand: es
Entwicklungstrend kurzfristig: =
Bestandstrend langfristig: <
BArtSchV (2005): streng geschützt

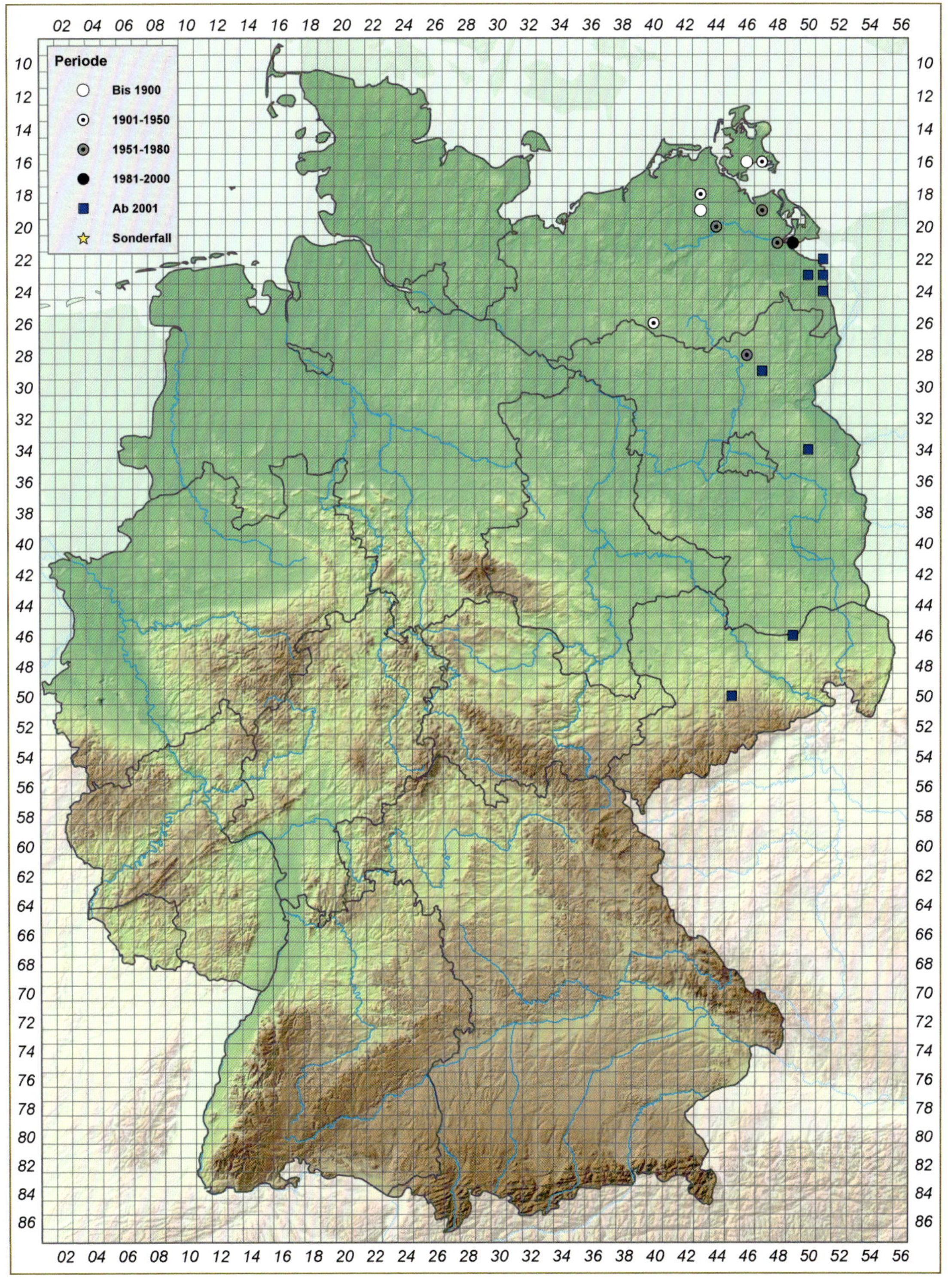
Periode
Bis 1900
1901-1950
1951-1980
1981-2000
Ab 2001
Sonderfall

Speyeria aglaja:
a Oberseite Männchen (Erk Dallmeyer)
b Unterseite (Erk Dallmeyer)
c Raupe (Martin Wiemers)

Speyeria aglaja (Linnaeus, 1758) – Großer Perlmutterfalter

Verbreitung & Vorkommen: Euro-sibirische Art. Von Nordafrika und fast ganz Europa über die gemäßigte Klimazone Asiens östlich bis Japan verbreitet, fehlt in Europa nur im hohen Norden und auf den Mittelmeerinseln (mit Ausnahme von Sizilien). In allen Nachbarstaaten sowie allen BL vorkommend, nach Norden zunehmend seltener.

Lebensraum: Regional unterschiedlich besiedelt der Große Perlmutterfalter trockene bis feuchte Lebensräume. Dazu zählen magere Grünländer (Borstgrasrasen, Halbtrockenrasen), Binnendünen, Flachmoore, Pfeifengraswiesen, lichte Wälder, mesophytische Säume oder Waldlichtungen, breite Waldwege und Almwiesen. Habitatpräferenz: OT, OW, OS, OG, WY, A.

Biologie & Ökologie: Die Art bringt eine Generation von Mitte Juni bis Ende August hervor. Die Raupe überwintert. Abhängig vom Lebensraum werden unter anderem das Raue Veilchen (*Viola hirta*), das Sumpf-Veilchen (*V. palustris*) oder das Hunds-Veilchen (*V. canina*) als Raupennahrungspflanzen genutzt. Zudem ist in Feuchtgebieten der Schlangen-Wiesenknöterich (*Bistorta officinalis*) von Bedeutung.

Gefährdung: Sowohl Nutzungsaufgabe als auch die intensive Bewirtschaftung der verbliebenen Lebensräume wirken sich negativ aus. So hat die Art viele Habitate durch Aufforstung und Verbuschung wie auch durch intensive Grünlandbewirtschaftung verloren. In einigen Regionen Süddeutschlands tritt *S. aglaja* noch relativ häufig auf, wird jedoch auch dort durch die moderne Bewirtschaftung der Wälder zunehmend seltener.

Schutz: Sowohl die trockenen als auch die feuchten Lebensräume müssen durch extensive Bewirtschaftung erhalten werden. In Wäldern ist für den Erhalt lichter Bereiche wie breiter Wege, verbliebener Lichtungen und Säume bzw. für deren Neuschaffung zu sorgen.

Detlef Kolligs

RL-D (2011): V
Aktueller Bestand: h
Entwicklungstrend kurzfristig: ↓ ↓
Bestandstrend langfristig: <<
BArtSchV (2005): besonders geschützt

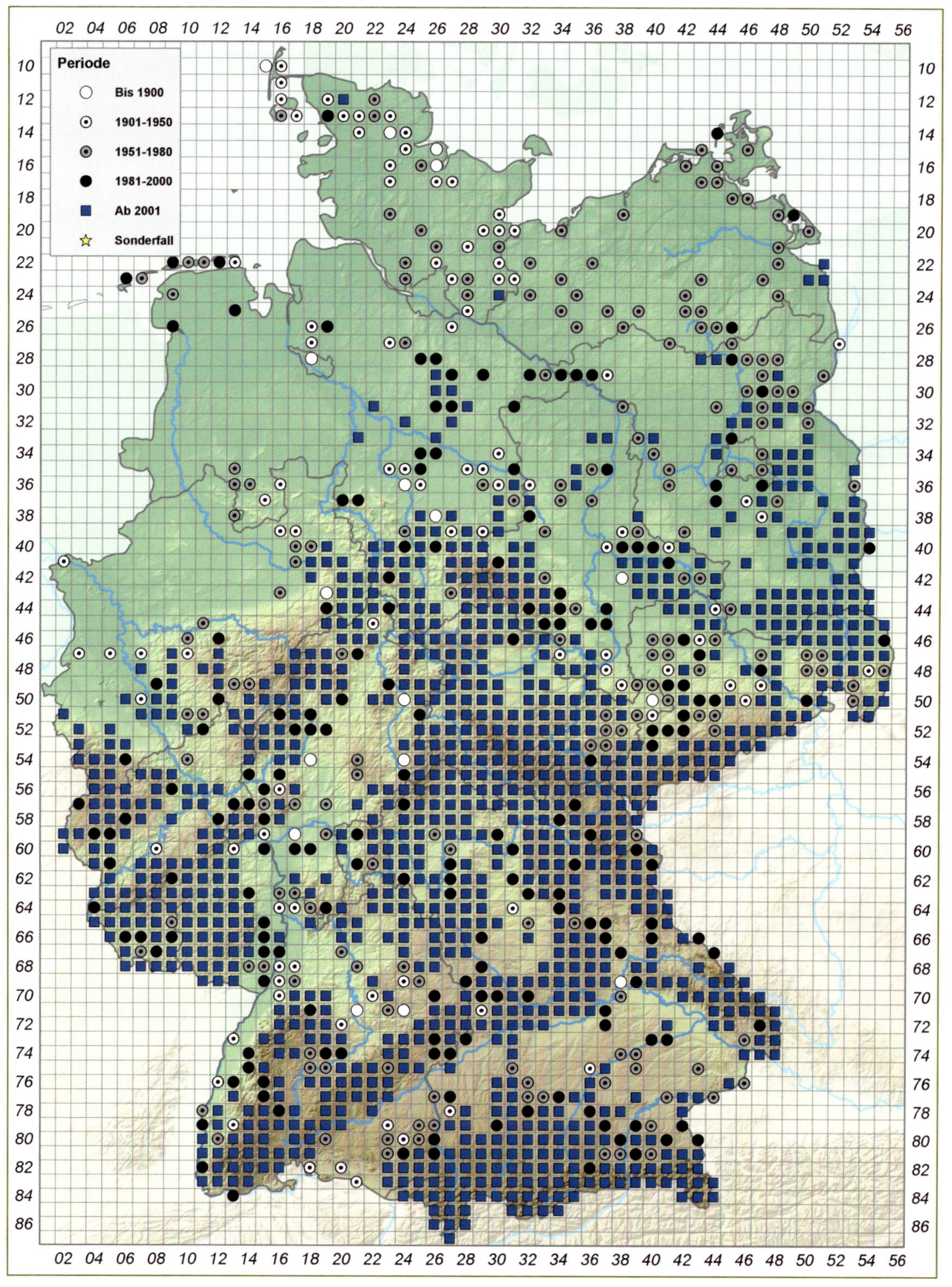
Periode
Bis 1900
1901-1950
1951-1980
1981-2000
Ab 2001
Sonderfall

Fabriciana niobe:
a Unterseite (Erk Dallmeyer)
b Oberseite (Detlef Kolligs)

Fabriciana niobe (Linnaeus, 1758) – Mittlerer Perlmutterfalter

Verbreitung & Vorkommen: Euro-orientalische Art. Europa mit Ausnahme Großbritanniens, des hohen Nordens und der Mittelmeerinseln, gemäßigtes und Südwest-Asien bis Korea. In Deutschland ursprünglich in allen BL vertreten, in den letzten 100 Jahren massive Rückgänge. Heute noch in BW, BY, NI sowie kleinflächige Restvorkommen in NW, BB, SN, SH. Vorkommen in allen Nachbarstaaten außer Luxemburg und verschollen in Belgien.

Lebensraum: Großflächige offene Magerrasenkomplexe mit reichlichem Vorkommen der Raupennahrungspflanzen. Im Schwarzwald (BW) und im Alpenraum (BY) sind dies Weidfelder bzw. Almregionen, auf der Schwäbischen Alb (BW) einschürige Mähwiesen (sog. Mähder), an der Nordsee (NI) Graudünen der Ostfriesischen Inseln. Ebenfalls auf sandigem Substrat leben die letzten verbliebenen Populationen in den östlichen BL (BB, SN). Eine Besonderheit stellen die Vorkommen auf schwermetallhaltigen Magerrasen im westlichen NW dar, wo das an hohe Schwermetallgehalte im Boden besonders angepasste Gelbe Galmei-Stiefmütterchen (*Viola calaminaria*) die Nahrungsgrundlage für die Raupe bildet (Salz & Fartmann 2017). Habitatpräferenz: A, OT, OG.

Biologie & Ökologie: Falter fliegen in einer Generation ab Mitte Juni bis Mitte August und können in Optimalhabitaten in hoher Abundanz auftreten. Die Raupen leben an Veilchen-Arten (*Viola* spp.): In Silikatmagerrasen an Hunds-Veilchen (*Viola canina*), auf Kalkuntergrund am Rauhaarigen Veilchen (*V. hirta*), auf Schwermetallrasen am Gelben Galmei-Stiefmütterchen. Verpuppung bodennah als Stürzpuppe in einem lockeren, kokonartigen Schutzgespinst.

Gefährdung: Als Art mit hohem Flächenbedarf ist der Mittlere Perlmutterfalter besonders empfindlich gegenüber Fragmentierung der Landschaft und Verlust großer zusammenhängender Magergrünlandgebiete.

Schutz: Nur wo sich extensive Grünlandnutzungen auf großer Fläche bis heute gehalten haben, gibt es noch vitale Populationen des Mittleren Perlmutterfalters (Allmendweiden, alpine Almen, Einmähder). Diese gilt es zu erhalten, z. B. durch Zahlungen von Flächenprämien für naturschutzgerechte extensive Bewirtschaftung.

Stefan Hafner

RL-D (2011): 2
Aktueller Bestand: ss
Entwicklungstrend kurzfristig: ?
Bestandstrend langfristig: <<
BArtSchV (2005): besonders geschützt

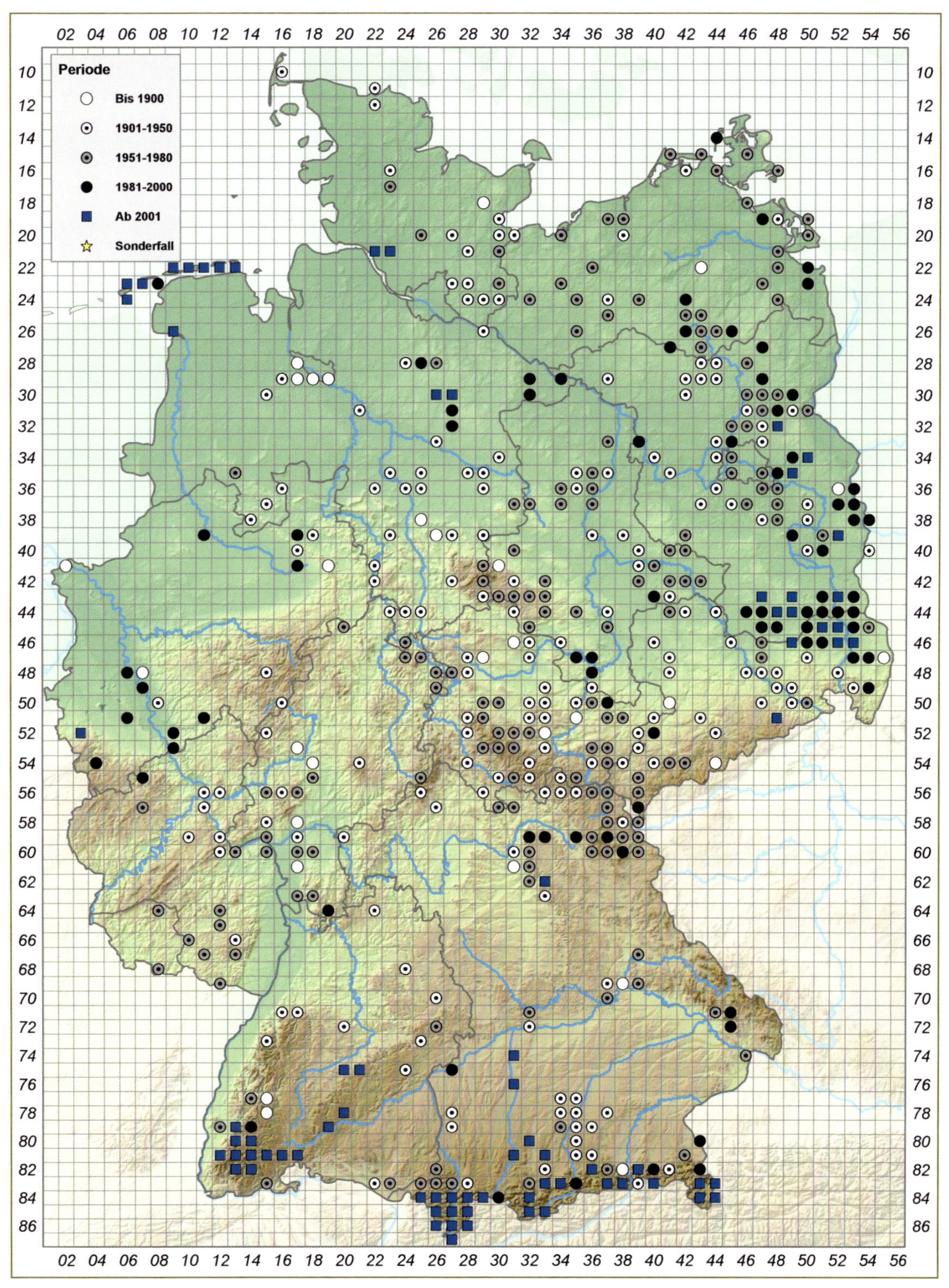
Periode
Bis 1900
1901-1950
1951-1980
1981-2000
Ab 2001
Sonderfall

Fabriciana adippe:
a Unterseite Männchen (Erk Dallmeyer)
b Oberseite (Erk Dallmeyer)
c Raupe (Erk Dallmeyer)

Fabriciana adippe ([Denis & Schiffermüller], 1775) – Feuriger Perlmutterfalter

Verbreitung & Vorkommen: Euro-sibirische Art. Gesamtverbreitung von Nordafrika und Europa über die gemäßigte Zone Asiens bis Japan. In Deutschland aus allen BL gemeldet, jedoch weitgehendes Fehlen in der Norddeutschen Tiefebene. In SH erloschen oder verschollen. In allen Nachbarstaaten nachgewiesen.

Lebensraum: Waldlückensysteme mit Kahlschlägen, Sturmwürfen, „Käferlöchern", breiten Leitungs- und Forstwegschneisen oder Moorrändern. Regelmäßig in offenen Weidewäldern, Nieder- und Mittelwäldern. Zudem in veilchenreichen, meist an Wald grenzenden oder von Wald umschlossenen Magerrasen basenreicher wie -armer Standorte. Hier Bevorzugung selten beweideter/gemähter sowie entbuschter Ausprägungen. Habitatpräferenz: WY, OT, OR.

Biologie & Ökologie: Einbrütig. Hauptflugzeit zwischen Mitte Juni und Anfang August, wobei Weibchen mitunter bis Ende September fliegen. Überwinterung als Ei. Larvalentwicklung zwischen März und Juni an gut besonnten, niedrigwüchsig-lückigen oder streureichen Stellen. Raupennahrungspflanzen sind verschiedene Veilchen-Arten, eine wichtige Rolle spielen vielerorts Rauhaariges Veilchen (*Viola hirta*) und Hain-Veilchen (*Viola riviniana*). Falter besuchen intensiv Blüten (Disteln, Brombeeren etc.).

Gefährdung: Kahlhiebverzicht („naturnaher Waldbau"), Aufgabe von Waldweide, Nieder- und Mittelwald. Auf mageren Offenlandstandorten Nutzungsaufgabe sowie mangelhafte Gehölzentnahme mit schleichendem Habitatverlust durch Verbuschung und Bewaldung.

Schutz: Viele Wirts- und Nektarpflanzen der Art sind Pioniere von Gehölzentnahmestellen. Deshalb Ausschöpfung der im „naturnahen Waldbau" für Kahlschläge zulässigen Flächengröße (Schläge bis 1 ha Größe in der Regel genehmigungsfrei). Auf Magerrasen regelmäßige Ausstockung von Gehölzen und Fortführung düngungsfreier Beweidung oder Mahd.

Gabriel Hermann

RL-D (2011): 3
Aktueller Bestand: mh
Entwicklungstrend kurzfristig: ↓↓
Bestandstrend langfristig: <<
BArtSchV (2005): besonders geschützt

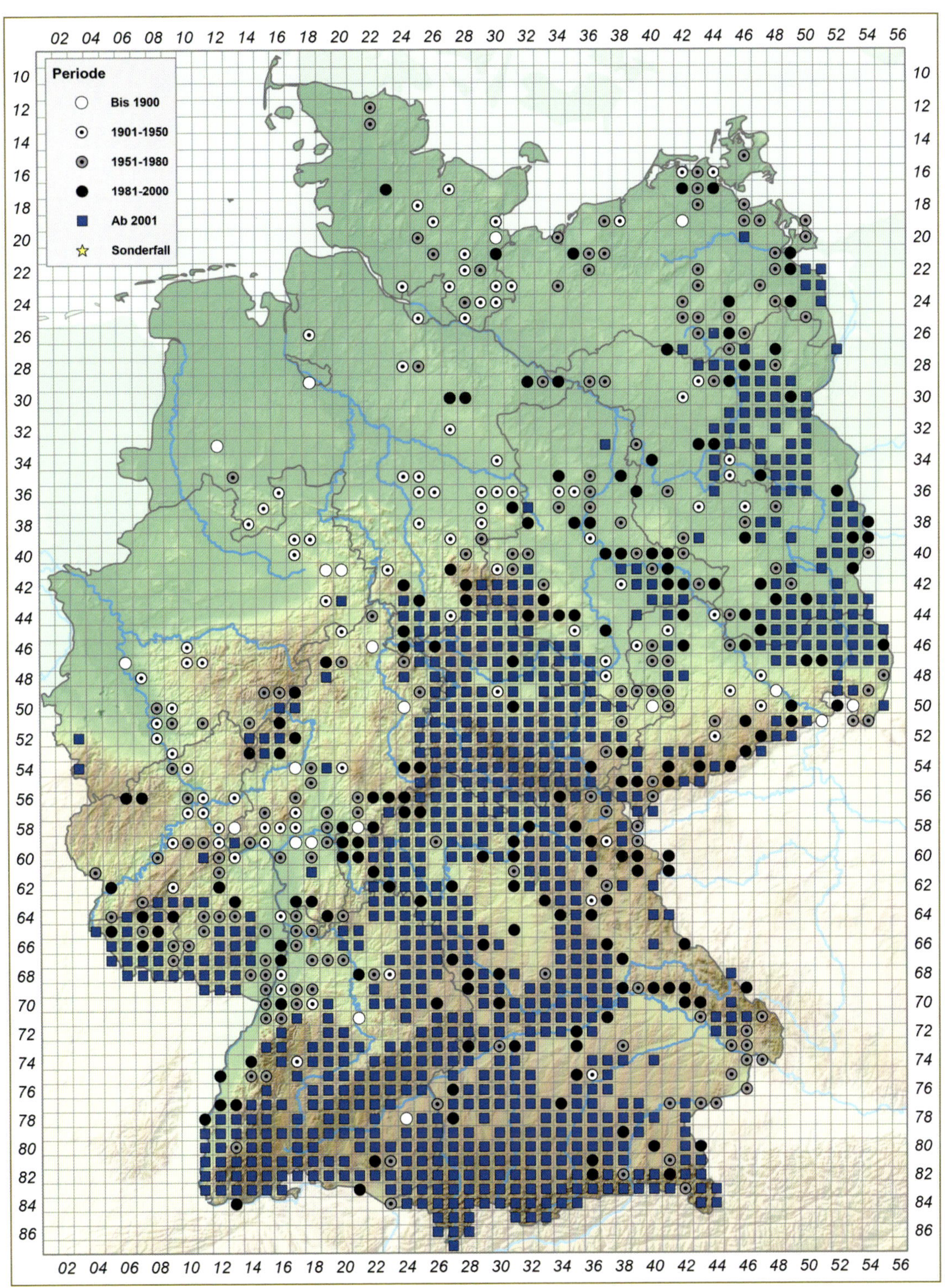
Periode
Bis 1900
1901-1950
1951-1980
1981-2000
Ab 2001
Sonderfall

Boloria eunomia:
a Oberseite Weibchen (Erk Dallmeyer)
b Unterseite (Erk Dallmeyer)

Boloria eunomia (Esper, 1800) – Randring-Perlmutterfalter

Verbreitung & Vorkommen: Holarktische Art. In Nordeuropa weit verbreitet, in Mitteleuropa und den Pyrenäen isolierte Populationen; ostwärts von Südsibirien bis in die Amur-Region und Nordamerika. Fehlt auf den Britischen Inseln. Keine Nachweise aus den Bundesländern SH, HH, NI, HB, BE, SN; starke Bestandseinbußen z. B. in BB, MV, TH, RP; zweifelhafte alte Einzelfunde in ST. Nachbarstaaten: aus der Schweiz, Dänemark und den Niederlanden nicht gemeldet.

Lebensraum: Grünlandbrachen auf nassen, Grundwasser führenden Standorten sowie Quellfluren („Kellereffekt") mit großen Beständen des Schlangen-Wiesenknöterichs (*Bistorta officinalis*); im Alpenvorland auch Kalkflachmoore. Die Art kann sich in Kleinsthabitaten von wenigen Hundert Quadratmetern jahrzehntelang halten. Habitatpräferenz: OW, OS, (MN im Alpenvorland).

Biologie & Ökologie: Falter fliegen in einer Generation ab Mitte Mai bis Ende Juli. Eiablage erfolgt in kleinen Grüppchen an die Blattunterseite der Raupennahrungspflanze oder in deren Umgebung. Schabefraß der Jungraupen, Überwinterung im mittleren Raupenstadium. Raupennahrungspflanze ist Schlangen-Wiesenknöterich, im Alpenvorland auch Knöllchen-Wiesenknöterich (*Bistorta vivipara*). Verpuppung als Stürzpuppe in der Vegetation.

Gefährdung: Aufforstung, Melioration, gänzliche Nutzungsaufgabe und damit Verdrängung des Schlangen-Knöterichs durch Hochstauden wie Mädesüß (*Filipendula ulmaria*); Eutrophierung. Die überwinternden Raupen sind empfindlich gegenüber den seit einigen Jahrzehnten vermehrt auftretenden milden Wintern mit fehlenden Schneedecken, sodass sich die Art in den westlichen Mittelgebirgen in größere Höhenlagen zurückzieht.

Schutz: Erhalt und Förderung der Feuchtstandorte mit der Raupennahrungspflanze, Verhinderung von Gehölzaufwuchs, insbesondere Weidenpolykormonen.

Rudolf Twelbeck & Rolf Reinhardt

RL-D (2011): 2
Aktueller Bestand: mh
Entwicklungstrend kurzfristig: ↓↓
Bestandstrend langfristig: <<<
BArtSchV (2005): besonders geschützt

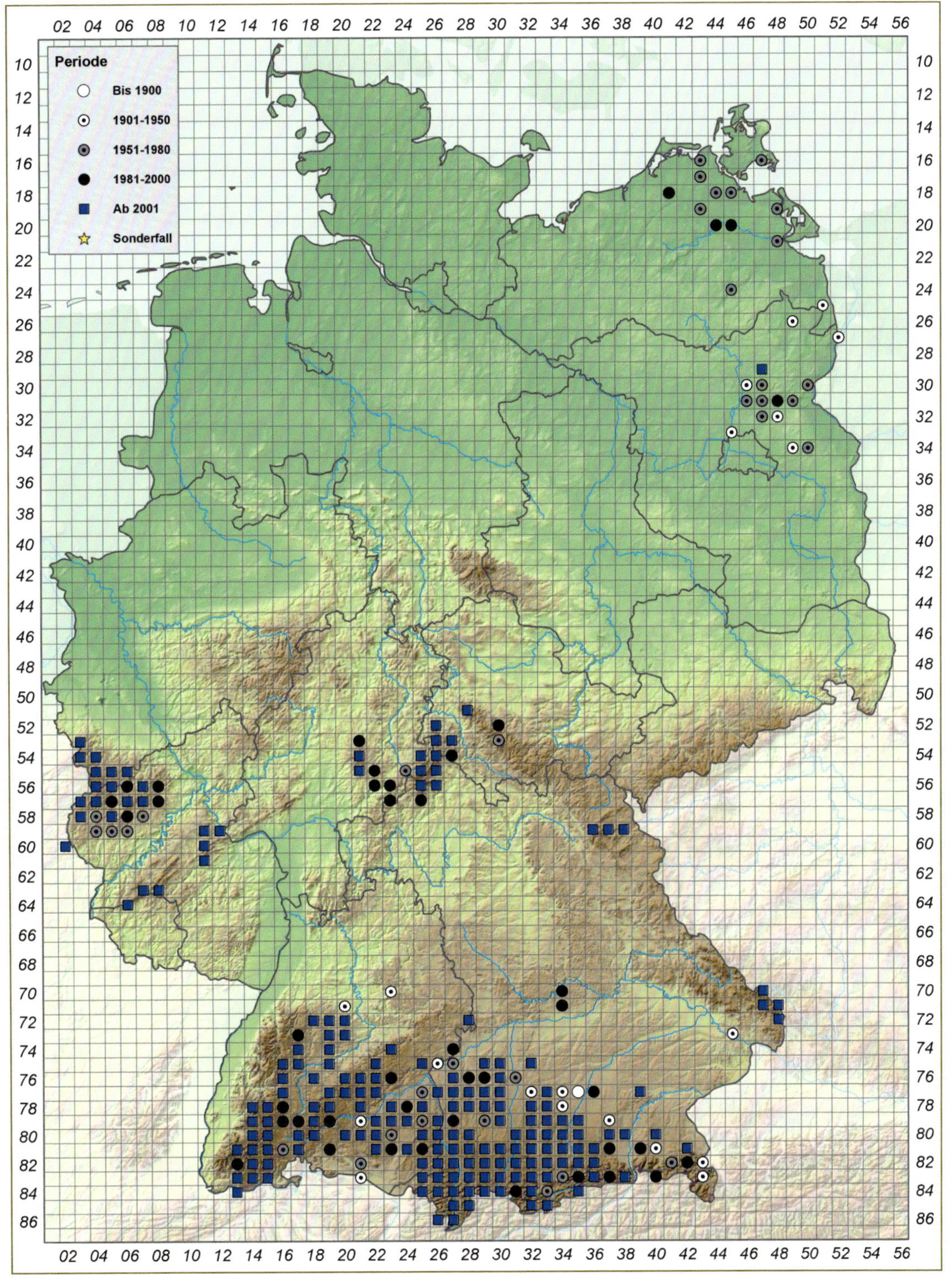
Periode
Bis 1900
1901-1950
1951-1980
1981-2000
Ab 2001
Sonderfall

Boloria pales:
a Oberseite (Toni Kasiske)
b Unterseite (Martin Albrecht)

Boloria pales ([Denis & Schiffermüller], 1775) – Kleiner Hochalpen-Perlmutterfalter

Verbreitung & Vorkommen: Von europäischen Hochgebirgen (Kantabrisches Gebirge, Pyrenäen, Alpen, Apennin, Karpaten, Gebirge des Balkans) bis Zentralasien und Westchina, eine Reliktpopulation auf Taiwan. In Deutschland nur in BY, im gesamten Alpenraum. Nachbarstaaten: in der Schweiz, Österreich, Frankreich, Polen.

Lebensraum: Alpine Kalkrasen, vor allem Blaugras-Horstseggen-Halden, Polsterseggenrasen und Rostseggenhalden sowie Borstgrasrasen auf kalkarmen Böden und magere Almweiden. Zwischen 1000 und 2400 m, mehrheitlich 1600–2100 m über NN. Habitatpräferenz: A.

Biologie & Ökologie: Einbrütig, Flugzeit von Anfang Juni bis Mitte September, ausgeprägte Proterandrie und lange Schlupfphase (Nationalpark Hohe Tauern). Falter flugstark, meist knapp über dem Boden. Verschiedene Nektarquellen (z. B. Skabiosen, Habichtskräuter, Disteln). Eiablage in der Schweiz an sonnen- oder windexponierten, früh schneefreien Stellen. Raupennahrung Veilchen-Arten, vor allem Sporn-Stiefmütterchen (*Viola calcarata*) und Alpen-Wegerich (*Plantago alpina*); vermutlich auch Knöterich- und Baldrian-Arten. Überwinterung im ersten Raupenstadium.

Gefährdung: Geringe Beeinträchtigungen; lokal Ausbau der touristischen Infrastruktur, Aufdüngung von Magerweiden, Auflassung der Almwirtschaft in tiefen Lagen oder Aufforstungen. Klimaerwärmung, vor allem in den Voralpen.

Schutz: Erhaltung geringer Nutzungsintensitäten in den besiedelten Höhenstufen. Extensive Almwirtschaft in der Regel gut verträglich.

Matthias Dolek

RL-D (2011): R
Aktueller Bestand: es
Entwicklungstrend kurzfristig: ?
Bestandstrend langfristig: ?
BArtSchV (2005): besonders geschützt

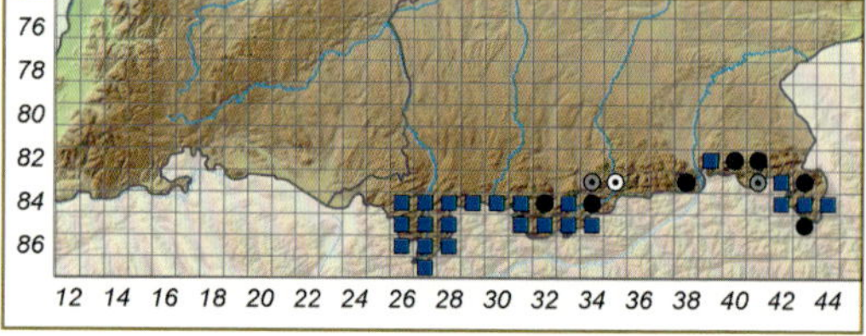

Boloria napaea:
a Oberseite Weibchen (Martin Albrecht)
b Unterseite Weibchen (Martin Albrecht)

Boloria napaea (Hoffmansegg, 1804) – Großer Hochalpen-Perlmutterfalter

Verbreitung & Vorkommen: Boreo-montane Art mit Vorkommen von Europa über Sibirien bis zur Amur-Region und nach Nordamerika. In Europa in den Gebirgen und der arktischen Region Skandinaviens, in hohen Lagen der Alpen und den östlichen Pyrenäen. In Deutschland nur in BY, ausschließlich Allgäuer Hochalpen. Nachbarstaaten: in der Schweiz, Österreich, Frankreich.

Lebensraum: Vor allem alpine Rasen an frischen bis feuchten Standorten, typisch sind sickerfeuchte Lawinenrinnen und Hangrutschungen, konsolidierte Dolomit-Schutthalden über wasserzügigen Stellen oder mergelige Standorte der Allgäu-Schichten. Mehrheitlich zwischen 1700 und 2250 m über NN. Habitatpräferenz: A.

Biologie & Ökologie: Einbrütig, Flugzeit von Anfang Juli bis Mitte August. Falter ausdauernde Flieger, Blütenbesuche im Nationalpark Hohe Tauern vor allem an Korbblütlern. Eiablage einzeln an die Nahrungspflanze oder an benachbarte Pflanzen. Raupennahrung sind Veilchen- und Knöterich-Arten, insbesondere Zweiblütiges Veilchen (*Viola biflora*) und Knöllchen-Wiesenknöterich (*Bistorta vivipara*). Zweimalige Überwinterung der Raupen möglich.

Gefährdung: In Deutschland nur kleine, lokalisierte Populationen. Erschließungsmaßnahmen für den Skitourismus; im Fellhorngebiet unklar ob Vorkommen erloschen. Klimaerwärmung und Rückzug in die höchsten Lagen.

Schutz: In Skigebieten (Nebelhorn, Fellhorn) Beeinträchtigungen durch Planierung, Einsaat standortfremder Grünlandmischungen und künstliche Beschneiung möglich. Beweidung der Lebensräume kann problematisch sein.

Matthias Dolek

RL-D (2011): R
Aktueller Bestand: es
Entwicklungstrend kurzfristig: ?
Bestandstrend langfristig: ?
BArtSchV (2005): besonders geschützt

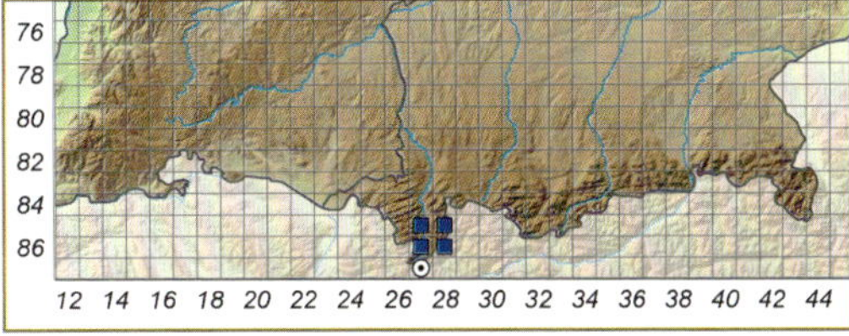

Boloria aquilonaris:
a Oberseite (Erk Dallmeyer)
b Unterseite (Erk Dallmeyer)
c Raupe (Erk Dallmeyer)

Boloria aquilonaris (Stichel, 1908) – Hochmoor-Perlmutterfalter

Verbreitung & Vorkommen: Euro-sibirische Art, in der borealen Zone der Paläarktis weit verbreitet. Von Mittelfrankreich durch Mittel- und Osteuropa und Sibirien bis zum Pazifik. In Deutschland beschränkt auf Moorregionen. Verbreitet im Südschwarzwald, in den unteren Lagen der Alpen mit Vorland und vom Bayerischen Wald bis zum Westerzgebirge. In allen BL außer SL; ausgestorben in HB und BE. Nachbarstaaten: alle außer Luxemburg.

Lebensraum: Saure Moore. Habitatpräferenz: MH, WM, (OW, OS, OM: Nektarpflanzen).

Biologie & Ökologie: Der Hochmoor-Perlmutterfalter besitzt in Deutschland eine enge Bindung an Hochmoore und saure Zwischenmoore als Lebensraum und an die Moosbeere (*Vaccinium oxycoccos*) als Raupennahrungspflanze. Der Falter fliegt in einer Generation je nach Höhenlage von Juni bis August. Die Eier werden in Dominanzbeständen der Moosbeere einzeln an Blattunterseiten und Stängel gelegt; die Ablageorte sind vollsonnig bis halbschattig. Die Raupen überwintern im ersten Stadium. Die Verpuppung erfolgt in der Streu. Bei der Wahl ihrer Nektarpflanzen spielt die Blütenfarbe keine Rolle. Als Moorbewohner ist *B. aquilonaris* oft dazu gezwungen, Nektar außerhalb der Larvalhabitate aufzunehmen, da in den Mooren die Nektarquellen rar sind. Innerhalb von Mooren kommen Sumpf-Blutauge (*Comarum palustre*), Sumpf-Kratzdistel (*Cirsium palustre*), Glocken-Heide (*Erica tetralix*) und Sumpfporst (*Rhododendron tomentosum*) infrage.

Gefährdung: Durch Habitatzerstörung ist der Falter in den meisten Naturräumen verschwunden, vom Aussterben bedroht oder stark gefährdet.

Schutz: Sicherung aller verbleibenden nährstoffarmen Moore mit größeren Beständen der Moosbeere; Verbesserung des Nektarangebots in den Randbereichen der Moore; gezielte Vernetzung durch Schaffung von Trittsteinen durch Renaturierung bzw. Revitalisierung entwässerter Moore.

Steffen Caspari, Steffen Pollrich & Jörg Gelbrecht

RL-D (2011): 2
Aktueller Bestand: s
Entwicklungstrend kurzfristig: ↓↓
Bestandstrend langfristig: <<
BArtSchV (2005): besonders geschützt

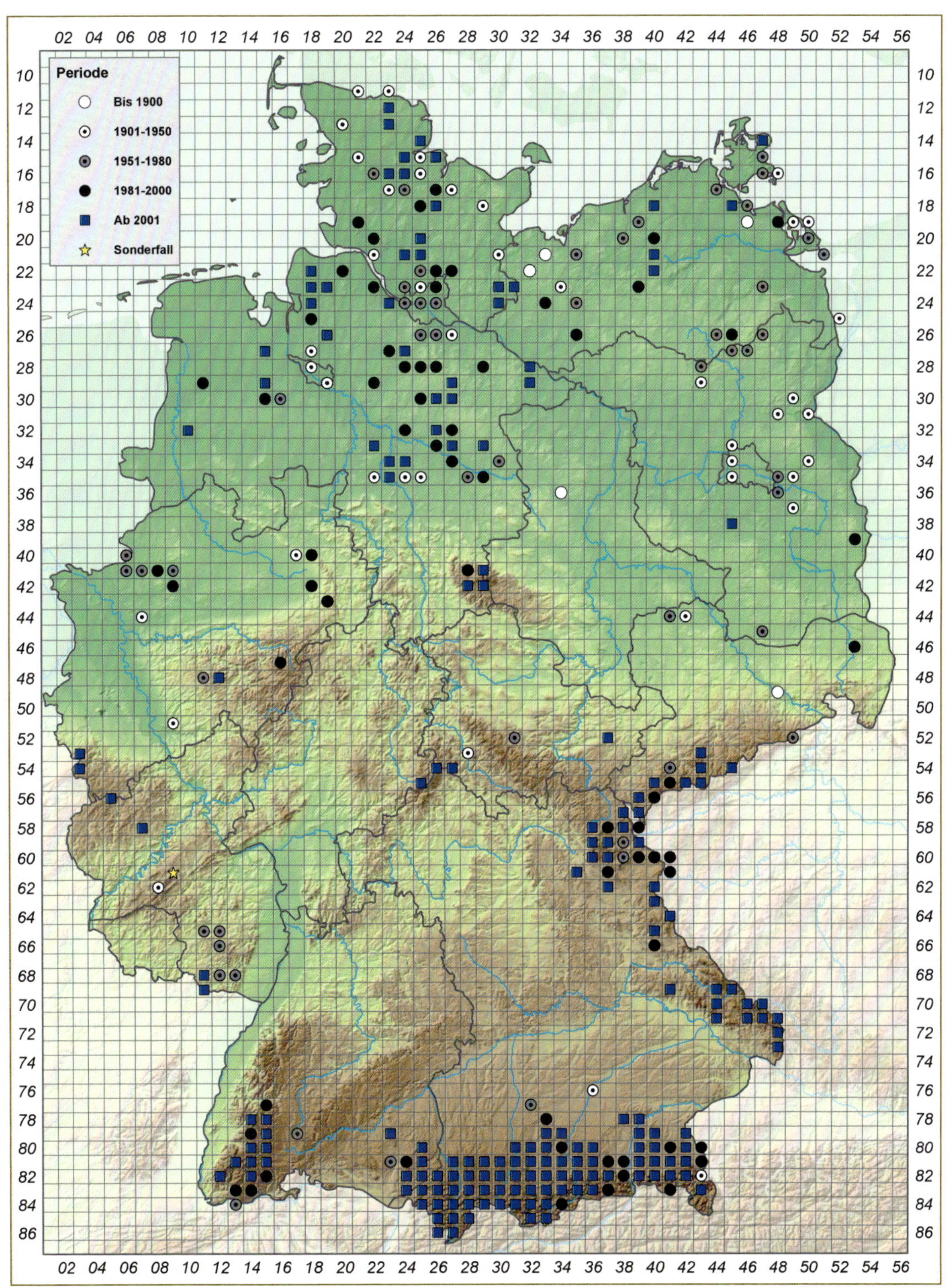
Periode
Bis 1900
1901-1950
1951-1980
1981-2000
Ab 2001
Sonderfall

Boloria thore:
a Oberseite Weibchen (Martin Albrecht)
b Unterseite Weibchen (Erk Dallmeyer)

Boloria thore (Hübner, 1804) – Alpen-Perlmutterfalter

Verbreitung & Vorkommen: Euro-sibirische Art. Von Europa (beschränkt auf die Alpen und auf Fennoskandien) durch das nördliche und gemäßigte Asien bis Japan. In Deutschland nur in BY und Südost-BW. In den gesamten Bayerischen Alpen. Im Westen von BY reichen die Vorkommen bis in den Süden des voralpinen Hügel- und Moorlandes, im Bereich der Adelegg wird die Grenze nach BW überschritten. Nachbarstaaten: in der Schweiz, Österreich.

Lebensraum: Lichte Wälder der montanen und subalpinen Stufe, an den tiefergelegenen Standorten im Alpenvorland bevorzugt an kleinklimatisch kühlen Standorten. Zwischen 650 und 1800 m, überwiegend 800–1700 m über NN. Habitatpräferenz: A, WF, WY.

Biologie & Ökologie: Einbrütig, Flugzeit von Ende Mai bis Mitte August. Falter sitzen vergleichsweise häufig zum Sonnen oder besuchen ein breites Blütenspektrum. Eiablage an oder neben Blätter der Raupennahrungspflanzen; Veilchen-Arten, insbesondere das Zweiblütige Veilchen (*Viola biflora*). Vermutlich zweijährige Raupenentwicklung.

Gefährdung: Lokal Beeinträchtigungen durch intensive Forstwirtschaft, Ausbau von Skipisten oder Bebauung; in der Adelegg starke Bestandsverluste durch Aufforstung von Freiflächen mit Fichten. Grundsätzlich ist die Verdichtung der Wälder eine wichtige Gefährdungsursache.

Schutz: Erhaltung und Förderung lichter Waldbestände, insbesondere für die kleinen Lokalpopulationen im Alpenvorland.

Matthias Dolek

RL-D (2011): G
Aktueller Bestand: ss
Entwicklungstrend kurzfristig: =
Bestandstrend langfristig: (<)
BArtSchV (2005): besonders geschützt

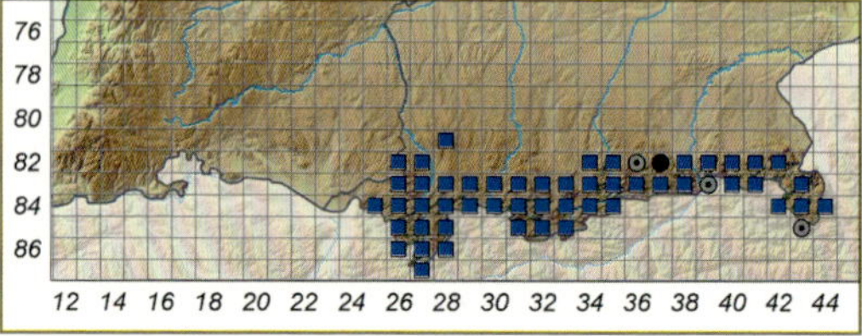

Boloria titania:
a Oberseite Weibchen (Erk Dallmeyer)
b Unterseite (Erk Dallmeyer)

Boloria titania (Esper, 1793) – Natterwurz-Perlmutterfalter

Verbreitung & Vorkommen: Euro-sibirische Art. Europäische Gebirge (Zentralmassiv, Alpen, Karpaten, Gebirge des Balkans), Südfinnland, Baltikum, Ural, weite Teile Asiens bis zur Amur-Region. Vorkommen in Nordamerika werden inzwischen als Unterart von *B. chariclea* (Schneider, 1794) angesehen. In Deutschland nur in BY und BW, im Alpenraum und im südlichen Alpenvorland. Einzelne, meist historische Vorkommen auf den Schotterplatten des nördlichen Alpenvorlandes sowie im südlichen Schwarzwald und Umgebung. Nachbarstaaten: in der Schweiz, Österreich, Frankreich; ausgestorben in Polen.

Lebensraum: Lichte Bergwälder und Feuchtgebiete mit Pfeifengras- und Nasswiesen sowie Kleinseggenrieden. Im Schwarzwald magere Bergwiesen und Magerweiden. Am Alpenrand zwischen 500 und 2000 m, in Moorgebieten meist 700 und 900 m über NN. Im Schwarzwald zwischen 650 und 1200 m über NN. Habitatpräferenz: OW, OG, MN, WM, WF, WY.

Biologie & Ökologie: Einbrütig, Flugzeit von Ende Mai bis Mitte September, eifrige Blütenbesucher. Eiablage an oder neben die Raupennahrung, Schlangen-Wiesenknöterich (*Bistorta officinalis*) und Veilchen-Arten (Zweiblütiges Veilchen [*Viola biflora*], Wald-Veilchen [*V. reichenbachiana*]).

Gefährdung: Verlust an Streuwiesen. Wahrscheinlich empfindlich gegenüber Klimaerwärmung. Auf den Schotterplatten sowie im württembergischen Allgäu nahezu erloschen.

Schutz: Erhaltung der Streuwiesen mit herbstlicher Streumahd und eventuell Bracheanteilen sowie von lichten Waldstrukturen. Wald-Weide-Trennung ist nachteilig.

Matthias Dolek

RL-D (2011): V
Aktueller Bestand: s
Entwicklungstrend kurzfristig: =
Bestandstrend langfristig: <
BArtSchV (2005): besonders geschützt

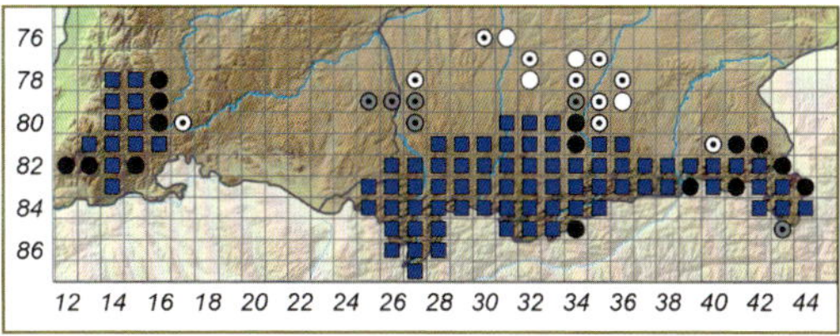

Boloria selene:
a Unterseite (Erk Dallmeyer)
b Oberseite Männchen (Mario Trampenau)
c Raupe (Klaus Schurian)

Boloria selene ([Denis & Schiffermüller], 1775) – Braunfleckiger Perlmutterfalter

Verbreitung & Vorkommen: Die Art weist eine holarktische Verbreitung auf. In Europa besonders in Mittel und Nordeuropa, fehlt in Teilen von West-, Süd- und Südost-Europa. Aus allen Nachbarstaaten und BL gemeldet.

Lebensraum: Feuchtwiesen, Nieder- und Übergangsmoore, Randbereiche von Hochmooren, feuchte Waldlichtungen, Kahlschläge sowie lichte Waldwege. Zudem werden in Nordwest-Deutschland Binnendünen und Magerrasen oder im Mittelgebirgsraum Kalk- und Silikatmagerrasen genutzt. Die Raupe nutzt Nahrungspflanzen in lückiger und niedrigwüchsiger Vegetation, der Falter braucht blumenreiche Strukturen. Habitatpräferenz: OT, OW, OM, OG, MN, WY.

Biologie & Ökologie: Die erste Generation fliegt von Mai bis Juni, während die meist unvollständige zweite Generation von Mitte Juli bis Ende August, selten bis Anfang September, erscheint. Die Raupen leben in Feuchtgebieten an Sumpf-Veilchen (*Viola palustris*), in Binnendünen an Hunds-Veilchen (*V. canina*), auf Waldlichtungen an Hain-Veilchen (*V. riviniana*) oder auf Kalkmagerrasen an Behaartem Veilchen (*V. hirta*).

Gefährdung: Nutzungsaufgabe wie auch Düngung und zu intensive Bewirtschaftung der verbliebenen Lebensräume wirken sich ungünstig aus. Die Art hat viele Habitate durch Entwässerung und nachfolgende Aufforstung oder intensive Bewirtschaftung sowie durch den Straßen- und Siedlungsbau verloren. Zudem erfolgt die naturschutzfachliche Pflege (meist Mahd) der Lebensräume oft zu spät im Jahr.

Schutz: Die Lebensräume von *B. selene* müssen extensiv bewirtschaftet werden. Förderlich ist eine jährlich alternierende Teilflächenmahd. Ähnliche Effekte lassen sich mit einer abgestimmten Beweidung erreichen. Im Wald sind kleinflächige Kahlschläge, eine Mittelwaldbewirtschaftung sowie der Erhalt breiter, lichter Wegränder förderlich.

Detlef Kolligs

RL-D (2011): V
Aktueller Bestand: h
Entwicklungstrend kurzfristig: ↓↓
Bestandstrend langfristig: <<
BArtSchV (2005): besonders geschützt

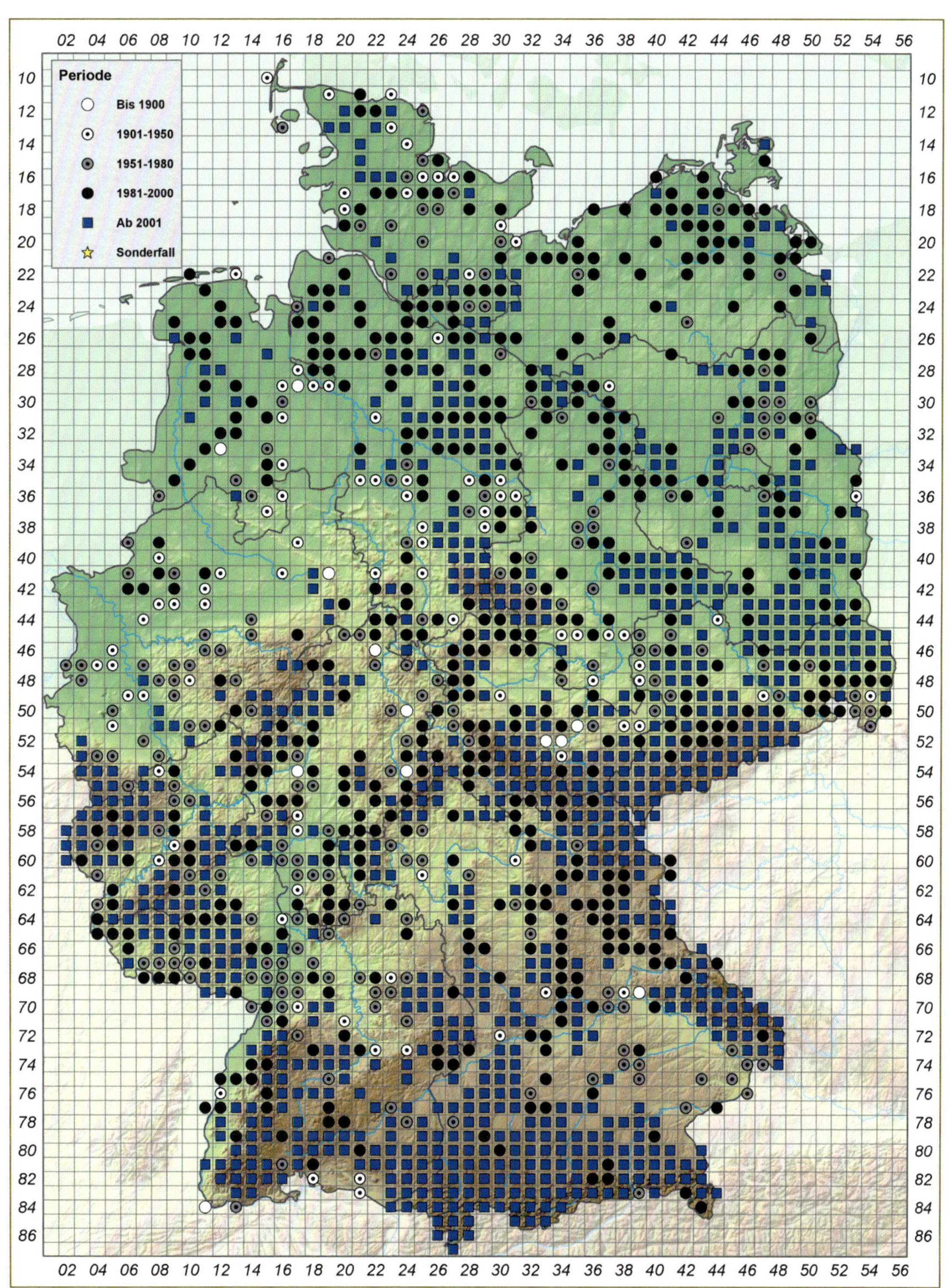
Periode
Bis 1900
1901-1950
1951-1980
1981-2000
Ab 2001
Sonderfall

Boloria euphrosyne:
a Oberseite (Erk Dallmeyer)
b Unterseite (Erk Dallmeyer)
c Raupe (Michael Zepf)

Boloria euphrosyne (Linnaeus, 1758) – Silberfleck-Perlmutterfalter

Verbreitung & Vorkommen: Euro-sibirische Art. Von den Britischen Inseln durch Europa bis Ostasien. Auf der Iberischen Halbinsel nur im Nordwesten. Fehlt auf den Mittelmeerinseln (Ausnahme Sizilien) und dem Peloponnes. In Deutschland für alle BL belegt, besonders im nördlichen Tiefland jedoch stark rückläufig. Noch weite Verbreitung in Teilen von TH, BW und BY. Aus allen Nachbarstaaten gemeldet, aber in Luxemburg und den Niederlanden ausgestorben.

Lebensraum: Waldlückensysteme mit subkontinentalem Lichtungsklima. Habitate auf Kahlschlägen, Sturmwurfflächen, „Käferlöchern", in breiten Freileitungs- und Forstwegschneisen. Waldbindung in Räumen mit konstant kaltem Winterklima abgeschwächt, dort Vorkommen auch auf (waldnahen) Magerrasen. In MV früher Nachweise in Mooren. Habitatpräferenz: WY, OR, A, MH.

Biologie & Ökologie: Falter einbrütig von Ende April bis Mitte Juni, im Alpenraum bis Juli. Larvalentwicklung an Veilchen-Arten, in BW vor allem Hain-Veilchen (*Viola riviniana*), Wald-Veilchen (*V. reichenbachiana*) und Behaartes Veilchen (*V. hirta*). Eiablage einzeln oder in Zweiergrüppchen an oder neben gut besonnten, häufig zwischen trockenem Falllaub stehenden Wirtspflanzen. Hauptnektarpflanze vielerorts Kriechender Günsel (*Ajuga reptans*). Überwinterung als Jungraupe.

Gefährdung: Regional stark gefährdet durch weitgehende Abschaffung habitatprägender Nutzungen, wie Kahlschlag, Niederwald, Mittelwald. Sturmwürfe und Käferkalamitäten finden zu selten statt, um Vorkommen zu sichern. Zusätzliche Risikofaktoren durch Klimawandel (Atlantisierung, milde, schneearme Winter).

Schutz: Kahlschlagmanagement in allen verbliebenen Verbreitungsräumen fördern (Schläge bis 1 ha Größe auch im naturnahen Waldbau genehmigungsfrei). Förderung und Wiederaufnahme historischer Formen der Waldbewirtschaftung (siehe oben).

Gabriel Hermann

RL-D (2011): 2
Aktueller Bestand: mh
Entwicklungstrend kurzfristig: (↓)
Bestandstrend langfristig: <<<
BArtSchV (2005): besonders geschützt

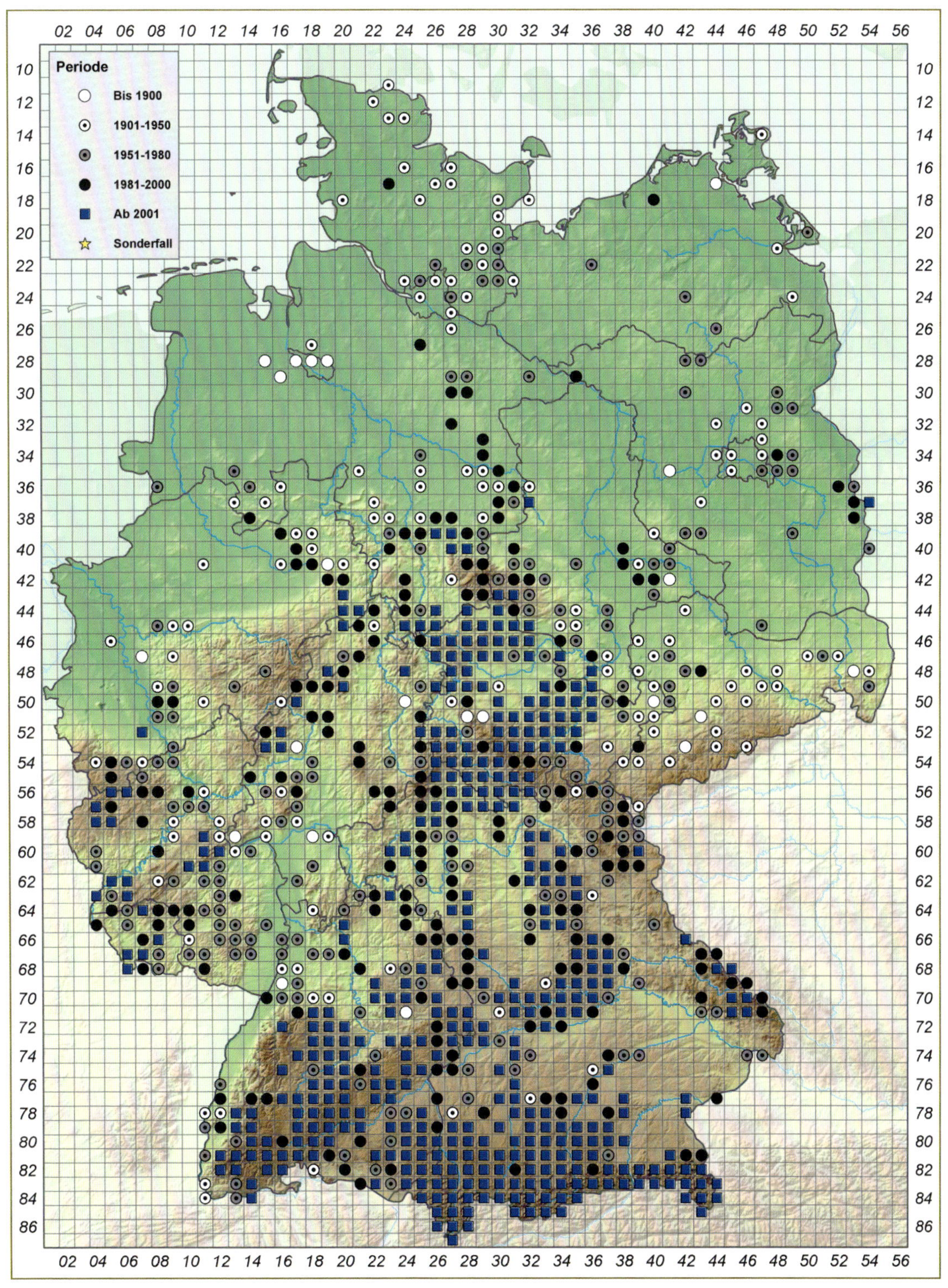
Periode
Bis 1900
1901-1950
1951-1980
1981-2000
Ab 2001
Sonderfall

Boloria dia:
a Oberseite Männchen (Erk Dallmeyer)
b Unterseite (Erk Dallmeyer)
c Raupe (Detlef Kolligs)

Boloria dia (Linnaeus, 1767) – Magerrasen-Perlmutterfalter

Verbreitung & Vorkommen: Euro-sibirische Art, die vom Norden der Iberischen Halbinsel bis zum Balkan, der Schwarzmeerküste sowie über Osteuropa bis Westchina verbreitet ist. In Deutschland in allen BL vertreten, fehlt aber im Nordwestdeutschen Tiefland. Nachbarstaaten: in allen Nachbarstaaten außer Dänemark (ausgestorben) und den Niederlanden (nur vereinzelt als Irrgast).
Lebensraum: Trockene und magere Grünländer zählen zu den wichtigsten Lebensräumen. Typisch sind zudem sandige Ackerbrachen, Wegränder, Kalkmagerrasen wie auch Waldlichtungen in Trockenwäldern mit Beständen der Raupennahrungspflanzen und einem guten Angebot an Nektarpflanzen. Habitatpräferenz: OT, WY.
Biologie & Ökologie: Der Magerrasen-Perlmutterfalter tritt in zwei bis drei Generationen auf. Die Falter fliegen meist im April und Mai sowie im Juli und August. Eine partielle dritte Generation kann im September und Oktober auftreten. Die Flugzeiten können regional und saisonal stark variieren. Die Raupen leben an unterschiedlichen Veilchenarten. Eller et al. (2007) führen das Behaarte Veilchen (*Viola hirta*), das Hain-Veilchen (*V. riviniana*) und das Zwerg-Veilchen (*V. pumila*) an. In SH findet sich die Art an Acker-Stiefmütterchen (*V. arvensis*) und Wildem Stiefmütterchen (*V. tricolor*).
Gefährdung: Sowohl Nutzungsaufgabe als auch die intensive Nutzung der verbliebenen Lebensräume wirken sich ungünstig aus. Die Art hat gerade in den letzten Jahrzehnten sehr viele Habitate durch Aufforstung, Umwandlung in Maisäcker oder intensive Grünlandbewirtschaftung sowie durch den Straßen- und Siedlungsbau verloren. Andererseits breitet sie sich derzeit nach Norden aus und hat SH bis in den Segeberger Raum besiedelt.
Schutz: Die Lebensräume müssen in geeigneter Weise bewirtschaftet werden, um ein Verbuschen sowie eine hohe und dichte Vegetation zu verhindern. Zudem kann zum Erhalt von Ackerbrachen ein jährlich wechselnder Teilumbruch erfolgen. Ähnliche Effekte lassen sich mit einer abgestimmten Beweidung erreichen.

Detlef Kolligs

RL-D (2011): *
Aktueller Bestand: h
Entwicklungstrend kurzfristig: ↑
Bestandstrend langfristig: <<
BArtSchV (2005): besonders geschützt

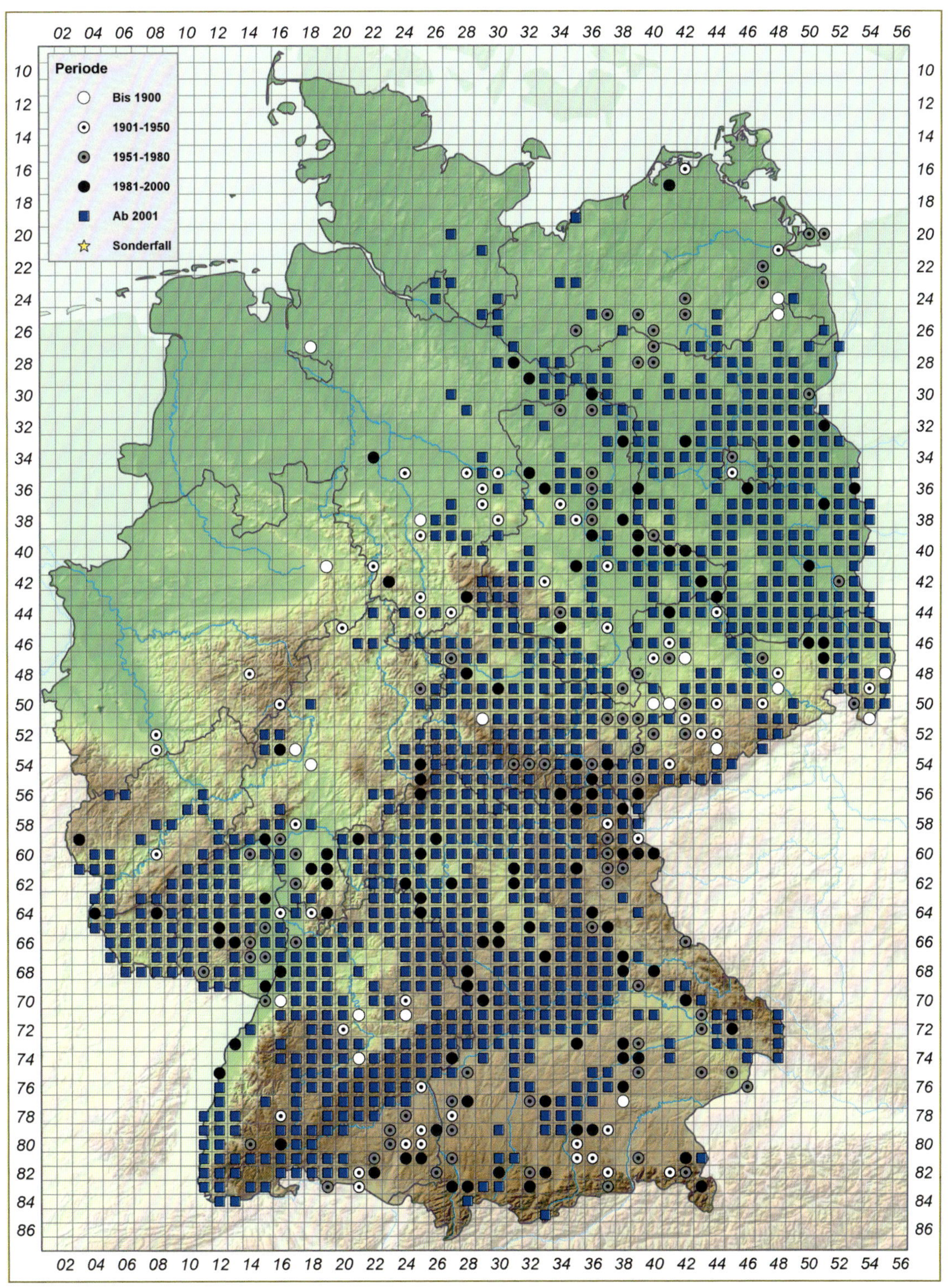
Periode
Bis 1900
1901-1950
1951-1980
1981-2000
Ab 2001
Sonderfall

Apatura iris:
a Oberseite Männchen (Erk Dallmeyer)
b Unterseite Männchen (Erk Dallmeyer)
c Raupe (Michael Zepf)

Apatura iris (Linnaeus, 1758) – Großer Schillerfalter

Verbreitung & Vorkommen: Euro-sibirische Art. Von Westeuropa bis Japan verbreitet, Teilareale auf den Britischen Inseln (Südengland) und der Iberischen Halbinsel (Nordspanien). In Deutschland weit verbreitet, an der Nordseeküste und in großen Teilen der Nordwestdeutschen Tiefebene fehlend. In allen BL und Nachbarstaaten nachgewiesen.

Lebensraum: Breites Spektrum an Laub-, Misch- und Nadelwaldgesellschaften einschließlich Fichtenforsten. Entscheidend sind größere Bestände von Weidengewächsen, die sich als lichtbedürftige Pioniergehölze nur an offenen Stellen verjüngen. Typische Larvallebensräume sind Kahlschläge, Sturm- und Käferlöcher, Leitungs- und Forstwegschneisen. Habitatpräferenz: WL, WA, WF, WM, WY, BT.

Biologie & Ökologie: In der Regel einbrütig, Hauptflugzeit Ende Juni bis Ende Juli. Falter saugen an feuchten Bodenstellen, Männchen häufig an Aas und Exkrementen. Sal-Weide (*Salix caprea*) wichtigstes Wirtsgehölz in Deutschland, aber auch Nutzung anderer, meist ovalblättriger Arten, z. B. Ohr-Weide (*S. aurita*). Eiablage einzeln auf Blattoberseiten unter Bevorzugung schattig-luftfeucht stehender Exemplare. Jungraupe überwintert an Blattknospen oder in Astgabeln, selten am Stamm, ausnahmsweise auf dem festgesponnenen Herbst-Sitzblatt (Hermann 2007).

Gefährdung: Regionale Rückgänge durch „naturnahe“ Waldbewirtschaftung, die Pionierholzarten wie die Sal-Weide benachteiligt. Abholzen der Sal-Weiden an Forstwegen kann kurzfristig zum Rückgang oder Erlöschen lokaler Bestände führen. Weil die Art in Metapopulationen lebt, ist dies jedoch kein Faktor, der Vorkommen nachhaltig gefährdet.

Schutz: Förderung der Sal-Weide durch regelmäßige Neuschaffung größerer Lichtungen/Schneisen, Gestaltung breiter, niederwaldartig gepflegter Abstandsflächen zwischen Forstwegen und Forstkulturen mit Platz für Pionierholzarten.

Gabriel Hermann

RL-D (2011): V
Aktueller Bestand: h
Entwicklungstrend kurzfristig: (↓)
Bestandstrend langfristig: <<
BArtSchV (2005): besonders geschützt

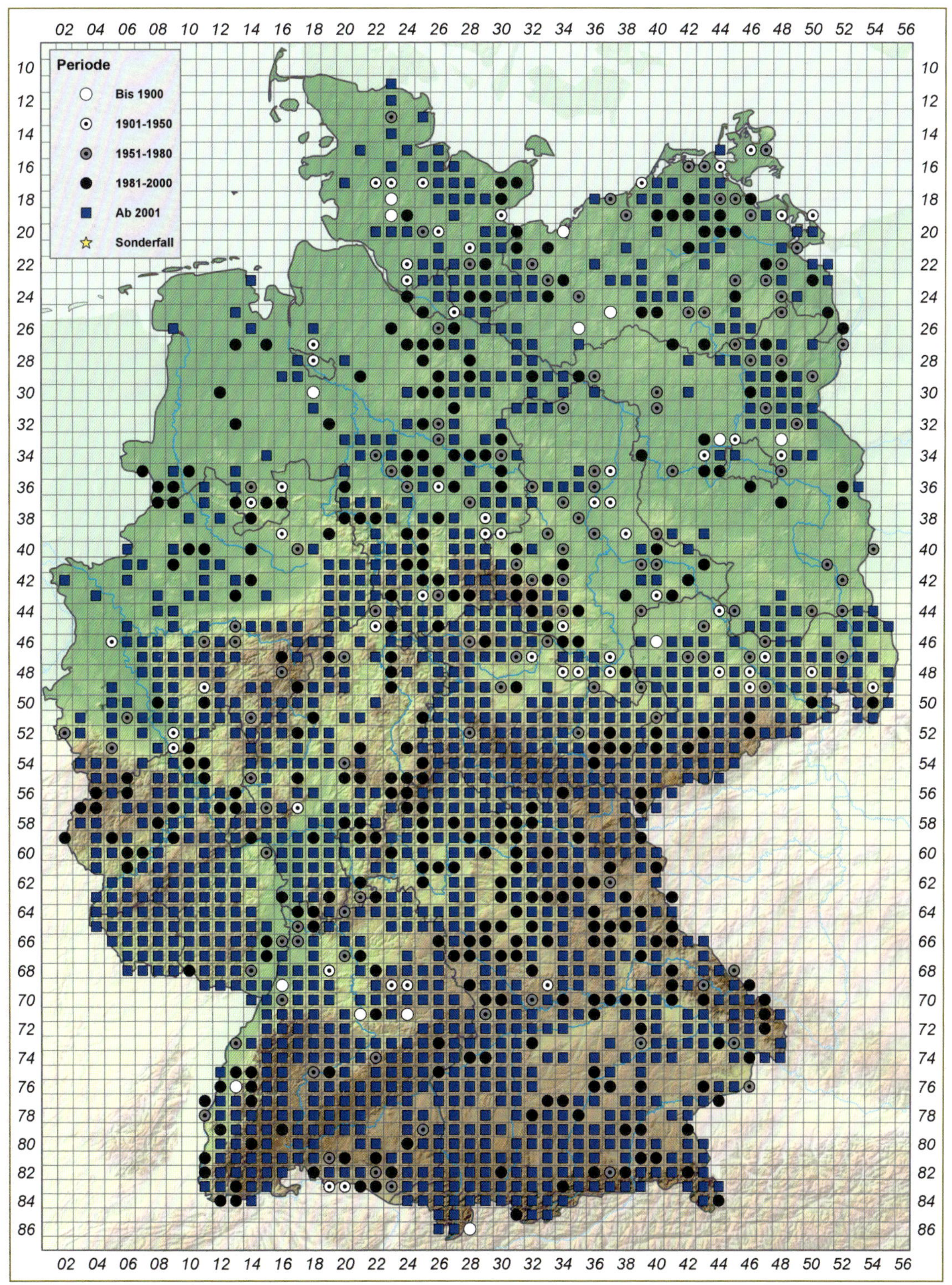
Periode
Bis 1900
1901-1950
1951-1980
1981-2000
Ab 2001
Sonderfall

Apatura ilia:
a Oberseite Weibchen (Erk Dallmeyer)
b Unterseite (Klaus Schurian)
c Raupe (Mario Trampenau)

Apatura ilia ([Denis & Schiffermüller], 1775) – Kleiner Schillerfalter

Verbreitung & Vorkommen: Europäisch-sibirische Art. Von Westeuropa bis Japan verbreitet, isolierte Vorkommen auf der Iberischen Halbinsel. Fehlt auf den Britischen Inseln. In Deutschland weite bis nahezu flächenhafte Verbreitung in SL, BW, BY, TH und SN, viele aktuelle Meldungen auch aus RP, HE, ST und BB. Seit der Jahrtausendwende großräumige Ausbreitung und Häufigkeitszunahme mit Arealgewinnen in Mittelgebirgen und Expansion nach Norden (Neufunde u. a. in NI und NW). Weitgehendes Fehlen im Nordwesten. Nachbarstaaten: alle Staaten, aber in den Niederlanden nur Einzelfunde.

Lebensraum: Auwälder, aber auch viele pappelreiche Waldgesellschaften und Forste des Hügel- und Berglandes. Seltener außerhalb von Wäldern, hier z. B. in älteren Sukzessionsflächen mit Zitter-Pappel. Habitatpräferenz: WL, WA, WF, WM, WY, BT.

Biologie & Ökologie: Ein bis zwei Generationen mit Gesamtflugzeit von Juni bis September. Männchen zur Aufnahme von Mineralstoffen und organischen Verbindungen häufig an feuchten Bodenstellen, Aas und Exkrementen. Zitter-Pappel (*Populus tremula*) in vielen Naturräumen wichtigstes Wirtsgehölz. Regelmäßige Nutzung von Hybrid- und Balsam-Pappeln (*P.* × *canadensis* bzw. *P. trichocarpa*), Eiablage einzeln auf Blattoberseite. Die Jungraupe überwintert an Blattknospen, seltener in Astgabeln oder am Stamm, ausnahmsweise auf dem festgesponnenen Herbst-Sitzblatt (Hermann 2007).

Gefährdung: Großräumig in Zunahme begriffene, wenig gefährdete Art. Beeinträchtigungen durch Abnahme der Zitter-Pappel im „naturnah" bewirtschafteten Wald (Kahlschlagverzicht) und Schwund der Hybrid-Pappeln. Abholzen von Zitter-Pappeln an Forstwegen kann kurzfristig zum Rückgang oder Erlöschen lokaler Bestände führen. Weil die Art stets in Metapopulationen lebt, ist dies jedoch kein Faktor, der Vorkommen nachhaltig gefährdet.

Schutz: Förderung von Pappel-Arten in Wäldern und an Waldrändern.

Gabriel Hermann

RL-D (2011): V
Aktueller Bestand: h
Entwicklungstrend kurzfristig: =
Bestandstrend langfristig: <<
BArtSchV (2005): besonders geschützt

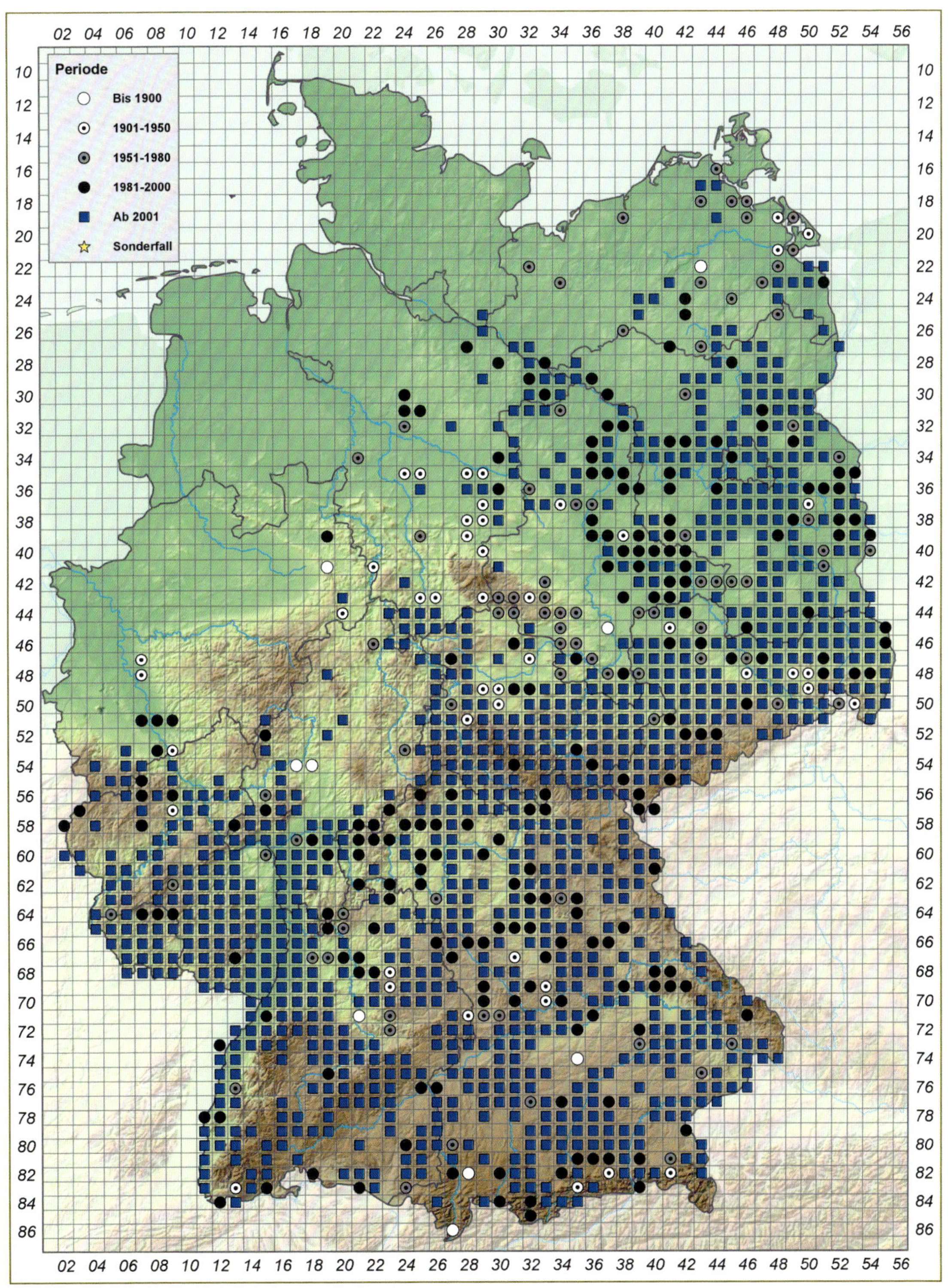
Periode
Bis 1900
1901-1950
1951-1980
1981-2000
Ab 2001
Sonderfall
02 04 06 08 10 12 14 16 18 20 22 24 26 28 30 32 34 36 38 40 42 44 46 48 50 52 54 56
10 12 14 16 18 20 22 24 26 28 30 32 34 36 38 40 42 44 46 48 50 52 54 56 58 60 62 64 66 68 70 72 74 76 78 80 82 84 86

Araschnia levana: **a** Oberseite 1. Generation (Erk Dallmeyer) **b** Oberseite 2. Generation (Erk Dallmeyer) **c** Unterseite (Erk Dallmeyer) **d** Raupen (Erk Dallmeyer)

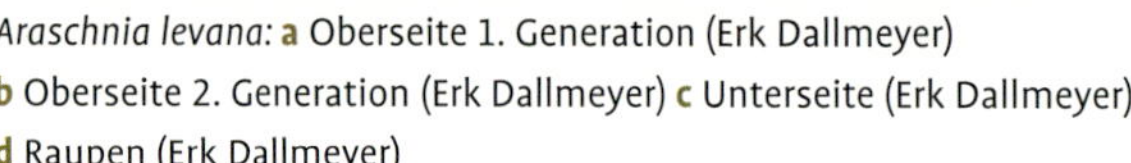

Araschnia levana (Linnaeus, 1758) – Landkärtchenfalter

Verbreitung & Vorkommen: Euro-sibirische Art. Von West- und Mitteleuropa nach Osten durch das klimatisch gemäßigte Asien bis Japan und Korea. In China und Teilen Asiens kommen Schwesternarten vor. In Europa in den letzten Jahrzehnten Expansion in alle Richtungen (detaillierte Darstellung bei Reinhardt 2008). In Deutschland jetzt in allen BL vorkommend, früher unstet und lückenhaft verbreitet. In allen Nachbarstaaten, in Dänemark ab 1881.

Lebensraum: Biotopkomplexbewohner, der unterschiedliche, funktional aber zusammenhängende Lebensräume der Wald- und Gehölzsaumbereiche in Gewässernähe oder nahe feuchter, halbschattiger Wälder besiedelt. Eiablage- und Entwicklungshabitat sind brennnesselreiche Ausbildungen nitrophytischer Staudengesellschaften, brach gefallener Wiesen oder auch Auen- und Schluchtwälder. Habitatpräferenz: OS, OR, BY, WA.

Biologie & Ökologie: Die Art fliegt in zwei morphologisch unterscheidbaren Generationen. Die Frühjahrsgeneration (*levana*) schlüpft Mitte April/Anfang Mai aus der überwinterten Puppe. Die Sommergeneration (*prorsa*) erscheint nach Subitanentwicklung ab Ende Juni. In zunehmendem Maße werden im September frische Falter einer dritten Generation gefunden. Die Generationenzahl wird durch die Tageslänge gesteuert, unter der die fast erwachsenen, schwarzen Raupen (mit Kopfdornen) aufwachsen. Unter Langtag erfolgt die Subitanentwicklung, die zu den oberseits schwarzen (mit weißer Binde) Tieren der *prorsa*-Form führt. Unter Kurztag wird Diapause induziert, die erst durch eine Kühlephase beendet wird. Aus diesen Latenzpuppen wird die rotbraune *levana*-Form entlassen. Jede Entwicklungsverzögerung führt zur Erhöhung rotbrauner Flügelschuppen (Reinhardt 1984), weshalb eine große Zahl weiterer Formen beschrieben ist, die bekannteste ist die f. *porima*. Die normale Raupennahrungspflanze, an der auch die artcharakteristischen Eitürmchen abgelegt werden, ist die Große Brennnessel (*Urtica dioica*), in seltenen Fällen auch Gewöhnlicher Hopfen (*Humulus lupulus*). Verpuppung als Stürzpuppe in der Vegetation oder deren Umgebung.

Gefährdung: Die Art ist aktuell nicht gefährdet.

Schutz: Für die Art sind aktuell keine speziellen Schutzmaßnahmen notwendig.

Rolf Reinhardt

RL-D (2011): *
Aktueller Bestand: sh
Entwicklungstrend kurzfristig: =
Bestandstrend langfristig: =

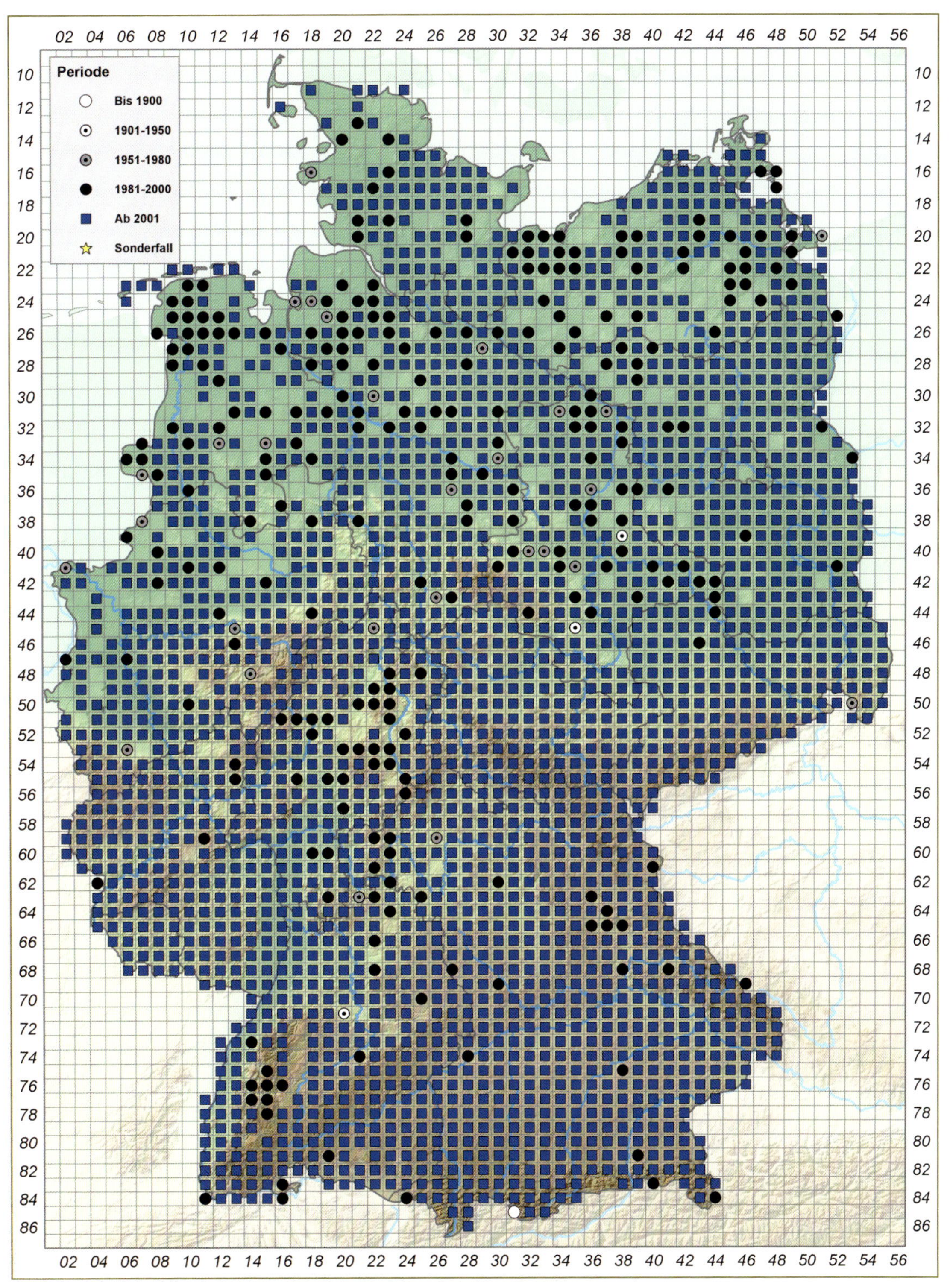
Periode
Bis 1900
1901-1950
1951-1980
1981-2000
Ab 2001
Sonderfall

Vanessa cardui: **a** Oberseite (Erk Dallmeyer) **b** Unterseite (Erk Dallmeyer) **c** Raupe (Erk Dallmeyer)

Vanessa cardui (LINNAEUS, 1758) – Distelfalter

Verbreitung & Vorkommen: Kosmopolit. Weltweit verbreitet mit Ausnahme von Südamerika und der Antarktis. Der Falter wandert alljährlich hauptsächlich aus Subsahara-Afrika in Etappen nach Europa ein, in manchen Jahren nördlich bis Lappland und Island. In allen BL und Nachbarstaaten nachgewiesen.

Lebensraum: Innere Waldsäume und jede Form von Offenland. Im Frühjahr mehr in trockenwarmen, in heißen Sommern mehr in feuchteren Habitaten. Habitatpräferenz: OH, OT, OW, OS, OX, OM, OG, OO, OR, BS, BY, WK, WL, WY.

Biologie & Ökologie: Die Falter wandern vereinzelt ab März aus Afrika, hauptsächlich aber im Mai/Juni aus Südeuropa nach Deutschland ein. Die Art bildet hier ein bis zwei, selten drei Nachfolgegenerationen aus. Nach heißem Frühjahr wandern die Falter ab Juli in höhere und kühlere Lagen, tendenziell in Südrichtung, ab, ziehen sich ansonsten ab August und verstärkt im September wieder nach Südeuropa und Afrika zurück. Im Spätsommer kommt es zudem zu Zuwanderungen aus Nord- nach Mitteleuropa. Im Oktober schlüpfen in Deutschland jedoch nur Einzelfalter. Die Eiablage erfolgt einzeln meist an die Blattoberseiten. *V. cardui* hat kein zur Überwinterung geeignetes Stadium! Raupennahrungspflanzen sind eine Fülle von Staudenpflanzen wie Disteln (*Carduus* spp., *Cirsium* spp., *Onopordum acanthium* und andere), Kletten (*Arctium* spp.), Brennnesseln (*Urtica* spp.), Malven (*Malva* spp.) und andere. Die Verpuppung erfolgt als Stürzpuppe meist nicht in unmittelbarer Nähe der Raupennahrungspflanze.

Gefährdung: Die Art ist aktuell nicht gefährdet.

Schutz: Für die Art sind aktuell keine speziellen Schutzmaßnahmen notwendig.

JÜRGEN HENSLE

RL-D (2011): *
Aktueller Bestand: sh
Entwicklungstrend kurzfristig: =
Bestandstrend langfristig: =

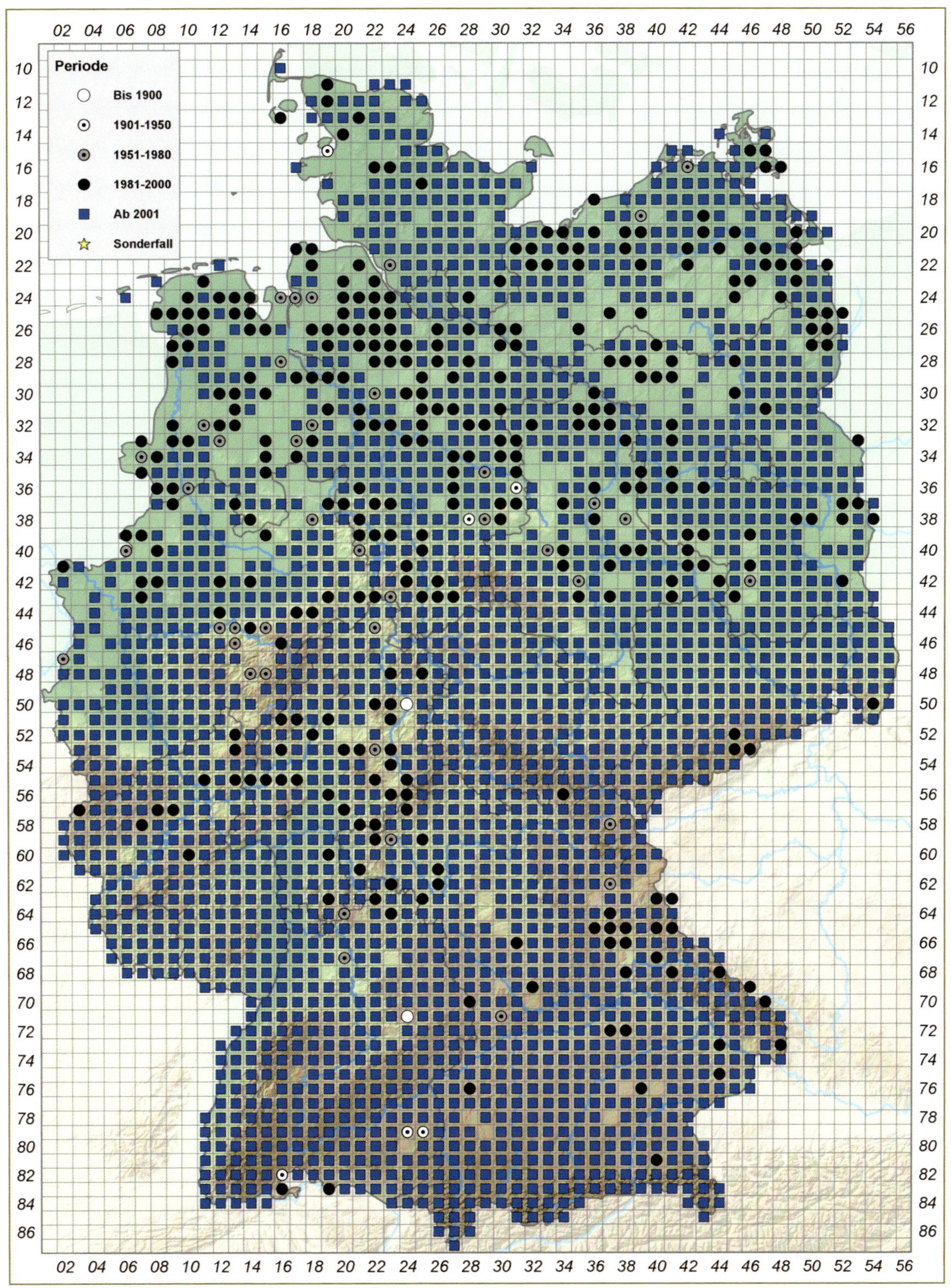

Periode
Bis 1900
1901-1950
1951-1980
1981-2000
Ab 2001
Sonderfall

Vanessa atalanta: **a** Oberseite (Detlef Kolligs) **b** Unterseite (Detlef Kolligs) **c** Raupe (Erk Dallmeyer)

Vanessa atalanta (Linnaeus, 1758) – Admiral

Verbreitung & Vorkommen: Holarktische Art. Von den Makaronesischen Inseln und Nordwest-Afrika durch ganz Europa bis zum Iran. Zugewandert bis Lappland, Island und Westsibirien. Ferner in Nordamerika, südlich bis Guatemala und Haiti. In allen BL und Nachbarstaaten nachgewiesen.

Lebensraum: Innere Waldsäume und jede Form von Offenland. Der Falter überwintert vorzugsweise frei in belaubten Büschen und Gestrüpp. Im Herbst und Frühjahr ist er mehr im Offenland, bei höheren Temperaturen eher im Wald anzutreffen. Habitatpräferenz: OS, OR, BS, BY, WL, WA.

Biologie & Ökologie: Falter in drei bis vier Generationen ab Februar; wo er nicht überwintert ab Mai bis November, ist auch an milden Wintertagen aktiv. Mitteleuropäische Populationen wandern innerhalb des winterkalten Europas im Frühjahr nach Norden und Osten, ab August wieder zurück (Saisonwanderer). Eiablage erfolgt einzeln, meist an die Blattoberseite. Überwinterung als Falter, Ei, Raupe und eingeschränkt als Puppe. Die Raupe lebt einzeln in einer Blatttüte, sie frisst den Winter über durch. *V. atalanta* überwintert seit vielen Jahren in wärmeren Regionen Mitteleuropas (Hensle 2001), passt sich unserem Klima zunehmend an und überlebt mittlerweile auch den Winter in kälteren Regionen. Raupennahrungspflanzen sind Brennnesseln (*Urtica dioica, U. urens*) und Glaskraut (*Parietaria* spp.). Verpuppung als Stürzpuppe, meist im Brennnesselbestand.

Gefährdung: Die Art ist aktuell nicht gefährdet.

Schutz: Für die Art sind aktuell keine speziellen Schutzmaßnahmen notwendig.

Jürgen Hensle

RL-D (2011): *
Aktueller Bestand: sh
Entwicklungstrend kurzfristig: =
Bestandstrend langfristig: =

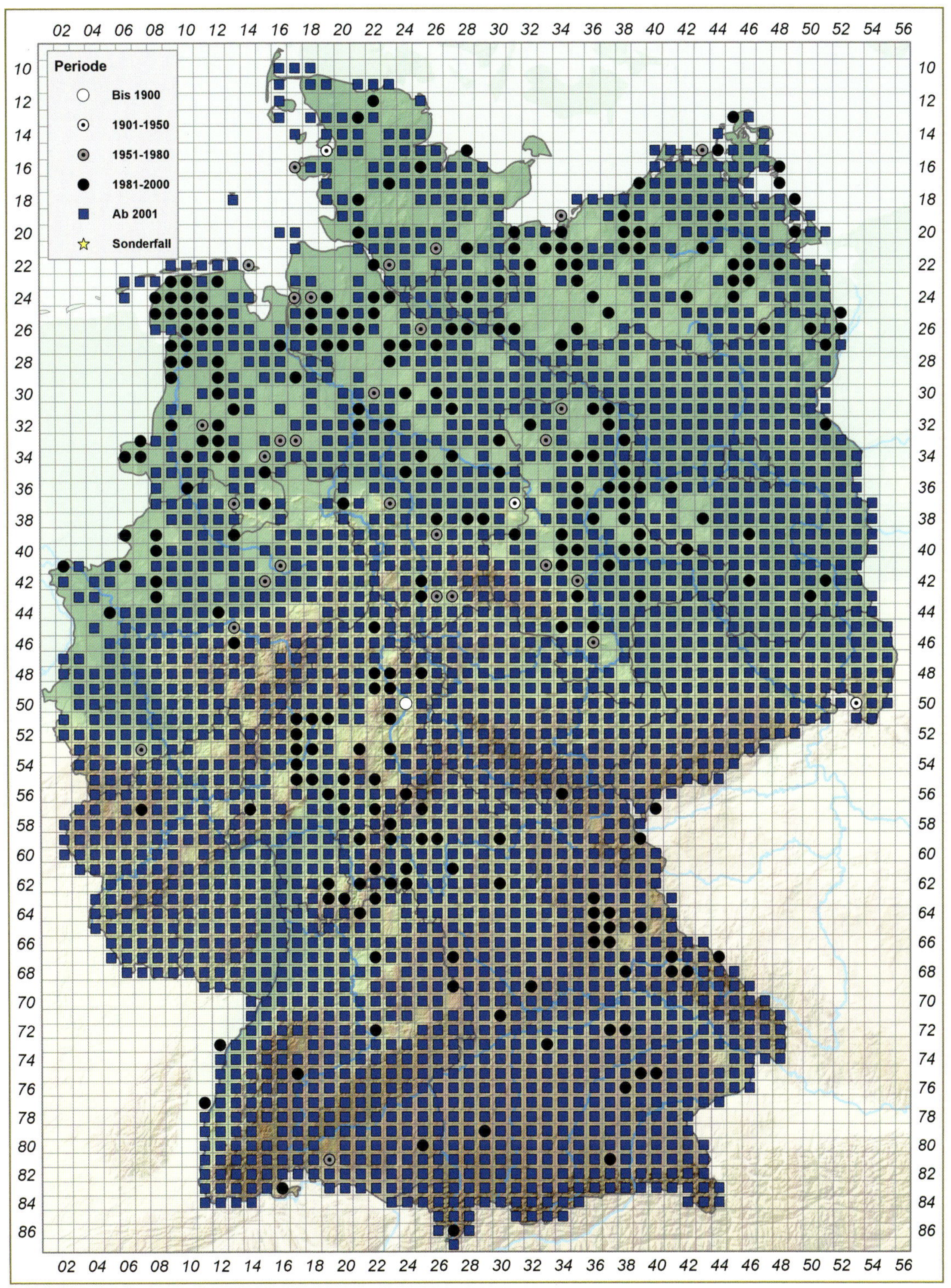
Periode
Bis 1900
1901-1950
1951-1980
1981-2000
Ab 2001
Sonderfall

Aglais io: **a** Oberseite (Erk Dallmeyer) **b** Unterseite (Erk Dallmeyer) **c** Raupe (Erk Dallmeyer)

Aglais io (Linnaeus, 1758) – Tagpfauenauge

Verbreitung & Vorkommen: Paläarktische Art. Von der Iberischen Halbinsel und Irland bis Zentralasien, Sibirien und Japan. Fehlt in Europa im Süden Portugals und Griechenlands sowie auf Island und im Norden Fennoskandiens und Russlands. In allen BL und Nachbarstaaten nachgewiesen.

Lebensraum: Innere Waldsäume und jede Form von Offenland. Überwinterung in Höhlen und Baumhöhlen sowie sehr gerne in anthropogenen Ersatzräumen (Keller, Bunker, Dolen, größere Vogelnistkästen etc.). Rendezvousplätze an linearen Strukturen (z. B. Waldränder, Böschungen) oft fernab des Schlupfortes. Habitatpräferenz: OR, BY, WA.

Biologie & Ökologie: Falter fliegen je nach Lokalklima in ein bis zwei Generationen ab Juni oder Juli und nach der Überwinterung wieder ab Februar/März bis Mai/Juni. Die Falter sind eifrige Blütenbesucher und werden innerorts oft an Sommerflieder (*Buddleja davidii*) und Herbstastern (*Symphyotrichum* spp.), im Herbst sehr gerne auch an Efeu (*Hedera helix*) und Fallobst angetroffen. Sie wandern innerhalb ihres Verbreitungsgebiets über kürzere Strecken (Binnenwanderer). Eiablage erfolgt in Gelegen an die Blattunterseite. Überwinterung als Falter. Raupennahrungspflanze ist die Große Brennnessel (*Urtica dioica*), sehr selten auch Hopfen (*Humulus lupulus*). Verpuppung als Stürzpuppe oft fernab des Brennnesselbestandes.

Gefährdung: Die Art ist aktuell nicht gefährdet.

Schutz: Für die Art sind aktuell keine speziellen Schutzmaßnahmen notwendig.

Jürgen Hensle

RL-D (2011): *
Aktueller Bestand: sh
Entwicklungstrend kurzfristig: =
Bestandstrend langfristig: =

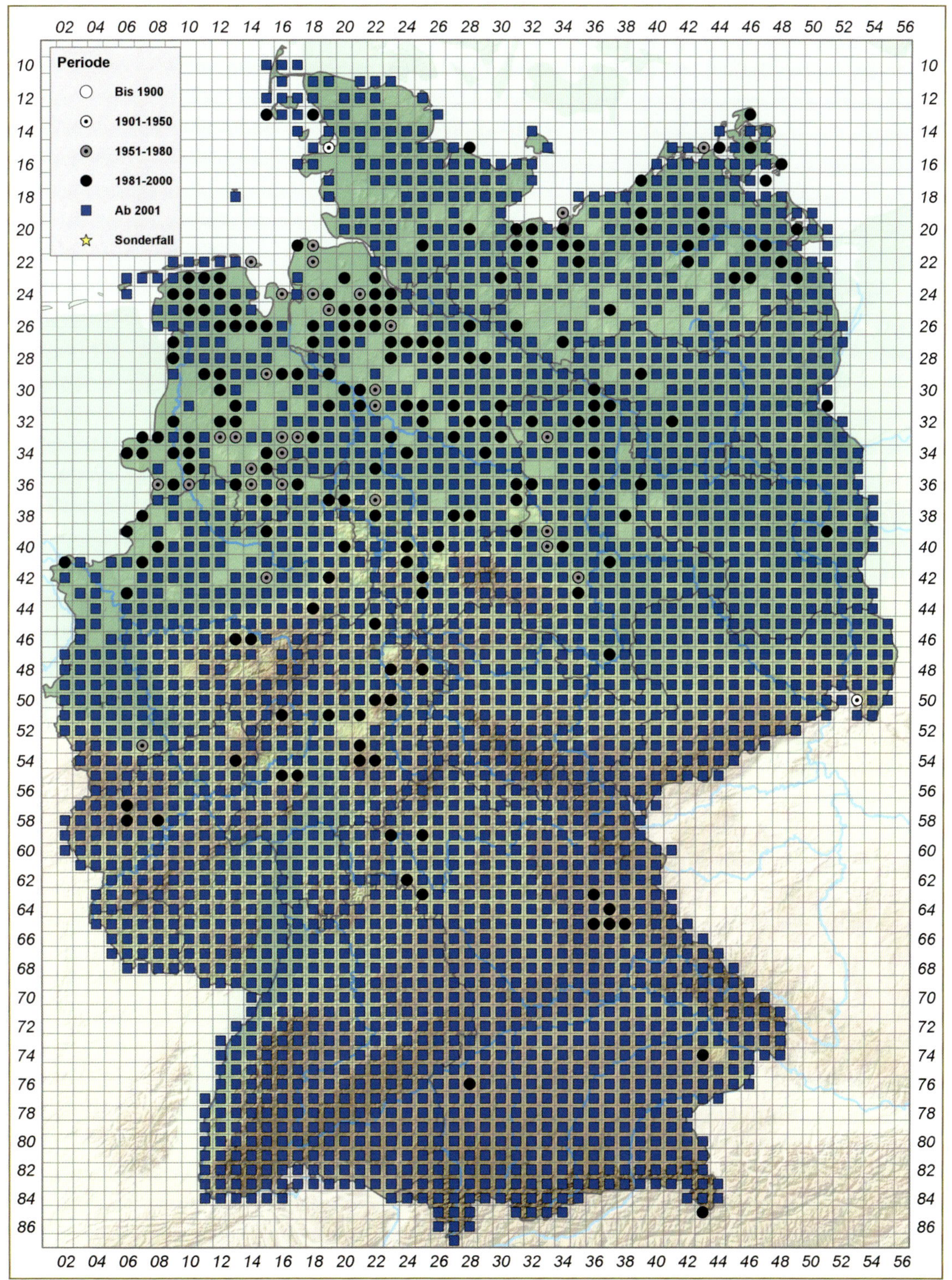
Periode
Bis 1900
1901-1950
1951-1980
1981-2000
Ab 2001
Sonderfall

Aglais urticae: **a** Oberseite (Erk Dallmeyer) **b** Unterseite (Erk Dallmeyer) **c** Raupe (Erk Dallmeyer)

Aglais urticae (Linnaeus, 1758) – Kleiner Fuchs

Verbreitung & Vorkommen: Europäisch-sibirische Art. Von Portugal und Irland durch Europa bis China und Sibirien. Fehlt auf Island. Auf Korsika und Sardinien durch *A. ichnusa* (Bonelli, 1826) vertreten. Im Mittelmeerraum nur in höheren Lagen bodenständig. In den letzten Jahren gebietsweise rückläufig. *A. urticae* ist in warmen Tieflagen (z. B. Oberrheinebene) nicht dauerhaft heimisch, wandert dorthin aber regelmäßig aus angrenzenden Gebirgen ein. In allen BL und Nachbarstaaten nachgewiesen.

Lebensraum: Jede Form von Offenland. Überwinterung in Höhlen und Baumhöhlen sowie sehr gerne in anthropogenen Ersatzräumen (Keller, Bunker, Dolen, größere Vogelnistkästen etc.). Habitatpräferenz: A, OG, OR, BY.

Biologie & Ökologie: Falter fliegen je nach Lokalklima in ein bis drei Generationen ab Mai oder Juni bis Oktober und nach der Überwinterung wieder ab Februar/März bis April/Mai. Ein Teil der Falter der ersten Generation übersommert und fliegt im Hochsommer wieder zusammen mit den Vertretern der zweiten Generation. Die dritte Generation wird nur partiell angelegt. Die erste Generation wandert oft schon im Mai aus den warmen Tieflagen ab oder zieht sich frühzeitig zur Übersommerung zurück. Im Spätherbst erfolgt dann zuweilen eine Rückwanderung aus den Hochlagen. Mitteleuropäische Populationen vertragen sehr milde Winter schlecht. Eiablage erfolgt in Gelegen an die Blattunterseite. Überwinterung als Falter. Raupennahrungspflanze ist die Große Brennnessel (*Urtica dioica*), selten auch Kleine Brennnessel (*Urtica urens*) und Hopfen (*Humulus lupulus*). Verpuppung als Stürzpuppe oft fernab des Brennnesselbestands.

Gefährdung: Die Art ist aktuell nicht gefährdet.

Schutz: Für die Art sind aktuell keine speziellen Schutzmaßnahmen notwendig.

Jürgen Hensle

RL-D (2011): *
Aktueller Bestand: sh
Entwicklungstrend kurzfristig: =
Bestandstrend langfristig: =

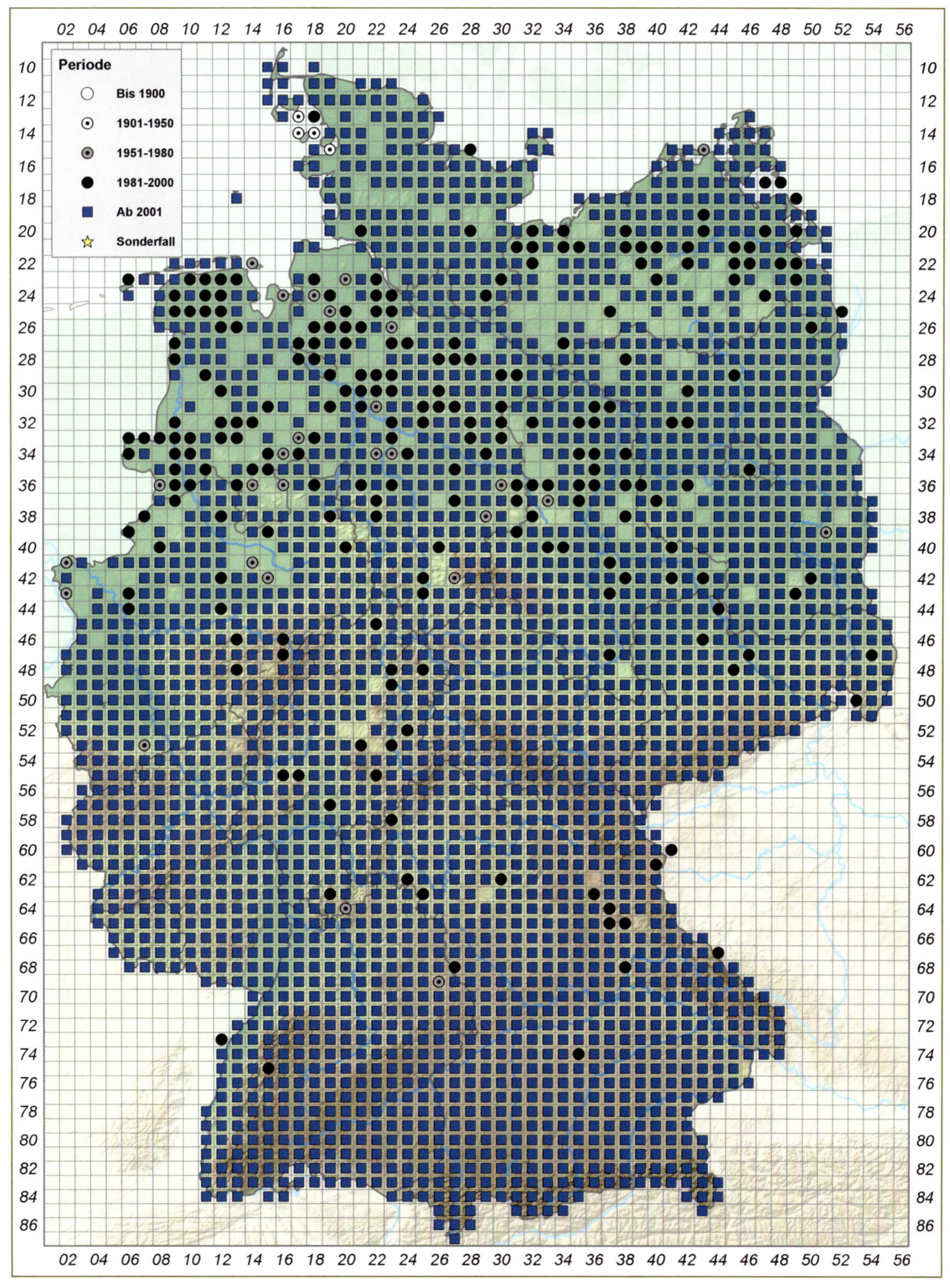
Periode
Bis 1900
1901-1950
1951-1980
1981-2000
Ab 2001
Sonderfall

Polygonia c-album:
a Oberseite (Andreas Kolossa)
b Unterseite (Erk Dallmeyer)
c Raupe (Erk Dallmeyer)

Polygonia c-album (Linnaeus, 1758) – C-Falter

Verbreitung & Vorkommen: Paläarktische Art. Sie ist von Nordafrika durch Europa und Asien bis nach Japan verbreitet. In den nördlichen Gebieten Europas ist die Verbreitung lückenhaft. In Deutschland aus allen BL gemeldet, im Norden jedoch seltener. In allen Nachbarstaaten nachgewiesen.

Lebensraum: In fast allen Waldgesellschaften vorkommend und hier entlang der luftfeuchten Wegränder und Schneisen sowie in den gehölzreichen Siedlungsgebieten. Habitatpräferenz: OS, BT, BM, BS, WA, WS.

Biologie & Ökologie: Die Art tritt in zwei bis drei Generationen auf, wobei in klimatisch ungünstigen und höheren Lagen nur eine Generation gebildet wird. Die überwinternden Falter sind ab März bis Ende Mai anzutreffen. Nach der Überwinterung erstreckt sich die Eiablage einzelner Weibchen über bis zu sechs Wochen. Aus den zuerst gelegten Eiern schlüpfen die Falter der Sommergeneration von Ende Juni bis Ende Juli in einer heller gefärbten, schwächer gefleckten Form (f. *hutchinsoni*). Sie erzeugen eine zweite Generation der normalen Form (Stammform *c-album*), die von Mitte August bis Oktober fliegt, um dann ihr Winterquartier aufzusuchen. Die später abgelegten Eier ergeben von Mitte Juli die Falter in der Stammform, welche dann ebenfalls überwintern. Die Raupe lebt einzeln an verschiedensten Pflanzen an halbschattigen Plätzen: Sal-Weide (*Salix caprea*), Berg-Ulme (*Ulmus glabra*), Hasel (*Corylus avellana*), Stachelbeere (*Ribes uva-crispa*) und Rote Johannisbeere (*R. rubrum*), Große Brennnessel (*Urtica dioica*) sowie Hopfen (*Humulus lupulus*). Im Frühjahr saugen die Falter an Weidenkätzchen, später werden nektarreiche Blütenpflanzen aufgesucht. Im Herbst auch an Fallobst oder an „blutenden" Laubbäumen.

Gefährdung: Die Art ist aktuell nicht gefährdet.

Schutz: Für die Art sind aktuell keine speziellen Schutzmaßnahmen notwendig.

Steffen Pollrich

RL-D (2011): *
Aktueller Bestand: sh
Entwicklungstrend kurzfristig: =
Bestandstrend langfristig: =

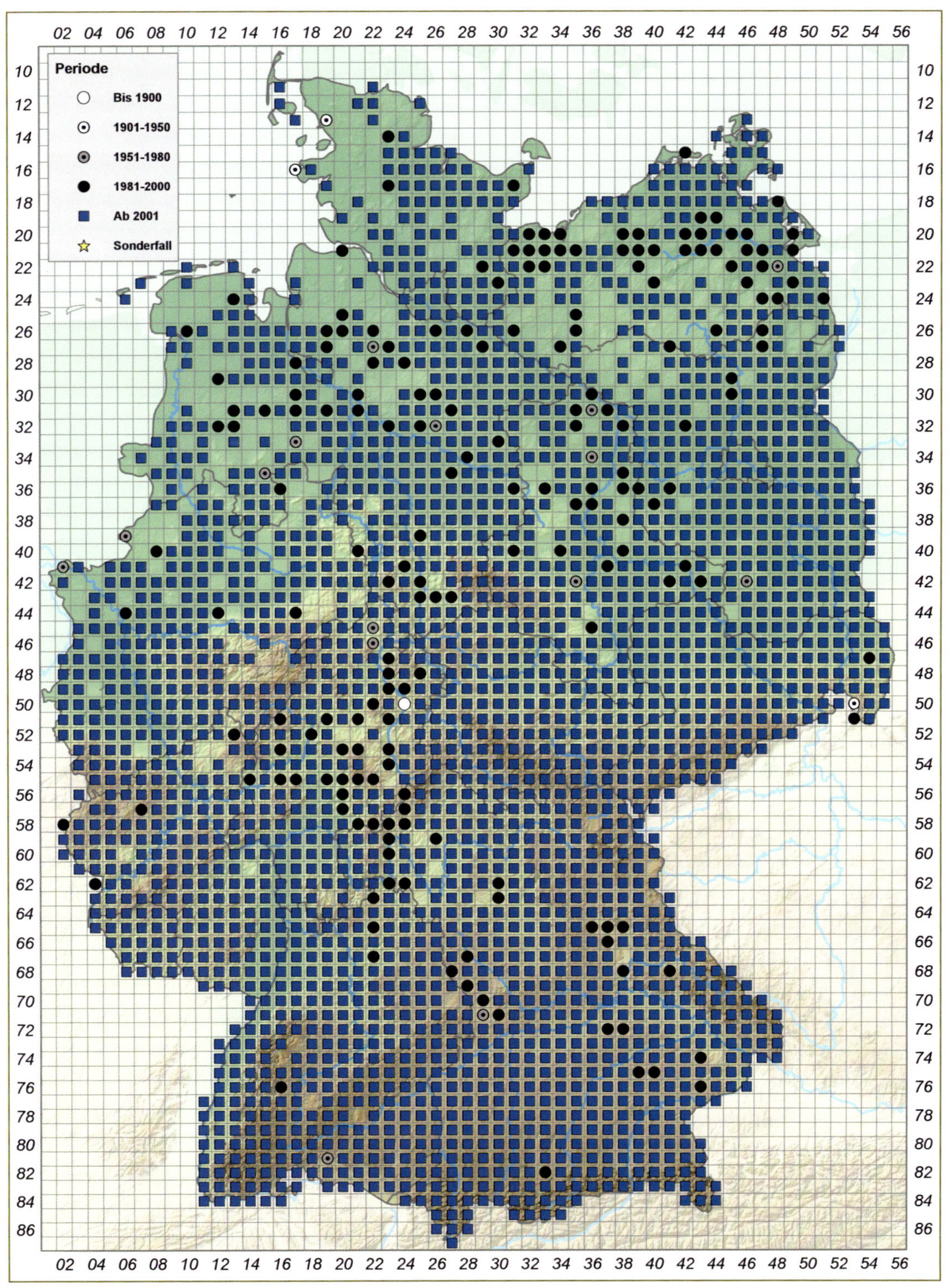
Periode
Bis 1900
1901-1950
1951-1980
1981-2000
Ab 2001
Sonderfall

Nymphalis polychloros:
a Oberseite (Erk Dallmeyer)
b Unterseite (Erk Dallmeyer)
c Eier (Martin Wiemers)

Nymphalis polychloros (Linnaeus, 1758) – Großer Fuchs

Verbreitung & Vorkommen: Euro-orientalische Art. Die Gesamtverbreitung erstreckt sich von Nordwest-Afrika über Süd-, Mittel- und Osteuropa sowie die Türkei bis nach Zentralasien. In Deutschland aus allen BL gemeldet, wenn auch die Funddichte in den nördlichen Gebieten abnimmt. In allen Nachbarstaaten vorkommend, aber in Dänemark nur als Wanderfalter.

Lebensraum: Als Lebensräume sind mesophile, nicht zu trockene Waldränder von Laubmischwäldern, Streuobstwiesen, aber auch gehölzreiche Siedlungsbereiche wie Obstgärten anzusehen. Habitatpräferenz: WL, BS, BY.

Biologie & Ökologie: Die Art überwintert als Falter und kann bereits im zeitigen Frühjahr beobachtet werden. In dieser Zeit erfolgt die Eiablage an Sal-Weide (*Salix caprea*) und Ulmen-Arten (*Ulmus* spp.) sowie an Vogel-Kirsche (*Prunus avium*) und Birne (*Pyrus* spp.), wo die Art früher z. T. auch als Schädling auftrat. Durch das Aufteilen des Eivorrates auf mehrere Gelege können mehrere Raupennester gefunden werden. Die Verpuppung erfolgt als Stürzpuppe. Nach kurzer Flugzeit im Sommer sucht der Falter sein Überwinterungsquartier (z. B. Keller oder Hausböden) auf. Nach der Überwinterung wird der Falter bei der Nektaraufnahme an blühenden Weidenkätzchen beobachtet, saugt aber auch an Baumsäften (Birke, Eiche) sowie später im Jahr an überreifem Obst.

Gefährdung: Durch übermäßige Pflege der Waldränder und der damit verbundenen Beseitigung der Sal-Weide gehen die Larvalhabitate verloren. Der Einsatz von Pestiziden im Obstbau führt ebenfalls zum Verlust der Raupennester.

Schutz: Wichtig für den Erhalt der Art ist die Förderung von struktur- und gehölzartenreichen Waldinnen- und -außenmänteln in direktem Kontakt zu feuchterem Grünland und zu Wegen. An Randpositionen befindliche Sal-Weiden sind zu erhalten und durch Pflegemaßnahmen der Waldränder nicht vollständig zu entfernen.

Steffen Pollrich

RL-D (2011): V
Aktueller Bestand: mh
Entwicklungstrend kurzfristig: ↑
Bestandstrend langfristig: <<<
BArtSchV (2005): besonders geschützt

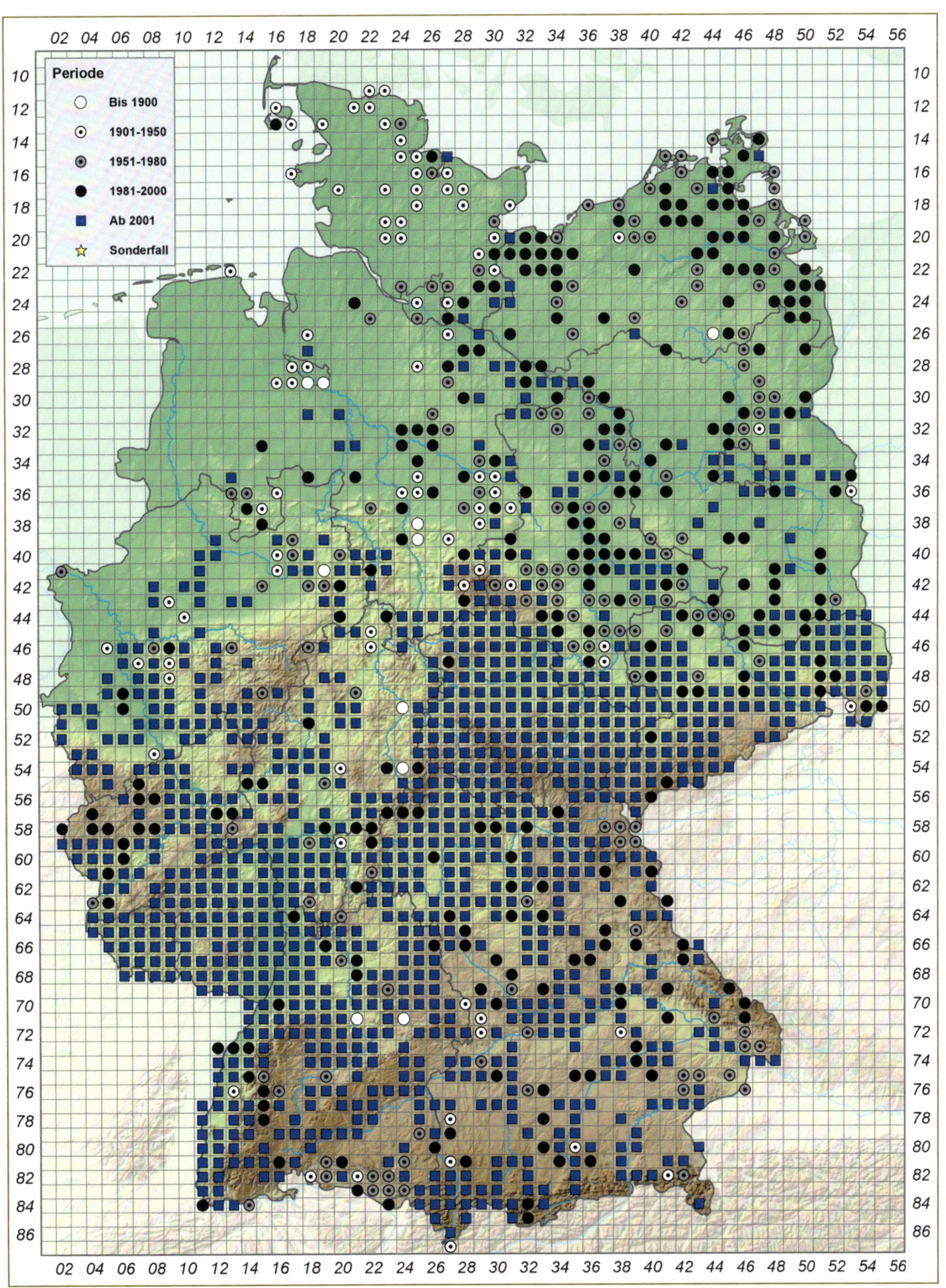
Periode
Bis 1900
1901-1950
1951-1980
1981-2000
Ab 2001
Sonderfall
02 04 06 08 10 12 14 16 18 20 22 24 26 28 30 32 34 36 38 40 42 44 46 48 50 52 54 56
10 12 14 16 18 20 22 24 26 28 30 32 34 36 38 40 42 44 46 48 50 52 54 56 58 60 62 64 66 68 70 72 74 76 78 80 82 84 86

Nymphalis xanthomelas:
a Oberseite (Mario Trampenau)
b Unterseite (Mario Trampenau)

Nymphalis xanthomelas ([Denis & Schiffermüller], 1775) – Östlicher Großer Fuchs

Verbreitung & Vorkommen: Euro-sibirische Art; sie kommt von Osteuropa, der Türkei, Mittelasien bis China, Korea und Japan vor. Migranten erreichen Fennoskandien, Mitteleuropa, die Britischen Inseln und das Westeuropäische Festland. Deutschland liegt an der westlichen Arealgrenze, vor allem im Osten ist ein periodisches Auftreten im Abstand von ca. 40–50 Jahren und mehrjährigem Verbleib mit Nachkommensentwicklung registriert worden, mit der letzten starken Expansion ab 2014. Aktuell noch lokale Populationen in Ost-NI; bisher keine Nachweise in SL. Nachbarstaaten: Vorkommen während der Expansionen, regelmäßig nur in Polen.

Lebensraum: Strukturbetonte, meist feuchtere Lebensräume (Rozicki & Mehlau 2018, 2019), auch lichte Wälder. Habitatpräferenz: WA, BF.

Biologie & Ökologie: Falter fliegen in einer Generation ab frühestens Mitte Juni. Überwinterung als Imago. Balzflüge, Paarungs- und Revierverhalten im zeitigen Frühjahr in zunehmend abgeflogenem Zustand. Eiablage an den Zweigspitzen von Weiden, bevorzugt Grauweide, meist an mehreren Plätzen und oft über Wassergräben. Die Räupchen verursachen dort meist Kahlfraß. Geselligkeit bis zum 4. Stadium, dann vereinzelnd. Verpuppung als Stürzpuppe in der Hochstaudenflur. Möglicherweise war die Art in historischer Zeit (um 1800) in Deutschland häufigerer Gast (oder bodenständig?) als in den letzten 100 Jahren, wie der Literatur zu entnehmen ist (Reinhardt & Trampenau 2013). Unterscheidungsmerkmale gegenüber *N. polychloros*: helle Beine, der schwarze Saum vor der blauen Randfleckenreihe der Flügel verläuft sich in das feurige Rot der Flügelfläche.

Gefährdung: Forstliche Maßnahmen während der Larvalentwicklung in den aktuellen Vorkommensgebieten.

Schutz: Vermeidung von Pflegemaßnahmen an Gräben- und Gewässerrändern.

Rolf Reinhardt

RL-D (2011): D
Aktueller Bestand: ?
Entwicklungstrend kurzfristig: ?
Bestandstrend langfristig: <<<
BArtSchV (2005): besonders und streng geschützt

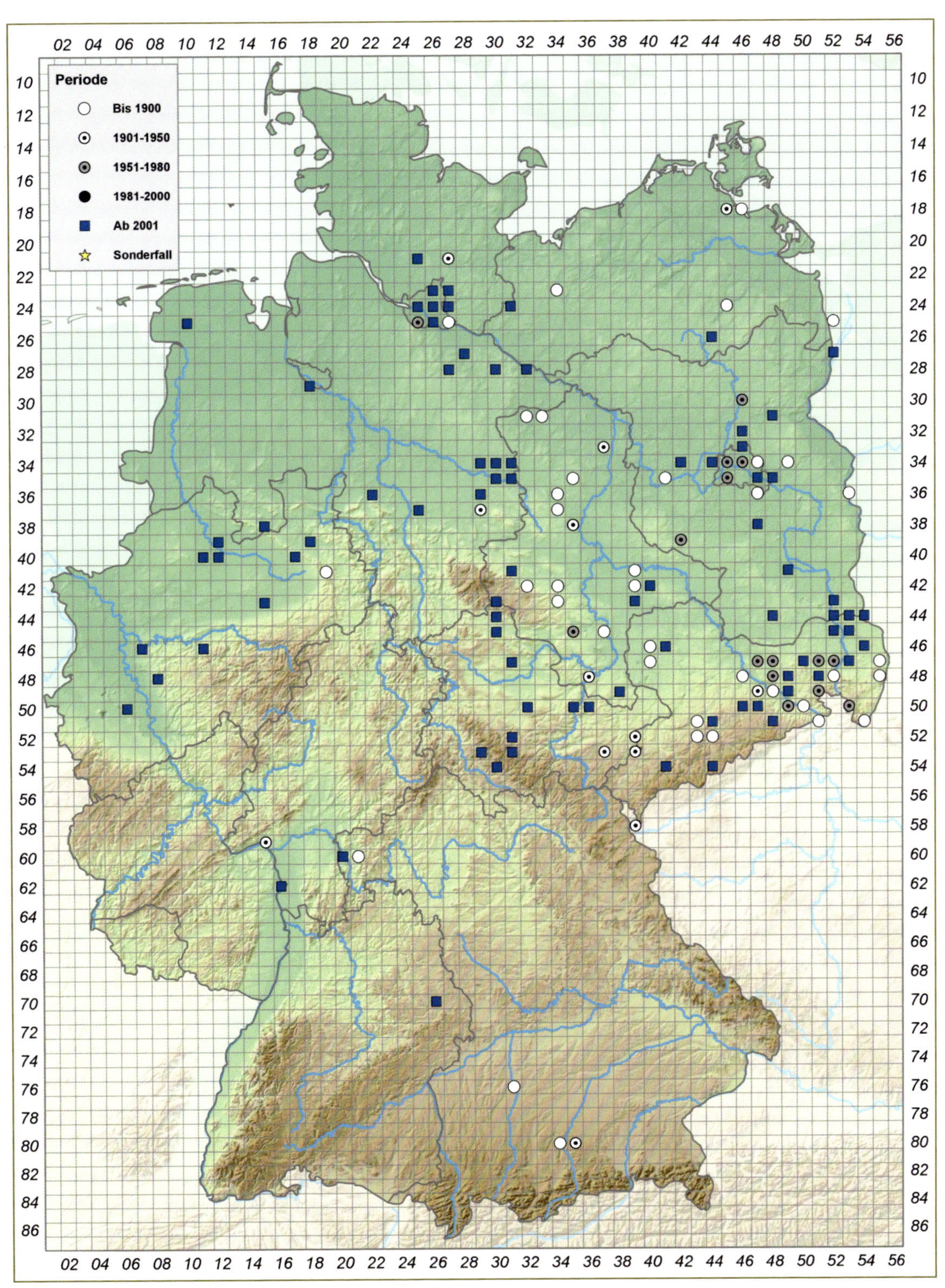
Periode
Bis 1900
1901-1950
1951-1980
1981-2000
Ab 2001
Sonderfall

Nymphalis antiopa:
a Oberseite (Erk Dallmeyer)
b Raupen (Mario Trampenau)

Nymphalis antiopa (Linnaeus, 1758) – Trauermantel

Verbreitung & Vorkommen: Holarktische Art. In Eurasien und Nordamerika weit verbreitet, fehlt in Europa auf den Britischen Inseln und den Mittelmeerinseln. Aus allen BL gemeldet, der Verbreitungsschwerpunkt befindet sich im Osten sowie den höheren Lagen der Mittelgebirge und Alpen. In allen Nachbarstaaten nachgewiesen.
Lebensraum: Die Art besiedelt die Waldränder und lichten Bereiche von Laubmisch- und Nadelwäldern mit Sal-Weiden und Birken sowie Kiefern-Heidegebiete mit Birken. Sie tritt auch in den Streuobstbeständen der Siedlungsräume auf. In den offenen Agrarlandschaften fehlt die Art. Habitatpräferenz: BY, BF, OH, WM, WA, WL.
Biologie & Ökologie: Der Trauermantel überwintert und ist im zeitigen Frühjahr anzutreffen. Falter der neuen Generation fliegen ab Ende Juni und sind bis Oktober aktiv, ehe sie die Überwinterungsplätze aufsuchen. Die Eier werden ringförmig um die Zweige der Raupennahrungspflanzen abgelegt, bevorzugt an Hänge-Birke (*Betula pendula*) und Sal-Weide (*Salix caprea*), aber auch an Feld-Ulme (*Ulmus minor*) und Zitter-Pappel (*Populus tremula*). Die Verpuppung erfolgt als Stürzpuppe. Im Frühjahr saugen die Falter an Weidenkätzchen oder an den Blüten verschiedener Steinobstarten, gern auch an Baumsäften verschiedener Laub- und Nadelbäume wie Birken, Eichen, Erlen, Fichten und Kiefern, oder im Herbst an faulendem Obst.
Gefährdung: Die Art unterliegt zyklischen Populationsschwankungen, gilt gegenwärtig aber nicht als gefährdet. Milde Winter (Atlantisierung) können die Populationen schwächen, wodurch die Art an einstigen Flugplätzen nicht mehr nachgewiesen werden kann. In den nordostdeutschen Kiefernheidegebieten besteht die Gefährdung durch Insektizideinsatz gegen Kiefern-Schadinsekten.
Schutz: Die als Larvalhabitat genutzten lichten Waldrandbereiche oder breiten Waldwege mit Birken sowie Vorwaldstadien mit aufkommenden Birken und Sal-Weiden sollten erhalten werden.

Steffen Pollrich & Jörg Gelbrecht

RL-D (2011): V
Aktueller Bestand: h
Entwicklungstrend kurzfristig: =
Bestandstrend langfristig: <<<
BArtSchV (2005): besonders geschützt

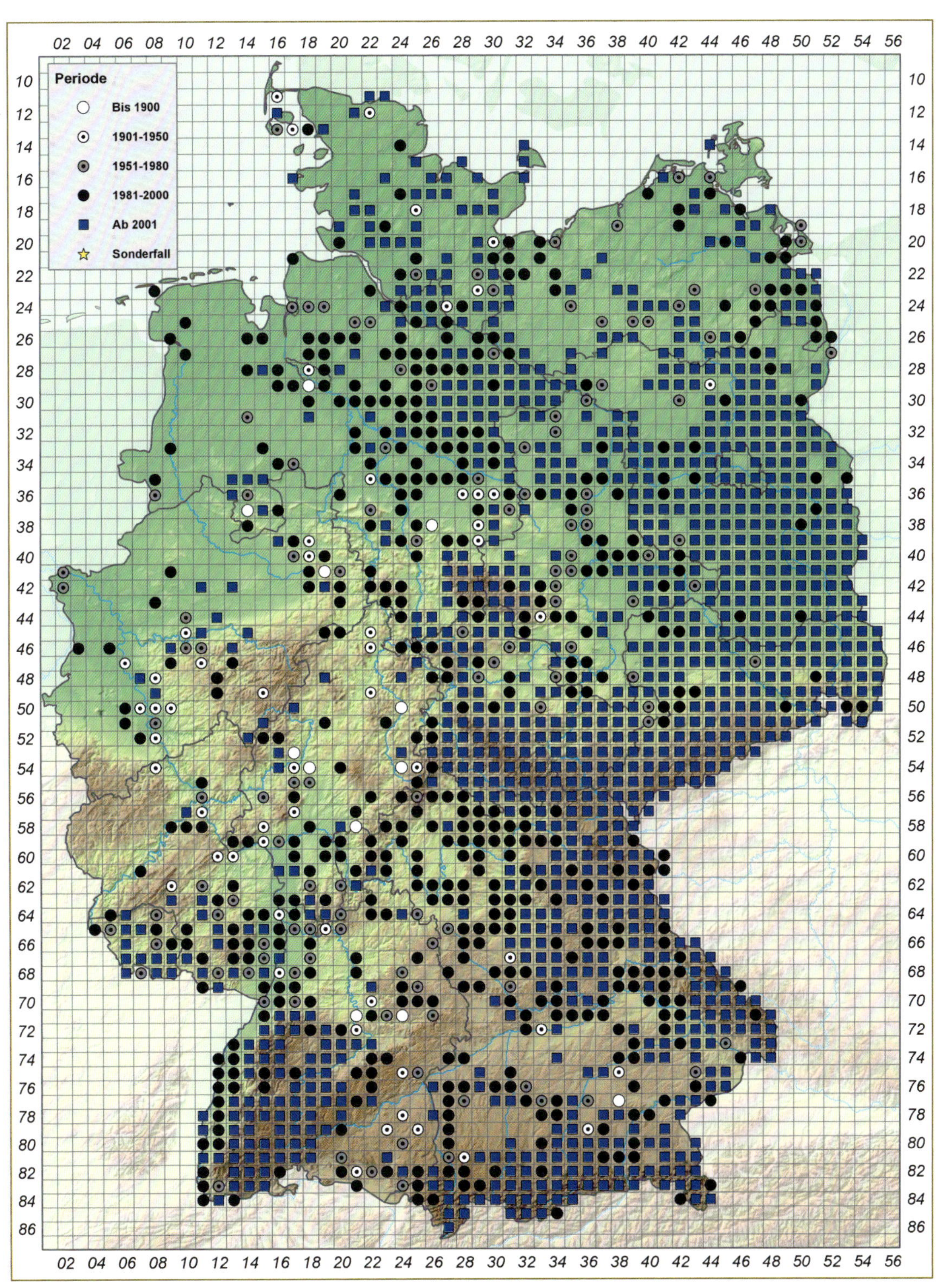
Periode
Bis 1900
1901-1950
1951-1980
1981-2000
Ab 2001
Sonderfall

Euphydryas aurinia: **a** Oberseite Weibchen (Detlef Kolligs) **b** Unterseite (Andreas Kolossa) **c** Raupe (Michael Zepf)

Euphydryas aurinia (Rottemburg, 1775) – Goldener Scheckenfalter

Verbreitung & Vorkommen: Westpaläarktische Art. Europäisch-nordafrikanisch-südwestasiatisches Areal; in Nordeuropa und auf den Mittelmeerinseln fehlend. In Deutschland früher weit verbreitet, verbliebene Schwerpunkte in den Alpen mit südlichem Vorland, Rhön, Vogtland, West-TH und Bliesgau (SL). Aus allen BL gemeldet, in vielen bereits ausgestorben oder kurz davor; Wiederansiedlungsprojekte sind angelaufen. Aus allen Nachbarstaaten gemeldet, aber in den Niederlanden ausgestorben.

Lebensraum: Mageres, besonntes, frisches bis feuchtes Grünland, Nieder- und Übergangsmoore mit Teufelsabbiss (*Succisa pratensis*) sowie Halbtrockenrasen mit Tauben-Skabiose (*Scabiosa columbaria*). Zur Nektaraufnahme auch blumenreiche Fettwiesen. Regional weitere Pflanzenarten vor allem der Dipsacaceae und Gentianaceae. In den Alpen bis 2200 m über NN die ssp. *glaciegenita* (Verity, 1928). Habitatpräferenz: OT, OW, OX, OM, OG, MH, MN, A.

Biologie & Ökologie: Einbrütig, je nach Höhenlage von Ende April bis Ende Juli. Die Eiablage erfolgt in Spiegeln an Blattunterseiten der Wirtspflanzen. Die Raupen leben in Gemeinschaftsgespinsten, Überwinterung in einem bodennahen festeren Gespinst. Die Verpuppung erfolgt an Pflanzenteilen. Die Falter saugen meist an gelben Blumen, z. B. an Kleinem Habichtskraut (*Hieracium pilosella*), Wiesen-Pippau (*Crepis biennis*), Arnika (*Arnica montana*), Hahnenfuß (*Ranunculus* spp.), Sumpf-Kratzdistel (*Cirsium palustre*) und Margerite (*Leucanthemum vulgare* agg.).

Gefährdung: Fragmentierung der Landschaft, Eutrophierung, anhaltende Sukzession, zu starke Beweidung.

Schutz: *Succisa*-Populationen: zumindest gelegentliche Mahd in der Vegetationsperiode zur Vermeidung von Eutrophierung; Verluste können durch Mahd während der Eizeit, hoch eingestellte Mähwerke und Belassen von Altgrasstreifen minimiert werden. *Scabiosa*-Populationen: Halbseitenmahd. Verträglich für beide ist auch eine Spätmahd.

Steffen Caspari

RL-D (2011): 2
Aktueller Bestand: mh
Entwicklungstrend kurzfristig: ↓ ↓
Bestandstrend langfristig: <<<
BArtSchV (2005): besonders geschützt
FFH-Richtlinie: Anhang II

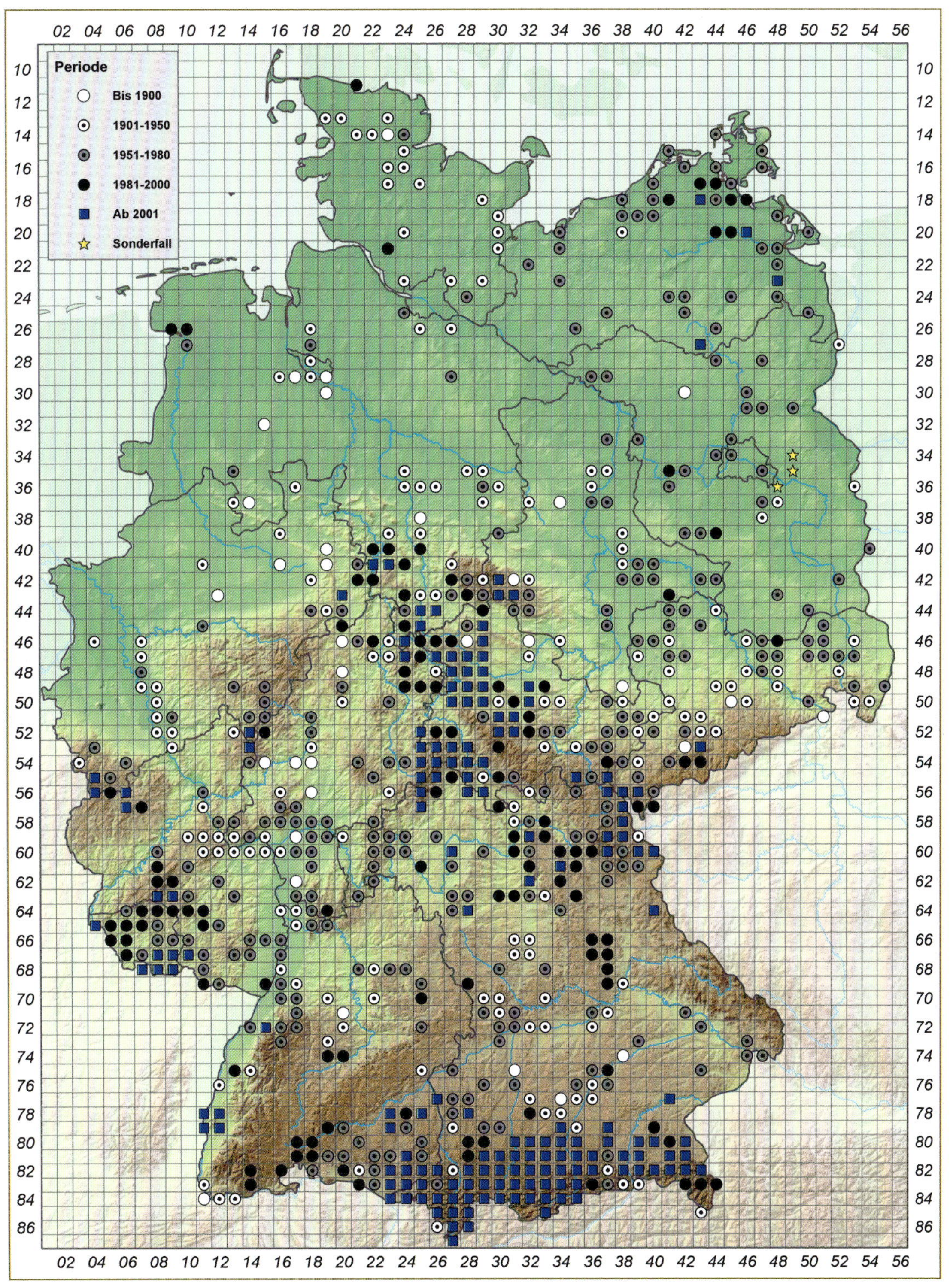
Periode
Bis 1900
1901-1950
1951-1980
1981-2000
Ab 2001
Sonderfall
02 04 06 08 10 12 14 16 18 20 22 24 26 28 30 32 34 36 38 40 42 44 46 48 50 52 54 56
10 12 14 16 18 20 22 24 26 28 30 32 34 36 38 40 42 44 46 48 50 52 54 56 58 60 62 64 66 68 70 72 74 76 78 80 82 84 86

Euphydryas cynthia:
a Oberseite Männchen (Gregor Markl)
b Unterseite (Erk Dallmeyer)
c Raupe (Rainer Ulrich)

Euphydryas cynthia ([Denis & Schiffermüller], 1775) – Alpen-Scheckenfalter

Verbreitung & Vorkommen: Die Gesamtverbreitung beschränkt sich auf die Alpen und die bulgarischen Hochgebirge Rila und Pirin. In Deutschland kommt die Art nur in BY vor. In den Bayerischen Alpen liegen aus allen Naturräumen Nachweise vor. Verbreitungsschwerpunkte sind die Allgäuer Hochalpen und die Berchtesgadener Alpen. Nachbarstaaten: in der Schweiz, Österreich, Frankreich.
Lebensraum: Die Art kommt vor allem in Blaugras-Horstseggenrasen vor, die mit Felsen und Hangschutt durchsetzt sind, aber auch in südexponierten Extensivweiden mit Geröllfluren. Nachweise vornehmlich von 1500–2200 m über NN. Einzelexemplare ab 700 m über NN. Habitatpräferenz: A.
Biologie & Ökologie: Die Flugzeit ist von Ende Mai bis Anfang September. Die Männchen zeigen Hilltopping-Verhalten und besetzen dabei Latschenfelder auf den Berggipfeln. Saugpflanzen sind vor allem Thymian (*Thymus pulegioides* s. L.), Kugel-Teufelskralle (*Phyteuma orbiculare*) und Berg-Distel (*Carduus defloratus*). Die zweijährige Entwicklung der Raupen erfolgt an Herzblättriger Kugelblume (*Globularia cordifolia*), Spitz-Wegerich (*Plantago lanceolata*) sowie nach eigener Beobachtung im Allgäu an Alpen-Wegerich (*P. alpina*).
Gefährdung: Aktuell keine Gefährdung. Aufgrund der breiten Höhenamplitude und der vielen aktuellen Nachweise ist von einem stabilen Bestandsbild auszugehen.
Schutz: Weiterführung der extensiven Beweidung im subalpinen Bereich, in höheren Lagen sollte auf eine Beweidung verzichtet werden.

Oliver Böck

RL-D (2011): R
Aktueller Bestand: es
Entwicklungstrend kurzfristig: =
Bestandstrend langfristig: =
BArtSchV (2005): besonders geschützt

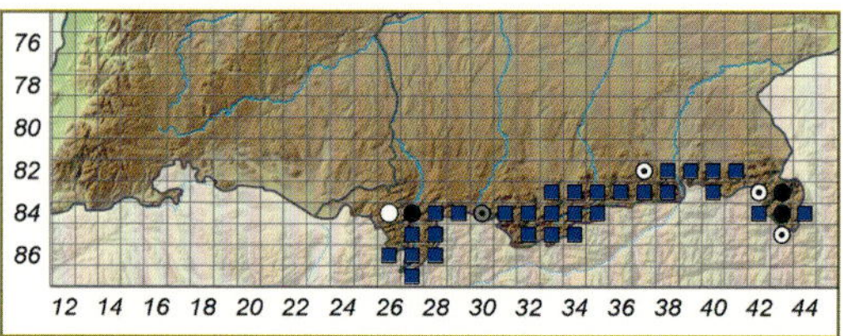

Der Eschen-Scheckenfalter (*Euphydryas maturna*) ist in Deutschland nur noch an sehr wenigen Stellen anzutreffen. Sein Lebensraum sind lichte Laubwälder mit Beständen der Gewöhnlichen Esche (*Fraxinus excelsior*). (Foto: Andreas Kolossa)

Euphydryas maturna: **a** Oberseite (Martin Wiemers) **b** Unterseite (Erk Dallmeyer) **c** Raupe (Lars Huth)

Euphydryas maturna (Linnaeus, 1758) – Eschen-Scheckenfalter

Verbreitung & Vorkommen: Euro-sibirische Art. Die Gesamtverbreitung erstreckt sich von Ostfrankreich über Mittel- und Osteuropa, Fennoskandien bis nach Transbaikalien in Ostsibirien sowie Nordwest-China und die Mongolei im Südosten. In Deutschland wird die Art aktuell nur noch an wenigen Stellen in BY, BW, ST und SN gefunden. Nachbarstaaten: in Frankreich, Österreich, Tschechien, Polen sowie erloschen in Dänemark, Belgien und Luxemburg.

Lebensraum: Lichte Laubwälder mit Beständen der Gewöhnlichen Esche (*Fraxinus excelsior*), wobei das derzeit stärkste deutsche Vorkommen in Auwäldern der Elster-Luppe-Aue liegt. Für das Vorkommen der Art ist neben einer günstigen Besonnung auch eine ausreichende Luftfeuchte ausschlaggebend. Habitatpräferenz: WA.

Biologie & Ökologie: Eine Generation von Mitte Mai bis Anfang Juli, wobei die Mehrzahl der Falter von Anfang bis Mitte Juni beobachtet wird. Als Nektarpflanzen dienen weißblütige Dolden- und Korbblütengewächse sowie weißblütige Gehölze wie Hartriegel. Männchen können regelmäßig beim Saugen an feuchter Erde, Kot und Aas beobachtet werden. Die Eiablage erfolgt mehrschichtig in Eispiegeln an der Blattunterseite der Gewöhnlichen Esche sowie selten an Wolligem Schneeball (*Viburnum lantana*) und Liguster (*Ligustrum vulgare*). Die Raupen überwintern und fressen im nächsten Jahr überwiegend an Esche, aber auch an krautigen Pflanzen. Die Verpuppung erfolgt als Stürzpuppe vorwiegend an Gehölzen und in der höheren Vegetation (Fischer et al. 2017).

Gefährdung: Kontinuierliche Schattwald- bzw. Hochwaldbewirtschaftung wie „naturnaher Waldbau", aber auch die großflächige Überführung und Umwandlung von Nieder- und Mittelwäldern in Hochwälder.

Schutz: Erhalt bzw. Wiedereinführung lichter Waldstrukturen in Wäldern mit aktuellen und ehemaligen Vorkommen an (wechsel-)feuchten Standorten. Förderung von Eschenaufwuchs. Keine Anwendung von Insektiziden in und um die Larvalhabitate. Alle bekannten Restvorkommen sind speziell zu schützen.

Steffen Pollrich, Ralf Bolz & Melanie Kurtz

RL-D (2011): 1
Aktueller Bestand: es
Entwicklungstrend kurzfristig: ↓ ↓
Bestandstrend langfristig: <<
BNatSchG (2009): Streng geschützt
FFH-Richtlinie: Anhang II + IV

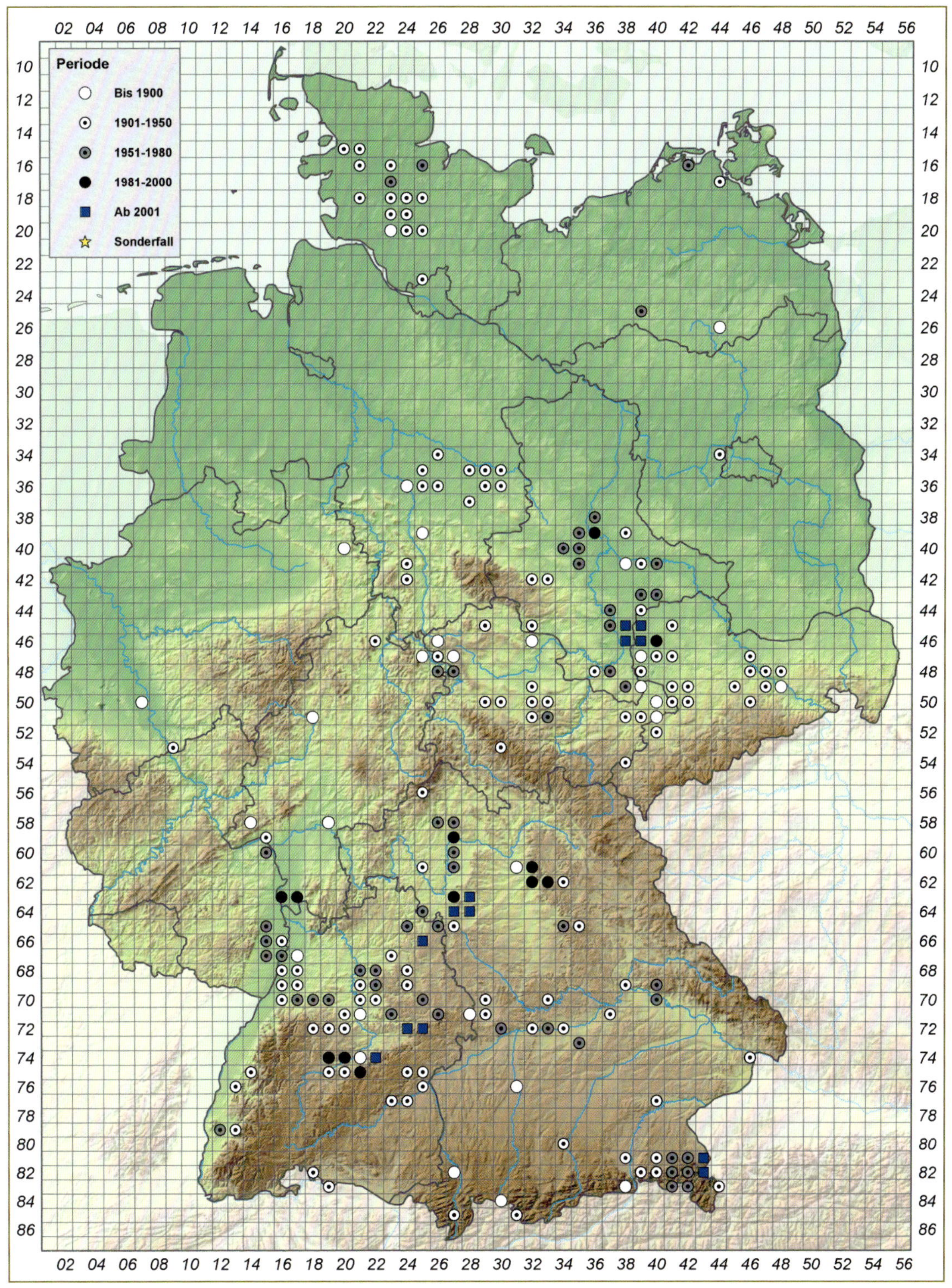
Periode
Bis 1900
1901-1950
1951-1980
1981-2000
Ab 2001
Sonderfall

Melitaea didyma: **a** Oberseite Männchen (Erk Dallmeyer) **b** Oberseite Weibchen (Thomas Netter) **c** Raupe (Andreas Kolossa)

Melitaea didyma (Esper, 1778) – Roter Scheckenfalter

Verbreitung & Vorkommen: Euro-sibirische Art. Von Nordwest-Afrika über das warmgemäßigte Europa bis Westchina verbreitet. Fehlt auf den Britischen Inseln und in Skandinavien. Schwerpunkt in Deutschland vom Tauberland über Mainfranken bis nach TH. Stabile Vorkommen auch im Schwarzwald, auf der Schwäbischen und Fränkischen Alb sowie an Nahe und Mosel. Fehlt in SH, HH und HB. In allen Nachbarstaaten außer Dänemark nachgewiesen.

Lebensraum: Offene, lückig bewachsene, scherbenreiche Magerrasen und trockenwarme Felsheiden. Habitatpräferenz: OT, OF.

Biologie & Ökologie: Flugzeit an Untermosel und Nahe Anfang Mai bis Ende Juni. Ab Mitte Juli bis Anfang September regelmäßig eine zweite Generation. Im Tauberland sowie in Mainfranken meist nur eine Generation von Anfang Juni bis Ende Juli. Im Schwarzwald, auf der Schwäbischen und Fränkischen Alb sowie in TH stets nur eine Generation von Mitte Juni bis Anfang August. Eiablage an trockenheißen Standorten in kleinen Gruppen auf die Blattunterseiten von Spitz-Wegerich (*Plantago lanceolata*), Aufrechtem Ziest (*Stachys recta*), Großem Ehrenpreis (*Veronica teucrium*), Gewöhnlichem Leinkraut (*Linaria vulgaris*) und Schmalblättrigem Hohlzahn (*Galeopsis angustifolia*). Nach der Überwinterung auch an Mehliger Königskerze (*Verbascum lychnitis*), Skabiosen-Flockenblume (*Centaurea scabiosa*) und Mittlerem Wegerich (*Plantago media*).

Gefährdung: Verlust geeigneter Habitatstrukturen durch Lebensraumzerstörung, Sukzession und unangepasste Pflegemaßnahmen (Unter- wie Überbeweidung).

Schutz: Schutz der Kernpopulationen durch Erhalt großflächiger Habitatkomplexe, Vernetzung kleinerer Teilpopulationen durch Schaffung von Trittsteinbiotopen, Umsetzung eines abgestimmten Beweidungskonzepts.

Thomas Netter

RL-D (2011): 2
Aktueller Bestand: ss
Entwicklungstrend kurzfristig: (↓)
Bestandstrend langfristig: <<

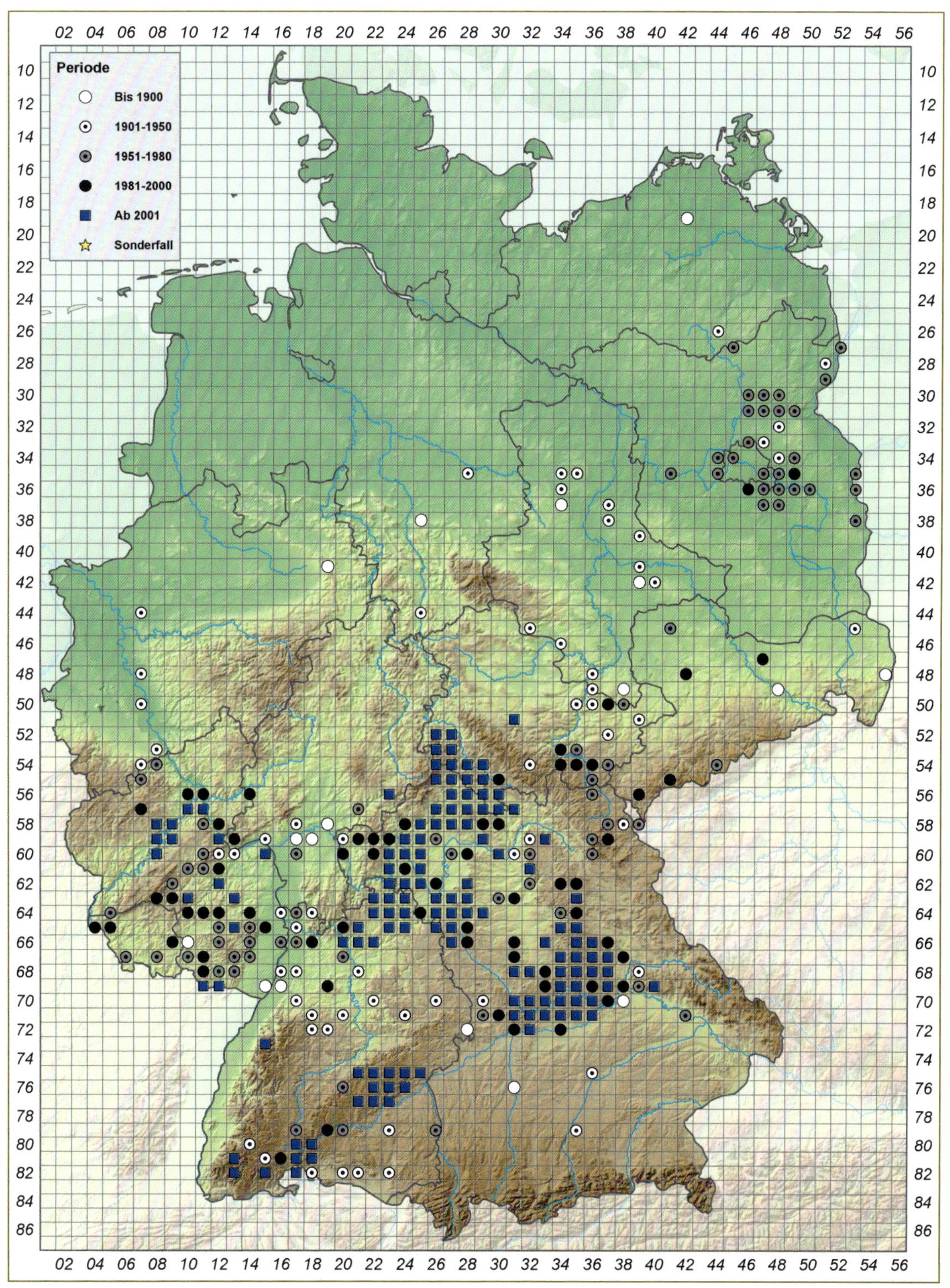
Periode
Bis 1900
1901-1950
1951-1980
1981-2000
Ab 2001
Sonderfall

Melitaea phoebe:
a Oberseite Weibchen (Thomas Netter)
b Kopula (Thomas Netter)

Melitaea phoebe ([DENIS & SCHIFFERMÜLLER], 1775) – Flockenblumen-Scheckenfalter

Verbreitung & Vorkommen: Aufgrund der erst kürzlich erfolgten Abtrennung von *Melitaea ornata* CHRISTOPH, 1893 ist die Gesamtverbreitung noch nicht genau abgrenzbar. Der Artenkomplex (TÓTH et al. 2014) ist von Nordwest-Afrika bis Osteuropa, den Balkan über Kleinasien zum Kaukasus und über die gemäßigte Zone bis nach Westsibirien verbreitet. An der Grenze zwischen BY und TH liegt die mitteleuropäische Arealnordgrenze. Aktuell in Deutschland nur in BY und TH. Der angezeigte aktuelle Fund in Nordost-BW stammt aus dem Jahr 2003 und konnte trotz gezielter Nachsuche nicht bestätigt werden (mdl. Mitt. HERMANN). 2017 ein Fund am Oberrhein. Aus RP und SL keine bodenständigen Vorkommen bekannt. Ältere Einzelfunde sind aus weiteren BL bekannt, ohne dass eine Bodenständigkeit gegeben war. Nachbarstaaten: in Frankreich, der Schweiz, Polen, Tschechien, Österreich; verschollen in Belgien und Luxemburg.

Lebensraum: Südexponierte, blumenreiche Kalkmagerrasen und basenreiche alpine Rasen, stellenweise auch Felsfluren und auf Kuppen in Niedermooren. Der Lebensraum ist durch flachgründige Böden und eine daran angepasste Vegetation gekennzeichnet, welche sehr schwach beweidet wird oder brach liegt (z. B. Weinbergsbrachen). Habitatpräferenz: A, OF, OT.

Biologie & Ökologie: Die Falter fliegen in einer Generation ab Mitte Mai (nur in besonders warmen Frühjahren bereits ab Anfang Mai) mit Höhepunkt im Juni bis in den Juli, in den Alpen etwas später mit Schwerpunkt im Juli. Die Eiablage erfolgt in Gelegen direkt unter den Blättern großer, kräftiger Raupennahrungspflanzen. Dies sind Skabiosen-Flockenblume (*Centaurea scabiosa*) und sehr selten Wiesen-Flockenblume (*C. jacea* agg.). Auch Kratzdisteln und Disteln der Gattungen *Cirsium* und *Carduus* werden regelmäßig als Nahrung vor wie nach der Überwinterung genutzt.

Gefährdung: Eutrophierung, Brachfallen und Verbuschung (Sukzession und Aufforstungen) von flachgründigen Magerrasen. Intensivierung von Beweidung auf Magerstandorten (insbesondere Koppelhaltung).

Schutz: Anlage von Pufferstreifen als Schutz vor Eutrophierung großflächiger Magerstandorte. Sicherung einer sehr extensiven Beweidung idealerweise mit Rindern. Offenhaltung von flachgründigen Magerrasen und -brachen.

RALF BOLZ

RL-D (2011): 2
Aktueller Bestand: ss
Entwicklungstrend kurzfristig: ↓↓
Bestandstrend langfristig:<

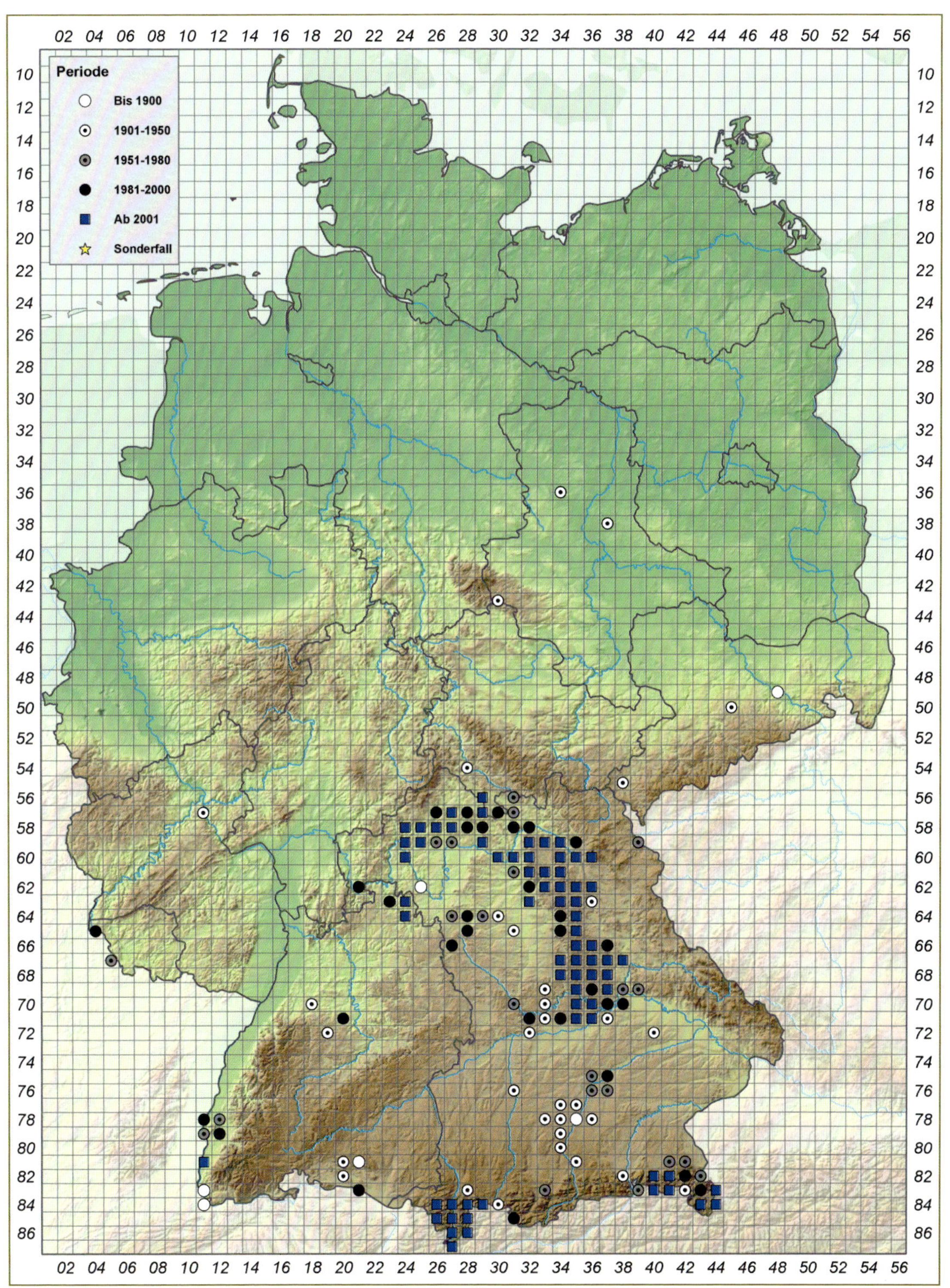
Periode
Bis 1900
1901-1950
1951-1980
1981-2000
Ab 2001
Sonderfall

Melitaea cinxia: **a** Unterseite Weibchen (links) und Männchen (rechts) (Mario Trampenau) **b** Oberseite Weibchen (Mario Trampenau) **c** Raupen (Rainer Ulrich)

Melitaea cinxia (Linnaeus, 1758) – Wegerich-Scheckenfalter

Verbreitung & Vorkommen: Euro-sibirische Art. Von Nordportugal und Spanien über weite Teile Europas bis Südskandinavien vorkommend; im Süden bis Sizilien, Griechenland und die Türkei, nach Osten durch das gemäßigte Asien bis zum Amur. In Deutschland an vielen Stellen verschwunden und fehlend in weiten Teilen von NW, NI sowie HE; lokal aber auch positive Bestandsentwicklungen wie in BB und SN. In allen Nachbarstaaten nachgewiesen.

Lebensraum: Vorrangig auf trockenen Wiesen und Magerrasen. Besiedelt werden aber auch feuchte Habitate. Habitatpräferenz: OM, OT.

Biologie & Ökologie: Der Falter fliegt in einer Generation von Mai bis Anfang Juli, in günstigen Jahren auch eine partielle zweite Generation möglich. Die Eier werden in großen Gelegen an die Blattunterseiten der Raupennahrungspflanze abgelegt, meist an Spitz-Wegerich (*Plantago lanceolata*), aber auch an Mittlerem Wegerich (*P. media*), Großem Ehrenpreis (*Veronica teucrium*) und anderen. Die Raupen leben in Gespinsten. Zur Überwinterung wird ein festeres Gespinst in der Nähe der Raupennahrungspflanze gebildet, welches erst im Frühjahr wieder verlassen wird. Sobald genügend Nahrung zur Verfügung steht, beginnen die Raupen sich zu vereinzeln, bis schließlich die Verpuppung als Stürzpuppe nahe am Boden an Grashalmen erfolgt. Die Falter können an verschiedensten Blütenpflanzen beobachtet werden.

Gefährdung: Verlust geeigneter Habitate durch Nutzungsintensivierung, aber auch Brachfallen von Wiesen.

Schutz: Streifenmahd oder Mahd mit höherer Schnittwerkeinstellung, Mahd vor dem Falterflug. Erstellen spezieller Pflegepläne für die einzelnen Vorkommen.

Steffen Pollrich

RL-D (2011): 3
Aktueller Bestand: mh
Entwicklungstrend kurzfristig: ↓↓
Bestandstrend langfristig: <<

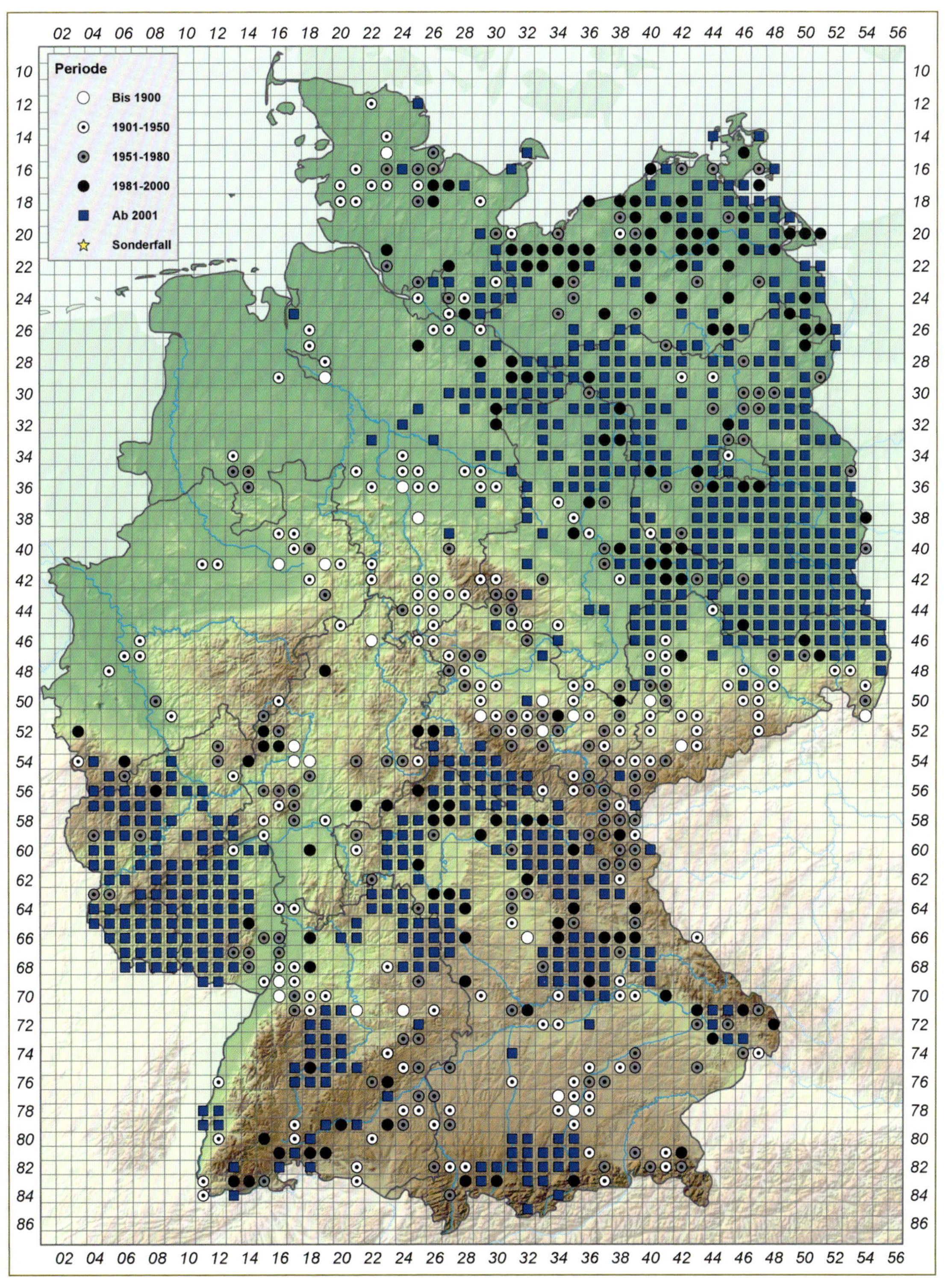
Periode
Bis 1900
1901-1950
1951-1980
1981-2000
Ab 2001
Sonderfall

Melitaea diamina:
a Unterseite (Andreas Kolossa)
b Oberseite (Erk Dallmeyer)
c Raupe (Erk Dallmeyer)

Melitaea diamina (LANG, 1789) – Baldrian-Scheckenfalter

Verbreitung & Vorkommen: Euro-sibirische Art mit ausgedehntem Areal von Nordspanien über das gemäßigte Eurasien bis Japan. In allen Ländern Kontinentaleuropas, nördlich bis Mittelschweden; fehlt auf den Britischen Inseln und im Mittelmeergebiet. In Deutschland im nordöstlichen Tiefland zerstreuter als in den Mittelgebirgen und im Süden; in Nordwest-Deutschland fehlend oder schon immer sehr selten. Vorkommen in allen Nachbarstaaten, aktuell nicht in den Niederlanden und in Dänemark.

Lebensraum: Der Baldrian-Scheckenfalter kann mit Wechsel der Raupennahrung unterschiedliche Lebensräume besiedeln. Dies sind einerseits extensiv genutzte Feucht- und Nasswiesen und ihre Säume, Grabenränder, Flachmoore, jüngere Nassbrachen, andererseits Trockenhänge besonders im Kalkbergland, trockene Auen, Lichtungen und Schneisen mit Vorkommen der Raupennahrungspflanzen Baldrian (*Valeriana* spp.). Habitatpräferenz: OW, MN; OT, WY.

Biologie & Ökologie: Essenzielle Voraussetzung ist die Verfügbarkeit von Baldrian-Arten in größeren Beständen. Die Falter fliegen in einer Generation ab Mai bis August mit Maximum im Juni/Juli. Sie sind intensive Blütenbesucher und saugen auch häufig an Tierkot. Die Raupen überwintern.

Gefährdung: Nördlich der Mittelgebirge ist der Baldrian-Scheckenfalter weiträumig verschwunden, aber auch in der Mitte und im Süden Deutschlands waren stärkere, jedoch nicht ganz so dramatische Bestandseinbußen zu verzeichnen. Ursachen sind Habitatveränderungen und -verluste: Nutzungsintensivierung, Gehölzsukzession, Aufgabe der Mittelwaldnutzung, häufige Mahd von Forstwegen und Grabenrändern etc.

Schutz: Vermeidung der genannten Gefährdungsursachen, angepasste Pflege durch Mahd (auch entlang von Forstwegen), extensive Beweidung, Lichtwald-Bewirtschaftung, Stabilisierung ausreichend feuchter Verhältnisse inklusive Moorrenaturierungen.

JÖRG-UWE MEINEKE

RL-D (2011): 3
Aktuelle Bestandssituation: mh
Entwicklungstrend kurzfristig: ↓↓
Bestandstrend langfristig: <<

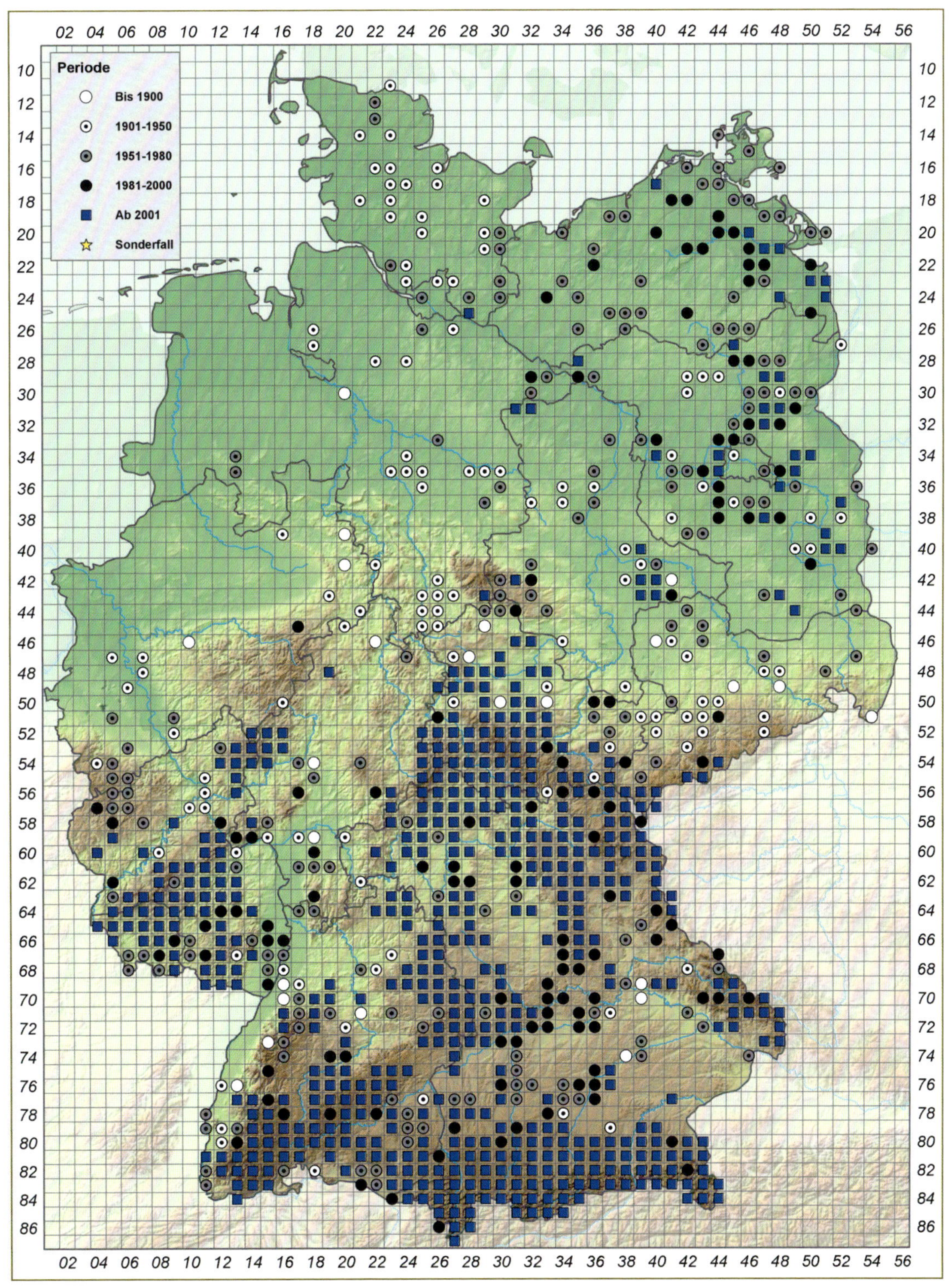
Periode
Bis 1900
1901-1950
1951-1980
1981-2000
Ab 2001
Sonderfall

Melitaea britomartis:
a Unterseite (Lars Huth)
b Oberseite Männchen (Julian Bittermann)
c Raupe (Lars Huth)

Melitaea britomartis Assmann, 1847 – Östlicher Scheckenfalter

Verbreitung & Vorkommen: Euro-sibirische Art, von Mitteleuropa ostwärts durch die gemäßigte Zone Asiens bis Korea. In Europa nördlich bis Südschweden; in Osteuropa weit verbreitet, aber disjunkt, mit Verbreitungsschwerpunkt in den pannonisch geprägten Regionen: im Süden von Nordost-Italien (Turin) und Slowenien über Österreich und Ungarn bis Tschechien und die Slowakei; auf dem Balkan bis zum Schwarzen Meer. In Deutschland vor allem in den Kalkgebieten von BW, BY und TH. In Mitteldeutschland aktuell Arealerweiterung nach Norden; jüngst auch HE, ST und NI. Einzelnachweis aus SN (2008). Vorkommen in BB aktuell nicht mehr bestätigt. Nachbarstaaten: in (der Schweiz), Österreich, Tschechien, Polen.

Lebensraum: Extensiv genutzte, blumenreiche Mager- und Halbtrockenrasen mit Verbuschungstendenz und frühe Brachestadien; vorzugsweise auf Kalk. Auch aufgelassene Steinbrüche, Wegböschungen, z. T. Waldlichtungen, Schlagfluren und lichte Kiefernwälder. Habitatpräferenz: OT, OF, OX, WY.

Biologie & Ökologie: Die Falter fliegen in einer Generation von Ende Mai, hauptsächlich von Mitte Juni bis Mitte Juli, vereinzelt noch bis August. Eiablage in kleinen Haufen an den Blattunterseiten der Raupennahrungspflanze. Überwinterung als Jungraupe (L2–3) gemeinschaftlich im Gespinst. Raupennahrungspflanze ist vor allem Großer Ehrenpreis (*Veronica austriaca* agg.). Nach der Überwinterung auch Mittlerer Wegerich (*Plantago media*), Spitz-Wegerich (*P. lanceolata*), Gamander-Ehrenpreis (*Veronica chamaedrys*) und weitere.

Gefährdung: Verschlechterung der Larvalhabitate durch intensive Beweidung oder häufige Mahd, Eutrophierung, Sukzession nach Nutzungsaufgabe.

Schutz: Erhaltung von Kalkmagerrasen durch (Hüte-)Beweidung mit Schafen und Ziegen, Belassen unterbeweideter Saumbereiche, gegebenenfalls Entbuschung.

Julian Bittermann & Lars Huth

RL-D (2011): V
Aktueller Bestand: s
Entwicklungstrend kurzfristig: =
Bestandstrend langfristig: <

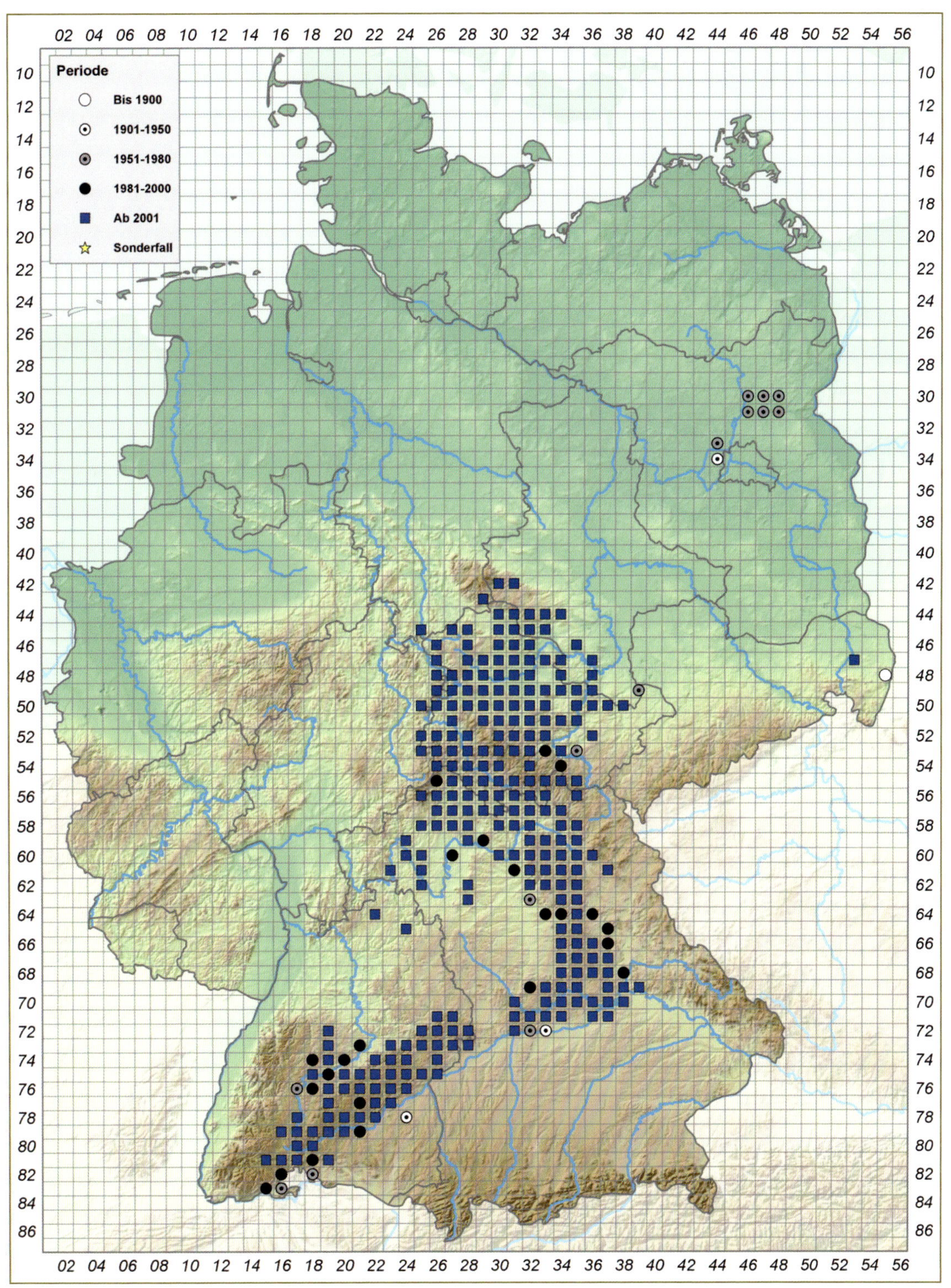
Periode
Bis 1900
1901-1950
1951-1980
1981-2000
Ab 2001
Sonderfall

Melitaea athalia:
a Unterseite (Erk Dallmeyer)
b Oberseite (Erk Dallmeyer)
c Raupe (Lars Huth)

Melitaea athalia (Rottemburg, 1775) – Wachtelweizen-Scheckenfalter

Verbreitung & Vorkommen: Euro-sibirische Art, von Südengland durch fast ganz Europa über das gemäßigte Asien bis Japan. Fehlt auf den meisten Mittelmeerinseln. Die genaue Systematik ist noch nicht vollständig geklärt (vgl. auch *M. neglecta*, S. 22-23). Das südwestlich verbreitete Taxon *M. celadussa* Fruhstorfer, 1910, wird von manchen Autoren als Unterart von *M. athalia* behandelt. *M. celadussa* fehlt in Deutschland. Sie ist in allen BL vertreten; im nordwestlichen Teil des Landes jedoch deutlich lückiger verbreitet und in den letzten Jahrzehnten weitflächig verschwunden. In allen Nachbarstaaten vorkommend.

Lebensraum: Breites Spektrum an mageren Lebensräumen wie Kalk- und Sandmagerrasen, Borstgrasrasen, frisches bis feuchtes Grünland, Heiden, lichte Wälder, Waldschneisen und -lichtungen, Moore. Habitatpräferenz: OH, OT, OW, OM, MN, WM, WK.

Biologie & Ökologie: Die Falter fliegen in einer Generation im Juni und Juli, abhängig vom Witterungsverlauf auch bis in den August. Die Eiablage erfolgt als Gelege an der Blattunterseite der Raupennahrungspflanze. Die Raupen leben zunächst gesellig im Gespinst. Im Herbst ziehen sie sich zur Überwinterung zurück. Im darauffolgenden Frühjahr leben die Raupen vereinzelt und fressen etwa bis Ende Mai. Raupennahrungspflanzen sind Wiesen-Wachtelweizen (*Melampyrum pratense*), Wald-Wachtelweizen (*M. sylvaticum*), Spitz-Wegerich (*Plantago lanceolata*), Gamander-Ehrenpreis (*Veronica chamaedrys*), Roter Fingerhut (*Digitalis purpurea*) und weitere.

Gefährdung: Sukzession nach Nutzungsaufgabe, Herbizideinsatz an Wald- und Wegrändern und deren häufige „Pflege“; Aufforstung, Überdüngung und intensive Bewirtschaftung von magerem, waldnahem Grünland.

Schutz: Erhaltung und Neuschaffung magerer Waldwiesen, Lichtungen und blumenreicher Wald-Offenland-Ökotone.

Lars Huth

RL-D (2011): 3
Aktueller Bestand: h
Entwicklungstrend kurzfristig: ↓ ↓
Bestandstrend langfristig: <<<

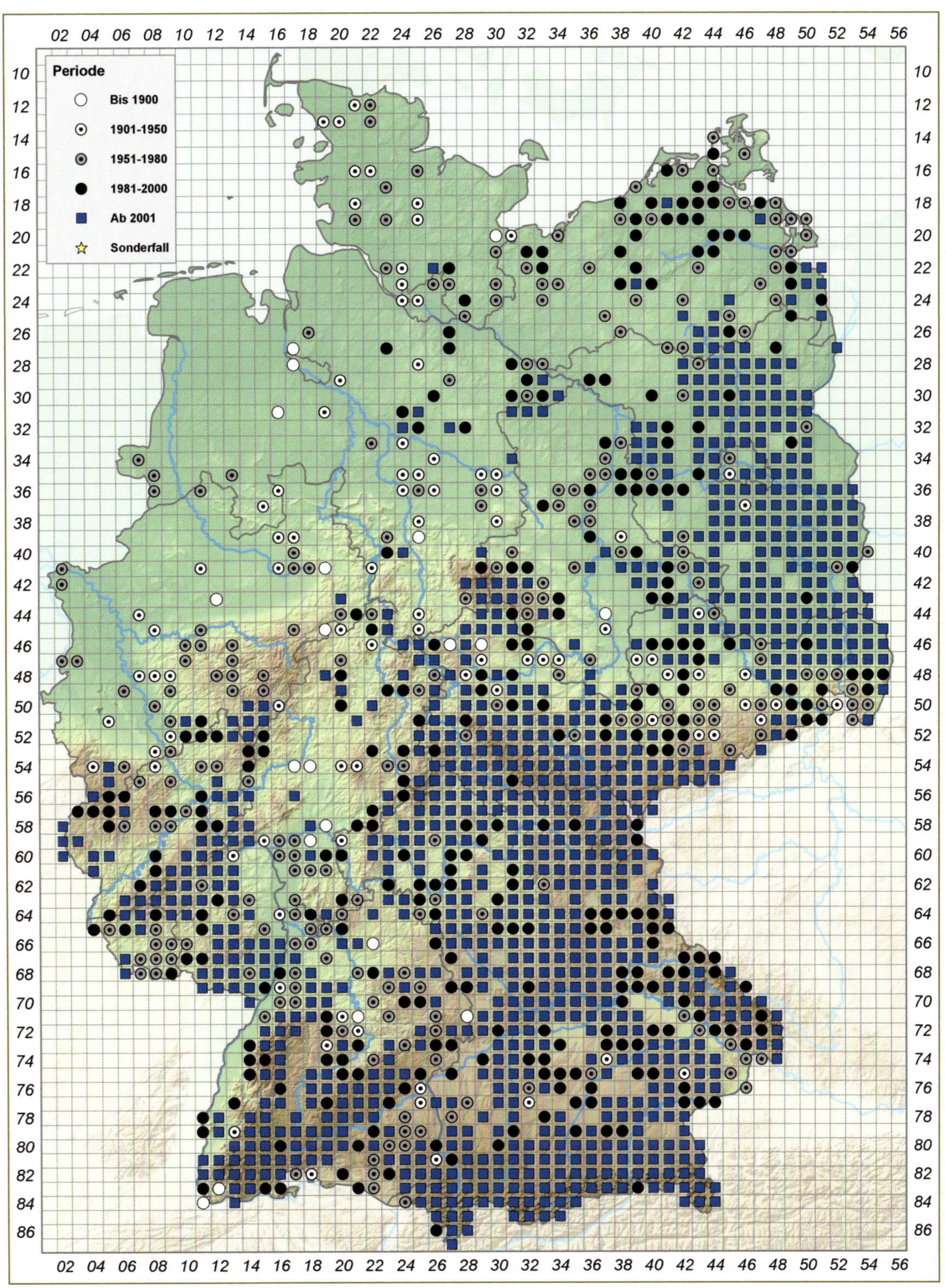
Periode
Bis 1900
1901-1950
1951-1980
1981-2000
Ab 2001
Sonderfall

Melitaea parthenoides:
a Unterseite (Benno v. Blanckenhagen)
b Oberseite (Erk Dallmeyer)
c Eier (Erk Dallmeyer)

Melitaea parthenoides Keferstein, 1851 – Westlicher Scheckenfalter

Verbreitung & Vorkommen: Euro-mediterrane Art mit Verbreitungsschwerpunkten Iberische Halbinsel und Frankreich, nach Osten bis Norditalien und Westösterreich; in Ost- und Nordeuropa fehlend. In Deutschland aktuelle Vorkommen nur in BW und BY, in RP und HE erloschen. Nachbarstaaten: in Frankreich, der Schweiz, Österreich.

Lebensraum: Mageres Grünland mittlerer bis trockener Standorte, in Moorgebieten trockener Flügel von Pfeifengraswiesen und Kalkflachmoore mit lückig-niederwüchsiger Vegetationsdecke. Die Vegetationsstruktur ist entscheidend für die Habitateignung, da die Raupennahrungspflanzen (Wegerich-Arten) weit verbreitet sind und in fast allen Grünlandgesellschaften häufig und stet vorkommen. Habitatpräferenz: OT, OW, OM.

Biologie & Ökologie: Falter fliegen in zwei Generationen im Mai/Juni und wieder Ende Juli/August (im Voralpenland in der Regel eine Generation von Mitte Juni bis Ende Juli) und können in geeigneten Habitaten hohe Populationsdichten ausbilden. Als Raupennahrungspflanzen sind aus Deutschland ausschließlich die Wegerich-Arten Spitz-Wegerich (*Plantago lanceolata*) und Mittlerer Wegerich (*P. media*) bekannt. Die Eiablage erfolgt in Spiegeln auf den Blattunterseiten der Raupennahrungspflanze. Die Raupen leben gesellig in Gespinsten, in denen sie auch überwintern. Im letzten Stadium geben die Raupen die gesellige Lebensweise auf und vereinzeln sich. Verpuppung als Stürzpuppe in der Vegetation.

Gefährdung: Verlust von Magergrünland durch Intensivierung, Nutzungsaufgabe, Überbauung, Aufforstung.

Schutz: Erhaltung großflächiger extensiv genutzter Magergrünlandkomplexe. In Kalkgebieten (BW) sind dies Halbtrockenrasen und magere, maximal zweischürige Glatthaferwiesen; in Moorgebieten (BW, BY) Pfeifengraswiesen und Kalkflachmoore.

Stefan Hafner

RL-D (2011): 2
Aktueller Bestand: ss
Entwicklungstrend kurzfristig: (↓)
Bestandstrend langfristig: <

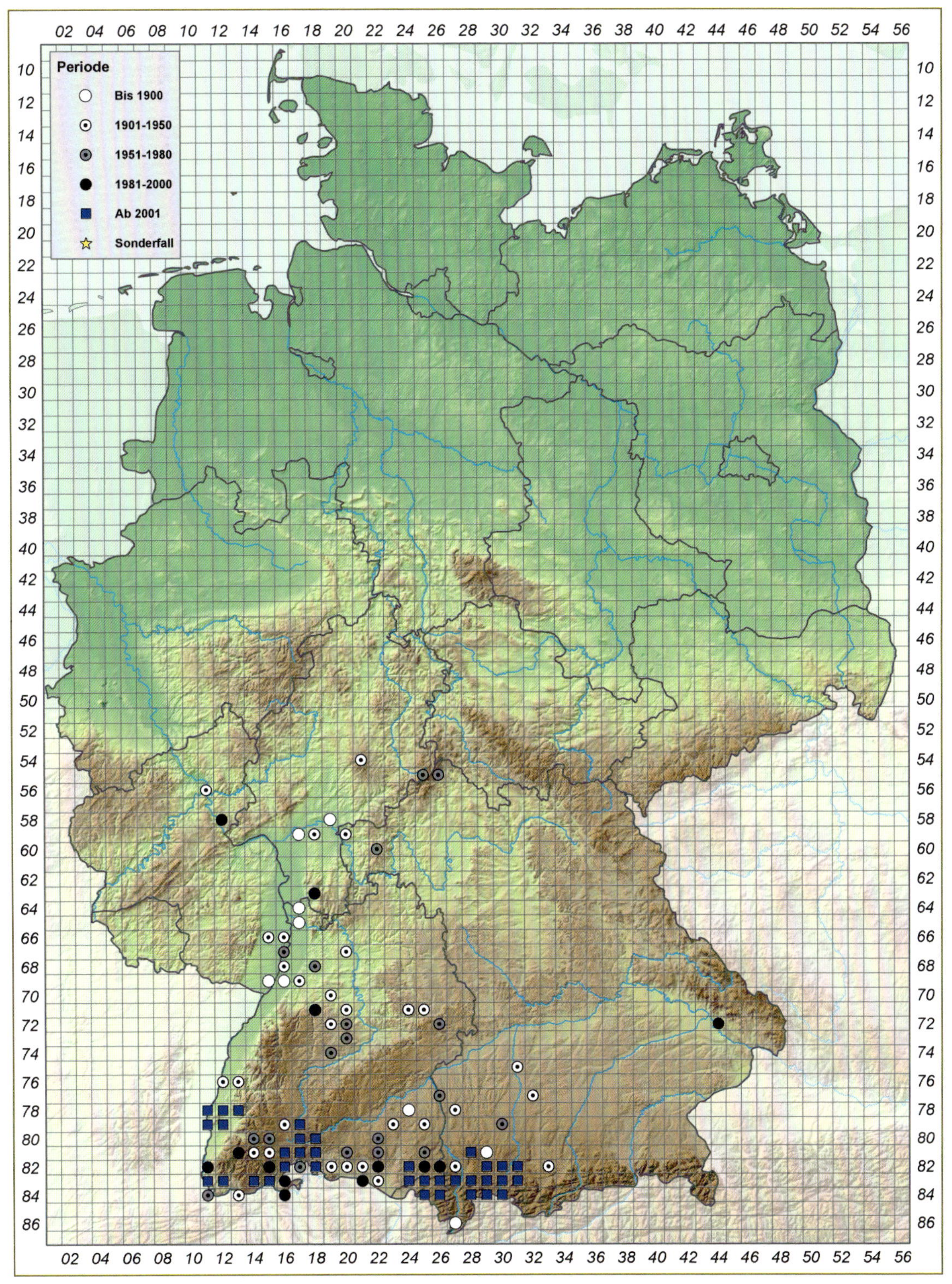
Periode
Bis 1900
1901-1950
1951-1980
1981-2000
Ab 2001
Sonderfall

Melitaea aurelia:
a Oberseite Weibchen (Steffen Caspari)
b Unterseite Weibchen und Männchen (Benno von Blanckenhagen)
c Raupen & Puppe (Klaus Schurian)

Melitaea aurelia Nickerl, 1850 – Aurelia-Scheckenfalter

Verbreitung & Vorkommen: Euro-orientalische Art. In der temperaten Laubwald- und Steppenzone Europas, West-, Südwest- und Zentralasiens; dem atlantischen Westen und dem Mittelmeergebiet fehlend. In Deutschland linksrheinisch in den Kalkgebieten von der Nordeifel bis zum Bliesgau sowie im Saar-Nahe-Bergland. Im Jura und im mitteldeutschen Muschelkalkgebiet mit der deutschen Hauptverbreitung. In der Norddeutschen Tiefebene keine aktuellen Vorkommen, im atlantischen Nordwesten auch früher fehlend. Alpenvorkommen reichen bis nach Süd-BY. Außer in Dänemark und den Niederlanden in allen Nachbarstaaten.

Lebensraum: Aufwuchsschwache Magerrasen: Halbtrockenrasen, trockene Glatthaferwiesen, Pfeifengraswiesen, Wacholderheiden, meist über Kalk, selten über basischem Silikatgestein. Verträgt Mahd und extensive Beweidung. Bis 1300 m über NN in den Alpen. Habitatpräferenz: OT.

Biologie & Ökologie: Eiablage in Spiegeln an den Blattunterseiten von Mittlerem Wegerich (*Plantago media)* und seltener Spitz-Wegerich (*P. lanceolata*). Weitere Vertreter der Plantaginaceae (*Veronica austriaca* agg.) und Orobanchaceae (*Rhinanthus* spp., *Melampyrum* spp.) werden nach der Überwinterung gefressen. Bereits vor der Überwinterung vereinzeln sich die Raupen. Die Falter saugen bevorzugt an Wiesen-Witwenblume (*Knautia arvensis*) und Tauben-Skabiose (*Scabiosa columbaria*), auch an Wiesen-Flockenblume (*Centaurea jacea* agg.), Margerite (*Leucanthemum vulgare* agg.), Jakobs-Greiskraut (*Senecio jacobaea*), Kleinem Habichtskraut (*Hieracium pilosella*) und Weiden-Alant (*Inula salicina*).

Gefährdung: Rückgang durch Brachfallen und Gebüschsukzession sowie Nutzungsintensivierung; viele Vorkommen inzwischen in Schutzgebieten.

Schutz: Angepasstes Pflegeregime mit hoch eingestelltem Mähwerk oder extensive Beweidung, Belassen von Altgrasstreifen und Sicherstellen von Nektarpflanzenbeständen zur Flugzeit.

Steffen Caspari

RL-D (2011): V
Aktueller Bestand: mh
Entwicklungstrend kurzfristig: =
Bestandstrend langfristig: <<

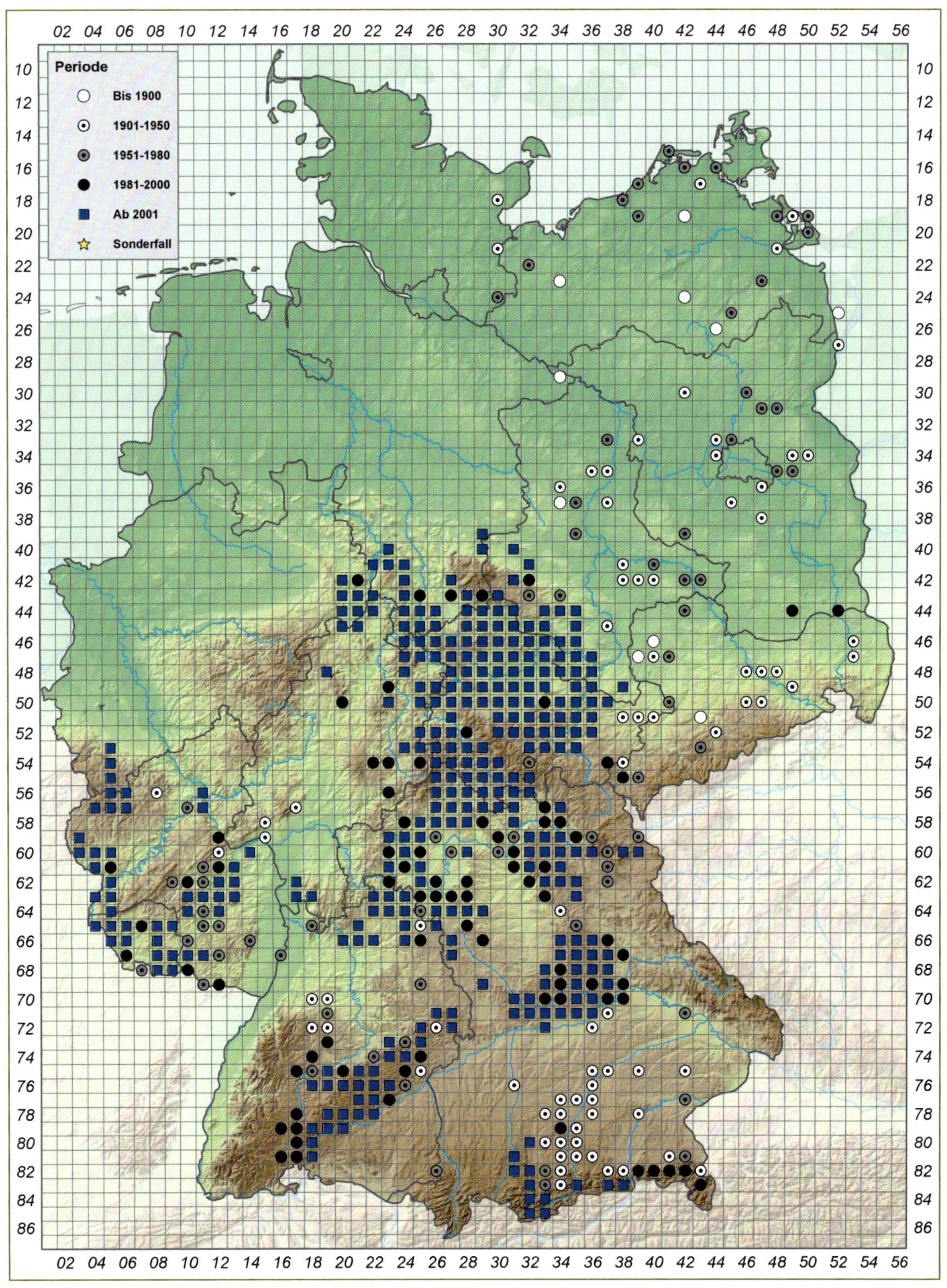
Periode
Bis 1900
1901-1950
1951-1980
1981-2000
Ab 2001
Sonderfall

Coenonympha oedippus:
a Unterseite Weibchen (Markus Bräu)
b Unterseite Männchen (Markus Dumke)
c Raupe (Oliver Böck)

Coenonympha oedippus (Fabricius, 1787) – Moor-Wiesenvögelchen

Verbreitung & Vorkommen: Euro-sibirische Art. Von den Pyrenäen bis Nordost-China, Korea und Japan. Zahlreiche Vorkommen in Europa erloschen, zählt heute zu den seltensten europäischen Tagfaltern. In Deutschland nur in BY, ein von Schwibinger 1996 entdecktes Restvorkommen. Aktuell (2018) scheint sich ein zweites, wiederangesiedeltes Vorkommen zu etablieren. Aus Schutzgründen werden keine aktuellen Fundorte angezeigt. Nachbarstaaten: in Österreich, Frankreich, Polen, der Schweiz.

Lebensraum: Feuchte bis nasse Grünlandstandorte; die einzige verbliebene Population besiedelt Pfeifengraswiesen mit Übergängen zu Kleinseggenrieden und Schneidriedbeständen. In Südeuropa (Slowenien, Norditalien) auch trockene Graslandlebensräume. Habitatpräferenz: OW, MN.

Biologie & Ökologie: Die Falter fliegen in einer Generation von Anfang/Mitte Juni bis Anfang/Mitte Juli. Je nach Witterungsverlauf Variation um 2–3 Wochen. Die Eiablage erfolgt an verschiedene Pflanzen, auch Nicht-Nahrungspflanzen. Die Raupen fressen verschiedene Süß- und Sauergräser. Wegen der ausgedehnten Aktivitätsphase im späten Herbst und vor allem im frühen Frühjahr werden wintergrüne Gräser benötigt, im bayerischen Lebensraum überwiegend die Hirse-Segge (*Carex panicea*). Eiablage- und Raupenlebensraum sind durch hohe Streudeckung geprägt, gleichzeitig ist die Krautschicht lückig mit Grasbulten, sodass eine gute Besonnung im Raupenlebensraum gegeben ist.

Gefährdung: Sehr empfindlich gegenüber Nutzung, benötigt aber offene, gut besonnte Lebensräume. Die einzige verbliebene Population besiedelt wenige Habitatflächen von insgesamt etwas über einem Hektar und ist daher äußerst verwundbar.

Schutz: Strikter Schutz des verbliebenen Lebensraums. Über Jahre wurde das Habitat deutlich vergrößert, sodass die Population nun angestiegen ist. Tiere wurden in Zucht genommen und damit ein zweites Vorkommen begründet; eine Maßnahme, die nach anfänglichen Misserfolgen schließlich anscheinend erfolgreich ist.

Matthias Dolek

RL-D (2011): 1
Aktueller Bestand: es
Entwicklungstrend kurzfristig: ?
Bestandstrend langfristig: <<
BNatSchG (2009): Streng geschützt
FFH-Richtlinie: Anhang IV

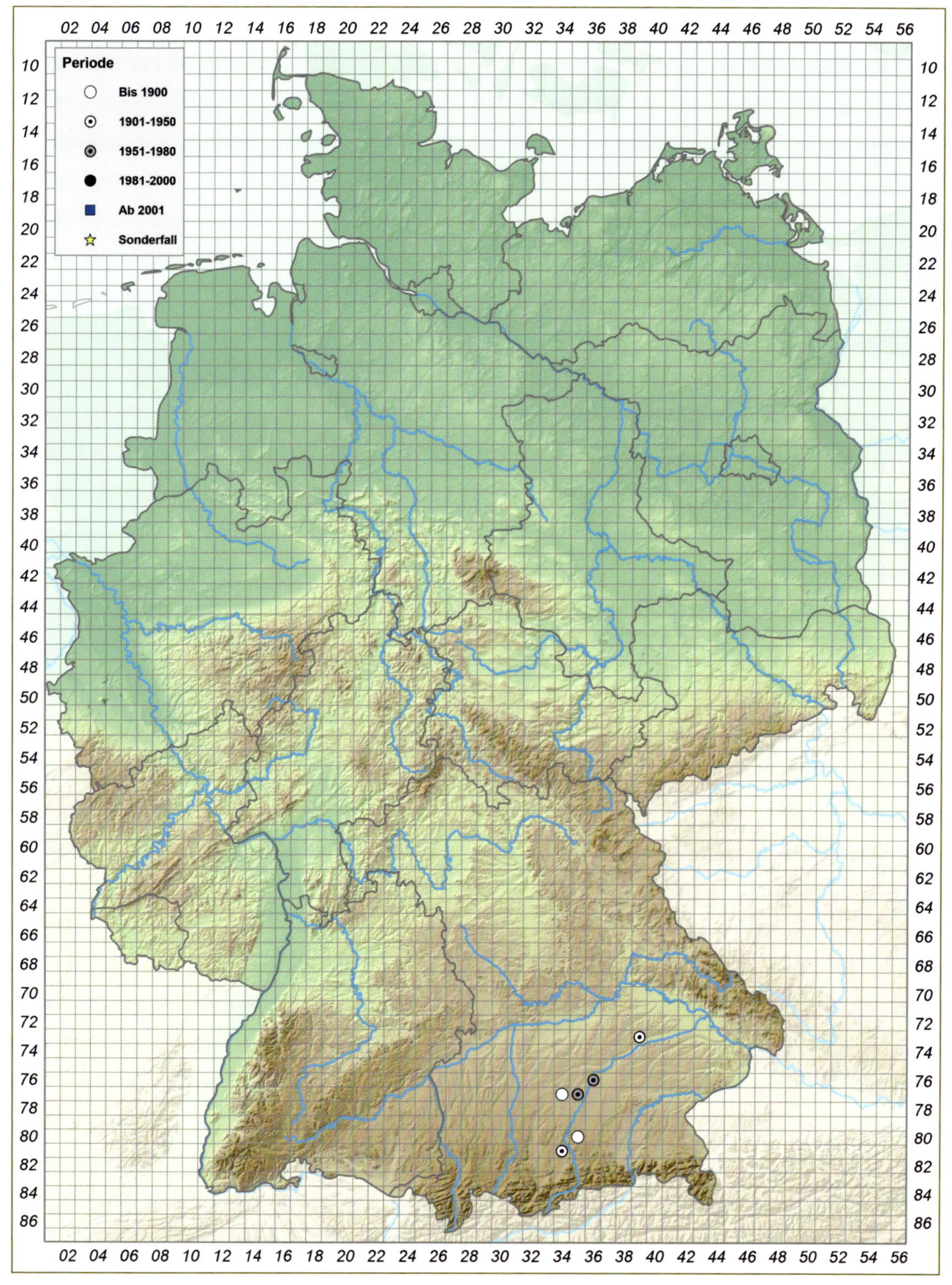
Periode
Bis 1900
1901-1950
1951-1980
1981-2000
Ab 2001
Sonderfall

Coenonympha pamphilus:
a Unterseite (Erk Dallmeyer)
b Unterseite (Frank Clemens)

Coenonympha pamphilus (LINNAEUS, 1758) – Kleines Wiesenvögelchen

Verbreitung & Vorkommen: Euro-orientalische Art. Das Kleine Wiesenvögelchen ist in fast ganz Europa weit verbreitet und häufig. Außerdem kommt es in Nordafrika, der Türkei und dem Mittleren Osten bis in die Mongolei vor. Die nördliche Verbreitung reicht bis zum Polarkreis. Man findet die Falter in europäischen Gebirgen bis in 2000 m über NN (in Nordafrika bis 2700 m). In Deutschland ist die Art in allen BL und allen Naturräumen und Regionen vertreten und eine der häufigsten Arten. Vorkommen in allen Nachbarstaaten Deutschlands.
Lebensraum: Offenland, trockene bis mäßig feuchte Grasländer mit lückigen Stellen, fehlt in intensiv genutzten Grünländern. Habitatpräferenz: OT, OM, OG, BY.
Biologie & Ökologie: Falter fliegen in mehreren ineinander übergehenden Generationen in Deutschland ab Ende April bis Mitte Oktober, in wärmeren Ländern von Februar bis in den November. Sie sind an den Flugplätzen oftmals zahlreich vertreten. Die Eiablage erfolgt an Gräsern. Dabei werden die Eier an dürre Grasblättchen geklebt. Die nachtaktiven Raupen leben oligophag an Süßgrasarten und überwintern. Verpuppung als Stürzpuppe an Grasstängeln.
Gefährdung: Die Art ist aktuell nicht gefährdet.
Schutz: Für die Art sind aktuell keine speziellen Schutzmaßnahmen notwendig.

FRANK CLEMENS & ECKHARD SCHEIBE

RL-D (2011): *
Aktueller Bestand: sh
Entwicklungstrend kurzfristig: =
Bestandstrend langfristig: =
BArtSchV (2005); besonders geschützt

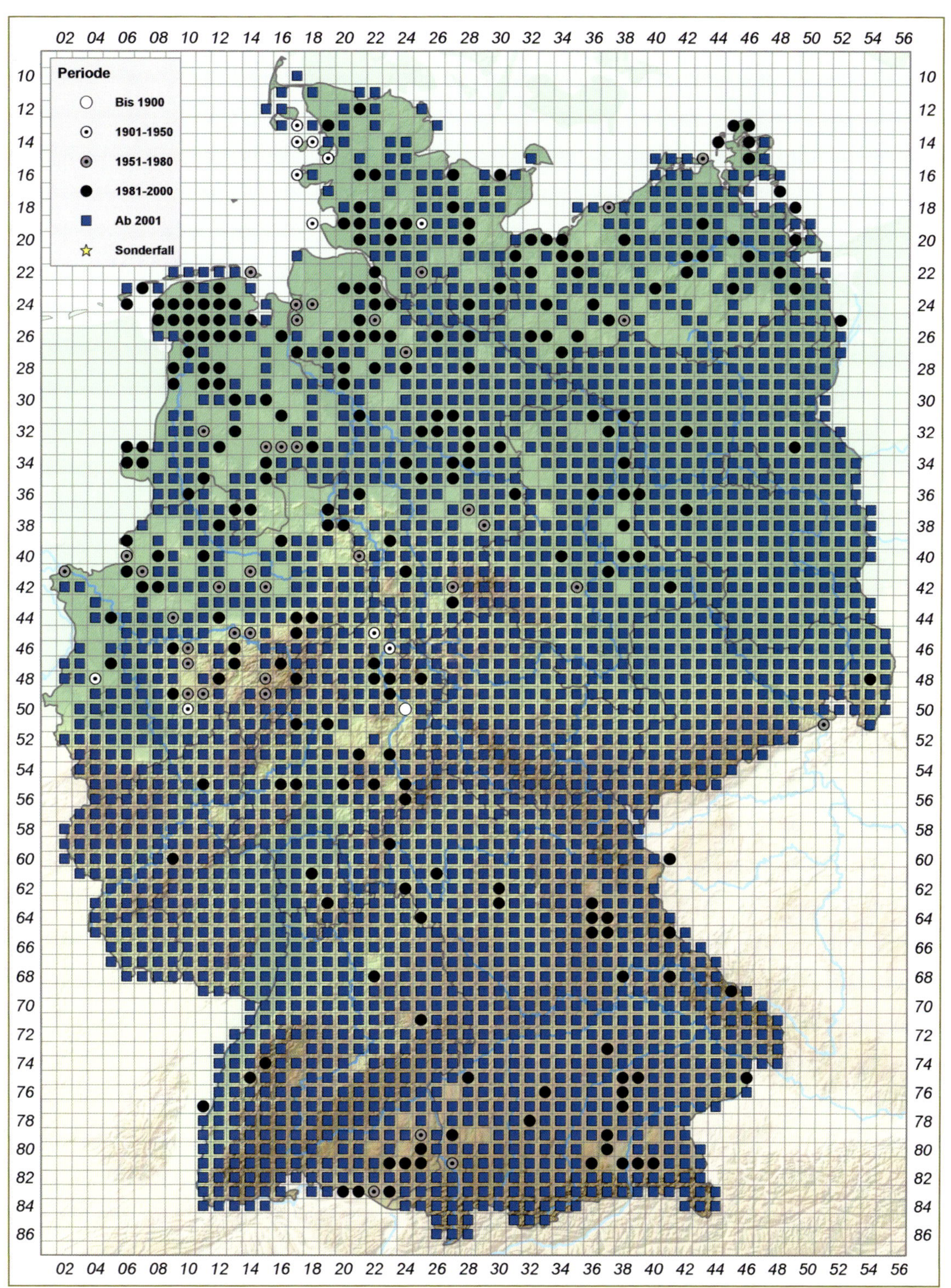
Periode
Bis 1900
1901-1950
1951-1980
1981-2000
Ab 2001
Sonderfall

Coenonympha tullia:
a Unterseite Männchen (Detlef Kolligs)
b Raupe (Detlef Kolligs)

Coenonympha tullia (Müller, 1764) – Großes Wiesenvögelchen

Verbreitung & Vorkommen: Holarktische Verbreitung von den Britischen Inseln und Fennoskandien (nördlich bis Lappland) durch Mittel- und Osteuropa (südlich bis Bosnien) durch das gemäßigte Asien bis Nordamerika. Die Art kommt in allen angrenzenden Ländern außer Luxemburg vor. Ursprünglich in allen deutschen Moorlandschaften, vom Flachland bis ins Alpenvorland (nicht über 1300 m über NN).

Lebensraum: Sowohl kalk-oligotrophe als auch saure Moorbiotope. Besonders hohe Dichten werden in windgeschützten Flach- und Übergangsmooren und nährstoffarmen, artenreichen Streuwiesen sowie im Alpenvorland und Schwarzwald auch in extensiv mit Rindern beweideten Mooren erreicht. Habitatpräferenz: MH, MN, OW.

Biologie & Ökologie: Eine Faltergeneration von Ende Mai bis Anfang August mit Maximum im Juni/Juli. Raupennahrungspflanzen sind u.a. Wollgräser (*Eriophorum vaginatum, E. angustifolium*), aber auch andere Sauergräser wie Seggen (*Carex* spp.) und Kopfriedarten (*Schoenus* spp.) sowie Binsen (*Juncus* spp.) kommen infrage.

Gefährdung: Massive Bestandseinbußen infolge von Entwässerung, Kultivierung von Mooren und Torfabbau. Die Art ist in mehreren BL (ST, BE, TH, SL) ausgestorben. Die Rückgänge waren regional sehr unterschiedlich und abhängig von Randeinflüssen, wie Nährstoffeintrag und Entwässerung. In den letzten Jahren massiver Rückgang auch in gesicherten Lebensräumen Süddeutschlands (klimatische Faktoren?).

Schutz: Die Lebensräume reagieren sehr empfindlich auf Entwässerungen und Nährstoffeinträge. Zu starke Absenkungen, aber auch Überstauungen müssen vermieden werden. Nach Nutzungsaufgabe muss die traditionelle Bewirtschaftung durch Pflegemaßnahmen ersetzt werden. Der wichtigste Faktor zur Erhaltung der Art in Deutschland ist die traditionelle Nutzung der in einigen Landkreisen des Bayerischen Alpenvorlandes noch großflächig vorhandenen Moor- und Streuwiesenlandschaften.

Jörg-Uwe Meineke

RL-D (2011): 2
Aktueller Bestand: s
Entwicklungstrend kurzfristig: ↓↓
Bestandstrend langfristig: <<<
BArtSchV (2005): besonders geschützt

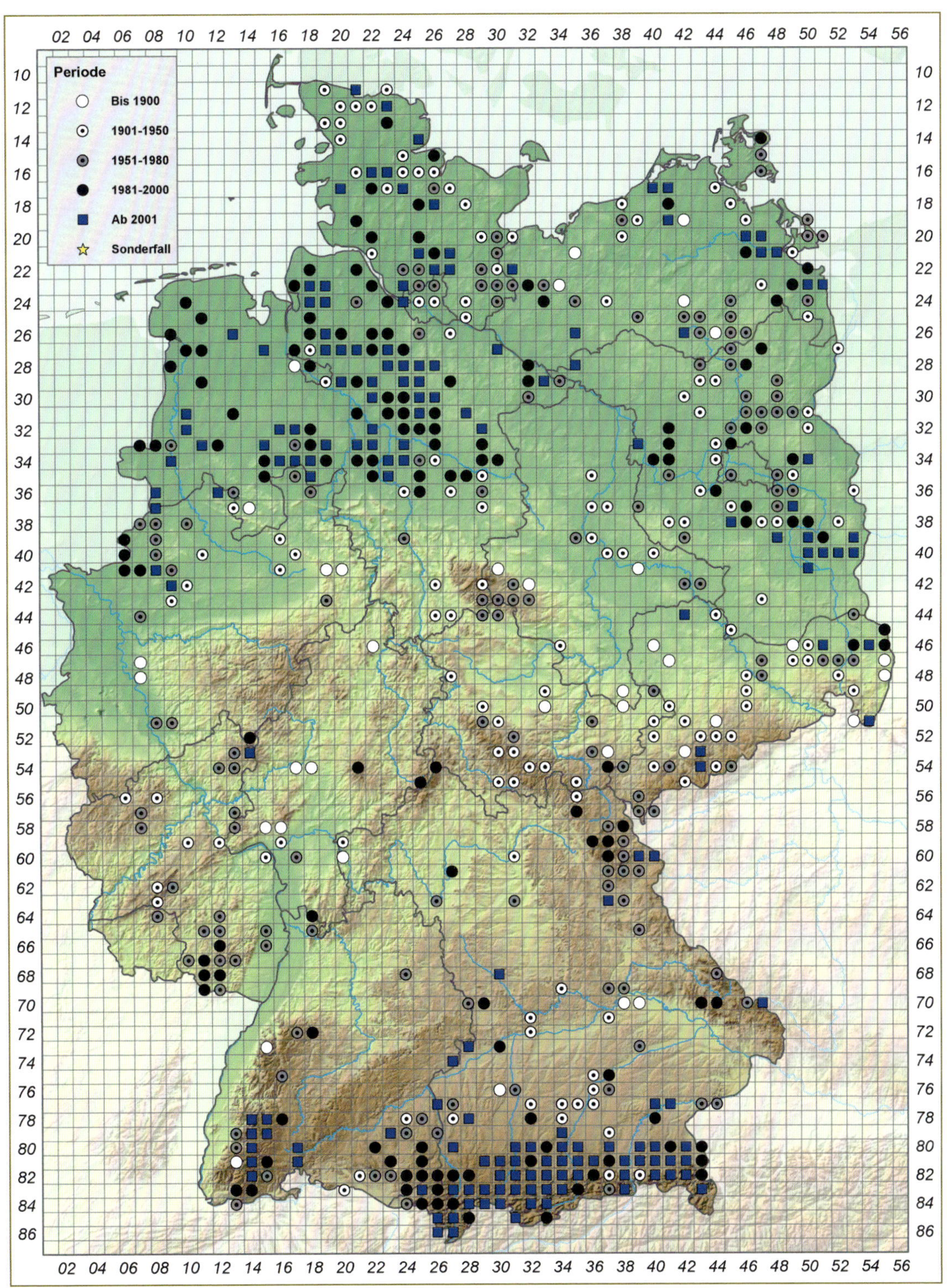
Periode
Bis 1900
1901-1950
1951-1980
1981-2000
Ab 2001
Sonderfall

Coenonympha glycerion:
a Unterseite (Oliver Schmitz)
b Raupe (Martin Wiemers)

Coenonympha glycerion (Borkhausen, 1788) – Rotbraunes Wiesenvögelchen

Verbreitung & Vorkommen: Euro-sibirische Art. Sie ist vom Norden der Iberischen Halbinsel (ssp. *iphioides* Staudinger, 1870) über Mitteleuropa und Sibirien bis Nordkorea verbreitet. In Südeuropa bis Mittelitalien und den nördlichen Balkan, im Norden bis zur Ostsee und Südfinnland. In Deutschland in den östlichen und südlichen BL zahlreich vertreten, fehlt dagegen in Westdeutschland. In den Nachbarstaaten Österreich, der Schweiz, Tschechien, Frankreich, Polen.

Lebensraum: Offenland, trockene und auch feuchte Grasländer, Waldwiesen, fehlt in intensiv genutzten Grünländern. Verschiedenbiotopbewohner. In Nordost-Deutschland auf Sandtrockenrasen. In BW Halbtrockenrasen auf Jura und Muschelkalk. Regional, jedoch mit stark abnehmender Tendenz, auch in mageren, extensiv genutzten Feucht- und Moorwiesen. Habitatpräferenz: OT, OG, OW, OM, WL, WK.

Biologie & Ökologie: Das Rotbraune Wiesenvögelchen lebt sowohl an trockenen als auch feuchten grasigen und gebüschreichen Stellen und auf Waldlichtungen. Die Falter fliegen in Deutschland meist in einer Generation von Mitte Juni bis Ende Juli, Eier werden einzeln an die Fraßpflanzen geheftet. Die Raupen ernähren sich von verschiedenen Süßgräsern, darunter Aufrechte Trespe (*Bromus erectus*), Schaf-Schwingel (*Festuca ovina* agg.), Rot-Schwingel (*Festuca rubra*), Wiesen-Lieschgras (*Phleum pratense*). Wichtige Nektarpflanzen: Thymian (*Thymus pulegioides* s.L.), Dost (*Origanum vulgare*), Gewöhnliche Braunelle (*Prunella vulgaris*), Wasserdost (*Eupatorium cannabinum*). In Mitteleuropa überwintert die halb ausgewachsene Raupe. Verpuppung als Stürzpuppe an Grasstängeln.

Gefährdung: Die Art ist aktuell nicht gefährdet.

Schutz: Für die Art sind aktuell keine speziellen Schutzmaßnahmen notwendig. Eine Offenhaltung magerer Standorte wirkt sich jedoch positiv aus.

Frank Clemens &, Eckhard Scheibe

RL-D (2011): V
Aktueller Bestand: h
Entwicklungstrend kurzfristig: (↓)
Bestandstrend langfristig: <<
BArtSchV (2005): besonders geschützt

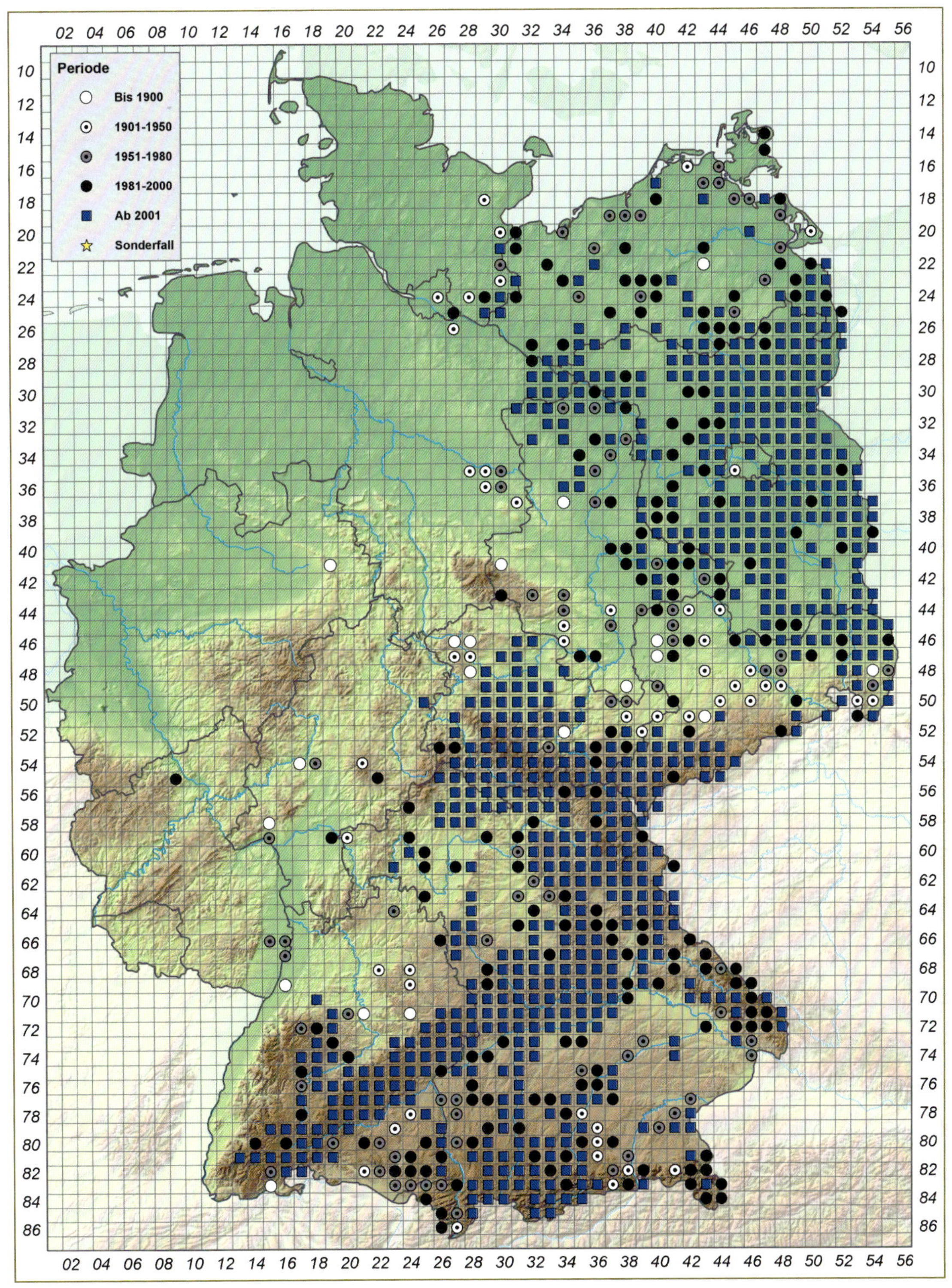
Periode
Bis 1900
1901-1950
1951-1980
1981-2000
Ab 2001
Sonderfall

Coenonympha hero:
a Unterseite (Erk Dallmeyer)
b Unterseite (Erk Dallmeyer)

Coenonympha hero (Linnaeus, 1760) – Wald-Wiesenvögelchen

Verbreitung & Vorkommen: Euro-sibirische Art. Von Südskandinavien bis zu den Alpen und von Mittelfrankreich bis weit nach Osten (Korea, Japan). In Deutschland historisch in den meisten BL vertreten, aber derzeit nur noch in BY und BW, dort Alpenvorland und Südwestdeutsches Schichtstufenland, Konzentrationen im mittleren Voralpinen Hügel- und Moorland, einigen Flusstälern (Donau, Lech und Isar), der Schwäbischen Alb sowie den Mittelwäldern des Steigerwalds. Nachbarstaaten: in Österreich, Frankreich, Polen, erloschen in Belgien, der Schweiz, Tschechien, Dänemark, Luxemburg, den Niederlanden.

Lebensraum: Besonnte Grasfluren an frischen, feuchten bis wechselfeuchten Standorten in Wäldern oder an Waldrändern. Dies können vor allem im Alpenvorland Moorwiesenbrachen, Torfstiche und lichtungsartige Bereiche in Feuchtwäldern sein, ansonsten aber auch Kahlhiebe, Sturmwurfflächen, Mittel- und Niederwälder, Brennen und Flussschotterheiden sowie andere standörtlich und nutzungsbedingt lichtungsreiche Wälder. Wichtig ist die Kombination von hoher Luftfeuchte, Wärmegenuss und Sonneneinstrahlung sowie geschützter Lage. Überwiegend zwischen 300 und 800 m über NN. Habitatpräferenz: WY.

Biologie & Ökologie: Einbrütig, meist Ende Mai bis Mitte Juni, vereinzelt Anfang Mai bis Anfang August. Standorttreu, unspezifische Nektaraufnahme, soweit Blüten vorhanden sind. Eiablage bodennah oft an Streu. Die Raupen fressen verschiedene Süß- und Sauergräser. Im späten Herbst und frühen Frühjahr fraßaktiv, daher werden wintergrüne Gräser benötigt. Überwinterung als Jungraupe.

Gefährdung: Verlust von lichten Wäldern und kleinen, nicht regelmäßig genutzten Grünlandflächen im Verbund zu Wäldern. Die benötigten mageren Grasflächen werden häufig von Brombeeren überwachsen, vermutlich aufgrund von Nährstoffeinträgen.

Schutz: Förderung von lichten Wäldern und weitgehend ungenutzten, relativ mageren Grasflächen, z. B. durch oberholzarme Mittel- und Niederwaldwirtschaft, breite Säume an Wegrändern, Bracheanteilen bei waldnahen Streuwiesen, Akzeptanz von unbestockten Grasflächen im Wald.

Matthias Dolek

RL-D (2011): 2
Aktueller Bestand: ss
Entwicklungstrend kurzfristig: ↓↓
Bestandstrend langfristig: <<
BNatSchG (2009): Streng geschützt
FFH-Richtlinie: Anhang IV

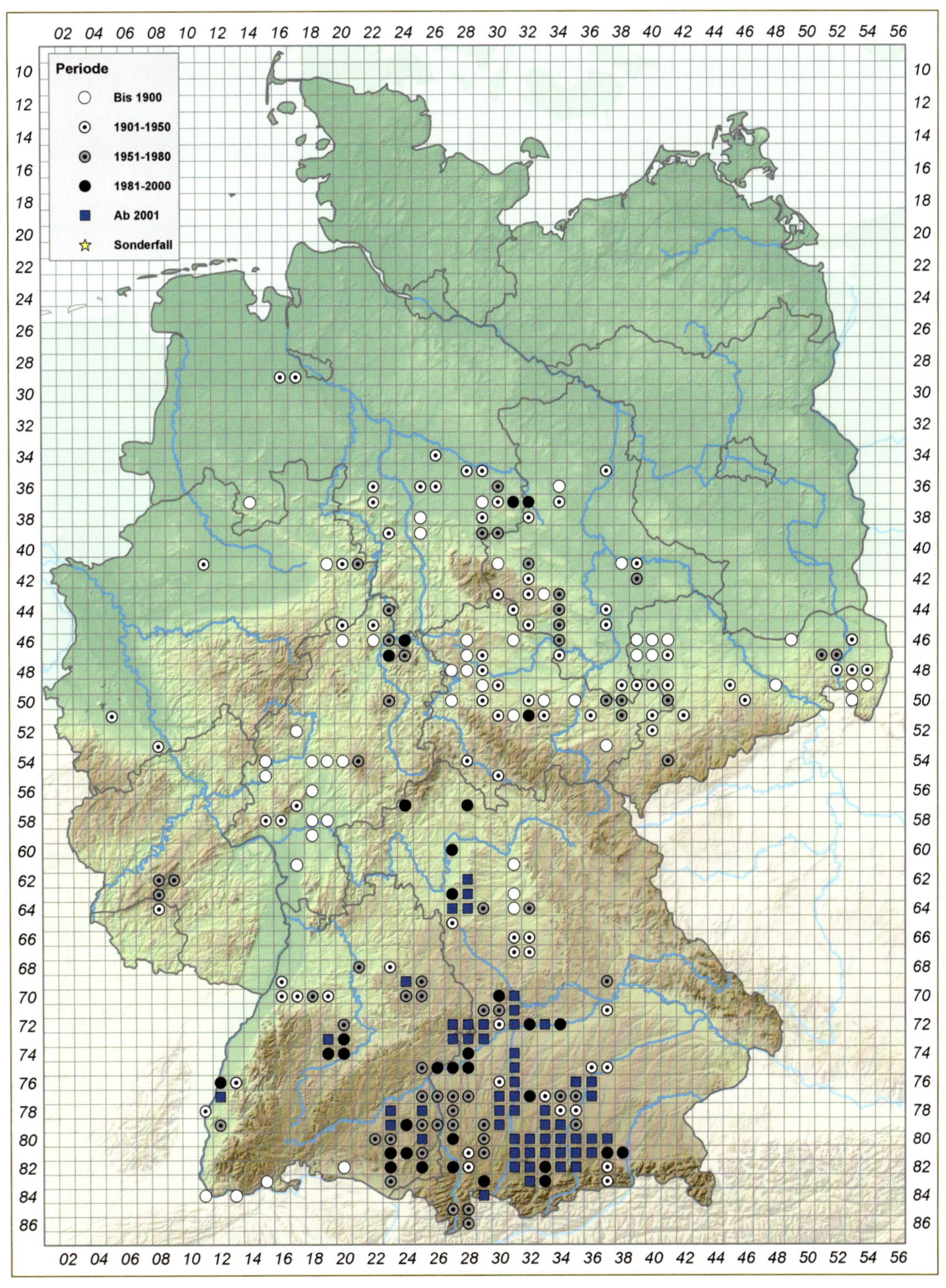
Periode
Bis 1900
1901-1950
1951-1980
1981-2000
Ab 2001
Sonderfall

Coenonympha gardetta:
a Unterseite (Erk Dallmeyer)
b Unterseite (Reinart Feldmann)

Coenonympha gardetta (Prunner, 1798) – Alpen-Wiesenvögelchen

Verbreitung & Vorkommen: Vorkommen im gesamten Alpenraum mit Exklave im Zentralmassiv (Forez). In den Gebirgen des Balkans fliegt die nahe verwandte *C. orientalis* Rebel, 1909. In Deutschland nur in BY, hier disjunkte Verbreitung mit Vorkommenszentren in den Allgäuer und Berchtesgadener Alpen sowie vereinzelt im Ammergebirge und in den Chiemgauer Alpen. Nachbarstaaten: in der Schweiz, Österreich, Frankreich.

Lebensraum: Offenlandbestimmte Lebensräume: Kalkrasen, Borstgrasrasen und extensiv genutzte Weiderasen. Meidet auch lichte Waldbereiche. In Höhenbereichen von 850 bis max. 2300 m, Schwerpunkt 1600–1900 m über NN. Habitatpräferenz: A.

Biologie & Ökologie: Eine Generation von Anfang Juni bis Anfang September. Die Falter sind wenig fluggewandt und somit relativ standorttreu. Unter optimalen Bedingungen können individuenreiche Populationen ausgebildet werden. Keine Blütenpräferenz erkennbar, zahlreiche Pflanzenarten werden genutzt, häufig auch an offenen, feuchten Bodenstellen. Als Raupennahrungspflanzen werden nicht näher bestimmte Gräser angegeben. Einjährige Entwicklung; die Überwinterung erfolgt als Jungraupe, die Verpuppung bodennah als Stürzpuppe.

Gefährdung: Die starke Einschränkung des Areals bedingt eine gewisse Gefährdungsdisposition.

Schutz: Die Populationen scheinen aktuell stabil zu sein, dennoch sollte auf den besiedelten Weiderasen und insbesondere bei den kleinen und isolierten Populationen in den Chiemgauer Alpen eine extensive Beweidung erhalten bleiben bzw. angestrebt werden.

Anja Hager

RL-D (2011): R
Aktueller Bestand: es
Entwicklungstrend kurzfristig: =
Bestandstrend langfristig: ?
BArtSchV (2005): besonders geschützt

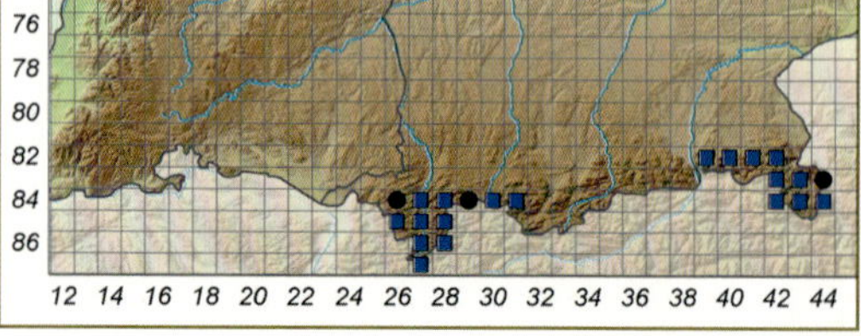

Das Kleine Wiesenvögelchen (*Coenonympha pamphilus*) ist in Deutschland fast überall auf grasigen Standorten anzutreffen. Die Falter fliegen in mehreren ineinander übergehenden Generationen ab Ende April bis Mitte Oktober.
(Foto: Mario Trampenau)

Coenonympha arcania:
a Unterseite (Erk Dallmeyer)
b Unterseite (Erk Dallmeyer)

Coenonympha arcania (Linnaeus, 1760) – Weißbindiges Wiesenvögelchen

Verbreitung & Vorkommen: Euro-meridionale Art. Von Nordportugal über fast ganz Europa bis nach Südskandinavien, im Süden bis Nordgriechenland und ostwärts Richtung Asien und Kaukasus vorkommend. Aus allen Flächenbundesländern gemeldet, im Nordwesten jedoch fehlend. In allen Nachbarstaaten nachgewiesen, in Dänemark und den Niederlanden ausgestorben.

Lebensraum: Besiedelt werden die lichten Bereiche trockener Wälder, allenfalls sporadisch genutzte bis verbuschte Graslandschaften sowie Saumbereiche mit Gehölzgruppen in windgeschützter Lage. Im geschlossenen Gehölzbestand kommt die Art hingegen nicht vor. Habitatpräferenz: BT, OT, WL.

Biologie & Ökologie: Die Art fliegt in einer Generation von Mitte Mai bis Anfang August. Die Eiablage erfolgt an Gräsern wie Aufrechter Trespe (*Bromus erectus*) oder Schaf-Schwingel (*Festuca ovina* agg.). Nach der Überwinterung als Raupe erfolgt die Verpuppung, z. B. an Grasstängeln. Der Flug wirkt träge und findet meist nur über kurze Distanzen dicht über der Vegetationsdecke statt. Umliegende Gehölze werden als Rast- und Sonnenplatz genutzt. Männchen zeigen Territorialverhalten und nutzen die Gehölze als Ansitzwarte, um auf vorbeifliegende Weibchen zu warten. Blütenbesuche sind selten, unter anderem an Arznei-Thymian (*Thymus pulegioides*), Sand-Thymian (*T. serpyllum*), Gewöhnlichem Dost (*Origanum vulgare*) oder Brombeere (*Rubus fruticosus* agg.).

Gefährdung: Die Art wird aktuell noch als nicht gefährdet eingestuft, ist in den letzten Jahren jedoch deutlich zurückgegangen.

Schutz: Auch wenn die Art nicht als gefährdet gilt, sind aufgrund des starken Rückgangs gezielte Schutzmaßnahmen dennoch sinnvoll, damit geeignete Habitate (Altgrasbestände), insbesondere entlang von Waldrändern, erhalten oder neu geschaffen werden können.

Steffen Pollrich

RL-D (2011): *
Aktueller Bestand: h
Entwicklungstrend kurzfristig: (↓)
Bestandstrend langfristig: <
BArtSchV (2005): besonders geschützt

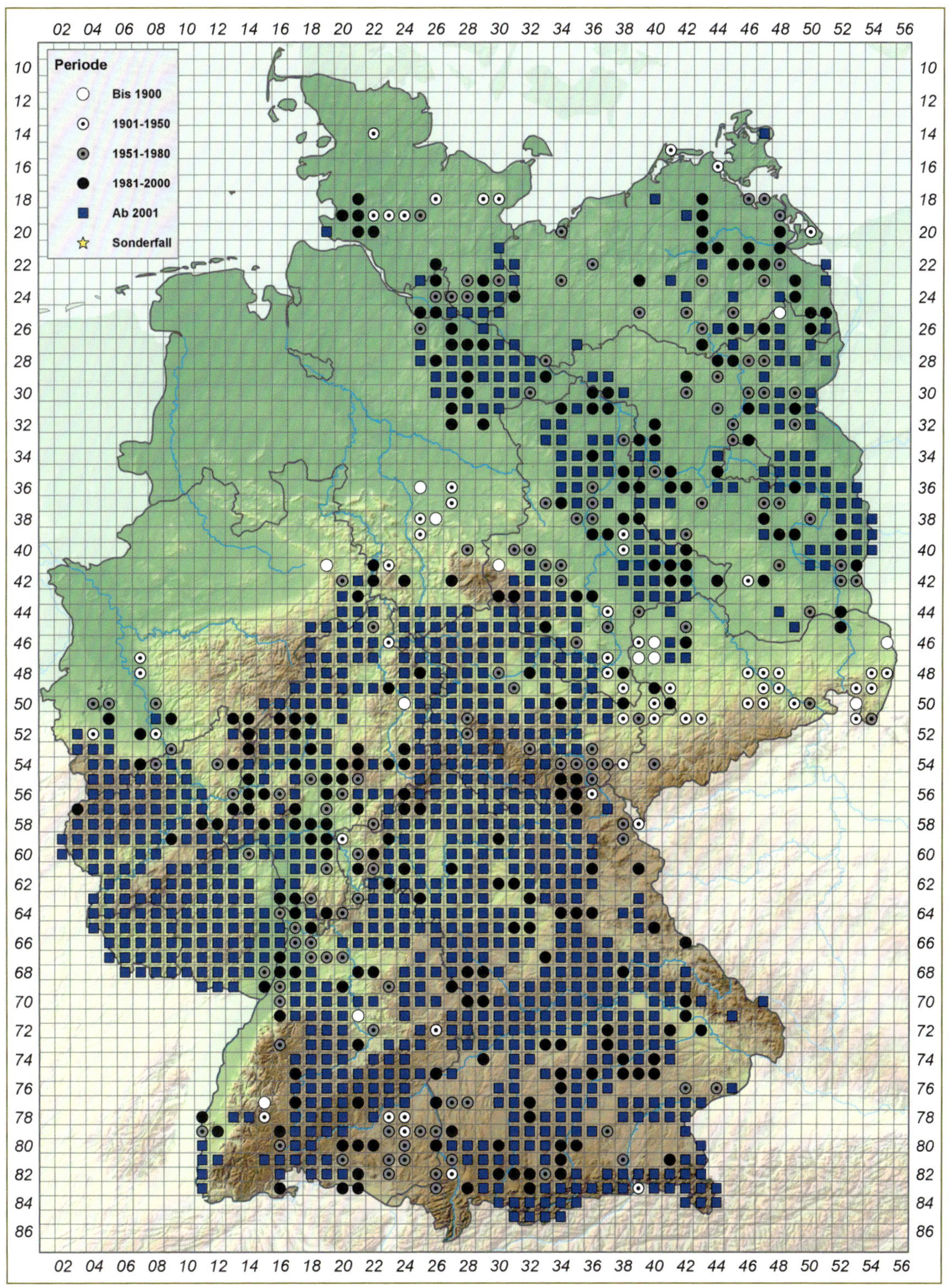
Periode
Bis 1900
1901-1950
1951-1980
1981-2000
Ab 2001
Sonderfall

Lopinga achine: **a** Oberseite (Markus Bräu) **b** Unterseite (Erk Dallmeyer) **c** Raupe (Martin Albrecht)

Lopinga achine (Scopoli, 1763) – Gelbringfalter

Verbreitung & Vorkommen: Euro-sibirische Art. Von Nordspanien über Frankreich, das gemäßigte Mittel- und Osteuropa bis zum Amur und Ussuri und bis Japan. In Deutschland ursprünglich in fast allen BL vertreten, aktuell nur noch in BW und BY in zerstreuten Populationen. Nachbarstaaten: in Frankreich, der Schweiz, Österreich, Tschechien, Polen, ausgestorben in Belgien.

Lebensraum: An lichte Wälder auf nicht zu trockenen Standorten mit grasiger, seggenreicher Krautschicht magerer Substrate gebunden. Keine Vorkommen im Offenland. Habitatpräferenz: WY.

Biologie & Ökologie: Falter fliegen in einer Generation ab Anfang Juni bis Ende Juli. Die sich fast immer in Gehölznähe aufhaltenden Falter sind nur selten beim Blütenbesuch anzutreffen, häufiger bei der Aufnahme von Baumsäften oder an mineralienreichen Substanzen wie Exkrementen, Kadavern oder feuchten Bodenstellen. Die Weibchen sind „Eierstreuer", d. h. die Eier werden an Stellen mit Raupennahrungspflanzen und geeigneten Habitatstrukturen fallen gelassen. Die Raupen leben an Gräsern, vorzugsweise (ausschließlich?) an Seggen-Arten (*Carex* spp.), z. B. Weiße Segge (*C. alba*), Blaugrüne Segge (*C. flacca*), Zittergras-Segge (*C. brizoides*), Berg-Segge (*C. montana*).

Gefährdung: Entstehen von Dunkelwaldstrukturen infolge Ausbleibens von habitatgenerierenden Holznutzungsformen wie Nieder- und Mittelwaldnutzung, schlagweiser Nutzung oder Femelschlag, Waldbeweidung.

Schutz: Erhaltung oder Etablierung von Holznutzungen und Austragsnutzung, die zur Bildung von lichten Waldstrukturen (Überschirmungsgrad 40–60 %) im nährstoffarmen Milieu führen, oder diese Nutzungsformen simulierende Pflegemaßnahmen.

Stefan Hafner

RL-D (2011): 2
Aktueller Bestand: s
Entwicklungstrend kurzfristig: ↓↓
Bestandstrend langfristig: <<
BNatSchG (2009): Streng geschützt
FFH-Richtlinie: Anhang IV

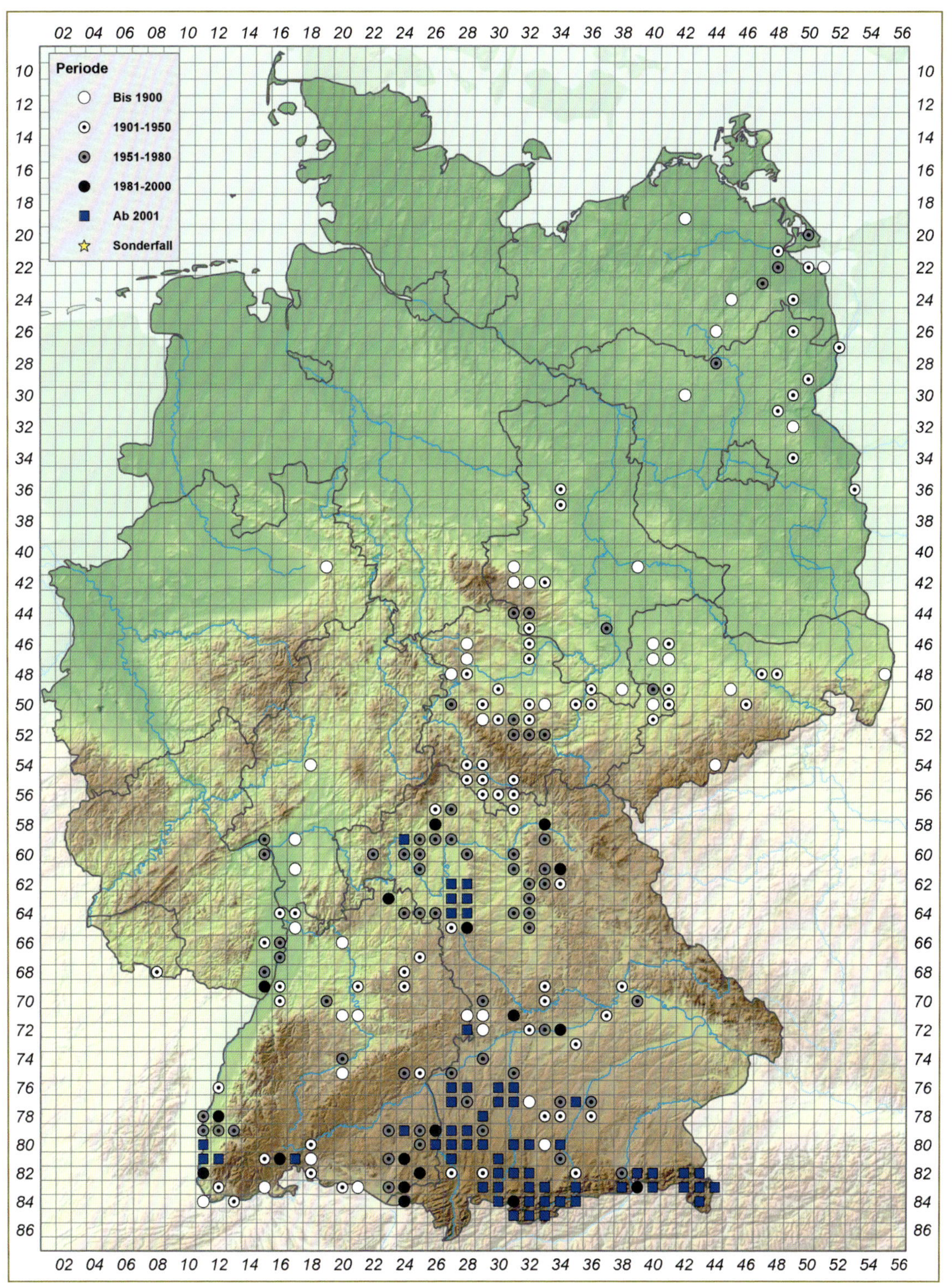
Periode
Bis 1900
1901-1950
1951-1980
1981-2000
Ab 2001
Sonderfall
02 04 06 08 10 12 14 16 18 20 22 24 26 28 30 32 34 36 38 40 42 44 46 48 50 52 54 56
10 12 14 16 18 20 22 24 26 28 30 32 34 36 38 40 42 44 46 48 50 52 54 56 58 60 62 64 66 68 70 72 74 76 78 80 82 84 86

Pararge aegeria: **a** Oberseite (Erk Dallmeyer) **b** Unterseite (Erk Dallmeyer) **c** Raupe (Erk Dallmeyer)

Pararge aegeria (Linnaeus, 1758) – Waldbrettspiel

Verbreitung & Vorkommen: Euro-orientalische Art, von Nordwest-Afrika über ganz Europa bis zum Südural, nördlich bis ins südliche Fennoskandien verbreitet. Auf Madeira eingebürgert. Nachweise aus allen BL und Nachbarstaaten. Kommt in Deutschland in der Unterart *tircis* Butler, 1867 vor. In waldarmen Naturräumen seltener.

Lebensraum: Gehölzbiotope aller Art. Besiedelt mit Gräsern durchsetzte Waldgesellschaften und Forste, auch in Feldgehölzen, Hecken und Streuobstwiesen, ebenso in Parks und in schattigen Bereichen von Hausgärten. Habitatpräferenz: WL, WS, WA, WF, WK, BM, BT, BS, BY.

Biologie & Ökologie: Falter fliegen in zwei Generationen von Ende März bis August. Regelmäßig auch in einer dritten Generation (September bis Oktober). Die Art kommt hauptsächlich in offenen, aber nur mäßig besonnten Waldbereichen vor. Wird nur selten beim Blütenbesuch beobachtet. Saugt vereinzelt an feuchten Erdstellen, Baumwunden oder reifen Früchten. Eiablage einzeln an Gräsern. Raupennahrung: verschiedene Süß- und Sauergräser, z. B. Wald-Segge (*Carex sylvatica*), Gewöhnliches Knaulgras (*Dactylis glomerata*), Rasen-Schmiele (*Deschampsia cespitosa*), Riesen-Schwingel (*Festuca gigantea*), Glatthafer (*Arrhenatherum elatius*), Wiesen-Rispengras (*Poa pratensis*). Ab Herbst überwintern die Puppen. Ebert (1959) und Bink (1992) weisen darauf hin, dass *P. aegeria* auch als Raupe überwintern kann.

Gefährdung: Die Art ist aktuell nicht gefährdet.

Schutz: Für die Art sind aktuell keine speziellen Schutzmaßnahmen notwendig.

Maximilian Olbrich & Gerd Kuna

RL-D (2011): *
Aktueller Bestand: sh
Entwicklungstrend kurzfristig: =
Bestandstrend langfristig: ↓

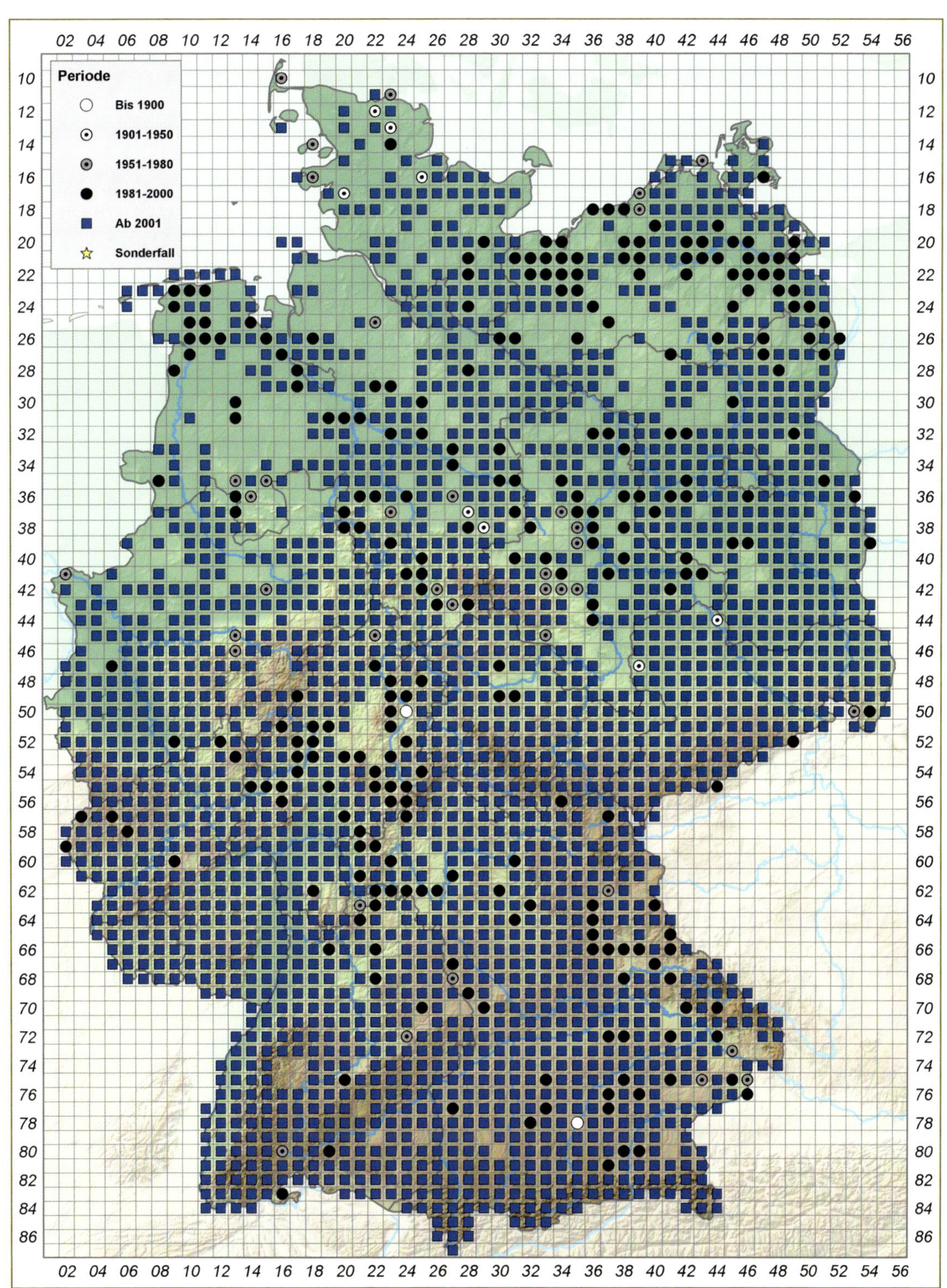
Periode
Bis 1900
1901-1950
1951-1980
1981-2000
Ab 2001
Sonderfall

Lasiommata maera:
a Oberseite Weibchen (Rainer Ulrich)
b Unterseite (Erk Dallmeyer)
c Raupe (Steffen Caspari)

Lasiommata maera (Linnaeus, 1758) – Braunauge

Verbreitung & Vorkommen: Euro-sibirische Art. Von Nordwest-Afrika und der Iberischen Halbinsel bis Westmongolei und Nordwest-China. In tieferen Lagen Europas stark fragmentiert. Fehlt nördlich des Polarkreises, im Südwesten der Iberischen Halbinsel, auf den Britischen Inseln, auf Korsika und Sardinien. Fehlend oder keine aktuellen Funde in SH, HH, MV. Die f. *adrasta* ist in Deutschland auf tiefere Lagen in SL, BW, RP und Süd-HE begrenzt. Aus allen Nachbarstaaten außer Dänemark gemeldet.

Lebensraum: Trockene Hänge mit freiliegenden Felsen oder Trockenmauern, Steinbrüche. Wälder: lichte Schneisen (vor allem Hang- und Schluchtwälder), Schlagfluren, luftfeuchte Säume in montanen Gebieten, Kiefernwäldern in Nordost-Deutschland. In Südwest-Deutschland zunehmend im Siedlungsgebiet. Die Raupe liebt es regengeschützt, daher sind vertikale Strukturen wie Felsen, Mauern, Wurzelteller etc. wichtig. Habitatpräferenz: A, OF, OT, OR, WK, BY.

Biologie & Ökologie: Einbrütig von Juni bis Juli. Gebietsweise zweibrütig von Mai bis Mitte Juli und Mitte Juli bis Mitte Oktober. Die Eier werden einzeln und regengeschützt an Grasblättern abgelegt. Als Raupennahrungspflanzen dient ein breites Spektrum von Süßgräsern. Die halb erwachsene Raupe überwintert in der Bodenstreu. Die Stürzpuppe findet man an regengeschützten Steinen, Felsen, Wänden und ähnlichem.

Gefährdung: Die ehemals auf Schlagfluren in lichten und trockenen Wäldern verbreitete Art leidet unter der veränderten Waldnutzung und ist regional stark rückläufig. Durch Intensivierung der Landwirtschaft und Nutzungsaufgabe an Grenzertragsstandorten gehen Lebensräume und deren Vernetzung verloren.

Schutz: Erhalten trockener Hangflächen und Steinbrüche mit entsprechendem Störregime und offenem Fels oder Trockenmauern, Förderung der Lebensräume in Naturgärten und Siedlungen in Südwest-Deutschland.

Ronny Strätling

RL-D (2011): V
Aktueller Bestand: h
Entwicklungstrend kurzfristig: ↓ ↓ ↓
Bestandstrend langfristig: <<

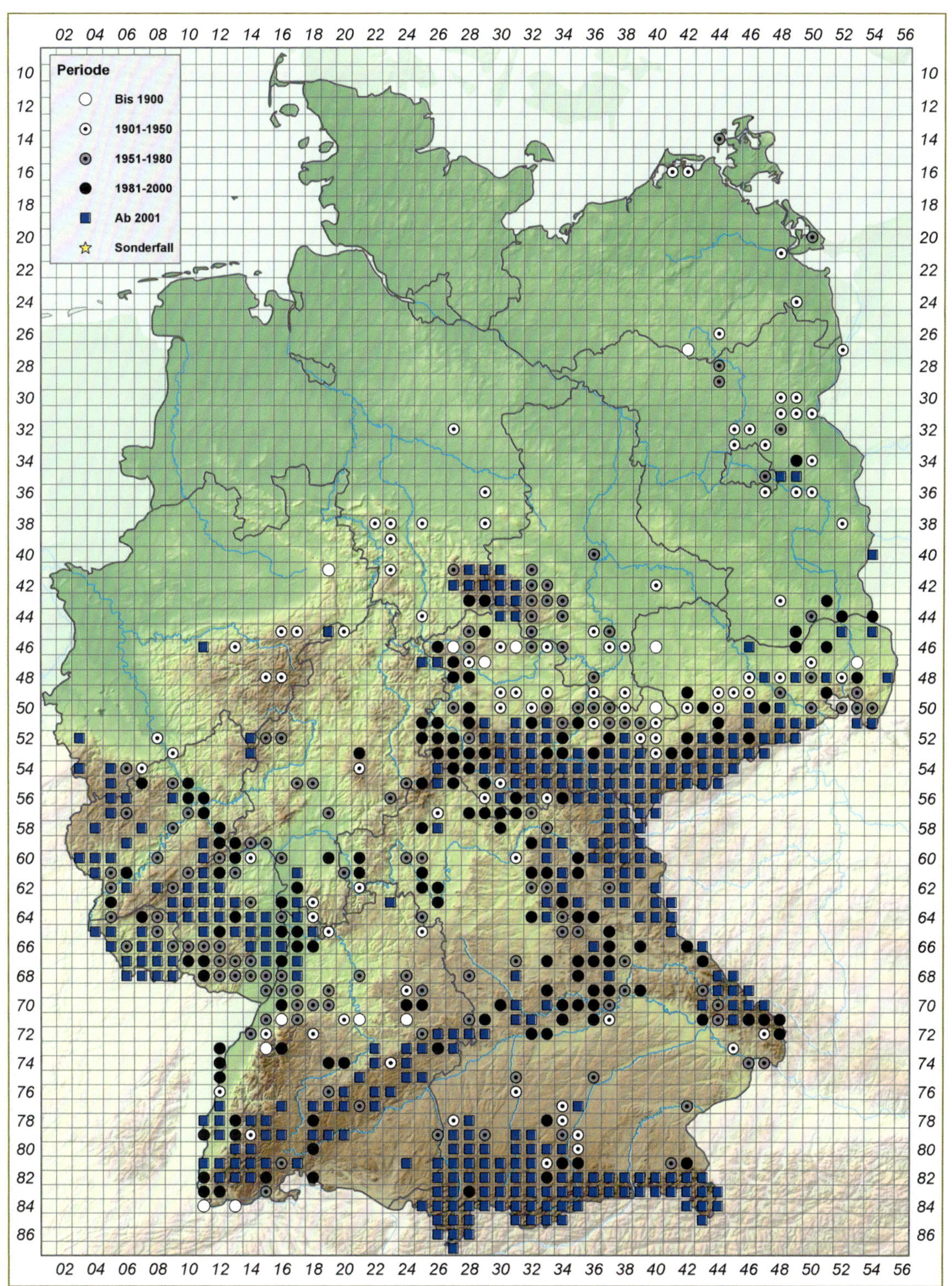
Periode
Bis 1900
1901-1950
1951-1980
1981-2000
Ab 2001
Sonderfall

Lasiommata petropolitana:
a Oberseite (Michael Zepf)
b Unterseite (Michael Zepf)

Lasiommata petropolitana (Fabricius, 1787) – Braunscheckauge

Verbreitung & Vorkommen: Euro-sibirisch, europäische Hochgebirge (Pyrenäen, Alpen, Karpaten, Balkan), Fennoskandinavien, Baltikum, Nordtürkei, Nordsibirien bis zum Amur. In Deutschland aktuell nur in BY (Nördliche Kalkhochalpen, Schwäbisch-Oberbayerische Voralpen). Historisch im Südschwarzwald (BW). Nachbarstaaten: in der Schweiz, Österreich, Frankreich, Polen, Dänemark, verschollen in Tschechien.

Lebensraum: Art trockener, vegetationsarmer Lebensräume (Felsen, Schuttrinnen, Wegböschungen, felsige Magerrasen, aufgelichtete Wälder). Nachweise aus den Bayerischen Alpen zwischen 800 (extr. 500) und 1700 (extr. 2300) m über NN. Oft syntop mit *L. maera* (siehe vorherige Art). Habitatpräferenz: A.

Biologie & Ökologie: Eine Generation. Flugzeit von Mai (selten ab April) bis Juni (selten bis August). Phänologisch deutliche Trennung von der syntopen *L. maera*. Die Falter besuchen häufig Nektarpflanzen (Alpen-Steinquendel [*Acinos alpinus*], Thymian [*Thymus* spp.], Herzblättrige Kugelblume [*Globularia cordifolia*], Hainsalat [*Aposeris foetida*], Mehl-Primel [*Primula farinosa*]). Einjährige Entwicklung der Raupe mit Überwinterung nach der letzten Häutung. Raupennahrungspflanzen sind verschiedene Gräser. Puppen bis in 2 m Höhe in Nischen an Felswänden.

Gefährdung: Keine unmittelbare Gefährdung der inneralpinen Populationen. Die wenigen Vorkommen im Alpenvorland sind jedoch durch Nutzungsaufgabe und Sukzession fast erloschen.

Schutz: Inneralpin keine besonderen Schutzmaßnahmen. Im Alpenvorland Schutzmaßnahmen, wie die Freistellung verbuschter Felshänge.

Herbert Stadelmann & Alfred Karle-Fendt

RL-D (2011): 3
Aktueller Bestand: ss
Entwicklungstrend kurzfristig: =
Bestandstrend langfristig: <
BArtSchV (2005): besonders geschützt

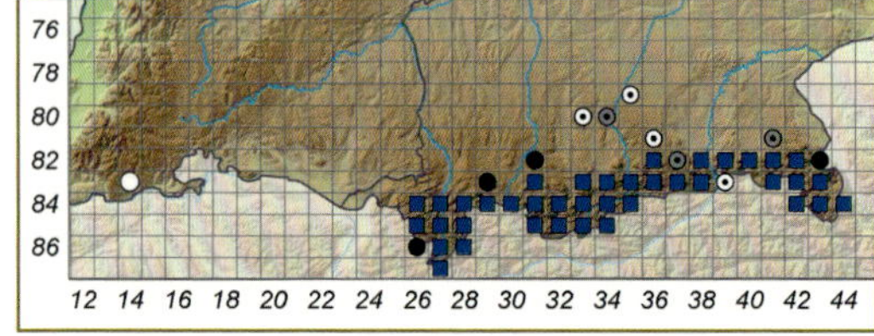

Das Schachbrett (*Melanargia galathea*) besiedelt magere und blumenreiche Wiesen und bildet nur eine Generation aus. Die Weibchen lassen ihre Eier während des Fluges ins Gras fallen. (Foto: Andreas Kolossa)

Lasiommata megera: **a** Oberseite (Michael Zepf) **b** Unterseite (Erk Dallmeyer) **c** Raupe (Martin Wiemers) **d** Eier (Rolf Reinhardt)

Lasiommata megera (Linnaeus, 1767) – Mauerfuchs

Verbreitung & Vorkommen: Euro-orientalische Art. Mediterran-temperates Europa, Nordafrika, Südwest-Asien. Auf allen großen Mittelmeerinseln bis auf Korsika und Sardinien, wo sie von der nahe verwandten *L. paramegaera* (Hübner, 1824) vertreten wird. In Deutschland weit verbreitet, mit Verbreitungslücken südlich der Donau. In allen Nachbarstaaten.

Lebensraum: Eiablage- und Larvalhabitat sind vertikale Strukturen, die besonnt sind und Regenschutz bieten: steile Böschungen, Felsen, Lösswände, große Steine, Holzstapel, Mauern, Gabionen, Treppen, Ruhebänke, Häuser oder Baumstämme. Die Nektaraufnahme erfolgt in geeigneten Biotopen der Umgebung. Im Gebirge bis ca. 1000 m über NN. Habitatpräferenz: OT, OF, BS, BY, WY.

Biologie & Ökologie: In zwei bis drei Generationen von Mitte April bis Oktober. Die Eiablage erfolgt an Blättern und Halmen von Grasarten (Poaceae). Die Artzugehörigkeit spielt keine Rolle; häufiger notiert wurden Rotes Straußgras (*Agrostis capillaris*), Rot-Schwingel (*Festuca rubra*), Ausdauernder Lolch (*Lolium perenne*) und Fieder-Zwenke (*Brachypodium pinnatum*). Die halb erwachsene Raupe überwintert, die Verpuppung erfolgt an der Vertikalstruktur. Die Falter saugen an violetten, seltener gelben Blüten; wichtig sind Wiesen-Witwenblume (*Knautia arvensis*), Rot-Klee (*Trifolium pratense*) und Wiesen-Flockenblume (*Centaurea jacea* agg.). Der Mauerfuchs neigt zu stärkeren Bestandsschwankungen.

Gefährdung: Fast überall ungefährdet, auch innerorts häufig, aber im Norden stark zurückgegangen. Das in Mode gekommene Mähen mit Motorsensen vernichtet Larvalhabitate mitsamt Eiern und Raupen.

Schutz: Belassen bzw. Fördern von Eiablagestrukturen; Zurückhaltung beim Pestizideinsatz; Schaffung von Störstellen. Erhaltung von Trockenmauern.

Steffen Caspari

RL-D (2011): *
Aktueller Bestand: sh
Entwicklungstrend kurzfristig: ↓↓
Bestandstrend langfristig: <

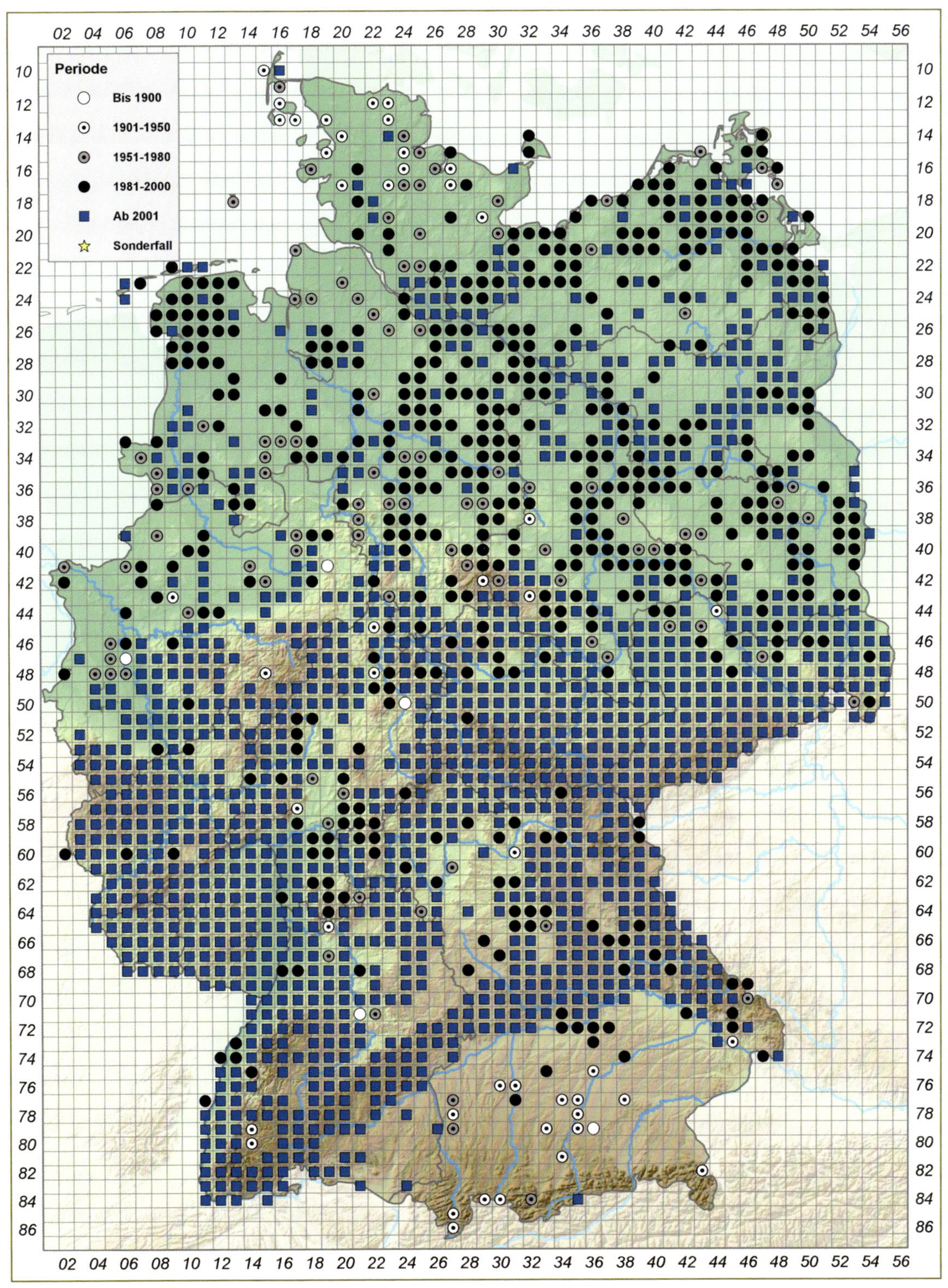
Periode
Bis 1900
1901-1950
1951-1980
1981-2000
Ab 2001
Sonderfall

Melanargia galathea: **a** Oberseite (Erk Dallmeyer) **b** Unterseite (Erk Dallmeyer) **c** Raupe (Martin Albrecht)

Melanargia galathea (Linnaeus, 1758) – Schachbrettfalter

Verbreitung und Vorkommen: Westpaläarktisch. Vom nördlichsten Spanien, Frankreich und England durch ganz Mittel- und Südeuropa bis zum Südural und über den Süden des Schwarzen Meeres bis Nordwest-Iran. In Deutschland wird die Art nach Nordwesten hin seltener und fehlt in Teilen von NI und NW. In SH kommt sie nur im Südosten vor. Das Schachbrett ist in allen Nachbarstaaten Deutschlands nachgewiesen, in Dänemark und Schweden aber nur in randlichen Inselpopulationen.

Lebensraum: Die Art ist ein typischer Vertreter des strukturierten Offenlandes und tritt häufig auf mageren und blumenreichen Wiesen, Weiden und jungen Brachen auf. Die Häufigkeit nimmt in feuchten Habitaten ab. Blumenarme Bereiche mit Intensivlandwirtschaft werden gemieden. Habitatpräferenz: OT.

Biologie & Ökologie: Der Schlupf der einzigen Generation beginnt meist in der zweiten Junihälfte, in Wärmegebieten und in günstigen Jahren schon ab Ende Mai. Der Flugzeithöhepunkt fällt in den Juli, im August gehen die Individuenzahlen schnell zurück. Die Falter sind häufig beim Blütenbesuch anzutreffen und nutzen ein breites Spektrum mit Bevorzugung von Blüten violetter Färbung, vor allem Korbblütler (z. B. *Centaurea*) und Kardengewächse (z. B. *Scabiosa*, *Knautia*). Da die Eier kein Klebesekret besitzen, werden sie von sitzenden Weibchen oder sogar im Flug meist einzeln fallen gelassen. Die Raupe überwintert und ist vor allem in den späten Stadien ausschließlich nachtaktiv. Raupennahrung: Süßgräser zahlreicher Gattungen (z. B. *Bromus*, *Festuca*, *Brachypodium*, *Poa*, *Dactylis*, *Molinia*, *Holcus*), ausnahmsweise auch Sauergräser. Verpuppung in einem einfachen Gespinst in Bodennähe, meist in oder an Grasbüscheln.

Gefährdung: Die Art ist aktuell nicht gefährdet.

Schutz: Für die Art sind aktuell keine speziellen Schutzmaßnahmen notwendig.

Thomas Schmitt

RL-D (2011): *
Aktueller Bestand: sh
Entwicklungstrend kurzfristig: =
Bestandstrend langfristig: >

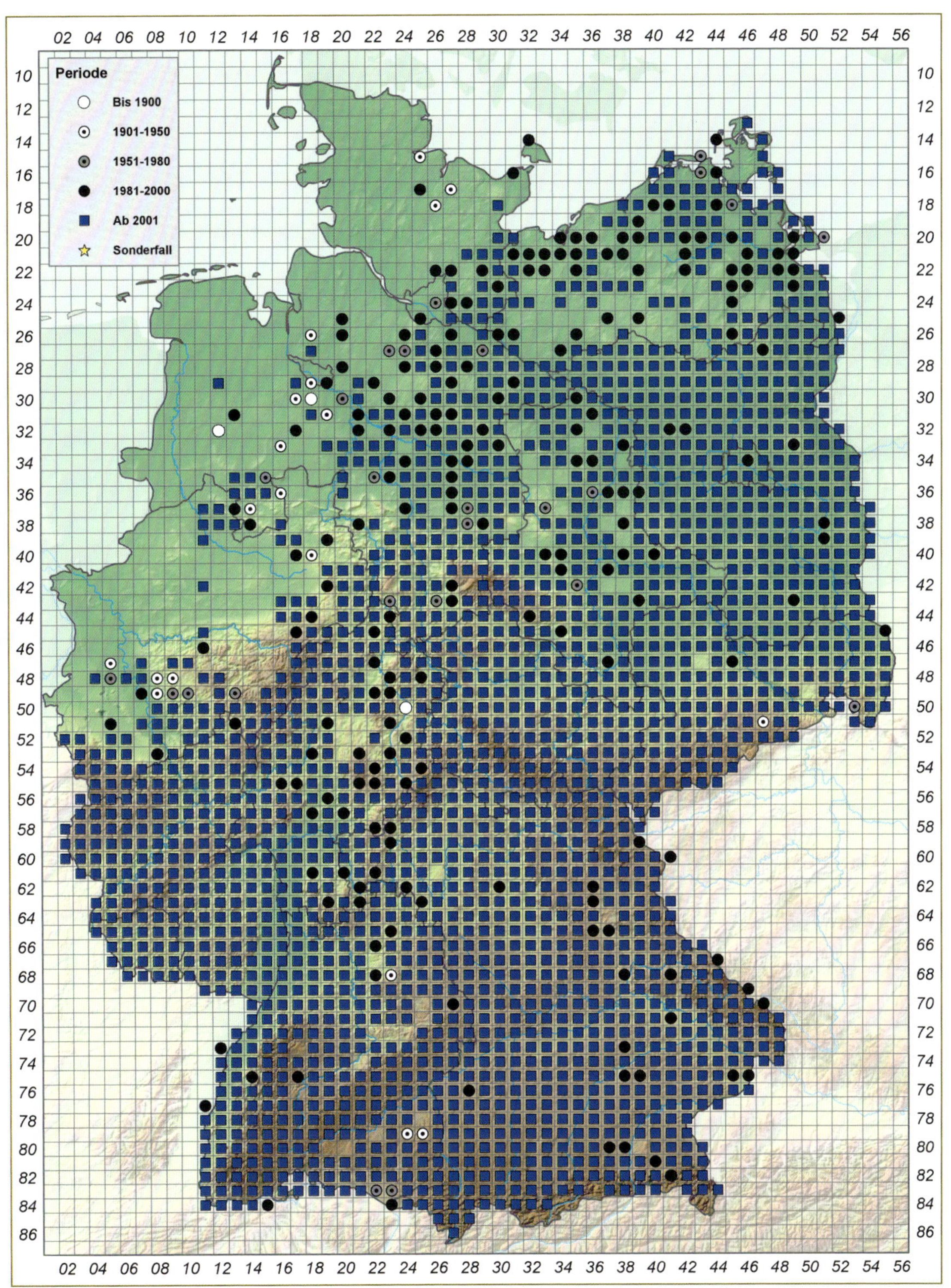
Periode
Bis 1900
1901-1950
1951-1980
1981-2000
Ab 2001
Sonderfall

Hipparchia statilinus:
a Unterseite (Erk Dallmeyer)
b Unterseite, Kopula (Mario Trampenau)

Hipparchia statilinus (Hufnagel, 1766) – Eisenfarbener Samtfalter

Verbreitung & Vorkommen: Euro-mediterrane Art. Den nördlichen Arealrand bildet die Ostseeküste. Nach Süden erstreckt sich das Areal bis Nordwest-Afrika und über die nördliche Mittelmeerküste östlich bis nach Vorderasien und Südrussland. Die Art meidet höhere Gebirgslagen. In Deutschland wird die Norddeutsche Tiefebene besiedelt. Der Verbreitungsschwerpunkt liegt in Süd-BB und der nördlichen Oberlausitz (SN), aktuelle Nachweise auch in NI, ST, MV. Keine Nachweise aus BY, BW, SL, RP, HE, TH. Nachbarstaaten: fehlend in Dänemark, Luxemburg, verschollen in Belgien, Tschechien.

Lebensraum: Offene, extrem nährstoffarme und grundwasserferne Standorte, meist auf Sandböden (Binnendünen, Sandgruben, Rohbodenflächen der Bergbaufolgelandschaft, Trassen mit Störstellen). Notwendig sind neben Beständen der Nahrungspflanzen offene Sandstellen (Kühne & Gelbrecht 1997). Habitatpräferenz: OT, OF.

Biologie & Ökologie: Die Falter fliegen in einer Generation von Ende Juli bis Anfang Oktober. Die Männchen zeigen ein typisches Revierverhalten. Die Eier werden in der Nähe der Raupennahrungspflanzen abgelegt. Die Raupen fressen nachts an Silbergras (*Corynephorus canescens*), seltener an Sand-Reitgras (*Calamagrostis epigejos*) und Schaf-Schwingel (*Festuca ovina* agg.) und überwintern (Kurze & Dziock 2017).

Gefährdung: Eutrophierung und Sukzession der Habitate. Bei der Entbuschung von Leitungstrassen ist unbedingt die Biomasse zu entfernen (kein Schreddern oder Mulchen).

Schutz: Offenhaltung von Habitaten, Schaffen von Störstellen mit Rohböden (Sand).

Thomas Sobczyk

RL-D (2011): 1
Aktueller Bestand: es
Entwicklungstrend kurzfristig: (↓)
Bestandstrend langfristig: <<
BArtSchV (2005): streng geschützt

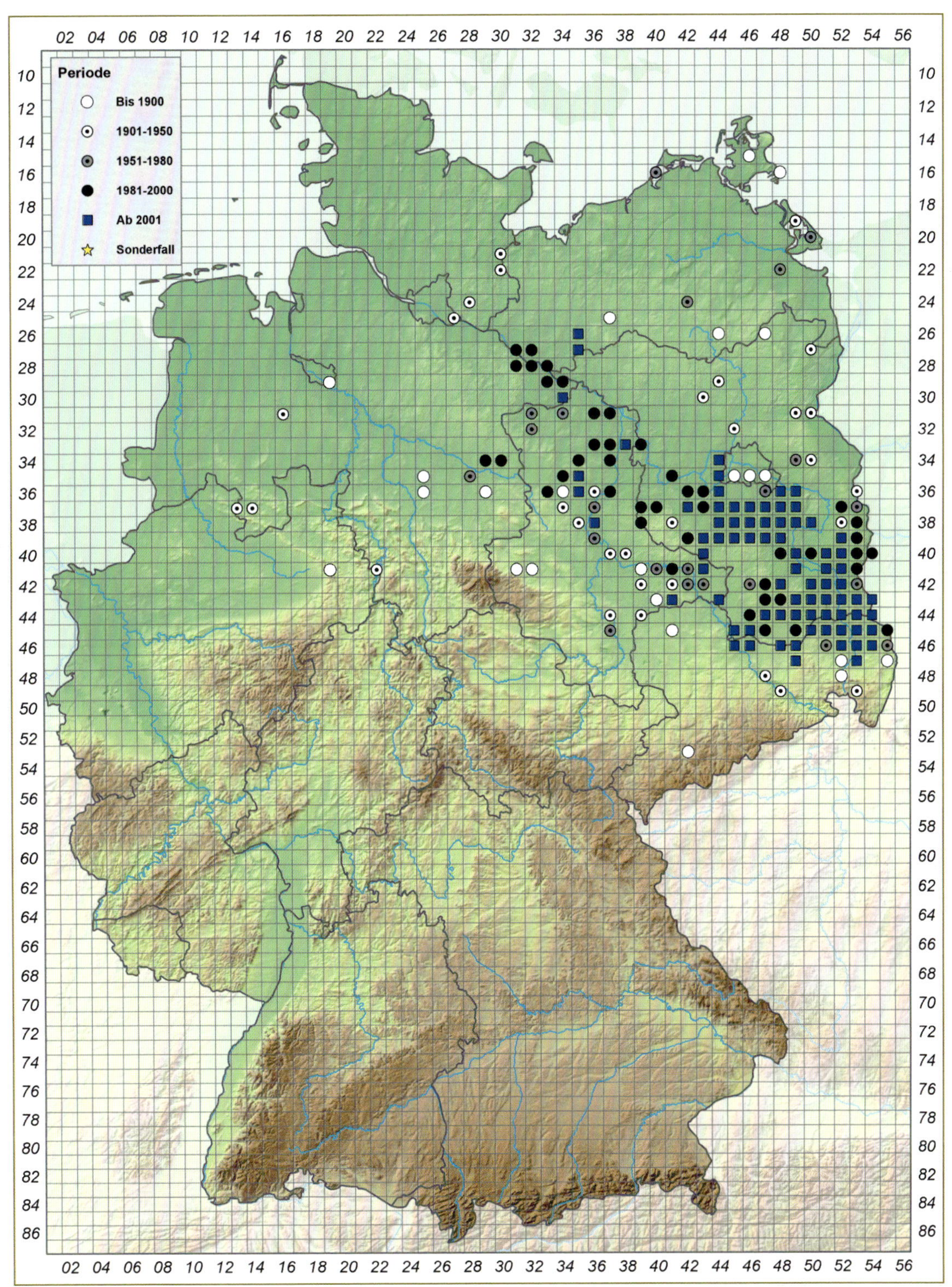
Periode
Bis 1900
1901-1950
1951-1980
1981-2000
Ab 2001
Sonderfall

Hipparchia hermione:
a Unterseite Männchen und Oberseite Weibchen (Detlef Kolligs)
b Unterseite (Erk Dallmeyer)

Hipparchia hermione (Linnaeus, 1764) – Kleiner Waldportier (syn.: *H. alcyone*)

Verbreitung & Vorkommen: Euro-mediterrane Art. In Europa von der Iberischen Halbinsel durch Mitteleuropa bis zur Ukraine, nördlich bis Südnorwegen in isolierten Vorkommen, im Süden in der ssp. *genava* (Fruhstorfer, 1908) (von der Schweiz bis Süditalien). In Deutschland aktuell nur noch in der Norddeutschen Tiefebene, mit größeren Vorkommen vor allem in Heidegebieten in der Niederlausitz (Kwast & Sobczyk 2000) und der Lüneburger Heide. Keine Nachweise aus HE, TH, HB, alte Einzelfunde in NW, BW, SL. Nachbarstaaten: in Polen, Tschechien, der Schweiz, Österreich, Frankreich.

Lebensraum: Stenotope Charakterart der sandigen und trockenwarmen Kiefernwälder, die in Verbindung mit Sandmagerrasen und Heideflächen stehen. Auch auf Stromtrassen und in Sandgruben.

Biologie & Ökologie: Bildet eine Generation im Jahr. Die Falter fliegen von Mitte Juli bis Mitte August. Sie saugen gern an blauen und violetten Blüten. Zum Sonnen sitzen sie an Stämmen oder auf freien Sandstellen. Die Raupen leben an Schwingel-Arten (*Festuca* spp.) und sind nachtaktiv. Nach der Überwinterung und weiterer Nahrungsaufnahme verpuppen sie sich in der Erde.

Gefährdung: Sukzession und Eutrophierung.

Schutz: Erhalt der bekannten Lebensräume mit einem ausreichenden Angebot an Blütenpflanzen zur Flugzeit, insbesondere Sand-Thymian (*Thymus serpyllum*) und Heidekraut (*Calluna vulgaris*).

Thomas Sobczyk

RL-D (2011): 2
Aktueller Bestand: ss
Entwicklungstrend kurzfristig: (↓)
Bestandstrend langfristig: <<
BArtSchV (2005): streng geschützt

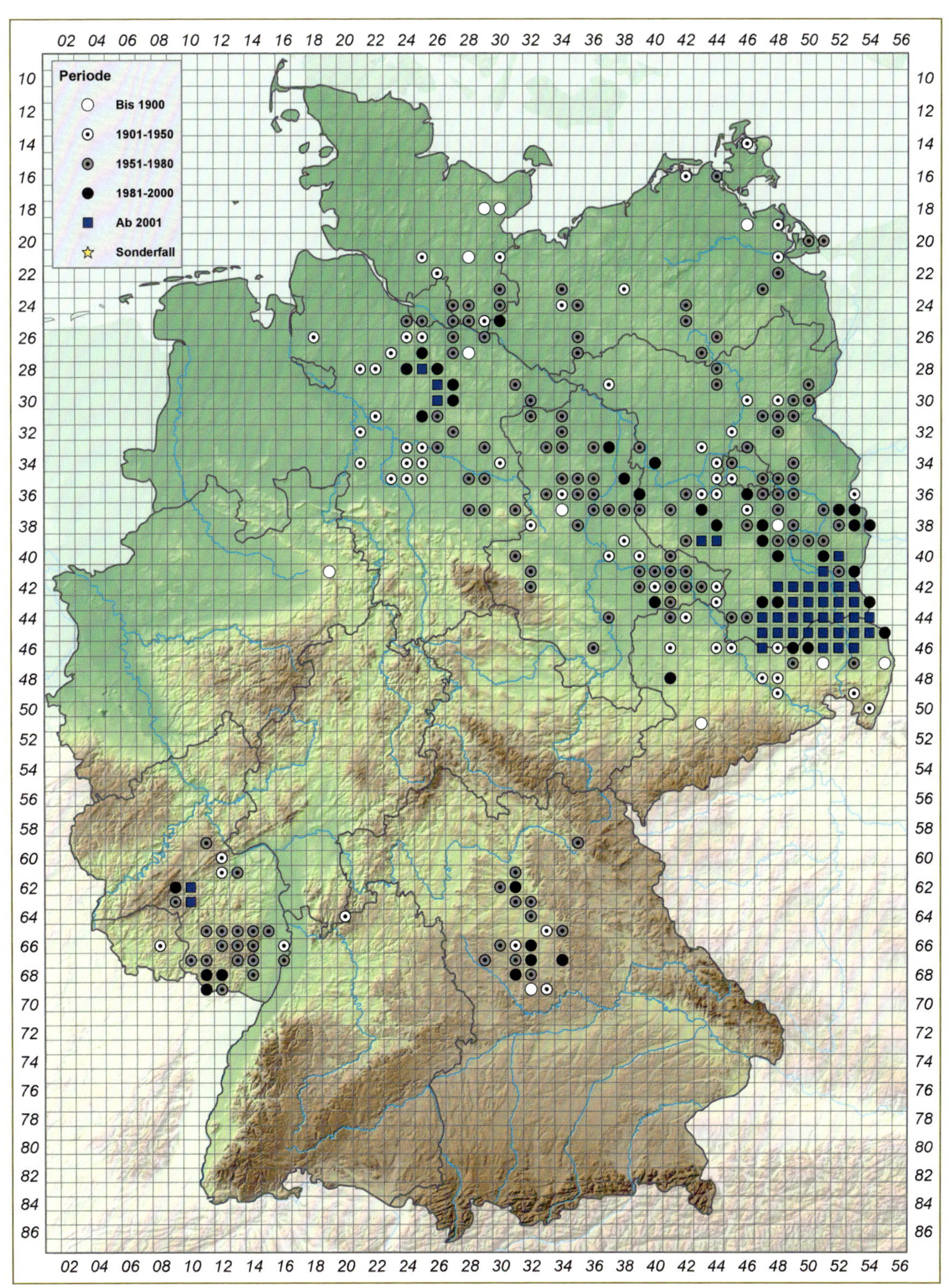
Periode
Bis 1900
1901-1950
1951-1980
1981-2000
Ab 2001
Sonderfall

Hipparchia fagi: Unterseite (Martin Albrecht)

Hipparchia fagi (Scopoli, 1763) – Großer Waldportier

Verbreitung & Vorkommen: Euro-mediterrane Art. Von Westeuropa (Pyrenäen und Südwest-Frankreich) ostwärts bis Südrussland. Im Norden (historisch) bis Süd-TH, im Süden bis Italien (Sizilien) und zur Balkanhalbinsel. Heutige Vorkommen in Deutschland auf BW (Kaiserstuhl) und SL (Mosel, Einzelfunde) beschränkt. Historisch in BW weiter verbreitet (Bodenseegebiet, Württemberg, nördlicher Oberrhein). Ältere bis weit zurückliegende Nachweise auch aus RP (Mittelrhein), Süd- und Mittel-HE, Nord-BY (Unterfranken). Nachbarstaaten: in Frankreich, der Schweiz, Österreich, Tschechien; aus Luxemburg und Belgien nur alte Angaben.

Lebensraum: Hauptvorkommen am Kaiserstuhl in steilen, süd- bis südwestexponierten Rebböschungen. Larvalhabitat in Halb- und Volltrockenrasen sowie halbruderalen Grasfluren mit geringer vertikaler wie horizontaler Krautschichtdeckung und hohem Anteil offenen Bodens (Möllenbeck et al. 2009). Auch in lückigen Weiden (Ziegen) trockenheißer Standorte. Habitatpräferenz: OT, WY.

Biologie & Ökologie: Falter in einer Generation von Juni bis September. Larvalentwicklung am Kaiserstuhl fast ausschließlich in stark besonnten, lückig stehenden, kräftigen, streureichen Horsten der Aufrechten Trespe (*Bromus erectus*). Blütenbesuch selten. Falter ruhen an offenen Bodenstellen, Steinen, Baumstämmen, Zaunpfählen etc. Männchen mit Ansitz- und Territorialverhalten oder patrouillierend am Waldrand. Eier werden an Stellen mit größtmöglicher Besonnung angeheftet (Wirtspflanze oder trockenes Umgebungssubstrat). Überwinterung als Jungraupe, ältere Larvalstadien nachtaktiv.

Gefährdung: Verbuschung, Bewaldung oder Aufforstung offener Rebböschungen, Aufgabe habitatprägender Nutzungen, wie Niederwald, Mittelwald, Streunutzung im Wald, Beweidung trockener Grenzertragsstandorte.

Schutz: Rodung/nachhaltige Beseitigung von Bäumen und Gebüschen auf zuwachsenden oder bereits zugewachsenen Rebböschungen, Wiederaufnahme von Nieder- und Mittelwaldnutzung, Beweidung wärmebegünstigter Trockenstandorte. Verwendung wasserdurchlässiger Substrate bei Neuanlage von Südböschungen unter Verzicht auf künstliche Begrünung.

Gabriel Hermann

RL-D (2011): 2
Aktueller Bestand: es
Entwicklungstrend kurzfristig: =
Bestandstrend langfristig: <<
BArtSchV (2005): streng geschützt

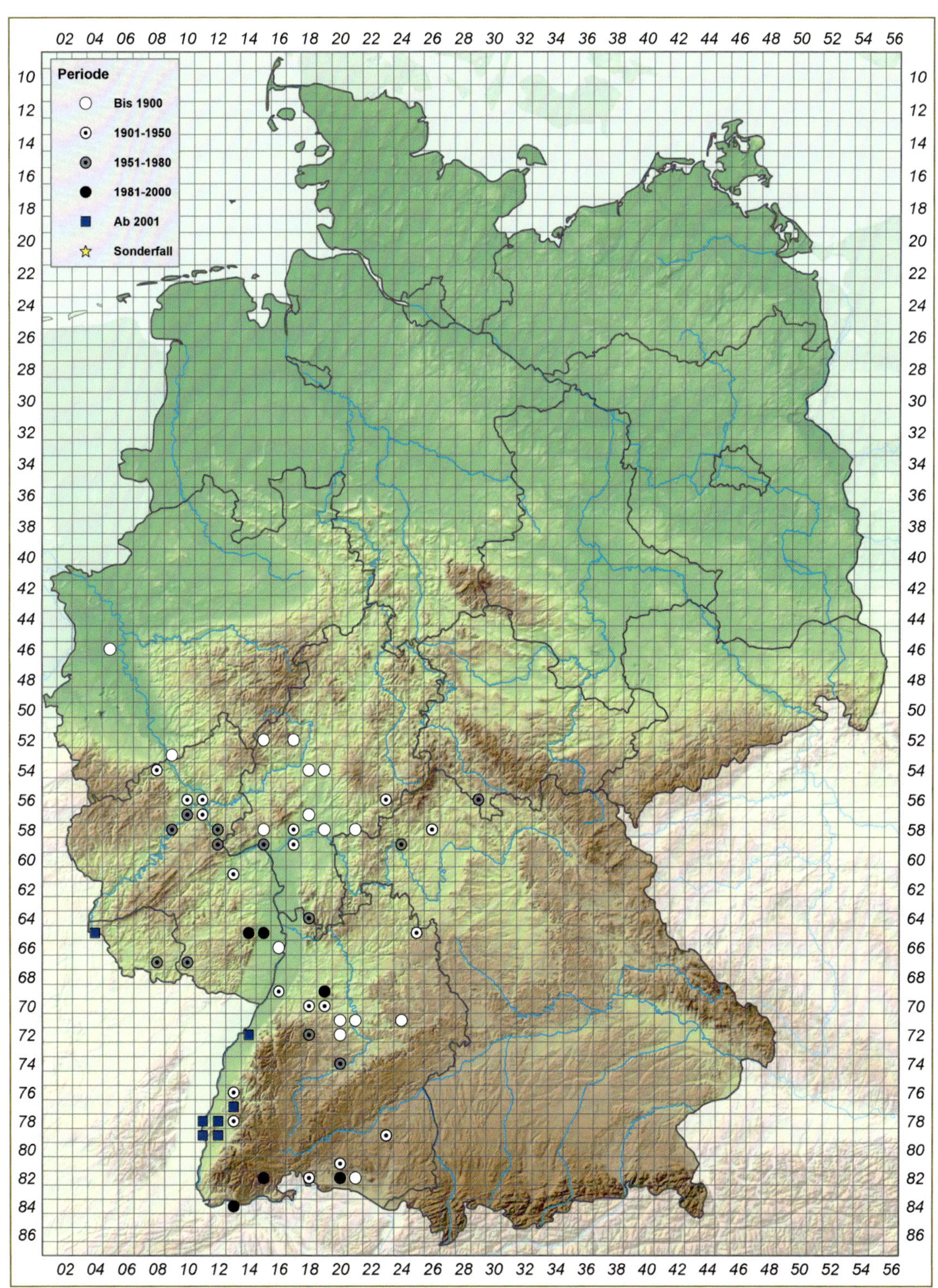
Periode
Bis 1900
1901-1950
1951-1980
1981-2000
Ab 2001
Sonderfall

Hipparchia semele:
a Unterseite (Ingo Seidel)
b Unterseite (Frank Clemens)

Hipparchia semele (Linnaeus, 1758) – Ockerbindiger Samtfalter

Verbreitung & Vorkommen: Euro-mediterrane Art. Von den Britischen Inseln und Portugal durch Mittel- und Südeuropa, östlich bis Südrussland. In Deutschland aktuell vor allem in der Nordostdeutschen Tiefebene in Heide- und Dünengebieten vorkommend. In Mittel- und Süddeutschland an vielen ehemaligen Fundorten mittlerweile nicht mehr anzutreffen. In allen BL und Nachbarstaaten vorkommend.

Lebensraum: Die Art ist xerothermophil. Lebensräume sind Trocken- und Halbtrockenrasen, Zwergstrauchheiden und Kiefernwälder mit Schneisen, Lichtungen und Dünen. Meist auf Sandböden, seltener auf felsigem Untergrund, auch auf Rekultivierungsflächen des Braunkohletagebaus. In NW auch auf Schwermetallrasen. Habitatpräferenz: OT, OH, WK.

Biologie & Ökologie: Die Art fliegt in einer Generation von Juni bis September. Die Falter sitzen gern auf dem Boden, auch an Stämmen. Die Eier werden in der Nähe der Nahrungspflanzen an trockene Pflanzenteile abgelegt. Die Raupen fressen nachts an Schwingel-Arten (*Festuca* spp.), Silbergras (*Corynephorus canescens*) und weiteren Süßgräsern und überwintern. In norddeutschen Küstendünen auch an Strandhafer (*Ammophila arenaria*). Nach Hauptfraß im Frühjahr erfolgt die Verpuppung in einem Kokon in der Erde (Leopold 2007).

Gefährdung: Eutrophierung der Lebensräume und Sukzession.

Schutz: Offenhaltung der Lebensräume. In Süddeutschland Aufhebung der Wald-Weide-Trennung und Wiederherstellung lichter Kiefernforste mit angrenzenden Mesobrometen. Schaffung von Rohbodenstellen durch Beweidung.

Thomas Sobczyk

RL-D (2011): 3
Aktueller Bestand: mh
Entwicklungstrend kurzfristig: ↓↓
Bestandstrend langfristig: <<

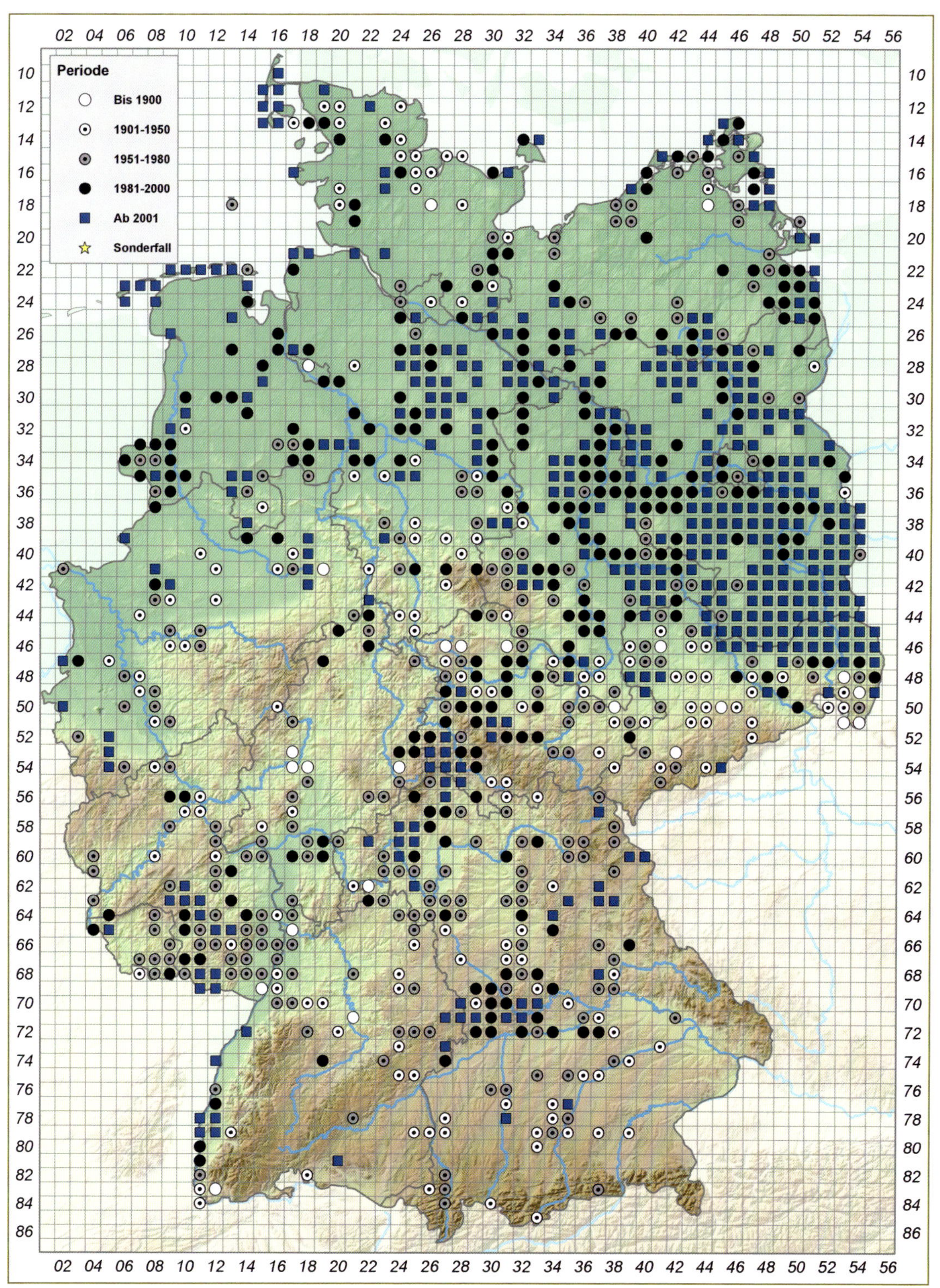
Periode
Bis 1900
1901-1950
1951-1980
1981-2000
Ab 2001
Sonderfall

Minois dryas: **a** Oberseite (Erk Dallmeyer) **b** Unterseite Kopula (Markus Bräu) **c** Raupe (Martin Albrecht)

Minois dryas (SCOPOLI, 1763) – Blaukernauge

Verbreitung & Vorkommen: Euro-sibirische Art. Von Nordspanien durch West- und Mitteleuropa, ostwärts durch die gemäßigte Zone Asiens bis Japan. In Deutschland historisch weit verbreitet, nur in der nordwestlichen Hälfte weitgehend fehlend. Zwei größere, noch zusammenhängende Areale am südlichen Oberrhein/Kaiserstuhl (BW) und im Bayerischen und Württembergischen Alpenvorland. Kleinere Verbreitungsgebiete oder Reliktvorkommen an Donau, Lech, Isar und im südlichen Steigerwald (BY), am westlichen Bodensee (Mindelsee, BW), im Kyffhäuser (TH) und im Nordosten (MV) bei Stettin. Erloschen in RP, HE, SN, ST, NI und BB. Nachbarstaaten: fehlt in den Niederlanden, Belgien und in Dänemark.

Lebensraum: Pfeifengraswiesen und Kleinseggenriede in Nieder- und Zwischenmooren (Alpenvorland), Lichtungen mit grasiger Bodenvegetation (südlicher Steigerwald, südlicher Oberrhein), höherwüchsige Trocken- und Halbtrockenrasen (Kaiserstuhl, Kyffhäuser). Habitatpräferenz: OT, OW, MH, MN, WY.

Biologie & Ökologie: Falter in einer Generation mit Hauptflugzeit im letzten Juli- bis ersten Augustdrittel. Häufiger Blütenbesuch. Lokal hohe Siedlungsdichten. Eiablage in mageren höherwüchsigen Grasbeständen. Eier werden fallengelassen. Nachgewiesene Raupennahrungspflanzen sind unter anderem Pfeifengras (*Molinia* spp.), Berg-Reitgras (*Calamagrostis varia*), Hirse-Segge (*Carex panicea*) und Weiße Segge (*C. alba*). Überwinterung als Jungraupe.

Gefährdung: Wegfall habitatprägender Nutzung/Pflege, insbesondere Aufgabe von Streumahd, Mittelwaldwirtschaft sowie düngungsfreier Mahd oder Beweidung auf trockenen Grenzertragsstandorten mit nachfolgendem Habitatverlust (Verbuschung, Bewaldung, Aufforstung).

Schutz: Fortführung/Wiederaufnahme von Streumahd und Mittelwaldnutzung, Beseitigung von Sukzessionsgehölzen auf Feucht- und Trockenstandorten geringer Produktivität, Förderung extensiver Beweidung oder Mahd (Moore, Trockenhänge, Rebböschungen).

GABRIEL HERMANN

RL-D (2011): 2
Aktueller Bestand: s
Entwicklungstrend kurzfristig: (↓)
Bestandstrend langfristig: <<
BArtSchV (2005): besonders geschützt

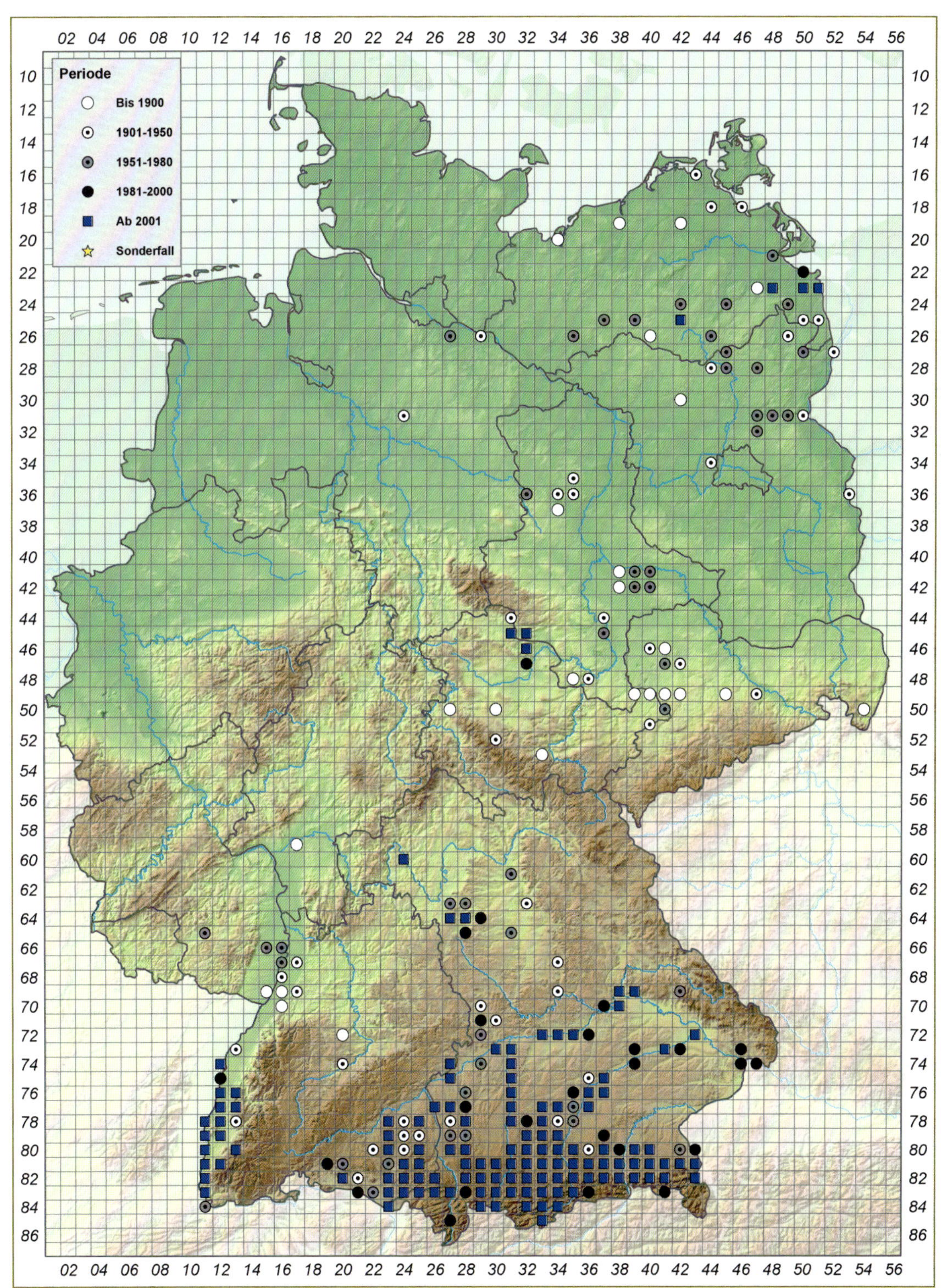
Periode
Bis 1900
1901-1950
1951-1980
1981-2000
Ab 2001
Sonderfall

Brintesia circe:
a Unterseite (Thomas Netter)
b Oberseite (Michael Zepf)
c Raupe (Martin Wiemers)

Brintesia circe (Fabricius, 1775) – Weißer Waldportier

Verbreitung & Vorkommen: Euro-orientalische Art. Iberische Halbinsel, Süd- und Mitteleuropa bis Vorderasien. Nördliche Arealgrenze in Mitteldeutschland mit rezenten Tendenzen zur Arealerweiterung in den größeren Verbreitungsgebieten in Südbaden (südlicher Oberrhein, Kaiserstuhl, südlicher Schwarzwald), Saar-Nahe-Bergland, Pfälzerwald, Südhessen, südlicher Frankenalb und Oberpfalz. Isolierte Vorkommen unter anderem im mittleren Württemberg (Spitzberg bei Tübingen), in Nordwest- und Südbayern sowie BB. Im SL vorkommend, aber noch nicht etabliert. Frühere Vorkommen in NW, ST, SN. Nachbarstaaten: in Frankreich, der Schweiz, Österreich, Tschechien.

Lebensraum: Warm-trockene, meist höherwüchsige Magergrasfluren in sonniger Hanglage (Trocken- und Halbtrockenrasen, bodensaure Magerrasen), in offenen Wäldern (Kahlschläge, geröll- und felsdurchsetzte Steppenheiden), auf militärischen Übungsplätzen und in ehemaligen Abbaugebieten. Habitatpräferenz: OT, WY, OR.

Biologie & Ökologie: Langgestreckte Generation von Juni bis September. Raupen an gut besonnten, gering bis mäßig produktiven Süßgräsern, wie Schaf-Schwingel (*Festuca ovina* agg.), Horst-Schwingel (*F. nigrescens*) oder Aufrechter Trespe (*Bromus erectus*). Blütenbesuch selten, z. B. an Flockenblumen (*Centaurea* spp.). Falter saugen auch an Stammausflüssen, Kot und Schweiß. Eier werden fallengelassen („Eierstreuer“). Überwinterung als Jungraupe.

Gefährdung: Verbuschung, Bewaldung, Aufforstung offener Grenzertragsstandorte, Aufgabe habitatprägender Nutzungen (Beweidung, Niederwald, Mittelwald).

Schutz: Öffnung zugewachsener Trockenstandorte, Fortführung oder Wiederaufnahme extensiver Beweidung, Kahlschlag, Nieder- und Mittelwald auf Sand, Kies, Kalk oder Silikat.

Gabriel Hermann

RL-D (2011): 3
Aktueller Bestand: ss
Entwicklungstrend kurzfristig: =
Bestandstrend langfristig: <
BArtSchV (2005): besonders geschützt

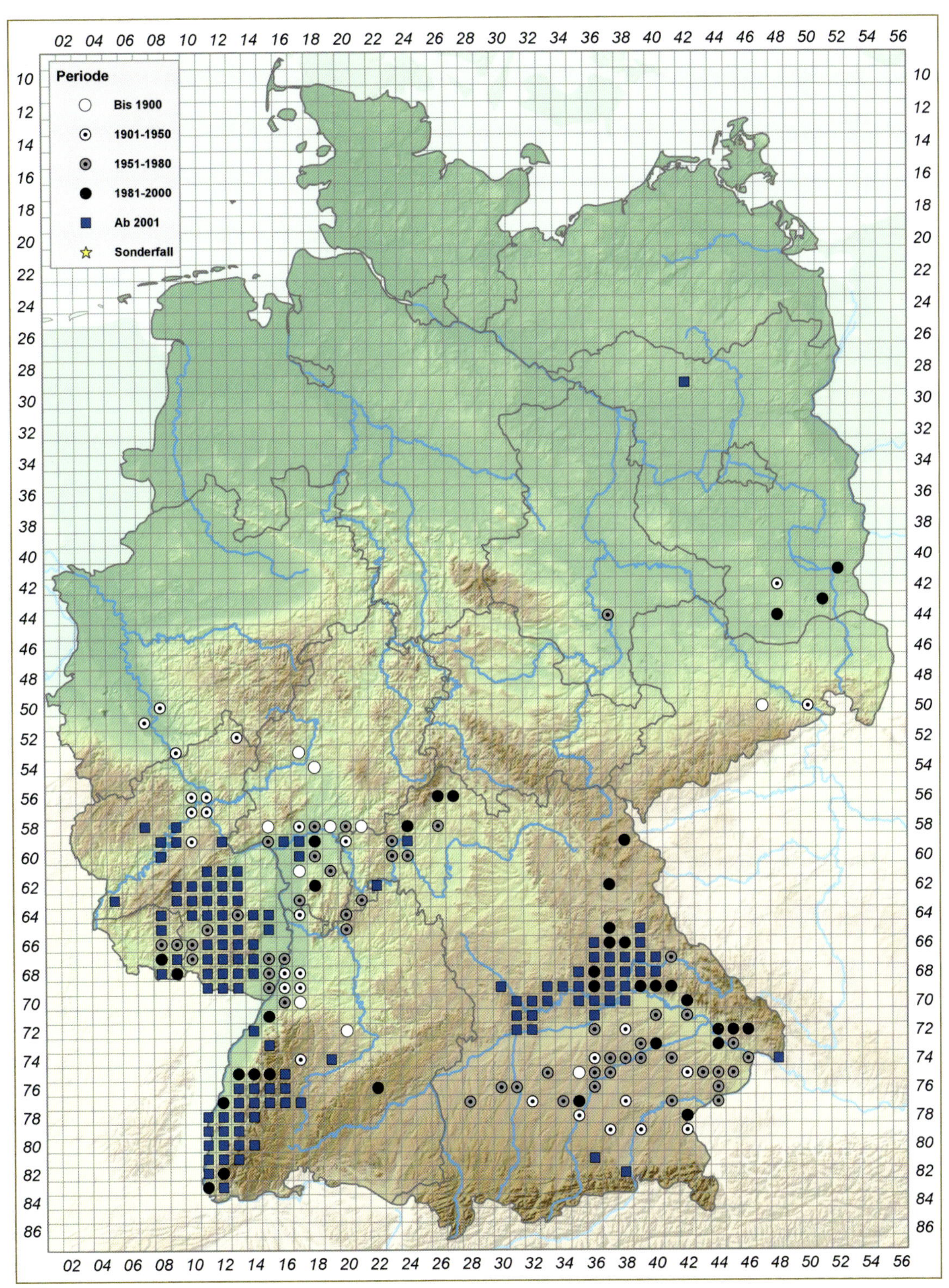
Periode
Bis 1900
1901-1950
1951-1980
1981-2000
Ab 2001
Sonderfall

Arethusana arethusa:
a Oberseite Weibchen (Ronny Strätling)
b Unterseite Männchen (Ronny Strätling)

Arethusana arethusa ([Denis & Schiffermüller], 1775) – Rotbindiger Samtfalter

Verbreitung & Vorkommen: Euro-orientalische Art mit rezent bizentrischem Areal, die Deutschland von ihrem südwest-mediterranen Refugium postglazial noch am südlichen Oberrhein erreichte. Das Ostareal reicht vom Balkan bis Zentralasien. Die einstigen deutschen Vorkommen in der Markgräfler Trockenaue (ehemalige Wildstromaue des südlichen Oberrheins) sind in den 1970er-Jahren erloschen. Der heutige Ostrand des Westareals verläuft in Lothringen, in der Franche-Comté und in Burgund. Aktuelle Vorkommen im lothringischen Moseltal liegen etwa 50 km von der deutschen Grenze entfernt. Nachbarstaaten: in Frankreich, Österreich, Tschechien, ausgestorben in der Schweiz.

Lebensraum: Die Art benötigt sehr xerotherme, lückige Voll- und Halbtrockenrasen, die allenfalls sporadisch beweidet werden. Die letzten Populationen der südbadischen Rheinaue bewohnten lückige, erdflechtenreiche *Bromus*-Rasen auf grobem Rheinkies. In Lothringen sind es felsdurchsetzte Mesobrometen über Muschelkalk. Habitatpräferenz: OT, OF.

Biologie & Ökologie: Der Rotbindige Samtfalter fliegt in einer Generation im Spätsommer von Ende Juli bis Ende September. Die Weibchen streuen die Eier einzeln aus. Raupennahrung sind Schaf-Schwingel (*Festuca ovina* agg.) und Aufrechte Trespe (*Bromus erectus*). Überwinterungsstadium ist die Raupe.

Gefährdung: Die Art ist in Deutschland ausgestorben und geht auch in Ostfrankreich extrem zurück. Neben Habitatveränderungen durch Sukzession oder Kultivierung kommen für die Arealregression auch Klimaeinflüsse, Nährstoffeinträge und Isolationseffekte am Arealrand infrage (Wärmezeitrelikt). Die letzten deutschen Vorkommen erfuhren noch starke Entnahmen durch Sammler.

Schutz: Mit einer Wiederbesiedlung ist derzeit aufgrund der Distanz zu den nächsten Populationen und deren ebenfalls schwachem Status nicht zu rechnen.

Jörg-Uwe Meineke

RL-D (2011): 0
Aktueller Bestand: ex 1977
BArtSchV (2005): streng geschützt und besonders geschützt

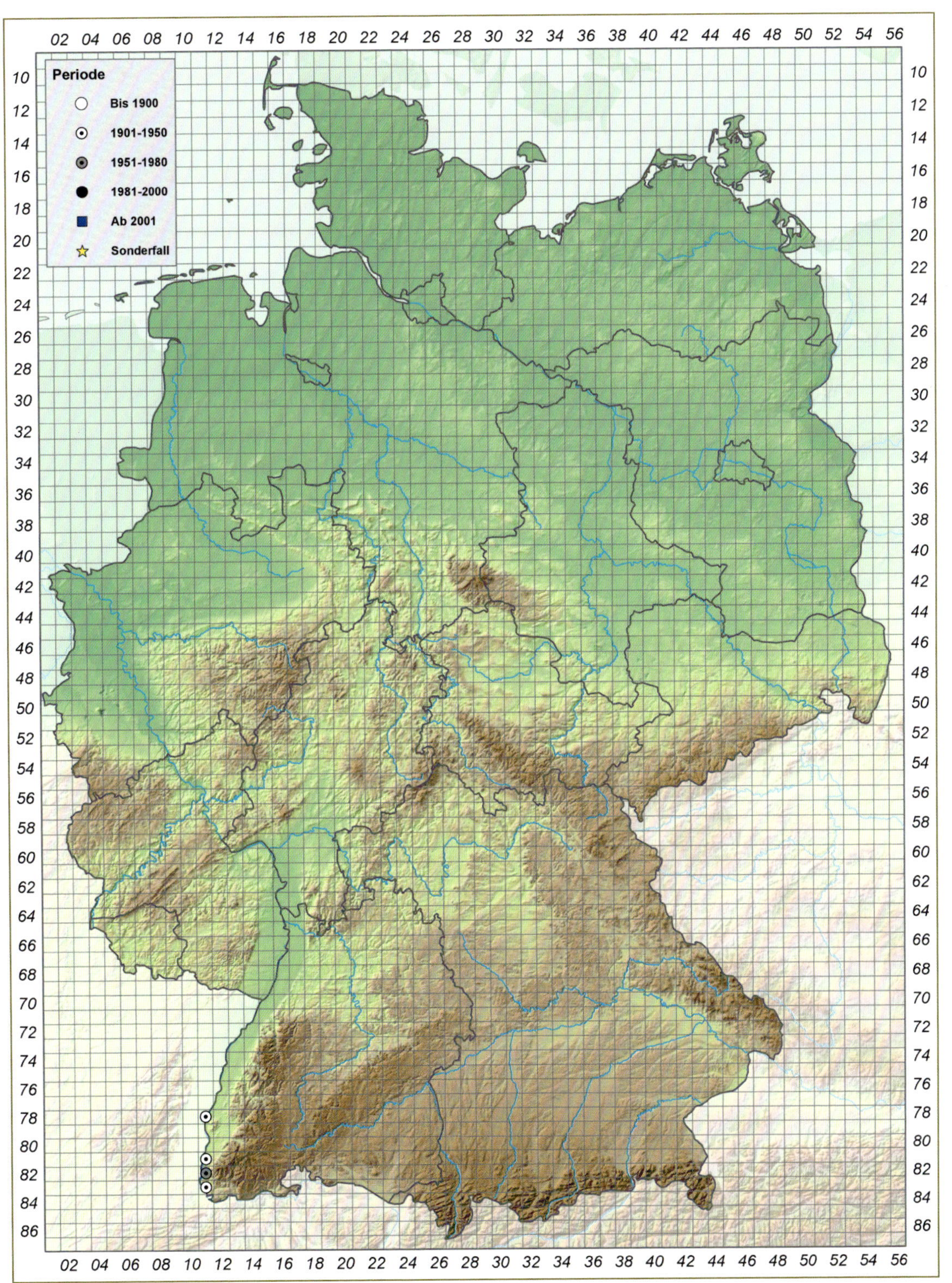
Periode
Bis 1900
1901-1950
1951-1980
1981-2000
Ab 2001
Sonderfall

Oeneis glacialis: Unterseite (Markus Dumke)

Oeneis glacialis (Moll, 1785) – Gletscherfalter

Verbreitung & Vorkommen: Der Gletscherfalter ist ein Endemit der Alpen und über den gesamten Alpenbogen verbreitet. In Deutschland kommt er nur in BY vor. Die meisten Fundorte liegen in den Allgäuer Hochalpen. Ansonsten verteilen sich die Nachweise auf die Bayerischen Alpen zwischen Ammergauer Alpen und den Kocheler Bergen. Wiederfund in den Chiemgauer Alpen 2015 (Wachsmann). Nachbarstaaten: in der Schweiz, Österreich, Frankreich.

Lebensraum: Südexponierte Fels- und Geröllfluren auf Kalk und Flysch, gerölldurchsetzte alpine Matten und magere kurzrasige Almen, in Höhen von 900–2300 m über NN, vornehmlich im Bereich zwischen 1700 und 2000 m über NN. Habitatpräferenz: A.

Biologie & Ökologie: Die Eiablage erfolgt an verschiedenen Süßgräsern wie dem Schaf-Schwingel (*Festuca ovina* agg.) in den Schutt- und Geröllhalden. Die Raupen überwintern zweimal. Die Falter fliegen ab Mitte Mai bis Mitte August. In ungeraden Jahren durch eine zweijährige Entwicklung häufiger festgestellt. Die Aufnahme von Nektar wird selten beobachtet. Besuche an Thymian (*Thymus* spp.), Alpen-Steinquendel (*Acinos alpinus*), Bewimperter Alpenrose (*Rhododendron hirsutum*) und Zweiblütigem Veilchen (*Viola biflora*) wurden festgestellt, aber auch an Kot (Gams, Rind) wird gesaugt.

Gefährdung: Die Biotope liegen meist außerhalb menschlicher Aktivitäten. Tieferliegende Populationen sind eventuell durch Sukzession bedroht.

Schutz: Beibehaltung extensiver Beweidung und keine Wiederaufforstung.

Oliver Böck

RL-D (2011): R
Aktueller Bestand: es
Entwicklungstrend kurzfristig: ?
Bestandstrend langfristig: ?
BArtSchV (2005): besonders geschützt

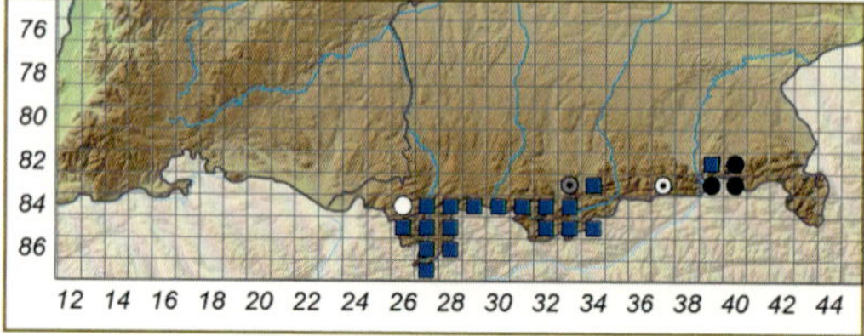

Der Schornsteinfeger (*Aphantopus hyperantus*) ist in Deutschland weitverbreitet und fliegt im Sommer insbesondere auf grasigen Standorten mit Gebüschen oder in Waldnähe. (Foto: Erk Dallmeyer)

Chazara briseis: **a** Oberseite (Thomas Netter) **b** Unterseite (Thomas Netter) **c** Raupe (Martin Wiemers) **d** Ei (Benno v. Blanckenhagen)

Chazara briseis (Linnaeus, 1764) – Berghexe

Verbreitung & Vorkommen: Euro-sibirische Art, von Nordwest-Afrika über Süd- und Mitteleuropa, Kleinasien und den Mittleren Osten bis nach Westchina verbreitet. In Deutschland sehr lokal in BW, TH, ST und BY. Nach 1950 starker Verlust vieler Vorkommen, ein Trend, der sich im gesamten mitteleuropäischen Raum bis heute fortsetzt (Geyer & Böck 2017). Bereits ausgestorben in den BL NI, NW, HE, SN und SL. Nachbarstaaten: größere Vorkommen nur noch in Frankreich, Reliktpopulationen in der Schweiz, Österreich, Tschechien; ausgestorben in Polen, Belgien, Luxemburg.

Lebensraum: Stark beweidete, südost- bis südwestexponierte xerotherme und felsige Magerrasen mit hohem Anteil an Rohboden und Steinen über Kalk (BW, BY, TH und ST) und Gips (TH). Weiterhin in Steinbrüchen mit spärlicher Vegetation (BY und ST). Habitatpräferenz: OF, OT.

Biologie & Ökologie: Die Falter fliegen in Metapopulationsverbänden in einer Generation ab Mitte Juli bis Mitte (Ende) September. Die meist sehr standorttreue Art ist in guten Lebensräumen teilweise noch in hohen Populationsdichten anzutreffen. Eiablage einzeln in Bodennähe an dürre Grasblätter der Raupennahrungspflanzen oder in deren Nähe. Raupennahrung: Verschiedene Gräser, vor allem Aufrechte Trespe (*Bromus erectus*), Schaf-Schwingel (*Festuca ovina* agg.) und Kalk-Blaugras (*Sesleria caerulea*) (Königsdorfer 1997). Die Raupe überwintert im ersten oder zweiten Stadium in Graspolstern. Nach der Überwinterung entwickelt die erst tagaktive Raupe im dritten Stadium eine Nachtaktivität, sodass die Gefahr, von Weidetieren gefressen zu werden, deutlich geringer ist. Die Verpuppung erfolgt in einem Erdkokon oder Gespinst am Fuß der Grasbüschel.

Gefährdung: Beweidungsaufgabe oder Verringerung der Beweidungsintensität; Überwachsen der Larvalhabitate durch Sukzession und Eutrophierung. Flächenverluste und Fragmentierung von Habitaten.

Schutz: Erhaltung und Entwicklung von großflächigen Steintriften durch mindestens drei bis vier intensive Beweidungsgänge im engen Gehüt, ggf. auch Koppelhaltung mit separatem Nachtpferch. Schaffung von Störstellen durch Oberbodenabtrag. Biotopverbünde erhalten. Monitoring aller noch verbliebenen Vorkommen.

Oliver Böck, Gerd Kuna & Benno v. Blanckenhagen

RL-D (2011): 1
Aktueller Bestand: ss
Entwicklungstrend kurzfristig: ↓ ↓
Bestandstrend langfristig: <<
BArtSchV (2005): besonders geschützt

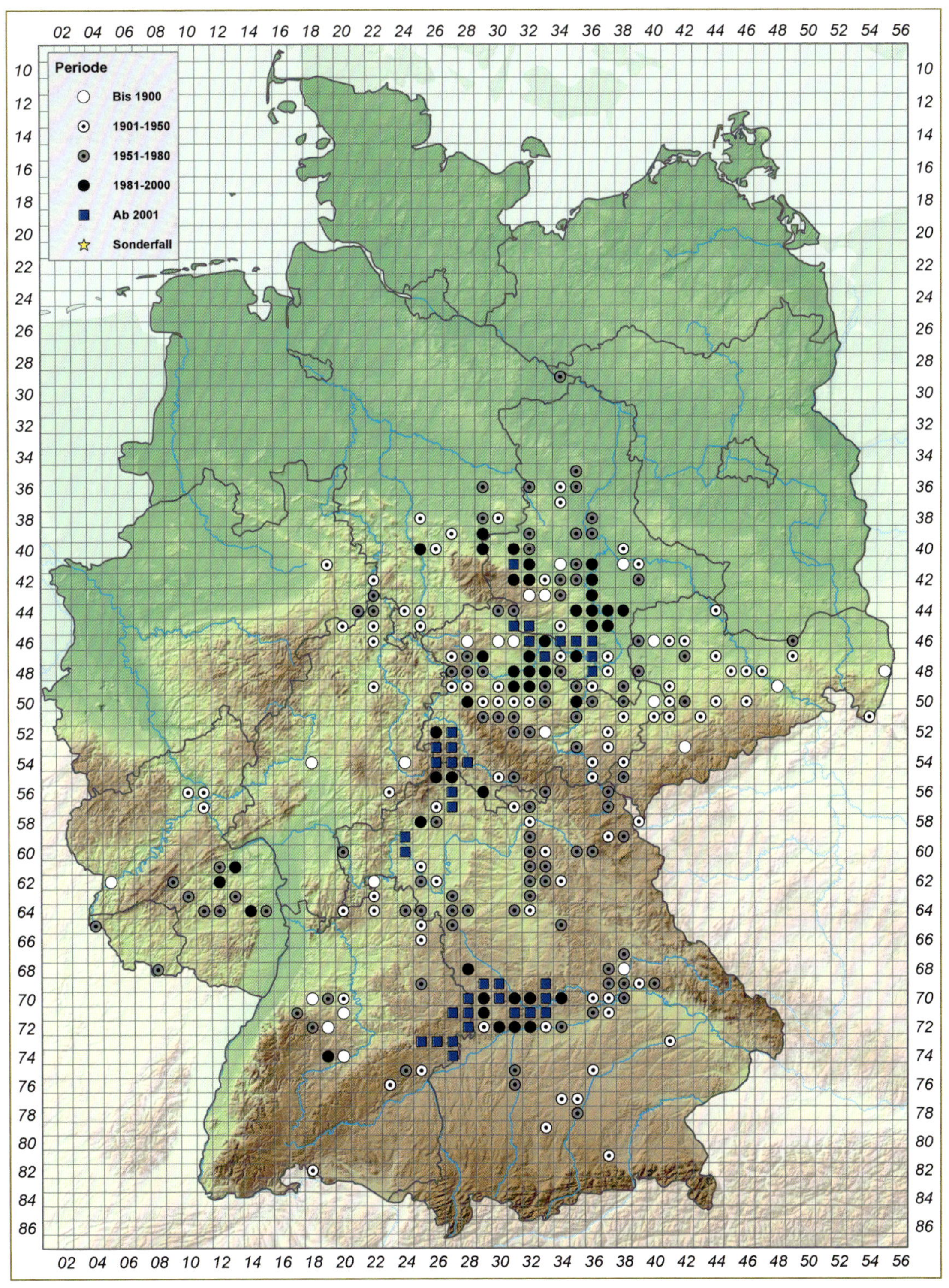
Periode
Bis 1900
1901-1950
1951-1980
1981-2000
Ab 2001
Sonderfall

Hyponephele lycaon:
a Unterseite Weibchen (Erk Dallmeyer)
b Ei (Erk Dallmeyer)

Hyponephele lycaon (Kühn*, 1774) – Kleines Ochsenauge

Verbreitung & Vorkommen: Euro-sibirische Art. In Süd- und Osteuropa weit verbreitet, nach Norden über das Baltikum bis Südfinnland, in Nordwest-Europa fehlend. Nach Osten erstreckt sich das Areal über Mittelasien und Südsibirien bis zur Mandschurei. Durch Deutschland verläuft die nordwestliche Arealgrenze und die Art wird vor allem in Ostdeutschland gefunden. Keine Nachweise in SL, RP, BW und HE; verschollen in TH, NW, BY. Nachbarstaaten: in Frankreich, der Schweiz, Österreich, Tschechien, Polen.

Lebensraum: Die xerothermophile Art besiedelt sandige Lokalitäten der Ebene und felsige Stellen des Hügellandes. In der Nordostdeutschen Tiefebene kommt sie vor allem auf Sandmagerrasen und Sanddünen vor. Besiedelt werden frühe Sukzessionsstadien, auch in der Bergbaufolgelandschaft, sowie Trassen, Sanddünen usw. Offene Sand- bzw. Felsstellen scheinen ein wichtiges Requisit zu sein. Habitatpräferenz: OT, OF.

Biologie & Ökologie: Die Eiablage erfolgt an trockenen Grashalmen und -blättern. Die Raupen leben an verschiedenen Süßgräsern, z.B. Schwingel (*Festuca* spp.) und überwintern. Die Verpuppung erfolgt im Boden in den Grashorsten. Die Art fliegt ab Mitte Juli bis September. Die Falter besuchen gern Nektarblüten, z.B. *Thymus, Echium, Centaurea*. Männchen patrouillieren bodennah an Geländestrukturen.

Gefährdung: Die Habitate sind insbesondere durch Eutrophierung und Sukzession gefährdet. Trassen und Leitungsschneisen werden aktuell immer häufiger gemulcht und dem Boden dadurch Nährstoffe zugefügt. In der Bergbaufolgelandschaft werden Flächen zu oft einer schnellstmöglichen „Rekultivierung" zugeführt.

Schutz: Offenhaltung der derzeitigen Lebensräume.

Thomas Sobczyk

RL-D (2011): 2
Aktueller Bestand: s
Entwicklungstrend kurzfristig: =
Bestandstrend langfristig: <<<

* Beim Autor sind sich die Experten uneinig, einige geben hier Rottemburg (1775) an.

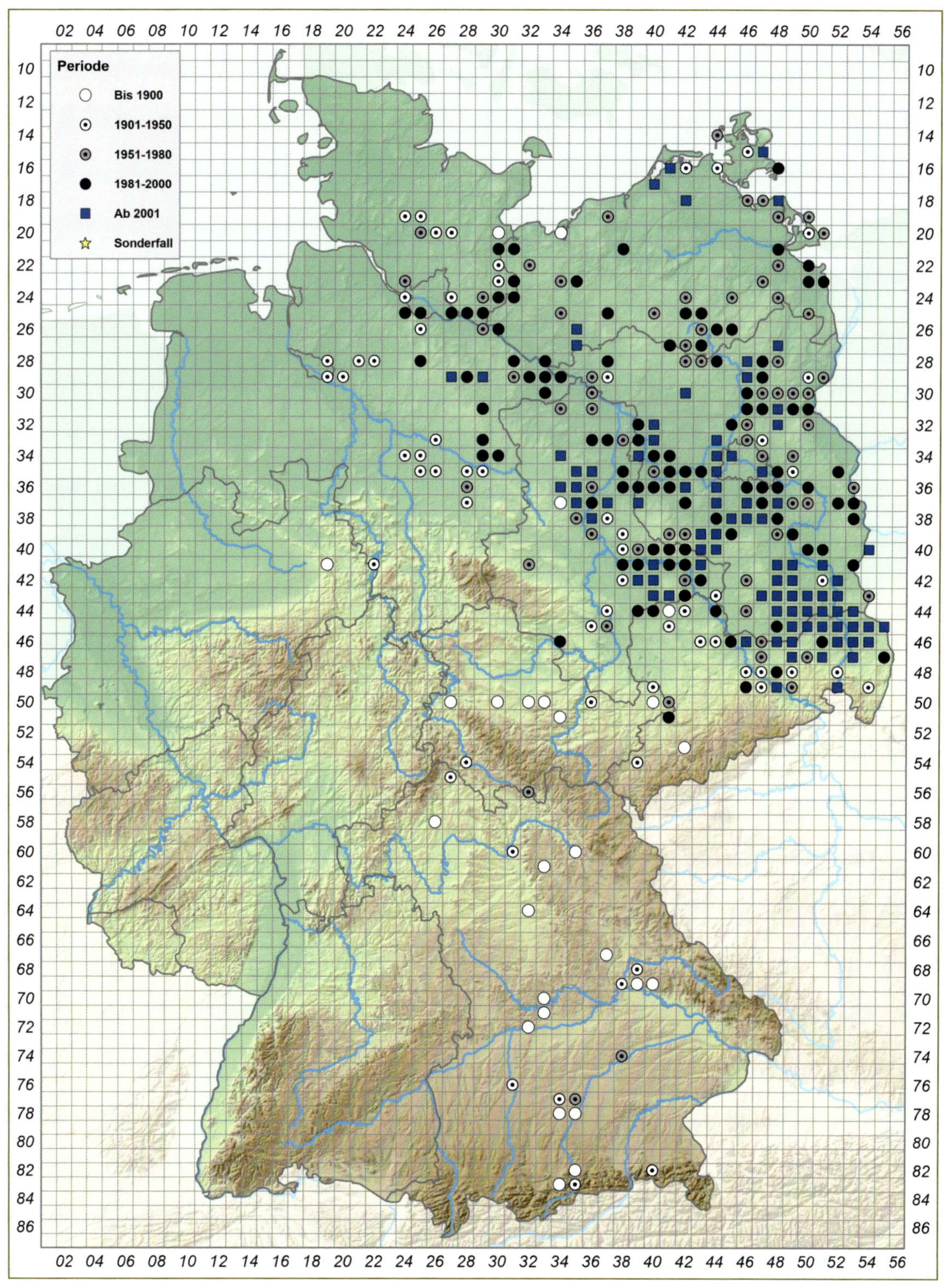

Periode
Bis 1900
1901-1950
1951-1980
1981-2000
Ab 2001
Sonderfall

Aphantopus hyperantus:
a Unterseite (Erk Dallmeyer)
b Oberseite Weibchen (Erk Dallmeyer)
c Raupe (Martin Albrecht)

Aphantopus hyperantus (Linnaeus, 1758) – Schornsteinfeger

Verbreitung & Vorkommen: Euro-sibirische Art mit weiter Verbreitung in Europa bis nach Ostsibirien, Korea, China. In Europa von Nordspanien über Westeuropa bis zum Balkan weit verbreitet. Die Art fehlt im nördlichen Skandinavien, auf den Mittelmeerinseln, in großen Teilen Italiens und der Türkei. In Deutschland lebt die Art in allen BL und ist eine der häufigsten Arten. Kommt in allen Nachbarstaaten vor.

Lebensraum: Die Art bevorzugt langgrasige Wiesen, ist aber auch an Waldrändern und lichten Wäldern im Tiefland bis in Höhen von 1600 m über NN in den Gebirgen zu finden. Selbst in Siedlungsbereichen sind die Falter häufig anzutreffen. Habitatpräferenz: OM, OG, BY.

Biologie & Ökologie: Die Falter fliegen in einer Generation ab Anfang Juni bis Ende August, an allen Flugplätzen zahlreich. Als Nahrungsquelle nutzen sie ein breites Spektrum an Blütenpflanzen verschiedener Pflanzenfamilien, z. B. Korbblütler, Rosengewächse, Lippenblütler und Doldenblütler. Die Eiablage erfolgt an Gräsern. Dabei lassen die Weibchen die Eier fallen. Die nachtaktiven Raupen überwintern. Raupennahrungspflanzen sind beschattete Süß- und Sauergräser mit Bindung an Brombeerhecken, Land-Reitgras (*Calamagrostis epigejos*), Arten der Gattung *Poa*, *Millium* und *Holcus*. Die Verpuppung erfolgt in einem Gespinst am Grunde von Grasbüscheln.

Gefährdung: Die Art ist aktuell nicht gefährdet. Eine zu häufige Mahd und der Verlust von Saumstrukturen stellen potenzielle Gefährdungsfaktoren dar.

Schutz: Für die Art sind aktuell keine speziellen Schutzmaßnahmen notwendig.

Frank Clemens & Eckhard Scheibe

RL-D (2011): *
Aktueller Bestand: sh
Entwicklungstrend kurzfristig: =
Bestandstrend langfristig: =

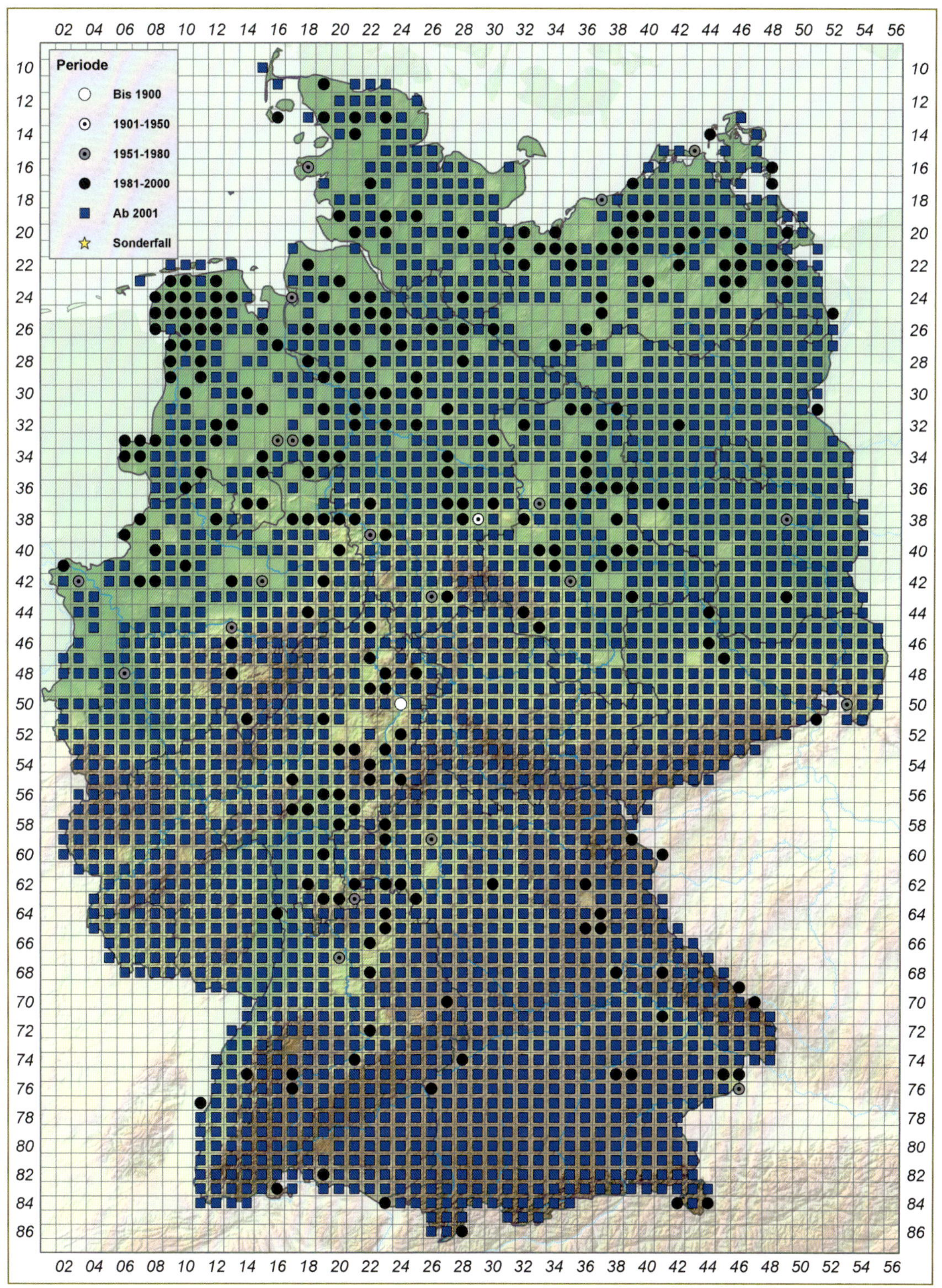
Periode
Bis 1900
1901-1950
1951-1980
1981-2000
Ab 2001
Sonderfall

Pyronia tithonus:
a Oberseite Männchen (Erk Dallmeyer)
b Raupe (Martin Albrecht)
c Unterseite Weibchen (Erk Dallmeyer)

Pyronia tithonus (Linnaeus, 1771) – Rotbraunes Ochsenauge

Verbreitung & Vorkommen: Euro-mediterrane Art. Sie kommt von Nordafrika über West- und Mitteleuropa (in Osteuropa nur alte Einzelfunde) bis Italien, im Balkan und in Kleinasien vor. In SH erreicht sie ihre nördliche Verbreitungsgrenze in Mitteleuropa. In Deutschland hat die Art große Verbreitungslücken insbesondere in Westfalen und südlich der Donau. In HH, HB, BE und TH fehlen aktuelle Nachweise. In allen Nachbarstaaten außer Österreich, aber ausgestorben in Tschechien.

Lebensraum: Verbuschendes Offenland bzw. Übergangsbereiche zwischen Offenland und Wald, naturnahe Waldsäume oder lichte Waldwege sowie Schlagfluren zählen zu den Lebensräumen. In SH kommt *P. tithonus* auf artenreichen Pfeifengraswiesen von Hochmoor-Degenerationsstadien vor. In Südwest-Deutschland teils mit Massenvorkommen in Siedlungsbereichen, in Ostdeutschland in hohen Populationsdichten in Bergbaufolgelandschaften, auf ehemaligen militärischen Übungsplätzen sowie in grasigen Kiefernforsten. Der Falter ist auf blütenreiche Strukturen zur Nektarsuche angewiesen. Habitatpräferenz: OW, BF, WY, OH.

Biologie & Ökologie: Die Hauptflugzeit der einzigen Generation liegt im Juli und August. Einzelne Weibchen sind manchmal bis Mitte September zu beobachten. Die überwinternden Raupen entwickeln sich an verschiedenen Süßgräsern, wie Rot-Schwingel (*Festuca rubra*) (Eller & Haag 2007), in SH an Blauem Pfeifengras (*Molinia caerulea*) (Kolligs 2003). Die Stürzpuppe wird bodennah an Grashalme und ähnliches angeheftet.

Gefährdung: Übergänge zwischen Wald und Offenland wie auch die Pfeifengraswiesen müssen als Lebensräume des Rotbraunen Ochsenauges extensiv oder lokal unterschiedlich stark genutzt werden, da diese sonst zuwachsen.

Schutz: Die Erhaltung lichter Wälder und verbuschender Saumstrukturen entlang von Waldrändern oder -wegen, beispielsweise durch Bewirtschaftung als Mittel- oder Hutewald, ist für *P. tithonus* regional von großer Bedeutung. Kleinflächige Kahlschläge fördern die Art ebenfalls.

Detlef Kolligs

RL-D (2011): *
Aktueller Bestand: h
Entwicklungstrend kurzfristig: (↓)
Bestandstrend langfristig: <

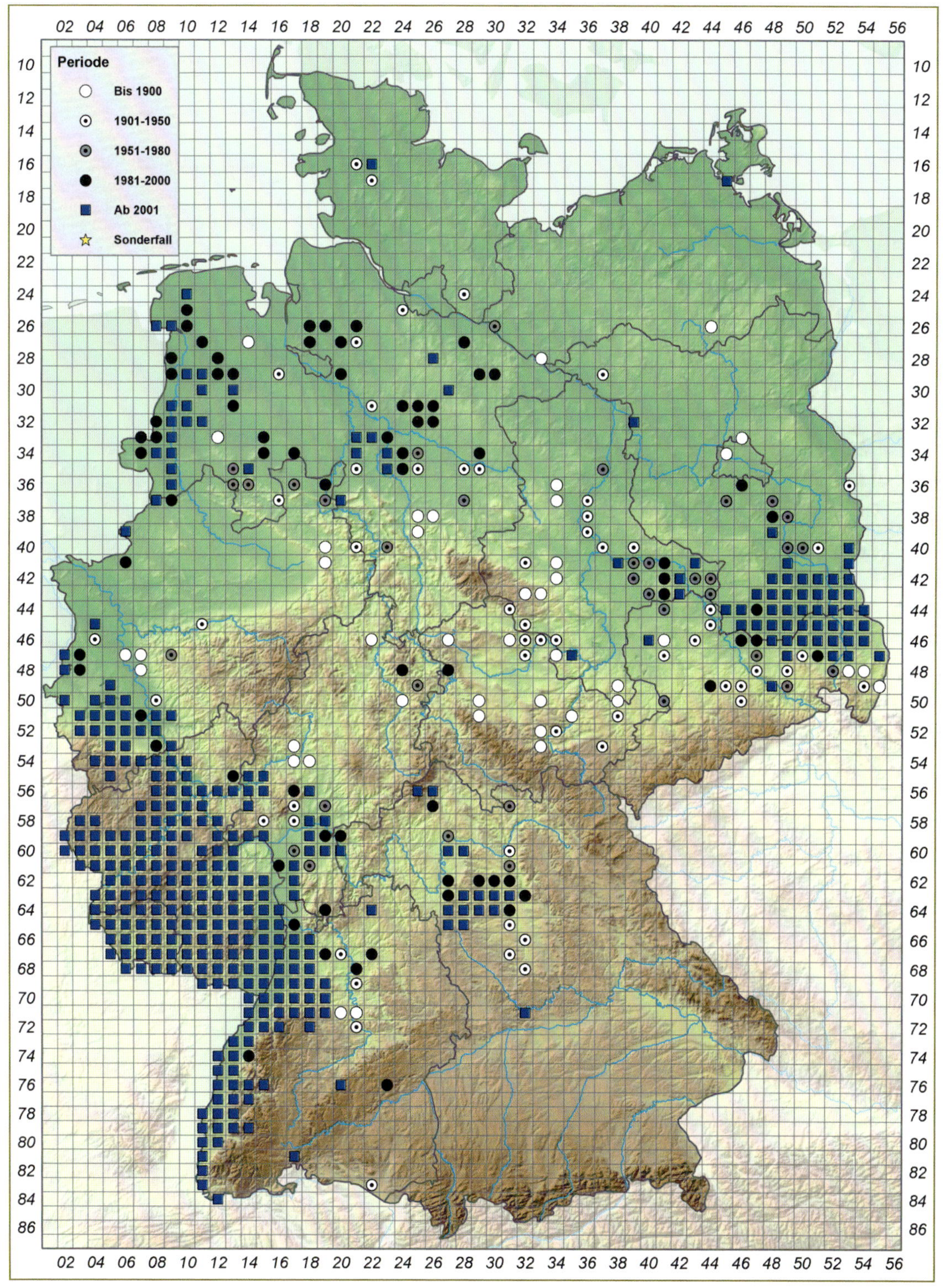
Periode
Bis 1900
1901-1950
1951-1980
1981-2000
Ab 2001
Sonderfall

Maniola jurtina:
a Oberseite Weibchen (Erk Dallmeyer)
b Unterseite (Detlef Kolligs)
c Raupe (Martin Albrecht)

Maniola jurtina (Linnaeus, 1758) – Großes Ochsenauge

Verbreitung & Vorkommen: Europäisch-iranische Art, die in der westlichen Paläarktis weit verbreitet ist und von den Kanaren und dem Maghreb bis ins südliche Fennoskandien sowie von der Atlantikküste bis nach Zentralasien vorkommt. In Deutschland ist sie in allen BL weit verbreitet und in allen Nachbarstaaten ist sie nachgewiesen.
Lebensraum: Das Große Ochsenauge kann fast überall angetroffen werden, ist jedoch am häufigsten auf frischen bis trockenen Wiesen mit reichem Nektarblütenangebot. Im Wald und in der Agrarlandschaft tritt die Art stark zurück. Habitatpräferenz: OT, OM, BS.
Biologie & Ökologie: Das Große Ochsenauge ist einbrütig mit einer langgestreckten Flugzeit und ausgeprägter Proterandrie. Die Falter beginnen meist in der ersten Junihälfte zu schlüpfen, ausnahmsweise schon Ende Mai. Das Flugmaximum wird meist im Juli oder Anfang August erreicht. In der zweiten Augusthälfte nimmt die Individuenzahl schnell ab, aber auch im September werden regelmäßig einzelne Falter beobachtet. Die Falter sind häufig beim Blütenbesuch anzutreffen und nutzen ein sehr breites Spektrum an Blütenpflanzen mit Bevorzugung von Blüten violetter Färbung, vor allem Korbblütler (z. B. *Centaurea*) und Kardengewächse (z. B. *Scabiosa*, *Knautia*), aber auch Lippenblütler, wie der Gewöhnliche Dost (*Origanum vulgare*). Die Eier werden einzeln an Grasblätter geklebt, oft in bereits gemähten Bereichen an die nachwachsenden Sprosse. Sie werden oft über den Raum verteilt. Die Raupen sind meist nachtaktiv und überwintern. Raupennahrung: Süßgräser zahlreicher Gattungen (unter anderem *Festuca*, *Poa*, *Lolium*, *Holcus*, *Phleum*, *Dactylis*), ausnahmsweise auch Sauergräser. Verpuppung als Gürtelpuppe, meist kurz über dem Boden an Blattstängeln.
Gefährdung: Die Art ist aktuell nicht gefährdet.
Schutz: Für die Art sind aktuell keine speziellen Schutzmaßnahmen notwendig.

Thomas Schmitt

RL-D (2011): *
Aktueller Bestand: sh
Entwicklungstrend kurzfristig: =
Bestandstrend langfristig: =

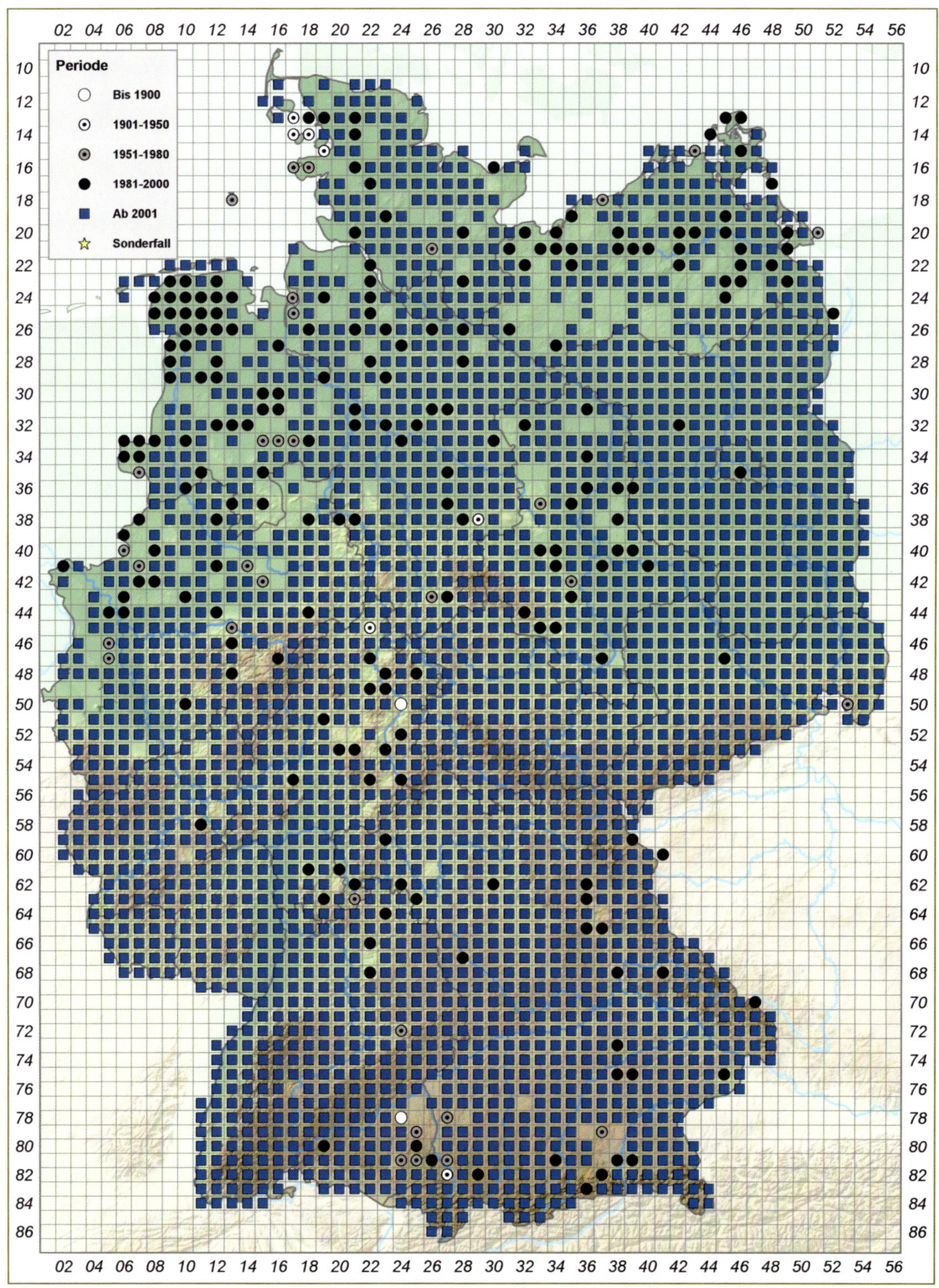
Periode
Bis 1900
1901-1950
1951-1980
1981-2000
Ab 2001
Sonderfall

Erebia meolans:
a Oberseite (Martin Albrecht)
b Unterseite (Martin Albrecht)
c Ei (Erwin Rennwald)

Erebia meolans (Prunner, 1798) – Gelbbindiger Mohrenfalter

Verbreitung & Vorkommen: West- und mitteleuropäische Gebirge (Spanien bis Ostalpen und Apenninen). In BY weitgehend auf Allgäuer Alpen (800–1750 m) begrenzt. In BW nur im Schwarzwald (800–1490 m noch häufig; zwischen 340 und 600 m erloschen). Im SL erloschen, in RP im Pfälzerwald zwischen 300 und 450 (550) m dramatisch zurückgegangen; im Thüringer Wald (600–900 m über NN) zuletzt 1969 (Reinhardt & Thust 1993). Nachbarstaaten: in Österreich, der Schweiz, Frankreich.

Lebensraum: Alpen (auf Kalk): Primär baumarme Felsregionen und Erosionsrinnen der montanen und subalpinen Zone, heute vielfach Wegränder. Schwarzwald (Buntsandstein, Gneis, Granit): Auf mageren Bergwiesen aller Art, sonst besonders an breiten Waldwegen mit randlich anstehendem Gestein. Im Pfälzerwald (Buntsandstein): Waldwege und kleine Wieseninseln. Habitatpräferenz: OF, OG, WL, WF.

Biologie & Ökologie: Falter in der zweiten Junihälfte (ab Mitte Mai) und den ganzen Juli über, in höheren Lagen auch Anfang (Ende) August. Blütenbesuch an Waldwegrändern; sich oft auf Wegen sonnend (Revieransitz). Eiablage im Schwarzwald ganz überwiegend an Hüllspelzen blühender Draht-Schmielen (*Deschampsia flexuosa*), auch an Rotem Straußgras (*Agrostis capillaris*) oder Blätter von Borstgras (*Nardus stricta*). Keine Angaben aus den Kalkalpen.

Gefährdung: Verluste im Thüringer Wald und Pfälzerwald durch Aufforsten von Auflichtungen, auch sonst Gehölzsukzession (nach Windwurf), vermutlich auch Klimawandel; in den Hochlagen trotz vieler Verkehrsopfer auf Wegen und Straßen noch nicht gefährdet.

Schutz: Förderung teilweise besonnter Waldinnensäume, kein Mulchen oder sonstige Nährstoffanreicherung; sehr extensive und nie vollständige Böschungspflege. In höheren Lagen Zulassen jahrweise ungemähter/unbeweideter Flächen oder Streifen.

Erwin Rennwald

RL-D (2011): 3
Aktueller Bestand: s
Entwicklungstrend kurzfristig: (↓)
Bestandstrend langfristig: <
BArtSchV (2005): besonders geschützt

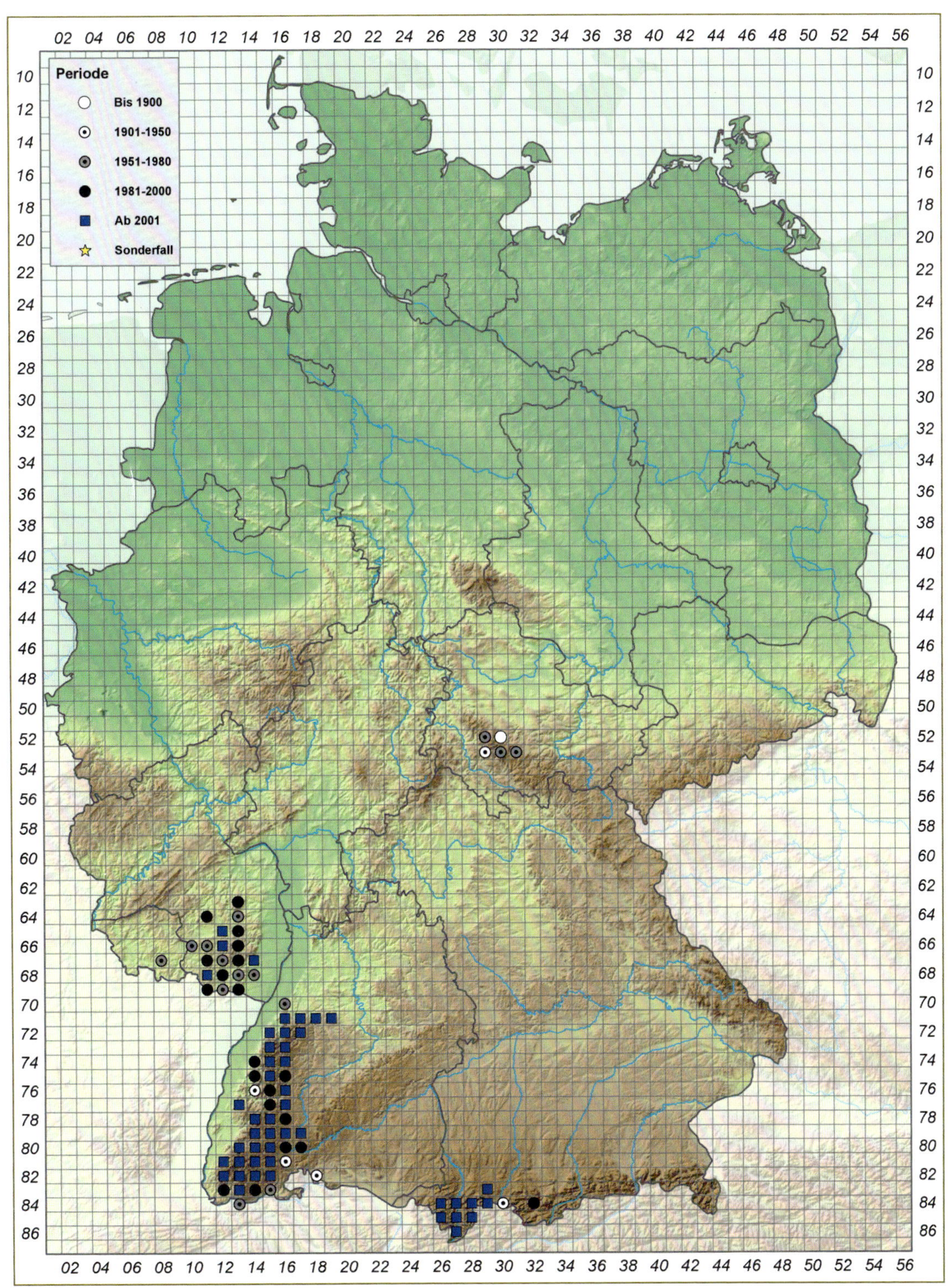
Periode
Bis 1900
1901-1950
1951-1980
1981-2000
Ab 2001
Sonderfall

Erebia manto:
a Oberseite (Martin Albrecht)
b Unterseite (Markus Bräu)

Erebia manto ([Denis & Schiffermüller], 1775) – Gelbgefleckter Mohrenfalter

Verbreitung & Vorkommen: Vom Kantabrischen Gebirge über die Alpen und den Karpatenbogen bis zum Balkan. In BY eine der häufigsten Alpenarten, vor allem in den Allgäuer Hochalpen und den Berchtesgadener Alpen. In den Bayerischen Voralpen nur lückenhaft verbreitet. Nachbarstaaten: in der Schweiz, Österreich, Frankreich, Polen.

Lebensraum: Alpine Rasen, Borstgrasrasen und extensiv genutzte Weiderasen, z. T. auch in lichten Grünerlenbeständen und Hochstaudenfluren. In tiefen Lagen vor allem an kühl-feuchten Stellen mit nordseitiger Exposition. Höhenverbreitung 900–2350 m (Schwerpunkt 1600–1900 m) über NN. Habitatpräferenz: A.

Biologie & Ökologie: Flugzeit von Anfang Juli bis Anfang September, Schwerpunkt Ende Juli bis Mitte August. Blütenbesuch unter anderem an gelben Korbblütlern oder Disteln, Ruhepausen in höherwüchsiger Vegetation. Eiablage an verschiedene Pflanzenteile, meist aber bodennah an dürre Grasblätter. Raupennahrung sind verschiedene Gräser, vor allem Ruchgras (*Anthoxanthum odoratum*), z. T. auch Seggen (*Carex* spp.). Die erste Überwinterung erfolgt meist im Ei, die zweite meist im vorletzten Raupenstadium.

Gefährdung: Lokale Vorkommen z. T. durch Nutzungsaufgabe und Gehölzsukzession, z. T. durch Düngung und starke Beweidung oder Mahd gefährdet. Mahd beeinträchtigt möglicherweise eine erfolgreiche Larvalentwicklung.

Schutz: Offenhaltung der montanen und subalpinen Lebensräume durch Erhalt der extensiven Weidenutzung.

Andreas Nunner

RL-D (2011): R
Aktueller Bestand: es
Entwicklungstrend kurzfristig: ?
Bestandstrend langfristig: ?
BArtSchV (2005): besonders geschützt

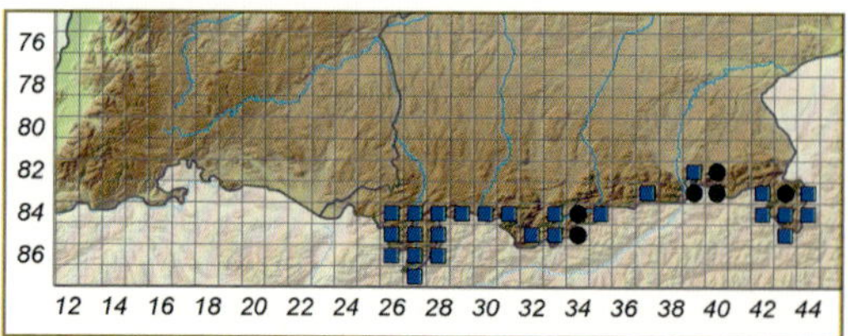

Erebia tyndarus:
a Oberseite (Markus Bräu)
b Unterseite (Markus Bräu)

Erebia tyndarus (Esper, 1781) – Schillernder Mohrenfalter

Verbreitung & Vorkommen: Endemit der Alpen, vor allem im zentralen Bereich verbreitet. In Deutschland nur in den Allgäuer Alpen in BY. Nachbarstaaten: in der Schweiz, Österreich.
Lebensraum: Alpine Rasen, Borstgrasrasen und magere Fettweiden mit Felsen, Schutt oder Rohboden. Soweit Rasenfragmente vorhanden sind, auch Zwergstrauchheiden und Latschengebüsche. Trockene und stark besonnte Habitate werden bevorzugt. Vereinzelt ab 1100 m, vor allem oberhalb 1700–2300 m über NN. Habitatpräferenz: A.
Biologie & Ökologie: Eine Generation von Mitte Juni bis Ende Oktober, Schwerpunkt Mitte Juli bis Mitte August. Die Männchen versammeln sich oft an feuchten Stellen zum Saugen oder nutzen benachbarte Habitate zur Nektaraufnahme, die Weibchen sind stärker an die eher trockenen Larvalhabitate gebunden. Eiablage häufig an vertrocknete Pflanzenteile knapp über dem Boden. Raupenentwicklung an Gräsern wie Borstgras (*Nardus stricta*), Schwingel-Arten (*Festuca* spp.) oder Ruchgras (*Anthoxanthum odoratum*). Die Falter ruhen gerne gut getarnt mit geschlossenen Flügeln auf Steinen. Einjährige Entwicklung, Überwinterung im ersten oder zweiten Raupenstadium.
Gefährdung: Erschließungsmaßnahmen oder alpwirtschaftlich bedingte Eutrophierung betreffen Habitate meist nur kleinflächig. Die Klimaerwärmung könnte die Art aus montanen und subalpinen Lagen verdrängen.
Schutz: Offenhaltung der Lebensräume durch extensive Weidenutzung.

Andreas Nunner

RL-D (2011): R
Aktueller Bestand: es
Entwicklungstrend kurzfristig: ?
Bestandstrend langfristig: ?
BArtSchV (2005): besonders geschützt

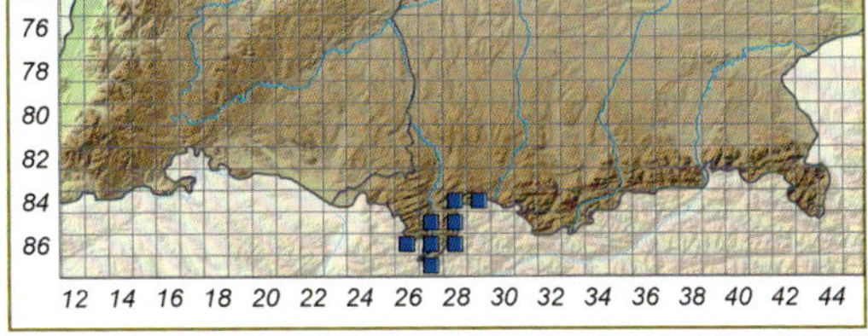

Erebia oeme:
a Oberseite (Michael Zepf)
b Unterseite (Martin Albrecht)

Erebia oeme (Hübner, 1804) – Doppelaugen-Mohrenfalter

Verbreitung & Vorkommen: In Gebirgsregionen von den Pyrenäen über die Alpen und den Balkan bis zu den Rhodopen. In Deutschland nur in BY, weit verbreitet in den Schwäbisch-Oberbayerischen Voralpen und den Nördlichen Kalkhochalpen. Unter den in Deutschland auf die Alpen beschränkten Mohrenfaltern eine der am weitesten verbreiteten Arten. Nachbarstaaten: in der Schweiz, Österreich, Frankreich.

Lebensraum: In vielen unterschiedlichen Grünlandgesellschaften und in lichten Wäldern, wie beweideten Schneeheide-Kiefern-Wäldern und Windwurfflächen. Leichte Vorliebe für kalkreiche Standorte. Schwerpunkt zwischen 800 und 1800 m, im Extrem ca. 500–2100 m über NN. Vor allem in den tiefen Lagen Überlappung der Vorkommen mit der sehr ähnlichen Art *E. medusa*. Habitatpräferenz: A.

Biologie & Ökologie: Einbrütig, Schwerpunkt der Flugzeit von Mitte Juni bis Ende Juli. Die Falter besuchen häufig Nektarpflanzen, unter anderem Alpen-Steinquendel (*Acinos alpinus*), Thymian (*Thymus* spp.) und Berg-Distel (*Carduus defloratus*). Ein- bis zweijährige Entwicklung der Raupe, Überwinterung am Ende des dritten Stadiums, bei zweijähriger Entwicklung „wohl auch im ersten Stadium". Raupennahrung vor allem Seggen (Rost-Segge [*Carex ferruginea*], Blaugrüne Segge [*C. flacca*], Immergrüne Segge [*C. sempervirens*]), aber auch Süßgräser (*Poa alpina*, *P. nemoralis*, *Briza media*, *Molinia caerulea* agg.).

Gefährdung: Keine unmittelbare Gefährdung.

Schutz: Besondere Schutzmaßnahmen sind derzeit nicht erforderlich.

Matthias Dolek

RL-D (2011): *
Aktueller Bestand: ss
Entwicklungstrend kurzfristig: =
Bestandstrend langfristig: ?
BArtSchV (2005): besonders geschützt

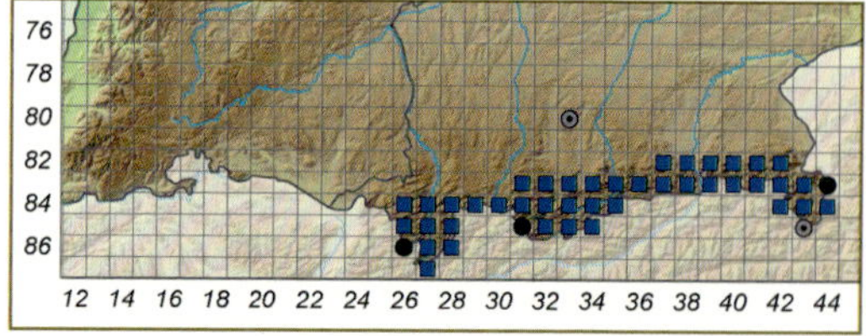

Erebia gorge:
a Oberseite (Alfred Haslberger)
b Unterseite Männchen (Martin Albrecht)

Erebia gorge (Hübner, 1804) – Felsen-Mohrenfalter

Verbreitung & Vorkommen: Weit verbreitet in den Alpen und Gebirgen Südeuropas von Nordwestspanien bis Rumänien. In Deutschland kommt die Art nur in BY vor und ist in den höheren Lagen des bayerischen Alpenraumes ziemlich weit verbreitet: Nördliche Kalkhochalpen (Allgäuer Alpen, Wetterstein- und Karwendel-Gebirge, Berchtesgadener Alpen), Schwäbisch-Oberbayerische Voralpen (unter anderem Vilser Gebirge, Ammergebirge). Nachbarstaaten: in der Schweiz, Österreich, Frankreich, Polen.

Lebensraum: Fels- und Geröllregion im Gebirge, auch geröllldurchsetzte alpine Matten und magere Almen, felsige Bachrinnen und feinschuttreiche Hanganrisse vereinzelt ab Höhen von 1300 m, mehrheitlich ab 1700–2300 m über NN. Habitatpräferenz: A.

Biologie & Ökologie: In der Schweiz erfolgt die Eiablage an trockene Pflanzenteile in den Schutt- und Geröllhalden. Die Raupen leben dort an verschiedenen Süßgräsern, wie Schwingel-Arten (*Festuca* spp.), Rispengräsern (*Poa* spp.) und Kalk-Blaugras (*Sesleria caerulea*). Sie überwintern zweimal. Die Art fliegt ab Mitte Juni bis August (manchmal bis Mitte September). Die Falter sonnen sich gern auf Steinen. Männchen patrouillieren bodennah an Geländestrukturen. Die Aufnahme von Nektar wird selten beobachtet, oft aber saugen die Falter an feuchten Stellen.

Gefährdung: Die Biotope liegen meist außerhalb menschlicher Aktivitäten. Nur in Einzelfällen kann es zur Vernichtung von Lebensstätten kommen, wenn z. B. Aufforstungen von Lawinenflächen oder Verbauungen von Hangzonen erfolgen.

Schutz: Besondere Schutzmaßnahmen sind derzeit nicht erforderlich.

Rolf Reinhardt & Matthias Dolek

RL-D (2011): R
Aktueller Bestand: ss
Entwicklungstrend kurzfristig: =
Bestandstrend langfristig: ?
BArtSchV (2005): besonders geschützt

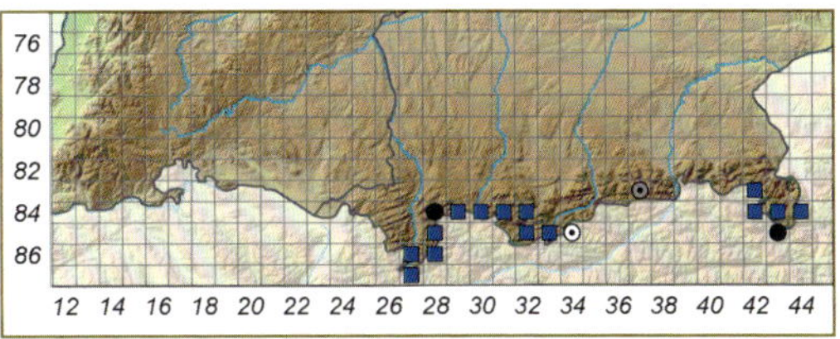

Erebia pandrose:
a Oberseite (Michael Zepf)
b Unterseite (Martin Wiemers)

Erebia pandrose (Borkhausen, 1788) – Graubrauner Mohrenfalter

Verbreitung & Vorkommen: Gebirge Asiens, Polarmeerküste, nördliches Fennoskandien sowie europäische Gebirge (Pyrenäen, Alpen, Karpaten, Apennin, Gebirge des Balkans). In Deutschland nur in BY, Schwerpunkt in den Allgäuer Hochalpen, vereinzelt im Wetterstein- und Karwendelgebirge sowie den Berchtesgadener Alpen. Nachbarstaaten: in der Schweiz, Österreich, Frankreich, Polen.

Lebensraum: Rasengesellschaften der subalpinen und alpinen Höhenstufe wie Rostseggen-, Blaugras- und Borstgrasrasen sowie weidebeeinflusste Bestände wie Milchkrautweiden. Oft mit vegetationsarmen Strukturen wie Felsen und Schuttrinnen durchsetzt. Zwischen 1400 und 2500 m, Schwerpunkt 1800–2200 m über NN. Habitatpräferenz: A.

Biologie & Ökologie: Beginn der Flugzeit bald nach der Schneeschmelze, Schwerpunkt Mitte Juni bis Juli. Zweijährige Entwicklung, meist in ungeraden Jahren häufiger. Die Falter sonnen sich gerne an Felsen oder auf dem Boden und besuchen oft niederliegende Blüten, z. B. des Stängellosen Leimkrauts (*Silene acaulis*). Raupennahrung sind Kalk-Blaugras (*Sesleria caerulea*), verschiedene Schwingel-Arten (*Festuca* spp.) sowie Borstgras (*Nardus stricta*). Verpuppung nach der zweiten Überwinterung ohne weitere Nahrungsaufnahme.

Gefährdung: In den Allgäuer Hochalpen noch weit verbreitet und ungefährdet. Insbesondere bei lokalen Vorkommen Rückgang durch den Klimawandel zu befürchten.

Schutz: Besondere Schutzmaßnahmen sind derzeit nicht erforderlich.

Ádám Kőrösi

RL-D (2011): R
Aktueller Bestand: es
Entwicklungstrend kurzfristig: ?
Bestandstrend langfristig: ?
BArtSchV (2005): besonders geschützt

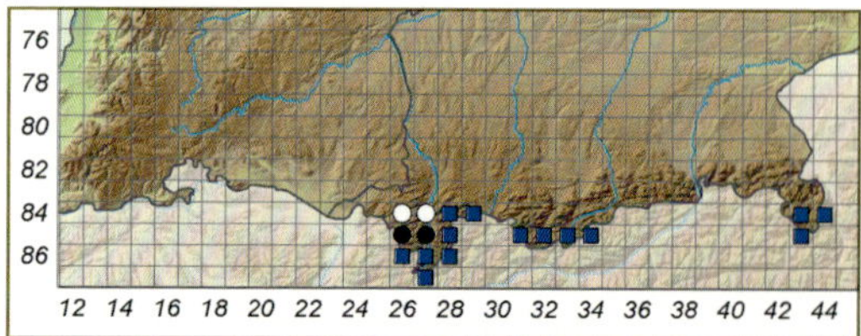

Erebia eriphyle:
a Oberseite (Gregor Markl)
b Unterseite (Martin Albrecht)

Erebia eriphyle (Freyer, 1836) – Ähnlicher Mohrenfalter

Verbreitung & Vorkommen: Endemit der Alpen. In Deutschland kommt die Art nur in BY vor mit Verbreitungsschwerpunkten in den Allgäuer Hochalpen und in den Berchtesgadener Alpen. Nachbarstaaten: in der Schweiz, Österreich.

Lebensraum: Subalpine Hochstaudenfluren, staudenreiche Wiesen, oft in der Umgebung von Grünerlengebüsch. Die Nachweise aus den bayerischen Alpen liegen meist in Höhen von 1600–2200 m über NN. Habitatpräferenz: A.

Biologie & Ökologie: Die Flugzeit erstreckt sich von Ende Juni bis Ende August. Die Falter saugen gern an Blüten, meist gelben Korbblütlern. In der Schweiz beobachtete Sonderegger (2005), wie die Weibchen die Eier einzeln an verschiedene Pflanzenteile nahe am Boden ankitteten. Dort ist die Rasen-Schmiele (*Deschampsia cespitosa*) die Hauptnahrung der Raupen. Diese tritt auch an den bayerischen Flugstellen regelmäßig auf und an ihren Halmen wurden auch frisch geschlüpfte Falter gefunden. In der Schweiz weist die Art einen zweijährigen Entwicklungszyklus auf.

Gefährdung: Da die Art nur sehr selten in relativ kleinflächigen Habitaten auftritt, sollte eine Überweidung der Lebensräume vermieden werden. Lokale Beeinträchtigungen könnten sich auch durch einen weiteren Ausbau von Skigebieten in den Allgäuer Hochalpen ergeben.

Schutz: Besondere Schutzmaßnahmen sind derzeit nicht erforderlich, die etwa 50 Vorkommen in Deutschland stellen allerdings bereits einen beachtlichen Anteil der Weltpopulation dar.

Alfred Haslberger

RL-D (2011): R
Aktueller Bestand: es
Entwicklungstrend kurzfristig: ?
Bestandstrend langfristig: ?
BArtSchV (2005): besonders geschützt

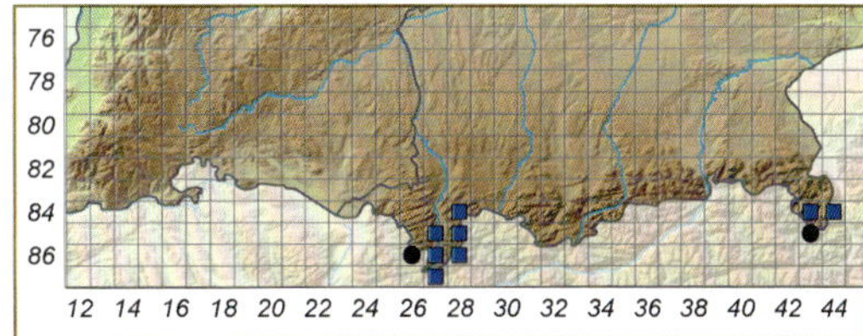

Erebia euryale:
a Oberseite (Ronny Straetling)
b Unterseite (Markus Bräu)

Erebia euryale (Esper, 1805) – Weißbindiger Bergwald-Mohrenfalter

Verbreitung & Vorkommen: Die Gesamtverbreitung der Art zieht sich von den Gebirgen Nordspaniens über die Alpen bis zu den Karpaten und Rhodopen und im Osten über den Ural bis zum Altai. In Deutschland kommt sie nur in BY vor. Hier hat die Art Vorkommen in den Alpen und im Bayerischen Wald. Nachbarstaaten: in Frankreich, der Schweiz, Österreich, Polen, Tschechien.

Lebensraum: Die Art fliegt im Bayerischen Wald in Waldlückensystemen, Bergwiesen (Schachten) sowie an Waldsäumen. In den Alpen kommt sie in einem breiten Spektrum von Lebensräumen vor, wobei auch hier Waldlückensysteme eine wichtige Rolle spielen. Oberhalb der Waldgrenze werden Borstgrasrasen und Magerrasen in Verzahnung mit Gebüschen besiedelt. Im Bayrischen Wald fliegt die Art zwischen 540 und 1370 m und in den Alpen meist zwischen 700 und 2000 m über NN. Habitatpräferenz: A.

Biologie & Ökologie: Die Flugzeit beginnt Anfang Juli, die Hauptflugzeit liegt Anfang August, in den Alpen auch bis Anfang September. Die Falter saugen vornehmlich an gelben (*Arnica montana*) sowie violetten Blüten (*Carduus* spp. und *Knautia* spp.). Daneben auch an Schweiß, feuchten Wegstellen und Kot. In der Schweiz erfolgt die Eiablage bodennah an kleine Blätter oder Grashalme. Die Raupe wurde dort und in Tschechien (Beneš et al. 2002) an verschiedenen Gräsern, z. B. Schwingel-Arten (*Festuca* spp.) gefunden. Die Art hat eine zweijährige Entwicklung. Die erste Überwinterung erfolgt im Ei, die zweite im vorletzten Larvalstadium. In den Alpen meist in ungeraden Jahren, im Bayerischen Wald fast immer in geraden Jahren.

Gefährdung: Erstaufforstungen und die intensive landwirtschaftliche Nutzung in Ostbayern. In den Alpen Aufforstungen von Lichtungen und Ausbau von Skipisten.

Schutz: Erhalt und Förderung von blumenreichen Waldinnen- und -außensäumen. Erhalt von Waldlückensystemen.

Oliver Böck

RL-D (2011): *
Aktueller Bestand: s
Entwicklungstrend kurzfristig: =
Bestandstrend langfristig: =
BArtSchV (2005): besonders geschützt

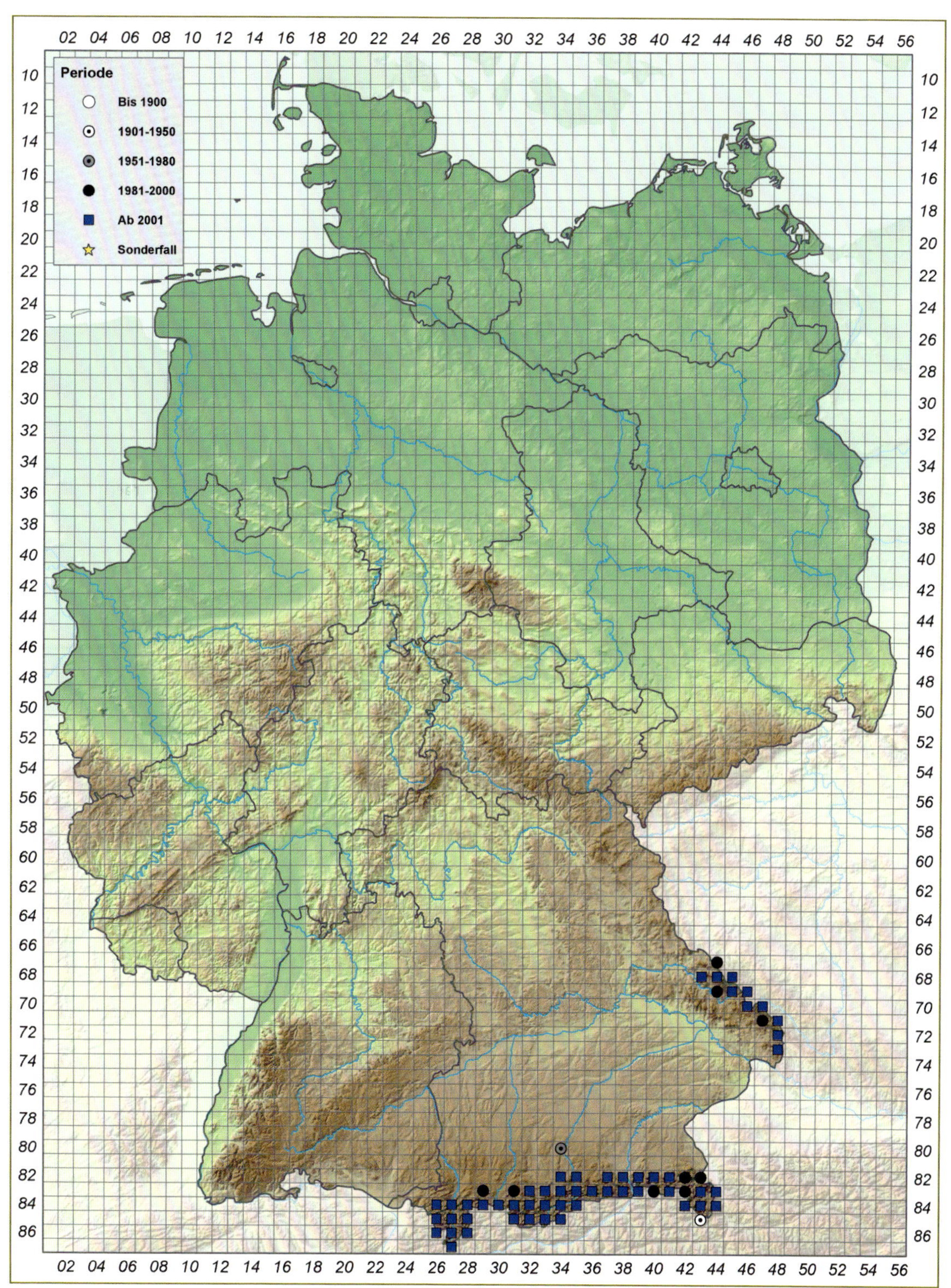
Periode
Bis 1900
1901-1950
1951-1980
1981-2000
Ab 2001
Sonderfall

Erebia ligea:
a Oberseite (Steffen Caspari)
b Unterseite (Martin Wiemers)

Erebia ligea (Linnaeus, 1758) – Weißbindiger Mohrenfalter

Verbreitung & Vorkommen: Euro-sibirische Art. Kommt von Ostfrankreich in den Gebirgen Mittel- und Osteuropas über die gemäßigte Zone Asiens bis Japan vor. In Südeuropa nur isolierte Vorkommen im italienischen Apennin und den Gebirgen der Balkanhalbinsel, in Fennoskandien und dem Baltikum dagegen auch im Flachland weit verbreitet. In Deutschland nur aus SH, HH, HB, MV, BE und BB nicht gemeldet, aus dem SL nur ein Einzelfund. Aus allen Nachbarstaaten außer Dänemark und Luxemburg liegen Meldungen vor, aus den Niederlanden nur Einzelfunde und aus Belgien nur aktuelle Vorkommen in den Hochardennen. Im Gebirge kann die Art bis wenig über 2000 m über NN angetroffen werden.
Lebensraum: Lichte, submontane bis subalpine Wälder mit grasreicher Bodenvegetation. Habitatpräferenz: WK, WY.
Biologie & Ökologie: Die Falter fliegen in einer Generation von Juli bis August. Die Raupen haben eine zweijährige Entwicklung und leben an unterschiedlichen Arten von Gräsern, wobei es regionale Präferenzen zu geben scheint. Verpuppung in einem lockeren Gespinst zwischen Grasbüscheln oder dürrem Laub.
Gefährdung: Das Zuwachsen lichter Wälder in geschlossene, dunkle Forsten und damit Rückgang der Bodenvegetation, speziell der Gräser für die Larvalentwicklung und geeigneter Blüten für die Falter. Dies gilt insbesondere in den tieferen Lagen. Dort könnten zudem die seit einigen Jahrzehnten vermehrt auftretenden milden Winter mit fehlenden Schneedecken einen ungünstigen Einfluss auf die überwinternden Raupen haben.
Schutz: Erhaltung und Förderung lichter Wälder und besonnter Säume.

Karl-Heinz Jelinek

RL-D (2011): V
Aktueller Bestand: mh
Entwicklungstrend kurzfristig: ↓↓
Bestandstrend langfristig: <
BArtSchV (2005): besonders geschützt

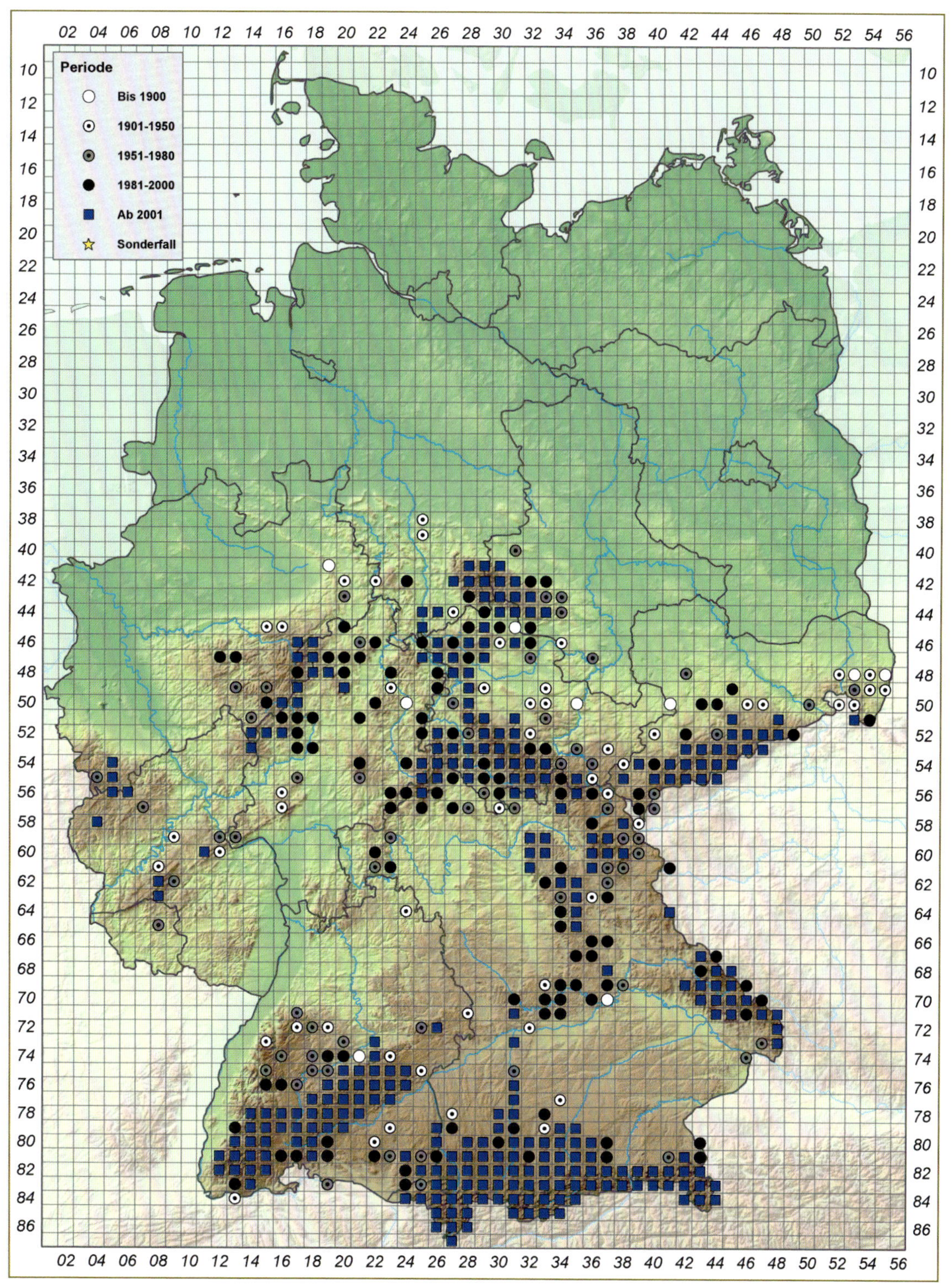
Periode
Bis 1900
1901-1950
1951-1980
1981-2000
Ab 2001
Sonderfall

Erebia pluto:
a Oberseite (Ronny Straetling)
b Unterseite (Alfred Haslberger)

Erebia pluto (Prunner, 1798) – Eis-Mohrenfalter

Verbreitung & Vorkommen: Nur in den Alpen sowie ein Vorkommen im zentralen Apennin. In Deutschland nur in BY, vor allem in den Allgäuer Hochalpen, im Wetterstein- und Karwendelgebirge. In den Berchtesgadener Alpen und im Ammergebirge nur lokale Vorkommen. Nachbarstaaten: in der Schweiz, Österreich, Frankreich.

Lebensraum: Geröll- und Felsregion der Gebirge; vegetationsarme Kalk- oder Dolomit-Felsschutthalden, wo sich feines Schuttmaterial mit spärlichem Grasbewuchs befindet. Auch nordexponierte Lagen; die Individuenzahl kann recht hoch sein. Zwischen 1600 und 2600 m, Schwerpunkt 1900–2300 m über NN. Habitatpräferenz: A.

Biologie & Ökologie: Flugzeit von Ende Juni bis Ende August, nur bei Sonnenschein flugaktiv. Aus Deutschland nur wenige Beobachtungen zur Nektaraufnahme (Gämswurz [*Doronicum* spp.] und Habichtskraut [*Hieracium* spp.]), aus der Schweiz werden zahlreiche Pflanzenarten, vor allem höherwüchsige Korbblütler, aber auch Polsterpflanzen genannt. Eiablage einzeln an Steine, die mehrere Meter von der nächsten potenziellen Futterpflanze entfernt sein können. Raupennahrung sind verschiedene Grasarten (Schwingel-Arten [*Festuca* spp.], Kalk-Blaugras [*Sesleria caerulea*], Kleines Rispengras [*Poa minor*], weitere Arten werden vermutet). Verpuppung unter Steinen. Die Entwicklung ist zweijährig, vermutlich z. T. dreijährig.

Gefährdung: Keine aktuelle Gefährdung erkennbar.

Schutz: Es sind aktuell keine besonderen Schutzmaßnahmen erforderlich.

Ádám Kőrösi

RL-D (2011): R
Aktueller Bestand: es
Entwicklungstrend kurzfristig: ?
Bestandstrend langfristig: ?
BArtSchV (2005): besonders geschützt

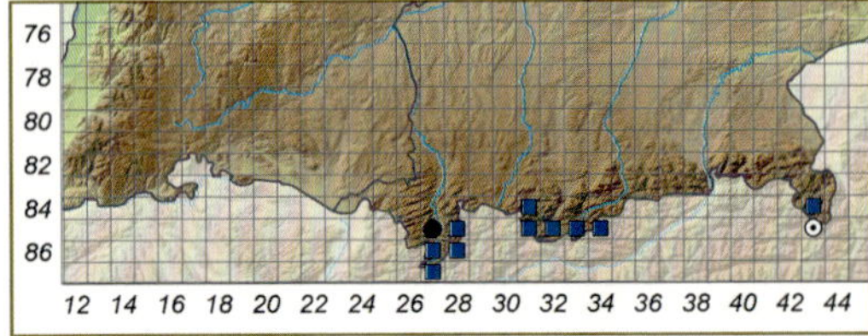

Erebia melampus:
a Oberseite (Martin Albrecht)
b Unterseite (Erk Dallmeyer)

Erebia melampus (Fuessly, 1775) – Kleiner Mohrenfalter

Verbreitung & Vorkommen: Alpenendemit, der in Deutschland nur in den Allgäuer Alpen in BY vorkommt. Nachbarstaaten: in der Schweiz, Österreich, Frankreich.

Lebensraum: Typische Art des Übergangs von der subalpinen zur alpinen Höhenstufe schwerpunktmäßig zwischen 1700 und 2100 m über NN, d. h. im Bereich der Wald- bzw. Baumgrenze und darüber. Die Art kommt verstärkt auf den kalkärmeren Rostseggen- und Borstgrasrasen, feuchten Hochstaudenfluren und Almweiden auf Fleckenmergel und Aptychenschichten vor. Auch stärker verbrachte und versauerte Weiden im Übergang zu Zwergstrauchheiden und Borstgrasrasen werden besiedelt. Von Dolomit- bzw. Kalk-Schuttfächern und Blaugrashalden liegen weniger Nachweise vor. Habitatpräferenz: A.

Biologie & Ökologie: Die Art fliegt in einer Generation mit Schwerpunkt im Juli und August (September). Die Falter besuchen häufig Nektarpflanzen, besonders gelbblühende Korbblütler aus der *Hieracium*-Gruppe. Aus der Schweiz wird eine einjährige Entwicklung der Raupe beschrieben, Überwinterung im zweiten Larvenstadium. Raupennahrungspflanzen sind vor allem Seggen (*Carex* spp.) sowie *Festuca*-Arten.

Gefährdung: Aktuell keine Gefährdung in den Primärhabitaten wie etwa alpinen Urwiesen; im Bereich alpwirtschaftlich genutzter Hochweiden Gefährdung durch Intensivierung und Nutzungsaufgabe unterhalb der Waldgrenze.

Schutz: Schutzmaßnahmen nur im Bereich der Alpwirtschaft (Vermeidung von Viehtritt und Aufdüngung).

Alfred Karle-Fendt & Herbert Stadelmann

RL-D (2011): R
Aktueller Bestand: es
Entwicklungstrend kurzfristig: =
Bestandstrend langfristig: =
BArtSchV (2005): besonders geschützt

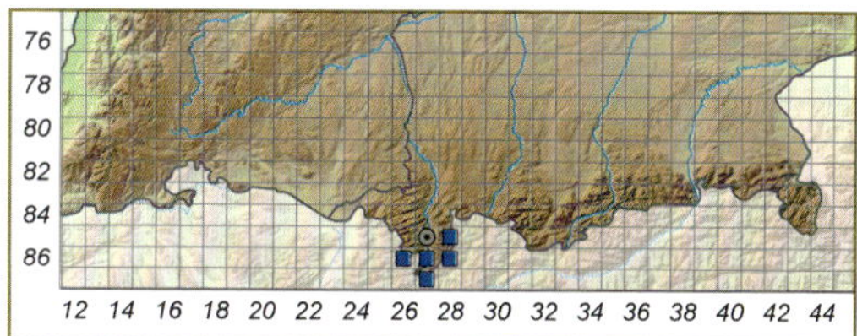

Erebia medusa:
a Oberseite (Markus Bräu)
b Unterseite (Markus Bräu)
c Ei (Markus Bräu)

Erebia medusa ([Denis & Schiffermüller], 1775) – Rundaugen-Mohrenfalter

Verbreitung & Vorkommen: Euro-sibirische Art. Von Ostfrankreich durch das temperate Europa und Südsibirien bis zum Amur. In Deutschland weit verbreitet, aber in der Tiefebene aktuell nur in ST. Nicht bodenständig in den Niederlanden, keine Nachweise in Dänemark, sonst in allen Nachbarstaaten.

Lebensraum: Meist nährstoffarmes Grünland unterschiedlichen Feuchte- und Basengehalts; halboffene Moore, sehr lichte Wälder mit gut entwickelter Krautschicht. Wichtig ist eine inhomogene, oftmals bultige Vegetationsstruktur. Lebensräume ohne Windschutz werden gemieden. Habitatpräferenz: OT, OW, OM, OG, MH.

Biologie & Ökologie: Flugzeit je nach Höhenlage von Ende April bis Anfang Juli. Hauptflugzeit oft in der Blütezeit der Hahnenfüße (*Ranunculus* spp.) als wichtig(st)er Nektarquelle. Auch andere, meist gelbe oder violette Blüten (z. B. *Knautia*, *Hieracium*, *Potentilla*) werden häufig besucht. Die Eier werden einzeln an die Blätter der Raupennahrungspflanzen abgelegt, meist etwas unterhalb der Spitze. Die Ablageorte befinden sich häufig in der Nähe vertikaler Strukturen und sind stets besonnt. Die Lebensweise der überwinternden Raupen ist wenig bekannt. Raupennahrung: Süßgräser, bevorzugt Schaf-Schwingel (*Festuca ovina* agg.), Aufrechte Trespe (*Bromus erectus*), Fieder-Zwenke (*Brachypodium pinnatum*), Borstgras (*Nardus stricta*) und Pfeifengras (*Molinia caerulea* agg.). Selten auch Sauergräser. Verpuppung: Unzureichend bekannt, angegeben wird frei über der Bodenoberfläche oder in Grashorsten aufrecht stehend.

Gefährdung: Intensivierung oder Zerstörung von Magerrasen, Verbuschung, zu häufige Mahd bzw. Mahd zum falschen Zeitpunkt. Die Art ist empfindlich gegenüber schneearmen, nassen Wintern und zieht sich in den westlichen Mittelgebirgen in größere Höhenlagen zurück.

Schutz: Erhalt von strukturreichen Magerrasen; Vermeidung von Mahd und Beweidung zur Flugzeit oder kurz danach.

Thomas Schmitt & Steffen Caspari

RL-D (2011): V
Aktueller Bestand: h
Entwicklungstrend kurzfristig: (↓)
Bestandstrend langfristig: <<
BArtSchV (2005): besonders geschützt

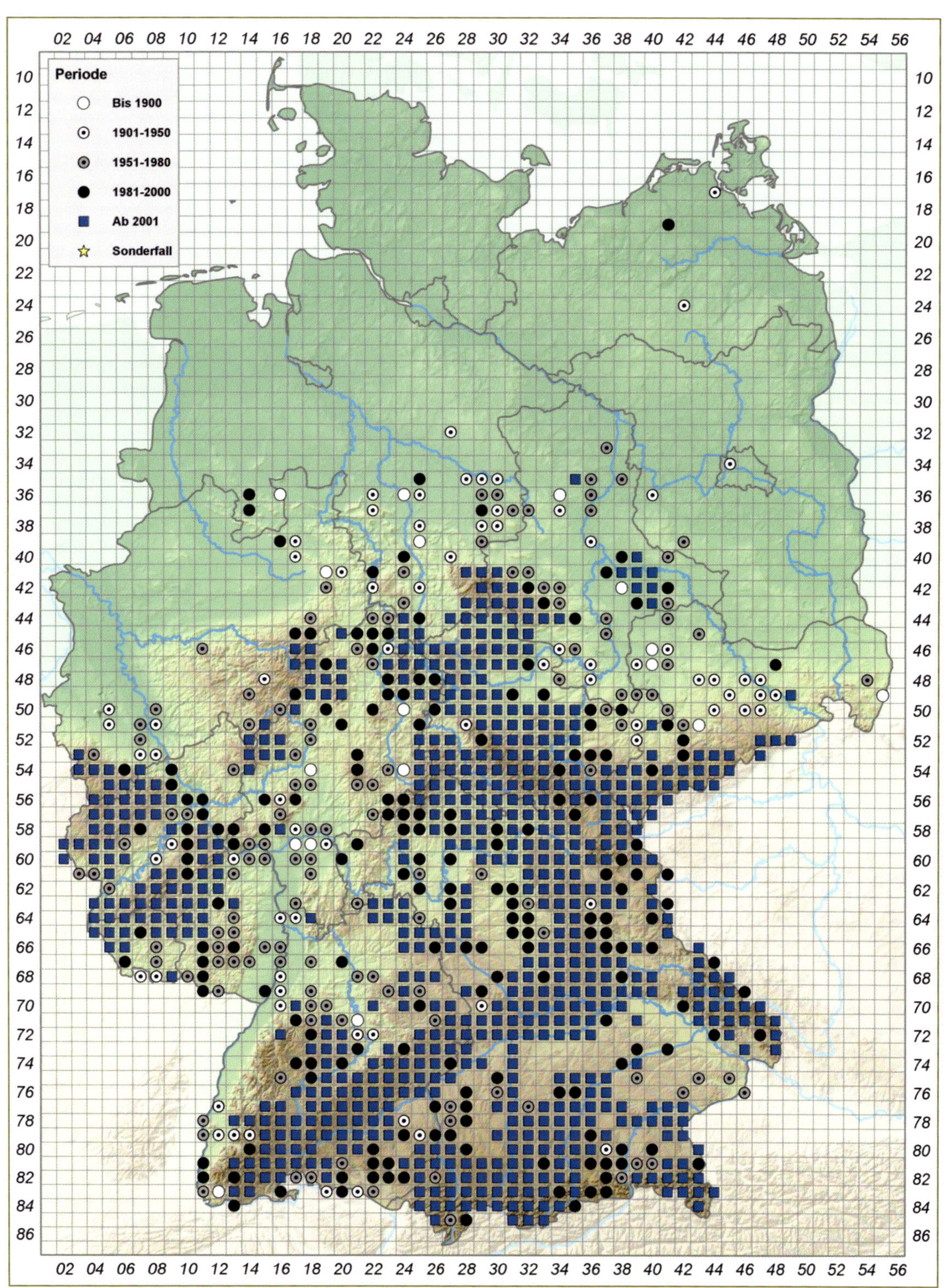
Periode
Bis 1900
1901-1950
1951-1980
1981-2000
Ab 2001
Sonderfall

Erebia aethiops:
a Oberseite (Erk Dallmeyer)
b Unterseite (Lars Huth)
c Raupe (Ronny Straetling)

Erebia aethiops (Esper, 1777) – Graubindiger Mohrenfalter

Verbreitung & Vorkommen: Euro-orientalische Art. Kommt von Mitteleuropa (Südwest-Frankreich) durch die gemäßigte Zone bis Sibirien vor. Im Norden der Britischen Inseln isolierte Vorkommen. In Deutschland nur aus SH, HH und HB nicht gemeldet und aus der gesamten Norddeutschen Tiefebene, sowie aus SL und SN keine aktuellen Nachweise mehr. Aus allen Nachbarstaaten außer Dänemark und den Niederlanden liegen Meldungen vor. Im Gebirge kann die Art bis knapp unter 2000 m über NN angetroffen werden.

Lebensraum: Lichte, montane Wälder mit grasreicher Bodenvegetation, innere Waldsäume und Lichtungen, Waldwiesen, Heiden und Moore mit einigen Bäumen. Habitatpräferenz: WM, WF, WK, WY.

Biologie & Ökologie: Die Falter fliegen in einer Generation von Ende Juli bis Mitte September. Die Raupen entwickeln sich von Ende August bis in den Juni des Folgejahres und leben an unterschiedlichen Arten von Gräsern, wobei es regionale Präferenzen gibt. In der Eifel ist dies beispielsweise die Fieder-Zwenke (*Brachypodium pinnatum*) (Leopold 2006). Verpuppung in der Streuschicht.

Gefährdung: Das Zuwachsen lichter Wälder und die Verbuschung der Saumbereiche. Die seit einigen Jahrzehnten vermehrt auftretenden milden Winter mit fehlenden Schneedecken haben vermutlich einen ungünstigen Einfluss auf die überwinternden Raupen.

Schutz: Erhaltung und Förderung lichter Wälder und besonnter Säume.

Karl-Heinz Jelinek

RL-D (2011): 3
Aktueller Bestand: mh
Entwicklungstrend kurzfristig: ↓ ↓
Bestandstrend langfristig: <<
BArtSchV (2005): besonders geschützt

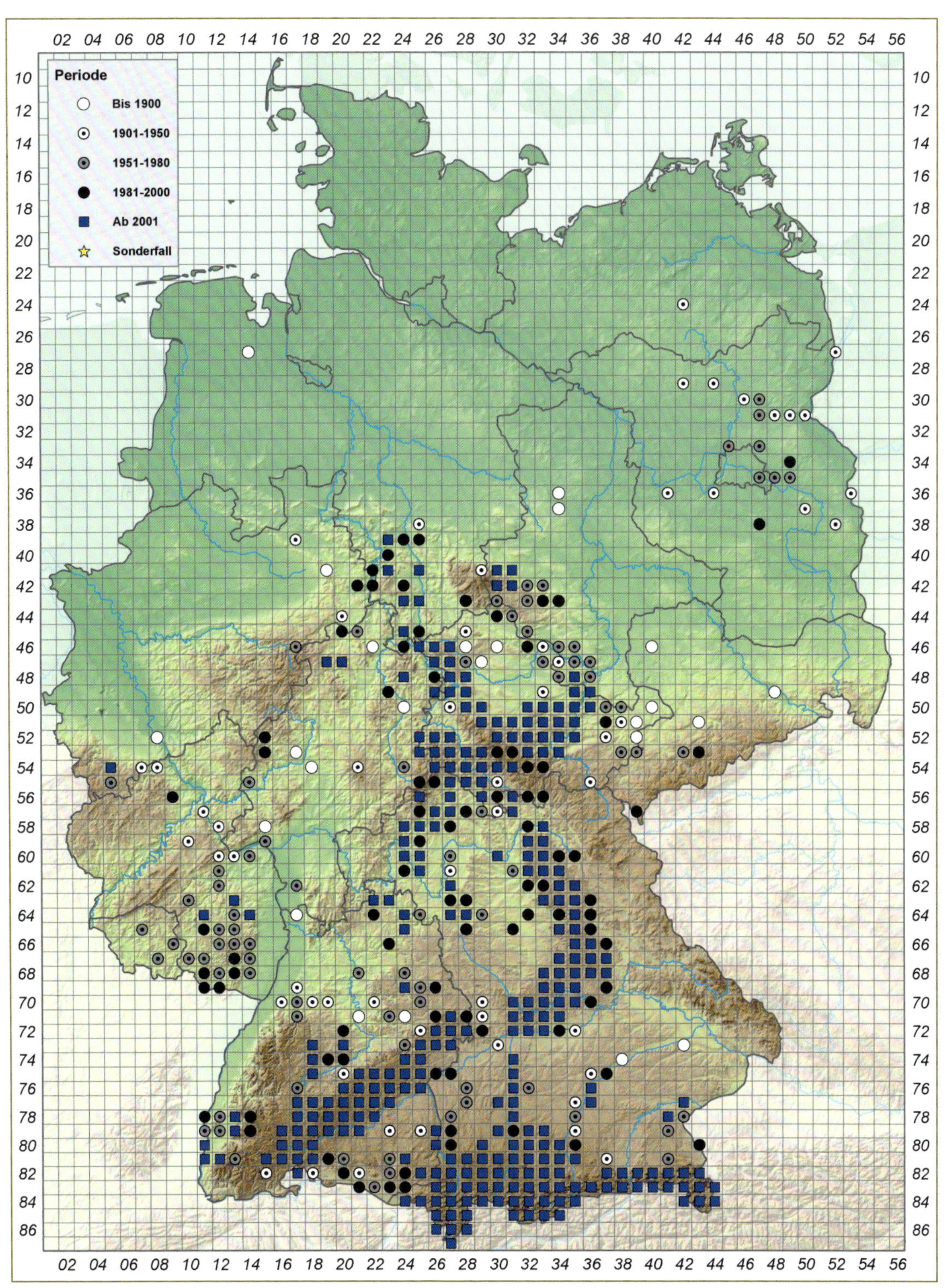
Periode
Bis 1900
1901-1950
1951-1980
1981-2000
Ab 2001
Sonderfall
02 04 06 08 10 12 14 16 18 20 22 24 26 28 30 32 34 36 38 40 42 44 46 48 50 52 54 56
10 12 14 16 18 20 22 24 26 28 30 32 34 36 38 40 42 44 46 48 50 52 54 56 58 60 62 64 66 68 70 72 74 76 78 80 82 84 86

Erebia pharte:
a Oberseite (Markus Bräu)
b Unterseite (Markus Bräu)

Erebia pharte (Hübner, 1804) – Unpunktierter Mohrenfalter

Verbreitung & Vorkommen: Endemit der Alpen und Karpaten (Hohe Tatra und Rumänien). In Deutschland nur in BY, unregelmäßig in den Schwäbisch-Oberbayerischen Voralpen und den Nördlichen Kalkhochalpen. Schwerpunkte sind die Allgäuer Hochalpen, das Ammergebirge und die Berchtesgadener Alpen. Nachbarstaaten: in der Schweiz, Österreich, Frankreich, Polen.

Lebensraum: Bevorzugt auf alpinen Rasen, vor allem mit langgrasigen Beständen an nicht zu trockenen und zumeist kalkreichen Standorten mit feuchten Böden, häufig im Mosaik mit Hochstaudenfluren, Grünerlen oder Latschen. Außerdem auf extensiv beweideten Almflächen, Borstgrasrasen, Zwergstrauchheiden, hochmontanen Magerrasen, Quellsümpfen oder an Moorrändern sowie selten an aufgelichteten Stellen im Bergwald. Zwischen ca. 1100 und nahezu 2350 m, Schwerpunkt 1500–1900 m über NN. Habitatpräferenz: A.

Biologie & Ökologie: Flugzeit von Mitte Juni bis Ende August, Schwerpunkt im Juli. Die Falter sind standorttreu in oft individuenreichen Vorkommen. Nutzung zahlreicher Nektarpflanzen. Eiablage nahe am Boden an abgestorbene Gräser, seltener an grüne Pflanzenteile. Raupennahrung sind verschiedene Schwingel-Arten (*Festuca* spp.), Rost-Segge (*Carex ferruginea*) und Borstgras (*Nardus stricta*), weitere Gras- und Seggen-Arten werden vermutet. Überwinterung wahrscheinlich zweimal als Raupe.

Gefährdung: Keine aktuelle Gefährdung erkennbar.

Schutz: Es sind keine besonderen Schutzmaßnahmen erforderlich.

Ádám Kőrösi

RL-D (2011): *
Aktueller Bestand: ss
Entwicklungstrend kurzfristig: =
Bestandstrend langfristig: =
BArtSchV (2005): besonders geschützt

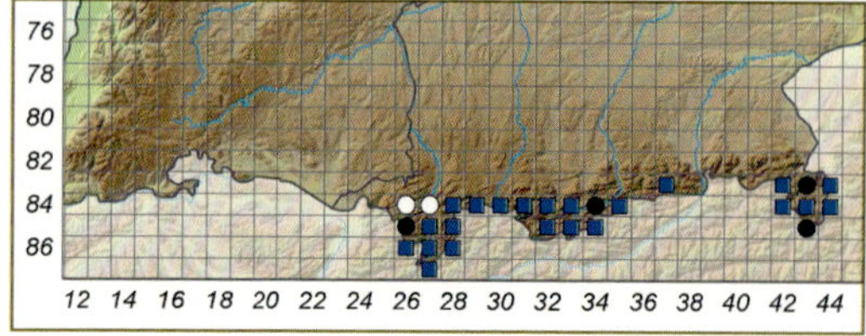

Der Weißbindige Mohrenfalter (*Erebia ligea*) lebt in lichten, submontanen bis subalpinen Wäldern und ist dort von Juli bis August anzutreffen. Seine Raupen leben an Gräsern und benötigen zwei Jahre für ihre Entwicklung. (Foto: Erk Dallmeyer)

Erebia epiphron:
a Oberseite Männchen (Martin Albrecht)
b Unterseite Männchen (Martin Wiemers)

Erebia epiphron (Knoch, 1783) – Knochs Mohrenfalter

Verbreitung & Vorkommen: Die Art besiedelt verschiedene Gebirge Europas vom Kantabrischen Gebirge in Nordspanien bis zu den Karpaten und den Dinariden auf dem Balkan. Im Norden nur in Schottland. In Deutschland nur noch in BY. Ausgestorben im Harz, dem Typenfundort der Nominatunterart: Letzte Nachweise in ST 1933 und in NI 1959. In BY gibt es drei Schwerpunkte der Art: die Allgäuer Hochalpen, das Wetterstein- und Karwendelgebirge und die Berchtesgadener Alpen. Nachbarstaaten: in der Schweiz, Österreich, Frankreich, Tschechien, Polen (angesiedelt).
Lebensraum: Die Art besiedelt in den Bayerischen Alpen vornehmlich Borstgrasrasen. Die ehemaligen Populationen im Harz wurden ebenfalls in diesem Biotoptyp gefunden. In den Alpen gibt es außerdem Funde von alpinen Kalkrasen, Zwergstrauchheiden und Milchkrautweiden sowie von Rändern von Schutthalden. Die Höhenamplitude reicht von 1500–2350 m über NN. Die Populationen im Harz flogen zwischen 800 und 1140 m über NN (Karisch 2014). Habitatpräferenz: A.
Biologie & Ökologie: Die Flugzeit reicht von Ende Juni bis Anfang September. Die Falter saugen vornehmlich an gelben Korbblütlern wie Arnika (*Arnica montana*). Raupen in Österreich und der Schweiz an verschiedenen Schwingel-Arten (*Festuca* spp.) sowie an Borstgras (*Nardus stricta*) gefunden. Zweijährige Entwicklung, ohne dass unterschiedliche Bestandsdichten zwischen den verschiedenen Jahren festgestellt werden.
Gefährdung: In den Kalkhochalpen teilweise eine der häufigsten Tagfalterarten. Ausgestorben im Harz durch hohe Sammeltätigkeit und Beweidungsaufgabe der Borstgrasrasen (Karisch 2014).
Schutz: Keine Auflassung oder Intensivierung von Almen im subalpinen Bereich. Keine Düngung und keine intensive Beweidung weideempfindlicher Rasen in den Hochlagen.

Oliver Böck

RL-D (2011): R
Aktueller Bestand: es
Entwicklungstrend kurzfristig: =
Bestandstrend langfristig: =
BArtSchV (2005): (ausgestorbene) Nominatform ist „streng geschützt", übrige Unterarten besonders geschützt

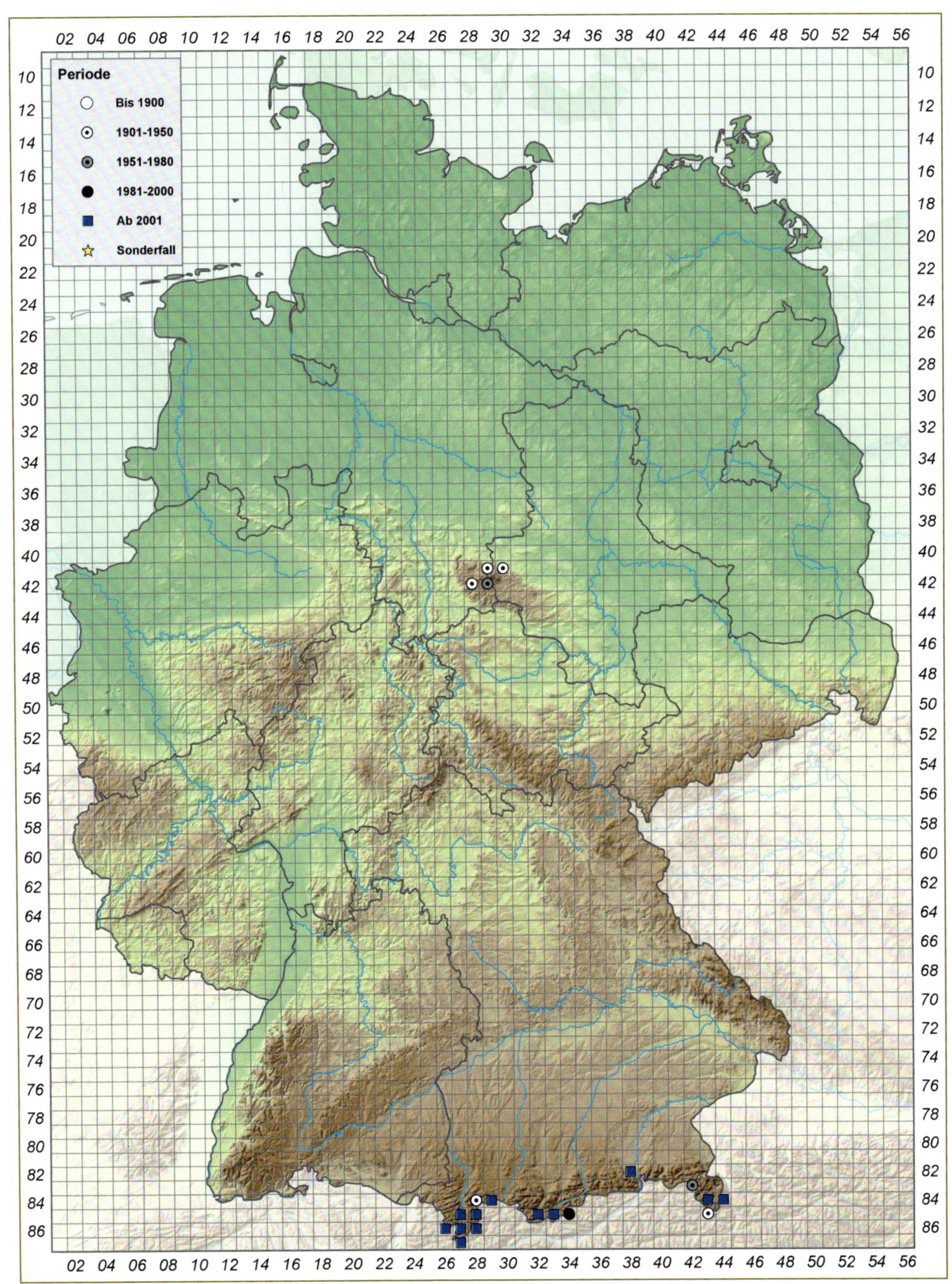
Periode
Bis 1900
1901-1950
1951-1980
1981-2000
Ab 2001
Sonderfall

Erebia styx:
a Oberseite (Gregor Markl)
b Unterseite (Martin Albrecht)

Erebia styx (FREYER, 1834) – Styx-Mohrenfalter

Verbreitung & Vorkommen: Alpenendemit. Außer in den Bayerischen Alpen kommt die Art in Österreich, der Südost-Schweiz, Norditalien und Westslowenien vor. In Deutschland beschränken sich die Fundorte auf die Berchtesgadener und Chiemgauer Alpen, das Wetterstein- und Karwendelgebirge und die Kocheler Berge. Nachbarstaaten: in der Schweiz und Österreich.

Lebensraum: Südexponierte und steile Felswände aus Kalk in der submontanen sowie montanen Stufe. Geröllhalden unterhalb der Felsen sowie im Einzelfall Schotterbänke benachbarter Flüsse. Habitatpräferenz: A.

Biologie & Ökologie: In Deutschland Eiablagen an Stachelspitziger Segge (*Carex mucronata*), Stängel-Fingerkraut (*Potentilla caulescens*) und Kalk-Blaugras (*Sesleria caerulea*) sowie vereinzelte Raupenbeobachtungen an *Carex mucronata*, *Sesleria caerulea* und Gewöhnlichem Pfeifengras (*Molinia caerulea*). Die Raupen überwintern in Deutschland vermutlich einmal. Die Art fliegt ab Mitte Juli/Anfang August bis Ende August, die bayerischen Standorte liegen zwischen ca. 500 und 1600 m über NN. Die Falter segeln gerne entlang der Felsen und saugen dort meist an Stängel-Fingerkraut (*Potentilla caulescens*). Andere Saugbeobachtungen erfolgten an Berg-Gamander (*Teucrium montanum*), Glänzender Skabiose (*Scabiosa lucida*) sowie an feuchten Stellen am Flussbett und an Schweiß.

Gefährdung: Die sehr lokalen Vorkommen der Art sind gefährdet durch Verbuschung und Bewaldung der Felsfluren sowie Aufforstungsmaßnahmen.

Schutz: Freischlagen von Felsfluren und Unterbinden der Wiederaufforstung.

OLIVER BÖCK

RL-D (2011): R
Aktueller Bestand: es
Entwicklungstrend kurzfristig: ?
Bestandstrend langfristig: ?
BArtSchV (2005): besonders geschützt

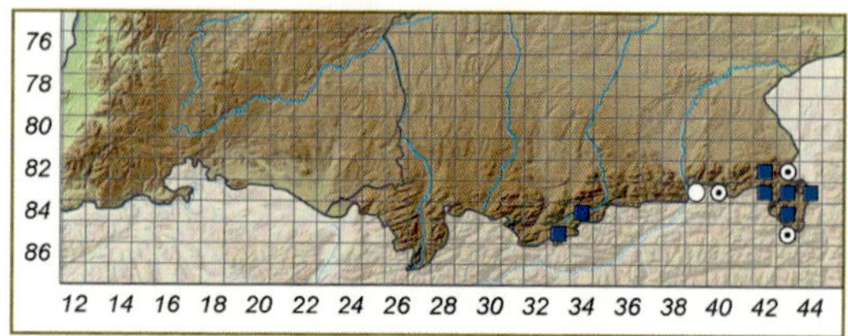

Erebia pronoe:
a Unterseite (Martin Albrecht)
b Oberseite (Martin Wiemers)

Bergkronen-Widderchen ▷
(*Zygaena fausta*),
Foto: Andreas Kolossa

Erebia pronoe (Esper, 1780) – Quellen-Mohrenfalter

Verbreitung & Vorkommen: Endemit der Gebirge Europas (Kantabrisches Gebirge, Pyrenäen, Französischer und Schweizer Jura, Alpen, Karpaten und einige Hochgebirge des Balkans). In Deutschland nur in BY, in vielen Teilen der Schwäbisch-Oberbayerischen Voralpen und der Nördlichen Kalkhochalpen, Schwerpunkte Allgäuer Hochalpen, Berchtesgadener Alpen. Gemeinsam mit *E. oeme* die weiteste Verbreitung der auf die Alpen beschränkten Mohrenfalter in BY. Nachbarstaaten: in der Schweiz, Österreich, Frankreich, Polen.

Lebensraum: Überwiegend in alpinen Rasen und verschiedenen Magerrasentypen, häufig auch an Felsen oder auf Schuttfluren sowie anderen gesteinsbetonten (Klein-)Lebensräumen. Präferenz für ziemlich trockene und insbesondere kalkhaltige Standorte. Zwischen gut 500 und knapp 2300 m, Schwerpunkt 1100–1800 m über NN. Habitatpräferenz: A.

Biologie & Ökologie: Schwerpunkt der Flugzeit zwischen Mitte Juli und Mitte September. Die Falter besuchen häufig verschiedene Nektarpflanzen. Eiablage meist an trockene Blätter knapp über dem Boden. Aus der Schweiz sind vor allem Schwingel-Arten (*Festuca* spp., insbesondere *F. ovina* agg.) als Raupennahrung bekannt, darüber hinaus ein Raupenfund an Ruchgras (*Anthoxanthum odoratum*). Einjährige Entwicklung, die Raupe überwintert.

Gefährdung: Die Art ist in den Bayerischen Alpen weit verbreitet und nicht gefährdet.

Schutz: Es sind aktuell keine besonderen Schutzmaßnahmen erforderlich.

Ádám Kőrösi

RL-D (2011): V
Aktueller Bestand: mh
Entwicklungstrend kurzfristig: ?
Bestandstrend langfristig: <
BArtSchV (2005): besonders geschützt

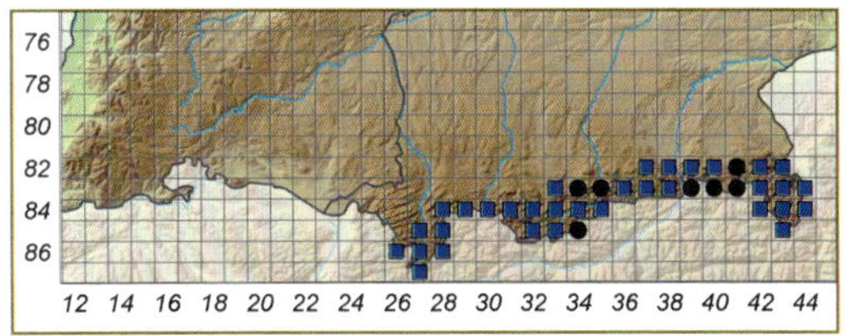

Die Widderchenarten Deutschlands

Rhagades pruni: **a** Oberseite Männchen (Detlef Kolligs)
b Raupe (Detlef Kolligs)

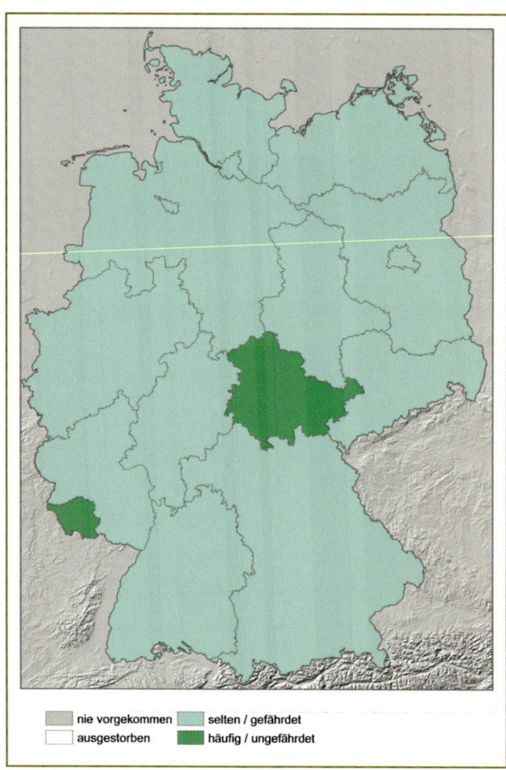

Rhagades pruni
([Denis & Schiffermüller], 1775)
Heide-Grünwidderchen

Verbreitung & Vorkommen: Euro-sibirische Art. Von den Ostpyrenäen und Nordost-Europa ostwärts über die Kaukasusregion, Sibirien bis Japan. Im Norden bis Südfinnland. Aus allen Bundesländern sowie allen Nachbarstaaten bekannt.

Lebensraum: Die Art bildet zwei verschiedene Ökovarianten aus, welche von manchen Autoren als Unterarten behandelt werden. Die boreo-montane Unterart *callunae* Spuler, 1906, besiedelt Heidebiotope auf Sandböden und verheidete Hochmoore. Es werden Landschaften des Norddeutschen Tieflandes als auch voralpine Hochmoore Südbayerns bis in Höhen von 850 m über NN besiedelt. Die Raupen ernähren sich hier hauptsächlich von Besenheide (*Calluna vulgaris*). Die Nominatunterart *pruni* ist besonders auf basenreichen Trockenstandorten mit Sukzessionsflächen der Schlehe (*Prunus spinosa*) verbreitet. Habitatpräferenz: OT, OH, MH.

Biologie & Ökologie: Univoltin, Flugzeit von Anfang Juni bis August, mit Hauptflugzeit im Juli. *R. pruni* unterliegt teilweise sehr starken Bestandsschwankungen. In einzelnen Jahren kann es zu Massenvermehrungen kommen. Schon im darauffolgenden Jahr treten die Falter oft nur noch vereinzelt auf. Zur Paarungsfindung schwärmen sie am späten Vormittag im Sonnenschein um die Schlehenbüsche. Die Eiablage erfolgt in flachen Spiegeln an den Blattunterseiten der Wirtspflanzen, an *Calluna* zwischen den Trieben. Die überwinternden Raupen leben oft gesellig und können Kahlfraß verursachen. Verpuppung an der Wirtspflanze in einem weißlichen Kokon.

Gefährdung: Auf basischen Trockenbiotopen durch Nutzungsaufgabe (Beweidung) oder zu radikale Entbuschung. Auf Heiden und Mooren durch Sukzession.

Schutz: Offenhaltung der Habitate. Keine radikale Beseitigung der Wirtspflanzen.

Julian Bittermann

RL-D (2011): 3
Aktueller Bestand: mh
Entwicklungstrend kurzfristig: (↓)
Bestandstrend langfristig: <<
BArtSchV (2005): besonders geschützt

Jordanita notata: **a** Oberseite (Rudolf Bryner)
b Raupe (Rudolf Bryner)

Jordanita notata (Zeller, 1847) Skabiosen-Grünwidderchen

Verbreitung & Vorkommen: Von der Iberischen Halbinsel über Mittel- und Südeuropa durch den Balkan und Kleinasien (rund um das Schwarze Meer) bis in den Südiran. Östlich bis in die Kaukasusregion verbreitet. Fehlt auf den Balearen, auf Korsika, Sardinien, Zypern und in Nordfrankreich. In Deutschland nur aus BY und BW, RP (1979) und BB (vor 1981) bekannt. Nachbarstaaten: in Frankreich, der Schweiz, Österreich, Tschechien.
Lebensraum: In Nordbayern werden extensiv beweidete und verbuschte Kalkmagerrasen besiedelt. In Südbayern waren Vorkommen auf dealpinen Flussschotterhalden (Isar, Mangfall) sowie auf feuchten Wiesen von Moorrändern bekannt (Osthelder 1933). Habitatpräferenz: OT, OF, OW.
Biologie & Ökologie: Univoltin. Hauptflugzeit von Mitte Juni bis Mitte Juli. Eier gelbgrün. Eiablage bevorzugt an jungen Pflanzen. Die Jungraupen minieren zunächst in Knospen und Trieben der Wirtspflanzen. Insbesondere an Wiesen-Flockenblume (*Centaurea jacea* agg.) und Skabiosen-Flockenblume (*C. scabiosa*), aber auch die Rispen-Flockenblume (*C. stoebe*) ist belegt. Die Raupen bohren sich zwischen die Blattmembranen und erzeugen den typischen Fensterfraß. Im Mai sind die erwachsenen Raupen anhand der großen Blattminen und Kotreste leicht zu finden. Verpuppung in lockerem, weißlichem Kokon in Bodennähe. Puppe bernsteinfarben. Die Falter bevorzugen violett gefärbte Nektarquellen, z. B. die ihrer Wirtspflanzen. Die Männchen fliegen nachts künstliche Lichtquellen an.
Gefährdung: Flächenverlust blütenreicher Halbtrockenrasen durch Überweidung, Sukzession, Nutzungsaufgabe, Nähr- und Schadstoffeintrag.
Schutz: Erstellung von Beweidungskonzepten und Biotopverbund. Entbuschung.

Julian Bittermann

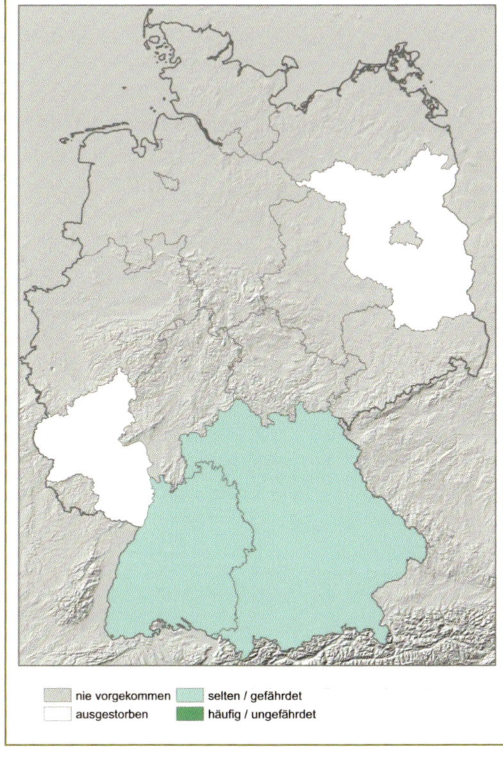

RL-D (2011): 2
Aktueller Bestand: ss
Entwicklungstrend kurzfristig: (↓)
Bestandstrend langfristig: <
BArtSchV (2005): besonders geschützt

Jordanita subsolana: **a** Oberseite Männchen (Erk Dallmeyer) **b** Raupe (Karl Göhl)

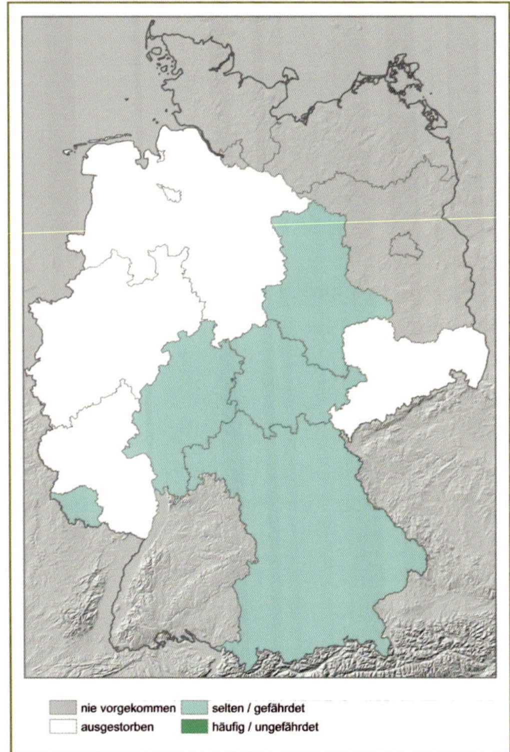

Jordanita subsolana (Staudinger, 1862) – Distel-Grünwidderchen

Verbreitung & Vorkommen: Euro-orientalische Art. Von Spanien, Frankreich und Italien, mit inselartigen Vorkommen in den Alpentälern, durch Mitteleuropa verbreitet. Ostwärts über den Balkan und Griechenland bis in die Türkei und Armenien, sowie von der Ukraine, Weiß- und Südrußland über die Kaukasus-Region bis in den Altai. Die nördliche Verbreitungsgrenze verläuft durch Mitteldeutschland. Aktuell in TH (teils starke Populationen), SL, HE und BY (bis 2003), RP (bis 1986), und ST (1983). Einzelfunde aus BW, NW (1976), NI (vor 1940) und SN. Nachbarstaaten: in Belgien, Frankreich, der Schweiz, Österreich, Tschechien.
Lebensraum: Offene, trockenwarme Weidelandschaften wie schafbeweidete Kalkmagerrasen und Steinbrüche im Muschelkalk und Jura (oft syntop mit *J. globulariae* und *J. notata*), in TH auch Brachland. Habitatpräferenz: OT, OF.
Biologie & Ökologie: Univoltin. Hauptflugzeit von Ende Mai bis Anfang Juli. Die Eiablage erfolgt zerstreut in die filzigen Blattunterseiten der Wirtspflanzen. Diese sind Wollköpfige Kratzdistel (*Cirsium eriophorum*) und Golddistel (*Carlina vulgaris*). Aus TH ist Drüsige Kugeldistel (*Echinops sphaerocephalus*) belegt (Göhl et al. 2017). Die Jungraupen (L1–L3) minieren in Blatttrieben und überwintern in einem losen Gespinst aus Erd- und Blattteilen. Im Frühjahr bohrt sich die Raupe in die Stängel und ernährt sich vom Pflanzenmark. Verpuppung in Wurzelnähe in dunkelbraunem Kokon. Die Puppe ist honiggelb. Die Falter saugen besonders an violett gefärbten Korbblütlern und Wicken-Arten.
Gefährdung: Verbuschung durch Unterbeweidung, Düngereintrag z. B. durch Koppelhaltung.
Schutz: Beweidung und Entbuschung von Magerrasen, Biotopverbund.

Julian Bittermann

RL-D (2011): 1
Aktueller Bestand: ss
Entwicklungstrend kurzfristig: (↓)
Bestandstrend langfristig: <<
BArtSchV (2005): besonders geschützt

Jordanita chloros: **a** Oberseite (Frank Rämisch)
b Raupe (Frank Rämisch)

Jordanita chloros (Hübner, 1813) Kupferglanz-Grünwidderchen

Verbreitung & Vorkommen: Euro-orientalische Art (vorwiegend südosteuropäisch). Von Südost-Frankreich, Italien, dem Südosten der Schweiz durch große Teile Süd- und Mitteleuropas, im Osten über ganz Pannonien, den Balkan bis zur Türkei, in Nordsyrien und Nordirak, ferner von der Ukraine über Südrussland bis zum Ural, Südsibirien (Altai) bis ins östliche Kasachstan. In Deutschland derzeit nur an wenigen Fundplätzen im nordöstlichen BB. Früheres Vorkommen in TH fraglich. Nachbarstaaten: in Frankreich, der Schweiz, Österreich, Tschechien, Polen.
Lebensraum: Trocken- und Halbtrockenrasenhänge, steinige Landschaftsbereiche und Steppenbiotope. In Deutschland (BB) speziell auf xerothermen, blütenreichen, Sandmagerrasen mit Vorkommen der Raupennahrungspflanzen. Habitatpräferenz: OT.
Biologie & Ökologie: In einer Generation von Mitte Juni bis Ende Juli, vereinzelt bis Anfang August. Die Falter sind vor allem nach Sonnenuntergang bis zur Abenddämmerung flugaktiv. Um diese Zeit erfolgt auch die Kopula. Die gelblichen Eier werden einzeln oder in kurzen Reihen (ohne sich zu berühren) an die Blätter oder Blüten der Raupennahrungspflanzen abgelegt. In Ostdeutschland dienen als solche Flockenblumen-Arten wie *Centaurea scabiosa*, *C. jacea* agg. und *C. stoebe,* besonders auch Sandstrohblume (*Helichrysum arenarium*). Die Raupe erzeugt nach der Überwinterung große Blattminen an der Wirtspflanze. Verpuppung in lockerem Gespinst in der Streuschicht.
Gefährdung: Zerstörung der Lebensräume durch Aufforstung, Verbuschung oder Nährstoffeintrag durch landwirtschaftliche Nutzung der Randflächen.
Schutz: Sicherung der Biotopflächen durch Ankauf, Entbuschung.

Julian Bittermann

RL-D (2011): 1
Aktueller Bestand: es
Entwicklungstrend kurzfristig: ?
Bestandstrend langfristig: <
BArtSchV (2005): besonders geschützt

Jordanita globulariae: Oberseite Weibchen (Erk Dallmeyer)

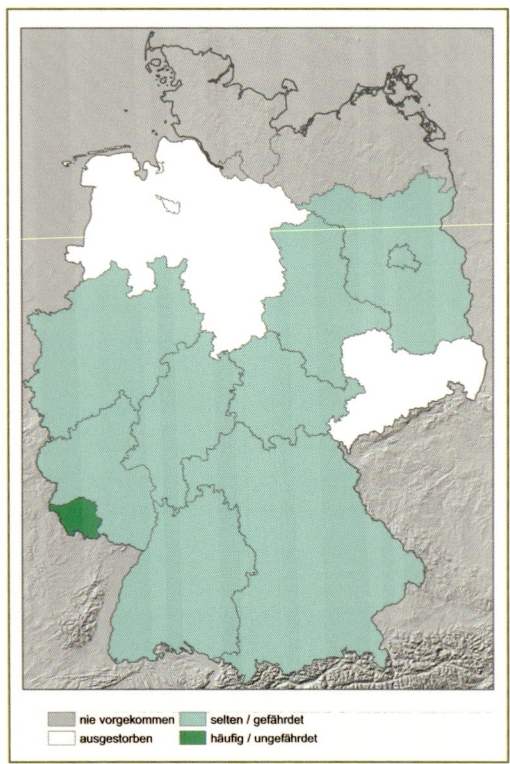

Jordanita globulariae (Hübner, 1793) Flockenblumen-Grünwidderchen

Verbreitung & Vorkommen: Von Nordost-Spanien über Frankreich bis Mittelitalien, Mitteleuropa mit Alpenraum, den Balkan (ohne Peloponnes) bis in die Nordwest-Türkei. Im Norden erreicht die Art das südliche Großbritannien. Ostwärts über Polen, Weißrussland und die Ukraine bis zum Nordkaukasus und Ural. In Deutschland mit deutlichen Verbreitungsschwerpunkten in BY, BW, RP und SL. Nach Norden hin abnehmend (TH, HE, BB). Ältere Einzelfunde in ST, NW, NI und SN. Fehlt in SH und MV. In allen Nachbarstaaten außer den Niederlanden und Dänemark.

Lebensraum: Hauptsächlich blütenreiche Kalkmagerrasen, wie beweidete Fels- und Wacholderheiden, aufgelassene Steinbrüche, aber auch Sandmagerrasen und Extensivgrünland. Saumstandorte mit lockerer Vegetationsstruktur und warmem Mikroklima werden präferiert. In Südbayern sind Funde im Bereich von Mooren (Osthelder 1933) und wechselfeuchten Streuwiesen bekannt. Grundlegend ist das Vorhandensein der Wirtspflanzen Skabiosen-Flockenblume (*Centaurea scabiosa*) und Wiesen-Flockenblume (*C. jacea* agg.). Habitatpräferenz: OT, OF, OW, auch MH, BS.

Biologie & Ökologie: Einbrütig. Flugzeit ab Ende Mai und bis in den August. Hauptflugzeit Mitte Juni bis Mitte Juli. Die gelbgrünen Eier werden in Reihen an den Blattunterseiten abgelegt (Naumann et al. 1999). Die Jungraupen bohren sich zwischen die Blattmembranen und erzeugen Minen. Nach der Überwinterung (Mai) verraten sich die erwachsenen Raupen anhand großer Platzminen. Verpuppung in Bodennähe. Die Falter besuchen bevorzugt violett gefärbte Nektarquellen. Die Männchen kommen in warm-trockenen Nächten zum Licht.

Gefährdung: Lebensraumverlust, z. B. durch Überweidung, Nutzungsaufgabe, Aufforstung und Düngung. Schädigung des Bestandes durch zu frühe Mahd.

Schutz: Beweidungs- und Mahdmanagement sowie Biotopverbund.

Julian Bittermann

RL-D (2011): 2
Aktueller Bestand: s
Entwicklungstrend kurzfristig: ↓ ↓
Bestandstrend langfristig: <
BArtSchV (2005): besonders geschützt

Adscita geryon: Oberseite (Erk Dallmeyer)

Adscita geryon (Hübner, 1813) Sonnenröschen-Grünwidderchen

Verbreitung & Vorkommen: Atlanto-mediterrane Art. Von der Iberischen Halbinsel durch Süd- und Mitteleuropa über den Balkan, südlich bis zum Peloponnes, nach Osten bis zum Schwarzen Meer, der Nordtürkei und der Krim, nördlich bis Belgien und hin zu Teilen von Großbritannien. In Deutschland besonders im Südwesten (BW, BY, RP, NW), in Mitteldeutschland deutlich seltener (HE, TH, ST), fehlt in SH, NI, MV, BB, SN sowie in den Nachbarstaaten Dänemark, Niederlande und Luxemburg.

Lebensraum: Wärmeliebende Art, besonders auf sonnenexponierten, beweideten Kalkmagerrasen mit offenen Bodenstellen, z. B. felsdurchsetzte Wacholderheiden, Almweiden, auch Weinbergslagen. Habitatpräferenz: A, OT.

Biologie & Ökologie: Univoltin von Ende Juni bis Mitte August. Hauptflugzeit im Juli. Die gelben Eier werden einlagig oder in Reihen, meist an der Blattunterseite abgelegt. Wirtspflanzen sind insbesondere Sonnenröschen-Arten (*Helianthemum* spp.). Für TH ist auch Blut-Storchschnabel (*Geranium sanguineum*) belegt (Lepiforum 2019b). Die Jungraupen erzeugen auf der Blattunterseite Fensterfraß. Sie sind bereits im Mai ausgewachsen. Der weißliche Kokon ist locker versponnen und trägt die bernsteinfarbene Puppe. Die Paarungsfindung der Falter erfolgt am späten Nachmittag. Als Nektarquellen dienen insbesondere Skabiosen (*Scabiosa*), Witwenblumen (*Knautia*), Flockenblumen (*Centaurea*), aber auch gelbe Blüten wie z. B. Leguminosen.

Gefährdung: Intensive Beweidung (Überweidung, Koppelhaltung) führt zu Blütenarmut, Trittschäden und Aufdüngung. Flächenverlust, z. B. durch Verbrachung, Aufforstung, Weinbau.

Schutz: Erhaltung des Blütenangebotes durch moderate Beweidung, Entbuschung.

Julian Bittermann

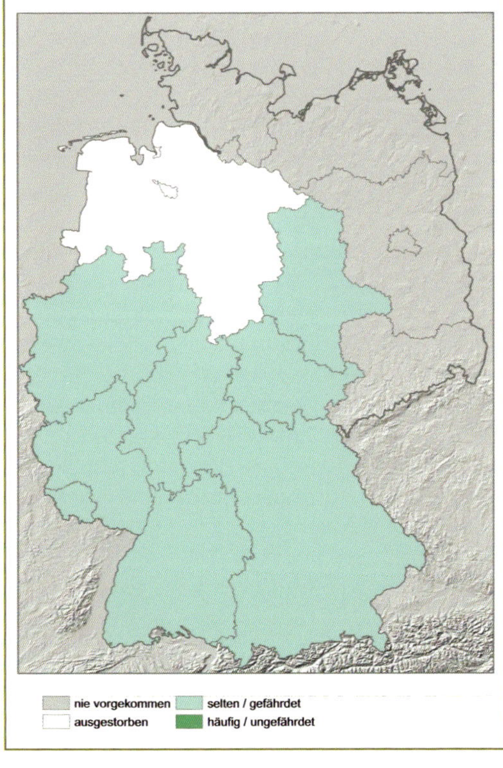

RL-D (2011): 3
Aktueller Bestand: mh
Entwicklungstrend kurzfristig: (↓)
Bestandstrend langfristig: <<
BArtSchV (2005): besonders geschützt

Adscita mannii: Oberseite (Thomas Kissling)

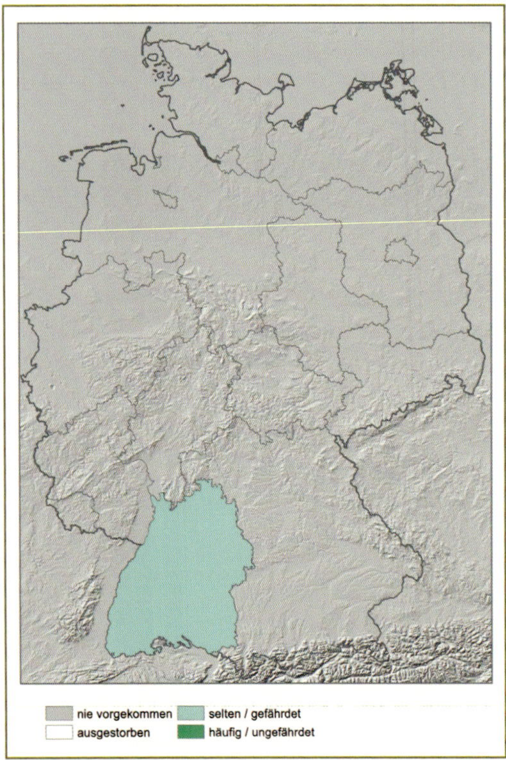

Adscita mannii (Lederer, 1853) Südwestdeutsches Grünwidderchen

Verbreitung & Vorkommen: Atlanto-mediterrane Art. Von Spanien (Katalonien), Süd- und Südwest-Frankreich, Italien (mit Sizilien), der Schweiz (Graubünden), Südwest-Deutschland, entlang der Südalpen, im Osten bis zum Südwest-Balkan (Dalmatien, Albanien, Griechenland, Ägäis [ohne Kreta], Bulgarien, Ostrumänien), Nordwest-Türkei verbreitet. In Deutschland nur in BW im Kaiserstuhl. Die Vorkommen in Deutschland und dem Elsass liegen an der nördlichen Verbreitungsgrenze. Nachbarstaaten: in Frankreich, der Schweiz, Österreich.

Lebensraum: Im Kaiserstuhl Voll- und Halbtrockenrasen sowie trockene Saumgesellschaften in sehr warmen, südexponierten Hanglagen auf Löss. Habitatpräferenz: OT.

Biologie & Ökologie: In einer Generation von Mitte Mai bis Ende Juni. Die hellgelben Eier werden einlagig in kleinen Spiegeln oder Reihen von 5–15 Eiern an die Blattunterseiten der Wirtspflanzen, oder unspezifisch in deren unmittelbarer Nähe abgelegt. Bestätigte Raupennahrungspflanzen sind: Gemeines Sonnenröschen (*Helianthemum nummularium*) und Saat-Esparsette (*Onobrychis viciifolia*). Die Raupe überwintert und verpuppt sich Anfang bis Mitte Mai in Bodennähe. Die rotbraune Puppe liegt in einem lockeren, weißlichen Kokon, der mit Erd- und Pflanzenteilen umsponnen ist. Die Falter gelten als träge Flieger. Als bevorzugte Nektarquellen dienen purpur und violett gefärbte Blüten, z. B. von Saat-Esparsette, Flockenblumen (*Centaurea*), Skabiosen (*Scabiosa*) und Witwenblumen (*Knautia*).

Gefährdung: In der Vergangenheit starker Flächenverlust durch intensivierten Weinbau. Einsatz von Pestiziden in der Nähe der Restvorkommen.

Schutz: Sicherung der Lebensräume durch Ankauf, gezielte Gehölzentnahme bei fortschreitender Sukzession.

Julian Bittermann

RL-D (2011): 1
Aktueller Bestand: es
Entwicklungstrend kurzfristig: ↓↓
Bestandstrend langfristig: <
BArtSchV (2005): besonders geschützt

Adscita statices: **a** Oberseite Männchen (unten) und Weibchen (Mario Trampenau) **b** Oberseite Männchen (Erk Dallmeyer)

Adscita statices (Linnaeus, 1758) Ampfer-Grünwidderchen

Verbreitung & Vorkommen: Euro-sibirische Art. Von Nordspanien (Pyrenäen), Großbritannien, Süd- und Mittelskandinavien, West- und Mitteleuropa (bis zum Alpenhauptkamm) weiter über Osteuropa, Kasachstan bis Westchina. Die Art fehlt in weiten Teilen Spaniens, Italiens und Griechenlands. In Deutschland aus allen BL und Nachbarstaaten bekannt.

Lebensraum: Die Art wurde früher anhand der unterschiedlichen Anzahl der Fühlerglieder, Flugzeit und besiedelten Habitate in zwei Arten getrennt. Heute gelten diese als Ökovarianten einer Art. Die Feuchtwiesenform *heuseri* besiedelt überwiegend nasse bis wechselfeuchte Moor- und Waldwiesen. Die an Trockenstandorten lebende Nominatform *statices* bevorzugt hingegen Kalk-, Sand- oder Silikatmagerrasen.

Biologie & Ökologie: Univoltin. Während die Form *heuseri* bereits ab Ende Mai, Juni/Juli fliegt, sind Falter der Form *statices* erst Juli/August zu finden. Die gelben Eier werden in flachen Gruppen an die Blattunterseite abgelegt. Wirtspflanzen sind Sauerampfer-Arten wie *Rumex acetosa* und *R. acetosella.* Nach dem Schlüpfen bohrt sich die Raupe ins Blattgewebe und legt Gangminen an. Sie überwintert und spinnt ab Mai einen weißlichen Kokon in Bodennähe. Bevorzugte Nektarquellen: Kuckucks-Lichtnelke (*Lychnis flos-cuculi*), Heilziest (*Betonica officinalis*), auf Trockenstandorten Flockenblumen (*Centaurea*), Skabiosen (*Scabiosa*).

Gefährdung: Verlust magerer Extensivwiesen, mehrfache Schnittfolge, Düngung, Flächenumbruch und Aufforstung.

Schutz: Anpassung der Mahd: Zeitpunkt sowie Ausmaß (einmal pro Jahr).

Julian Bittermann

RL-D (2011): V
Aktueller Bestand: h
Entwicklungstrend kurzfristig: ↓ ↓
Bestandstrend langfristig: <<
BArtSchV (2005): besonders geschützt

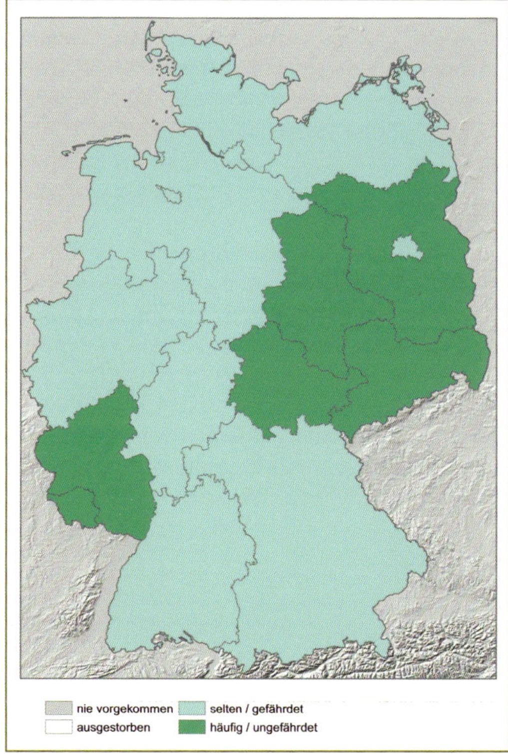

Aglaope infausta: **a** Oberseite (Walter Schön) **b** Oberseite (Walter Schön) **c** Raupe (Ronny Straetling)

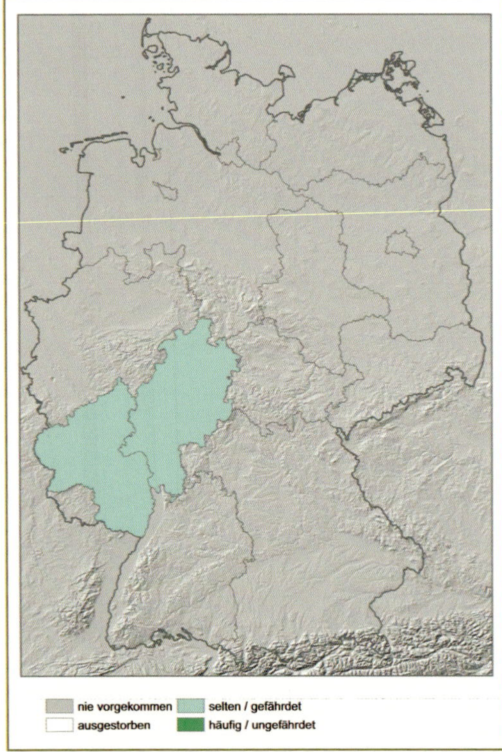

Aglaope infausta (Linnaeus, 1767) Trauerwidderchen

Verbreitung & Vorkommen: Atlanto-mediterrane Art. In Frankreich vom Süden bis ins Pariser Becken und nordöstlich bis ins Elsass; dort neuerdings ausgestorben. In Deutschland an ihrer absoluten nordöstlichen Verbreitungsgrenze nur in RP und sehr lokal in HE im Mittelrheintal, in der Pfalz und in Rheinhessen, sowie an den trockenwarmen Talhängen von Untermosel und Nahe. Nachbarstaaten: in Frankreich, der Schweiz.

Lebensraum: In RP und HE ausschließlich Trockengebiete mit Jahresniederschlägen unter 700 mm. Sofern die Flächen nicht als Weinberge genutzt werden, wachsen hier in enger Verzahnung Trockenrasen, xerophile Säume sowie Trockengebüsche und Trockenwälder auf meist sauren Standorten. Habitatpräferenz: OT, OH, MH.

Biologie & Ökologie: Univoltin, Flugzeit von Ende Juni bis Ende Juli, Eiablage in kleinen Eispiegeln an den Blattunterseiten der Wirtspflanzen. Überwinterungsgespinste und Raupen vor allem an Gewöhnlicher Zwergmispel (*Cotoneaster integerrimus*) und an Schlehe (*Prunus spinosa*); außerdem an Felsenkirsche (*Prunus mahaleb*) und Weißdorn (*Crataegus* spp.). Eine typische Art schütterer Trockengebüsche im Hitzestau sonnenexponierter Felsen. Bei starkem Raupenbesatz manchmal Kahlfraß an den Sträuchern.

Gefährdung: Verlust und Sukzession ehemals extensiv genutzter, offenlandbestimmter Trockenbiotope. In der Kulturlandschaft bedroht durch regelmäßige Hubschrauberspritzungen in den Weinbergen.

Schutz: Offenhalten der Habitate. Kein unkontrolliertes großflächiges Ausbringen von Herbiziden und Insektiziden in der Weinbaulandschaft.

Manfred Smolis

RL-D (2011): R
Aktueller Bestand: es
Entwicklungstrend kurzfristig: ?
Bestandstrend langfristig: =

Zygaena cynarae: **a** Oberseite (Erik Haase)
b Raupe (Erik Haase)

Zygaena cynarae (Esper, 1789) Haarstrang-Widderchen

Verbreitung & Vorkommen: Euro-sibirische Art. In Mitteleuropa anhaltende Arealregression besonders im Westen des Verbreitungsgebietes. Inzwischen in Deutschland, Teilen von Österreich und Italien (Südtirol) ausgestorben; nur noch wenige Populationen in Ungarn, der Slowakei, Polen und im Südosten von Frankreich; noch etwas häufiger in den Küstengebirgen des Mittelmeers in Südfrankreich, in Nordwest-Italien, in Slowenien und Kroatien. In Deutschland (ssp. *franconica* Holik, 1936) ehemals in BW und BY sowie wahrscheinlich auch in RP und SN vorkommend. Nachbarstaaten: in Frankreich, Österreich, Tschechien, Polen.

Lebensraum: Schlagfluren und wärmeliebende Säume in kiefernreichen Trockenwäldern vor allem auf Sandböden an ausgesprochen trockenwarmen Standorten im Bereich der nördlichen Oberrheinebene, am Ostrand des Pfälzer Waldes (Haardt) und des Schweinfurter Beckens mit gehäuftem Vorkommen der wichtigsten Raupennahrungspflanze Berg-Haarstrang (*Peucedanum oreoselinum*). Habitatpräferenz: OT, OH.

Biologie & Ökologie: Univoltin, Flugzeit von Ende Juni bis Ende Juli, Hauptflugzeit Anfang Juli. An den wenigen bekannten Flugstellen regelmäßig zahlreiche Funde (fast) erwachsener Raupen an Berg-Haarstrang; weitere Raupennahrungspflanzen sind andere Haarstrang-Arten (*Peucedanum* spp.).

Gefährdung: Im Bereich der ehemaligen Vorkommensorte vor allem durch Aufgabe und Umstellung der Nutzung (Verzicht auf das regelmäßige Offenhalten von Böschungen, Verschwinden sehr lichter Stadien in Trockenwäldern infolge geregelter Hochwaldwirtschaft) seit mehr als 60 Jahren verschwunden.

Schutz: Offenhalten geeigneter Habitate.

Manfred Smolis

RL-D (2011): 0
Aktueller Bestand: ex
Entwicklungstrend kurzfristig: 1957
Bestandstrend langfristig: keine Angaben
BArtSchV (2005): besonders geschützt

Zygaena minos: Oberseite (Eckhard Scheibe)

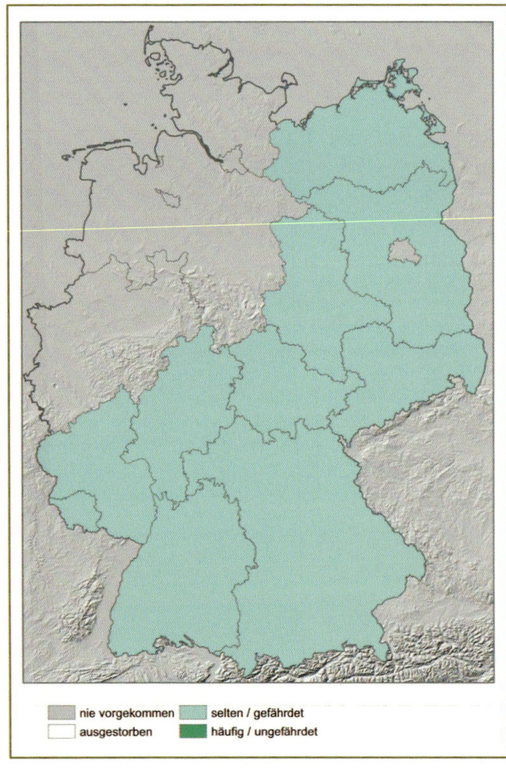

Zygaena minos ([Denis & Schiffermüller], 1775) – Bibernell-Widderchen

Das Bibernell-Widderchen wurde Mitte der 1980er-Jahre als eigenständige Art erkannt. Eine sichere Trennung von *Z. minos* und *Z. purpuralis* (siehe nächste Art) ist nur durch Genitalpräparation möglich. Die Raupen sind unterschiedlich gefärbt (*Z. minos* milchig-weiß, *Z. purpuralis* gelb) und die Arten haben unterschiedliche Raupennahrungspflanzen.

Verbreitung & Vorkommen: Ponto-mediterrane Art, fehlt in Großbritannien, weiten Teilen Norddeutschlands, Nordwest-Frankreichs und im Alpenbogen. Im Norden bis zur Ostsee und dem Südzipfel Skandinaviens. Im Süden von Südost-Frankreich über Mittelitalien und den Balkan bis zum Peloponnes und nach Kleinasien. Östlich bis zum Ural, Kaukasus und Nordiran. In Deutschland nur aus RP, HE, ST, TH, SN, SL, BB, BW und BY sicher belegt; die genaue Verbreitung ist noch nicht abschließend geklärt. Nachbarstaaten: in Frankreich, der Schweiz, Österreich, Tschechien, Polen, Dänemark.

Lebensraum: Schüttere Magerwiesen und Magerrasen auf basenreichen wie basenarmen Standorten mit regelmäßigen Vorkommen der einzigen Raupennahrungspflanze Kleine Pimpinelle (= Bibernelle) (*Pimpinella saxifraga*); ferner u. a. im Bereich von schütteren Trockenrasen mit kümmerlichen Pflanzen der Kleinen Pimpinelle; das gesamte Spektrum der Lebensräume, die in Deutschland vom Bibernell-Widderchen besiedelt werden, ist noch nicht bekannt. Habitatpräferenz: OT, OH.

Biologie & Ökologie: Univoltin, Hauptflugzeit im Juni und Juli. Erwachsene Raupen einzeln zwischen Ende April und Ende Mai an der Kleinen Pimpinelle sitzend.

Gefährdung: Nutzungsaufgabe (Beweidung, Mahd) und Nährstoffeinträge, die die benötigten lückigen Magerrasenstadien mit der Kleinen Pimpinelle dauerhaft verschwinden lassen.

Schutz: Offenhalten der an Pimpinellen reichen, Magerrasen.

Manfred Smolis

RL-D (2011): 3
Aktueller Bestand: mh
Entwicklungstrend kurzfristig: (↓↓)
Bestandstrend langfristig: <<
BArtSchV (2005): besonders geschützt

Zygaena purpuralis: Oberseite (Erk Dallmeyer)

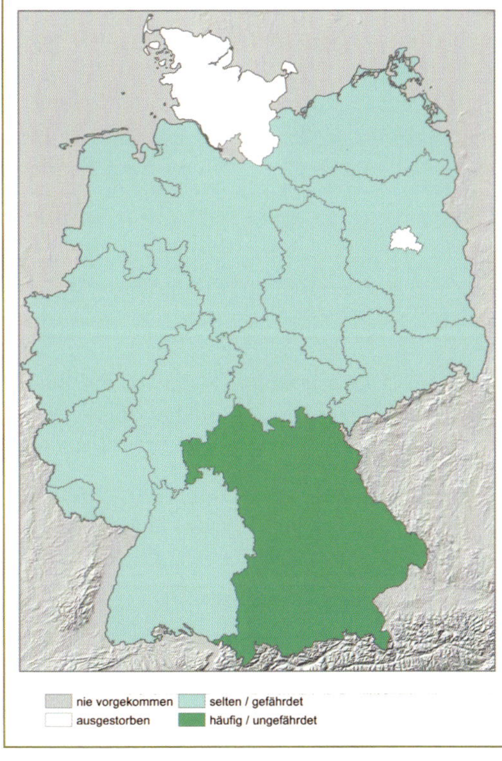

Zygaena purpuralis (Brünnich, 1763) – Thymian-Widderchen

Verbreitung & Vorkommen: Von Großbritannien und den Pyrenäen bis zum Altai und vom Baltikum bis Sizilien; in Südost-Europa, auf dem Balkan und in Griechenland einschließlich dem Peloponnes weit verbreitet, ebenso in Kleinasien bis zum Kaukasus. Vorkommen in allen BL und Nachbarstaaten.

Lebensraum: Extensiv beweidete oder gelegentlich gemähte Halbtrockenrasen auf basenreichen sowie Sandmagerrasen auf basenarmen Standorten. Bevorzugt in lückigen Pionierstadien auf besonders rohbodenreichen Flächen mit Polstern der Raupennahrungspflanze Thymian (*Thymus* spp.) und angrenzenden blütenreichen Stadien mit violetten Kardengewächsen, die von den Imagines als Nektar- und Schlafpflanzen aufgesucht werden. Ferner in thymianreichen Magerrasen in ausgetrockneten Niedermooren und Pioniertrockenrasen auf felsigen Standorten. Habitatpräferenz: OT, OH, MH.

Biologie & Ökologie: Univoltin, Flugzeit von Ende Mai bis Anfang August, je nach Lokalklima der Lebensräume. Die honiggelben Raupen im letzten Stadium bodennah und oft zu mehreren auf Thymianpolstern und der sie umgebenden Moosschicht. Die Art ist relativ standorttreu, wenig mobil und bewegt sich meist nur wenige 100 m von ihren idealen Larval- und Imaginalhabitaten weg.

Gefährdung: Besonders gefährdet durch Nutzungsaufgabe (Beweidung, Mahd, Tritt usw.) und Nährstoffeinträge, die die benötigten offenen Pionierstadien dauerhaft verschwinden lassen.

Schutz: Offenhalten der Habitate; Sicherung und Entwicklung von thymianreichen, lückigen Pionierstadien in Magerrasen durch Fortsetzung bzw. Wiedereinführung extensiver Nutzungsweisen.

Manfred Smolis

RL-D (2011): V
Aktueller Bestand: h
Entwicklungstrend kurzfristig: (↓)
Bestandstrend langfristig: <<
BArtSchV (2005): besonders geschützt

Zygaena fausta: **a** Oberseite (Andreas Kolossa)
b Eier (Erk Dallmeyer)

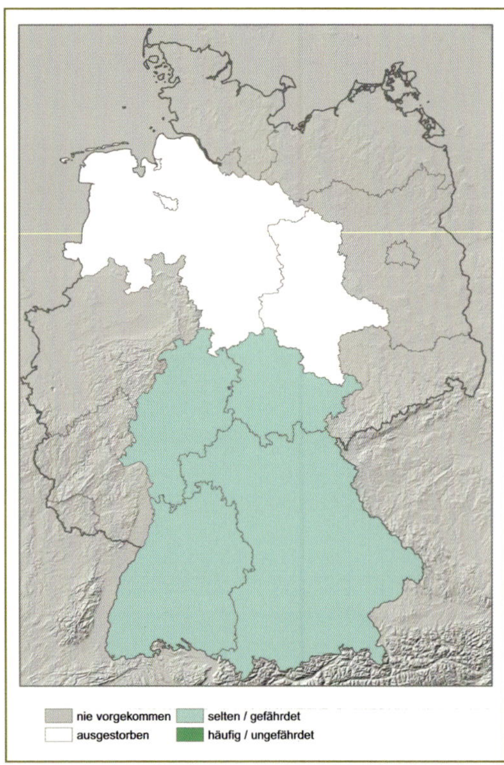

Zygaena fausta (Linnaeus, 1767) Bergkronwicken-Widderchen

Verbreitung & Vorkommen: In Südwest- und Mitteleuropa in weiträumig voneinander isolierten Teilarealen, von Südportugal über Nordspanien, das Zentralmassiv und Lothringen bis Deutschland. In Deutschland nur aus BY, BW, HE und TH bekannt. Zahlreiche Unterarten: in Deutschland die ssp. *lacrymans* Burgeff, 1914 in Oberbayern (seit etwa 1960 ausgestorben) und ssp. *suevica* Reiss, 1920 in Franken und allen anderen BL. Nachbarstaaten: in Frankreich, Österreich und der Schweiz.
Lebensraum: Trockenwarme Säume und lichte Trockenwälder auf Kalkboden. Vorherrschende Raupennahrungspflanze ist die Berg-Kronwicke (*Coronilla coronata*). Die ssp. *lacrymans* (Burgeff, 1914) besiedelte in Oberbayern ausschließlich Trockensäume mit der Raupennahrungspflanze Scheiden-Kronwicke (*Coronilla vaginalis*). Habitatpräferenz: WY, OT, OH.
Biologie & Ökologie: Univoltin, Flugzeit von Juni bis August, Hauptflugzeit im Juli. Die Eiablage erfolgt in flachen Spiegeln an den Blattunterseiten der Wirtspflanzen. Die überwinternden Raupen leben oft gesellig und können Kahlfraß verursachen. Verpuppung an der Wirtspflanze in einem weißlichen Kokon. Nahrungsflüge bei reduziertem Blütenangebot auf benachbarte Halbtrockenrasen sind belegt; dabei können Entfernungen bis 800 m und Höhendifferenzen von mehr als 200 m zurückgelegt werden.
Gefährdung: In den Trockenwäldern durch Nutzungsaufgabe anstelle ehemaliger Nutzungsformen wie Nieder- und Mittelwaldwirtschaft; auf angrenzenden Trocken- und Halbtrockenrasen durch fortschreitende Sukzession.
Schutz: Offenhalten und Fördern der Saumhabitate im Wald und in Übergangsbereichen.

Manfred Smolis

RL-D (2011): 3
Aktueller Bestand: s
Entwicklungstrend kurzfristig: (↓ ↓)
Bestandstrend langfristig: <
BArtSchV (2005): besonders geschützt

Zygaena carniolica: **a** *Oberseite (Erk Dallmeyer)*
b *Raupen (Oliver Böck)*

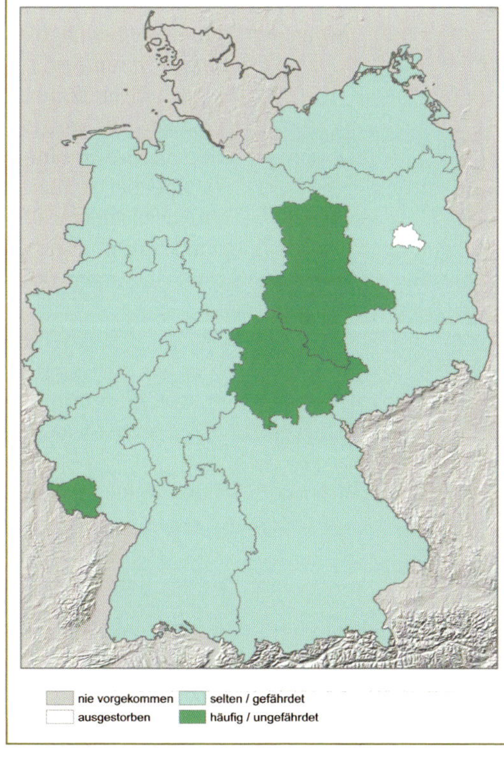

Zygaena carniolica (Scopoli, 1763) Esparsetten-Widderchen

Verbreitung & Vorkommen: Sehr weite Verbreitung von Westfrankreich über die Mitte Deutschlands, den Balkan und Kleinasien bis fast zum Baikalsee und Nordwest-China. Die Art fehlt in Skandinavien und Großbritannien; in Italien und am östlichen Mittelmeer auch unmittelbar an der Küste. Nachbarstaaten: in allen außer Dänemark und den Niederlanden.

Lebensraum: Extensiv beweidete oder gelegentlich gemähte Halbtrockenrasen auf basenreichen Trockenstandorten. Die höchsten Individuendichten oft in frühen Brachestadien mit einem gehäuften Auftreten der Raupennahrungspflanzen Saat-Esparsette (*Onobrychis viciifolia*) und Gewöhnlicher Hornklee (*Lotus corniculatus*) sowie violetten Dipsacaceen wie z. B. Wiesen-Witwenblume (*Knautia arvensis*) oder Tauben-Skabiose (*Scabiosa columbaria*), die von den Imagines als Nektar-, Rendezvous- und Schlafpflanzen bevorzugt aufgesucht werden. Habitatpräferenz: OT, OH.

Biologie & Ökologie: Univoltin, Flugzeit von Juni bis August, Hauptflugzeit im Juli. Die Art unterliegt teilweise sehr starken Bestandsschwankungen. Die rundlichen, meist gelben Puppenkokons finden sich vorwiegend bodennah. Die Falter finden sich vor allem am frühen Abend oft gehäuft auf rotvioletten Blüten oder auch trockenen Stängeln in der oberen Krautschicht.

Gefährdung: Gefährdet durch fortschreitende Sukzession infolge Nutzungsaufgabe (Beweidung, Mahd), aber wohl auch durch zu einheitliche Pflege von Halbtrockenrasen, die keine frühen Brachestadien in unterschiedlichen Teilflächen mehr zulässt.

Schutz: Offenhalten der Habitate. Keine einheitliche Nutzung und Pflege der Habitate.

Manfred Smolis

RL-D (2011): V
Aktueller Bestand: h
Entwicklungstrend kurzfristig: (↓ ↓)
Bestandstrend langfristig: <<
BArtSchV (2005): besonders geschützt

Zygaena loti: **a** Oberseite (Erk Dallmeyer)
b Raupe (Michael Zepf)

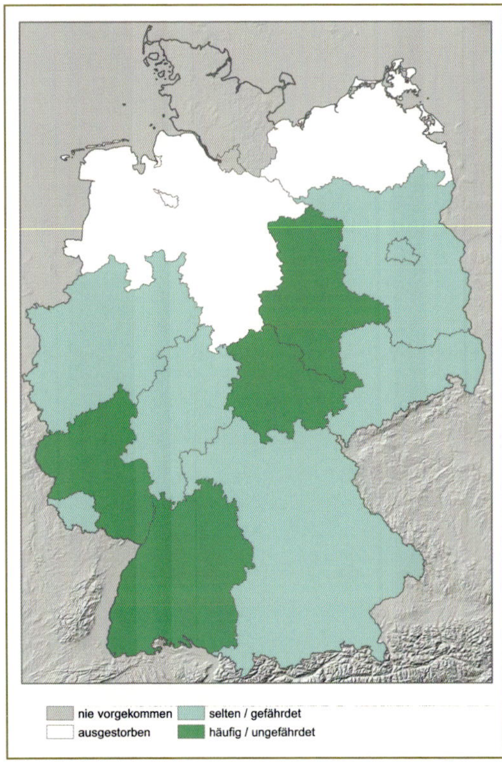

Zygaena loti ([Denis & Schiffermüller], 1775) – Beilfleck-Widderchen

Verbreitung & Vorkommen: Vom westlichen Zentralspanien über Mitteleuropa bis Nordiran und Sibirien; isoliertes Vorkommen in Westschottland; fehlt in Skandinavien und weiten Teilen des atlantischen Nordwest-Europas. Häufig vor allem in Südeuropa und Kleinasien; fehlt aber auf den Mittelmeerinseln. In Deutschland nordwärts bis in die Eifel (RP, NW), das Nordhessische Bergland und das Thüringer Becken (HE, TH). Nachbarstaaten: in Frankreich, Luxemburg, Belgien, der Schweiz, Österreich, Tschechien; fehlt in den Niederlanden und in Dänemark.

Lebensraum: Extensiv beweidete oder gelegentlich gemähte Halbtrockenrasen auf basenreichen Trockenstandorten; in oberschwäbischen Niedermooren selten auch in wechselfeuchten Pfeifengraswiesen. Habitatpräferenz: OT, OH, MH.

Biologie & Ökologie: Univoltin, in einer langgezogenen Flugzeit von Juni bis August; deutliche Flugzeitunterschiede in verschiedenen Naturräumen, aber auch bei benachbarten Populationen sind möglich. Neben den typischen violetten Zygaenenblüten werden auch Saat-Esparsette (*Onobrychis viciifolia*) und Karthäuser-Nelke (*Dianthus carthusianorum*) häufig zur Nektaraufnahme aufgesucht. Wichtigste Raupennahrungspflanze ist der Hufeisenklee (*Hippocrepis comosa*); ebenso Freilandfunde an Bunter Beilwicke (*Securigera varia*) und Gewöhnlichem Hornklee (*Lotus corniculatus*). Die rundlichen, weißlichen Puppenkokons finden sich vorwiegend bodennah.

Gefährdung: Gefährdet durch fortschreitende Sukzession infolge Nutzungsaufgabe (Beweidung, Mahd), aber wohl auch durch zu einheitliche Pflege von Halbtrockenrasen, die kein kleinräumiges Mosaik unterschiedlicher Magerrasenstadien mehr zulässt.

Schutz: Offenhalten der Habitate. Keine einheitliche Nutzung und Pflege der Habitate.

Manfred Smolis

RL-D (2011): *
Aktueller Bestand: h
Entwicklungstrend kurzfristig: (↓)
Bestandstrend langfristig: <
BArtSchV (2005): besonders geschützt

Zygaena exulans: **a** Oberseite (Michael Zepf)
b Raupe (Michael Zepf)

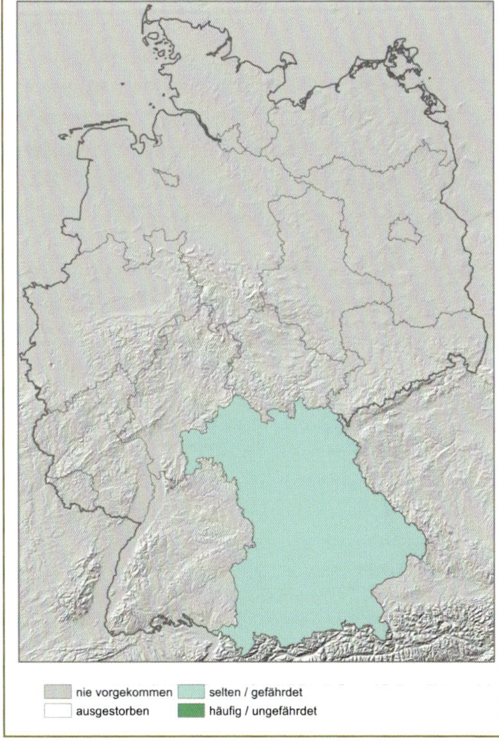

Zygaena exulans (Hohenwarth, 1792) – Hochalpen-Widderchen

Verbreitung & Vorkommen: Inselartige, isolierte Vorkommen in Gebirgen (Pyrenäen, Alpen, Apennin, Karpaten, Südserbien und verschiedene asiatische Gebirge), Schottisches Hochland und Nordskandinavien. In Deutschland in BY. Die seit 1952 als verschollen angesehene Art wurde 2007 im Nebelhorngebiet wiedergefunden (Haslberger & Leingärtner 2010). Bis 2013 weitere Nachweise in den Allgäuer Hochalpen von Karle-Fendt (schriftl. Mitt.). Nachbarstaaten: in Frankreich, der Schweiz, Österreich.

Lebensraum: Hauptverbreitungsgebiet oberhalb der Baumgrenze innerhalb der alpinen Stufe. In den Allgäuer Hochalpen werden Höhenlagen zwischen 1900 und 2500 m, andernorts bis 3300 m über NN besiedelt. Habitatpräferenz: A.

Biologie & Ökologie: Die Falter werden besonders in ungeraden Jahren beobachtet. Die aktuellen Funde liegen zwischen dem 15.07. und 14.08. Die Falter fliegen nur bei Sonnenschein. Die Art ist für das jahrweise Auftreten hoher Individuendichten bekannt. Die gelben Eier werden in kleinen Gruppen an Steinen und Blattunterseiten der Nahrungspflanzen oder anderer Pflanzen in deren Nähe abgelegt. Nach Guenin (1997) ist *Z. exulans* die einzige polyphage Art dieser Gattung, daher kommen viele Raupennahrungspflanzen infrage. Die schwarzen, gelb gepunkteten Raupen überwintern mindestens zweimal, gerne in Felsspalten oder in der Moosschicht. Ab der Schneeschmelze findet man die Raupen bis in den Herbst zur Flugzeit zusammen mit den Faltern. Die Verpuppung findet in einem silbrig-glänzenden, eiförmigen Kokon an Steinen oder geschützten Pflanzenteilen statt. Die weiblichen Falter haben einen deutlicheren ockerfarbigen Halskragen und die Flügeladern treten weißgelblich hervor.

Gefährdung: Skitourismus und seine Einrichtungen (Lifte, Pisten etc.) stellen eine Gefahr dar.

Schutz: Klimaschutz und „sanfter Tourismus" wären geeignete Gegenmaßnahmen.

Jürgen Becker & Julian Bittermann

RL-D (2011): 1
Aktueller Bestand: es
Entwicklungstrend kurzfristig: ?
Bestandstrend langfristig: <<
BArtSchV (2005): besonders geschützt

Zygaena osterodensis: **a** Oberseite (Erk Dallmeyer) **b** Raupe (Karl Göhl)

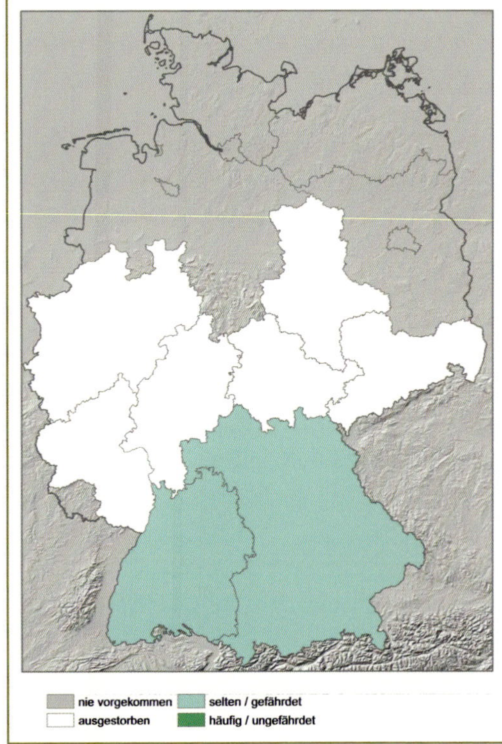

Zygaena osterodensis Reiss, 1921 Platterbsen-Widderchen

Verbreitung & Vorkommen: Von isolierten Vorkommen in Nordspanien sowie Mittel- und Ostfrankreich durch Süd- und Mitteldeutschland über Südfennoskandien bis östlich des Baikalsees, dabei aber immer sehr lokal. Direkte Küstennähe wird gemieden. In Italien nur vereinzelt im Norden. Südlichste Vorkommen in Nordgriechenland und der Südost-Türkei. In Deutschland aktuell nur in BY und BW. Nachbarstaaten: in Frankreich, der Schweiz, Österreich, Tschechien, Polen.

Lebensraum: Bevorzugt Waldsäume, Lichtungen, breite Waldwege, Schneisen oder ähnlich offene Stellen in Mittelwäldern und lichten Buchenwäldern. Feuchtigkeit und lange Winter sind dieser Art eher förderlich. Warme und trockene Biotope werden allenfalls zum Nektarsaugen aufgesucht. Habitatpräferenz: BF, WL, WY.

Biologie & Ökologie: In einer Generation von Ende Mai bis Anfang August. Die weißlich gelben Eier werden in kleinen Gruppen an Blattunterseiten der Nahrungspflanzen abgelegt (Wiesen-Platterbse [*Lathyrus pratensis*], Vogel-Wicke [*Vicia cracca*]). Die mit jeder Häutung gelblicher werdende Raupe überwintert und verpuppt sich etwa ab Mitte Mai in einem silbrigen Kokon, der nicht nur an dürren Ästen und Halmen fest gesponnen wird, sondern auch an dünnen Baumstämmen, manchmal 5 m hoch.

Gefährdung: Als Lichtwaldart ist *Z. osterodensis* stark bedroht durch zunehmende Ausdunkelung im Wald. Auch die Aufforstung lichter Bereiche und Verbuschung vorhandener Lebensräume stellen eine Gefährdung dar.

Schutz: Erhaltung und Neuschaffung lichter Waldstrukturen. Vernetzung von Kleinhabitaten etwa durch breite, beidseitig lichte Waldwege.

Jürgen Becker

RL-D (2011): 2
Aktueller Bestand: s
Entwicklungstrend kurzfristig: (↓)
Bestandstrend langfristig: <<<
BArtSchV (2005): besonders geschützt

Zygaena viciae ([Denis & Schiffermüller], 1775) – Kleines Fünffleck-Widderchen

Zygaena viciae: **a** Oberseite (Jürgen Becker)
b Raupe (Michael Zepf)

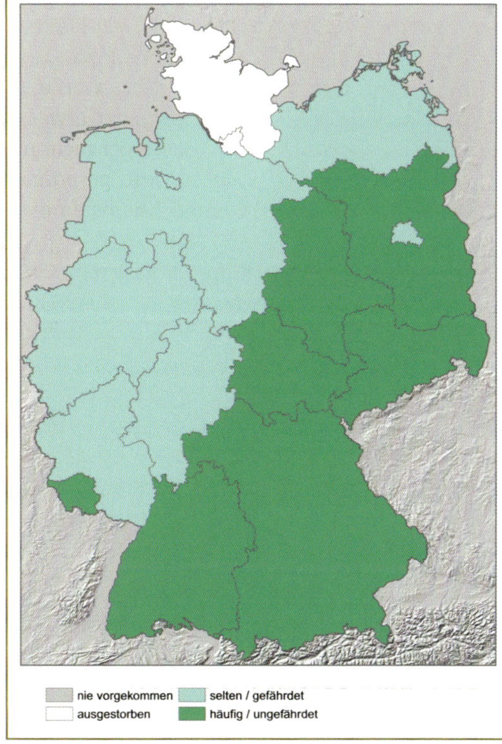

Verbreitung & Vorkommen: Euro-sibirisch verbreitete Art, von Frankreich durch Mittel- und Osteuropa, nördlich bis Südskandinavien und östlich bis Sibirien östlich des Baikalsees. Im Süden durch Italien, den Balkan und die Türkei bis zum Kaspischen Meer. Isolierte Vorkommen in Nordspanien, Schottland und Nordiran. Vorkommen in allen Nachbarstaaten. In Deutschland in allen BL vertreten außer SH; dort Letztnachweis vor 1980.
Lebensraum: Weniger anspruchsvolle Art, die nicht auf einen Habitattyp beschränkt ist. Grundvoraussetzungen sind das Vorhandensein der Raupennahrungspflanzen. Habitatpräferenz: OM, OW, OS, OT, WY.
Biologie & Ökologie: In einer Generation von Ende Mai bis Mitte August. Wichtige Raupennahrungspflanzen sind: Gewöhnlicher Hornklee (*Lotus corniculatus*), Wiesen-Platterbse (*Lathyrus pratensis*), Vogel-Wicke (*Vicia cracca*), Zickzack-Klee (*Trifolium medium*), Weiß-Klee (*T. repens*), Saat-Esparsette (*Onobrychis viciifolia*) (je nach Habitat). Die grüne Raupe überwintert und spinnt Anfang bis Mitte Mai einen gelben, kahnförmigen Kokon meist an dürre Grashalme oder Blattunterseiten. Die Falter bevorzugen als Nektarquellen lila und violett gefärbte Blüten, z. B. Flockenblumen (*Centaurea*), Skabiosen (*Scabiosa*), Witwenblumen (*Knautia*), Kratzdisteln (*Cirsium*).
Gefährdung: Die Art ist auf verschiedene Weise gefährdet, da sie unterschiedliche Lebensräume besiedelt. So stellen z. B. die intensivere Bewirtschaftung von Wiesen und Äckern sowie das Entfernen von Wald- und Feldsäumen eine Bedrohung dar.
Schutz: Gelegentliche Mahd von Brachen. Schaffung von offenen, lichten Waldstrukturen.

Jürgen Becker

RL-D (2011): *
Aktueller Bestand: h
Entwicklungstrend kurzfristig: =
Bestandstrend langfristig: <
BArtSchV (2005): besonders geschützt

Zygaena ephialtes: **a** Oberseite (Michael Zepf) **b** Oberseite (Erk Dallmeyer) **c** Raupe (Lars Huth)

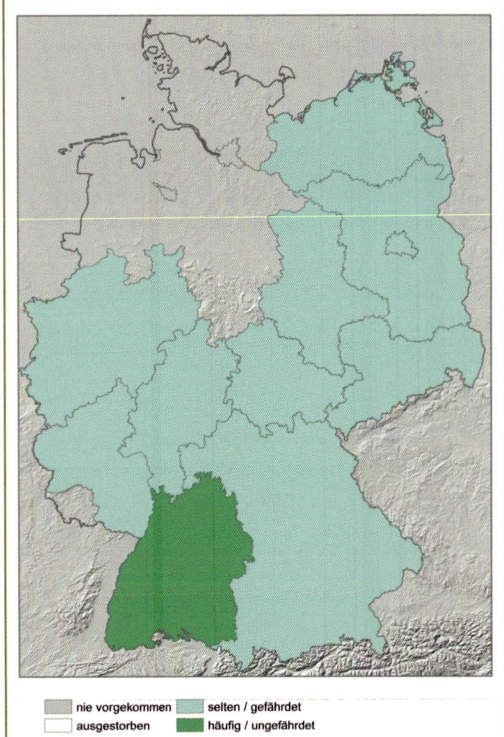

Zygaena ephialtes (Linnaeus, 1767) Veränderliches Widderchen

Verbreitung & Vorkommen: Von den Pyrenäen über Frankreich, Deutschland, Polen, Weißrussland und Russland bis zum Ural. Im Süden durch Italien, ganz Südost-Europa, die Westtürkei bis Zentralanatolien. In Deutschland fehlend in SH, NI und SL. Nachbarstaaten: in Frankreich, Belgien, der Schweiz, Österreich, Tschechien und Polen.

Lebensraum: Die Art ist eng an die Bunte Beilwicke (*Securigera varia*) gebunden, an welcher die Raupe monophag lebt. Halboffene bis offene, nicht oder unregelmäßig genutzte, warmtrockene Hänge und Störstellen, Waldränder, lichte Waldstrukturen oder exponierte Flanken in Flusssystemen, Bahndämme sowie Weinbergsbrachen. Auffällig oft werden auch anthropogene Biotope besiedelt, wie alle Arten von Erdaufschüttungen oder breite Waldwege und -schneisen. Habitatpräferenz: OT, OF, BY.

Biologie & Ökologie: In einer Generation von Mitte Juni bis Mitte August, wobei der Juli deutlich dominiert. Die Eiablage erfolgt als kleine Spiegel an Blattunterseiten der Nahrungspflanze. Die gelbe Raupe überwintert und verpuppt sich ab Mai in einem silbrig-weißen Kokon. Die polymorphe Art kommt in Deutschland zu 99 % in der peucedanoiden Form vor. Einzelfunde der rot-ephialtoiden Form sind selten. Die Falter saugen gern an lila bis violett gefärbten Blüten, z. B. an Gewöhnlichem Dost (*Origanum vulgare*).

Gefährdung: Verlust der Raupennahrungspflanze durch Verbuschung oder Beweidung.

Schutz: Gezieltes Anpflanzen von Bunter Beilwicke an geeigneten, nicht beweideten Standorten mit späterer Pflege; Zurückdrängen der Sukzession durch zeit- und abschnittsweises Mähen.

Jürgen Becker

RL-D (2011): *
Aktueller Bestand: mh
Entwicklungstrend kurzfristig: =
Bestandstrend langfristig: =
BArtSchV (2005): besonders geschützt

Zygaena transalpina: a Oberseite (Jürgen Becker)
b Raupe (Martin Albrecht)

Zygaena transalpina (Esper, 1780) Hufeisenklee-Widderchen

Zygaena transalpina (Esper, 1780) und *Zygaena hippocrepidis* (Hübner, 1799) werden je nach Autor entweder als zwei Unterarten von *Z. transalpina* oder als zwei eigenständige Arten angesehen. Zusammen mit der nachfolgenden Art (*Z. angelicae*) bilden diese Taxa den *Zygaena-transalpina*-Komplex mit einer komplizierten Phylogeografie (von Reumont et al. 2011).

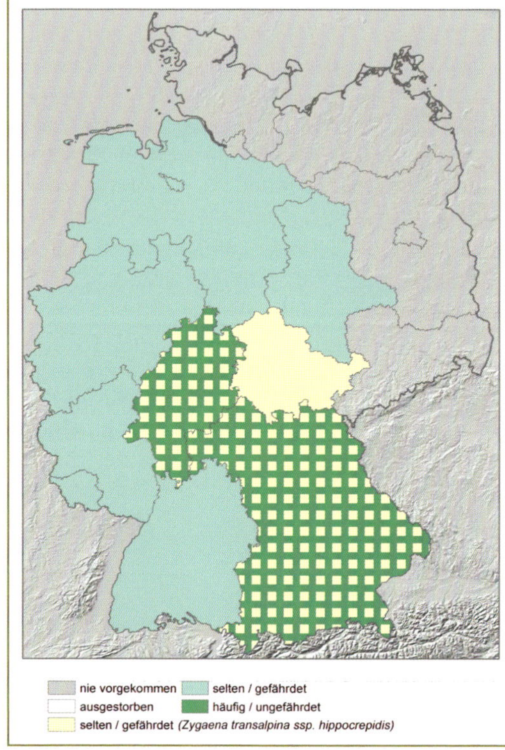

Zygaena hippocrepidis: a + b Oberseite (Mario Trampenau)

Verbreitung & Vorkommen: *Z. transalpina* kommt in der Nominatunterart von Italien durch den Alpenraum und die Oberrheinebene bis in die Eifel vor. Östlich durchs südliche Österreich, Slowenien bis Montenegro. In Deutschland: BY, BW, RP, SL, HE, NW, NI, ST. Nachbarstaaten: in Frankreich, der Schweiz, Österreich. Das Verbreitungsgebiet der ssp. *hippocrepidis* erstreckt sich von Nordspanien, Frankreich bis Mittel- und Süddeutschland. In Deutschland: BY, HE, TH. Nachbarstaaten: in Frankreich, Belgien, Luxemburg.

Lebensraum: Meist trockene, sonnige Lebensräume, aber auch Feuchtgebiete und Waldlichtungen. Dabei werden Kalkböden bevorzugt und Buntsandsteinlandschaften weitestgehend gemieden. Als Offenlandart ist sie besonders in sonnig bis heißen Biotopen unterwegs. Habitatpräferenz: OT, OF, OX.

Biologie & Ökologie: In einer Generation mit relativ langer Flugdauer von Ende Mai bis September. Die gelblichen Eier werden als Spiegel bevorzugt an Blattunterseiten der Nahrungspflanzen abgelegt. Wichtigste Nahrungspflanzen sind Gewöhnlicher Hornklee (*Lotus corniculatus*), Hufeisenklee (*Hippocrepis comosa*) und Bunte Beilwicke (*Securigera varia*).

Gefährdung: Die Art ist auf xerotherme Standorte angewiesen; solche sind grundsätzlich durch Intensivierung der Landwirtschaft oder Aufgabe traditioneller Bewirtschaftung und anschließende Verbuschung gefährdet.

Schutz: Erhalt blumenreicher Säume entlang von Straßen, Böschungen und Waldrändern. Angepasste Beweidungs- und Mahdregimes, um Verbuschung zu verhindern und Jungraupen zu schützen.

Jürgen Becker

RL-D (2011): V
Aktueller Bestand: mh
Entwicklungstrend kurzfristig: (↓)
Bestandstrend langfristig: <
BArtSchV (2005): besonders geschützt

Zygaena angelicae: **a** Oberseite (Martin Albrecht)
b Raupe (Karl Göhl)

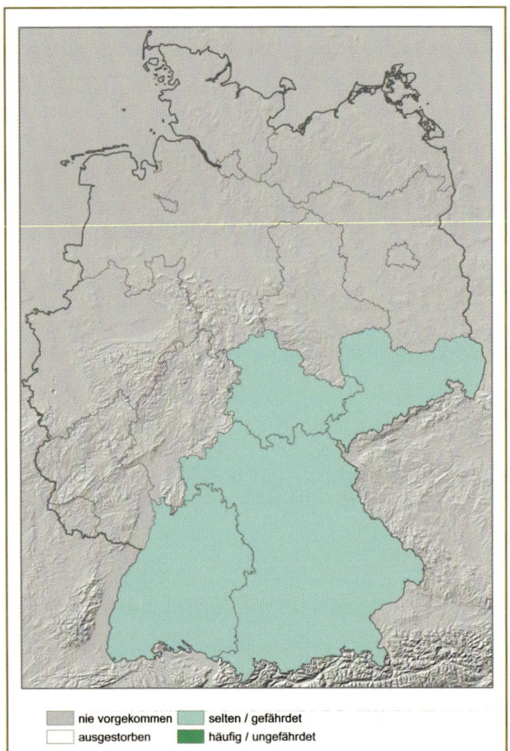

Zygaena angelicae (Ochsenheimer, 1808) – Ungeringtes Kronwicken-Widderchen

Verbreitung & Vorkommen: Von der Schwäbischen Alb nordwärts über Polen, nach Osten über Weißrussland, die Ukraine bis zum Norden des Kaspischen Meeres. Südwärts bis zum Peloponnes. In Deutschland vertreten durch zwei Unterarten ssp. *elegans* Burgeff, 1913 (BW, SN, TH) und ssp. *rhatisbonensis* Burgeff, 1914 (BY). Nachbarstaaten: in Österreich, Tschechien, Polen.

Lebensraum: Steppenheidenart, besiedelt bevorzugt süd- bis südwestexponierte Säume von Kalkmagerrasen und Steppenheiden, oft im Übergangsbereich zu lichtem Buchen- oder Eichenwald. Habitatpräferenz: OH, OT, WY.

Biologie & Ökologie: In einer Generation von Ende Juni bis Anfang August. Die gelblichen Eier werden in kleinen Spiegeln vorzugsweise an den Blattunterseiten der Raupennahrungspflanzen abgelegt. Die ssp. *elegans* bevorzugt Berg-Kronwicke (*Coronilla coronata*). Weitere wichtige Nahrungspflanze ist die Bunte Beilwicke (*Securigera varia*). Die überwinternden, gelblichen Raupen verpuppen sich in einem gelblichen Kokon, der in unmittelbarer Nähe oder an der Raupennahrungspflanze angesponnen wird. Die charakteristische Sechsfleckigkeit, die bei der ssp. *elegans* etwa 95 % ausmacht, schwindet mit zunehmender Annäherung an die nominotypische Unterart, die rein fünffleckig ist. Bei der ssp. *rhatisbonensis* beträgt sie etwa 50 %. Die Falter bevorzugen blauviolette und weiße Blüten als Saugpflanzen.

Gefährdung: Aufforstung und Verbuschung der Lebensräume.

Schutz: Erhalt und Neuschaffung lichter Waldstrukturen. Das Angebot an Raupennahrungs- und Saugpflanzen ist zu erhalten oder zu erweitern.

Jürgen Becker

RL-D (2011)*: 2/1
Aktueller Bestand: ss/es
Entwicklungstrend kurzfristig: (↓)
Bestandstrend langfristig: <<
BArtSchV (2005)*: besonders geschützt/streng geschützt
***Angaben für *Z. angelicae*/*Z. angelicae* elegans**

Zygaena filipenduale: **a** Oberseite Männchen (Detlef Kolligs) **b** Raupe (Oliver Böck)

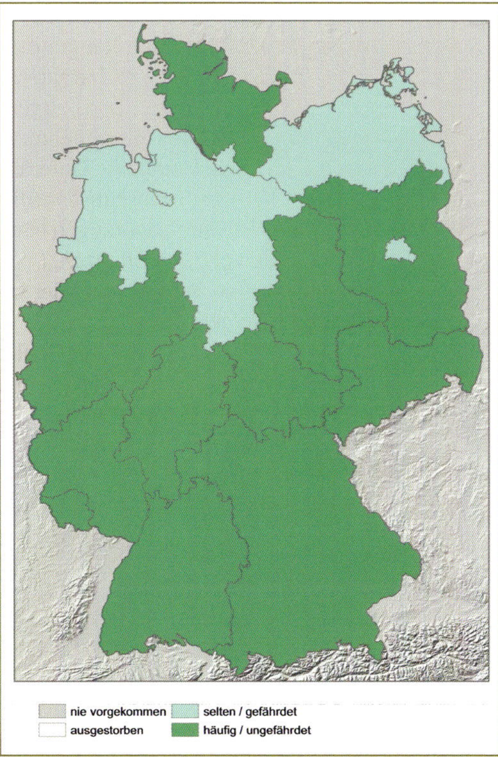

Zygaena filipendulae (Linnaeus, 1758) – Sechsfleck-Widderchen

Verbreitung & Vorkommen: Fast in ganz Europa verbreitet, fehlt in großen Teilen Südspaniens, in Portugal, im Landesinneren von Irland und Schottland, in Nordskandinavien. Die Ostgrenze liegt im Wolgatal entlang des Kaspischen Meeres bis zum Nordiran. Südlichster Punkt im Nordlibanon. Von den großen Mittelmeerinseln nur auf Sizilien. In allen BL aktuell vorkommend, ebenso in allen Nachbarstaaten.

Lebensraum: Die euryöke Art besiedelt die unterschiedlichsten Lebensräume. Man findet sie in Feuchtgebieten genauso wie auf Kalkmagerrasen, in lichten Waldlandschaften oder Offenlandbiotopen, sogar in Mooren und auch in alpinen Nasswiesen; in Europa bis 2500 m über NN. Habitatpräferenz: OT, OW, OM, OG, BY, WY.

Biologie & Ökologie: Die Phänologie dieser Art ist ob ihrer enorm langen Flugdauer noch nicht geklärt. Sie ist von Mai bis Oktober anzutreffen, wobei immer auch frische Tiere auftreten. Die Eier werden als kleine Häufchen an Blätter, Blüten oder in unmittelbarer Nähe der Nahrungspflanzen abgelegt (Gewöhnlicher Hornklee [*Lotus corniculatus*] und Sumpf-Hornklee [*L. pedunculatus*]). Die gelbe Raupe überwintert, Verpuppung erfolgt im oft zweifarbigen Kokon, welcher an dürren Halmen gesponnen wird. Die Falter bevorzugen lila bis violett gefärbte Blüten als Saugpflanzen.

Gefährdung: Die Art ist aktuell nicht gefährdet.

Schutz: Für die Art sind aktuell keine speziellen Schutzmaßnahmen notwendig.

Jürgen Becker

RL-D (2011): *
Aktueller Bestand: h
Entwicklungstrend kurzfristig: =
Bestandstrend langfristig: <<
BArtSchV (2005): besonders geschützt

Zygaena lonicerae: **a** Oberseite (Jürgen Becker)
b Raupe (Jürgen Becker)

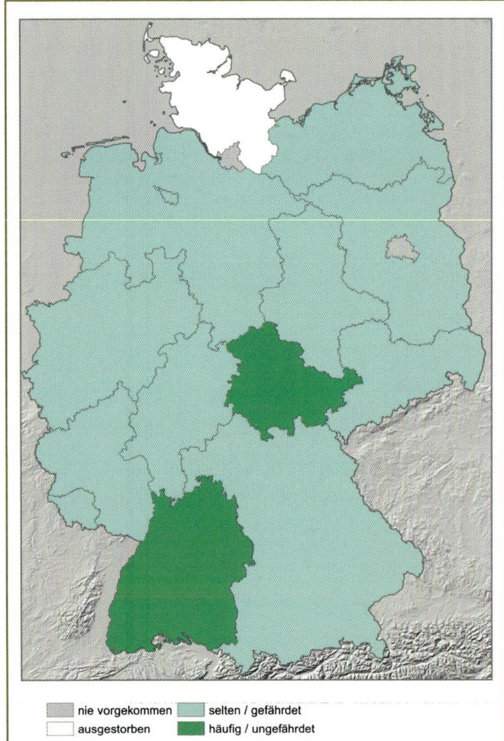

Zygaena lonicerae (Scheven, 1777) Großes Fünffleck-Widderchen

Verbreitung & Vorkommen: Euro-sibirisch verbreitete Art. Im Norden von Irland über Fennoskandien bis Westchina. Im Süden von Nordspanien, Italien mit Sizilien, Balkan, Nordtürkei und Kaukasus. Vorkommen in allen BL und allen Nachbarstaaten.
Lebensraum: Wärmestauende Magerwiesen und -weiden, besonders im Übergangsbereich zu lichten Waldrändern. Habitatpräferenz: OT, OF, OX, WY.
Biologie & Ökologie: In einer Generation von Mitte Juni bis Mitte August. Die gelben Eier werden in kleinen Spiegeln an oder in unmittelbarer Nähe der Nahrungspflanzen angeheftet. Als Raupennahrungspflanzen bekannt sind: Zickzack-Klee (*Trifolium medium*), Berg-Klee (*T. montanum*), Hügel-Klee (*T. alpestre*), Gewöhnlicher Hornklee (*Lotus corniculatus*); erwähnt werden auch Saat-Esparsette, Wiesen-Platterbse, Hufeisenklee, Fuchsschwanz-Klee und Rot-Klee. Die auffällig langhaarige Raupe ist deutlich blasser als die Raupe der Schwesternart *Zygaena trifolii*. Sie überwintert und spinnt etwa Anfang Juni einen glasig-gelblichen Kokon, der oft an dürre Grashalme angeheftet wird. In diesem erfolgt die Verpuppung. Die Puppe ist einheitlich schwarz glänzend. Als Saugpflanzen werden blauviolette Blüten bevorzugt.
Gefährdung: Intensivnutzung mit Düngung großer Teile des Lebensraumes und Intensivierung der Wald- und Waldrandpflege.
Schutz: Erhalt und Pflege blumenreicher Waldwiesen und -säume. Lichte, vielstufige Waldränder nicht aufforsten, begradigen oder überbauen.

Jürgen Becker

RL-D (2011): V
Aktueller Bestand: h
Entwicklungstrend kurzfristig: ↓ ↓ ↓
Bestandstrend langfristig: <
BArtSchV (2005): besonders geschützt

Zygaena trifolii: a Oberseite (Detlef Kolligs)
b Raupe (Michael Zepf)

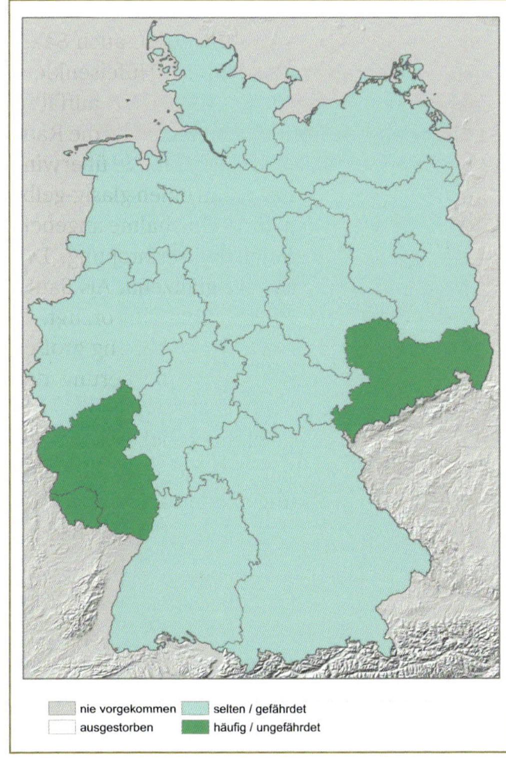

Zygaena trifolii (Esper, 1783) Sumpfhornklee-Widderchen

Verbreitung & Vorkommen: Von Nordwest-Afrika über die Iberische Halbinsel, Frankreich, Südengland und Wales ostwärts nach Dänemark und Polen bis zur Ukraine. Die südliche Verbreitungsgrenze verläuft von Südost-Frankreich, der Nordschweiz, Österreich (nur Vorarlberg) über Tschechien bis Polen. Ein isoliertes Vorkommen auf Sizilien. Vorkommen in allen BL und allen Nachbarstaaten.

Lebensraum: Besiedelt werden Feucht- und Nasswiesen, Nieder- und Übergangsmoore sowie Auenlandschaften. Selten werden mäßig feuchte bis mesophile Biotope angenommen (bevorzugt offen, waldfrei oder waldfern). Habitatpräferenz: OW, OS, MH, MN.

Biologie & Ökologie: Ähnlich *Z. filipendulae* hat *Z. trifolii* eine noch ungeklärte Phänologie. Sie fliegt von Mai bis September an manchen Orten auch mit zwei Flugzeit-Höhepunkten. Die gelblichen Eier werden an Blattunterseiten oder auch Blüten der Nahrungspflanzen angeheftet. Dies sind Sumpf-Hornklee (*Lotus pedunculatus*) und Gewöhnlicher Hornklee (*L. corniculatus*). Die gelbliche Raupe überwintert, oft auch mehrfach (fraktionierte Entwicklung; Wipking & Kurtz 2000) und spinnt etwa Anfang Mai einen gelben bis bräunlichen Kokon, der in exponierter Höhe an Stängeln oder Grashalmen angeheftet wird. In diesem erfolgt dann die Verpuppung.

Gefährdung: Drainage von Wiesen und Weiden, Eutrophierung oder Sukzession/Aufforstung aufgegebener Flächen. Falscher Mahdzeitpunkt und mehrfache Mahd wirken sich negativ aus.

Schutz: Verhindern von Eutrophierung, Sukzession oder Aufforstung der Lebensräume.

Jürgen Becker

RL-D (2011): 3
Aktueller Bestand: h
Entwicklungstrend kurzfristig: ↓ ↓ ↓
Bestandstrend langfristig: (<)
BArtSchV (2005): besonders geschützt

Literatur

Albrecht, M. (2003): Zum ehemaligen Vorkommen des Heilziest-Dickkopffalters (*Carcharodus floccifera* Zeller, 1847) im Rhein-Main-Gebiet (Lepidoptera: Hesperiidae). Nachrichten des entomologischen Vereins Apollo, NF 24, 4, 215–220.

Albrecht, M., Treiber, R., Goldschalt, M. (1999): Der Heilziest-Dickkopffalter (*Carcharodus floccifera* Zeller, 1847) (Lepidoptera, Hesperiidae). Morphologie, Verbreitung, Ökologie, Biologie, Verhalten, Lebenszyklus, Gefährdung und Schutz einer interessanten Tagfalterart. Nachrichten des entomologischen Vereins Apollo, NF, Supplementum 18: 1–256.

Altmüller, R., Bätter, J., Grein, G. (1981): Zur Verbreitung von Libellen, Heuschrecken und Tagfalter in Niedersachsen (Stand 1980). Naturschutz und Landschaftspflege in Niedersachsen Beiheft 1.

Anikin, V. V., Sachkov, S. A., Zolotuhin, V. V. (1993): Fauna lepidopterologica Volgo-Uralensis 150 years later: changes and additions. Part 1. Rhopalocera. Atalanta 24, 1/2, 89–120.

Balletto, E., Cassulo, L. A., Bonelli, S. (2014): An annotated Checklist of the Italian Butterflies and Skippers (Papilionoidea, Hesperiioidea). Zootaxa 3853, 1, 1–114.

Bartel, M., Herz, A. (1902): Handbuch der Großschmetterlinge des Berliner Gebietes. Fromholz Buchdruckerei, Berlin, 92 S.

Beneš, J., Konvicka, M., Dvorák, J., Fric, Z., Havelda, Z. Pavlícko, A., Vrabec, V., Weidenhoffer, Z. (2002): Butterflies of the Czech Republic: Distribution and Conservation I., II. SOM, Prague, 857 S.

Bergmann, A. (1951–1956): Die Großschmetterlinge Mitteldeutschlands. 5 Bände. Urania Verlag, Leipzig und Jena.

Bink, F. A. (1992): Ecologische Atlas van de Dagvlinders van Noordwest-Europa. Schuyt & Co, Haarlem, Niederlande, 512 S.

Bornemann, G. (1912): Verzeichnis der Großschmetterlinge aus der Umgebung von Magdeburg und des Harzgebietes. Abhandlungen und Berichte des Museums für Natur- und Heimatkunde Magdeburg 2, 1909–1914, 163–251.

Bos, F., Bosveld, M., Groenendijk, D., van Swaay, C., Wynhoff, I. (2006): De dagvlinders van Nederland: verspreiding en bescherming (Lepidoptera: Hesperioidea, Papilionoidea). Nederlandse Fauna 7. Nationaal Natuurhistorisch Museum Naturalis, Leiden, KNNV Uitgeverij, Utrecht & European Invertebrate Survey – Nederland.

Bräu, M., Bolz, R., Kolbeck, H., Nunner, A., Voith, J., Wolf, W. (2013): Tagfalter in Bayern. Verlag Eugen Ulmer, Stuttgart, 784 S.

Brockmann, E. (1989): Schutzprogramm für Tagfalter in Hessen (Papilionoidea und Hesperioidea). Arbeitsgemeinschaft Hessischer Lepidopterologen/Stiftung Hessischer Naturschutz, Reiskirchen.

Brockmann, E. (1991): Die Tagfalterfauna von Gießen im Wandel der Zeit. Naturkunde und Naturschutz in Mittelhessen 2, 31–55.

Busack, E. (1903) Uebersicht der bei Schwerin und Waren gefangenen Gross-Schmetterlinge. Archiv des Vereins der Freunde der Naturgeschichte in Mecklenburg 57, 105–127.

Busse, R., Busse, M. (2018): Ein Freilandfund von *Morpho helenor* ssp. *peleides* Kollar, 1850 im Land Brandenburg (Lepidoptera, Nymphalidae, Morphinae). Märkische Entomologische Nachrichten 20, 2, 251–252.

Buszko, J., Masłowski, J. (2008): Motyle dzienne Polski (Lepidoptera: Hesperioidea, Papilionoidea). Koliber, Nowy Sącz, 274 S.

Caspari, S. (2006): Der Blaue Eichen-Zipfelfalter (*Neozephyrus quercus*) – häufigster Tagfalter des Saarlandes? In: Fartmann, T., Hermann, G. (Hrsg.): Larvalökologie von Tagfaltern und Widderchen in Mitteleuropa. Abhandlungen aus dem Westfälischen Museum für Naturkunde 68, 3/4, 233–242.

Closs, A., Hannemann, E. (1917): Systematisches Verzeichnis der Großschmetterlinge des Berliner Gebietes. Supplementa Entomologica 6, 1–52.

De Lattin, G., Jöst, H., Heuser, R. (1957): Die Lepidopterenfauna der Pfalz. I Tagfalter. Mitteilungen der Pollichia III, Reihe 4, 51–167.

De Prins, W. (2016): Catalogus van de Belgische Lepidoptera. Entomobrochure 9, 1–279, Vlaamse Vereniging voor Entomologie, Antwerpen.

Devictor, V., van Swaay, C., Brereton, T., Brotons, L., Chamberlain, D., Heliölä, J., Herrando, S., Julliard, R., Kuussaari, M., Lindström, Å., Reif, J., Roy, D. B., Schweiger, O., Settele, J., Stefanescu, C., Van Strien, A., Van Turnhout, C., Vermouzek, Z., Wallis De Vries, M., Wynhoff, I., Jiguet, F. (2012): Differences in the climatic debts of birds and butterflies at a continental scale. Nature Climate Change 2, 121–124.

Dincă, V., Dapporto, L., Vila, R. (2011): A combined genetic-morphometric analysis unravels the complex biogeographical history of *Polyommatus icarus* and *Polyommatus celina* Common Blue butterflies. Molecular Ecology 20, 3921–3935, https://doi.org/10.1111/j.1365-294X.2011.05223.x

Dolek, M. (1994): Der Einfluss der Schafbeweidung von Kalkmagerrasen in der Südlichen Frankenalb auf die Insektenfauna (Tagfalter, Heuschrecken). Schriftenreihe Agrarökologie, Band 10, Haupt Verlag, Bern, 126 S.

Dolek, M., Geyer, A. (2001): Der Violette Feuerfalter (*Lycaena alciphron*): Artenhilfsprogramm für einen wenig bekannten Tagfalter. Schriftenreihe Bayerisches Landesamt für Umwelt 156, 341–354.

Dolek, M., Körösi, A., Freese-Hager, A. (2018): Successful maintenance of Lepidoptera by government-funded management of coppiced forests. Journal for Nature Conservation 43, 75–84.

Dolek, M., Freese-Hager, A., Georgi, M., Bräu, M., Poschlod, P., Stettmer, C. (2019): Der Hochmoorgelbling (*Colias palaeno*) – das Mikroklima der Larvallebensräume ist entscheidend für sein Überleben. ANLiegen Natur 41/1, 12 S. https://www.anl.bayern.de/publikationen/anliegen/doc/an41116dolek_et_al_2019_hochmoorgelbling.pdf

Ebert, G. (1994): Die Schmetterlinge Baden-Württembergs Band 3: Nachtfalter I, Verlag Eugen Ulmer, Stuttgart, 518 S.

Ebert, G., Rennwald, E. (1991a): Die Schmetterlinge Baden-Württembergs. Band 1. Tagfalter I, Verlag Eugen Ulmer, Stuttgart, 552 S.

Ebert, G., Rennwald, E. (1991b): Die Schmetterlinge Baden-Württembergs. Band 2. Tagfalter II, Verlag Eugen Ulmer, Stuttgart, 535 S.

Ebert, W. (1958–1960): Die Schmetterlinge der Oberlausitz. Nachrichtenblatt der Oberlausitzer Insektenfreunde 2: 1–7, 23–27, 41–44, 86–95, 122–127; 3: 1–15, 89–97, 115–124, 137–143; 4: 13–24, 134–139.

Eitschberger, U., Krahl, M. (2000): Der Erstnachweis (?) von *Colias erate* (Esper, 1805) in Deutschland (Lepidoptera, Pieridae). Atalanta 31, 455–456.

Eitschberger, U., Steiniger, H. (1975): Die geographische Variation von *Eumedonia eumedon* (Esper, 1780) in der Westlichen Palaearktis (Lep. Lycaenidae). Atalanta 6, 1, 84–125.

Eller, O., Haag, M. (2007): Rotbraunes Ochsenauge – *Maniola tithonus* (Linnaeus, 1771). In: Schulte, T., Eller, O., Niehuis, M., Rennwald, E. (Hrsg.): Die Tagfalter der Pfalz, Band 2. Fauna und Flora in Rheinland-Pfalz/Beiheft 36 Gesellschaft für Naturschutz und Ornithologie Rheinland-Pfalz, Mainz, 645–650.

Eller, O., Haag, M., Rennwald, E. (2007): Magerrasen-Perlmutterfalter – Boloria dia (Linnaeus, 1767). In: Schulte, T., Eller, O., Niehuis, M., Rennwald, E. (Hrsg.): Die Tagfalter der Pfalz, Band 1. Fauna und Flora in Rheinland-Pfalz/ Beiheft 36 Gesellschaft für Naturschutz und Ornithologie Rheinland-Pfalz, Mainz, 462–468.

Essayan, R., Jugan, D., Mora, F., Ruffoni, A. (2013): Atlas des papillons de jour de Bourgogne et Franche-comté (Rhopalocères et Zygènes). Rev. sci. Bourgogne-Nature Hors-série 13, 494 S.

Fartmann, T., Hermann, G. (Hrsg.) (2006): Larvalökologie von Tagfaltern und Widderchen in Mitteleuropa. Abhandlungen aus dem Westfälischen Museum für Naturkunde 68, 3/4.

Fischer, U., Dolek, M., Bolz, R., Kurtz, M. (2017): Zur Situation des Eschen-Scheckenfalters (*Euphydryas maturna* Linnaeus, 1758) (Lepidoptera) in Deutschland – ein Beitrag zur Biologie, Verbreitung, Gefährdung und Artenhilfe. Entomologische Nachrichten und Berichte 61, 3–4, 181–196.

Freese, A., Dolek, M., Geyer, A., Stetter, H. (2005): Biology, distribution, and extinction of *Colias myrmidone* (Lepidoptera, Pieridae) in Bavaria and its situation in other European countries. Journal of Research on the Lepidopera 38, 51–58.

Friese, G. (1956): Die Rhopaloceren Nordostdeutschlands (Mecklenburg und Brandenburg). Beiträge zur Entomologie 6, 3/4, 53–100, 403–442, 625–658.

Gaedike, R., Nuss, M., Steiner, A., Trusch, R. (2017): Verzeichnis der Schmetterlinge Deutschlands (Lepidoptera). 2.überarbeitete Auflage. Entomologische Nachrichten und Berichte, Beiheft 21 1–362.

Gelbrecht, J., Clemens, F., Kretschmer, H., Landeck, I., Reinhardt, R., Richert, A., Schmitz, O., Rämisch, F. (2016): Die Tagfalter von Brandenburg und Berlin (Lepidoptera: Rhopalocera und Hesperiidae). Naturschutz und Landschaftspflege in Brandenburg 25, 3/4.

Geyer, A. (2013): Streifen-Bläuling *Polyommatus damon* (Denis & Schiffermüller, 1775). In: Bräu, M., Bolz, R., Kolbeck, H., Nunner, A., Voith, J., Wolf, W.: Tagfalter in Bayern. Verlag Eugen Ulmer, Stuttgart, 322–325.

Geyer, A., Böck, O. (2017): Umsetzung der Bayerischen Diversitätsstrategie. Die Berghexe (*Chazara briseis*) bei Heidenheim und am Hesselberg, Regierungsbezirk Mittelfranken. Unveröffentlichtes Gutachten im Auftrag der Regierung von Mittelfranken, 49 S.

Geyer, A., Dolek, M. (1995): Ökologie und Schutz des Apollofalters (*Parnassius apollo*) in der Frankenalb. Mitteilungen der Deutschen Gesellschaft für allgemeine und angewandte Entomologie 10, 1–6, 333–336.

Geyer, A., Dolek, M. (1999): Erfolgskontrollen an einer Population des Apollofalters in der Frankenalb. Schriftenreihe Bayerisches Landesamt für Umwelt 150, 189–198.

Geyer, A., Dolek, M. (2001): Das Artenhilfsprogramm für den Apollofalter (*Parnassius apollo*) in Bayern. Schriftenreihe Bayerisches Landesamt für Umwelt 156, 301–318.

Gillmer, M. (1904): Uebersicht der von Herrn E. Busack bei Schwerin und Waren gefangenen Grossschmetterlinge. Archiv des Vereins der Freunde für Naturgeschichte in Mecklenburg 58, 64–99.

Gleichauf, R. (1985a): Die Falterfauna von Celle und Umgebung einst und jetzt. Nachrichten des entomologischen Vereins Apollo, NF 5, 107–112.

Gleichauf, R. (1985b): Die Falterfauna von Celle und Umgebung einst und jetzt. Nachrichten des entomologischen Vereins Apollo, NF 6, 35–45, 125–130.

Glöckner, M., Fartmann, T. (2003): Die Tagschmetterlinge und Widderchenfauna der Briloner Hochfläche. Natur und Heimat 63, 3, 81–96.

Göhl, K., Thiele, A., Kuna, G. (2017): Die Widderchenfauna des Ilm-Kreises in Thüringen (Insecta: Lepidoptera: Zygaenidae). Vernate 36, 195–249.

Gotthardt, H. (1958): Verzeichnis der Großschmetterlinge Mainfrankens. Nachrichten aus dem naturwissenschaftlichen Museum Aschaffenburg 61, 1–75.

Gratz, H. (1954): Aufstellung der in der Umgebung von Rostock beobachteten Großschmetterlinge I. Teil: Tagfalter. Archiv des Vereins der Freunde der Naturgeschichte in Mecklenburg Band I 1954, 69–78.

Gros, P. (1998): Eiablage und Futterpflanzen der Falter der Gattung *Pyrgus* Hübner, 1819 im Bundesland Salzburg, unter besonderer Berücksichtigung von *Pyrgus andromedae* (Wallengren, 1853) (Lepidoptera: Hesperiidae, Pyrginae). Zeitschrift der Arbeitsgemeinschaft Österreichischer Entomologen 50, 29–36.

Gros, P. (2013): Alpen-Maivogel *Euphydryas intermedia* (Ménétriès, 1859). In: Bräu, M., Bolz, R., Kolbeck, H. Nunner, A., Voith, J., Wolf, W. (Hrsg.): Tagfalter in Bayern. Verlag Eugen Ulmer, Stuttgart, 392.

Guenin, R. (1997): *Zygaena exulans*. In: Pro Natura – Schweizerischer Bund für Naturschutz (Hrsg.): Schmetterlinge und ihre Lebensräume. Arten, Gefährdung, Schutz. Schweiz und angrenzende Gebiete. Band 2, Fotorotar AG, Egg, 343–345.

Hanisch, K. (2009): Tagfalter im Gebiet der Stadt Köln einschließlich Königsforst und Wahner Heide – ehemals und heute (Lep., Hesperioidea et Papilionoidea). Melanargia 21, 4, 137–226.

Harkort, W. (1976): Schmetterlinge in Westfalen (ohne Ostwestfalen). Fundortkarten und Fundortlisten; Stand Ende 1974. Dortmunder Beiträge zur Landeskunde. Naturwissenschaftliche Mitteilungen 9, 33–102.

Hartwieg, F. (1930): Die Schmetterlingsfauna des Landes Braunschweig und seiner Umgebung unter Berücksichtigung von Harz, Lüneburger Heide, Solling und Weserbergland. Verlag des Internationalen Entomologischen Vereins, Frankfurt/M., 81 S.

Haslberger, A. (2005): Wiederfund von *Pyrgus warrenensis* (Verity, 1928) in Deutschland (Lepidoptera: Hesperiidae). Beiträge zur bayerischen Entomofaunistik 7, 131–135.

Haslberger, A., Leingärtner, A. (2010): *Zygaena exulans* (Hohenwarth, 1792) und *Leptopterix hirsutella* ([Denis & Schiffermüller], 1775) in den bayerischen Alpen: aktuelle Nachweise von verschollenen alpinen Arten. Beiträge zur bayerischen Entomofaunistik 10, 21–24.

Hemmersbach, A., Biesenbaum, W., Wittland, W. (1996): Beitrag zur Schmetterlingsfauna des Niederrheins – Groß- und Kleinschmetterlinge im Elmpter Bruch. Natur am Niederrhein 11, 35–58.

Hennicke, M., Schulz, D. (2012): Großschmetterlingsfauna (Lepidoptera) des ehemaligen Landkreises Uecker-Randow. Verbreitung, Biotope, Gefährdung. Erfassungszeitraum 1961–2000. Förderverein für Naturschutzarbeit Uecker-Randow-Region, Ferdinantshof.

Hensle, J. (2001): Die Überwinterung von *Vanessa atalanta* (Linnaeus, 1758) am Kaiserstuhl (Südwestdeutschland) (Lepidoptera, Nymphalidae). Atalanta 32, 3/4, 379–388.

Hensle, J. (2002): Danaidae, Libytheidae, Nymphalidae (Rest) und Lycaenidae 1995. Atalanta 33, 14–17.

Hensle, J., Hensle, W. (2002): Zur Frage der Frostempfindlichkeit der Raupe von *Colias crocea* (Geoffroy, 1785). Atalanta 33, 1/2, 37–45.

Hensle, J., Seizmair, M. (2013): Papilionidae, Pieridae, Nymphalidae, Lycaenidae und Hesperiidae 2012. Atalanta 44, 13–72.

Hensle, J., Seizmair, M. (2015): Papilionidae, Pieridae, Nymphalidae, Lycaenidae und Hesperiidae 2014. Atalanta 46, 3–73.

Hermann, G. (2007): Tagfalter suchen im Winter. Zipfelfalter, Schillerfalter und Eisvögel. Books on Demand, Norderstedt, 228 S.

Hermann, R. (2008): Der Karstweissling, *Pieris mannii* (Mayer, 1851), erstmals im Breisgau (Lepidoptera, Pieridae). Atalanta 39, 233-234.

Hernández-Roldán, J. L., Dapporto, L., Dincă, V., Vicente, J. C., Hornett, E. A., Šíchová, J., Lukhtanov, V. A., Talavera, G., Vila, R. (2016): Integrative analyses unveil speciation linked to host plant shift in *Spialia* butterflies. Molecular Ecology 25, 4267–4284.

Higgins, L. G., Riley, N. D. (1970): A field guide to the Butterflies of Britain and Europe. London. 381 S.

Hofmann, A., Tremewan, W. G. (2017): The natural history of burnet moths Part I. Proceedings of the Museum Witt Munich 6, 2, 1-631.

Hornemann, A., Geier, T. (2013): *Brenthis daphne* ([Denis & Schiffermüller], 1775) (Lepidoptera: Nymphalidae) inzwischen auch an der unteren Nahe und am hessischen Mittelrhein – Erstnachweis für Hessen. Nachrichten des Entomologischen Vereins Apollo, NF 33, 187–188.

Huemer, P. (2004): Die Tagfalter Südtirols. Folio Verlag, Bozen, 232 S.

Jelinek, K.-H. (2006): Die Schmetterlingsfauna des Rhein-Erft-Kreises. Teil 1: Tagfalter und Widderchen. Melanargia 18, 45–144.

Jutzeler, D. (1989): Weibchen der Bläulingsart *Lycaeides idas* L. riechen ihre Wirtsameisen (Lepidoptera: Lycaenidae). Mitteilungen der Entomologischen Gesellschaft Basel 39, 95–118.

Jutzeler, D. (2006): Confirmation de la dualité du „Petit Sylvandre" diagnostiquée par Leraut (1990). 3ème partie: figurations d'*Hipparchia alcyone* Denis et Schiffermüller (1775) et d'*H. genava* Fruhstorfer (1908) dans la littérature (Lepidoptera: Nymphalidae, Satyrinae). Linneana Belgica 20, 6, 229–233.

Jordan, K. (1886): Die Schmetterlingsfauna Nordwest-Deutschlands. Zoologische Jahrbücher, Supplementband 1, 164 S.

Kames, P. (1976): Die Aufklärung des Differentierungsgrades und der Phylogenese der beiden *Aricia*-Arten *agestis* Den. et Schiff. und *artaxerxes* Fabr. (*allous* G. -Hb.) mit Hilfe von Eizuchten und Kreuzungsversuchen (Lep., Lycaenidae). Mitteilungen der Entomologischen Gesellschaft Basel N. F. 26, 1, 7-13, 29–64.

Karisch, T. (2014): Die Schmetterlinge (Lepidoptera) im Hochharz Sachsen-Anhalts unter besonderer Berücksichtigung der kennzeichnenden Arten der Fauna-Flora-Habitat-Lebensraumtypen. Berichte des Landesamtes für Umweltschutz Sachsen-Anhalt 2/2014, 436 S.

Kinkler, H. (1996): Die Tagschmetterlinge des Landkreises Mayen-Koblenz und der angrenzenden Gebiete. Pflanzen und Tiere in Rheinland-Pfalz, Sonderheft 3, Naturschutzbund Deutschland, Landesverband Rheinland-Pfalz, 111 S.

Kissling, T., Rey, A. (2017): Artenschutzprojekt für den Heilziest-Dickkopffalter *Carcharodus floccifera* (Zeller, 1847) in den östlichen Vor- und Nordalpen (Lepidoptera: Hesperiidae). Entomo Helvetica 10, 31–43.

Köhler, J. (2012): Die Großschmetterlinge im Altmarkkreis Salzwedel – Beitrag zur Schmetterlingsfauna der nordwestlichen Altmark und des Landes Sachsen-Anhalt (Lepidoptera). Entomologische Nachrichten und Berichte 56, 89–99.

Köhler, J., Müller-Köllges, K. (1999): Die Tagfalter einschl. Dickkopffalter (Lepidoptera: Rhopalocera incl. Hesperiidae) im Hannoverschen Wendland (Ost-Niedersachsen) – Neu- und Wiederfunde in Niedersachsen verschollener Arten. Braunschweiger Naturkundliche Schriften 5, 883–904.

Köhler, J., Wachlin, V. (2007): *Melitaea neglecta* Pfau, 1962 – Torfwiesen-Scheckenfalter. In: Reinhardt, R. et al.: Tagfalter von Sachsen. Beiträge zur Insektenfauna Sachsens, Bd. 6. Entomologische Nachrichten und Berichte, Dresden; Beiheft 11, 577–580.

Kolbeck, H. (2013): Mattscheckiger Braun-Dickkopffalter *Thymelicus acteon* (Rottemburg, 1775). In: Bräu, M., Bolz, R., Kolbeck, H., Nunner, A., Voith, J., Wolf, W. (Hrsg.): Tagfalter in Bayern. Verlag Eugen Ulmer, Stuttgart, 110–112.

Kolligs, D. (2003): Schmetterlinge Schleswig-Holsteins – Atlas der Tagfalter, Dickkopffalter und Widderchen. Wachholtz, Neumünster, 212 S.

Königsdorfer, M. (1997): Die Berghexe (*Chazara briseis* L. Satyridae) in Schwaben und angrenzenden Gebieten. Berichte des naturwissenschaftlichen Vereins für Schwaben, Augsburg 101, 69–87.

Kudrna, O. (1992): Ein Plan für die Wiederherstellung der Rhopalozönose des NSG Rotes Moor in der hessischen Rhön. Oedippus 5, 1–32.

Kudrna, O. (1993): Verbreitungsatlas der Tagfalter (Rhopalocera) der Rhön. Oedippus 6, 1–138.

Kudrna, O. (1998): Die Tagfalterfauna der Rhön. Oedippus 15, 1–158.

Kudrna, O. (2001): Über die natürliche Einwanderung von *Colias erate* (Esper, 1805) nach Mitteleuropa. Insecta 7, 29–35.

Kudrna, O. (2002): The Distribution Atlas of European Butterflies. Oedippus 20, 1–342.

Kudrna, O., Harpke, A., Lux, K., Pennerstorfer, J., Schweiger, O., Settele, J., Wiemers, M. (2011): Distribution Atlas of Butterflies in Europe. Mapping European Butterflies. Gesellschaft für Schmetterlingsschutz e.V., Halle (Saale)

Kugler, H. (1970): Blütenökologie. 2. Aufl., Gustav Fischer Verlag, Jena, 345 S.

Kühn, E., Musche, M., Harpke, A., Feldmann, R., Metzler, B., Wiemers, M., Hirneisen, N., Settele, J. (2014): Tagfalter-Monitoring Deutschland. Anleitung. Oedippus 27, 1–49.

Kühne, L., Gelbrecht, J. (1997): Zur Faunistik und Ökologie der Schmetterlinge in der Mark Brandenburg. VII. Verbreitung und ökologische Ansprüche von *Hipparchia statilinus* Hufnagel in der Mark Brandenburg und den südlich angrenzenden Gebieten der Oberlausitz (Lep., Satyridae). Entomologische Nachrichten und Berichte 41, 1, 27–32.

Kurze, S., Dziock, F. (2017): Sonne, Sand und Silbergras – Ökologie des Eisenfarbigen Samtfalters *Hipparchia statilinus* (Hufnagel, 1766). Oedippus 33, 34–55.

Kwast, E., Sobczyk, T. (2000): Ökologische Ansprüche und Verbreitung des Kleinen Waldportiers *Hipparchia alcyone* (Denis & Schiffermüller, 1775) in der Bundesrepublik Deutschland (Lep., Satyridae). Entomologische Nachrichten und Berichte 44, 2, 89–99.

Lafranchis, T. (2004): Butterflies of Europe: new field guide and key. Diatheo, 351 S.

Landeck, I., Donner, D., Reinhardt, R., Renner, W., Renner, J., Gelbrecht, J. (2012): Häufigkeitszunahme von *Cupido argiades* (Pallas, 1771) in Brandenburg mit einem Überblick zu aktuellen Ausbreitungstendenzen in benachbarten Regionen (Lepidoptera, Lycaenidae). Märkische Entomologische Nachrichten 14, 1–12.

Lang, A., Kallhardt, F., Lee, M. S., Loos, J., Molander, M. A., Muntean, I., Pettersson, L. B., Rákosy, L., Stefanescu, C., Messéan, A. (2019): Monitoring environmental effects on farmland Lepidoptera: Does necessary sampling effort vary between different bio-geographic regions in Europe? Ecological Indicators 102, 791–800.

Lebeau, J., Wesselingh, R. H., Van Dyck, H. (2016): Floral resource limitation severely reduces butterfly survival, condition and flight activity in simplified agricultural landscapes. Oecologia 180, 421–427.

Lehmann, H. (1992): Tagfalterzönosen in Sukzessionsstadien von Halbtrockenrasen im Lauterachtal/Oberpfalz. Diplomarbeit, Universität Bayreuth.

Leneveu J., Chichvarkhin A., Wahlberg, N. (2009): Varying rates of diversification in the genus *Melitaea* (Lepidoptera: Nymphalidae) during the past 20 million years. Biological Journal of the Linnean Society 97, 346–361.

Leopold, P. (2006): Die Larvalökologie des Waldteufels (*Erebia aethiops*) in Nordrhein-Westfalen und deren Bedeutung für den Erhalt der Art. In: Fartmann, T, Hermann, G. (Hrsg.): Larvalökologie von Tagfaltern und Widderchen in Mitteleuropa. Abhandlungen aus dem Westfälischen Museum für Naturkunde 68, 3/4, 61–82.

Leopold, P. (2007): Larvalökologie der Rostbinde *Hipparchia semele* (Linnaeus, 1758; Lepidoptera, Satyrinae) in Nordrhein-Westfalen. Die Notwendigkeit raumzeitlicher Störungsprozesse für den Arterhalt. Abhandlungen aus dem Westfälischen Museum für Naturkunde 69, 1–146.

Lepiforum (2019a): *Gonepteryx rhamni*. http://www.lepiforum.de/lepiwiki.pl?Gonepteryx_Rhamni (abgerufen am 19.09.2019).

Lepiforum (2019b): *Adscita geryon*. http://www.lepiforum.de/lepiwiki.pl?Adscita_Geryon (abgerufen am 19.04.2019)

Leraut, P. (2016): Butterflies of Europe and neighbouring regions. N.A.P Editions, Verrières-le-Buisson, 1116 S.

Lobenstein, U. (2003): Die Schmetterlingsfauna des mittleren Niedersachsens. Bestand, Ökologie und Schutz der Großschmetterlinge in der Region Hannover, der Südheide und im unteren Weser-Leine-Bergland. Naturschutzbund Niedersachsen/Niedersächsische Umweltstiftung, Hannover, 368 S.

Maes, D., Verovnik, R., Wiemers, M., Brosens, D., Beshkov, S., Bonelli, S., Buszko, J., Cantú-Salazar, L., Cassar, L.-F., Collins, S., Dincă, V., Djuric, M., Dušej, G., Elven, H., Franeta, F., Garcia-Pereira, P., Geryak, Y., Goffart, P., Gór, Á., Hiermann, U., Höttinger, H., Huemer, P., Jakšić, P., John, E.,

Kalivoda, H., Kati, V., Kirkland, P., Komac, B., Kőrösi, Á., Kulak, A., Kuussaari, M., L'Hoste, L., Lelo, S., Mestdagh, X., Micevski, N., Mihoci, I., Mihut, S., Monasterio-León, Y., Morgun, D.V., Munguira, M.L., Murray, T., Nielsen, P.S., Ólafsson, E., Õunap, E., Pamperis, L.N., Pavlíčko, A., Pettersson, L.B., Popov, S., Popović, M., Pöyry, J., Prentice, M., Reyserhove, L., Ryrholm, N., Šašić, M., Savenkov, N., Settele, J., Sielezniew, M., Sinev, S., Stefanescu, C., Švitra, G., Tammaru, T., Tiitsaar, A., Tzirkalli, E., Tzortzakaki, O., van Swaay, C. A. M., Viborg, A. L., Wynhoff, I., Zografou, K., Warren, M. S. (2019): Integrating national Red Lists for prioritising conservation actions for European butterflies. Journal of Insect Conservation 23, 2, 301–330.

Manteuffel, M. (1921–1925): Die Großschmetterlinge der Inseln Usedom-Wollin mit besonderer Berücksichtigung der näheren Umgebung Swinemündes. Abhandlungen und Berichte der Pommerschen Naturforschenden Gesellschaft 2–5, 98 S.

Möbius, E. (1905): Die Großschmetterlinge des Königreiches Sachsen. Deutsche Entomologische Zeitschrift Iris 17, I–XXI, 1–235.

Moise, C. (2011): The protected species of Lepidoptera in the oak forest „Dumbrava Sibiului", Romania. Buletin USAMV Agriculture 68, 1, 216–223.

Möllenbeck, V., Hermann, G., Fartmann, T. (2009): Does prescribed burning mean a threat to the rare satyrid butterfly *Hipparchia fagi*? Larval-habitat preferences give the answer. Journal of Insect Conservation 13, 77–87.

Munguira, M. L., Martin, J., Viejo, J. L. (1988): Distribución geografica y biologia de *Eumedonia eumedon* (Esper, 1780) en la Peninsula Ibèrica (Lepidoptera: Lycaenidae). SHILAP Revista de lepidopterologica 16, 217–229.

Nässig, W. A. (1995): Die Tagfalter der Bundesrepublik Deutschland: Vorschlag für ein modernes, phylogenetisch orientiertes Artenverzeichnis (kommentierte Checkliste) (Lep., Rhopalocera). Entomologische Nachrichten und Berichte, 39, 1–28.

Naumann, C. M., Tarmann, G. M., Tremewan, W. G. (1999): The Western Palaearctic Zygaenidae. Apollo Books Stenstrup, 304 S.

Nunner, A. (2006): Zur Verbreitung, Bestandssituation und Habitatbindung des Blauschillernden Feuerfalters (*Lycaena helle*) in Bayern. In: Fartmann, T. Hermann, G. (Hrsg.): Larvalökologie von Tagfaltern und Widderchen in Mitteleuropa. Abhandlungen aus dem Westfälischen Museum für Naturkunde 66, 153–170.

Nunner, A. (2013): Marmorierter Mohrenfalter *Erebia montana* (de Prunner, 1798). In: Bräu, M., Bolz, R., Kolbeck, H. Nunner, A., Voith, J., Wolf, W. (Hrsg.): Tagfalter in Bayern. Verlag Eugen Ulmer, Stuttgart, 517.

Nutt, J. (1985): Falterbeobachtungen an einem Teilstück der B 252 im Kreis Höxter. Mitteilungen der Arbeitsgemeinschaft ostwestfälisch-lippischer Entomologen 3, 9–15.

Oliver, T. H., Roy, D. B., Brereton, T., Thomas, J. A. (2012): Reduced variability in range-edge butterfly populations over three decades of climate warming. Global Change Biology 18, 1531–1539.

Osthelder, L. (1925): Die Schmetterlinge Südbayerns und der angrenzenden nördlichen Kalkalpen. I. Teil. Die Großschmetterlinge. Heft 1. Mitteilungen der Münchner Entomologischen Gesellschaft 15, Beilage, 166 S.

Osthelder, L. (1933): Die Schmetterlinge Südbayerns und der angrenzenden nördlichen Kalkalpen. I. Teil: Großschmetterlinge. Heft 5. Nolidae bis Hepialidae. Mitteilungen der Münchner Entomologischen Gesellschaft 22, Beilage, 598 S.

Pähler, R., Dudler, H. (2010): Die Schmetterlingsfauna von Ostwestfalen-Lippe und angrenzender Gebiete in Nordhessen und Südniedersachsen. Band 1, Eigenverlag.

Peuser, S. (1988): Ökologisch-faunistische Untersuchungen an Tagfaltern auf Halbtrockenrasen der Nördlichen Frankenalb. Diplomarbeit, Univ. Erlangen.

Pfeuffer, E. (2000): Zur Ökologie der Präimaginalstadien des Himmelblauen Bläulings (*Lysandra bellargus* Rottemburg 1775) und des Silbergrünen Bläulings (*Lysandra coridon* Poda 1761), unter besonderer Berücksichtigung der Myrmecophilie. Bericht des Naturwissenschaftlichen Vereins für Schwaben 104, 72–98.

Pöyry, J., Luoto, M., Heikkinen, R. K., Kuussaari, M., Saarinen, K. (2009): Species traits explain recent range shifts of Finnish butterflies. Global Change Ecology 15, 732–743.

Püngeler, R. (1937): Verzeichnis der bisher in der Umgegend Aachens gefundenen Macro-Lepidoptera. Deutsche Entomologische Zeitschrift Iris 51, 1–100.

Rabl, C., Rabl, D. (2015): Die Einwanderung von *Libythea celtis* (Laicharting, 1782) (Lepidoptera: Nymphalidae) nach Österreich. Beiträge zur Entomofaunistik 16, 3–8.

Reinhardt, R. (1983): Beiträge zur Insektenfauna der DDR: Lepidoptera – Rhopalocera et Hesperiidae. Teil II. Entomologische Nachrichten und Berichte 26, Beiheft Nr. 2.

Reinhardt, R. (1984): Der Landkärtchenfalter. Neue Brehm-Bücherei Heft 458, 2. Auflage, Ziemsen-Verlag, Wittenberg, 64 S.

Reinhardt, R. (1985): Beiträge zur Insektenfauna der DDR: Lepidoptera – Rhopalocera et Hesperiidae. 1. Nachtrag. Ergänzung der Funde bis 1980. Entomologische Nachrichten und Berichte 29, 265–268.

Reinhardt, R. (1989): Beiträge zur Insektenfauna der DDR: Lepidoptera – Rhopalocera et Hesperiidae. 2. Nachtrag. Ergänzungen und Korrekturen bis 1980. Entomologische Nachrichten und Berichte 33, 103–110.

Reinhardt, R. (1992): Zum Vorkommen und zur Verbreitung des Resedaweisslings speziell in Deutschland und im angrenzenden Europa (Lep., Pieridae). Atalanta 23, 455–479.

Reinhardt, R. (2003): Beitrag zur Biologie und Generationsfolge des Fetthenne-Bläulings *Scolitantides orion* (Pallas, 1771) in Sachsen (Lep., Lycaenidae). Entomologische Nachrichten und Berichte 47, 165–172.

Reinhardt, R. (2008): Zum Landkärtchenfalter *Araschnia levana* (Linnaeus, 1758) (Lepidoptera). Entomologische Nachrichten und Berichte 51, 169–186.

Reinhardt, R. (2012): Der Pelargonien-Bläuling *Cacyreus marshalli* (Butler, 1898) ist in der Besiedlung Europas nicht aufzuhalten (Lepidoptera, Lycaenidae). Entomologische Nachrichten und Berichte 56, 13–16.

Reinhardt, R., Bolz, R. (2011): Rote Liste und Gesamtartenliste der Tagfalter (Rhopalocera) (Lepidoptera: Papilionoidea et Hesperioidea) Deutschlands (Stand Dezember 2008 – geringfügig ergänzt Dezember 2010). In: Binot-Hafke, M., Balzer, S., Becker, N., Gruttke, H., Haupt, H., Hofbauer, N., Ludwig, G., Matzke-Hajek, C., Strauch, M. (Red.): Rote Liste gefährdeter Tiere, Pflanzen und Pilze Deutschlands. Band 3: Wirbellose Tiere (Teil 1). Naturschutz und Biologische Vielfalt (Bonn-Bad Godesberg) 70, 3, 165–194.

Reinhardt, R., Kames, P. (1982): Beiträge zur Insektenfauna der DDR: Lepidoptera – Rhopalocera et Hesperiidae I. Entomologische Nachrichten und Berichte 26, Beiheft Nr. 1.

Reinhardt, R., Kinkler, H. (2004): Ein weiterer Beitrag zur Generationsfolge von *Scolitantides orion* (Pallas, 1771), insbesondere im Rheinland (Lep., Lycaenidae) sowie ergänzende Funddaten aus Bayern und Thüringen. Entomologische Nachrichten und Berichte 48, 167–172.

Reinhardt, R., Thust, R. (1993): Zur Entwicklung der Tagfalterfauna 1981–1990 in den ostdeutschen Ländern mit einer Bibliographie der Tagfalterliteratur 1949–1990 (Lepidoptera, Diurna). Neue entomologische Nachrichten 30, 1–285.

Reinhardt, R., Wagler, D. (2017): Nektar- und Raupennahrungspflanzen – ein Beitrag zur Nahrungsökologie sächsischer Tagfalter. In: Klausnitzer, B., Reinhardt, R. (Hrsg.): Beiträge zur Insektenkunde Sachsens Band 19 – Mitteilungen Sächsischer Entomologen, Supplement 12, 1–168.

Reinhardt, R., Trampenau, M. (2013): Zum neuerlichen Auftreten von *Nymphalis xanthomelas* (Esper, 1780) in Sachsen (Lepidoptera, Namphalidae). Entomologische Nachrichten und Berichte 57, 4, 215–228.

Reinhardt, R., Krahl, M., Sbieschne, H., Trampenau, M. (2003): Ein Neubürger für Sachsen und Deutschland: *Colias erate* (Esper, 1805) (Lepidoptera, Pieridae). Entomologische Nachrichten und Berichte 47, 129–132.

Reinhardt, R., Sbieschne, H., Settele, J., Fischer, U., Fiedler, G. (2007): Tagfalter von Sachsen. In: Klausnitzer, B., Reinhardt, R. (Hrsg.): Beiträge zur Insektenfauna Sachsens Band 6 – Entomologische Nachrichten und Berichte, Beiheft 11, 696 Seiten.

Reinhardt, R., Kuna, G., Gelbrecht, J., Wachlin, V., Schmidt, P., Trampenau, M. (2012): Der Kurzschwänzige Bläuling *Cupido argiades* (Pallas, 1771) in Ostdeutschland (Lepidoptera, Lycaenidae). Entomologische Nachrichten und Berichte 56, 3/4, 213–220.

Reinhardt, R., Kuna, G., Wachlin, V., Schmidt, P., Landeck, I., Pollrich, S. (2014): Beiträge zur Insektenfauna Ostdeutschlands: Hochmoor-Bläuling *Plebejus optilete* (Knoch, 1781) (Lepidoptera, Lycaenidae). Entomologische Nachrichten und Berichte 58, 3, 211–221.

Reinhardt, R., Harpke, A., Wiemers, M., Caspari, S., Settele, J. (2017): Das Projekt „Tagfalteratlas Deutschland“ (TAD). Oedippus 33, 5–14.

Rennwald, E. (1985): Notizen zur Ökologie von *Everes argiades* (Pallas, 1771) (Lep.,Lycaenidae). Atalanta 16, 88–94.

Rennwald, E., Sobczyk, T., Hofmann, A. (2011): Rote Liste und Gesamtartenliste der Spinnerartigen Falter (Lepidoptera: Bombyces, Sphinges s.l.) Deutschlands. In: Binot-Hafke, M., Balzer,

S., Becker, N., Gruttke, H., Haupt, H., Hofbauer, N., Ludwig, G., Matzke-Hajek, C., Strauch, M. (Red.): Rote Liste gefährdeter Tiere, Pflanzen und Pilze Deutschlands. Band 3: Wirbellose Tiere (Teil 1). Naturschutz und Biologische Vielfalt (Bonn-Bad Godesberg) 70, 3, 243–283.

Retzlaff, H. (1992): Bericht über die Wanderfalter-Situation für Ostwestfalen-Lippe. Mitteilungen der Arbeitsgemeinschaft ostwestfälisch-lippischer Entomologen 8, 1–26.

Richert, A. (1999): Die Großschmetterlinge (Macrolepidoptera) der Diluviallandschaften um Eberswalde. Teil I (Allgemeiner Teil und Tagfalter). Deutsches Entomologisches Institut.

Richert, A. (2014): Die Großschmetterlinge (Macrolepidoptera) der Diluviallandschaften um Eberswalde. Dritter Nachtrag mit einer Darstellung phänologischer Veränderungen im Zeitraum 1989–2013 und einer Betrachtung über die Ursachen. Nova Supplementa Entomologica (Senckenberg) 24, 1–287.

Richert, A., Brauner, O. (2018): Nektarpflanzen und andere Nahrungsquellen sowie Raupennahrungspflanzen der Tagfalter von Brandenburg und Berlin (Lepidoptera: Rhopalocera et Hesperiidae). Märkische Entomologische Nachrichten 20, 2, 155–240.

Rose, K. (1988): Das Sterben eines Schmetterlings-Biotops: Der Mainzer Sand. Nachrichten des entomologischen Vereins Apollo, NF 9, 69–88.

Rose, K. (1991): Änderungen in der Schmetterlingsfauna des Mainzer Sandes. Nachrichten des entomologischen Vereins Apollo, NF 11, 188.

Rottländer, W. (1957): Die Großschmetterlinge der Umgebung von Hof. Bericht des nordoberfränkischen Vereins der Natur-, Geschichts-, Landes-, Familienkunde in Hof 18, 38–62.

Rozicki, W., Mehlau, H. (2018): Nachweis einer selbsterhaltenden Population des Östlichen Großen Fuchses *Nymphalis xanthomelas* (Esper, 1781) im niedersächsischen Drömling bei Kaiserwinkel, Landkreis Gifhorn, Deutschland (Lepidoptera, Nymphalidae). Nachrichten des entomologischen Vereins Apollo, NF 39, 1, 1–16.

Rozicki, W. & Mehlau, H. (2019): Neues von der Population des Östlichen Großen Fuchses *Nymphalis xanthomelas* (Esper, 1781) im niedersächsischen Drömling bei Kaiserwinkel, Landkreis Gifhorn, Deutschland (Lepidoptera, Nymphalidae) im Jahr 2018. – Nachrichten des Entomologischen Vereins Apollo 40 (1): 27–33.

Salz, A., Fartmann, T. (2017): Larval-habitat preferences of a threatened butterfly species in heavy-metal grasslands. Journal of Insect Conservation 21, 129–136.

Sañudo-Restrepo, C., Dincă, V., Talavera, G., Vila, R. (2013): Biogeography and systematics of *Aricia* butterflies (Lepidoptera, Lycaenidae). Molecular Phylogenetics and Evolution 66, 369–379.

Sbieschne, H., Stöckel, D., Sobczyk, T., Trampenau, M., Reinhardt, R. (2014): Die Schmetterlingsfauna (Lepidoptera) der Oberlausitz. Teil 4: Tagfalter. In: Klausnitzer, B., Reinhardt, R.: Beiträge zur Insektenfauna Sachsens Band 18. Entomologische Nachrichten und Berichte 58, Beiheft 18.

Schmidt, G. (1989/90): Die Großschmetterlinge (Macrolepidoptera) des nördlichen und mittleren Regierungsbezirkes Braunschweig unter Einschluß des niedersächsischen Harzes. 1.Tagfalter (Diurna). Braunschweiger Naturkundliche Schriften 3, 2, 517–558.

Schmidt, P., Schönborn, C. (2017): Schmetterlingsfauna Sachsen-Anhalts. Band 2 – Tagfalter und Spinnerartige. Weissdorn-Verlag, Jena, 378 S.

Schmidt-Koehl, W. (1971): Lepidoptera Rhopalocera et Grypocera de la Sarre (Saarland). In: Leclercq, J., Gaspar, C.: Cartographie des Invertebres Européens. Atlas Provisoires Hors-Series, cartes 1 à 100. Gembloux.

Schmitt, T. (2015): Der Silbergrüne Bläuling *Polyommatus coridon* – Anmerkungen zur Biologie und Biogeographie des Insekts des Jahres 2015 (Lepidoptera). Entomologische Nachrichten und Berichte 59, 1, 1–8.

Schmitz, O. (2007): Neueste Kenntnisse zur historischen und aktuellen Verbreitung von *Leptidea sinapis* (Linnaeus, 1758) und *Leptidea reali* Reissinger, 1989 (Lepidoptera, Pieridae) im Arbeitsgebiet der AG rheinisch-westfälischer Lepidopterologen. Entomologie heute 19, 181–195.

Scholze, P. (2008): Beobachtung eines Monarchfalters im nordöstlichen Harzvorland von Sachsen-Anhalt (Lepidoptera). Entomologische Nachrichten und Berichte, 52, 221–222.

Schreiber, H. (1976): Fundortkataster der Bundesrepublik Deutschland Teil 2: Lepidoptera; Familie Papilionidae, Pieridae, Nymphalidae. Universität des Saarlandes, Saarbrücken. 76 S.

Schroth, M. (1988): Der amerikanische Distelfalter *Vanessa virginiensis* Drury, 1775 in der Bundesrepublik Deutschland (Lepid. Nymphalidae). Entomologische Zeitschrift, Stuttgart 98, 8, 109–111.

Schroth, M. (1989): Bemerkenswerte Neu- und Wiederfunde von Makro-Lepidopteren für die Fauna von Hanau am Main (Hessen) und Umgebung 3. Nachtrag. Nachrichten des Entomologischen Vereins Apollo NF 10, 1–14.

Schulte, T., Eller, O., Niehuis, M., Rennwald, E. (2007a): Die Tagfalter der Pfalz, Band 1. Fauna und Flora in Rheinland-Pfalz, Beiheft 36. Gesellschaft für Naturschutz und Ornithologie Rheinland-Pfalz, Landau, 592 S.

Schulte, T., Eller, O., Niehuis, M., Rennwald, E. (2007b): Die Tagfalter der Pfalz, Band 2. Fauna und Flora in Rheinland-Pfalz, Beiheft 37. Gesellschaft für Naturschutz und Ornithologie Rheinland-Pfalz, Landau, 340 S.

Schurian, K. (2011): Die Generationenzahl von *Cupido (Everes) argiades* (Pallas, 1771) in Hessen 2010 (Lepidoptera: Lycaenidae). Nachrichten des Entomologischen Vereins Apollo, NF 31, 4, 209–211.

Schweizerischer Bund für Naturschutz (1987): Tagfalter und ihre Lebensräume. Arten – Gefährdung – Schutz. Band 1. Fotorotar, Egg, Schweiz, 516 S.

Schweizerischer Bund für Naturschutz (1997): Schmetterlinge und ihre Lebensräume. Arten – Gefährdung – Schutz. Band 2, Fotorotar, Egg, Schweiz.

Seizmair, M., Fischer, H. (2012): Die submontanen Vorkommen von *Pontia callidice* (HÜBNER, 1800) an der Oberen Isar im Karwendelvorgebirge (Lepidoptera: Pieridae). Nachrichtenblatt der Bayerischen Entomologen 61, 71–75.

Senn, P. (2015): Butterflies of Gdynia a distribution atlas. Studio FM, Gdynia.

Settele, J., Feldmann, R., Reinhardt, R. (2000): Die Tagfalter Deutschlands. Verlag Eugen Ulmer, Stuttgart, 452 S.

Settele, J., Kudrna, O., Harpke, A., Kühn, I., Van Swaay, C., Verovnik, R., Warren, M., Wiemers, M., Hanspach, J., Hickler, T, Kühn, E., Van Halder, I., Veling, K., Vliegenthart, A., Wynhoff, I., Schweiger, O. (2008): Climatic risk atlas of European butterflies. Biorisk 1, Special issue, Pensoft Publishers, Sofia.

Settele, J., Steiner, R., Reinhardt R., Feldmann, R., Hermann, G. (2015): Schmetterlinge. Die Tagfalter Deutschlands. 3. aktualisierte Auflage. Verlag Eugen Ulmer, Stuttgart.

Sobczyk, T., Gelbrecht, J. (2004): Zur Arealregression der an Thymian (*Thymus*) gebundenen Arten *Scopula decorata* ([Denis & Schiffermüller], 1775) und *Pseudophilotes vicrama* (Moore, 1864) in Deutschland (Lepidoptera, Geometridae et Lycaenidae). Märkische Entomologische Nachrichten 6, 1, 1–16.

Sonderegger, P. (2005): Die Erebien der Schweiz (Lepidoptera: Satyrinae, Genus *Erebia*). Selbstverlag Sonderegger, Brügg bei Biel, 712 S.

Speyer, A., Speyer, A. (1858): Die geographische Verbreitung der Schmetterlinge Deutschlands und der Schweiz Nebst Untersuchungen über die geographischen Verhältnisse der Lepidopterenfauna dieser Länder überhaupt. Erster Theil. Die Tagfalter, Schwärmer und Spinner. Wilhelm Engelmann Verlag, Leipzig, 478 S.

Steeg, M. (1961): Die Schmetterlinge von Frankfurt am Main und Umgebung mit Angabe der genauen Flugzeiten und Fundorte. Internationaler Entomologischer Verein, Frankfurt (Main), 122 S.

Stefanescu, C., Penuelas, J., Filella, I. (2003): Effects of climatic change on the phenology of butterflies in the northwest Mediterranean Basin. Global Change Biology 9, 1494–1506.

Steffny, H. (1982): Biotopansprüche, Biotopbindung und Populationsstudien an tagfliegenden Schmetterlingen am Schönberg bei Freiburg. Diplomarbeit, Univ. Freiburg.

Stübinger, R. (1983): Schutzprogramm für Tagfalter und Widderchen in Hamburg. Schriftenreihe der Behörde für Bezirksangelegenheiten, Naturschutz und Umweltgestaltung 7, 1–103.

Thomas, J. A., Munguira, M. L., Martin, J., Elmes, G. W. (2008): Basal hatching by *Maculinea* butterfly eggs: a consequence of advanced myrmecophily? Biological Journal of the Linnean Society 44, 2, 175–184.

Tiedemann, O. (1986): Die Macro- und Microlepidopteren der Insel Helgoland. Verhandlungen des Vereins für Naturwissenschaftliche Heimatforschung zu Hamburg 39, 1–37.

Thust, R., Kuna, G., Rommel, R.-P. (2006): Die Tagfalterfauna Thüringens. Zustand in den Jahren 1991 bis 2002. Entwicklungstendenzen und Schutz der Lebensräume. Naturschutzreport 23, Jena.

Todisco, V., Gratton, P., Zakharov, E. V., Wheat, C. W., Sbordoni, V., Sperling, F. A. H. (2012): Mitochondrial phylogeography of the Holarctic *Parnassius phoebus* complex supports a recent refugial model for alpine butterflies. Journal of Biogeography 39, 1058–1072.

Tolman, T., Lewington, R. (2012): Schmetterlinge Europas und Nordwestafrikas. 2. deutsche Auflage. Franckh Kosmos Verlag, Stuttgart, 384 S.

Tóth, J., Bereczki, J., Varga, Z., Rota, J., Sramkó, G. (2014): Relationships within the *Melitaea phoebe* species group (Lepidoptera: Nymphalidae): new insights from molecular and morphometric information. Systematic Entomology 39, 749-757.

Treffinger, K.,Treffinger I. (1981): Ein Massenauftreten des Baumweißlings *Aporia crataegi* (Linné, 1758) (Lep. Pieridae). Atalanta 12, 86-92.

Treffinger K., Treffinger I. (1983): Gründe für ein Massenauftreten des Baumweißlings *Aporia crataegi* L. (Lep., Pieridae). Atalanta 14, 92-96.

Tshikolovets, V. V. (2011) Butterflies of Europe & the Mediterranean Area. Tshikolovets Publications, Pardubice. 544 S.

Uffeln, K. (1908): Die Großschmetterlinge Westfalens. Regensbergsche Buchdruckerei, Münster.

Ulrich, R. (2001): Neue und bemerkenswerte Funde von Tagfaltern im Saarland. Abhandlungen der Delattinia, Saarbrücken 27, 255-266.

Ulrich, R. (2004): Habitatselektion des Idasbläulings (*Plebeius idas* (Linnaeus, 1761)) mit besonderer Berücksichtigung des Eiablageverhaltens, dargestellt an einer Population auf einem Kalkhalbtrockenrasen im südöstlichen Saarland (Lepidoptera: Lycaenidae). Nachrichten des entomologischen Vereins Apollo, N. F. 25, 4, 175-180.

Urbahn, E., Urbahn, H. (1939): Die Schmetterlinge Pommerns mit einem vergleichenden Überblick über den Ostseeraum - Macrolepidoptera. Stettiner Entomologische Zeitung 100, 185-826.

Van Oorschot, H., Coutsis, J. (2014): The Genus *Melitaea* Fabricius, 1807 (Lepidoptera: Nymphalidae, Nymphalinae). Taxonomy and systematics with special reference to the male genitalia. Tshikolovets Publications, Pardubice, Czech Republic, 360 S.

Van Swaay, C. A. M., Harpke, A., Van Strien, A., Fontaine, B., Stefanescu, C., Roy, D. B., Maes, D., Kühn, E., Õunap, E., Regan, E., Švitra, G., Heliölä, J., Settele, J., Musche, M., Warren, M., Plattner, M., Kuussaari, M., Cornish, N., Schweiger, O., Feldmann, R., Julliard, R., Verovnik, R., Roth, T., Brereton, T., Devictor, V. (2010): The impact of climate change on butterfly communities 1990-2009. Report VS2010.025. Butterfly Conservation & De Vlinderstichting, Wageningen.

Van Swaay, C. A. M., Van Strien, A. J., Aghababyan, K., Åström, S., Botham, M., Brereton, T., Chambers, P., Collins, S., Domènech Ferrés, M., Escobés, R., Feldmann, R., Fernández-García, J. M., Fontaine, B., Goloshchapova, S., Gracianteparaluceta, A., Harpke, A., Heliölä, J. Khanamirian, G., Julliard, R., Kühn, E., Lang, A., Leopold, P., Loos, J., Maes, D., Mestdagh, X., Monasterio, Y., Munguira, M. L., Murray, T., Musche, M., Õunap, E., Pettersson, L. B., Popoff, S., Prokofev, I., Roth, T., Roy, D. B., Settele, J., Stefanescu, C., Švitra, G., Teixeira, S. M., Tiitsaar, A., Verovnik, R., Warren, M. S. (2015): The European butterfly indicator for grassland species: 1990-2013. Report VS2015.009, De Vlinderstichting, Wageningen.

Verovnik, R., Rebeušek, F., Jež, M. (2012): Atlas of butterflies (Lepidoptera: Rhopalocera) of Slovenia. Atlas Faunae et Florae Sloveniae 3, 1-456. Center za kartografijo favne in flore, Ljubljana.

Völker, U. (1927): Die Großschmetterlinge der Jenaer Umgebung. Gubener entomologische Zeitschrift 21, Sonderdruck.

Von Chappuis, U. (1942): Veränderungen in der Großschmetterlingswelt der Provinz Brandenburg bis zum Jahre 1938 und Verzeichnis der Großschmetterlinge der Provinz Brandenburg nach dem Stande des Jahres 1938. Deutsche Entomologische Zeitschrift 1942, 139-214.

Von Reumont, B., Struwe, J-F., Schwarzer, J., Misof, B. (2012): Phylogeography of the burnet moth *Zygaena transalpina* complex: molecular and morphometric differentiation suggests glacial refugia in Southern France, Western France and micro-refugia within the Alps. Journal of Zoological Systematics and Evolutionary Research 50, 1, 38-50.

Wachlin, V. (2009): *Lycaena helle* (Denis & Schiffermüller 1775). Steckbrief FFH-Arten: *Lycaena helle*. Institut für Landschaftsökologie und Naturschutz, Greifswald, 7 S.

Wagener, S. (2001): Die Großschmetterlinge von Elten bei Emmerich. Abhandlungen aus dem Westfälischen Museum für Naturkunde 63, 4, 1-212.

Wagener, S., Niemeyer, B. (2003): Beitrag zur Großschmetterlingsfauna des Kreises Borken. Abhandlungen aus dem Westfälischen Museum für Naturkunde, Münster 65, 149-201.

Wagner, W. (2003): Beobachtungen zur Biologie von *Pyrgus andromedae* (Wallengren, 1853) und *P. cacaliae* (Rambur, 1840) in den Alpen (Lepidoptera: Hesperiidae). Entomologische Zeitschrift 113, 346-353.

Wagner, W. (2006): Die Gattung *Pyrgus* in Mitteleuropa und ihre Ökologie - Larvalhabitate, Nährpflanzen und Entwicklungszyklen. In: Fartmann, T., Hermann, G. (Hrsg.): Larvalökologie von Tagfaltern und Widderchen in Mitteleuropa. Abhandlungen aus dem Westfälischen Museum für Naturkunde 68, 3/4, 83–122.

Wagner, W. (2019): *Pyrgus accretus*. http://www.pyrgus.de/Pyrgus_accretus.html (abgerufen am 19.04.2019).

Wallis de Vries, M., van Swaay, C. A. M. (2006): Global warming and excess nitrogen may induce butterfly decline by microclimatic cooling. Global Change Biology 12, 9, 1620–1626.

Warnecke, G. (1955/56): Die Großschmetterlinge des Niederelbegebietes und Schleswig-Holsteins. Verhandlungen des Vereins für naturwissenschaftliche Heimatforschung zu Hamburg 32, 26–103.

Weber, T. (1992): Biozönologische Untersuchungen der Vegetation und der tagaktiven Schmetterlingsfauna in unterschiedlich genutzten Kalkmagerrasen der Prümer Kalkmulde (Naturschutzgebiet Schönecker Schweiz und Naturschutzgebiet Niesenberg). Diplomarbeit Universität Bonn.

Weidemann, H. J. (1989): Anmerkungen zur aktuellen Situation von Hochmoor-Gelbling (*Colias palaeno* L., 1758) und „Regensburger Gelbling" (*Colias myrmidone* Esper, 1781) in Bayern mit Hinweisen zur Biotop-Pflege. Schriftenreihe des Bayerischen Landesamtes für Umweltschutz 95, 103–116.

Weidemann, H. J. (1995): Tagfalter – beobachten, bestimmen. 2. Auflage. Naturbuch-Verlag, Augsburg.

Wiemers, M., Musche, M., Striese, M., Kühn, I., Winter, M., Denner, M. (2013): Naturschutzfachliches Monitoring Klimawandel und Biodiversität. Teil 2: Weiterentwicklung des Monitoringkonzeptes und Auswertung ausgewählter vorhandener Daten. Schriftenreihe des LfULG 25/2013, 1–167.

Wiemers, M., Balletto, E., Dincă, V., Fric, Z. F., Lamas, G., Lukhtanov, V., Munguira, M. L., van Swaay, C. A. M., Vila, R., Vliegenthart, A., Wahlberg, N., Verovnik, R. (2018): An updated checklist of the European butterflies (Lepidoptera, Papilionoidea). ZooKeys 811, 9–45.

Winiarska, G. (2001): Butterflies (Lepidoptera: Hesperioidea, Papilionoidea) in Narew National Park. Fragmenta Faunistica 44, 73–78.

Wipking, W., Kurtz, J. (2000): Genetic variability in the diapause response of the burnet moth *Zygaena trifolii* (Lepidoptera: Zygaenidae). Journal of Insect Physiology 46, 2, 127–134.

Wolf, W. & Bittermann, J. (2013): Weitere aus Bayern gemeldete Arten. In: Bräu, M., Bolz, R., Kolbeck, H., Nunner, A., Voith, J., Wolf, W. (Hrsg.): Tagfalter in Bayern. Verlag Eugen Ulmer, Stuttgart, 517.

Zapp, A. (2010): Montane Tagfalter im Rückzug: zur Chorologie und Ökologie von *Erebia ligea* (Linnaeus, 1758) und *Lycaena virgaureae* (Linnaeus, 1758) im Hunsrück (Rheinland-Pfalz, Saarland). Delattinia 35-36, 455–485.

Zinner, F., Böckelmann, R. (2016): *Argynnis laodice* (Pallas, 1771) im NSG Königsbrücker Heide (Sachsen) [Lep-Nym]. Mitteilungen Sächsischer Entomologen 35, 115, 15–16.

Register

Die wissenschaftlichen Gattungs- und Artnamen sind *kursiv*, die Seite mit dem Haupt-Arttext ist **fett** gesetzt.

Die Autoren

Rolf Reinhardt

Rolf Reinhardt ist Diplom-Biologe und studierte Ökologie/Entomologie an der Universität Jena. Er befasst sich mit der faunistischen Bearbeitung von Tagschmetterlingen in Sachsen und in der Bundesrepublik Deutschland sowie mit dem Phänomen von Insektenwanderungen und der photoperiodischen Steuerung von Lebensprozessen. Er erarbeitete die erste Rote Liste der Tagfalter Sachsens, deren folgenden Auflagen sowie als federführender Mitautor die Rote Liste der Tagfalter (2011) für die Bundesrepublik.

Alexander Harpke

Alexander Harpke studierte Bioinformatik und entwickelte die Forschungsdateninfrastruktur für dieses Werk. Er ist am UFZ – Helmholtz-Zentrum für Umweltforschung in Halle (Saale) tätig und beschäftigt sich dort neben der Analyse von Daten vor allem mit der Umsetzung von aktuellen Entwicklungen im Bereich von Datenbank- und Informationssystemen im Rahmen der Biodiversitätsforschung.

Steffen Caspari

Dr. Steffen Caspari ist wissenschaftlicher Mitarbeiter beim Rote-Liste-Zentrum des Bundes. Zuvor arbeitete er 15 Jahre lang beim saarländischen Umweltministerium und war zuständig für die Themenfelder Natura 2000, Management von Schutzgebieten, Monitoring und Biotopkartierung. Im Saarland hat er zwei komplette Durchgänge der Rote-Liste-Bearbeitung betreut. Er ist Faunist, Biogeograf und Ökologe und beschäftigt sich besonders mit der Artenausstattung der Normallandschaft. Neben den Tagfaltern ist er auch Experte für Moose sowie Farn- und Blütenpflanzen.

Matthias Dolek

Dr. Matthias Dolek ist Biologe und selbstständig in Naturschutzprojekten tätig, dabei stellen die Schmetterlinge häufig die Zielorganismen dar. In vielen Projekten wird eine Verbindung zwischen aktuellen Forschungsergebnissen und der Anwendung in Landschaftspflege und Naturschutz hergestellt. Die Arbeitsschwerpunkte umfassen vor allem die Entwicklung und Durchführung von Monitoringprogrammen, die Durchführung und Umsetzung von Artenhilfsprojekten sowie vertiefte Untersuchungen zu Larvalstadien von Schmetterlingen mit Schlussfolgerungen zum Erhalt von Lebensräumen und zur Entwicklung von Pflegemaßnahmen. Diese Arbeiten münden häufig auch in Fachpublikationen.

Elisabeth Kühn

Elisabeth Kühn arbeitet am UFZ – Helmholtz-Zentrum für Umweltforschung in Halle. Sie ist Diplom-Biologin und hat das Studium mit einer botanischen Arbeit abgeschlossen. Seit 2005 koordiniert sie hauptverantwortlich das bundesweite Citizen-Science-Projekt „Tagfalter-Monitoring Deutschland“ (TMD), kümmert sich dort u.a. um die zahlreichen Anliegen der Ehrenamtler und ist in die Auswertung der Daten involviert. Sie ist stellvertretende Vorsitzende der Gesellschaft für Schmetterlingsschutz (GfS).

Martin Musche

Dr. Martin Musche ist Biologe und arbeitet am UFZ – Helmholtz-Zentrum für Umweltforschung in Halle (Saale). Dort befasst er sich mit den Veränderungen der biologischen Vielfalt und deren Ursachen. Er ist in eine Vielzahl nationaler und internationaler Forschungsprojekte zum Thema Monitoring und ökologische Langzeitforschung eingebunden. Die Auswertung der Daten des Tagfalter-Monitorings bildet einen Schwerpunkt seiner Tätigkeit. Daneben ist er auch ehrenamtlich mit der Erfassung der Insektenfauna beschäftigt.

Robert Trusch

Dr. Robert Trusch erforscht als Kurator am Karlsruher Naturkundemuseum mit seinem Team die heimische Schmetterlingswelt. Für sein Engagement erhielt er 2019 die Meigen-Medaille der Deutschen Gesellschaft für allgemeine und angewandte Entomologie (DGaaE). Er ist einer der Initiatoren des Projektes „Schmetterlinge Deutschlands“: www.lepidoptera.de. Es hat das Ziel, die Faunistik der fast 3.700 Schmetterlingsarten Deutschlands, d. h. ihre Verbreitung in Raum und Zeit, zu dokumentieren.

Martin Wiemers

Dr. Martin Wiemers ist seit Juni 2019 Leiter der Sektion Ökologie am Senckenberg Deutschen Entomologischen Institut (SDEI) in Müncheberg bei Berlin. Er beschäftigt sich schon seit seiner Kindheit mit Schmetterlingen. Nach dem Studium der Biologie in Münster und Bonn und langjährigen Aufenthalten in Papua-Neuguinea und an der Universität Wien arbeitete er viele Jahre am UFZ in Halle (Saale). Sein besonderes Interesse gilt der Evolutionsbiologie und Ökologie von Tagfaltern. Als Vorstandsmitglied der Gesellschaft für Schmetterlingsschutz (GfS) und von Butterfly Conservation Europe (BCE) setzt er sich auch für deren Schutz ein.

Josef Settele

Prof. Dr. Josef Settele arbeitet am UFZ – Helmholtz-Zentrum für Umweltforschung in Halle (Saale) und ist Mitglied des Deutschen Zentrums für integrative Biodiversitätsforschung (iDiv) Halle-Jena-Leipzig. Er lehrt an der Martin-Luther-Universität Halle (Saale) und koordiniert zahlreiche Forschungsaktivitäten, darunter in Kooperation mit Elisabeth Kühn das TMD – Tagfalter-Monitoring Deutschland. Er ist Autor zahlreicher Publikationen zum Schutz von Schmetterlingen genauso wie zum Konfliktfeld Naturschutz – Landnutzung – Klimawandel. Durch seine zentrale Rolle im Welt-Biodiversitätsrat (IPBES) ist er in den letzten Jahren auch stark in die Politikberatung involviert. Er ist Vorsitzender der Gesellschaft für Schmetterlingsschutz (GfS) und Mitbegründer von Butterfly Conservation Europe (BCE).

Die Herausgeber waren tätig für:

Titelfoto: Großer Perlmutterfalter (*Speyeria aglaja*), Foto: Erk Dallmeyer
Fotos auf der Einbandrückseite:
links: Schachbrettfalter (*Melanargia galathea*), Foto: Erk Dallmeyer
rechts: Kupferglanz-Grünwidderchen (*Jordanita chloros*), Foto: Frank Rämisch

Bibliografische Information der Deutschen Nationalbibliothek
Die Deutsche Nationalbibliothek verzeichnet diese Publikation in der Deutschen Nationalbibliografie; detaillierte bibliografische Daten sind im Internet über http://dnb.d-nb.de abrufbar.

1., korrigierter Nachdruck 2021
Wollgrasweg 41, 70599 Stuttgart (Hohenheim)
E-Mail: info@ulmer.de
Internet: www.ulmer.de
Projektleitung: Ulf Müller, Köln
Lektorat: Lars Wilker
Herstellung: Jürgen Sprenzel
Umschlag-Gestaltung: Atelier Reichert, Stuttgart
Satz und Reproduktion: primustype Hurler GmbH, Notzingen
Druck und Bindung: Pustet, Regensburg
Printed in Germany

ISBN 978-3-8186-0557-5

HIER KÖNNEN SIE WEITERLESEN:

Die Wildbienen Deutschlands.
Paul Westrich.
2., aktualisierte Auflage 2019.
824 Seiten, 1700 Farbfotos,
17 Zeichnungen, 14 Tabellen, geb.
ISBN 978-3-8186-0880-4.

Ausführlich beschreibt Paul Westrich die Lebensräume der Wildbienen, ihre Brutfürsorge und Nester, ihre Nutznießer und Gegenspieler sowie die Abhängigkeiten zwischen Bienen und Blüten und skizziert die Gefährdung der Wildbienen und ihren Schutz. 565 Steckbriefe enthalten zudem alles Wissenswerte zu Verbreitung, Biologie, Flugzeit sämtlicher heimischer Arten. Über 420 davon sind in Lebendfotos und mit Merkmalen zur Feldbestimmung dargestellt. Viele Arten und Verhaltensweisen sind so zum ersten Mal im Bild zu sehen.

BIOLOGISCHE VIELFALT SICHERN

Artenschutz.
Rechtliche Pflichten, fachliche Konzepte, Umsetzung in der Praxis.
Jürgen Trautner. 2020.
320 Seiten, 152 Farbfotos,
39 farbige Zeichnungen, 15 Tabellen, geb.
ISBN 978-3-8186-0715-9.

Was ist Artenschutz? Was sind seine Rahmenbedingungen und Ziele, auf welchen Richtlinien und Gesetzen baut er auf? Das Buch erläutert die gängigen Konzepte und beschreibt alle wichtigen juristischen und fachlichen Begriffe sowie deren Auslegung durch Behörden und Gerichte. Im Zentrum steht die Frage: Wie ist Artenschutz zu konzipieren, um in der Planungs- und Naturschutzpraxis nachhaltige Erfolge für die Artenvielfalt zu erzielen. In rund 20 ausführlichen Praxisbeispielen zeigen dazu ausgewiesene Experten, wie wirkungsvoller Artenschutz gelingt.